Chemische Verfahrenstechnik

Berechnung, Auslegung und Betrieb chemischer Reaktoren

von

Prof. Dr.-Ing. habil. Klaus Hertwig
Prof. Dr.-Ing. Lothar Martens

2., überarbeitete Auflage

Oldenbourg Verlag München

Prof. Dr.-Ing. habil. Klaus Hertwig war Professor für Chemische Verfahrenstechnik an der Hochschule Anhalt in Köthen. Neben den Lehraufgaben befasste er sich dort mit Forschungsarbeiten zur Verfahrenstechnik elektrochemischer Prozesse und dabei vor allem mit der Brennstoffzellentechnik. Prof. Hertwig ist der Fachwelt durch die Mitarbeit an mehreren Buchpublikationen (Verfahrenstechnische Berechnungsmethoden, Lehrbücher Reaktionstechnik) sowie durch mehr als achtzig Beiträge in wissenschaftlichen Zeitschriften und eine große Anzahl wissenschaftlicher Vorträge bekannt.

Prof. Dr.-Ing. Lothar Martens ist Professor für Chemische Verfahrenstechnik an der Hochschule Anhalt und nimmt dort zudem Lehraufgaben auf dem Gebiet der Thermodynamik war. Schwerpunkt seiner Forschungsarbeiten und Veröffentlichungen sind die Modellierung und Simulation elektrochemischer Prozesse und Apparate. Zwölf Beiträge in wissenschaftlichen Zeitschriften und über sechzig Fachvorträge sowie seine umfangreichen Forschungsarbeiten für große deutsche Chemieunternehmen machten Lothar Martens in der Fachwelt bekannt.

Bibliografische Information der Deutschen Nationalbibliothek

Die Deutsche Nationalbibliothek verzeichnet diese Publikation in der Deutschen Nationalbibliografie; detaillierte bibliografische Daten sind im Internet über http://dnb.d-nb.de abrufbar.

Rosenheimer Straße 145, D-81671 München
Telefon: (089) 45051-0
www.oldenbourg-verlag.de

Lektorat: Dr. Martin Preuß
Herstellung: Constanze Müller
Einbandgestaltung: hauser lacour
Gesamtherstellung: Grafik + Druck GmbH, München

Dieses Papier ist alterungsbeständig nach DIN/ISO 9706.

ISBN 978-3-486-70890-5

Vorwort zur 2. Auflage

Die erfreulich große Nachfrage nach dem Lehrbuch Chemische Verfahrenstechnik hat den Oldenbourg Verlag und die Autoren vor die Situation gestellt, möglichst rasch eine zweite Auflage herauszubringen. Die Resonanz von Studierenden einer Reihe von Universitäten und Fachhochschulen sowie Stellungnahmen und Hinweise vieler Fachkollegen haben die Autoren dazu ermutigt, das Grundkonzept des Lehrbuches im Wesentlichen unverändert beizubehalten. Deshalb wurden in der zweiten Auflage neben der Fehlerkorrektur nur wenige Passagen des Buches überarbeitet, wobei einige anregende Vorschläge von Nutzern zu Detailproblemen Berücksichtigung fanden.

Zur inhaltlichen Gestaltung wurde von Fachkollegen mehrfach der Vorschlag unterbreitet, bestimmte Gebiete der Chemischen Verfahrenstechnik umfassender darzustellen oder zu vertiefen. Dies betrifft beispielsweise die Behandlung numerischer Lösungsmethoden für mathematische Modelle sowie die Darstellung und Anwendung von Programmsystemen einschließlich der kommerziell verfügbaren Software für die Reaktorberechnung. Die Autoren vertreten dazu nach wie vor den Standpunkt, dass unter Beibehaltung des Lehrbuchcharakters und unter Berücksichtigung eines überschaubaren Umfanges die bisher vorgenommene Abgrenzung sinnvoll ist. Speziell die Einarbeitung in das Fachgebiet und die im Berufsleben mitunter notwendige Rekapitulation bestimmter Inhalte sollten auf diese Weise erleichtert werden.

Dem Oldenbourg Verlag danken die Autoren für die gute und verlässliche Zusammenarbeit der vergangenen Jahre und auch für die gelungene und ansprechende Form dieser zweiten Auflage.

Köthen, Juli 2011 — Klaus Hertwig und Lothar Martens

Vorwort zur 1. Auflage

Dieses Lehrbuch zur Chemischen Verfahrenstechnik befasst sich mit der Modellierung, der Gestaltung und dem Betrieb chemischer Reaktoren. Die Wahl des Titels soll deutlich machen, dass bei der Lösung praktischer Aufgabenstellungen der Gestaltung von Reaktionsprozessen und Reaktoren von den Arbeitsmethoden der Verfahrenstechnik ausgegangen wird.

Mit dem vorliegenden Buch soll der Leser in die Lage versetzt werden, die in chemischen Reaktoren ablaufenden Prozesse theoretisch zu durchdringen, im mathematischen Modell zu erfassen und durch dessen Anwendung technische Aufgabenstellungen zu lösen. Diese können in der Auslegung neuer Reaktoren oder in der Verbesserung und möglichst optimalen Gestaltung vorhandener Prozesse und Ausrüstungen liegen. Günstige Voraussetzungen für das Verständnis und die Nutzung des Buches sind Grundkenntnisse in den natur- und ingenieurwissenschaftlichen Fächern, wie sie in den ersten Semestern des Studiums der Verfahrenstechnik, des Chemieingenieurwesens, der Chemie oder verwandten Gebieten an Universitäten, Technischen Hochschulen und Fachhochschulen gelehrt werden. Für das Studium der Lehrgebiete Chemische Verfahrenstechnik oder Reaktionstechnik ist das Lehrbuch die ideale Unterstützung.

Auf der Grundlage unserer über mehrere Jahrzehnte an verschiedenen Hochschulen gesammelten Lehrerfahrungen haben wir das Buch so gestaltet, dass sich die Studierenden die für das Fachgebiet wichtigen Arbeitsmethoden systematisch aneignen und bis zur Lösung technischer Aufgabenstellungen führen können. Durch eine große Anzahl typischer Anwendungsbeispiele soll dieses Anliegen unterstützt werden.

Die hier erarbeitete zusammenfassende Darstellung des Gebietes kann auch dem in der Praxis tätigen Ingenieur oder Chemiker Hilfe und Unterstützung bieten. Insbesondere bei der modellgestützten Entwicklung und Optimierung von Verfahren und Ausrüstungen sind die Fortschritte der vergangenen Jahrzehnte deutlich erkennbar. Für diese Aufgaben stehen heute zahlreiche Software-Lösungen zur Verfügung, deren Nutzung eine umfangreiche Methoden- und Prozesskenntnis voraussetzt. Das vorliegende Buch soll auch dafür notwendiges Wissen vermitteln.

Rahmen und Schwerpunkte der inhaltlichen Gestaltung richten sich am Berufsbild eines Hochschulabsolventen aus, der mit möglichst kurzer Einarbeitungszeit zur Lösung praktischer Aufgaben befähigt sein soll. Bei der Darstellung der stärker technologisch orientierten Kapitel wird einerseits von der technischen Bedeutung ausgegangen, wie dies etwa ein quantitativer Vergleich der Ausführungen zur heterogenen Katalyse und zu photochemischen Prozessen zeigt. Auf der anderen Seite sollen aber gerade an Beispielen zu den weniger verbreiteten Wirkprinzipien neben deren Spezifik die Möglichkeiten der Anwendung des einheitlichen Methodenreservoirs der Verfahrenstechnik demonstriert werden.

Für alle im Buch dargestellten mathematischen Modelle und Berechnungsalgorithmen werden entweder analytische Lösungen demonstriert oder verwendete bzw. geeignete numerische Verfahren genannt. Speziell für Systeme von algebraischen und Differentialgleichungen sind viele numerische Verfahren verfügbar, so dass darauf nicht näher eingegangen wird.

Durch eine Reihe von Kollegen, Mitarbeitern und Studierenden sind wir bei der Erarbeitung des Buches wirksam unterstützt worden. Viele fruchtbare Diskussionen verdanken wir Herrn Prof. Dr.-Ing. Roland Adler, Leiter des Lehrstuhles Reaktionstechnik an der Martin-Luther-Universität Halle-Wittenberg, der uns auch bei Auswahl und Gestaltung von Berechnungsbeispielen unterstützt hat. Herrn Prof. Dr.-Ing. Reinhard Sperling und seinen Mitarbeitern von der Hochschule Anhalt (FH) sind wir für anregende Gespräche und die Bereitstellung von Bildmaterial zur Rührtechnik sehr dankbar. Unseren ehemaligen Studierenden, Frau Dipl.-Ing. (FH) Claudia Kuhn und den Herren Dipl.-Ing. (FH) Matthias Gutwasser und Steffen Kleemann, danken wir für ihre Mitarbeit bei der Gestaltung vieler Abbildungen.

Dem Oldenbourg Wissenschaftsverlag, der auch die Anregung zu diesem Buch gab, sind wir für die freundliche und konstruktive Zusammenarbeit sehr dankbar.

Köthen, Juni 2007 Klaus Hertwig und Lothar Martens

Inhaltsverzeichnis

für die Zwischenreinigung der Apparate erforderlich sind. Für die Lagerung der Anfangs- und Endprodukte sind oft große Zwischenbehälter notwendig. Dies macht sich als Kostenfaktor insbesondere dort bemerkbar, wo innerhalb eines kontinuierlichen Verfahrens *eine* Prozessstufe diskontinuierlich gestaltet wird. Der Zwischenbehälter muss dann so groß ausgelegt sein, dass nachfolgende kontinuierliche Stufen ununterbrochen mit den jeweiligen Einsatzstoffen versorgt werden können. Das häufige Füllen und Entleeren der Behälter sowie periodische Druck- und Temperaturänderungen führen mitunter zu beträchtlichen Apparatebelastungen. Auch Ver- und Entsorgungseinrichtungen werden diskontinuierlich in Anspruch genommen, was beispielsweise bei der Einhaltung von Abluft- oder Abwassergrenzwerten zumindest zu temporären Problemen führen kann. Wenn bei diskontinuierlicher Prozessführung eine möglichst konstante Produktqualität der Chargen gefordert wird, muss man weitgehend reproduzierbare Bedingungen einhalten, die einerseits von der Güte der Steuerung und Regelung und andererseits von der Qualität der Einsatzstoffe abhängen.

Die **kontinuierliche Prozessführung** (Fließbetrieb) ist durch einen stetigen Zu- und Ablauf der Ein- und Austrittsströme gekennzeichnet. Im jeweiligen Apparat läuft in der Regel ein Hauptprozess ab, der aber vielfach von weiteren Operationen begleitet wird (z. B. chemische Reaktion mit Wärme- und Stoffübertragungsvorgängen). In den meisten Fällen strebt man beim kontinuierlichen Betrieb stationäre, d.h. zeitlich unveränderliche Bedingungen an. Nach einer unvermeidlichen Anfahrphase will man dabei möglichst alle Stoff- und Energieströme und damit alle Zustandsgrößen und Produktzusammensetzungen über längere Zeiträume konstant halten. Dies setzt eine gute Regelungstechnik sowie eine hohe Zuverlässigkeit und Verfügbarkeit aller Bestandteile einer Anlage voraus. Förderaggregate (Pumpen, Verdichter, Feststoffförderer) müssen ebenso zuverlässig und stationär arbeiten wie Apparate (Rührmaschinen, Rohrreaktoren) und Messeinrichtungen. Sind diese Forderungen erfüllbar, dann liegen auch hinsichtlich der Sicherheit des Betriebes günstige Bedingungen vor, weil ein nicht oder wenig schwankendes Betriebregime vorliegt. Darüber hinaus sind in den Apparaten kleinere Stoffmengen vorhanden, weil große Speichervolumina nicht erforderlich sind.

Kontinuierlich betriebene Anlagen werden meist für große Produktmengen ohne oder mit relativ seltenem Produktwechsel eingesetzt. Trotzdem müssen oft diskontinuierlich arbeitende Anlagenelemente integriert werden, weil entsprechende kontinuierliche Apparate nicht verfügbar sind oder nur quasikontinuierlich mit entsprechenden Regenerationsstufen in das Verfahren eingebunden werden können. Dies trifft oft auf Filtrationen (absatzweise Entfernung des Filterkuchens), Adsorptionsapparate (Adsorptions-Desorptions-Zyklen), Ionenaustauscher (Austausch-Regenerations-Zyklen) oder auch auf Reaktionsprozesse mit Katalysatordesaktivierung zu, bei denen turnusmäßig eine Katalysatorregenerierung notwendig ist.

Bei chemischen und biotechnologischen Verfahren findet man oft auch die **halbkontinuierliche Prozessführung** (Teilfließbetrieb). In solche Fällen werden im Reaktor ein oder mehrere Reaktionspartner diskontinuierlich vorgelegt und mindestens ein weiterer Stoff kontinuierlich dosiert. Bei Gas-Flüssig-Reaktionen handelt es sich bei der diskontinuierlich vorgelegten Komponente in der Regel um die Flüssigphase, in die ein Gas (z. B. Sauerstoff oder Luft bei Oxidationsreaktionen) oder auch ein weiterer flüssiger Reaktionspartner zugegeben wird. Diese Betriebsweise besitzt die Vor- und Nachteile der diskontinuierlichen Prozessführung. Günstig wirkt sich vielfach aus, dass man mit der ständigen Dosierung eines Reaktionspartners auch die Möglichkeit erhält, die Reaktion z. B. hinsichtlich der Reaktionsgeschwindigkeit und damit auch der freiwerdenden Wärmemengen zu beherrschen. Darüber hinaus können

1 Einleitung

1.1 Chemische Verfahrenstechnik – Wissenschaftsdisziplin und Lehrgebiet

Im Verlauf des letzten Jahrhunderts hat sich die Verfahrenstechnik zu einer Ingenieurdisziplin entwickelt, die eine vergleichbare fachliche Breite besitzt wie etwa der Maschinenbau, die Elektrotechnik oder das Bauwesen. Dabei setzte sich die Anwendung verfahrenstechnischer Arbeitsmethoden in vielen Industriebereichen durch und hat technologisch orientierte Anwendungsbereiche erschlossen und sich teilweise aus diesen heraus weiterentwickelt. Dazu gehören beispielsweise das Chemieingenieurwesen, die Energieverfahrenstechnik, die Umwelttechnik, die Lebensmitteltechnik oder die Biotechnologie.

In all diesen Technologien befasst sich die Verfahrenstechnik mit der technischen Durchführung von Prozessen, in denen Stoffe hinsichtlich Struktur, Eigenschaften oder Zusammensetzung geändert werden. Dabei laufen in den einzelnen Industriebereichen in sehr großer Anzahl stoffwandelnde Vorgänge in unterschiedlichsten Maßstäben und in einer nahezu unüberschaubaren stofflichen Vielfalt ab. Die Verfahrenstechnik erlaubt insofern eine Systematisierung, als sie weitgehend unabhängig von der technischen Größenordnung und oft auch vom behandelten Stoff für eine überschaubare Anzahl von Grundprozessen einheitliche Methoden der Berechnung, Auslegung und Gestaltung zur Verfügung stellt. Daraus hat sich das Prinzip der Grundoperationen (unit operations) entwickelt, das vornehmlich die auf mechanischen Wirkprinzipien (*Mechanische Verfahrenstechnik*) oder auf Stoff- und Wärmetransportvorgängen (*Thermische Verfahrenstechnik*) beruhenden Prozesse mit jeweils einheitlichen Berechnungsgrundlagen zusammenfasst.

Besteht das Ziel des technischen Prozesses ausschließlich oder zusätzlich zu Struktur- und Eigenschaftsänderungen eingesetzter Materialien in der Erzeugung neuer Stoffe durch chemische Reaktionen, dann sind deren Stöchiometrie und Kinetik – häufig gekoppelt mit Impuls-, Wärme- und Stofftransportvorgängen – in die theoretische Durchdringung und Berechnung des entsprechenden Apparates, des Reaktors, einzubeziehen *(Chemische Verfahrenstechnik)*.

Mechanische, Thermische und Chemische Verfahrenstechnik werden als Teildisziplinen der Verfahrenstechnik vielfach unter dem Begriff der Prozessverfahrenstechnik zusammengefasst. In Ergänzung dazu behandelt die Systemtechnik (Systemverfahrenstechnik) mit eigenem Methodenrepertoire die Gestaltung und Optimierung verfahrenstechnischer Systeme.

Im Gegensatz zu den Grundoperationen, deren Auslegung und Gestaltung zu den Kernaufgaben des Verfahrensingenieurs gehört, zeigt sich bei der Lösung technischer Fragestellungen im Zusammenhang mit den chemischen Prozessstufen eines Verfahrens eine weniger deutliche Aufgabenteilung zwischen Verfahrenstechnikern und Chemikern. Als ein zentrales Lehrgebiet und Anwendungsfeld der Technischen Chemie findet man häufig die Chemische Reaktionstechnik, die nicht nur begrifflich der Chemischen Verfahrenstechnik sehr nahe kommt, sondern auch hinsichtlich der Ziele und Methoden weitgehend ähnlich ist. Insofern ist dieses Lehrbuch sowohl für die Ingenieur- als auch für die Chemikerausbildung geeignet. Die Betonung der technischen und wirtschaftlichen Randbedingungen und Realisierungsmöglichkeiten, die Berücksichtigung von Systemaspekten sowie sicherheits-, apparate- und umwelttechnischer Gegebenheiten sind als Teilaspekte der Chemischen Verfahrenstechnik für jeden Bearbeiter von Bedeutung, der sich mit der Auslegung und dem Betrieb von Reaktoren befasst.

1.2 Aufgaben und Methoden der Chemischen Verfahrenstechnik

Gegenstand der Chemischen Verfahrenstechnik ist der chemische Reaktor und dessen Einbindung in das Verfahren. Auf der Grundlage eines experimentell oder theoretisch erforschten Chemismus sollen die technischen Bedingungen geklärt werden, unter denen die folgenden Zielsetzungen kostengünstig erreicht werden können:

- Herstellung gewünschter Zwischen- oder Endprodukte
- Gezielte Umsetzung von Schadstoffen unter umwelttechnischen Gesichtspunkten
- Durchführung chemischer Reaktionen mit dem Ziel hoher Wirkungsgrade von Energieumwandlungen.

Aus den genannten Zielsetzungen ergeben sich folgende Hauptaufgaben in der **Verfahrensentwicklung**, wobei in der Regel die herzustellenden Produktmengen (Jahreskapazität der Anlage) vorgegeben sind:

- Auswahl eines geeigneten Reaktortyps und Klärung der Einbindung in das Verfahren
- Festlegung der Hauptabmessungen des Reaktors
- Festlegung optimaler Betriebsbedingungen einschließlich des An- und Abfahrverhaltens
- Klärung der Werkstoffanforderungen sowie sicherheits- und umwelttechnischer Fragen
- Auswahl und gegebenenfalls Konstruktion von Ausrüstungen (Apparat, Misch-, Heiz- oder Kühleinrichtungen, Ein- und Ausbringung von Katalysatoren usw.) sowie der Messtechnik.

Bei der **Verbesserung und Optimierung vorhandener Anlagen** können folgende Hauptaufgaben zu lösen sein:

- Erhöhung der Produktionskapazität des Reaktors
- Erhöhung der Ausbeute gewünschter Produkte
- Senkung der Austrittsmengen unerwünschter Produkte
- Erhöhung der Standzeit (Nutzungsdauer) von Katalysatoren und Ausrüstungen
- Verbesserung der Energierückgewinnung
- Vermeidung kritischer Betriebszustände, z.B. ungünstige Temperatur- und Druckbereiche

- Verminderung oder Vermeidung von Umweltbelastungen, z.B. durch Einsatz neuer Reaktionsmedien und Rohstoffe höherer Reinheit, durch Verwendung neuer oder verbesserter Katalysatoren und auf die Reststoffvermeidung gerichtete Optimierungsstrategien.

Um die genannten Aufgaben zu lösen bietet die Chemische Verfahrenstechnik in Zusammenarbeit mit Chemikern, Informatikern, Automatisierungsfachleuten, Apparatetechnikern und Betriebswirten ein umfangreiches und differenziertes Spektrum von Arbeitsmethoden, das sich innerhalb der letzten Jahrzehnte außerordentlich stark entwickelt hat. Klassische Methoden der Reaktorgestaltung und der Optimierung der technischen Reaktionsführung, die vielfach allein vom Experiment ausgingen, wurden durch rechnergestützte Verfahren der mathematischen Modellierung und Simulation ergänzt bzw. ersetzt. Folgende Vorgehensweisen kennzeichnen die **Arbeitsmethoden der Chemischen Verfahrenstechnik**:

- Die *Maßstabsübertragung auf der Grundlage experimenteller Untersuchungen* geht in der Regel von Versuchsergebnissen im Labormaßstab aus. Über kleintechnische Versuchsanlagen, Pilotanlagen (mitunter schon mit Produktionskapazitäten von mehreren hundert bis zu einigen tausend Jahrestonnen) bis hin zu großtechnischen Anlagen werden schrittweise vergrößerte Anlagen gebaut und getestet. Diese Methode stellt eine Möglichkeiten der Verfahrensentwicklung dar, die einerseits eine relativ hohe Übertragungssicherheit hinsichtlich geeigneter Apparatedimensionen und Prozessbedingungen bietet, andererseits aber mit einem hohen Zeit- und Kostenaufwand verbunden ist. Durch Nutzung der Methoden der Versuchsplanung können der Aufwand begrenzt und die Aussagefähigkeit der Ergebnisse vergrößert werden. Gegebenenfalls lassen sich auch vor- und nachbereitende Prozessstufen in den verschiedenen Maßstäben in die Untersuchungen einbeziehen.
- Durch Nutzung der *Methoden der mathematischen Modellierung und Simulation* lassen sich technische Reaktoren im Zuge der *Verfahrensentwicklung* mit ausreichender Genauigkeit hinsichtlich ihrer erforderlichen Abmessungen und der Prozessbedingungen vorausberechnen, wenn einige Voraussetzungen erfüllbar sind. Dazu gehören die Verfügbarkeit geeigneter mathematischer Modelle und entsprechender meist numerischer Lösungsverfahren. Die Fortschritte der letzten Jahrzehnte auf diesem Gebiet sind unübersehbar und haben zu relativ gut handhabbaren Berechnungsunterlagen mit entsprechend leistungsfähiger Software geführt. Ein damit verbundenes Problem besteht in der Verfügbarkeit der oftmals großen Anzahl der Modellparameter, deren Ermittlung vielfach separate Experimente erfordert. Dies betrifft in besonderem Maße die Kinetik der ablaufenden Reaktionen, deren Parameter im Allgemeinen nicht vorausberechnet werden können. Wenn keine nutzbaren Literaturangaben vorliegen, dann macht sich eine experimentelle Bestimmung erforderlich. Dieses Problem darf nicht unterschätzt werden, weil das reaktionskinetische Teilmodell für den Reaktor innerhalb des Variationsbereiches der technischen Prozessbedingungen (im Falle katalytischer Reaktionen auch genau für den verwendeten Katalysator) mit ausreichender Genauigkeit gültig sein muss. Gleiches gilt für die Desaktivierungskinetik von Katalysatoren, die eigentlich erst innerhalb von technischen Betriebszyklen experimentell erfasst werden kann. Nicht ganz so problematisch stellt sich die Situation bei der Ermittlung der Stoffwerte, der thermodynamischen Gleichgewichtsdaten sowie der Wärme- und Stofftransportparameter dar. Für viele Teilprozesse liegen Berechnungsalgorithmen vor, die allerdings zum großen Teil ebenfalls experimentell ermittelt wurden und in jedem Anwendungsfall hinsichtlich des Gültigkeitsbereiches und der Genauigkeit zu überprüfen sind.

- Mitunter werden *vereinfachte Methoden der Reaktorberechnung* für die Lösung von Aufgaben der Reaktorauslegung und der Optimierung der Prozessbedingungen angewendet, weil nicht ausreichend Ressourcen oder Methodenkenntnis zur Verfügung stehen. Wenn man beispielsweise aus orientierenden Versuchen (oder auch aus Angaben von Katalysatorherstellern) eine erforderliche Verweilzeit für das Erreichen eines bestimmten Umsatzes oder Produktspektrums kennt, kann für adäquate Reaktionsbedingungen ein technischer Reaktor grob dimensioniert werden.
- Die *Methoden der mathematischen Modellierung und Simulation* bieten auch *bei vorhandenen Anlagen* verschiedene Möglichkeiten der Prozess- und Systemoptimierung, der Vermeidung gefährlicher Betriebszustände und der Verbesserung der Prozesskenntnis. Zunächst bieten gezielte experimentelle Untersuchungen an der Anlage oft die Möglichkeit, ein vorab formuliertes mathematisches Modell technischen Betriebszuständen durch geeignete Parametervariation anzupassen und damit die Gültigkeit des Modells im Bereich der technischen Betriebsbedingungen zu erhöhen. Ein so angepasstes Modell eignet sich beispielsweise zur Ermittlung kostenoptimaler Prozessparameter, zur Vorausberechnung kritischer Prozessbedingungen, zur Optimierung der Reaktorsteuerung oder auch zur Schulung des Personals, dem auf diese Weise das simulierte Reaktorverhalten erläutert werden kann.
- *Experimentelle Untersuchungen an vorhandenen Anlagen* können auch ohne die Nutzung physikalisch-chemisch begründeter Modelle zur Verbesserung der Effektivität von einzelnen Prozessstufen und gegebenenfalls auch kompletter Verfahren führen, wenn eine gezielte Variation wesentlicher Einflussgrößen während des laufenden Betriebes möglich ist. Im Idealfall können durch Anwendung der Methoden der statistischen Versuchsplanung optimale oder zumindest verbesserte Betriebszustände gefunden werden.
- Die *Nutzung von Betreibererfahrungen und von Prozesskenntnissen an ähnlichen Anlagen* können (im Vergleich zum aktuellen Bearbeitungsgegenstand) sowohl bei der Grobauslegung von Prozessstufen als auch beim Auffinden günstiger Betriebszustände hilfreich sein. Wegen der großen Variabilität chemischer Reaktionen und deren Kinetik und der oftmals starken Verkopplung vor allem mit Wärme- und Stofftransportprozessen sind die Unsicherheiten bei der auf diesem Wege erfolgten Grobauslegung allerdings wesentlich größer als bei mechanischen und thermischen Prozessstufen.

Aus der Darlegung der Aufgaben und Methoden der Chemischen Verfahrenstechnik wird ersichtlich, dass bei der Lösung praktischer Problemstellungen oftmals das Fachwissen mehrerer Disziplinen erforderlich ist. Die stofflichen und reaktionskinetischen Grundlagen werden durch die Chemie, die Thermodynamik und die Physikalische Chemie geliefert. Die Physik liefert grundlegende Informationen zu den Erhaltungssätzen von Masse, Energie und Impuls, auf denen verfahrenstechnische Modelle aufbauen. Zur Lösung solcher Modelle sind neben oft nichtlinearen algebraischen Gleichungssystemen vielfach Differentialgleichungssysteme zu lösen, wobei gegebenenfalls die Hilfe des Mathematikers und häufig auch des Informatikers notwendig wird. Dies gilt auch für die Lösung komplizierter Optimierungsaufgaben, wie sie beispielsweise bei der Ermittlung kostenoptimaler Varianten der technischen Reaktionsführung auftreten können. Vielfältige Beiträge sind auch durch angrenzende Ingenieurdisziplinen wie die Mess- und Regelungstechnik, die Apparate- und Anlagentechnik und die Sicherheitstechnik zu leisten.

2 Grundzüge der Prozess- und Verfahrensgestaltung

2.1 Diskontinuierliche und kontinuierliche Prozessführung

Die diskontinuierliche oder kontinuierliche Betriebsweise ist ein grundsätzliches Unterscheidungsmerkmal bei der technischen Gestaltung eines Prozesses oder auch eines gesamten Verfahrens. Der Prozess (Verfahrensstufe, Grundverfahren) wird meist nur für eine Betriebsweise ausgelegt, obwohl die Gestaltung vieler Apparate (z. B. Rührreaktoren) mit wenigen Umbauten beide Varianten zulassen würde. In einem Verfahren können sowohl kontinuierliche als auch diskontinuierliche Prozesse kombiniert werden.

Die **diskontinuierliche Prozessführung**, auch chargenweiser, absatzweiser sowie Batch- oder Satzbetrieb genannt, ist dadurch gekennzeichnet, dass zu Beginn des Vorganges die zu behandelnden Stoffmengen in den Apparat eingefüllt und dort einer oder mehreren verfahrenstechnischen Operationen unterzogen werden. Dabei laufen verschiedene Prozesse (z. B. Aufheizen, Mischen, chemische Reaktionen, Abkühlen) oft nacheinander ab. Sie können sich aber auch zeitlich überschneiden oder während des gesamten diskontinuierlichen Vorganges zusammen ablaufen (z. B. chemische Reaktion mit ständiger Kühlung). Nach Erreichen eines gewünschten Bearbeitungszustandes, z. B. eines Umsatzes bei chemischen Reaktionen, wird der Prozess abgebrochen und das Produkt entnommen. Die erzeugte Stoffmenge wird vielfach als Charge bezeichnet. Die Vorteile der diskontinuierlichen Prozessführung liegen darin, dass ein Wechsel zu anderen Produkten oder Produkteigenschaften relativ einfach möglich ist und bei entsprechenden Ausrüstungen für die Prozesssteuerung gewünschte Betriebsbedingungen exakt eingehalten werden können. Ist man in der Lage, den Prozess mit Hilfe mathematischer Modelle mit ausreichender Genauigkeit voraus zu berechnen, dann lassen sich sogar Gefahr bringende Zustände rechtzeitig erkennen und vermeiden. Eingriffsmöglichkeiten unter sicherheitstechnischen Aspekten (z. B. schnelle Abkühlung) oder zur Aufrechterhaltung gewünschter Umsätze oder Selektivitäten (z. B. Zugabe von Katalysatoren) sind i. Allg. gegeben. Der diskontinuierliche Betrieb ist vielfach dort vorzuziehen, wo Prozesse mit sehr langsamen Geschwindigkeiten ablaufen und deshalb lange Verweilzeiten erforderlich sind. Auch bei relativ kleinen Produktmengen oder der Herstellung mehrerer Stoffe in einem Apparat bzw. in einer Anlage (Mehrproduktanlagen) wird man diese Betriebsweise bevorzugen.

Nachteile der diskontinuierlichen Prozessführung liegen darin, dass zu den notwendigen Zeiten für die einzelnen Prozesse Zeiten zum Füllen und Entleeren und gegebenenfalls auch

Reaktionen unter Beteiligung gasförmiger Reaktionspartner ohnehin nicht diskontinuierlich durchgeführt werden; hier ist nur die halbkontinuierliche oder kontinuierliche Prozessführung möglich.

2.2 Das chemische Verfahren und der Reaktor als zentrale Prozesseinheit

Chemische Reaktionen laufen bei definierten Temperatur- und Konzentrationsbedingungen ab. Die Reaktionspartner (Edukte) werden dem Reaktor in einer Menge und Beschaffenheit zugeführt, die unter Berücksichtigung weiterer Einflussmöglichkeiten (Vermischung, Heizung, Kühlung, Katalysatorzugabe) die gewünschte Umsetzung ermöglichen. Mögliche und günstige Eintrittsbedingungen für die Reaktionsstufe sind meist aus deren Charakteristik zu ermitteln und werden durch vorbereitende Verfahrensstufen erreicht.

Die **Stoffvorbereitung** (s. Abb. 2.1) erfolgt meist durch mechanische und thermische Grundoperationen. Werden Feststoffe als Reaktionspartner eingesetzt, dann müssen sie in der Regel in einer vorgegebenen Teilchengröße (auch Partikel- oder Korngröße genannt) und mitunter auch in einer bestimmten Teilchenform am Reaktoreintritt vorliegen. Hierzu dienen Zerkleinerungsprozesse in entsprechenden Maschinen wie Mühlen oder Brecher. Setzt man Feststoffe in gelöster Form als Reaktionspartner ein, werden diese z. B. in Rührmaschinen gelöst. Gleichzeitig oder nachfolgend kann die Lösung gereinigt werden, indem unerwünschte Bestandteile entfernt werden. Dies nutzt man beispielsweise bei der Alkalichloridelektrolyse, die der Herstellung von Chlor, Wasserstoff und Natronlauge aus Steinsalz dient (s. Abb. 2.2). Das Salz wird in Lösestationen oder auch direkt unter Tage in der Lagerstätte in Wasser gelöst. Die konzentrierte Kochsalzlösung muss vor der Reaktionsstufe (Elektrolyse) einer mehrstufigen Feinreinigung durch Fällungs- uns Ionenaustauschprozesse unterzogen werden.

Auch gasförmige Reaktionspartner müssen durch vielfältige Reinigungsprozesse auf den Reaktionsschritt vorbereitet werden. Während die Entfernung flüssiger oder fester Verschmutzungen meist durch mechanische Verfahren erfolgt, können unerwünschte Gaskomponenten auch durch chemische Reaktionen vor der eigentlichen Reaktionsstufe entfernt werden. Dies trifft z. B. auf Schwefelverbindungen zu, die bei vielen Prozessen als Katalysatorgift wirken.

Zur Stoffvorbereitung gehören auch die Schaffung der für den Reaktionsprozess günstigen Druckverhältnisse in entsprechenden Verdichterstationen und der für den Reaktoreintritt geforderten Temperaturen, z. B. durch Vorheizung der Reaktionspartner.

Der **Reaktionsstufe** selbst kann eine zentrale Stellung innerhalb des Verfahrens zugewiesen werden, weil hier nicht nur eine Veränderung der Eigenschaften von Stoffen oder der Zusammensetzung einzelner Phasen eines Stoffgemisches erfolgt, sondern durch chemische Reaktionen Stoffe umgesetzt werden und gegebenenfalls weitgehend aus dem Reaktionsgemisch verschwinden, während andere Stoffe als Reaktionsprodukte völlig neu entstehen. Die maximale Menge sowohl der umgesetzten als auch der erzeugten Stoffe kann nur durch die Arbeitsweise der Reaktionsstufe (Größe und Bauart der Reaktoren, Reaktionsbedingungen) beeinflusst werden, auch wenn vielfältige stoffliche und energetische Verkopplungen mit

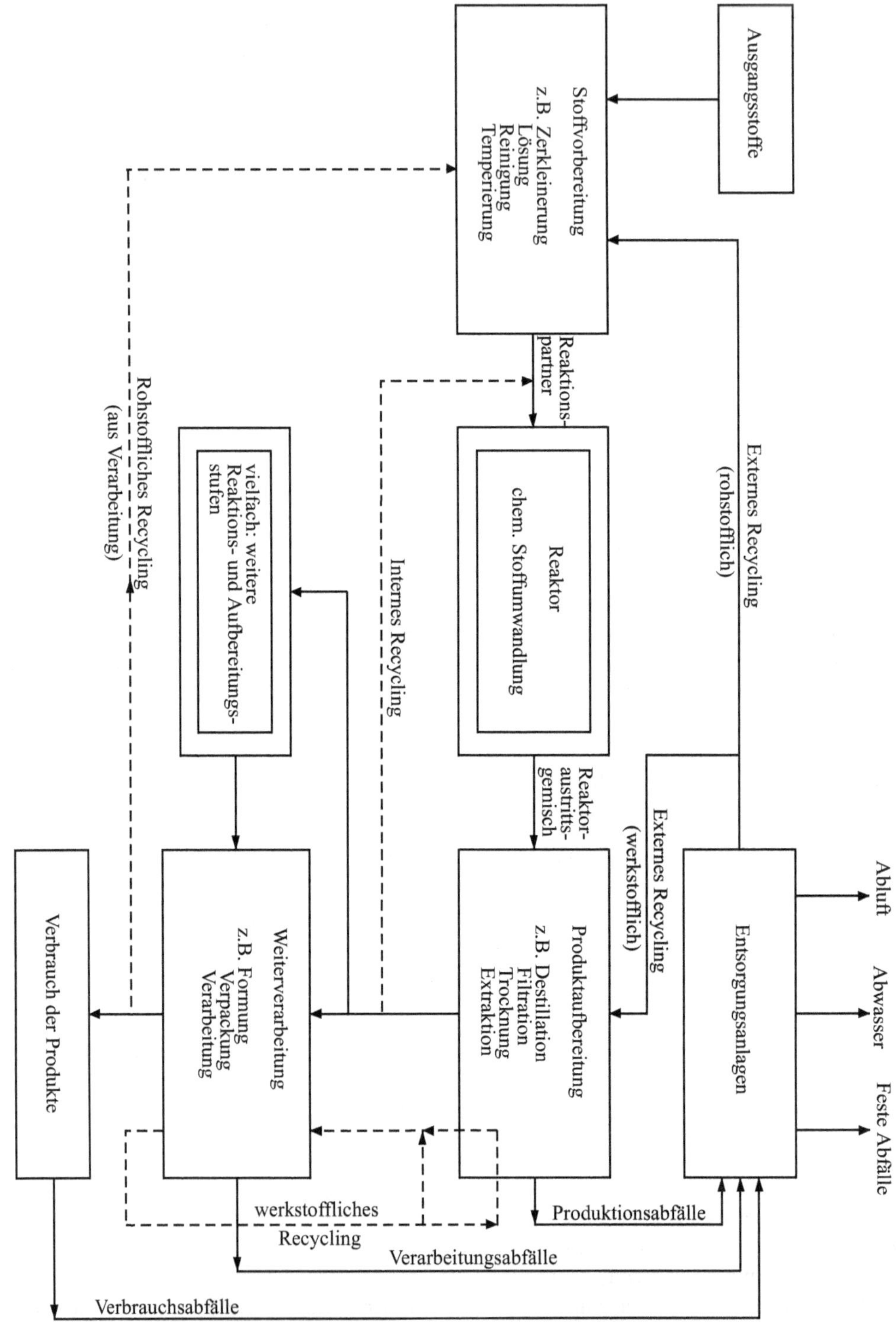

Abb. 2.1: Prinzipieller Aufbau eines chemischen Verfahrens

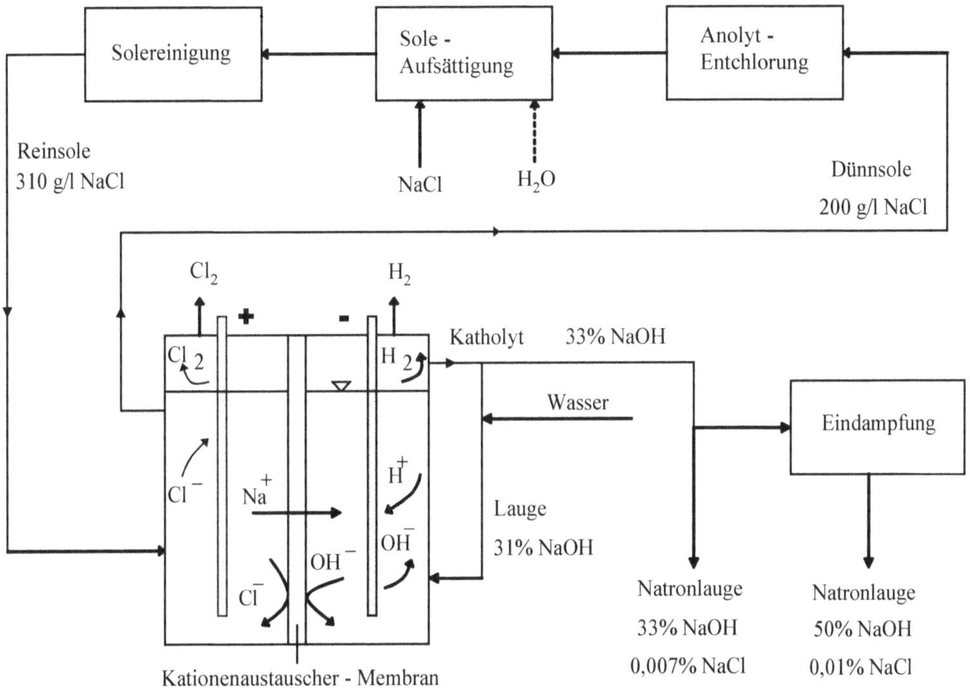

Abb. 2.2: *Alkalichlorid-Elektrolyse nach dem Membranverfahren*

vor- und nachbereitenden Stufen bestehen können. Bei der Alkalichloridelektrolyse nach Abb. 2.2 stellt eine membrangeteilte Elektrolysezelle die chemische Reaktionsstufe dar, in der an der Anode Chlor und an der Kathode Wasserstoff gebildet werden. Beide Gase werden vielfältigen weiteren Reaktionsstufen zugeführt. Die im Kathodenraum entstehende Natronlauge ist das einzige flüssige Reaktionsprodukt.

Das aus dem Reaktor austretende Gemisch aus Reaktionsprodukten und eventuell nicht umgesetzten Reaktionspartnern wird im allgemeinen Fall (s. Abb. 2.1) der vielfach mehrstufigen **Produktaufbereitung** zugeführt. Dies sind in erster Linie Prozessschritte zur Änderung der thermodynamischen Zustandsgrößen (z. B. Druckentlastung, Kühlung) sowie mechanische und thermische Trennverfahren, die einerseits die Reaktionsprodukte für die Weiterverarbeitung vorbereiten und andererseits nicht umgesetzte Reaktionspartner abtrennen und damit ein **internes Recycling** (Rückführung in die Reaktionsstufe) ermöglichen. Im Beispiel der Alkalichloridelektrolyse besteht der wesentliche Aufbereitungsschritt des Reaktionsproduktes Natronlauge in einer Eindampfung, um eine für die Verkaufsfähigkeit gewünschte Konzentration von 50 % zu erreichen. Vielfach folgen dem Aufbereitungsschritt weitere Reaktions- und Aufbereitungsstufen (mitunter auch in anderen Produktionsstätten), bis das gewünschte Produkt der Weiterverarbeitung zugeführt werden kann. Mit der Auslieferung der aufbereiteten Reaktionsprodukte zur **Weiterverarbeitung** ist das chemische Verfahren im engeren Sinne abgeschlossen.

Neben dem bereits erwähnten internen Recycling, das vor allem wegen nicht vollständiger Umsätze von Reaktionspartnern erforderlich ist, existieren weitere Recyclingschritte, die unter dem Gesichtspunkt der Nachhaltigkeit des Rohstoffeinsatzes stark an Bedeutung gewinnen. Beim **rohstofflichen Recycling** werden Verarbeitungsabfälle innerhalb des Unternehmens oder im Verarbeitungsbetrieb meist durch chemische Prozessstufen in wieder verwendbare Ausgangsstoffe, bzw. Reaktionspartner umgesetzt. So können bei der Herstellung von Polymerfolien oder -formteilen entsprechende Kunststoffabfälle chemisch in die Monomerbestandteile umgesetzt und nach eventuell notwendigen Reinigungsstufen wieder der Reaktionsstufe zugeführt werden. Beim **werkstofflichen Recycling** werden solche Abfälle chemisch unverändert aufbereitet und erneut der Weiterverarbeitung zugeführt. Im Falle von thermoplastischen Kunststoffabfällen würde man das Material einschmelzen, gegebenenfalls reinigen und granulieren.

Abfälle aus der Produktion, der Verarbeitung oder dem Verbrauch werden meist über Sammelsysteme den Entsorgungsanlagen zugeführt. Hier werden sie durch chemische, biologische oder thermische Prozessstufen entweder zu nicht verwendbaren Abwässern, Abgasen oder festen Abfällen -vielfach unter Energiegewinnung- umgewandelt oder es können recyclingfähige Stoffe gewonnen werden. Dieses **externe Recycling** kann sowohl rohstofflich (Einspeisung in die Stoffvorbereitungs- oder die Reaktionsstufe) als auch werkstofflich (Einspeisung in die Aufarbeitung oder Verarbeitung) erfolgen.

2.3 Stoffliche und energetische Kopplung von Prozessstufen

Die Art der Kopplung von Prozessstufen eines Verfahrens wird maßgeblich davon bestimmt, ob nur kontinuierliche Stufen vorliegen oder einzelne Prozesse diskontinuierlich ablaufen. Ein einfach überschaubarer Standardfall besteht darin, dass **alle Prozessstufen kontinuierlich** betrieben werden. In diesem Fall kann man die Anlage nach einer Anfahrzeit in einen stationären (zeitlich weitgehend unveränderten) Zustand bringen und sie über längere Zeiträume auch im gewünschten Zustand betreiben. Voraussetzung sind eine stabile Rohstoffversorgung und Produktentnahme, eine störungsfreie Funktion aller Förderaggregate und Apparate und eine entsprechende Regelungstechnik. Stofflich liegt eine Hintereinanderschaltung von Prozesseinheiten vor, wobei auch Kreisläufe, Zwischeneinspeisungen oder Auskreisungen möglich sind (s. Abb. 2.3).

Viele der Prozessstufen und alle dazwischen befindlichen Fördereinrichtungen für gasförmige, flüssige oder feste Stoffe müssen mit Energie versorgt werden. Dies betrifft Heizungen und Kühlungen, die Stromversorgung von Elektrolysen, Antriebe von Pumpen, Gebläsen, Feststoffförderern, Rührwerken, Zentrifugen, Zerkleinerungsmaschinen und viele andere. Meist erfolgt eine separate, von anderen Prozessstufen unabhängige Energiezu- oder -abführung.

Eine **energetische Kopplung** findet man allerdings häufig bei der Abwärmenutzung, die innerhalb des Verfahrens aber auch extern, z. B. für Heizzwecke erfolgen kann. Eine typische Abwärmenutzung innerhalb des Verfahrens besteht darin, dass die Enthalpie heißer Reaktionsprodukte oder Kühlmedien zur Vorwärmung von Reaktoreintrittsgemischen verwendet wird (s. Abb. 2.4).

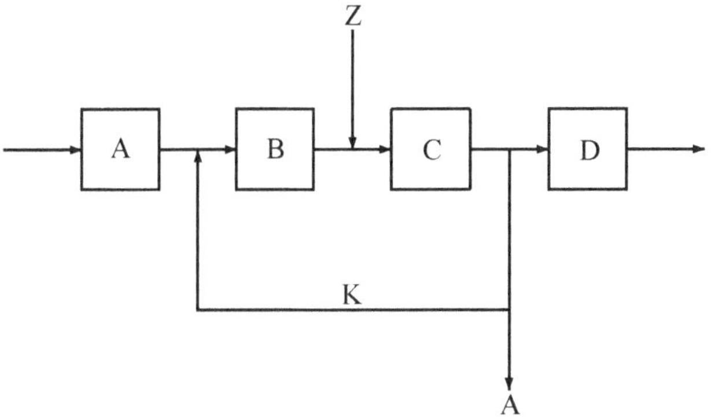

Abb. 2.3: *Stoffströme bei Hintereinanderschaltung von Prozesseinheiten*
A, B, C, D Prozessstufen; K Kreislauf; Z Zwischeneinspeisung; A Auskreisung

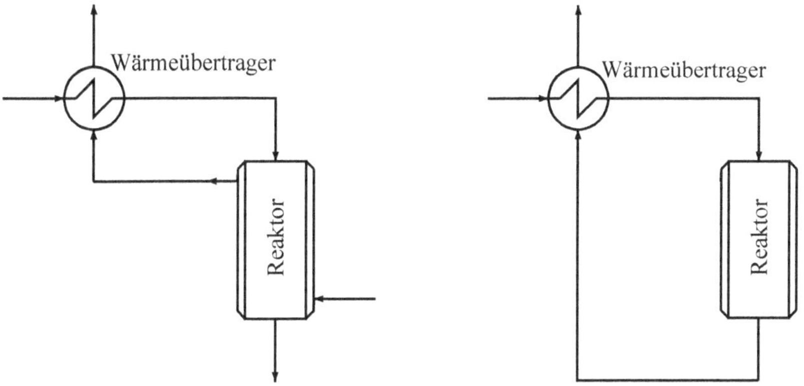

Abb. 2.4: *Abwärmenutzung eines Kühlmediums(a) und eines Reaktionsproduktes(b) zur Eduktvorwärmung*

Eine vorteilhafte Kopplung der Energie- und Stoffströme ergibt sich bei solchen Anwendungen oft daraus, dass bei einer Durchsatzerhöhung im Reaktor auch ein höherer Wärmeanfall vorliegt und damit die vergrößerte Eduktmenge aufgeheizt werden kann. Ist die Aufheizung der Reaktionspartner nicht erwünscht, kann die Abwärme des Reaktors auch in anderen Prozessstufen genutzt werden.

Neue Gesichtspunkte der Verfahrensgestaltung treten auf, wenn bei einer Hintereinanderschaltung kontinuierlicher Prozessstufen eine oder auch mehrere Stufen zusätzlich in einer Parallelschaltung vorliegen (s. Abb. 2.5). Dies kann in solchen Fällen erforderlich werden, in denen ein verfügbarer Apparat des entsprechenden Prozesses nicht die gewünschte Produktionskapazität besitzt und deshalb zwei oder mehrere Apparate parallel betrieben werden. Auch beim Auftreten von Desaktivierungs-, Alterungs- oder Verschleißvorgängen, die ein häufiges Regenerieren bzw. Reparieren der einzelner Apparate oder Apparateelemente erfordern, sieht man parallel zu betreibende Ersatzeinheiten vor, wodurch Ausfallzeiten der gesamten Anlage verhindert werden können. Durch Hinzuschalten oder Abschalten eines oder mehrerer Apparate kann man schließlich auch auf erforderliche Durchsatzänderungen reagieren.

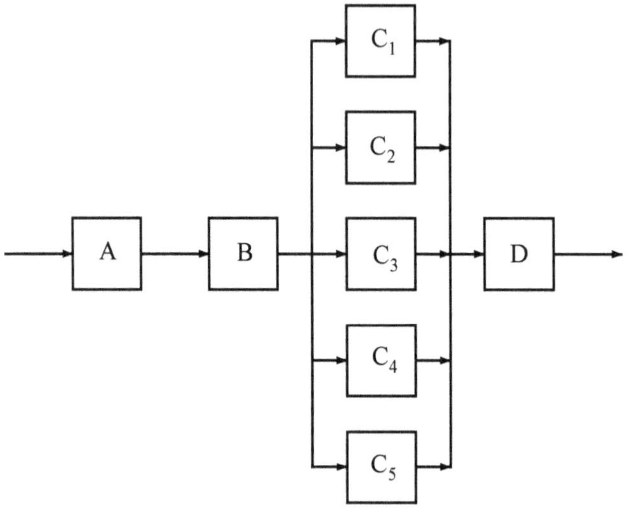

Abb. 2.5: *Parallelschaltung einer Prozessstufe innerhalb eines kontinuierlichen Verfahrens*

Treten innerhalb eines insgesamt kontinuierlichen Verfahrens **eine oder mehrere diskontinuierliche Prozesseinheiten** auf, dann muss man entsprechende Speichervolumina vorsehen (s. Abb. 2.6).

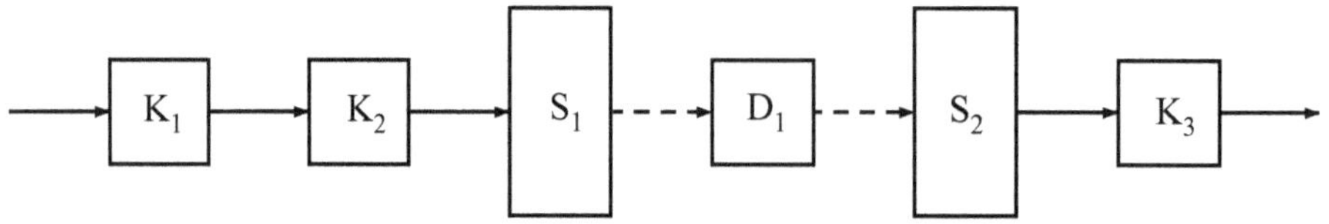

Abb. 2.6: *Verschaltung von kontinuierlichen und diskontinuierlichen Prozesseinheiten mit Speichern (→ kontinuierlicher Stoffstrom; ----› diskontinuierliche Füllung, bzw. Entleerung von Apparaten)*

Der Speicher S1 ist so auszulegen, dass er einerseits den kontinuierlichen Zustrom aus den davor liegenden kontinuierlichen Prozesseinheiten (K2 in S1) zu jedem Zeitpunkt aufnehmen kann und andererseits die diskontinuierliche Füllung der jeweiligen Charge (S1 in D1) ermöglicht. Im entgegen gesetzten Sinn muss der Speicher S2 nach Beendigung des Chargenzyklus in D1 jeweils dessen gesamtes Volumen aufnehmen können und den kontinuierlichen Volumenstrom von S2 nach K3 ermöglichen.

3 Natur- und ingenieurwissenschaftliche Grundlagen der chemischen Verfahrenstechnik

Bei der Darlegung der Arbeitsmethoden der chemischen Verfahrenstechnik wurde bereits auf die zentrale Rolle der mathematischen Modellierung chemischer Prozesse bei der Lösung verfahrenstechnischer Aufgabenstellungen hingewiesen. Die Formulierung entsprechender Berechnungsalgorithmen erfordert das Verständnis der naturwissenschaftlichen Grundlagen, die in erster Linie die Stöchiometrie, die Thermodynamik und die Kinetik chemischer Reaktionen betreffen. Hier werden aus diesen vielfach ausführlich beschriebenen Wissensgebieten lediglich die Ausschnitte dargelegt, die für die Berechnung chemischer Reaktoren notwendig sind. Dies gilt auch für die Prozesse der Stoff-, Wärme- und Impulsübertragung, die in vielen Fällen der technischen Realisierung mit chemischen Reaktionen gekoppelt sind. Spezielle mit der Berechnung von Reaktoren zusammenhängende Methoden der Beschreibung von Transportprozessen werden in den Kapiteln zu den einzelnen Reaktortypen behandelt.

3.1 Stöchiometrie chemischer Reaktionen

Die Berücksichtigung der Stöchiometrie chemischer Reaktionen, also die Kennzeichnung der an der jeweiligen Reaktion beteiligten Reaktionspartner und -produkte und die zugehörigen Mengenverhältnisse ihrer Umsetzung bzw. Bildung ist eine wesentliche Voraussetzung für die stoffliche Bilanzierung in der chemischen Verfahrenstechnik. Im Gegensatz zu mechanischen oder thermischen Verfahrensstufen ändern sich beim chemischen Prozess nicht nur die Struktur und Eigenschaften von Stoffgemischen, sondern auch die Stoffart und damit die stoffliche Zusammensetzung. Zu deren Erfassung ist die stöchiometrische Bilanzierung unabdingbar.

3.1.1 Grundgrößen der stöchiometrischen Bilanzierung

Eine chemische Reaktion zwischen einer Anzahl von N' Komponenten (K_i) lässt sich mathematisch wie folgt ausdrücken:

$$\sum_{i=1}^{N'} \nu_i K_i = 0 \,. \tag{3.1}$$

Vereinbarungsgemäß gilt für die stöchiometrischen Koeffizienten (auch Umsatzzahlen) ν_i

$\nu_i < 0$ verschwindende Komponente, d. h. Reaktionspartner

$\nu_i > 0$ entstehende Komponente, d. h. (Zwischen-) oder Reaktionsprodukt.

So ergeben sich beispielsweise für die vollständige Oxidation von Ethylen gemäß

$$C_2H_4 + 3O_2 \rightarrow 2CO_2 + 2H_2O \quad \text{oder} \quad 2CO_2 + 2H_2O - C_2H_4 - 3O_2 = 0$$

folgende stöchiometrische Koeffizienten:

$$\nu_{C_2H_4} = -1; \; \nu_{O_2} = -3; \; \nu_{CO_2} = +2; \; \nu_{H_2O} = +2 \,.$$

Zur quantitativen Beschreibung von Stoffmengen einer Komponente oder eines Stoffgemisches werden die **Grundgrößen**

- Molzahl (Stoffmenge in mol) n_i bzw. Molanteil oder Molenbruch x_i
- Masse m_i bzw. Masseanteil oder Massenbruch g_i
- Volumen V_i bzw. Volumenanteil oder Volumenbruch ϕ_i
- Partialdruck p_i bei idealen Gasen

verwendet. Der Index *i* gilt dabei für die jeweils betrachtete Komponente.

Folgende Beziehungen gelten zwischen den einzelnen Größen, wobei N' die Gesamtzahl der im Gemisch vorhandenen Komponenten bedeutet:

$$n = \sum_{i=1}^{N'} n_i \qquad x_i = \frac{n_i}{n} \qquad \sum_{i=1}^{N'} x_i = 1 \tag{3.2}$$

$$m = \sum_{i=1}^{N'} m_i \qquad g_i = \frac{m_i}{m} \qquad \sum_{i=1}^{N'} g_i = 1 \tag{3.3}$$

$$V = \sum_{i=1}^{N'} V_i \qquad \phi_i = \frac{V_i}{V} \qquad \sum_{i=1}^{N'} \phi_i = 1 \,. \tag{3.4}$$

Bezieht man die Molzahl oder die Masse einer Komponente auf das Volumen der gesamten Reaktionsmischung (V_R), führt dies zur Molkonzentration (in der chemischen Verfahrenstechnik vielfach auch allgemein als Konzentration bezeichnet):

$$c_i = \frac{n_i}{V_R} \tag{3.5}$$

bzw. zur Massenkonzentration

$$c_i^{'} = \frac{m_i}{V_R} . \tag{3.6}$$

Bei idealen Gasen werden Zusammensetzungen von Stoffgemischen oft mit Hilfe der Partialdrücke gekennzeichnet, wobei das allgemeine Gasgesetz folgenden Zusammenhang bietet:

$$p_i = x_i \, p = n_i \frac{RT}{V} = c_i \, RT . \tag{3.7}$$

Im kontinuierlichen Betrieb sind die Stoffmengen durch Stoffströme (Durchsätze) gekennzeichnet. Hier gelten analoge Beziehungen, nun aber bezogen auf die Mengendurchsätze:

$$\dot{n} = \sum_{i=1}^{N'} \dot{n}_i \qquad x_i = \frac{\dot{n}_i}{\dot{n}} \tag{3.8}$$

$$\dot{m} = \sum_{i=1}^{N'} \dot{m}_i \qquad g_i = \frac{\dot{m}_i}{\dot{m}} \tag{3.9}$$

$$c_i = \frac{\dot{n}_i}{\dot{V}} = \frac{\dot{n}_i}{w A} \tag{3.10}$$

mit w = Strömungsgeschwindigkeit

A = durchströmte Querschnittsfläche.

Zur Charakterisierung des Ergebnisses einer chemischen Stoffumwandlung verwendet man in der Praxis häufig die Größen Umsatz, Ausbeute, Selektivität oder Fortschreitungsgrad, die wie folgt definiert sind:

Umsatz:
Der Umsatz ist die auf die eingesetzte Molzahl bezogene Molzahländerung eines Reaktionspartners.

$$U_i = \frac{n_{i0} - n_i}{n_{i0}} \quad \text{bzw.} \quad U_i = \frac{\dot{n}_i^0 - \dot{n}_i}{\dot{n}_i^0} \; \text{(bei kontinuierlichen Reaktoren)} \tag{3.11}$$

Ausbeute:
Die Ausbeute ist das Verhältnis der gebildeten Mole eines Ziel-, Zwischen- oder Reaktionsproduktes (Index i) zu der eingesetzten Molzahl eines als Bezugskomponente gewählten Reaktionspartners (Index k).

$$A_i = \frac{n_i - n_{i0}}{n_{k0}} \quad bzw. \quad A_i = \frac{\dot{n}_i - \dot{n}_i^0}{\dot{n}_k^0} \quad \text{(bei kontinuierlichen Reaktoren)} \tag{3.12}$$

Selektivität:
Die Selektivität ist das Verhältnis der gebildeten Mole eines Zwischen- oder Reaktionsproduktes zu den umgesetzten Molen eines Reaktionspartners. Sie ist stets größer als die Ausbeute, da der Umsatz kleiner als Eins ist.

$$S_i = \frac{A_i}{U_i} = \frac{n_i - n_{i0}}{n_{k0} - n_k} \; bzw. \; S_i = \frac{\dot{n}_i - \dot{n}_i^0}{\dot{n}_k^0 - \dot{n}_k} \quad \text{(bei kontinuierlichen Reaktoren)} \tag{3.13}$$

Fortschreitungsgrad:
Eine übliche Größe zur Quantifizierung von Stoffmengenänderungen der einzelnen Komponenten stellt auch der so genannte Fortschreitungsgrad (Stoffmengenänderungsgrad) dar. Diese Größe ist als die Molzahländerung der betrachteten Komponente bezogen auf deren stöchiometrischen Koeffizienten definiert. Er ist für alle Komponenten einer Reaktion gleich groß.

$$X = \frac{n_i - n_{i0}}{\nu_i} \quad \text{für diskontinuierliche Reaktoren (Maßeinheit: } mol, kmol\text{)} \tag{3.14}$$

bzw.

$$\dot{X} = \frac{\dot{n}_i - \dot{n}_i^0}{\nu_i} \quad \text{für kontinuierliche Reaktoren (Maßeinheit: } mol/s, kmol/s\text{)} \tag{3.15}$$

Beim Ablauf volumenbeständiger Reaktionen stellt vielfach die Konzentration (Molkonzentration $c_i = n_i / V_R$) die charakterisierende Größe für die Umsetzung der jeweils betrachteten Komponente i dar. Man definiert deshalb den Fortschreitungsgrad unter Verwendung der Konzentration c_i:

$$\xi = \frac{c_i - c_{i0}}{\nu_i} \quad \text{(Maßeinheit: } kmol/m^3\text{),} \tag{3.16}$$

der sich aus dem Fortschreitungsgrad unter Verwendung der Molzahlen bzw. Moldurchsätze ergibt:

$$\xi = \frac{X}{V_R} \quad \text{(für diskontinuierliche Reaktoren)} \tag{3.17}$$

bzw.

$$\xi = \frac{\dot{X}}{\dot{V}} \quad \text{(für kontinuierliche Reaktoren)} \tag{3.18}$$

Der Fortschreitungsgrad ist bei komplexen Reaktionen für jede stöchiometrisch unabhängige Reaktion (Index j) zu formulieren:

$$\xi_j = \frac{\left(c_i - c_{i0}\right)_j}{\nu_{ij}} \tag{3.19}$$

3.1.2 Stöchiometrische Bilanzen einfacher Reaktionen

Molbilanzen (auch Molzahl- oder Stoffmengenbilanzen genannt) ergeben sich aus der Stöchiometrie der Reaktion und werden deshalb auch als stöchiometrische Bilanzen bezeichnet.

Zur stöchiometrischen Bilanzierung einer einfachen Reaktion kann als Reaktionsvariable der Umsatz einer Bezugskomponente k oder der Fortschreitungsgrad der Reaktion verwendet werden:

Molzahlbilanz mit Umsatz:

$$\Delta n_i = n_i - n_{i0} = \frac{\nu_i}{|\nu_k|} n_{k0} U_k \tag{3.20}$$

Molzahlbilanz mit Fortschreitungsgrad:

$$\Delta n_i = n_i - n_{io} = \nu_i X \tag{3.21}$$

Bei kontinuierlichen Prozessen sind an Stelle der Molzahlen die Molströme einzusetzen, wie dies bei der Definition der Grundgrößen dargelegt wurde.

Berechnungsbeispiel 3-1: Berechnung der Molenbrüche (Molanteile) aller Komponenten am Reaktorausgang bei gemessenem Umsatz einer Bezugskomponente und gegebenen Eintrittsströmen für eine einfache Reaktion

Aufgabenstellung
Eine einfache Reaktion läuft nach der folgenden stöchiometrischen Gleichung ab:

$$1A + 3B \rightarrow 2C$$

Am Austritt eines kontinuierlich betriebenen Reaktors wurde der Umsatz der Komponente B gemessen. Gesucht sind die Molanteile aller Reaktionsteilnehmer am Reaktoraustritt.

Gegebene Größen
Index 1 $\rightarrow$ Komponente A
Index 2 $\rightarrow$ Komponente B, Bezugskomponente (d. h. k = 2)
Index 3 $\rightarrow$ Komponente C

Umsatz des Stoffes B, der hier als Bezugskomponente gewählt wird:

$$U_B = U_2 = 0{,}95$$

Stoffmengenströme (Molströme) am Reaktoreintritt

$$\dot{n}_1^0 = 0{,}5\,kmol/s$$

$$\dot{n}_2^0 = 1{,}5\,kmol/s$$

$$\dot{n}_3^0 = 0$$

Lösung

Umsatz der Bezugskomponente:

$$U_2 = \frac{\dot{n}_2^0 - \dot{n}_2}{\dot{n}_2^0} \tag{3.22}$$

Molstrombilanzen gemäß Gl (3.20):

$$\dot{n}_1 = \dot{n}_1^0 + \frac{\nu_1}{|\nu_2|}\dot{n}_2^0 U_2 = \dot{n}_1^0 + \frac{(-1)}{|-3|}\dot{n}_2^0 U_2 = \dot{n}_1^0 - \frac{1}{3}\dot{n}_2^0 U_2 \tag{3.23}$$

$$\dot{n}_2 = \dot{n}_2^0 + \frac{\nu_2}{|\nu_2|}\dot{n}_2^0 U_2 = \dot{n}_2^0 + \frac{(-3)}{|-3|}\dot{n}_2^0 U_2 = \dot{n}_2^0 - \dot{n}_2^0 U_2 \tag{3.24}$$

$$\dot{n}_3 = \dot{n}_3^0 + \frac{\nu_3}{|\nu_2|}\dot{n}_2^0 U_2 = \dot{n}_3^0 + \frac{(+2)}{|-3|}\dot{n}_2^0 U_2 = \dot{n}_3^0 + \frac{2}{3}\dot{n}_2^0 U_2 \tag{3.25}$$

Gesamtmolzahl:

$$\dot{n} = \dot{n}_1 + \dot{n}_2 + \dot{n}_3 = \dot{n}_1^0 + \dot{n}_2^0 + \dot{n}_3^0 - \frac{1}{3}\dot{n}_2^0 U_2 - \dot{n}_2^0 U_2 + \frac{2}{3}\dot{n}_2^0 U_2 = \dot{n}^0 - \frac{2}{3}\dot{n}_2^0 U_2 \tag{3.26}$$

Es wird folgende Abkürzung verwendet:

$$\dot{n}_1^0 + \dot{n}_2^0 + \dot{n}_3^0 = \dot{n}^0 = 2\,kmol/s\,. \tag{3.27}$$

Gesuchte Molanteile:

$$x_1 = \frac{\dot{n}_1}{\dot{n}} = \frac{\dot{n}_1^0 - \frac{1}{3}\dot{n}_2^0 U_2}{\dot{n}^0 - \frac{2}{3}\dot{n}_2^0 U_2} \tag{3.28}$$

$$x_2 = \frac{\dot{n}_2}{\dot{n}} = \frac{\dot{n}_2^0 - \dot{n}_2^0 U_2}{\dot{n}^0 - \frac{2}{3}\dot{n}_2^0 U_2} \tag{3.29}$$

$$x_3 = \frac{\dot{n}_3}{\dot{n}} = \frac{\dot{n}_3^0 + \frac{2}{3}\dot{n}_2^0 U_2}{\dot{n}^0 - \frac{2}{3}\dot{n}_2^0 U_2} \tag{3.30}$$

Mit den gegebenen Daten ergeben sich folgende Molanteile am Austritt des Reaktors:

$$x_1 = 0,0238$$
$$x_2 = 0,0714$$
$$x_3 = 0,9048.$$

3.1.3 Stöchiometrische Bilanzen komplexer Reaktionen

Ein komplexer Reaktionsablauf zwischen N' Komponenten in M' Reaktionen kann bei Kenntnis des Reaktionsschemas, also des Ablaufes aller Reaktionen, wie folgt mathematisch beschrieben werden:

$$\sum_{i=1}^{N'} \nu_{ij} K_i = 0 \qquad \text{für } j = 1,...M'. \tag{3.31}$$

Diese allgemeine Darstellung umfasst alle komplexen Reaktionen, die meist auf folgende Grundtypen zurückgeführt werden können:

Gleichgewichtsreaktion:

$$|\nu_1| K_1 + |\nu_2| K_2 + ... \rightleftarrows |\nu_3| K_3 + |\nu_4| K_4 + ... \tag{3.32}$$

Parallelreaktion:

$$|\nu_1| K_1 \to |\nu_2| K_2$$

$$|\nu_1| K_1 \to |\nu_3| K_3 \tag{3.33}$$

(Weitere Komponenten und Reaktionen können vorliegen.)

Folgereaktion:

$$|\nu_1| K_1 \to |\nu_2| K_2 \to |\nu_3| K_3$$

oder

$$\begin{aligned} &|\nu_1| K_1 \to |\nu_2| K_2 \\ &|\nu_2| K_2 \to |\nu_3| K_3 \end{aligned} \tag{3.34}$$

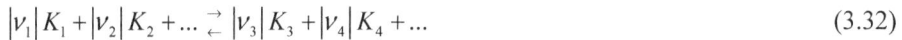

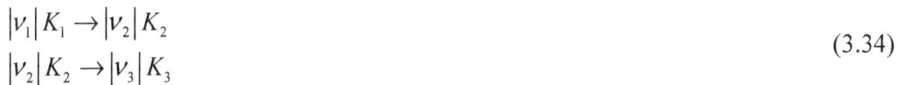

Die *konkurrierende Folgereaktion* stellt bereits eine Kombination von Parallel- und Folgereaktion dar:

$$\begin{aligned} &|\nu_1|K_1 \qquad\qquad \rightarrow |\nu_2|K_2 \\ &|\nu_1|K_1 + |\nu_2|K_2 \rightarrow |\nu_3|K_3 \end{aligned} \tag{3.35}$$

Auch bei Parallel- und Folgereaktionen können Teilreaktionen als Gleichgewichtsreaktionen ablaufen.

Die gesamte Molzahländerung eines Stoffes Δn_i ergibt sich aus den anteiligen Ergebnissen von mehreren Reaktionen, an denen die Komponente i beteiligt ist. Die Anteile δn_{ij} in der j-ten Reaktion verhalten sich zueinander wie die stöchiometrischen Koeffizienten ν_{ij}:

$$\delta n_{1j} : \delta n_{2j} : \ldots : \delta n_{N'_j} = \nu_{1j} : \nu_{2j} : \ldots : \nu_{N'_j} \; . \tag{3.36}$$

Durch Verwendung des im Kap. 3.1.1 bereits definierten Fortschreitungsgrades X -jetzt indiziert als X_j für jede Reaktion – kann man diese Verhältnisse in Gleichungen überführen:

$$\delta n_{ij} = X_j \nu_{ij} \tag{3.37}$$

oder

$$X_j = \frac{\delta n_{ij}}{\nu_{ij}} \qquad \text{bzw.} \qquad \dot{X}_j = \frac{\delta \dot{n}_{ij}}{\nu_{ij}} \; . \tag{3.38}$$

Die Größe X_j bezeichnet man als Reaktionslaufzahl oder Fortschreitungsgrad; sie wurde bereits im Abschnitt 3.1.1 als Grundgröße der stöchiometrischen Bilanzierung eingeführt.

Der Zusammenhang zwischen den Fortschreitungsgraden der einzelnen Reaktionen und der gesamten Molzahländerung ergibt sich zu

$$\Delta n_i = \sum_{j=1}^{M'} \delta n_{ij} = \sum_{j=1}^{M'} \nu_{ij} X_j \qquad \text{mit } i = 1, \ldots, N' \tag{3.39}$$

bzw. in Matrizenschreibweise

$$\underline{\Delta n} = \underline{N}\,\underline{X} \qquad \text{mit } \underline{N} = (\nu_{ij}) \; . \tag{3.40}$$

Die Matrix $\underline{N}$ wird als *Stöchiometrische Matrix* bezeichnet. Im Allgemeinen sind nicht alle der ablaufenden Reaktionen voneinander unabhängig, sondern es existiert eine Anzahl von M Schlüsselreaktionen (stöchiometrisch unabhängig) und $(M' - M)$ stöchiometrisch abhängigen Reaktionen (Nichtschlüsselreaktionen). Die Anzahl der Schlüsselreaktionen M ist stets gleich der Anzahl der Schlüsselkomponenten N, mit deren Hilfe die Stoffmengenänderungen aller N' Komponenten berechnet werden können. Der Weg der Berechnung der Stoffmengenänderungen der Nichtschlüsselkomponenten mit Hilfe der aus Messungen oder Berechnungen bekannten Stoffmengenänderungen der Schlüsselkomponenten wird im Folgenden dargestellt. Das Ziel und der Nutzen dieser Vorgehensweise bestehen darin, dass man aus einer kleineren Anzahl von Informationen auf die Umsetzung aller beteiligten Komponenten schließen kann.

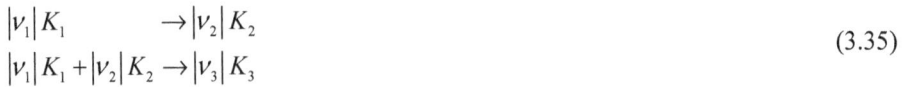

Es gilt:

$$rg(\underline{N}) = N = M \ . \tag{3.41}$$

Nur von diesen M Schlüsselreaktionen, den stöchiometrisch unhabhängigen Reaktionen, werden die Fortschreitungsgrade benötigt, um die Stoffmengenänderungen (Molzahländerungen) der Nichtschlüsselkomponenten zu berechnen.

Die Lösung des Gleichungssystems $\underline{\Delta n} = \underline{N}\,\underline{X}$ erhält man zu:

$$\underline{X_1} = \underline{N_{11}^{-1}}\,\underline{\Delta n_1} - \underline{N_{11}^{-1} N_{12} X_2} \quad . \tag{3.42}$$

Symbolerklärung:

- $\underline{X_1}$ Spaltenvektor der Fortschreitungsgrade der M Schlüsselreaktionen
- $\underline{X_2}$ Spaltenvektor der $(M' - M)$ Fortschreitungsgrade der Nichtschlüsselreaktionen
- $\underline{\Delta n_1}$ Spaltenvektor der N Molzahländerungen der Schlüsselkomponenten
- $\underline{N_{11}}$ Reguläre Untermatrix der stöchiometrischen Matrix $\underline{N}$ vom Format $N \times N$
- $\underline{N_{12}}$ Untermatrix vom Format $N \times (N' - N)$, die sich durch die Festlegung von $\underline{N_{11}}$ ergibt.

Das Gleichungssystem besitzt für $\underline{X_1}$ keine eindeutige Lösung. Man kann sich eine spezielle Lösung so auswählen, dass die Elemente des Spaltenvektors $\underline{X_2}$ (d. h. die Fortschreitungsgrade der Nichtschlüsselkomponenten) Null gesetzt werden. Es gilt:

$$\underline{X_1} = \underline{N_{11}^{-1}}\,\underline{\Delta n_1} \tag{3.43}$$

mit

$$\underline{X_2} = 0 \ .$$

Für die Molzahländerung der Nichtschlüsselkomponenten erhält man analog

$$\underline{\Delta n_2} = \underline{N_{21} X_1} \tag{3.44}$$

bzw. die gesuchte Beziehung unter Elimination des Spaltenvektors $\underline{X_1}$ zu

$$\underline{\Delta n_2} = \underline{N_{21}}\ \underline{N_{11}^{-1}}\,\underline{\Delta n_1} = \underline{M}\,\underline{\Delta n_1} \ . \tag{3.45}$$

In dieser Gleichung ist $\underline{N_{21}}$ die Untermatrix der stöchiometrischen Matrix $\underline{N}$ vom Format $(N' - N) \times N$, die sich durch die Festlegung von $\underline{N_{11}}$ ergibt. Weiterhin wird die Abkürzung

$$\underline{M} = \underline{N_{21}}\,\underline{N_{11}^{-1}} \tag{3.46}$$

verwendet.

Zur Auswahl der Untermatrizen muss zunächst der Rang N der stöchiometrischen Matrix $\underline{N}$ bestimmt werden.

Es gilt:

$$\underline{N} = \begin{pmatrix} \underline{N_{11}} & \underline{N_{12}} \\ \underline{N_{21}} & \underline{N_{22}} \end{pmatrix}. \tag{3.47}$$

Die Matrix der stöchiometrischen Koeffizienten $\underline{N_{11}}$ hat das Format $N \times N$ und muss regulär sein ($\underline{N_{11}} \neq 0$). Es liegt dann auch die Untermatrix $\underline{N_{21}}$ vom Format $(N' - N) \times N$ fest.

Berechnungsbeispiel 3-2: Ermittlung der Molzahländerungen (Stoffmengenänderungen) für ein komplexes Reaktionssystem am Beispiel der Erzeugung von Synthesegas aus Methan und Wasserstoff

Aufgabenstellung
Ein vorgegebenes Reaktionsschema besteht aus folgenden sechs Reaktionen

$$\begin{array}{lllll} CH_4 & + H_2O & \xrightarrow{1} & CO & + 3H_2 \\ CO & + H_2O & \xrightarrow{2} & CO_2 & + H_2 \\ C & + H_2O & \xrightarrow{3} & CO & + H_2 \\ & 2CH_4 & \xrightarrow{4} & C_2H_6 & + H_2 \\ & CH_4 & \xrightarrow{5} & C & + 2H_2 \\ & CO & \xrightarrow{6} & C & + CO_2 \end{array}$$

Die Molzahländerungen zwischen Reaktorein- und -austritt wurden für die Komponenten Wasserstoff, Kohlenmonoxid, Kohlendioxid und Ethan gemessen.

Gesucht sind die Molzahländerungen der Komponenten Methan, Wasser, Kohlenstoff.

Lösung

1.Schritt:
Charakterisierung des Reaktionssystems ($M' = 6$ Reaktionen, $N' = 7$ Komponenten)

Komponente	**Summenformel**	**Nr.**
Wasserstoff	H_2	1
Kohlenmonoxid	CO	2
Kohlendioxid	CO_2	3
Ethan	C_2H_6	4
Methan	CH_4	5
Wasser	H_2O	6
Kohlenstoff	C	7

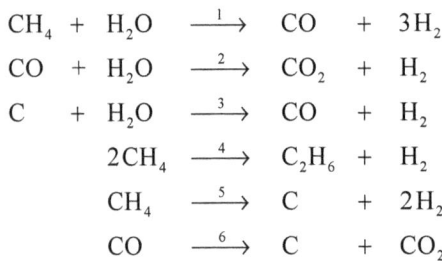

2.Schritt:
Aufstellen der stöchiometrischen Matrix $\underline{N}$

$\rightarrow$ Spalten : Reaktionen (j)

$\downarrow$ Zeilen : Komponenten (i)

Komponente / Reaktion	**(1)**	**(2)**	**(3)**	**(4)**	**(5)**	**(6)**
1 (H_2)	3	1	1	1	2	0
2 (CO)	1	−1	1	0	0	−2
3 (CO_2)	0	1	0	0	0	1
4 (C_2H_6)	0	0	0	1	0	0
5 (CH_4)	−1	0	0	−2	−1	0
6 (H_2O)	−1	−1	−1	0	0	0
7 (C)	0	0	−1	0	1	1

3.Schritt:
Ermittlung der Anzahl und Auswahl der Schlüsselkomponenten

Die Bestimmung des Ranges der Matrix der stöchiometrischen Koeffizienten ergibt nach den Gesetzmäßigkeiten der Matrizenrechnung und Gl. (3.41)

$$rg(\underline{N}) = N = 4\,. \tag{3.48}$$

Auswahl der Schlüsselkomponenten

Die Komponenten 1 bis 4, für die Messergebnisse (Molzahländerungen) vorliegen, werden als Schlüsselkomponenten ausgewählt. Damit liegen die Nichtschlüsselkomponenten 5, 6 und 7 fest.

4. Schritt:
Berechnung der Molzahländerungen der Nichtschlüsselkomponenten nach Gl. (3.45):

$$\underline{\Delta n_2} = \underline{N_{21}}\,\underline{N_{11}^{-1}}\,\underline{\Delta n_1}$$

Zunächst erfolgt die Bildung von $\underline{N_{11}}$ aus den ersten vier Zeilen und den Spalten 5, 3, 2 und 4.

Kriterium: $\underline{N_{11}} \neq 0$, d.h. regulär, Format $N \times N \;\rightarrow\; 4 \times 4$

$$\underline{N_{11}} = \begin{pmatrix} 2 & 1 & 1 & 1 \\ 0 & 1 & -1 & 0 \\ 0 & 0 & 1 & 0 \\ 0 & 0 & 0 & 1 \end{pmatrix} \tag{3.49}$$

Die Untermatrix $\underline{N}_{21}$ ergibt sich aus den restlichen Zeilen 5 bis 7 und ebenfalls aus den Spalten 5, 3, 2 und 4 entsprechend der Bildung von $\underline{N}_{11}$. Sie besitzt das Format $(N'-N)\times N$, also $(7-4)\times 4$:

$$\underline{N}_{21} = \begin{pmatrix} -1 & 0 & 0 & -2 \\ 0 & -1 & -1 & 0 \\ 1 & -1 & 0 & 0 \end{pmatrix} \tag{3.50}$$

Die Kehrmatrix $\underline{N}_{11}^{-1}$ ergibt sich zu

$$\underline{N}_{11}^{-1} = \begin{pmatrix} \frac{1}{2} & -\frac{1}{2} & -1 & -\frac{1}{2} \\ 0 & 1 & 1 & 0 \\ 0 & 0 & 1 & 0 \\ 0 & 0 & 0 & 1 \end{pmatrix} \tag{3.51}$$

Für die Molzahländerungen der Nichtschlüsselkomponenten erhält man

$$\begin{pmatrix} \Delta n_5 \\ \Delta n_6 \\ \Delta n_7 \end{pmatrix} = \begin{pmatrix} -1 & 0 & 0 & -2 \\ 0 & -1 & -1 & 0 \\ 1 & -1 & 0 & 0 \end{pmatrix} \begin{pmatrix} \frac{1}{2} & -\frac{1}{2} & -1 & -\frac{1}{2} \\ 0 & 1 & 1 & 0 \\ 0 & 0 & 1 & 0 \\ 0 & 0 & 0 & 1 \end{pmatrix} \begin{pmatrix} \Delta n_1 \\ \Delta n_2 \\ \Delta n_3 \\ \Delta n_4 \end{pmatrix}$$

$$= \begin{pmatrix} -\frac{1}{2} & \frac{1}{2} & 1 & -\frac{3}{2} \\ 0 & -1 & -2 & 0 \\ \frac{1}{2} & -\frac{3}{2} & -2 & -\frac{1}{2} \end{pmatrix} \begin{pmatrix} \Delta n_1 \\ \Delta n_2 \\ \Delta n_3 \\ \Delta n_4 \end{pmatrix} \tag{3.52}$$

Für die gesuchten Molzahländerungen ergeben sich damit folgende Gleichungen:

$$\Delta n_5 = -\frac{1}{2}\Delta n_1 + \frac{1}{2}\Delta n_2 + \Delta n_3 - \frac{3}{2}\Delta n_4 \tag{3.53}$$

$$\Delta n_6 = -\Delta n_2 - 2\Delta n_3 \tag{3.54}$$

$$\Delta n_7 = +\frac{1}{2}\Delta n_1 - \frac{3}{2}\Delta n_2 - 2\Delta n_3 - \frac{1}{2}\Delta n_4 \tag{3.55}$$

3.2 Thermodynamik chemischer Reaktionen

Thermodynamische Gesetzmäßigkeiten sind für den Ablauf chemischer Reaktionen von großer Bedeutung, weil stoffliche Umsetzungen in fast allen technischen Fällen mit der Umwandlung von Energieformen verbunden sind. Vielfach stellt die Wärmetönung die wichtigste energetische Größe dar, weil die Umwandlung von chemischer in thermische Energie gegenüber anderen energetischen Prozessen dominiert. Dies wird über die Reaktionsenthalpie quantifiziert, deren Berechnung mit Hilfe der Bildungsenthalpien der an der Reaktion beteiligten Komponenten möglich ist.

Ebenso wichtig ist die Berechnung chemischer Gleichgewichte, weil freiwillig ablaufende Reaktionen solchen Zuständen entgegen streben. Sie kennzeichnen damit einen maximal möglichen Umsatz, der bei den jeweiligen Reaktionsbedingungen erreicht werden kann. Thermodynamische Gesetzmäßigkeiten ermöglichen einerseits die Vorausberechnung von Gleichgewichtszusammensetzungen für vorgegebene Reaktionsbedingungen und gestatten andererseits die Berechnung von Mindestarbeitsbeträgen, die aufgewendet werden müssen, um eine Reaktion in umgekehrter Richtung zu erzwingen.

In den folgenden Kapiteln werden für diese beiden Problemkreise die entsprechenden Berechnungsmöglichkeiten dargestellt, wobei die Kenntnis der thermodynamischen Grundlagen vorausgesetzt wird.

3.2.1 Bildungsenthalpie und Reaktionsenthalpie

Die bei chemischen Reaktionen auftretende Wärmetönung entspricht der Differenz zwischen den Bindungsenergien der Reaktionspartner und denen der Reaktionsprodukte. Anstelle des Begriffes „Wärmetönung“ wird heute meist mit der Reaktionsenthalpie gearbeitet, die unter der Voraussetzung eines konstanten Druckes dem negativen Wert der Wärmetönung entspricht. Die Reaktionsenthalpie einer exothermen Reaktion, bei der das System Wärme abgibt, ist negativ, die einer endothermen Reaktion ist positiv.

Die Berechnung von Reaktionsenthalpien (ΔH_R) erfolgt mit Hilfe der Bildungsenthalpien der an der Reaktion beteiligten Komponenten (H_i). Letztere stellt die Enthalpieänderung dar, die bei der Bildung des Stoffes *i* aus den chemischen Elementen bei konstanter Temperatur und konstantem Druck auftritt. Allen Elementen wird folglich die Bildungsenthalpie Null zugeordnet. Durch die Einführung eines einheitlichen thermodynamischen Bezugspunktes mit

$$T^\theta = 298{,}15\,K$$

$$p^\theta = 0{,}1013\,MPa$$

erhält man die Standardbildungsenthalpie H_i^θ, die als Stoffwert aus Datensammlungen entnommen oder mit Hilfe von Näherungsgleichungen ermittelt werden kann (z. B. [3-1] und [3-2]). Während die Druckabhängigkeit dieser Größe im Allgemeinen gering ist, kann die Temperaturabhängigkeit durch folgende Beziehung beschrieben werden:

$$H_i(T) = H_i^\theta + \int_{T^\theta}^{T} C_{p,i}(T)\,dT \quad \text{in } kJ/kmol\,. \tag{3.56}$$

Für die Temperaturabhängigkeit der spezifischen Wärmekapazität $C_{p,i}(T)$ findet man vielfach empirisch ermittelte Gleichungen (z. B. in [3-3] und [3-4]) in der Form von Regressionspolynomen:

$$C_{p,i}(T) = a + bT + cT^2 + dT^3 \ldots \quad \text{in } kJ/(kmol\cdot K) \tag{3.57}$$

bzw.

$$c_{p,i}(T) = a' + b'T + c'T^2 + d'T^3 .... \text{ in } kJ/(kg \cdot K), \tag{3.58}$$

wobei diese Größen folgendermaßen zusammenhängen:

$$C_{p,i}(T) = M_i \, c_{p,i} \tag{3.59}$$

Die molare Reaktionsenthalpie wird nach dem *Hess*schen Satz berechnet:

$$\Delta H_R = \sum_{i=1}^{N'} \nu_i H_i \, . \tag{3.60}$$

In der Regel ist die Temperaturabhängigkeit nach folgender Beziehung zu berücksichtigen:

$$\Delta H_R = \sum_{i=1}^{N'} \nu_i \, H_i^\theta + \int_{T^\theta}^{T} \sum_{i=1}^{N'} \nu_i \, C_{pi}(T) \, dT \, . \tag{3.61}$$

Die stöchiometrischen Koeffizienten sind gemäß der in Kapitel 3.1 gegebenen Definition für Reaktionspartner negativ und für Reaktionsprodukte positiv anzusetzen.

3.2.2 Reaktionsentropie und freie Reaktionsenthalpie

Für Aussagen über die Richtung des Ablaufes einer chemischen Reaktion und für die Vorausberechnung chemischer Gleichgewichte sind neben der Reaktionsenthalpie auch die Reaktionsentropie und die Freie Reaktionsenthalpie von Bedeutung. Da auch diese Größen für viele Anwendungsfälle über thermodynamische Daten der an der Reaktion beteiligten Stoffe zugänglich sind, sollen entsprechende Berechnungsmöglichkeiten dargelegt werden.

Die Standardbildungsentropie einer Komponente S_i^θ stellt einen Stoffwert dar und ist auf denselben Standardzustand normiert wie die Standardbildungsenthalpie. Während die Druckabhängigkeit meist vernachlässigt werden kann, ist die Temperaturabhängigkeit nach folgender Gleichung zu berechnen:

$$S_i(T) = S_i^\theta + \int_{T^\theta}^{T} \frac{C_{pi}(T)}{T} dT \, . \tag{3.62}$$

Analog zur Berechnung der Reaktionsenthalpie ergibt sich die Reaktionsentropie nach der Beziehung:

$$\Delta S_R = \sum_{i=1}^{N'} \nu_i \, S_i^\theta + \int_{T^\theta}^{T} \sum_{i=1}^{N'} \nu_i \frac{C_{pi}(T)}{T} dT \, . \tag{3.63}$$

Nach der *Gibbs-Helmholtz*schen Gleichung kann bei Kenntnis der Reaktionsenthalpie und der Reaktionsentropie die Freie Reaktionsenthalpie berechnet werden:

$$\Delta G_R = \Delta H_R - T \, \Delta S_R \, . \tag{3.64}$$

Die Freie Reaktionsenthalpie erlaubt Aussagen zum wahrscheinlichen Ablauf einer chemischen Reaktion. So verläuft eine Reaktion in der mit der stöchiometrischen Gleichung formulierten Richtung, wenn die Freie Reaktionsenthalpie als negativer Wert berechnet wird. Ergibt sich ein positiver Wert, dann verläuft die Reaktion in der Gegenrichtung.

Die Freie Reaktionsenthalpie ist auch für solche Anwendungsfälle von Bedeutung, bei denen neben der Umwandlung von chemischer in thermische Energie auch andere Energieformen (z. B. elektrische Arbeit) eine Rolle spielen. Sie ergibt dann den Anteil an aufzuwendender oder erzielbarer Reaktionsnutzarbeit wieder, aus dem sich bei Elektrolysen oder Brennstoffzellen unmittelbar die Gleichgewichtszellspannung berechnen lässt:

$$U_Z = \frac{\Delta G_R}{\nu_e F} . \tag{3.65}$$

Hier bedeuten:

ν_e = Anzahl der bei der elektrochemischen Reaktion ausgetauschten Elektronen

F = *Faraday*-Konstante ($F = 96485\,As/mol$).

3.2.3 Chemisches Gleichgewicht

Im Gegensatz zu einseitig verlaufenden Reaktionen, bei denen eine vollständige Umsetzung der Reaktionspartner möglich ist, treten bei Gleichgewichtsreaktionen jeweils eine Hin- und eine Rückreaktion auf. Im Zustand des chemischen Gleichgewichtes verlaufen diese beiden Reaktionen gleich schnell, so dass äußerlich keine Konzentrationsänderungen von Reaktionspartnern und -produkten festzustellen sind. Die Lage des Gleichgewichtes, also die in diesem Zustand vorliegenden Konzentrationen (oder analogen Größen wie Aktivitäten, Molenbrüche oder Partialdrücke), ist für die Praxis von großem Interesse, weil damit minimal (bei Reaktionspartnern) oder maximal (bei Reaktionsprodukten) erreichbare Werte gekennzeichnet werden. Deren Berechnung soll in den folgenden Kapiteln für einfache Anwendungsfälle dargelegt werden.

Massenwirkungsgesetz
Eine chemische Reaktion gemäß Gl. (3.1) lässt sich als allgemeine Gleichgewichtsreaktion folgendermaßen darstellen:

$$|\nu_1| K_1 + |\nu_2| K_2 + \ldots + |\nu_{m-1}| K_{m-1} \rightleftarrows |\nu_m| K_m + \ldots + |\nu_{n-1}| K_{n-1} + |\nu_n| K_n . \tag{3.66}$$

Der Zustand des chemischen Gleichgewichtes eines solchen Reaktionssystems, das aus der Hin- und Rückreaktion besteht, lässt sich durch das Massenwirkungsgesetz (MWG) beschreiben. Bei Verwendung der Aktivitäten gilt folgender Zusammenhang:

$$K_a(p,T) = \prod_i a_i^{*\nu_i} . \tag{3.67}$$

Das MWG bringt den Zusammenhang zwischen den Aktivitäten der Reaktionspartner und der Reaktionsprodukte im chemischen Gleichgewicht zum Ausdruck. Anstelle der Aktivitäten werden vielfach andere besser messbare oder berechenbare Größen (z. B. p_i^*, c_i^*, x_i^*) verwendet. Bei Kenntnis dieser Größen (z. B. durch experimentelle Bestimmung) kann die Gleichgewichtskonstante mit Hilfe des MWG berechnet werden. Für viele technische Aufgaben besteht umgekehrt das Ziel, mit Hilfe der Gleichgewichtskonstanten die Zusammensetzung des Reaktionsgemisches im Gleichgewicht zu berechnen. Die Gleichgewichtskonstante K hängt nur von der Temperatur und vom Druck, nicht aber von der stofflichen Zusammensetzung ab. Die Formulierung dieser Größe mit Hilfe der Aktivitäten ist für reale Stoffe notwendig. Für ideale Gase (bei niedrigen Drücken) und Flüssigkeiten gilt:

$$a_i = x_i \, . \tag{3.68}$$

Unter Verwendung des im Allgemeinen gut messbaren Molanteils x_i^* ergibt sich dann folgende Schreibweise des MWG:

$$K_x = \prod_i x_i^{*\,\nu_i} \, , \tag{3.69}$$

wobei für niedrige Drücke näherungsweise

$$K_x \approx K_a \tag{3.70}$$

gilt.

Die Umrechnung auf Molkonzentrationen c_i^* (Flüssigphasenkonzentrationen) und Partialdrücke p_i^* (Gasphasenreaktionen) kann mit folgenden Gleichungen durchgeführt werden:

$$x_i^* = \frac{p_i^*}{p} = c_i^* \frac{v_M}{n} \, . \tag{3.71}$$

Die mit diesen Größen formulierten Gleichgewichtskonstanten haben folgende Form:

$$K_p = \prod_i p_i^{*\nu_i} \tag{3.72}$$

$$K_c = \prod_i c_i^{*\nu_i} \, . \tag{3.73}$$

Zwischen den einzelnen Gleichgewichtskonstanten existieren bei Vorliegen idealer Gase im Reaktionsgemisch folgende Zusammenhänge:

$$K_p = K_x \, p^{\sum_i \nu_i} \tag{3.74}$$

$$K_c = K_p \, (RT)^{-\sum_i \nu_i} = K_x \, (RT/p)^{-\sum_i \nu_i} \, . \tag{3.75}$$

Beim Ablauf volumenbeständiger Reaktionen, bei denen keine Änderung der Gesamtmolzahl durch chemische Reaktionen auftritt, ergibt sich mit $\sum \nu_i = 0$ folgende Vereinfachung:

$$K_a = K_p = K_x = \prod_i p_i^{*\nu_i} \, . \tag{3.76}$$

Bei nichtvolumenbeständigen Reaktionen ($\sum \nu_i \neq 0$) liegen dagegen folgende Abhängigkeiten zwischen den einzelnen Gleichgewichtskonstanten vor:

$$K_a = K_p \, (p^\theta)^{-\sum \nu_i} = K_x \left(\frac{p}{p^\theta}\right)^{\sum \nu_i} . \tag{3.77}$$

Diese Gleichung ermöglicht die Abschätzung des Druckeinflusses auf die Gleichgewichtszusammensetzung insbesondere bei Gasphasenreaktionen, wobei für den Standarddruck $p^\theta = 0{,}1013\,MPa$ einzusetzen ist.

Kombiniert man das Massenwirkungsgesetz mit den stöchiometrischen Gleichungen des Reaktionssystems, dann kann man bei Kenntnis des Partialdruckes oder einer anderen konzentrationsanalogen Größe einer Komponente die gesamte Gleichgewichtszusammensetzung berechnen.

Liegen nichtideale Gase vor, gelten die dargelegten Beziehungen insbesondere bei höheren Drücken nur eingeschränkt. Zur exakten Berechnung ist die Verwendung von Fugazitäten erforderlich, die als so genannte thermodynamische Wirkdrücke das Realgasverhalten berücksichtigen.

Berechnung der Gleichgewichtskonstanten aus thermodynamischen Daten

Die chemische Thermodynamik ermöglicht Aussagen zum Ablauf einer Reaktion und die Berechnung von Gleichgewichtszusammensetzungen von Reaktionsgemischen, auch wenn keine Messwerte zur Verfügung stehen. Die dafür notwendige Größe ist die Freie Reaktionsenthalpie, die ihrerseits aus der Reaktionsenthalpie und der Reaktionsentropie zu berechnen ist (s. Kapitel 3.2.1 und 3.2.2).

Berücksichtigt man die Abhängigkeit der Freien Reaktionsenthalpie von der Zusammensetzung der Reaktionsmischung, dann gilt folgende Beziehung:

$$\Delta G_R = \Delta G_R^\theta + RT \ln \prod_i a_i^{\nu_i} \tag{3.78}$$

Der Standardzustand liegt hier vor, wenn die Aktivitäten aller Komponenten den Wert 1 annehmen. Dann gilt

$$a_i^\theta = 1 \quad \text{bzw.} \quad \ln \prod_i \left(a_i^\theta\right)^{\nu_i} = 0 \tag{3.79}$$

und folglich

$$\Delta G_R = \Delta G_R^\theta . \tag{3.80}$$

Bei Einstellung des chemischen Gleichgewichtes besitzt die Freie Reaktionsenthalpie den Wert null. Dies bedeutet, dass die Geschwindigkeit der Hinreaktion gleich der der Rückreaktion ist und damit insgesamt keine Umsetzung stattfindet.

Für diesen Zustand ($\Delta G_R^* = 0$) erhält man aus Gl. (3.78)

$$\Delta G_R^\theta = -RT \cdot \ln \prod_i a_i^{*\nu_i} = -RT \cdot \ln K_a \cdot \tag{3.81}$$

Dabei wurde die Definition der Gleichgewichtskonstanten nach Gl. (3.67) verwendet

Mit Gl. (3.81) ist die Möglichkeit gegeben, die Gleichgewichtskonstante einer chemischen Reaktion und damit die Zusammensetzung der Reaktionsmischung im Gleichgewicht aus thermodynamischen Daten zu berechnen. Andererseits kann die Freie Reaktionsenthalpie für den Standardzustand aus gemessenen Gleichgewichtskonstanten berechnet werden.

Wichtige Informationen sind auch zur Reaktionsrichtung zu gewinnen. Besitzt die Freie Reaktionsenthalpie einen negativen Wert, dann ist die Gleichgewichtskonstante größer als 1. Das erlaubt die Aussage, dass das Gleichgewicht stärker auf der Seite der Produkte liegt und die Reaktion im thermodynamischen Sinn in dieser Richtung bevorzugt ablaufen kann. Im umgekehrten Fall liegt bei einer positiven Freien Reaktionsenthalpie eine Gleichgewichtskonstante kleiner als 1 vor. Daraus erwächst die Tendenz, dass das chemische Gleichgewicht eher auf der Seite der Reaktionspartner liegt. Im thermodynamischen Sinn wäre eine solche Reaktion nicht realisierbar.

Mit diesen tendenziellen Aussagen lässt sich allerdings nicht die Frage beantworten, mit welcher Geschwindigkeit die Umsetzung erfolgt. Dies ist eine Frage nach der Kinetik der ablaufenden Reaktionen, die ihrerseits durch die vorliegenden Temperatur- und Konzentrationsbedingungen und bei katalytischen Prozessen auch durch Art und Menge des eingesetzten Katalysators beeinflusst wird. Darauf wird im Kapitel 3.3 für homogene Reaktionen und im Kapitel 9.2.5 für heterogen-katalytische Reaktionen eingegangen.

Berechnungsbeispiel 3-3: Berechnung der Gleichgewichtszusammensetzung aus thermodynamischen Daten

Aufgabenstellung
Die Herstellung von Ethylalkohol aus Ethylen verläuft nach folgendem Reaktionsschema:

$$E + W \rightleftarrows A$$

mit E =Ethylen, W =Wasser und A =Ethylalkohol.

Der Betriebsdruck beträgt $20\,MPa$. Für die vorliegende Reaktionstemperatur von $600\,K$ wurden folgende thermodynamische Größen ermittelt, die bei dieser Reaktion nur wenig von den bei der Standardtemperatur ermittelten Größen abweichen:

$$\Delta H_R = -45{,}59 \cdot 10^3 \; kJ / kmol$$
$$\Delta S_R = -125{,}33 \, kJ / kmol.$$

Am Reaktoreintritt werden die Reaktionspartner in folgender Zusammensetzung (Molanteile) dosiert:

$$x_E^0 = x_W^0 = 0{,}5 \, .$$

Das Reaktionsprodukt Ethylalkohol liegt am Eintritt des Reaktors noch nicht vor.

$$x_A^0 = 0 .$$

Unter der Voraussetzung der Gültigkeit *Gibbs-Helmholtz*schen Gleichung und des idealen Gasgesetzes sollen der maximal mögliche Umsatz von Ethylen (Gleichgewichtsumsatz) und die Molenbrüche im Gleichgewicht berechnet werden.

Lösung

1. Schritt:

Berechnung der Gleichgewichtskonstanten

Durch Einsetzen der Gleichungen (3.64) und (3.77) in Gl. (3.81) erhält man folgende Beziehung:

$$K_a = K_x (\frac{p}{p^\theta})^{\sum \nu_i} = \prod_i (x_i^{*\nu_i}) (\frac{p}{p^\theta})^{\sum \nu_i} = \exp(-\frac{\Delta G_R}{RT}) = \exp\left(-\frac{\Delta H_R}{RT} + \frac{\Delta S_R}{R}\right) \quad (3.82)$$

Aus den gegebenen thermodynamischen Daten ergibt sich damit

$$\Delta G_R = 29{,}61 \cdot 10^3 \; kJ/kmol$$
$$K_a = 2{,}644 \cdot 10^{-3}$$
$$K_x = 0{,}522.$$

2. Schritt:

Formulierung der stöchiometrischen Bilanzen und Berechnung der Molanteile aller drei Komponenten

Als Bezugskomponente wird Ethylen gewählt, weil für diesen Stoff der Gleichgewichtsumsatz berechnet werden soll:

$$U = U_E = \frac{\dot{n}_E^0 - \dot{n}_E}{\dot{n}_E^0} . \quad (3.83)$$

Damit ergeben sich entsprechend Gl. (3.20) folgende stöchiometrische Bilanzen, die wegen des hier vorliegenden kontinuierlichen Prozesses als Molstrombilanzen formuliert werden:

$$\begin{aligned} \dot{n}_E &= \dot{n}_E^0 - \dot{n}_E^0 U \\ \dot{n}_W &= \dot{n}_W^0 - \dot{n}_E^0 U \\ \dot{n}_A &= \dot{n}_A^0 + \dot{n}_E^0 U . \end{aligned} \quad (3.84)$$

Durch Summation dieser drei Bilanzen erhält man den Gesamtmolstrom:

$$\dot{n} = \dot{n}_E + \dot{n}_W + \dot{n}_A = \dot{n}^0 - \dot{n}_E^0 U . \quad (3.85)$$

Dabei wurde für den Gesamtmolstrom am Reaktoreintritt folgende Abkürzung verwendet:

$$\dot{n}^0 = \dot{n}_E^0 + \dot{n}_W^0 + \dot{n}_A^0 . \tag{3.86}$$

Die Molanteile ergeben sich aus der Definitionsgleichung (3.8):

$$x_i = \frac{\dot{n}_i}{\dot{n}} \quad \text{bzw.} \quad x_i^0 = \frac{\dot{n}_i^0}{\dot{n}^0} . \tag{3.8}$$

Für die drei Komponenten ergibt sich damit:

$$\begin{aligned} x_E &= \frac{x_E^0 (1-U)}{1 - x_E^0 U} \\ x_W &= \frac{x_W^0 - x_E^0 U}{1 - x_E^0 U} \\ x_A &= \frac{x_A^0 + x_E^0 U}{1 - x_E^0 U} . \end{aligned} \tag{3.87}$$

Diese Beziehungen gelten für den gesamten Reaktionsverlauf und sind folglich auch für den Zustand des chemischen Gleichgewichtes ($U = U^*$, $x_i = x_i^*$) gültig.

3. Schritt:
Berechnung des Umsatzes und der Zusammensetzung des Reaktionsgemisches im Gleichgewicht:

Durch Einsetzen der Molanteile gemäß Gl. (3.87) in Gl. (3.69) erhält man:

$$K_x = \frac{\left(x_A^0 + x_E^0 U^*\right)\left(1 - x_E^0 U^*\right)}{x_E^o \left(1 - U^*\right)\left(x_W^0 - x_E^0 U^*\right)} . \tag{3.88}$$

Löst man diese Gleichung nach dem Gleichgewichtsumsatz auf, dann ergibt sich nach Einsetzen der in der Aufgabenstellung genannten Eintrittsmolanteile folgender Gleichgewichtsumsatz:

$$U^* = 1 - \sqrt{1 - \frac{K_x}{1 + K_x}} \tag{3.90}$$

$$U^* = 0{,}1894 .$$

Daraus erhält man die Molanteile der drei Komponenten im Gleichgewicht:

$$\begin{aligned} x_E^* &= x_W^* = 0{,}4477 \\ x_A^* &= 0{,}1046. \end{aligned}$$

Mit Hilfe von Gl. (3.81) kann über die hier formulierte Aufgabenstellung hinaus der Einfluss veränderter Reaktionsdrücke auf die Gleichgewichtszusammensetzung untersucht werden.

3.3 Kinetik homogener chemischer Reaktionen

Die im Kapitel 3.2 dargelegten thermodynamischen Grundlagen ermöglichen die Berechnung von Gleichgewichtszuständen sowie Aussagen zur Richtung des Reaktionsablaufes und zu energetische Effekten chemischer Reaktionen. Mit Hilfe des Massenwirkungsgesetzes kann man beispielsweise den Gleichgewichtsumsatz als maximal möglichen Umsatz bei vorgegebener Reaktionstemperatur berechnen. Dagegen ist es nicht möglich, auf dieser Grundlage notwendige Reaktionszeiten oder bei kontinuierlichen Prozessen erforderliche Verweilzeiten bis zum Erreichen eines gewünschten Umsatzes zu ermitteln. Dazu benötigt man Aussagen zur Kinetik der Reaktionen.

Der Begriff der Reaktionskinetik ist bei homogenen Reaktionen dem der chemischen Kinetik äquivalent. Bei heterogen-katalytischen Reaktionen erfasst man dagegen im Modell der Reaktionskinetik neben der chemischen Oberflächenreaktion am festen Katalysator auch Adsorptions- und Desorptionsvorgänge, die zwischen dem fluiden Reaktionsmedium und der Feststoffoberfläche ablaufen. Auf die Spezifik dieser Systeme wird im Kapitel 9 eingegangen.

Zu den im Folgenden dargelegten Methoden der mathematischen Beschreibung soll auch bemerkt werden, dass das wesentliche Anwendungsgebiet in der Berechnung technischer Reaktoren liegt. Deshalb ist neben dem Bemühen um die Formulierung physikalisch-chemisch begründeter Modelle vor allem das Streben nach einer guten Übertragbarkeit von kleineren in größere Maßstäbe und auch nach möglichst einfachen mathematischen Algorithmen von Bedeutung.

3.3.1 Reaktionsgeschwindigkeit und deren Einflussfaktoren

Für das allgemeine Reaktionssystem entsprechend Gl. (3.31)

$$\sum_{i=1}^{N'} \nu_{ij} K_i = 0 \qquad (j = 1, ..., M')$$

wird die Reaktionsgeschwindigkeit der j-ten Teilreaktion folgendermaßen definiert:

$$r_j = \frac{1}{\nu_{ij}} \frac{1}{V_R} \frac{dn_{ij}}{dt} = f(c_1, c_2, ..., T, p) \,. \tag{3.91}$$

Hierbei wurde vorausgesetzt, dass die Reaktion in einem diskontinuierlich betriebenen Reaktor abläuft, weil nur in diesem Fall eine zeitliche Anhängigkeit der Molzahländerung einer Reaktionskomponente vorliegt.

Bei komplexen Reaktionen ist der Differentialquotient dn_{ij} / dt, der die Molzahländerung der Komponente i in der j-ten Reaktion darstellt, nicht als Einzelwert messbar. Deshalb wird oft mit der Stoffänderungsgeschwindigkeit (oft auch Stoffmengenänderungsgeschwindigkeit genannt) gearbeitet, die mit der Reaktionsgeschwindigkeit der Einzelreaktion in folgendem Zusammenhang steht:

$$R_i = \sum_{j=1}^{M'} \nu_{ij} r_j = \frac{1}{V_R} \frac{dn_i}{dt} \,. \tag{3.92}$$

Für eine einfache Reaktion gilt damit

$$R_i = \nu_i \, r = \frac{1}{V_R} \frac{dn_i}{dt} . \tag{3.93}$$

Bleibt das Volumen der Reaktionsmasse während der Reaktionszeit konstant, dann gilt mit $c_i = n_i / V_R$ auch:

$$R_i = \nu_i \, r = \frac{dc_i}{dt} . \tag{3.94}$$

Während die Reaktionsgeschwindigkeit immer eine positive Größe ist, kann die Stoffänderungsgeschwindigkeit negativ (bei Reaktionspartnern) oder positiv (bei Reaktionsprodukten) sein.

Die Ermittlung des Zusammenhanges zwischen der Reaktionsgeschwindigkeit und den Einflussgrößen Konzentration, Temperatur und Druck ist Gegenstand reaktionskinetischer Untersuchungen. In einer verallgemeinerten Form der kinetischen Gleichung

$$r = k(T, p) \prod_i c_i^{\gamma_i} \tag{3.95}$$

stellt der Exponent γ_i die so genannte Reaktionsordnung bezüglich der jeweils betrachteten Komponente i dar.

Die Temperaturabhängigkeit der meisten technisch interessierenden homogenen Reaktionen lässt sich durch die *Arrhenius*-Gleichung für die Geschwindigkeitskonstante k beschreiben:

$$k = k_\infty \, e^{-\frac{E}{RT}} . \tag{3.96}$$

In dieser Gleichung ist E die Aktivierungsenergie der Reaktion, während k_∞ als Häufigkeitsfaktor bezeichnet wird.

Die Druckabhängigkeit nach

$$\left(\frac{\partial \ln k}{\partial p} \right)_T = -\frac{\Delta V^+}{RT} \tag{3.97}$$

kann in den meisten Fällen wegen der relativ kleinen Werte des Aktivierungsvolumens ΔV^+ bei kleinen bis mäßigen Druckänderungen vernachlässigt werden.

Die Konzentrationsabhängigkeit der Reaktionsgeschwindigkeit ergibt sich sehr häufig aus dem Reaktionsmechanismus. Da die Berechnung von Geschwindigkeitskonstanten und Reaktionsordnungen bisher für technisch interessante Reaktionen kaum möglich ist, ist man bei deren Ermittlung auf die Messung von Molzahl- bzw. Konzentrationsänderungen angewiesen.

3.3.2 Kinetik einfacher Reaktionen

Für eine einfache Reaktion in der Form

$$|\nu_A|A + |\nu_B|B + |\nu_C|C \rightarrow \text{Produkte} \tag{3.98}$$

kann eine wahrscheinliche Form für die Beschreibung der Konzentrationsabhängigkeit der Reaktionsgeschwindigkeit darin bestehen, dass man die Reaktionsordnungen gleich der durch die stöchiometrischen Koeffizienten beschriebenen Molekularität setzt:

$$\begin{aligned} |\nu_A| &= \gamma_A \\ |\nu_B| &= \gamma_B \\ |\nu_C| &= \gamma_C . \end{aligned} \tag{3.99}$$

Damit erhält man hier folgenden möglichen reaktionskinetischen Ansatz:

$$r = k\, c_A^{\gamma_A}\, c_B^{\gamma_B}\, c_C^{\gamma_C} . \tag{3.100}$$

Als Gesamtreaktionsordnung wird die Summe der einzelnen Reaktionsordnungen bezeichnet.

$$\gamma = \gamma_A + \gamma_B + \gamma_C . \tag{3.101}$$

Gesamtreaktionsordnungen von größer als 3 treten sehr selten auf. Häufig liegen Reaktionen erster oder zweiter Ordnung vor; auch gebrochene Reaktionsordnungen sind möglich.

Für die einfache Zerfallsreaktion

$$|\nu_A|A \rightarrow \text{Produkte} \tag{3.102}$$

gilt in den meisten Fällen eine Kinetik der Form

$$r = k\, c_A^{\gamma} . \tag{3.103}$$

Mit Gl. (3.94) ergibt sich damit folgender Ansatz, der auch der Stoffbilanzgleichung eines isothermen diskontinuierlichen Rührreaktors entspricht (s. Kapitel 6):

$$\frac{dc_A}{dt} = \nu_A\, r = \nu_A\, k\, c_A^{\gamma} . \tag{3.104}$$

Die Lösung dieser Differentialgleichung, die durch Trennung der Variablen analytisch möglich ist, wird vielfach als Zeitgesetz des Reaktionsablaufes bezeichnet. Sie lautet mit dem Anfangswert $c_A = c_{A0}$ für $t = 0$:

$$\frac{1}{\nu_A(\gamma-1)c_{A0}^{\gamma-1}}\left[1-\left(\frac{c_A}{c_{A0}}\right)^{1-\gamma}\right] = k\,t \tag{3.105}$$

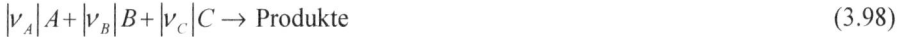

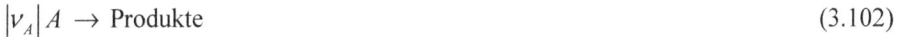

für $\gamma \neq 1$ und

$$\frac{1}{\nu_A} \ln \frac{c_A}{c_{A0}} = k\,t \tag{3.106}$$

für $\gamma = 1$.

Führt man die *Damköhler*-Zahl ein,

$$Da = |\nu_A|\, k\, c_{A0}^{\gamma-1}\, t\,, \tag{3.107}$$

dann ergibt sich folgende Beziehung:

$$\frac{c_A}{c_{A0}} = \sqrt[1-\gamma]{1+(\gamma-1)\,Da}\,, \quad (\gamma \neq 1)\,. \tag{3.108}$$

Für $\gamma = 1$ erhält man nach Gl. (3.106) und (3.107)

$$\frac{c_A}{c_{A0}} = e^{-Da}\,. \tag{3.109}$$

Bei Vorliegen einer einfachen Reaktion zweiter Ordnung mit dem Reaktionsschema

$$A + B \rightarrow \text{Produkte} \tag{3.110}$$

ergibt sich mit der Reaktionskinetik

$$r = k\, c_A\, c_B \tag{3.111}$$

folgendes Zeitgesetz:

$$\frac{1}{c_{B0} - c_{A0}} \ln \frac{c_{A0}\left(c_A - c_{A0} + c_{B0}\right)}{c_{B0}\, c_A} = k\,t\,. \tag{3.112}$$

Mitunter treten folgende Sonderfälle auf:

- $c_{B0} >> c_{A0}$

  Dann ergibt näherungsweise mit der modifizierten kinetischen Konstanten

  $k_1 = k\, c_{B0}$ und $r = k_1\, c_A$

  ein integriertes Zeitgesetz, das einer Reaktion erster Ordnung entspricht:

$$\ln \frac{c_{A0}}{c_A} = k_1\, t\,. \tag{3.113}$$

- $c_{A0} = c_{B0}$

  Dieser Sonderfall führt wegen $c_A = c_B$ zum kinetischen Ansatz

  $$r = k\,c_A^2 \tag{3.114}$$

  und nach Integration zu folgendem Zeitgesetz:

  $$\frac{1}{c_A} - \frac{1}{c_{A0}} = k\,t\,. \tag{3.115}$$

Die hier dargelegten Zeitgesetze sind auch die Lösungen der Stoffbilanzen für den isotherm betriebenen diskontinuierlichen Rührkessel. Bei der Behandlung dieses Reaktortyps wird deshalb noch einmal auf die kinetischen Zeitgesetze eingegangen.

Sollen reaktionskinetische Konstanten aus vermessenen Konzentrations-Zeit-Verläufen ermittelt werden, dann können bei bereits bekannter Reaktionsordnung die kinetischen Konstanten aus den entsprechend umgestellten Zeitgesetzen berechnet werden. Ist die Reaktionsordnung nicht bekannt, dann gibt man zunächst eine wahrscheinliche Reaktionsordnung vor und überprüft anhand der gemessenen Konzentrations-Zeit-Verläufe, ob diese mit dem Verlauf der kinetischen Gleichung übereinstimmen. Ist dies der Fall, dann kann von einer sinnvoll vorgegebenen Reaktionsordnung ausgegangen werden.

Bei Vorliegen vieler Messwerte ist die Anwendung von Regressionsverfahren zur Ermittlung kinetischer Konstanten sinnvoll. Geht man von Gl. (3.105) aus, dann kann man aus isothermen Messreihen die kinetische Konstante und die Reaktionsordnung simultan bestimmen. Werden reaktionskinetische Messungen bei verschiedenen Temperaturen durchgeführt, dann kann man unter Berücksichtigung von Gl. (3.96) ebenfalls durch Anwendung von Regressionsverfahren auch die Aktivierungsenergie und den Häufigkeitsfaktor ermitteln.

3.3.3 Kinetik komplexer Reaktionen

Komplexe Reaktionen sind dadurch gekennzeichnet, dass mehrere Reaktionen gleichzeitig ablaufen. Messtechnisch sind lediglich Konzentrations- oder Molzahländerungen der an den verschiedenen Reaktionen beteiligten Komponenten festzustellen. Daraus können Stoffänderungsgeschwindigkeiten berechnet werden. Die stöchiometrischen Zusammenhänge zwischen den einzelnen Konzentrationen oder konzentrationsadäquaten Größen wurden im Kapitel 3.1.3 beschrieben.

Die Gesichtspunkte bei der Formulierung kinetischer Gleichungen unterscheiden sich für die jeweilige Teilreaktion in keiner Weise von denen einfacher Reaktionen. Besonderheiten ergeben sich aus der Komplexität des Reaktionssystems, die zu komplizierteren Lösungen der Zeitgesetze führt und mitunter auch die Ermittlung kinetischer Parameter erschwert.

Im Folgenden werden die kinetischen Gleichungen für einige Grundtypen komplexer Reaktionen formuliert, die bereits bei der Behandlung der Stöchiometrie (s. Kapitel 3.1.3) genannt wurden.

Gleichgewichtsreaktionen

Im einfachsten Fall wird die Kinetik der Hin- und Rückreaktion durch einen Geschwindigkeitsansatz erster Ordnung beschrieben.

Reaktionsschema

$$A \underset{k_2}{\overset{k_1}{\rightleftarrows}} B \tag{3.116}$$

Kinetische Gleichungen für die Hin- und Rückreaktion

$$\begin{aligned} r_1 &= k_1 c_A \\ r_2 &= k_2 c_B \end{aligned} \tag{3.117}$$

Gleichgewichtsbedingung

Bei reversiblen Reaktionen können aus den Gleichgewichtsdaten zusätzliche Informationen gewonnen werden (s Abb. 3.1), weil in diesem Zustand die Geschwindigkeit der Hinreaktion gleich der der Rückreaktion ist:

$$r_1^* = r_2^* \tag{3.118}$$

$$\frac{k_1}{k_2} = \frac{c_B^*}{c_A^*} = K_c\,. \tag{3.119}$$

Da die Gleichgewichtskonstante zumindest in einfachen praktischen Fällen aus thermodynamischen Daten zu berechnen ist, liegt mit dieser Beziehung bereits eine Gleichung für die Berechnung der Gleichgewichtszusammensetzung vor. Die notwendige zweite Gleichung ergibt sich aus der Stöchiometrie des Reaktionssystems. Die Konzentrations-Zeit-Verläufe der beiden an der Reaktion beteiligten Komponenten erhält man dagegen erst nach Integration der Gleichungen für die Stoffänderungsgeschwindigkeiten.

Stoffänderungsgeschwindigkeiten nach Gl. (3.94)

Unter der Voraussetzung eines über die Reaktionszeit konstanten Volumens der Reaktionsmasse ergeben sich mit

$$\begin{aligned} c_A &= \frac{n_A}{V_R} \\ c_B &= \frac{n_B}{V_R} \end{aligned} \tag{3.120}$$

folgende Stoffänderungsgeschwindigkeiten:

$$R_A = \frac{dc_A}{dt} = -k_1 c_A + k_2 c_B \tag{3.121}$$

$$R_B = \frac{dc_B}{dt} = +k_1 c_A - k_2 c_B\,. \tag{3.122}$$

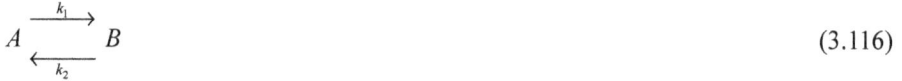

Von diesen beiden Gleichungen, die gleichzeitig Stoffbilanzen des diskontinuierlichen Rührreaktors darstellen, muss hier nur eine Gleichung gelöst werden, weil die Hin- und Rückreaktion nicht voneinander unabhängig verlaufen. Dies ist aus den Gleichungen (3.121) und (3.122) ersichtlich, denn es gilt

$$\frac{dc_A}{dt} = -\frac{dc_B}{dt}. \tag{3.123}$$

Mit den Anfangsbedingungen

$$\begin{aligned} t \to 0: c_A &= c_{A0} \\ c_B &= c_{B0} \end{aligned} \tag{3.124}$$

erhält man nach Integration

$$c_B = c_{A0} + c_{B0} - c_A. \tag{3.125}$$

Dieser Zusammenhang ergibt sich auch, wenn die Hin- und Rückreaktion ganz formal nach den stöchiometrischen Gesetzmäßigkeiten als unabhängige Reaktionen mit den Fortschreitungsgraden ξ_1 und ξ_2 betrachtet werden:

$$\begin{aligned} c_A &= c_{A0} - \xi_1 + \xi_2 \\ c_B &= c_{B0} + \xi_1 - \xi_2. \end{aligned} \tag{3.126}$$

Die Summation dieser beiden Gleichungen führt ebenfalls zu Gl. (3.125), die für jeden Reaktionszeitpunkt und damit auch für den Gleichgewichtszustand gilt:

$$c_B^* = c_{A0} + c_{B0} - c_A^* \tag{3.127}$$

Setzt man Gl. (3.125) in Gl. (3.121) ein, dann ergibt die Integration folgendes Zeitgesetz für die Komponente A:

$$c_A = \frac{k_2}{k_1 + k_2}\left(c_{A0} + c_{B0}\right) + \left[c_{A0} - \frac{k_2}{k_1 + k_2}\left(c_{A0} + c_{B0}\right)\right] e^{-(k_1 + k_2)t} \tag{3.128}$$

Den Gleichgewichtswert für die Komponente A erhält man entweder aus der Gleichgewichtsbedingung [Gl. (3.119) in Verbindung mit Gl. (3.127)] oder aus dem Zeitgesetz, indem man für die Reaktionszeit bis zum Einstellen des Gleichgewichtes $t = \infty$ einsetzt:

$$c_A^* = \frac{k_2}{k_1 + k_2}\left(c_{A0} + c_{B0}\right). \tag{3.129}$$

Das Zeitgesetz für die Komponente B ergibt sich aus Gl. (3.125) und der Gleichgewichtswert für diese Komponente nach Gl. (3.127):

$$c_B^* = \frac{k_1}{k_1 + k_2}\left(c_{A0} + c_{B0}\right). \tag{3.130}$$

In der Abb. 3.1 sind die Konzentrations-Zeit-Verläufe und die Gleichgewichtswerte für eine solche Gleichgewichtsreaktion dargestellt.

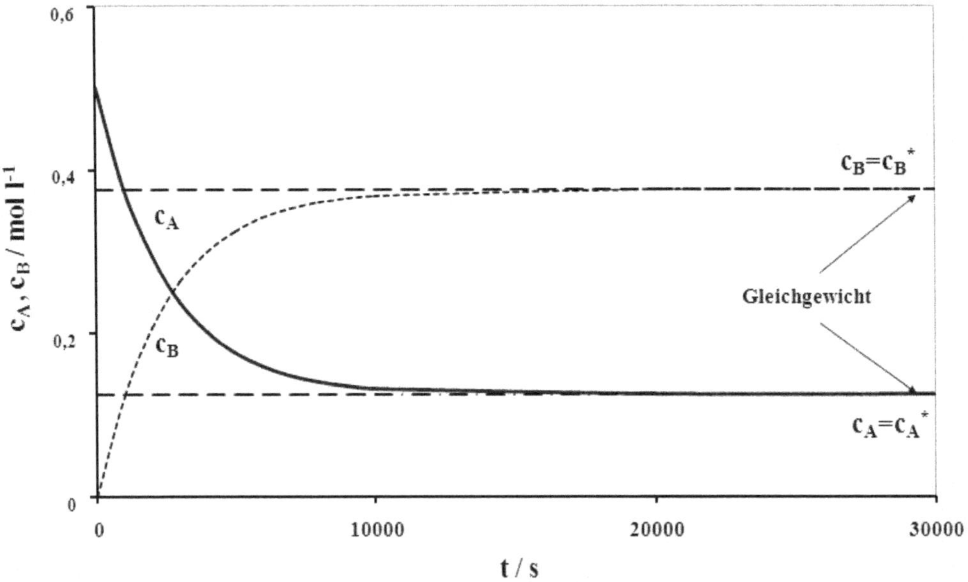

Abb. 3.1: Konzentrations-Zeit-Verläufe und Gleichgewichtskonzentrationen bei einer reversiblen Reaktion

Ermittlung kinetischer Daten

Durch Auswertung gemessener Konzentrations-Zeit-Verläufe lassen sich die Geschwindigkeitskonstanten der Hin- und Rückreaktion ermitteln. Während Gl. (3.119) die Berechnung des Verhältnisses der Konstanten ermöglicht, kann man aus dem integrierten Zeitgesetz [Gl. (3.128)] durch Einsetzen von c_{B0} aus Gl. (3.129) folgende Gleichung erzeugen:

$$\ln \frac{c_{A0} - c_A^*}{c_A - c_A^*} = (k_1 + k_2)\,t\ . \tag{3.131}$$

Trägt man die aus den jeweiligen Messwerten erzeugte linke Seite dieser Gleichung als Ordinate über der Zeit auf, dann erhält man aus dem Anstieg der Regressionsgeraden die Summe aus den beiden Geschwindigkeitskonstanten. Mit den Gleichungen (3.119) und (3.131) liegen zwei Gleichungen für die Bestimmung von k_1 und k_2 vor.

Parallelreaktionen
Als Beispiel für Parallel- oder Simultanreaktionen wird die isotherme volumenbeständige Reaktion zweier Ausgangsstoffe A und B zu den drei verschiedenen Produkten C, D und E gewählt.

Reaktionsschema

$$\begin{aligned} A+B &\xrightarrow{k_1} C \\ A+B &\xrightarrow{k_2} D \\ A+B &\xrightarrow{k_3} E \end{aligned} \tag{3.132}$$

Reaktionskinetik
Alle drei Reaktionen sollen nach einem Geschwindigkeitsgesetz zweiter Ordnung ablaufen.

$$\begin{aligned} r_1 &= k_1 c_A c_B \\ r_2 &= k_2 c_A c_B \\ r_3 &= k_3 c_A c_B \end{aligned} \tag{3.133}$$

Stoffänderungsgeschwindigkeiten nach Gl. (3.94)

$$R_A = \frac{dc_A}{dt} = -\left(k_1 + k_2 + k_3\right) c_A c_B \tag{3.134}$$

Vielfach wird die Summe der kinetischen Konstanten zur Bruttokonstanten zusammengefasst:

$$k_{Br} = k_1 + k_2 + k_3 \,. \tag{3.135}$$

Wegen gleicher stöchiometrischer Koeffizienten gilt:

$$\frac{dc_B}{dt} = \frac{dc_A}{dt} = -\, k_{Br}\, c_A\, c_B \,. \tag{3.136}$$

Für die drei Reaktionsprodukte ergibt sich:

$$\begin{aligned} R_C &= \frac{dc_C}{dt} = k_1\, c_A\, c_B \\ R_D &= \frac{dc_D}{dt} = k_2\, c_A\, c_B \\ R_E &= \frac{dc_E}{dt} = k_3\, c_A\, c_B \,. \end{aligned} \tag{3.137}$$

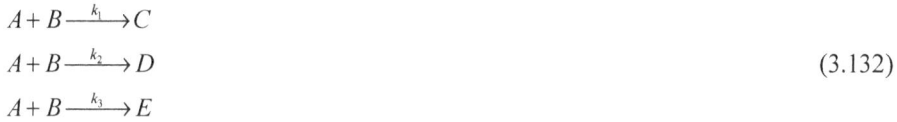

Die Lösung dieses Differentialgleichungssystems, das den Stoffbilanzen des isothermen diskontinuierlichen Rührreaktors entspricht, hängt von den Anfangsbedingungen ab. Legt man die Komponenten A und B mit gleicher Anfangskonzentration vor und setzt voraus, dass die Reaktionsprodukte C, D und E zu Reaktionsbeginn nicht vorhanden sind, dann gilt:

$$\begin{aligned} c_A &= c_{A0} - \xi_1 - \xi_2 - \xi_3 \\ c_B &= c_{B0} - \xi_1 - \xi_2 - \xi_3 = c_A \\ c_{C0} &= 0 \\ c_{D0} &= 0 \\ c_{E0} &= 0. \end{aligned} \tag{3.138}$$

Damit wird aus Gl. (3.136)

$$\frac{dc_A}{dt} = -k_{Br}\, c_A^2 \,. \tag{3.139}$$

Diese Gleichung ist durch Trennung der Variablen integrierbar und ergibt

$$c_A = \frac{c_{A0}}{1 + c_{A0}\, k_{Br}\, t} \,. \tag{3.140}$$

Ein bequemer Lösungsweg für die Ermittlung der drei Produktkonzentrationen ergibt sich durch Division der entsprechenden Produktbilanz nach Gl. (3.137) durch die Bilanz für die Komponente A (oder auch B) gemäß Gl. (3.136). Für den Stoff C erhält man beispielsweise

$$-\frac{dc_C}{dc_A} = \frac{k_1}{k_{Br}} \tag{3.141}$$

oder nach Integration

$$c_C = \frac{k_1}{k_{Br}} \left(c_{A0} - c_A \right). \tag{3.142}$$

Analog erhält man für die anderen beiden Produkte D und E

$$c_D = \frac{k_2}{k_{Br}} \left(c_{A0} - c_A \right) \tag{3.143}$$

$$c_E = \frac{k_3}{k_{Br}} \left(c_{A0} - c_A \right). \tag{3.144}$$

Setzt man in die Gleichungen (3.142) bis (3.144) das Zeitgesetz für die Komponente A nach Gl. (3.140) ein, dann ergeben sich die Konzentrations-Zeit-Verläufe für die Reaktionsprodukte C, D und E.

Ermittlung kinetischer Daten
Besteht die Aufgaben darin, aus isothermen Messreihen die drei reaktionskinetischen Konstanten zu bestimmen, dann kann man zunächst durch Auswertung des Konzentrations-Zeit-Verlaufes der Komponente A die Bruttokonstante ermitteln. Dann können zwei der drei Verläufe der Produktkonzentrationen ausgewertet werden, um zwei der Einzelkonstanten und mit Gl. (3.135) die dritte kinetische Konstante zu bestimmen.

Auch an dieser Stelle sei auf die Möglichkeit der Anwendung von Regressionsmethoden hingewiesen. So lässt sich beispielsweise Gl. (3.140) in folgender Form umstellen:

$$\frac{1}{c_A} - \frac{1}{c_{A0}} = k_{Br}\, t\,. \tag{3.145}$$

Stellt man die Messwerte entsprechend dem Ausdruck der linken Seite dieser Gleichung als Funktion der Zeit graphisch dar, dann ergibt sich die Bruttokonstante als Anstieg der entstehenden Geraden. Wenn der Verlauf der Messwerte nicht einer linearen Funktion folgt, dann muss von falsch vorgegebenen Reaktionsordnungen ausgegangen werden.

Folgereaktionen
Auch bei diesem Grundtyp komplexer Reaktionen soll exemplarisch von zwei einfachen volumenbeständigen Reaktionen ausgegangen werden, die nach einem Geschwindigkeitsgesetz erster Ordnung ablaufen.

Reaktionsschema

$$A \xrightarrow{k_1} B \xrightarrow{k_2} C$$

bzw.

$$\begin{aligned} &A \xrightarrow{k_1} B \\ &B \xrightarrow{k_2} C \end{aligned} \tag{3.146}$$

Reaktionskinetik

$$\begin{aligned} r_1 &= k_1\, c_A \\ r_2 &= k_2\, c_B \end{aligned} \tag{3.147}$$

Stoffänderungsgeschwindigkeiten

$$\begin{aligned} R_A &= \frac{dc_A}{dt} = -k_1\, c_A \\ R_B &= \frac{dc_B}{dt} = k_1 c_A - k_2\, c_B \\ R_C &= \frac{dc_C}{dt} = k_2\, c_B \end{aligned} \tag{3.148}$$

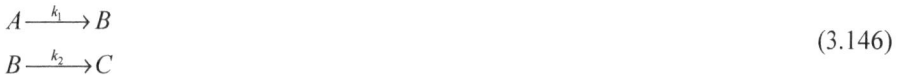

Dieses Gleichungssystem ist überbestimmt, weil sich aus der Stöchiometrie erkennen lässt, dass nur zwei Reaktionen ablaufen und deshalb maximal zwei Schlüsselkomponenten vorliegen:

$$\begin{aligned} c_A &= c_{A0} - \xi_1 \\ c_B &= c_{B0} + \xi_1 - \xi_2 \\ c_C &= c_{C0} + \xi_2 \,. \end{aligned} \tag{3.149}$$

Eine Summation dieser Gleichungen ergibt:

$$c_A + c_B + c_C = c_{A0} + c_{B0} + c_{C0} \,. \tag{3.150}$$

Mit den Anfangsbedingungen

$$\begin{aligned} t \to 0:\ c_A &= c_{A0} \\ c_{B0} &= c_{C0} = 0 \end{aligned} \tag{3.151}$$

werden die Zeitgesetze integriert und ergeben für die Komponenten A und B folgende Lösungen:

$$c_A = c_{A0}\, e^{-k_1 t} \tag{3.152}$$

$$c_B = \frac{k_1\, c_{A0}}{k_2 - k_1} \left[e^{-k_1 t} - e^{-k_2 t} \right] \,. \tag{3.153}$$

Die zum jeweiligen Zeitpunkt vorliegende Konzentration der Komponente C kann nach Gl. (3.150) berechnet werden.

Ermittlung kinetischer Daten

Die Geschwindigkeitskonstante k_1 kann aus dem Verlauf der Konzentration der Komponente A über die Zeit ermittelt werden. Hier bietet sich wie auch bei einer einfachen Reaktion eine graphische Auswertung oder lineare Regression an, für die man von der logarithmierten Form des Zeitgesetzes nach Gl. (3.152) ausgeht:

$$\ln \frac{c_{A0}}{c_A} = k_1\, t \,. \tag{3.154}$$

Eine ähnliche linearisierbare Form lässt sich aus Gl. (3.153) nicht erzeugen, so dass eine relativ bequeme Auswertung zur Ermittlung von k_2 nicht möglich ist. In diesem Fall wendet man die Methoden der nichtlinearen Regression an, bei der durch Minimierung der Fehlerquadratsummen von gemessenen und berechneten Werten die kinetischen Konstanten bestimmt werden können.

Die bisher dargestellten Methoden zur Bestimmung kinetischer Konstanten und Reaktionsordnungen beziehen sich auf die Auswertung isothermer Messreihen, die im diskontinuierlichen Rührreaktor gewonnen wurden. Will man Aktivierungsenergien und Häufigkeitsfaktoren aus Geschwindigkeitskonstanten bestimmen, die bei unterschiedlichen Temperaturen ermittelt wurden, dann wertet man diese Ergebnisse nach Gl. (3.96) aus. Dabei wird die Gültigkeit der *Arrhenius*-Gleichung vorausgesetzt. Ein Minimum an notwendigen Informationen wäre bereits verfügbar, wenn zwei Geschwindigkeitskonstanten bei zwei Temperaturen bekannt sind. Aus folgenden Gleichungen lassen sich dann die Aktivierungsenergie und der Häufigkeitsfaktor bestimmen:

$$k_1 = k_\infty \, e^{-\frac{E}{RT_1}}$$
$$k_2 = k_\infty \, e^{-\frac{E}{RT_2}} . \tag{3.155}$$

Aus diesen beiden Gleichungen ergeben sich

$$E = \frac{R \ln \dfrac{k_1}{k_2}}{\left(\dfrac{1}{T_2} - \dfrac{1}{T_1} \right)} \tag{3.156}$$

$$k_\infty = k_1 \, e^{\frac{+E}{RT_1}} . \tag{3.157}$$

Liegen kinetische Konstanten bei mehr als zwei Temperaturen vor, dann sollte man die logarithmierte Form von Gl. (3.96) als Grundlage für eine lineare Regression nutzen:

$$\ln k = \ln k_\infty - \frac{E}{RT} . \tag{3.158}$$

Auch eine einfache graphische Lösung (Auftragen von $\ln k$ über $1/T$) ergibt aus Anstieg und Ordinatenabschnitt der Regressionsgeraden die Aktivierungsenergie und den Häufigkeitsfaktor.

Sollen Messungen in anderen Reaktortypen zur Gewinnung kinetischer Daten verwendet werden, dann sind die entsprechenden Versuchsergebnisse unter Verwendung der dem jeweiligen Reaktortyp entsprechenden Bilanzgleichungen auszuwerten. Bei der Behandlung der Reaktorgrundtypen wird auf diese Problematik noch einmal eingegangen (Kapitel 4 und 6).

Spezielle reaktionskinetische Modelle treten bei heterogen-katalytischen Reaktionen auf, bei denen die chemische Reaktion an der Oberfläche fester Katalysatoren abläuft. Diese Problematik wird im Zusammenhang mit der Behandlung von Fest-Fluid-Reaktionen (Kapitel 9) diskutiert.

4 Klassifizierung chemischer Reaktoren

Die außerordentlich große Vielfalt chemischer Reaktionen bezüglich der Komplexität des Reaktionsmechanismus, der Phasenverhältnisse, der Besonderheiten des jeweils vorliegenden Aktivierungsprinzips sowie der Druck- und Temperaturbedingungen bei der technischen Umsetzung bedingt auch eine große Anzahl industriell eingesetzter Reaktortypen, deren Klassifizierung vorrangig nach strömungs- und wärmetechnischen Gesichtspunkten vorgenommen wird. Dies ist besonders deshalb sinnvoll, weil sich für die so ableitbaren Reaktorgrundtypen einheitliche Berechnungsmöglichkeiten und auch vergleichbare Grundtendenzen im Umsetzungsverhalten ergeben. Zusätzliche Gesichtspunkte treten bei Vorliegen mehrerer Phasen innerhalb des Reaktionsgemisches auf, weil dann vielfach die Probleme des Stofftransportes zwischen den Phasen das Ergebnis der chemischen Umsetzung beeinflussen. Auch spezielle Aktivierungsprinzipien der Reaktion erfordern mitunter besondere Reaktorbauarten, wenn man beispielsweise an die Elektrodengestaltung und die damit zusammenhängende Apparatekonstruktion bei elektrochemischen Prozessen oder an den Einbau von Strahlungsquellen bei fotochemischen Reaktionen denkt.

4.1 Reaktorgrundtypen nach strömungstechnischen Gesichtspunkten

Die im Kapitel 2.1 dargelegten Gesichtspunkte der diskontinuierlichen oder kontinuierlichen Prozessführung (auch als Betriebsweise oder technische Betriebsform gekennzeichnet) gelten in gleicher Weise für alle Grundoperationen und auch für die Reaktionsprozesse. Damit lassen sich folgende *reaktionstechnische Betriebsformen* unterscheiden:

- Diskontinuierlicher Betrieb (Chargenbetrieb, Satz- oder Batch-Betrieb)
  Neben den im Kapitel 2.1 genannten allgemeinen Vor- und Nachteilen des diskontinuierlichen Betriebes ist bei Reaktionsprozessen insbesondere die Flexibilität diskontinuierlicher Reaktoren von Bedeutung, weil praktisch beliebig lange Reaktionszeiten realisiert werden können und auch nacheinander die Herstellung vieler Produktarten möglich ist. Da sich während der Reaktionszeit vielfach Temperaturen und Drücke und in jedem Fall die Konzentrationen der Reaktanten ändern, arbeitet dieser Reaktor unter *instationären* Bedingungen.

- Kontinuierlicher Betrieb (Fließbetrieb)
  Innerhalb eines bei großen Produktionskapazitäten meist angestrebten kontinuierlichen Gesamtverfahrens wird man auch einen kontinuierlichen Reaktorbetrieb anstreben. Dies setzt voraus, dass bei sinnvollen Reaktorgrößen die notwendigen Verweilzeiten für die erwünschte chemische Umsetzung möglich sind. Da vielfach eine geforderte Produktqualität nur bei gleich bleibenden Reaktionsbedingungen zu erzielen ist, werden meist *stationäre* Bedingungen angestrebt. Bei der Beteiligung von gasförmigen Reaktionspartnern- oder Produkten ist für diese praktisch nur ein kontinuierlicher Betrieb möglich.

Für die technische Realisierung dieser Betriebsweisen durch entsprechende Reaktorkonzepte ist das Problem der Vermischung der Reaktanten im Reaktionsraum von erheblicher Bedeutung, weil dadurch Mischzeiten und Kontaktzeiten für Stoff- und Wärmetransportprozesse ebenso beeinflusst werden wie notwendige Verweilzeiten für den Reaktionsablauf. In der chemischen Verfahrenstechnik unterscheidet man folgende *Grenzfälle der Vermischung*:

- Ideale oder vollständige Durchmischung (Vermischung)
  Im Reaktionsraum sind keine nennenswerten Konzentrations- und Temperaturunterschiede vorhanden. Dies ist bei Gasen wegen der im Allgemeinen hohen Diffusionskoeffizienten leicht zu erreichen, während bei Flüssigkeiten oft intensives Rühren oder andere Vermischungsprozesse (z. B. Einleiten von Gasen in Flüssigkeiten, statische Mischer, Kreislauffahrweisen) notwendig sind, um ein homogenes Gemisch zu erhalten.
- Ideale Propfenströmung
  In diesem Fall wird eine eindimensionale Strömung der Reaktionsmasse entlang der Achse eines Reaktionsgefäßes (im Allgemeinen eines Rohres) vorausgesetzt, die durch keinerlei Vermischungseinflüsse gestört wird und damit auch keine radiale Geschwindigkeitskomponente besitzt. Auch eventuelle Einflüsse der Diffusion oder der Wärmeleitung bleiben unberücksichtigt.

Kombiniert man die Varianten der Prozessführung mit denen des Vermischungsverhaltens, dann ergeben sich folgende *strömungstechnische Reaktorgrundtypen*:

Diskontinuierlicher Rührkessel mit vollständiger Durchmischung
(auch: Diskontinuierlicher Rührreaktor, Diskontinuierlicher ideal durchmischter Reaktor, Batch-Reaktor oder DSTR = Discontinous Stirred Tank Reaktor)

Die Kombination der diskontinuierlichen Prozessführung mit einer vollständigen Durchmischung führt zu einer zeitlichen Änderung von Edukt- und Produktkonzentrationen, während zu einer bestimmten Zeit an jedem Ort des Reaktors gleiche Konzentrationen und Temperaturen vorliegen. In Abb. 4.1 sind die Verläufe der Konzentration eines Reaktionspartners A (z. B. bei einer Reaktion $A \rightarrow B + C$) in Abhängigkeit von der Zeit t und einer allgemeinen Ortskoordinate x dargestellt. Bei Rührkesselreaktoren kann diese Ortskoordinate in beliebiger Richtung angesetzt werden. Der horizontale Verlauf der Konzentration in Abhängigkeit von dieser Koordinate soll letztlich nur andeuten, dass die vollständige Durchmischung zu konstanten Konzentrationen im gesamten Reaktionsraum führt. Dies gilt auch für alle anderen Rührreaktortypen.

Hinsichtlich der Zeitabhängigkeit der Konzentrationen ist festzustellen, dass sich ein diskontinuierlicher Reaktor nur instationär betreiben lässt.

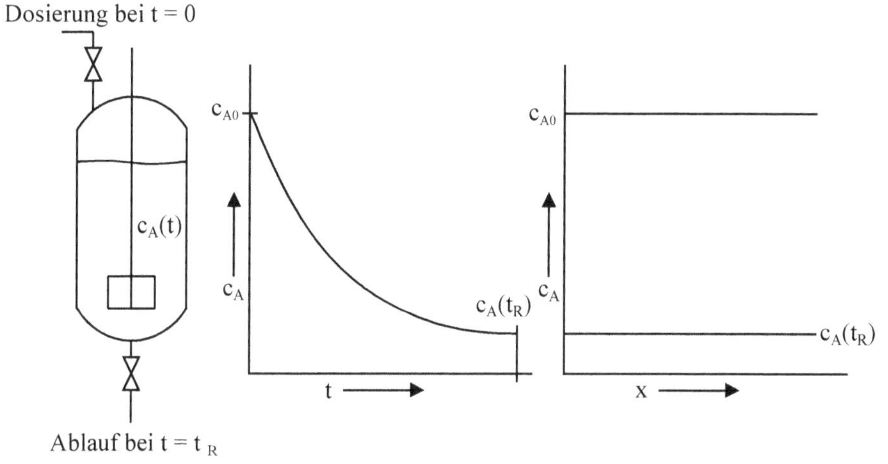

Abb. 4.1: *Zeitliche und örtliche Konzentrationsverteilung eines Reaktionspartners A im diskontinuierlichen Rührkessel*

Kontinuierlicher Rührkessel mit vollständiger Durchmischung
(auch: Kontinuierlicher Rührreaktor, Kontinuierlicher ideal durchmischter Reaktor, CSTR = Continous Stirred Tank Reactor)

Es erfolg ein ständiger Zu- und Ablauf der Reaktionsmischung. Werden die Ein- und Austrittsströme sowie die Kesseltemperatur konstant gehalten, stellt sich ein stationärer Zustand ein. Die Durchmischung ist so intensiv, dass keinerlei Konzentrations- und Temperaturunterschiede im Kessel vorliegen. Die Austrittswerte entsprechen den Werten innerhalb des Kessels, weil zumindest theoretisch der Austritt an jedem Ort platziert sein könnte. In der Praxis ist diese Annahme umso besser erfüllt, je intensiver die Durchmischung gelingt. In Abb. 4.2 sind die Konzentrationsverhältnisse für den stationären Zustand dargestellt. Kennzeichnend ist ein idealisierter Konzentrationssprung, der die sofortige Konzentrationsänderung an der Einlaufstelle deutlich machen soll.

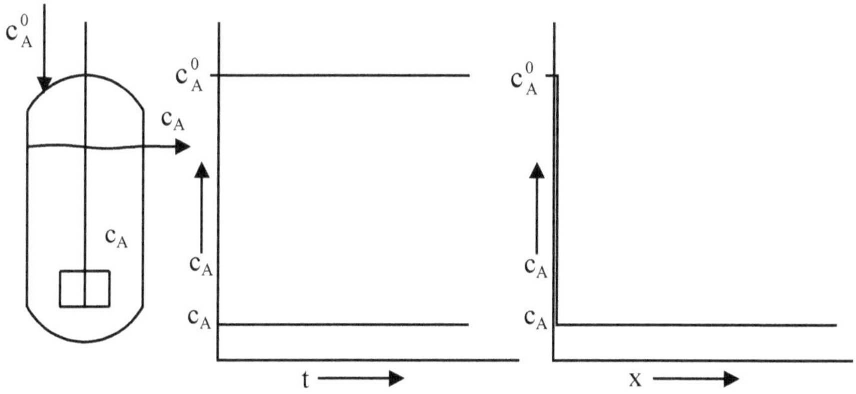

Abb. 4.2: *Zeitliche und örtliche Konzentrationsverteilung eines Reaktionspartners A im kontinuierlichen Rührkessel*

Ideales Strömungsrohr
(auch: Idealer Rohrreaktor, Pfropfenströmungsreaktor, PFR = Plug Flow Reactor)

Auch dieser Reaktorgrundtyp wird kontinuierlich durchströmt, d.h. es erfolgt ein ständiger Zu- und Ablauf der Reaktionsmischung. Im Gegensatz zum kontinuierlichen Rührkessel tritt durch eine ungestörte axiale Strömung in einem Rohrreaktor keinerlei Durchmischung (auch als Rückvermischung bezeichnet) auf. Die Vorstellung einer so genannten Pfropfenströmung geht davon aus, dass keine Änderungen der Strömungsgeschwindigkeit und auch der Konzentrationen und Temperaturen senkrecht zur Rohrachse auftreten. In Abhängigkeit von der Reaktorlänge und damit von der Verweilzeit der Reaktionsmischung bilden sich über der Rohrlänge Konzentrationsgradienten aus. Auch bei diesem Reaktortyp sind stationäre Betriebszustände erreichbar, wenn die Eintrittsgrößen und die Reaktionsbedingungen innerhalb des Reaktors konstant gehalten werden können (s. Abb. 4.3).

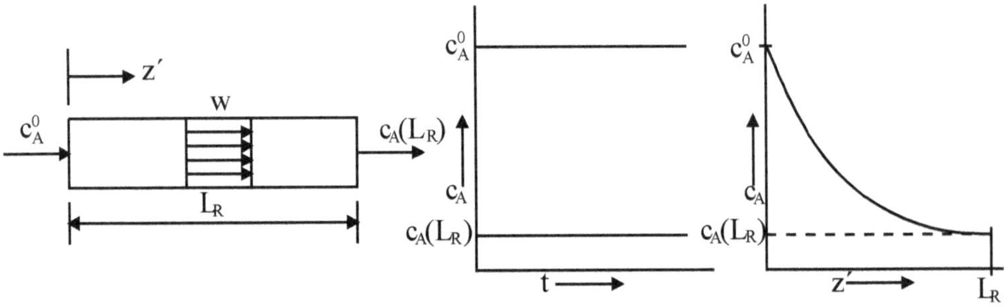

Abb. 4.3 *Zeitliche und örtliche Konzentrationsverteilung eines Reaktionspartners A im idealen Strömungsrohr unter stationären Bedingungen*

Neben den drei genannten Reaktorgrundtypen, deren Charakterisierung und Berechnung im Kapitel 6 erfolgen, existieren zwei modifizierte Gestaltungsvarianten, die auf die Grundtypen zurückgeführt werden können:

Halbkontinuierlicher Rührkessel
(auch: Halbkontinuierlicher Rührreaktor, Semibatch-Reaktor)

Dieser Reaktor wird so betrieben, dass mindestens ein Reaktionspartner zum Reaktionsbeginn diskontinuierlich vorgelegt wird, während mindestens ein zweiter Reaktant während der gesamten Betriebsperiode kontinuierlich dosiert wird. Ist der zweite Reaktionspartner eine Flüssigkeit, dann muss man neben den Konzentrationsänderungen auch den zunehmenden Füllungsgrad des Reaktors mit fortschreitender Verweilzeit berücksichtigen. Eine halbkontinuierliche Betriebsweise liegt auch vor, wenn der zweite Reaktionspartner innerhalb einer kontinuierlich zugeführten Gasphase dosiert wird. Hier liegt meist auch ein kontinuierlicher Gasaustrittsstrom vor, während das gewünschte Reaktionsprodukt in der Flüssigphase verbleibt. Die Konzentrationsverhältnisse für diesen Reaktortyp sind in Abb. 4.4 dargestellt. Zu unterscheiden ist hier zwischen der Konzentration des reagierenden Stoffes A im Eintrittsstrom c_A^0 und der Konzentration im Kessel zu Reaktionsbeginn c_{A0}.

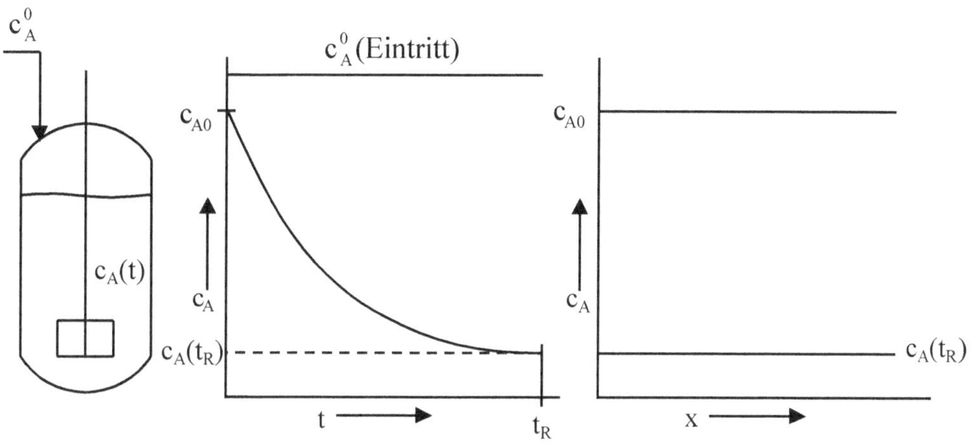

Abb. 4.4: Zeitliche und örtliche Konzentrationsverteilung eines Reaktionspartners A im halbkontinuierlichen Rührkessel

Rührkesselkaskade

Eine Rührkesselkaskade entsteht durch Hintereinanderschaltung mehrerer kontinuierlicher Rührkessel (s. Kap.7). Insofern stellt dieses System zwar keinen neuen Reaktortyp dar; es ergeben sich jedoch in einer Reihe industrieller Anwendungsfälle spezifische Vorteile, die weder mit einem kontinuierlichen Rührkessel noch mit einem Strömungsrohr erreichbar sind. Für den im Normalfall angestrebten stationären Betriebszustand ergeben sich die in Abb. 4.5 gezeigten Konzentrationsverläufe. Die Ortskoordinate x wurde in dieser vereinfachten Darstellung für alle drei Kessel verwendet.

4.2 Wärmetechnische Betriebsformen von Reaktoren

Chemische Reaktionen sind mit Energiewandlungen verbunden, bei denen wärmeenergetische Prozesse die herausragende Rolle spielen. Freiwerdende oder zuzuführende Reaktionswärmen und die Einhaltung günstiger Temperaturbereiche bedingen eine enge Verknüpfung der Reaktion mit Kühl- oder Heizprozessen. Unter diesem Gesichtspunkt lassen sich Chemiereaktoren nach wärmetechnischen Gesichtspunkten klassifizieren, wobei die jeweilige Betriebsform einerseits prozesstechnische und andererseits auch apparatetechnische Besonderheiten aufweist. Man unterscheidet die isotherme, adiabate oder polytrope Betriebsform und damit auch die entsprechenden wärmetechnischen Reaktortypen.

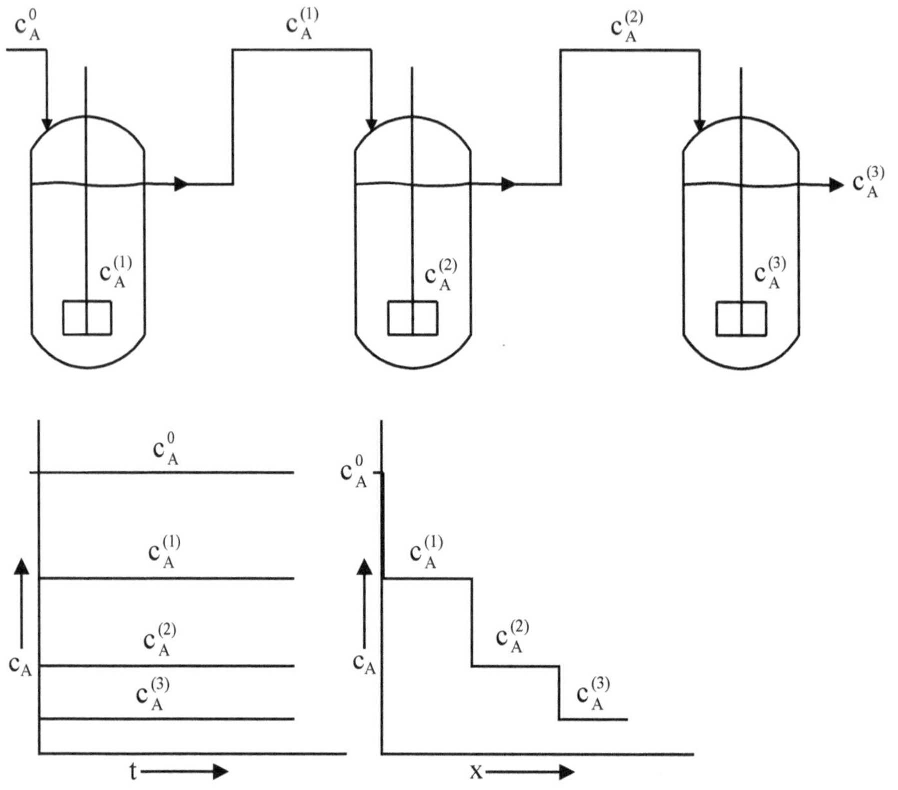

Abb. 4.5: *Zeitliche und örtliche Konzentrationsverteilung eines Reaktionspartners A in einer Rührkesselkaskade aus drei Kesseln*

Isotherme Reaktoren

Isotherme Reaktoren sind dadurch gekennzeichnet, dass innerhalb des Reaktionsraumes örtlich und zeitlich konstante Temperaturen vorliegen. Für die Berechnung solcher Reaktoren ist es im ersten Schritt noch nicht von Interesse, auf welche Weise die Isothermie erreicht oder eingehalten werden kann. Man gibt eine gewünschte oder geforderte Temperatur vor und berechnet genau für diese Bedingungen notwendige Reaktorvolumina oder Reaktionszeiten. Bei der technischen Gestaltung muss man die Frage beantworten, wie isotherme Bedingungen ermöglicht werden. In vollständig durchmischten Reaktoren erreicht man konstante Temperaturen durch intensives Rühren. Allerdings könnte man dadurch im diskontinuierlichen Rührkessel keine zeitliche Konstanz der Reaktionstemperatur realisieren. Dies wäre nur bei Reaktionen mit vernachlässigbaren Reaktionswärmen möglich; ansonsten ist eine entsprechende Kühlung oder Heizung des Reaktors erforderlich. Auch bei Strömungsrohren kann man annähernd konstante Temperaturen über der Länge des Rohres nur erreichen, wenn eine zonenweise Heizung oder Kühlung vorgesehen wird. Bei einer isothermen Berechnung dieses Reaktors bleiben auch diese Probleme zunächst unberücksichtigt.

Adiabate Reaktoren

Adiabate Reaktoren zeichnen sich dadurch aus, dass keinerlei Kühl- oder Heizeinrichtungen vorhanden sind. Die Reaktionsräume sind wärmeisoliert; Reaktionswärmen verbleiben vollständig im Reaktionsgemisch. Mit dem Fortschritt der Reaktion steigt bei exothermen Reaktionen die Temperatur an, während sie im endothermen Fall absinkt. Der Temperaturanstieg kann sich günstig auswirken, wenn dadurch die gewünschten Reaktionen in einem sinnvollen Maß beschleunigt werden. Nicht zulässig wären zu hohe Temperaturen, die beispielsweise zur Beschleunigung unerwünschter Reaktionen, zur Überschreitung von Explosionsgrenzen oder zur Schädigung von Katalysatoren führen. Das Absinken der Temperatur bei endothermen Reaktionen muss oft verhindert werden, weil es zur unerwünschten Absenkung der Reaktionsgeschwindigkeit kommen kann.

Polytrope Reaktoren

Polytrope Reaktoren besitzen Kühl- oder Heizeinrichtungen, durch die sinnvolle Temperaturbedingungen innerhalb des Reaktionsraumes oder – bei diskontinuierlicher Betriebsweise – in Abhängigkeit von der Zeit realisiert werden. Isotherme Bedingungen werden dabei im Allgemeinen nicht angestrebt, wenn sie sich nicht durch die Vermischung innerhalb eines Rührkessels ohnehin ergeben. Trotzdem spricht man vom polytropen Rührkessel, bei dem im Fall des diskontinuierlichen Betriebes ein Temperaturprofil (Temperaturverlauf) in Abhängigkeit von der Reaktionszeit vorliegt. Auch der Begriff des polytropen kontinuierlichen Rührkessels ist sinnvoll, obwohl im stationären Zustand im gesamten Kessel und auch in Abhängigkeit von der Zeit isotherme Bedingungen vorliegen. Der Begriff „polytrop“ ist vor allem im Zusammenhang mit der mathematischen Modellierung dieser Reaktoren berechtigt, weil erst durch die Anwendung polytroper Reaktormodelle, d. h. die gekoppelte Lösung der Stoff- und Wärmebilanzen, die Berechnung der Reaktionstemperatur bei vorgegebener Eintrittstemperatur – oder umgekehrt die Berechnung der notwendigen Temperatur des Eintrittsgemisches bei Vorgabe einer gewünschten Reaktionstemperatur – möglich ist.

Bei Rohrreaktoren, die in sehr großer Anzahl bei industriellen Prozessen der heterogenen Gaskatalyse eingesetzt werden, spielen die im Reaktor vorliegenden örtlichen Temperaturprofile oft eine dominierende Rolle bei der Durchführung eines sicheren und prozesstechnisch optimalen Betriebes. Bei exothermen Reaktionen treten oft unerwünschte Temperaturmaxima auf, denen man durch eine intensive Kühlung oder andere verfahrenstechnische Maßnahmen begegnen kann. Zur Berechnung solcher Zustände werden polytrope Reaktormodelle verwendet, mit deren Hilfe neben den Konzentrationsprofilen auch die Temperaturprofile entlang der axialen Koordinate eines Strömungsrohres ermittelt werden können. In Abb. 4.6 ist ein solcher Verlauf im Vergleich zu adiabaten bzw. isothermen Bedingungen dargestellt.

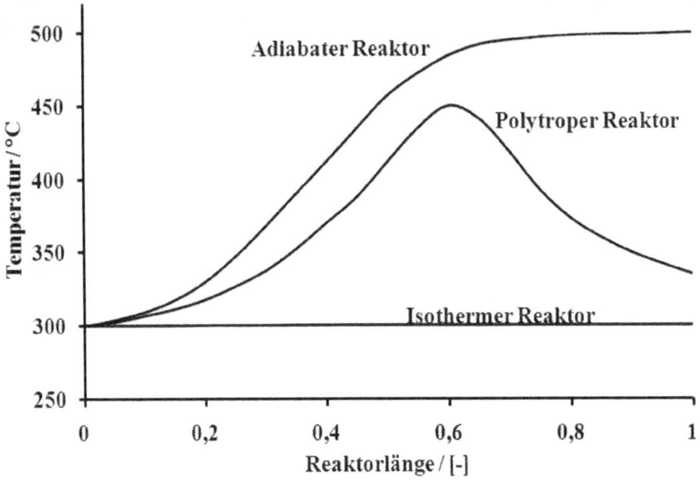

Abb. 4.6: *Axiale Temperaturverläufe bei Ablauf einer exothermen Reaktion in einem Strömungsrohr bei verschiedenen wärmetechnischen Betriebsformen*

4.3 Phasenverhältnisse in chemischen Reaktoren

Chemische Reaktionen laufen in flüssigen, gasförmigen und festen Stoffen ab und auch die Reaktionspartner und -produkte können in alle drei Aggregatzuständen vorliegen. Die Klassifizierung der Reaktoren unter diesen stofflichen Gesichtspunkten wird allerdings nicht allein nach den Aggregatzuständen sondern nach den vorliegenden Phasen vorgenommen. Dies ist deshalb sinnvoll, weil es Reaktionssysteme mit einer größeren Anzahl von Phasen im Vergleich zu den Aggregatzuständen gibt. So findet man beispielsweise in einem flüssigen Reaktionsgemisch mitunter zwei oder mehr flüssige Phasen vor, wobei sich die Reaktionspartner am Eintritt eines kontinuierlich betriebenen Reaktors in unterschiedlichen Phasen befinden können.

Im einfachsten Fall liegt im Reaktor nur eine Phase vor. Man spricht dann von einem *homogenen* oder *Einphasensystem*, in dem keine Phasengrenzen vorhanden sind. Dagegen bezeichnet ein *heterogenes* oder *Mehrphasensystem* solche Reaktionsmischungen, bei denen mindestens zwei Phasen vorliegen. Da die Phasenverhältnisse die Bauart und die Betriebsbedingungen des Reaktors sehr deutlich beeinflussen, werden die eigentlich aus der Kennzeichnung der Reaktionssysteme abzuleitenden Merkmale auch für die Einteilung in entsprechende Reaktortypen verwendet. In der Praxis treten folgende Varianten auf:

1. Einphasenreaktoren

- *Homogene Flüssigphasenreaktoren*
  Für diese häufig anzutreffenden Systeme kommt der Einsatz aller strömungstechnischen Reaktorgrundtypen in Frage.
- *Homogene Gasphasenreaktoren*
  Homogene Gasphasenreaktionen werden grundsätzlich in Strömungsreaktoren durchgeführt.

2. Mehrphasenreaktoren

- *Reaktoren für Fluid-Feststoff-Reaktionen (s. Kapitel 9)*
  a) Reaktoren der heterogenen Katalyse
  Der Feststoff dient hier als Katalysator. Die unterschiedlichen fluiden Phasen führen zu folgenden Reaktortypen:
    - Heterogen-gaskatalytischer Reaktor: fester Katalysator/ gasförmiges Reaktionsgemisch
    - Heterogen-flüssigkatalytischer Reaktor: fester Katalysator/ flüssiges Reaktionsgemisch
    - Dreiphasenreaktor: fester Katalysator/ Reaktanten in beiden fluiden Phasen.

  b) Reaktoren für nichtkatalytische Fluid-Feststoff-Reaktionen
  In diesem Fall liegen einzelne Reaktionspartner oder auch Reaktionsprodukte in fester Form, andere Reaktanten in fluider Form vor:
    - Reaktoren für nichtkatalytische Gas-Feststoff-Reaktionen
    - Reaktoren für nichtkatalytische Flüssigkeits-Feststoff-Reaktionen.
- *Reaktoren für Reaktionen zwischen festen Stoffen*
  Im Bereich der Glas-, Keramik- und Baustoffindustrie werden solche Reaktionen, die bei hohen Temperaturen ablaufen, vorrangig durchgeführt.
- *Reaktoren für Fluid-Fluid-Reaktionen (s. Kapitel 10)*
  - Gas-Flüssig-Reaktor
  - Flüssig-Flüssig-Reaktor

  Die Reaktanten liegen in mindestens zwei fluiden Phasen vor. Auch der Einsatz flüssiger Katalysatoren ist möglich.

4.4 Chemische Aktivierungsprinzipien in industriellen Reaktoren

Die konstruktive Gestaltung und der Betrieb von Reaktoren werden oft ganz erheblich durch das Aktivierungsprinzip der ablaufenden chemischen Reaktionen bestimmt. Obwohl die bislang beschriebenen Klassifizierungskriterien auch für solche Anwendungsfälle durchaus zutreffend sind, führen die im Folgenden genannten Besonderheiten hinsichtlich der Aktivierungsmechanismen zu ganz speziellen reaktionstechnischen Varianten. Bei industriellen Reaktionsprozessen sind folgende Aktivierungsprinzipien von Bedeutung, die gegebenenfalls auch kombiniert auftreten:

Thermische Aktivierung
Der Reaktionsablauf mit einer für technische Anwendungen notwendigen Reaktionsgeschwindigkeit erfolgt nur bei Vorliegen einer bestimmten Reaktionstemperatur. Um unerwünschte Nebenreaktionen und Gefahr bringende Zustände zu vermeiden, wird oft ein optimaler Temperaturbereich vorgegeben, der durch Beheizung oder Kühlung des Reaktors verwirklicht wird. Insoweit stellt dieser Fall das „normale" Aktivierungsprinzip dar.

Zu den thermisch aktivierten Reaktionen gehört eine Reihe von Gasphasenreaktionen, die meist bei hohen Temperaturen ablaufen. Beispiele sind die thermische Spaltung von Kohlenwasserstoffen durch einen Pyrolyseprozess oder die Vielzahl von Brennprozessen in der

Baustoff-, Glas- und Keramikherstellung. Auch Flüssigphasenreaktionen wie Verseifungen, Nitrierungen oder Sulfurierungen verlaufen thermisch aktiviert.

Katalytische Aktivierung
Eine große Anzahl wirtschaftlich sehr bedeutender chemischer Reaktionen läuft unter Mitwirkung von Katalysatoren ab, wodurch erwünschte Reaktionen beschleunigt oder generell erst ermöglicht werden und nicht erwünschte Reaktionen verlangsamt oder gar nicht ablaufen. Damit wird die Selektivität bei komplexen Reaktionen verbessert, wobei allerdings die Lage des chemischen Gleichgewichtes durch den Katalysator nicht beeinflusst werden kann. Der Katalysator selbst kann an der Bildung von Zwischenprodukten beteiligt sein; im Endprodukt ist er jedoch theoretisch nicht enthalten, so dass er im Idealfall auch nicht verbraucht wird. Im praktischen Einsatz kann er jedoch seine Wirksamkeit im Laufe längerer Betriebsperioden durch verschiedenartige Desaktivierungsvorgänge verlieren.

Liegt der Katalysator in fester Form vor, dann spricht man von der heterogenen Katalyse (s. Kapitel 9), die hinsichtlich der Anzahl und der wirtschaftlichen Bedeutung zu den wichtigsten industriellen Reaktionstypen gehört. Bei der homogenen Katalyse befinden sich die Reaktanten und der Katalysator in der flüssigen Phase. Hier werden oft Säuren (z. B. Schwefelsäure bei Veresterungen oder Verseifungen) und Laugen (z. B. Natronlauge bei der Kondensation von Carbonylverbindungen) als Katalysator eingesetzt.

Elektrochemische Aktivierung (s. Kapitel 12)
Elektrochemisch aktivierte Reaktionen laufen an Elektrodenoberflächen ab, die sich in einem Elektrolyten befinden. Damit liegen stets Mehrphasensysteme vor, wobei Reaktionspartner und -produkte in allen drei Aggregatzuständen vorhanden sein können. Die Geschwindigkeit von Elektrodenreaktionen wird neben den bekannten Einflussgrößen (Konzentrationen, Temperatur) auch durch das Elektrodenpotential bestimmt.

Die Bauart elektrochemischer Reaktoren hängt von der konstruktiven Gestaltung der Elektroden ab. Hier sind meist flächenhafte Strukturen sinnvoll, und mit dem Ziel der Vermeidung zu hoher *Ohm*scher Spannungsabfälle werden kleine Elektrodenabstände angestrebt. Zu den Anwendungsgebieten zählen Gewinnungselektrolysen der Chemie und der Metallurgie, die Metallraffination, die Galvanotechnik sowie das große Gebiet der elektrochemischen Stromquellen (Batterien, Brennstoffzellen).

Photochemische Aktivierung (s. Kapitel 13)
Durch die Absorption von eingestrahlten Lichtquanten erreichen zumeist organische Verbindungen einen energiereicheren und weniger stabilen, d. h. chemisch aktivierten Zustand. Man wird also eine geeignete Lichtquelle vor allem mit dem Ziel auswählen, dass deren Emissionsspektrum möglichst weitgehend mit dem Absorptionsspektrum der Reaktionspartner übereinstimmt. Die Geschwindigkeit photochemischer Reaktionen wird durch die Konzentration der Reaktanten und auch durch die Wellenlänge und Intensität des Lichtes bestimmt. Damit liegt auch bei vollständiger Vermischung im Photoreaktor stets eine Verteilung der Reaktionsgeschwindigkeit vor, weil die Lichtintensität nach dem Gesetz von *Lambert-Beer* mit zunehmender Entfernung von der Lichtquelle abnimmt.

Anwendungsgebiete der photochemischen Aktivierung sind beispielsweise Chlorierungs- und Sulfochlorierungsreaktionen, die Behandlung spezieller Abwässer und die lichtinduzierte Polymerisation.

Aktivierung durch Initiatorzerfall bei Polymerisationsreaktionen (s. Kapitel 11)
Durch Initiatorzerfall entstehen speziell bei Polymerisationsreaktionen aktive Spezies (z. B. Radikale) die gemeinsam mit einem Monomermolekül ein aktives und damit wachstumsfähiges Polymermolekül der Kettenlänge 1 ergeben, dass seinerseits zu langen Polymerketten wachsen kann. In vielen Fällen und speziell bei Massepolymerisationen ist das Entstehen makromolekularer Moleküle mit einem deutlichen Viskositätsanstieg der Reaktionsmasse verbunden. Daraus ergeben sich oft besondere Bauarten der eingesetzten Reaktoren, die deshalb hier als spezielle Reaktorvariante klassifiziert werden sollen. Darüber hinaus führt der Einsatz von Initiatoren auch zu erweiterten Einflussmöglichkeiten auf den Ablauf des Polymerisationsprozesses, weil dessen Konzentration solche wichtigen Eigenschaften der erzeugten Polymeren wie die mittlere Molmasse und die Molmassenverteilung bestimmt.

Die Anwendungsmöglichkeiten der Polymerisation sind sehr breit. Massenkunststoffe wie Polyvinylchlorid, Polyethylen, Polypropylen und Polybutadien werden ebenso nach diesem Verfahren hergestellt wie Spezialpolymere (zum Teil auch durch Co- oder Terpolymerisation mehrerer Monomerer) oder Klebstoffe.

Mikrobiologische Aktivierung
Bei der mikrobiologischen Aktivierung werden eingesetzte Substrate mit Hilfe von Mikroorganismen, tierischen oder pflanzlichen Zellen oder isolierten Enzymen (Biokatalysatoren) zu den gewünschten Produkten umgesetzt. Besondere Anforderungen an Bioreaktoren ergeben sich in vielen Fällen aus der Notwendigkeit einer sterilen Prozessführung und nach strikter Einhaltung optimaler Bedingungen, die das Wachstum der kultivierten Organismen und die Produktbildung sichern.

Die in der Biotechnologie eingesetzten Reaktortypen sind vielfach denen der chemischen Verfahrenstechnik ähnlich. Die große Gruppe der aeroben Reaktoren, bei denen Sauerstoff oder Luft in eine Flüssigphase oder eine Fest-Flüssig-Suspension dosiert wird, sind den verschiedenen Typen der Gas-Flüssig-Reaktoren ähnlich (s. Kapitel 10). Hier treten Rührkessel ebenso auf wie Blasensäulen oder Festbettreaktoren. Eine zweite Gruppe der Bioreaktoren sind anaerobe Reaktoren, bei denen keine Gasdosierung erfolgt.

Die Anwendungsgebiete der mikrobiologischen Aktivierung sind außerordentlich breit. Beispiele sind die Herstellung von Hefen, Alkohol und einer großen Anzahl pharmazeutischer Produkte aber auch Verfahren der Umwelttechnik wie die biologische Abwasserreinigung und Abluftfiltration oder die mikrobiologische Anreicherung von Erzen.

Die Bioreaktortechnik wird meist im Zusammenhang mit den mikrobiologischen und biochemischen Grundlagen sowie der speziellen Bioprozesskinetik und der Steriltechnik innerhalb der biologischen Verfahrenstechnik behandelt (z. B. [4-1] bis [4-5]). Deshalb wird hier nicht näher auf diesen Reaktortyp eingegangen.

Weitere Aktivierungsprinzipien mit einer allerdings geringen Anwendungsbreite in der chemischen Verfahrenstechnik sollen hier nur kurz erwähnt werden:

Plasmachemische Aktivierung
Wenn chemische Reaktionen bei hohen Temperaturen thermodynamisch begünstigt und mit der erforderlichen Geschwindigkeit ablaufen, ist eine Umsetzung im Plasmastrahl in Erwägung zu ziehen. Probleme liegen wegen der sehr hohen Temperaturen (bis zu 3000 K) auf werkstofflichem Gebiet und in der Aufrechterhaltung definierter und stabiler Reaktionsbedingungen.

Strahlenchemische Aktivierung
Chemische Verbindungen werden in diesem Fall durch die Absorption von radioaktiver Strahlung (α-, β- oder γ-Strahlung) in einen aktivierten Zustand versetzt. Die entsprechenden Reaktoren sind durch die Installation der geeigneten Strahlungsquelle und durch die notwendigen Sicherheitsvorkehrungen beim Umgang mit radioaktiver Strahlung gekennzeichnet.

Bislang sind nur wenige Anwendungsfälle (Auslösung von Kettenreaktionen, Umwandlung hochpolymerer Stoffe) bekannt geworden.

Tribochemische Aktivierung
Bei der tribochemischen oder mechanochemischen Aktivierung werden Feststoffe unter der Einwirkung von Reibungs- oder Stoßenergie in einen reaktionsfähigen Zustand versetzt. Die mechanische Energie wird den Reaktanten durch Mahlen in Schwing- und Kugelmühlen oder in Walzen und Knetern zugeführt.

Eine der wenigen Anwendungen dieses Prinzips ist die Herstellung spezieller Mischpolymerisate durch mechanische Zerkleinerung von Makromolekülen (z. B. Polystyrol) in Gegenwart anderer reagierender Monomerer (z. B. Acrylnitril).

4.5 Mikrostrukturreaktoren

Die bisher beschriebenen Merkmale bei der Klassifizierung chemischer Reaktoren beinhalten keine Aussagen zur Größe von Reaktionsräumen, die sich im Allgemeinen aus dem geforderten Produktionsumfang und der Reaktionsgeschwindigkeit ergibt. Diese unterscheiden sich in der industriellen Praxis um viele Größenordnungen, wobei kleine Reaktoren im Maßstab von wenigen Litern ebenso auftreten wie Rührkessel oder Rohrreaktoren mit mehreren hundert Kubikmetern Reaktionsvolumen.

Eine spezielle Reaktorbauart sind Mikrostrukturreaktoren (auch als Mikroreaktoren bezeichnet), bei denen die vom Reaktionsgemisch durchströmten Querschnitte extrem klein gehalten werden. Die verwendeten Bauteile besitzen laterale Abmessungen im Bereich von 100 nm bis zu einem mm.

Durch die sehr kleinen Reaktionsvolumina entstehen zwar grundsätzlich keine neuen Reaktortypen; es liegen jedoch interessante Charakteristika der Mikrostrukturreaktoren in Bereichen, die mit Reaktoren herkömmlicher Abmessungen nicht erreichbar sind. Eine der wesentlichen Eigenschaften ist ein sehr großes Verhältnis der Oberfläche von Reaktionsrohren oder -kanälen zu deren Volumen von $10\,000$ bis $50\,000\,m^2\,/\,m^3$. Zusätzlich zu dieser für den Wärmetransport günstigen Übertragungsfläche weisen Mikrostrukturreaktoren auch hohe Wärmeübergangskoeffizienten auf, die etwa eine Größenordnung über den für herkömmliche Reaktoren üblichen Werten liegen. Damit können auch bei hoch exothermen Reaktionen weitgehend isotherme Bedingungen erreicht und Gefahr bringende Zustände vermieden werden. Auch die Transportprozesse von Stoff und Wärme senkrecht zur Strömungsrichtung der fluiden Phasen in den Kanälen sind wegen der kurzen Wege kaum limitiert, so dass Temperatur- und Konzentrationsgradienten in dieser Richtung kaum auftreten.

Weitere Vorteile der Mikrostrukturreaktoren liegen in einer schnellen Vermischung von reagierenden Komponenten und in einer engen Verweilzeitverteilung. Dadurch erreicht man vor allem bei schnellen Reaktionen oft höhere Selektivitäten und Ausbeuten als in herkömmlichen Reaktoren.

Vorteilhafte Anwendungen von Mikrostrukturreaktoren finden sich in der verfahrenstechnischen Versuchstechnik und bei Produktionsverfahren mit kleinen Produktmengen. Für Untersuchungen im Labormaßstab lassen sich Anlagen aus einer Vielzahl von Prozessbausteinen (Mischer, Reaktoren, Elektrolysezellen, Wärmeübertrager, Pumpen usw.) zusammenstellen (s. z. B. [4-6] und [4-7]).

Eine Maßstabsvergrößerung erreicht man durch Zusammenschalten vieler einzelner Elemente (z. B. Rohrbündel aus vielen mikrostrukturierten Einzelrohren). Industrielle Beispiele findet man beispielsweise bei homogenen Flüssigphasenreaktionen, bei Reaktionen der heterogenen Gaskatalyse, bei Gas-Flüssig-Reaktionen und bei elektrochemischen Reaktionen. Zusammenfassende Darstellungen zu den verfahrenstechnischen Grundlagen und Anwendungen sind z. B. in [4-8] bis [4-10] zu finden.

5 Stoff- und Wärmebilanzen für homogene Reaktionssysteme

Als wichtige Arbeitsmethoden der Verfahrenstechnik bei der Entwicklung neuer Verfahren und auch bei der Optimierung der Fahrweise vorhandener Anlagen wurden im Kapitel 1.2 die mathematische Modellierung und Simulation von Prozessen und Verfahren genannt. Mathematische Modelle sind Berechnungsalgorithmen, die den Ablauf technischer Vorgänge theoretisch beschreiben können. Bei Erreichen einer der praktischen Aufgabenstellung entsprechenden Genauigkeit bieten Simulationsrechnungen auf der Grundlage des Modells die Möglichkeit, die für gewünschte Produktionsmengen erforderlichen Apparategrößen voraus zu berechnen oder bei vorgegebenen Apparategrößen die erreichbaren Umsätze und Produktmengen zu ermitteln.

Mathematische Modelle der Verfahrenstechnik bestehen aus Bilanzgleichungen für Stoffmengen, für die Energie und den Impuls. Durch Lösung der Gleichungssysteme kann man die örtliche und zeitliche Verteilung von Stoffmengen bzw. Konzentrationen, von Temperaturen und Strömungsgeschwindigkeiten berechnen. In der Regel liegt ein gekoppeltes Gleichungssystem vor, weil sich die zu berechnenden Größen gegenseitig beeinflussen. In vielen Fällen kann man allerdings von beträchtlichen Vereinfachungen ausgehen, die vor allem die Strömungsverhältnisse betreffen. So wird man beispielsweise bei Flüssigphasenreaktionen in Rohrreaktoren vielfach von einer eindimensionalen Strömung mit einer über den Rohrquerschnitt konstanten Geschwindigkeit ausgehen können, so dass eine Einbeziehung der Impulsbilanzen in diesem Fall nicht erforderlich ist. Die in den Stoffbilanzen auftretende Strömungsgeschwindigkeit ist dann entweder konstant oder aus vereinfachten Durchsatzgleichungen zu berechnen (s. Kapitel 5.2).

Auch bei der Formulierung der Energiebilanz ergeben sich für die meisten technischen Anwendungsfälle schon dadurch beträchtliche Vereinfachungen, dass nur thermische Energieformen auftreten. Dann braucht nur eine Wärmebilanz formuliert werden, wie dies im Kapitel 5.3 dargelegt wird.

5.1 Grundlegende Transportprozesse und Erhaltungssätze

Bei der Formulierung allgemeiner Stoff- und Wärmebilanzen für chemische Reaktoren sind einerseits die allgemeinen Erhaltungssätze von Masse und Energie von Bedeutung; andererseits spielen die Transportprozesse von Stoff und Energie innerhalb des betrachteten Bilanzgebietes eine wesentliche Rolle. Dabei ist es zunächst unerheblich, ob dieses Bilanzgebiet ein Teil einer Prozesseinheit (z. B. ein Volumenelement eines Reaktors), eine vollständige Prozesseinheit (z. B. gesamter Reaktionsraum eines Reaktors) oder ein Reaktorsystem (z. B. Rührkesselkaskade) ist.

Die *Transportprozesse der Verfahrenstechnik* stellen einen zusammenfassenden Begriff für die Vorgänge

- Stoffübertragung (Stofftransport, Stoffaustausch)
- Wärmeübertragung (Wärmetransport, Wärmeaustausch)
- Impulsübertragung (Impulstransport, Impulsaustausch)

dar. Sie erlauben eine weitgehend einheitliche Beschreibung, die sich in folgender allgemeiner Struktur ausdrücken lässt:

Strom	*= Transportierte Menge je Zeiteinheit*
	= Intensitätsgröße × Apparategröße × Triebkraft

Am Beispiel von Stoff und Wärme sollen die einzelnen Ausdrücke für die mathematische Beschreibung der Transportprozesse dargelegt werden.

1. Konvektion (Konvektive Ströme)
Bei diesem Transportvorgang erfolgt die Übertragung von Stoff und Energie durch den Transport von Masseteilchen (Strömung) in fluiden Medien.

Konvektiver Stoffstrom (Strom der Komponente i)
Als kennzeichnender Stoffmengenstrom wird hier ein auf den durchströmten Querschnitt bezogener Molstrom verwendet.

$$j_{KS} = \frac{\dot{n}_{iK}}{A} = \frac{\dot{m}_i}{M_i A} = \frac{\rho_i \dot{V}}{M_i A} = c_i \frac{\dot{V}}{A} = c_i w \qquad \left[\frac{kmol}{m^2\, s}\right] \tag{5.1}$$

Konvektiver Wärmestrom
Der in der Praxis übliche Begriff des konvektiven Wärmestromes ist nach der exakten Bezeichnungsweise der Thermodynamik ein Enthalpiestrom, der meist auf die Temperatur von $0°C$ bezogen wird.

$$j_{KW} = \frac{\dot{Q}_K}{A} = \frac{\dot{m} c_p T}{A} = \frac{\rho \dot{V} c_p T}{A} = \rho w c_p T \qquad \left[\frac{kJ}{m^2\, s} = \frac{kW}{m^2}\right] \tag{5.2}$$

2. Leitung (Leitströme, Konduktive Ströme)
Leitströme werden durch molekulare Triebkräfte verursacht. In reiner Form finden die Wärmeleitung und die Diffusion („Stoffleitung“) nur in festen Körpern statt. In fluiden Systemen sind sie oft durch konvektive Einflüsse überlagert.

Diffusion

Triebkraft des Stofftransportes durch Diffusion ist nach dem *Fick*'schen Gesetz ein Konzentrationsgradient, der hier in koordinatenfreier Schreibweise angegeben wird.

$$j_{LS} = \frac{\dot{n}_{iL}}{A} = -D_i \, grad \, c_i \tag{5.3}$$

In dieser vereinfachten Form des Diffusionsgesetzes sind Wechselwirkungen zwischen den einzelnen Komponenten nicht berücksichtigt.

Wärmeleitung

Entsprechend der *Fourier'*schen Wärmeleitungsgleichung ist ein Temperaturgradient die Triebkraft für diesen Transportprozess.

$$j_{LW} = \frac{\dot{Q}_L}{A} = -\lambda \, grad \, T \tag{5.4}$$

Die konduktiven Transportparameter D_i (Diffusionskoeffizient) und λ (Wärmeleitkoeffizient, Wärmeleitfähigkeit) können als Stoffwerte entsprechenden Tabellenwerken entnommen werden.

3. Übergang (Übergangsströme, Ströme durch Konvektion an Phasengrenzflächen)

Übergangsströme treten an Phasengrenzflächen auf, wobei in den meisten Fällen Stoff bzw. Wärme von einem fluiden und im Allgemeinen strömenden Medium an eine feste Wand (oder in entgegen gesetzter Richtung) transportiert wird. Stoffübergänge können aber auch zwischen zwei fluiden Phasen vorliegen (s. Kapitel 10).

Stoffübergang

Die Triebkraft eines Stoffüberganges ist eine Konzentrationsdifferenz zwischen dem Kern der Strömung in der fluiden Phase und der festen Wand.

$$j_{ÜS} = \frac{\dot{n}_{iÜ}}{A} = \beta \left(c_i - c_{iw} \right) \tag{5.5}$$

Wärmeübergang

In Analogie zum Stoffübergang stellt beim Wärmeübergang eine Temperaturdifferenz zwischen dem Kern der Strömung und der Wand die Triebkraft des Transportprozesses dar.

$$j_{ÜW} = \frac{\dot{Q}_Ü}{A} = \alpha (T - T_w) \tag{5.6}$$

Die Intensitätsgrößen des Stoff- und Wärmeüberganges werden als Übergangskoeffizienten oder Übergangszahlen bezeichnet. Ihre Berechnung kann mit Hilfe dimensionsloser Kennzahlen erfolgen, von denen die wichtigsten im Folgenden genannt werden.

- *Reynolds*-Zahl (Kennzeichnung der Strömungsverhältnisse in einem Rohr mit dem Durchmesser d und der linearen Strömungsgeschwindigkeit w)

$$Re = \frac{w\,d}{\nu} \tag{5.7}$$

- *Prandtl*-Zahl (Stoffwerte, die für den Wärmeübergang relevant sind)

$$Pr = \frac{\nu\,\rho\,c_p}{\lambda} \tag{5.8}$$

- *Schmidt*-Zahl (Stoffwerte, die für den Stoffübergang relevant sind)

$$Sc = \frac{\nu}{D} \tag{5.9}$$

- *Nusselt*-Zahl

$$Nu = \frac{\alpha\,d}{\lambda} = f(Re, Pr) \tag{5.10}$$

Aus dieser Kennzahl kann bei erzwungener Konvektion der Wärmeübergangskoeffizient berechnet werden, wenn die konkrete Abhängigkeit von der *Reynolds*- und der *Prandtl*-Zahl für die vorliegende Geometrie und die Strömungsverhältnisse bekannt ist. Dies ist für sehr viele technische Anwendungsfälle gut untersucht und in Standardwerken der Wärmeübertragung zusammengestellt (z. B. [5-1]). Für die Strömung in geraden Rohren mit einem Längen/Durchmesser-Verhältnis > 50 sowie $0{,}6 < Pr < 2500$ und $Re > 10\,000$ gilt beispielsweise folgende Korrelation für die *Nusselt*-Zahl [5-2]:

$$Nu = 0{,}023\,Re^{0{,}8}\,Pr^{0{,}43}\,. \tag{5.11}$$

- *Sherwood*-Zahl

$$Sh = \frac{\beta\,d}{D} = f\left(Re, Sc\right) \tag{5.12}$$

Auch zur Berechnung des Stoffübergangskoeffizienten findet man in der Fachliteratur viele Korrelationsbeziehungen, die für bestimmte Geometrien und Strömungsbedingungen gelten. Als Beispiel sei eine Gleichung für den Stoffübergang an einer längs angeströmten vertikalen Platte (z. B. einer Elektrode in einer Elektrolysezelle) genannt, die im turbulenten Bereich ($Re > 2300$) bei einem Verhältnis von Plattenhöhe und äquivalentem Durchmesser des durchströmten Querschnittes von größer als 10 folgende Gestalt besitzt [5-3]:

$$Sh = 0{,}023\,Re^{0{,}33}\,Sc^{0{,}33}\,. \tag{5.13}$$

Mitunter fehlen für die Lösung praktischer Aufgaben geeignete Berechnungsgleichungen, weil entsprechende Untersuchungsergebnisse für bestimmte Geometrien und Parameterbereiche nicht vorliegen. Eine Hilfe für grobe Abschätzungen des Stoffübergangskoeffizienten bei bekanntem Wärmeübergangskoeffizienten (oder auch im umgekehrten Fall) kann dadurch gegeben sein, dass man die vielfach gültige Analogie zwischen Wärme- und Stoffübergang nutzt. Dabei gilt annähernd:

$$Sh \approx Nu \tag{5.14}$$

und damit auch:

$$\frac{\beta}{\alpha} \approx \frac{D}{\lambda}. \tag{5.15}$$

Zusätzliche Transportschritte sind zu berücksichtigen, wenn ein *Wärme- oder Stoffdurchgang* vorliegt, an dem mindestens zwei Übergangsprozesse und vielfach auch Leitprozesse beteiligt sind.

Beim *Wärmedurchgang* besteht der häufigste Fall darin, dass zwei Wärmeübergänge (z. B. an der heißen und der kalten Seite eines Kühlers) und ein Wärmeleitprozess durch eine feste Wand gekoppelt sind. Die Grundgleichung für den Wärmedurchgang lautet dann:

$$\dot{Q} = k_D\, A_D \left(T_H - T_K\right). \tag{5.16}$$

In dieser Gleichung bedeuten

A_D = Wärmedurchgangsfläche

T_H, T_K = Temperatur des heißen, bzw. kalten Mediums

k_D = Wärmedurchgangskoeffizient, der folgendermaßen berechnet wird:

$$k_D = \frac{1}{\dfrac{1}{\alpha_H} + \dfrac{\delta}{\lambda} + \dfrac{1}{\alpha_K}}. \tag{5.17}$$

Hierbei bedeuten

$\alpha_H,\ \alpha_K$ = Wärmeübergangskoeffizient auf der heißen bzw. kalten Seite

δ = Stärke der festen Wand

λ = Wärmeleitkoeffizient des Wandmaterials.

Beim *Stoffdurchgang* findet man in gleicher Weise die Kopplung von Stoffübergängen an zwei Seiten einer festen Wand mit einem Diffusionsschritt innerhalb des Wandmaterials. Ein Beispiel für solche Transportprozesse ist die Stofftrennung durch Membranen. Aber auch der Stofftransport zwischen Gas- und Flüssigphasen kann aus der Kopplung von zwei Stoffübergängen durch die Grenzschichten beider Phasen bestehen. Auf diese Problematik wird im Kapitel 10 im Zusammenhang mit der Berechnung von Fluid-Fluid-Reaktoren eingegangen.

Nach der Behandlung der Transportprozesse von Stoff und Wärme werden in kurzer Form die *Erhaltungssätze* der Masse und der Energie dargestellt. Diese grundlegenden Erfahrungssätze sagen aus, dass bestimmte physikalische Größen bei stofflichen und energetischen Prozessen oder deren Wechselwirkungen innerhalb eines isolierten Systems in ihrer Summe konstant bleiben.

Erhaltungssatz der Masse
In einem geschlossenen System ohne Zu- und Abflüsse bleibt die Summe aller Massen der vorhandenen Stoffe konstant. Dies bedeutet, dass keine Masse verloren gehen oder neu geschaffen werden kann, obwohl die Stoffe chemisch umgewandelt oder physikalisch verändert werden können.

Beispiel einer chemischen Reaktion in einem diskontinuierlichen Reaktor:

$$C_{fest} + O_{2,gasförmig} \rightarrow CO_{2,gasförmig} + 393{,}5\,kJ/mol$$
$$12\,g + 32\,g \rightarrow 44\,g$$

Dieses Beispiel zeigt, dass die gesamte Masse zu jedem Zeitpunkt des Reaktionsablaufes insgesamt konstant bleibt. Vergleicht man die Massen zu den Zeitpunkten 1 und 2, dann gilt:

$$m_1 = m_2 \,. \tag{5.18}$$

Gleiches gilt für die Massen der einzelnen Elemente, die sich zwar in unterschiedlichen chemischen Verbindungen befinden können, in ihrer Gesamtmasse aber konstant bleiben.

Bei durchströmten Systemen, z. B. im Fall des kontinuierlich betriebenen Rührkessels, stellt sich die Massenerhaltung abhängig von der Betriebsführung in folgender Weise dar:

- *Stationärer Fall* [s. Abb. 5.1 a)]:

$$\dot{m}_1 = \dot{m}_2 \tag{5.19}$$

Abb. 5.1: Massenerhaltung im stationären Fall a) und unter instationären Bedingungen b)

Für den Fall einer konstanten Dichte des Reaktionsmediums gilt bei einer Veränderung des durchströmten Querschnittes mit

$$\dot{m} = \rho \dot{V} = \rho\, w\, A \tag{5.20}$$

die Kontinuitätsgleichung:

$$w_1 A_1 = w_2 A_2 \,. \tag{5.21}$$

- *Instationärer Fall* [s. Abb. 5.1 b)]:

$$\frac{dm}{dt} = \dot{m}_1 - \dot{m}_2 \tag{5.22}$$

Im Gegensatz zur Gesamtmasse und auch zu den Massen der einzelnen Elemente gilt der Erhaltungssatz nicht für einzelne chemische Verbindungen, die ja bei chemischen Reaktionen entweder umgesetzt oder gebildet werden. Da dies aber gerade die technisch interessanten Sachverhalte sind, erfolgt die stoffliche Bilanzierung im Allgemeinen für einzelne Komponenten (Stoffbilanzen).

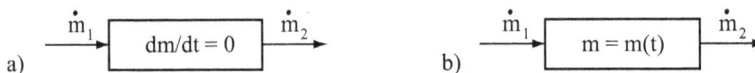

Erhaltungssatz der Energie
Entsprechend dem ersten Hauptsatz der Thermodynamik kann in einem isolierten System Energie weder gewonnen werden noch verloren gehen, sondern sie kann nur von einer Energieform in eine andere umgewandelt werden. Eine Sonderrolle nimmt dabei die Wärmeenergie ein, deren Umwandlung in andere Energieformen nicht vollständig möglich ist.

In der Chemischen Verfahrenstechnik spielt im Zusammenhang mit dem Betrieb chemischer Reaktoren vor allem die Umwandlung chemischer Energie in Wärmeenergie (und umgekehrt) eine dominierende Rolle. Die Energiebilanz liegt deshalb in Form einer Wärmebilanz vor. Bei speziellen Reaktionsprozessen tritt zusätzlich die Umwandlung von elektrischer Energie in chemische Energie (z. B. Elektrolysen) oder der umgekehrte Vorgang (z. B. galvanische oder Brennstoffzellenprozesse) auf. Dann ist die energetische Bilanzierung entsprechend zu erweitern.

Allgemeine Form der verfahrenstechnischen Bilanzen
Eine allgemeine Stoffbilanz berücksichtigt die in einem definierten Reaktorvolumen oder Volumenelement auftretenden zeitlichen Änderungen der Menge oder Konzentration eines Stoffes, die durch ein- und austretende Stoffströme sowie durch stoffliche Quellen oder Senken infolge chemischer Reaktionen verursacht werden. Dieser Sachverhalt gilt ebenso für die Wärme, bei der man im Zusammenhang mit der chemischen Reaktion von einer Wärmequelle (Reaktionswärme) sprechen kann. Deshalb ist es üblich, eine allgemeine Bilanz für Stoff und Wärme für ein betrachtetes Volumenelement zu formulieren.

Der Bilanzraum kann, wie in einem ersten Beispiel gezeigt (s. Abb. 5.2), das gesamte von der Reaktionsmasse eingenommene Volumen V_R eines kontinuierlichen Rührkessels sein, wenn man davon ausgehen darf, dass infolge des intensiven Rührens keinerlei Gradienten der Stoffkonzentrationen oder der Temperatur auftreten.

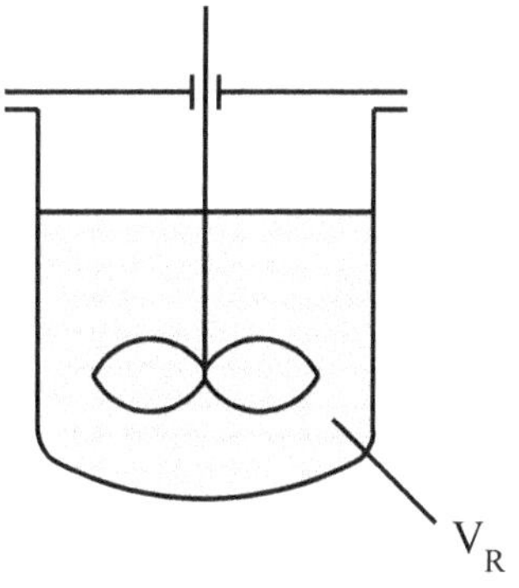

Abb. 5.2: Reaktionsvolumen eines Rührkessels als Bilanzraum

Im zweiten Beispiel soll ein Rohrreaktor vorliegen, über dessen Längskoordinate Änderungen der zu bilanzierenden Größen (Konzentrationen bzw. Umsatz, Temperatur) auftreten. Der Bilanzraum ist dann ein Volumenelement dV_R mit der Länge dz (s. Abb. 5.3). In diesem Element sind die Änderungen der Variablen differentiell klein, wie dies am Beispiel des Stoffmengenstromes oder des Umsatzes dargestellt ist.

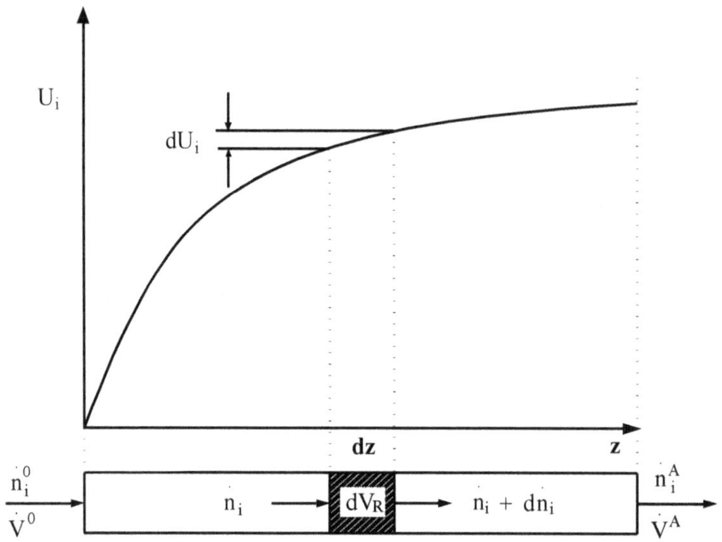

Abb. 5.3: Volumenelement eines Rohrreaktors als Bilanzraum

Für das jeweils zu betrachtende Reaktionsvolumen, bzw. Volumenelement gilt dann folgende zunächst in Worten ausgedrückte allgemeine Form der Bilanzgleichungen:

$$\left\{\begin{matrix}\textit{Zeitliche Änderung}\\ \textit{der betreffenden Größe}\end{matrix}\right\}=\left\{\begin{matrix}\textit{Eintretende}\\ \textit{Ströme}\end{matrix}\right\}-\left\{\begin{matrix}\textit{Austretende}\\ \textit{Ströme}\end{matrix}\right\}+\left\{\begin{matrix}\textit{Quelle bzw. Senke,}\\ \textit{z. B. chem. Reaktion}\end{matrix}\right\}$$

Für eine zu berechnende Größe Γ ergibt sich damit folgende allgemeine Bilanzgleichung:

$$\frac{\partial \Gamma}{\partial t} = -div\, j + \dot{Q}u. \tag{5.23}$$

Mit dem Begriff j ist die Summe aller Vektoren der auftretenden Ströme beschrieben:

$$j = j_K + j_L + j_{Ü}. \tag{5.24}$$

Eine Sonderstellung nehmen die Übergangsströme ein. Bei homogenen Reaktionssystemen treten sie wegen fehlender Phasengrenzen im Bilanzgebiet nicht auf. Sie sind aber z. B. als Wärmeübergangsterm in den Randbedingungen zu berücksichtigen, die eine Kühlung oder Heizung des Reaktionsraumes beschreiben. Anders ist es bei Mehrphasenprozessen, bei denen im betrachteten Bilanzgebiet (Reaktionsvolumen oder Volumenelement) zwei oder auch mehrere Phasen vorliegen. Dort sind die Bilanzgleichungen für jede Phase zu formulieren, die durch Übergangsströme gekoppelt sind. So sind beispielsweise im heterogengaskatalytischen Reaktor im gesamten Bilanzgebiet sowohl die Gas- als auch die Katalysatorphase vorhanden, die bei Verwendung von Zweiphasenmodellen durch die Ströme des Stoff- und Wärmeüberganges miteinander verbunden sind.

Konvektive Ströme sind immer dann gut erfassbar, wenn übersichtliche Strömungsbedingungen vorliegen. Die apparatetechnische Gestaltung vieler Reaktoren als zylindrische Konstruktionen erlaubt oft die Voraussetzung einer eindimensionalen Strömung in Reaktorlängsrichtung, wodurch die Erfassung konvektiver Ströme vereinfacht wird und auf die Lösung der Impulsbilanzen mit dem Ziel der Berechnung zwei- oder dreidimensionaler Strömungsgeschwindigkeitsverteilungen verzichtet werden kann.

Besonderheiten treten auch bei ideal vermischten Reaktoren auf. Konvektive Ströme sind hier nur als Zu- oder Abflüsse in das Bilanzgebiet oder aus diesem heraus zu berücksichtigen. Auch Leitströme braucht man bei Voraussetzung vollständiger Durchmischung nicht in die Bilanzen aufzunehmen, weil Temperatur- oder Konzentrationsgradienten als nicht vorhanden angesehen werden. Ganz anders muss man dagegen in solchen Fällen vorgehen, bei denen im Verhältnis zur Reaktionszeit relativ lange Mischzeiten vorliegen. Dann ist es durchaus interessant, Geschwindigkeits-, Konzentrations- und gegebenenfalls auch Temperaturfelder in Abhängigkeit von der Mischzeit und den Ortskoordinaten im Reaktor zu berechnen, um den Einfluss der Rührerleistung und des Rührertyps auf das Vermischungsverhalten zu bewerten.

5.2 Allgemeine Stoffbilanz

Die allgemeine Stoffbilanz dient der Berechnung der in einem Reaktionsraum vorliegenden Konzentrationsfelder, die je nach Reaktortyp auch zeitlichen Änderungen unterworfen sein können. Dabei sind jeweils so viele Stoffbilanzen zu lösen wie Schlüsselkomponenten vorliegen. Entsprechend Kapitel 3.1.3 entspricht deren Anzahl auch der Zahl der stöchiometrisch unabhängigen Reaktionen und ist durch den Rang der Matrix der stöchiometrischen Koeffizienten bestimmt.

Das System der Stoffbilanzen ist nur für den isothermen Fall separat zu lösen. Liegen im Reaktionsraum und auch über die Zeit keine konstanten Temperaturen vor, dann ist immer eine gekoppelte Lösung mit der Wärmebilanz erforderlich. Die Kopplung ist vor allem über die Quellglieder in den Bilanzen gegeben, weil diese sowohl in den Stoffbilanzen als auch in der Wärmebilanz im Normalfall konzentrations- und temperaturabhängig sind.

Als charakteristische Größe werden hier Molkonzentrationen verwendet. In gleicher Weise lassen sich die Bilanzen auch mit Massenkonzentrationen, Molanteilen oder Stoffmengen (Molzahlen von Komponenten, bzw. Molenströme) formulieren, da alle diese Größen ineinander umgerechnet werden können.

Formuliert man eine Stoffbilanz nach Gl. (5.23) für die Komponente i, dann ist für die allgemeine Bilanzgröße Γ die Molkonzentration c_i des betrachteten Stoffes einzusetzen:

$$\frac{\partial c_i}{\partial t} = -div\, j_{Si} + \dot{Q}u_{Si}\,. \tag{5.25}$$

Da innerhalb homogener Reaktionssysteme keine Stoffübergangsströme auftreten, setzt sich die Summe der Stoffströme maximal aus den Anteilen der Konvektion und der Diffusion zusammen:

$$j_{Si} = j_{Ki} + j_{Di} = c_i\, w - D_i\, grad\, c_i\,. \tag{5.26}$$

Der stoffliche Quellterm für die Komponente i enthält die Bildung bzw. den Zerfall dieses Stoffes in allen Reaktionen, an denen er beteiligt ist. Dieser Ausdruck ist die Stoffänderungsgeschwindigkeit (s. Kapitel 3.3.1):

$$\dot{Q}u_{Si} = R_i = \sum_j \nu_{ij}\, r_j \,. \tag{5.27}$$

Damit ergibt sich folgender Ausdruck für die allgemeine Stoffbilanz:

$$\frac{\partial c_i}{\partial t} = -div\left(c_i\, w - D_i\, grad\, c_i\right) + R_i \,. \tag{5.28}$$

Diese allgemeine vektorielle Darstellung ist nun für die konkrete Geometrie des zu berechnenden Reaktors zu formulieren. Für das zylindrische Rohr als häufigster apparativer Anwendungsfall von durchströmten Reaktoren ergibt sich mit der axialen Koordinate z', der radialen Koordinate r' und der Winkelkoordinate ϕ folgende Stoffbilanz:

$$\begin{aligned} \frac{\partial c_i}{\partial t} = &-\left[\frac{\partial\left(c_i w_r\right)}{\partial r'} + \frac{1}{r'}\frac{\partial\left(c_i w_\phi\right)}{\partial \phi} + \frac{\partial\left(c_i w_z\right)}{\partial z'}\right] + \\ &+ \frac{1}{r'}\frac{\partial}{\partial r'}\left(D_r r' \frac{\partial c_i}{\partial r'}\right) + \frac{1}{r'^2}\frac{\partial}{\partial \phi}\left(D_\phi \frac{\partial c_i}{\partial \phi}\right) + \frac{\partial}{\partial z'}\left(D_z \frac{\partial c_i}{\partial z'}\right) + R_i \end{aligned} \tag{5.29}$$

In den meisten Anwendungsfällen wird eine dreidimensionale Berechnung nicht notwendig sein, weil man von einer auch bei der technischen Realisierung angestrebten Zylindersymmetrie ausgehen kann. Eine weitere Vereinfachung besteht oft darin, dass insbesondere bei einem großen Längen-Durchmesser-Verhältnis des Rohrreaktors der radiale Strömungsgeschwindigkeitsvektor vernachlässigbar ist. Damit setzt man

$$\frac{\partial w_\phi}{\partial \phi} = 0, \quad \frac{\partial c_i}{\partial \phi} = 0, \quad w_r = 0 \,. \tag{5.30}$$

An dieser Stelle muss auch darüber diskutiert werden, welchen Sinn die Diffusionsterme in durchströmten Systemen haben. Bei der Ausbildung von Konzentrationsgradienten liegt zweifellos eine gewisse molekulare Diffusion vor, wie sie das *Fick*sche Gesetz beschreibt. Viel stärker sind allerdings oft die strömungsbedingten Vermischungseinflüsse, die eine ideale Pfropfenströmung stören und beispielsweise in Verwirbelungen sichtbar werden. Auch diese Einflüsse versucht man in einem so genannten effektiven Diffusions- oder Vermischungsterm zu erfassen. Man behält dabei den Diffusionsterm in unveränderter Form bei und betrachtet den Koeffizienten als eine effektive Größe, für die in der Fachliteratur Berechnungsgleichungen zu finden sind (s. Kapitel 8):

$$D_r = D_{r,eff}, \; D_z = D_{z,eff} \,. \tag{5.31}$$

Damit ergibt sich das so genannte zweidimensionale Diffusionsmodell des Rohrreaktors:

$$\frac{\partial c_i}{\partial t} = -\frac{\partial (c_i w_z)}{\partial z'} + D_{r,eff}\left(\frac{\partial^2 c_i}{\partial r'^2} + \frac{1}{r'}\frac{\partial c_i}{\partial r'}\right) + D_{z,eff}\frac{\partial^2 c_i}{\partial z'^2} + R_i . \tag{5.32}$$

Weitere Vereinfachungen können darin bestehen, dass die axiale Strömungsgeschwindigkeit konstant ist, wie dies bei Flüssigphasenreaktionen oft vorausgesetzt werden kann. Vielfach wird auch eine eindimensionale Berechnung möglich sein, wenn man feststellt, dass die radialen Konzentrationsgradienten schwach ausgeprägt sind. Dies kann man durch Vergleichsrechnungen mit einem ein- bzw. zweidimensionalen Modell feststellen.

Soll der Reaktor bei stationären Bedingungen berechnet werden, dann würde der Akkumulationsterm auf der linken Seite von Gl. (5.32) verschwinden.

Es soll an dieser Stelle noch einmal betont werden, dass das System der Stoffbilanzgleichungen in der bisherigen Form nur für isotherme Bedingungen lösbar ist. Weil insbesondere die reaktionskinetischen Konstanten im Allgemeinen stark temperaturabhängig sind, muss für diesen Fall die Reaktionstemperatur bekannt sein.

5.3 Allgemeine Wärmebilanz

Die allgemeine Wärmebilanz als Sonderform der Energiebilanz, bei der nur die Umwandlung von chemischer Energie in thermische Energie und umgekehrt berücksichtigt wird, enthält als zu berechnende Größe eine thermische Energiedichte, aus der die Temperatur als wichtige Prozessgröße leicht zu berechnen ist:

$$\Gamma = \rho c_p T . \qquad \left[\frac{kg}{m^3}\frac{kJ}{kg\,K}K = \frac{kJ}{m^3}\right] \tag{5.33}$$

Aus Gl. (5-23) ergibt sich damit folgende Wärmebilanz in vektorieller Schreibweise:

$$\frac{\partial(\rho c_p T)}{\partial t} = -div\, j_W + \dot{Q}u_W . \tag{5.34}$$

Bei der Wärmebilanz für homogene Reaktionssysteme ist davon auszugehen, dass innerhalb des Bilanzraumes keine Wärmeübergangsströme auftreten. Diese sind dort lokalisiert, wo Heiz- oder Kühlflächen vorhanden sind und müssen deshalb in den Randbedingungen berücksichtigt werden. Damit gilt folgende Stromgleichung:

$$j_W = j_{KW} + j_{LW} = \rho w c_p T - \lambda\, grad\, T . \tag{5.35}$$

Den Quellterm der Wärmebilanz stellt die Reaktionswärme dar. Sie berücksichtigt die Reaktionsenthalpien aller ablaufenden Reaktionen und die über die Reaktionsgeschwindigkeiten ausgedrückten stofflichen Umsetzungen:

$$\dot{Q}u_W = \dot{Q}_R / V_R = \sum_j r_j \left(-\Delta H_{Rj}\right). \tag{5.36}$$

Damit ergibt sich folgender Ausdruck für die allgemeine Wärmebilanz:

$$\frac{\partial\left(\rho c_p T\right)}{\partial t} = -div\left(\rho c_p T w - \lambda \, grad\, T\right) + \sum_j r_j \left(-\Delta H_{Rj}\right). \tag{5.37}$$

Formuliert man auch diese Gleichung analog der Stoffbilanz für einen Rohrreaktor mit Zylindersymmetrie unter Vernachlässigung des radialen Konvektionsstromes, dann ergibt sich folgende Wärmebilanz eines zweidimensionalen Modells:

$$\frac{\partial\left(\rho c_p T\right)}{\partial t} = -\frac{\partial\left(\rho c_p T w_z\right)}{\partial z'} + \lambda_{r,eff}\left(\frac{\partial^2 T}{\partial r'^2} + \frac{1}{r'}\frac{\partial T}{\partial r'}\right) + \lambda_{z,eff}\frac{\partial^2 T}{\partial z'^2} + \sum_j r_j \left(-\Delta H_{Rj}\right) \tag{5.38}$$

Auch in dieser Gleichung stellen die Wärmeleitkoeffizienten für die axiale und radiale Richtung effektive Größen dar, die maßgeblich durch die Strömungsbedingungen im Reaktor beeinflusst werden.

Die Wärmebilanz ist nur gemeinsam mit den Stoffbilanzen lösbar, weil die im Quellterm enthaltenen Reaktionsgeschwindigkeiten im Normalfall konzentrationsabhängig sind.

Für viele Anwendungen vereinfacht sich die Wärmebilanz in gleicher Weise wie die Stoffbilanzen. So verschwindet die linke Seite von Gl. (5.38), wenn stationäre Bedingungen vorliegen. Eine Vernachlässigung des effektiven radialen Wärmeleittermes ist bei adiabaten Rohrreaktoren oft zulässig, weil unter diesen Bedingungen keine Kühlung über die Rohrwand erfolgt.

Inwieweit die Leitterme überhaupt das Rechenergebnis beeinflussen, hängt von der Größe der effektiven Koeffizienten ab, die mit Hilfe von Korrelationsbeziehungen für die jeweils vorliegenden Phasenverhältnisse und Strömungsbedingungen abgeschätzt werden können.

6 Strömungstechnisch ideale Reaktoren für homogene Reaktionen

Im Kapitel 4.1 wurden bereits die Reaktorgrundtypen nach den strömungstechnischen Gesichtspunkten charakterisiert. Es handelt sich dabei auf der einen Seite um vollständig durchmischte Reaktoren (diskontinuierlicher und kontinuierlicher Rührkessel), in denen durch Rühren oder andere Möglichkeiten der Vermischung Konzentrations- und Temperaturunterschiede innerhalb der Reaktionsmischung weitgehend beseitigt werden. Im Gegensatz dazu wird beim idealen Strömungsrohr (idealer Rohrreaktor, Pfropfenströmungsreaktor) von einer durch keinerlei Vermischungseinflüsse gestörten idealen Pfropfenströmung in axialer Richtung in einem zumeist zylindrischen Rohr ausgegangen.

Die Vor- und Nachteile der einzelnen Reaktoren, die Gründzügen der Reaktor- und Prozessgestaltung und die Berechnungsmethoden für die einzelnen Grundtypen werden in diesem Kapitel dargelegt.

6.1 Vollständig durchmischte Reaktoren

6.1.1 Rührkessel als Chemie- und Bioreaktoren

Für die Durchführung von Flüssigphasen- oder Mehrphasenreaktionen ist der Rührkessel der am häufigsten eingesetzte Reaktortyp in der Chemie und Biotechnologie. Seine apparative Gestaltung ist durch eine zylindrische Behälterform mit einem meist typisierten Boden und einen in der Regel abnehmbaren Deckel mit verschiedenen Stutzen gekennzeichnet (s. Abb. 6.1). Ein oder mehrere Rührer befinden sich in der Reaktionsmischung; die meist senkrecht positionierte Rührerwelle ist über eine Abdichtung im Behälterdeckel mit dem Antrieb (Motor und Getriebe) verbunden. Andere Anordnungen (Rührer von unten oder seitlich) sind möglich. Innerhalb des Kessels sind in vielen Fällen Strombrecher angebracht, die ein Rotieren der Flüssigkeit und die Ausbildung von Tromben verhindern sollen. Nur auf diesem Weg sind hohe Rührleistungen zu realisieren.

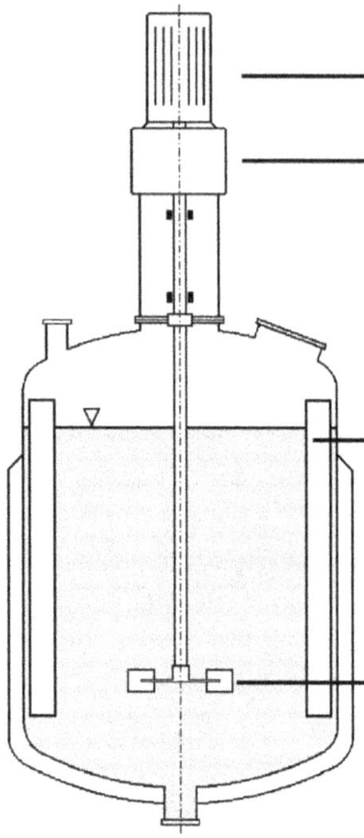

Abb. 6.1: *Schematische Darstellung eines Rührkessels; 1 Antriebsmotor 2 Getriebe 3 Strombrecher 4 Rührer*

Typische Mischprozesse und Auswahl des Rührers

Zur Erzeugung definierter Strömungsbedingungen sind die in der Praxis eingesetzten Rührertypen in unterschiedlicher Weise geeignet. Dies gilt auch für die verschiedenen Aufgaben der Mischprozesse, die folgendermaßen klassifiziert werden können:

- *Homogenisieren* (Mischen ineinander unbegrenzt löslicher Flüssigkeiten)
  Dieser Mischprozess ist den hier behandelten Einphasensystemen der chemischen Reaktion vorgeschaltet. Bei Zwei- oder Mehrphasensystemen können weitere Mischprozesse von Bedeutung sein:
- *Suspendieren* (Aufwirbeln und möglichst homogenes Verteilen von Feststoffen in einer Flüssigkeit),
- *Dispergieren* flüssig-flüssig (Mischen von nicht oder nur teilweise ineinander löslichen Flüssigkeiten),
- *Begasen* von Flüssigkeiten (Stoffübergang einer oder mehrerer gasförmiger Komponenten aus der meist dispersen Gasphase in die Flüssigphase).

Einige Beispiele der für die einzelnen Aufgaben eingesetzten Rührertypen (s. Abb. 6.2) sind im Folgenden genannt. Umfassende Übersichten zu dieser Problematik sind z. B. in [6-1] bis [6-4] enthalten.

- Scheibenrührer [Abb. 6.2 a)]
  Der Scheiben- oder Schaufelrührer wird zum Dispergieren und Begasen bei niedrig- und mittelviskosen Medien verwendet. Bei zentrischer Einbaulage ist der Einsatz von vier Strombrechern üblich.

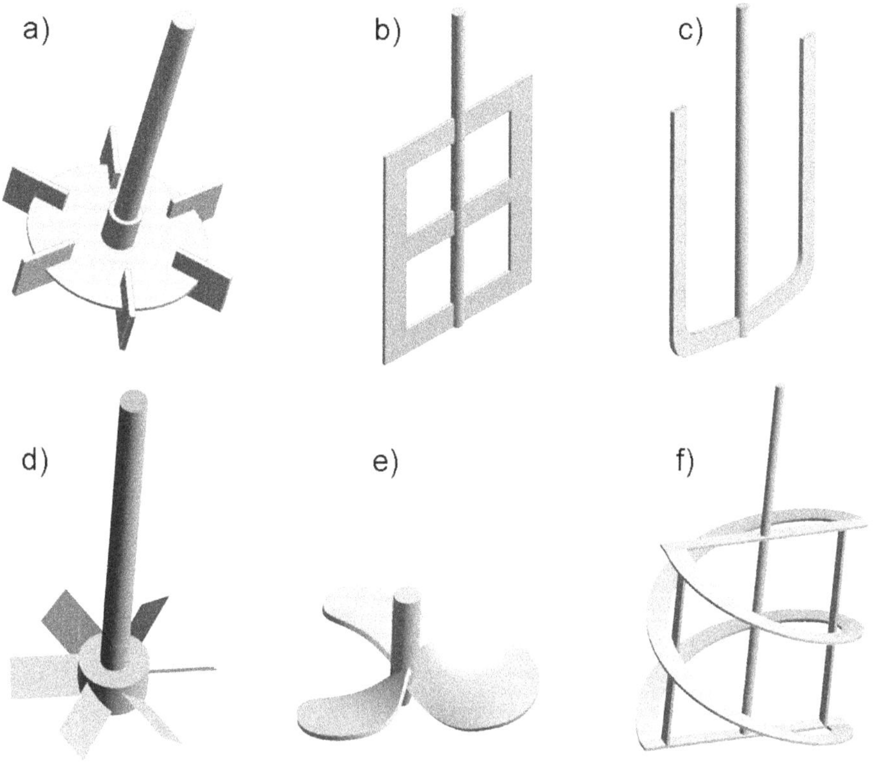

Abb. 6.2: *Häufig eingesetzte Rührertypen in Rührkesseln;*
a) Scheibenrührer b) Blattrührer c) Ankerrührer d) Schrägblattrührer e) Propellerrührer f) Wendelrührer

- Blattrührer [Abb. 6.2 b)]
  Dieser Rührer eignet sich sehr gut zum Homogenisieren von niedrig- bis mittelviskosen Flüssigkeiten. Bei der Verwendung von vier Rührblättern werden auch meist vier Strombrecher eingesetzt.
- Ankerrührer [Abb. 6.2 c)]
  Der Ankerrührer sorgt vor allem für gute Turbulenzbedingungen in der Nähe der Kesselwand und wird deshalb vorrangig zur Verbesserung der Wärmeübergangsbedingungen, aber auch für Homogenisierprozesse insbesondere bei hochviskosen Medien eingesetzt.
- Schrägblattrührer [Abb. 6.2 d)]
  Bei niedrig- bis mittelviskosen Flüssigkeiten verwendet man den Schrägblattrührer zum Homogenisieren, Dispergieren und Suspendieren. Es werden hohe *Reynolds*-Zahlen bei einer vorrangig axialen Durchmischung erreicht. Typisch ist der Einbau von drei Strombrechern.
- Propellerrührer [Abb. 6.2 e)]
  Der Propellerrührer schafft günstige Bedingungen für Suspendier- und Homogenisierprozesse bei niedrigviskosen Flüssigkeiten. Es wird eine intensive axiale Umwälzung mit sehr hohen *Reynolds*-Zahlen erreicht. Der Einbau von drei Strombrechern ist meist erforderlich.

- Wendelrührer [Abb. 6.2 f)]
  Der Wendel- oder Bandrührer ist für das Homogenisieren und zur Verbesserung des Wärmeüberganges bei hochviskosen Flüssigkeiten geeignet. Es erfolgt eine intensive Erneuerung der Grenzschichten an der Behälterwand, wobei die Durchmischung vorrangig axial erfolgt.

Wärme- und Stofftransport in Rührkesseln

Besondere technische Maßnahmen sind für die Temperierung der Reaktionsmasse erforderlich. Für die Aufheizung oder Abkühlung beim Start bzw. am Reaktionsende und auch zur Zu- oder Abführung von Reaktionswärmen werden Wärmeübertragungsflächen am oder im Kessel vorgesehen. Ein äußerer Kühlmantel [(Abb. 6.3-a)] oder auch außen aufgeschweißte Halbrohre [Abb.6.3-b)] sind ebenso üblich wie Kühlflächen innerhalb der Reaktionsmischung [z. B. Kühl- oder Heizschlange, s. Abb. 6.3-c)]. Auch die Verwendung externer Wärmeübertrager, die mit einer Zirkulation der Flüssigkeit aus dem Kessel heraus über den Wärmeübertrager und wieder zurück verbunden ist, stellt eine häufig genutzte Methode der Reaktortemperierung dar. Ebenso wird die Siedekühlung mit extern angeordneten Kondensationskühlern bei Reaktionsprozessen, die bei Siedetemperatur der Flüssigphase ablaufen, oft eingesetzt. Allerdings liegt dann im Kessel kein homogenes System vor, sondern das zweiphasige Dampf-Flüssigkeits-Gemisch.

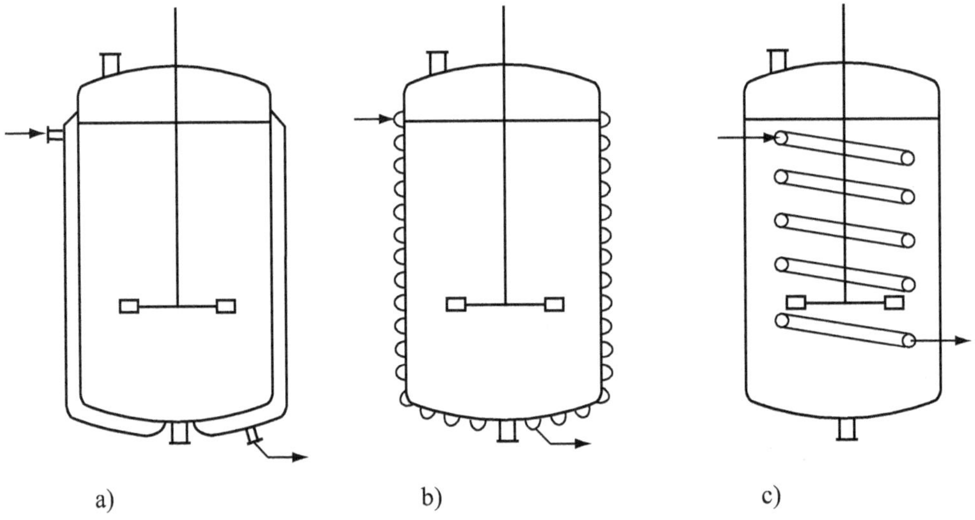

Abb. 6.3: Heiz- bzw. Kühleinrichtungen in Rührkesseln;
a) Mantelkühlung oder -heizung b) Kühlung oder Heizung über aufgeschweißte Halbrohre
c) Kühl- oder Heizschlange im Inneren des Kessels

Die Berechnung des Wärmedurchganges bei den unterschiedlichen Varianten der Temperierung und der Gestaltung des Kessels und des verwendeten Rührers ist gut untersucht und wurde in vielen Korrelationsgleichungen dargestellt. Eine umfassende Zusammenstellung ist in [6-5] gegeben.

Im vorliegenden Kapitel stehen homogene Reaktionssysteme im Vordergrund. Deshalb werden hier die Probleme des Wärme- und Stofftransportes zwischen den Phasen, wie sie bei Gas-Flüssig-Reaktoren, bei Gas-Feststoff-Reaktoren oder auch bei Dreiphasenprozessen auftreten, nicht behandelt. Dazu wird vor allem auf die Kapitel 9 und 10 verwiesen, in denen die Berechnung entsprechender Transportschritte im Zusammenhang mit chemischen Reaktionen an Beispielen dargestellt wird.

Mischzeiten und Rührbedingungen

Eine Fragestellung, die auch bei homogenen Reaktionen im Zusammenhang mit den Transportproblemen von Wärme und Stoff beantwortet werden muss, ist die des Grades der Vermischung (Homogenisierung) im Rührkessel und damit der Zeit, die für den weitgehenden Abbau von Konzentrations- und Temperaturunterschieden in der Reaktionsmasse erforderlich ist. Wenn flüssige Reaktionspartner vollständig ineinander löslich sind, dann erfolgt die Vermischung bis in den molekulardispersen Bereich durch die Deformation makroskopischer Substanzgebiete und auch durch molekulare Diffusion. Dieser Prozess ist von den Stoffeigenschaften der Komponenten und von den Rührbedingungen abhängig. Wenn man sich ein umfassendes Bild über die bei verschiedenen Rührbedingungen im Kessel vorliegenden Temperatur- und Konzentrationsfelder verschaffen möchte, muss man das instationäre System der Wärme- und Stoffbilanzen gekoppelt mit den Impulsbilanzen lösen. Da dies im Allgemeinen ein sehr aufwändiger Weg ist, hat man Kennzahlen für das Erreichen einer bestimmten Mischgüte definiert und daraus Korrelationsgleichungen für die Berechnung von Mischzeiten für verschiedene Rührertypen und Leistungseinträge formuliert und deren Koeffizienten experimentell ermittelt (s. z. B. [6-1] bis [6-4]).

Die Kenntnis einer so abgeschätzten Mischzeit ermöglicht nun einen Vergleich mit der Reaktionszeit beim diskontinuierlichen Rührkessel oder der mittleren Verweilzeit beim kontinuierlichen Rührkessel. Von günstigen Vermischungs- oder Homogenisierungsbedingungen kann dann ausgegangen werden, wenn die Mischzeit deutlich keiner als die Reaktionszeit ist.

Leistungseintrag

Unter dem Leistungseintrag (Rührerleistung) versteht man die vom Rührer an die gerührte Flüssigkeit übertragene Leistung, die auch die Grundlage für die Auslegung des Rührerantriebes darstellt. Die Berechnung kann mit Hilfe folgender dimensionsloser Kennzahlen erfolgen:

$$\textit{Reynolds}\text{-Zahl:}\quad Re = \frac{N_{R\ddot{u}}\, d_{R\ddot{u}}^2}{\nu^F} \tag{6.1}$$

$$\textit{Newton}\text{-Zahl:}\quad Ne = \frac{P_{R\ddot{u}}}{\rho^F N_{R\ddot{u}}^3 d_{R\ddot{u}}^5}\,. \tag{6.2}$$

Einen Zusammenhang zwischen der *Newton*-Zahl und der *Reynolds*-Zahl hat man für viele Rührsysteme experimentell untersucht, wobei oft eine Korrelationsgleichung folgender Form gefunden wurde:

$$Ne = A / Re^B\,. \tag{6.3}$$

Diese Gleichung wird als Leistungscharakteristik des Rührers bezeichnet. Die Koeffizienten A und B hängen dabei von der Form, den Abmessungen und der Einbaulage des Rührers, von der Art und Anzahl der Stromstörer und gegebenenfalls von weiteren geometrischen Einflussfaktoren ab. Liegt dieser Zusammenhang für den gewünschten Rührer vor, dann kann man die Rührerleistung nach Gl. (6.2) berechnen:

$$P_{Rü} = Ne\,\rho^F\, N_{Rü}^3\, d_{Rü}^5\,. \tag{6.4}$$

Beim Begasen von Flüssigkeiten, wie es z. B. bei aeroben Bioreaktionsprozessen durch den Eintrag von Sauerstoff oder Luft erfolgt, ist eine modifizierte *Newton*-Zahl zu berücksichtigen, deren Größe neben den o. g. Einflussgrößen auch von dem auf den Reaktorquerschnitt bezogenen Gasdurchsatz abhängt. Eine Zusammenstellung von Berechnungsgleichungen für diesen Fall ist in [6-6] gegeben.

6.1.2 Vor- und Nachteile der Rührkesseltypen

Bei der Behandlung der Grundzüge der Prozess- und Verfahrensgestaltung wurde im Kapitel 2.1 bereits auf die Charakterisierung der diskontinuierlichen bzw. kontinuierlichen Prozessführung sowie auf die wesentlichen Vor- und Nachteile der einzelnen Varianten eingegangen. Rührkesselreaktoren gehören zu den Reaktorgrundtypen, deren prinzipielle Merkmale in Kapitel 4.1 genannt wurden Hier sollen die für Reaktionsprozesse wichtigsten Gesichtspunkte zusammengestellt werden.

Diskontinuierlicher Rührkessel (s. Abb. 4.1)
Vorteile

- Der für den diskontinuierlichen Rührkessel kennzeichnende Chargenbetrieb gestattet ein schnelles Umstellen auf andere Produkte oder Produktqualitäten. Dies ist günstig bei kleinen Produktmengen mit häufigem Typenwechsel (z. B. pharmazeutische Industrie). Vergleicht man diesen Gesichtspunkt mit den Gegebenheiten im kontinuierlichen Rührkessel, dann werden die Vorteile einer diskontinuierlichen Reaktionsführung auch darin deutlich, dass hier kein „Überfahrmaterial“ (nicht brauchbare oder minderwertige Produkte bei Produktwechsel im kontinuierlichen Fall) auftritt.
- Es kann von einem relativ geringen Investitionsaufwand ausgegangen werden, wenn mehrere Verfahrensschritte zeitlich abgestuft im Reaktor durchgeführt werden (z. B. bei Veresterungsreaktionen).
- Im Vergleich zu kontinuierlich betriebenen Rührkesseln werden höhere Umsätze oder Ausbeuten bei ansonsten gleichen Reaktionsbedingungen erzielt, weil die Stoffänderungsgeschwindigkeiten von der Reaktionszeit abhängen und im Durchschnitt größer sind als bei kontinuierlicher Prozessführung. Dies gilt allerdings nicht für den Sonderfall der autokatalytischen Reaktionen.
- Die diskontinuierliche Reaktionsführung bietet die Möglichkeit, während eines Zyklusses (Charge) Stoffe nachzudosieren (Reaktionspartner, Katalysator, Hilfsstoffe).
- Die Reaktionszeit ist für die gesamte Reaktionsmasse konstant, wenn eine weitgehend ideale Vermischung vorliegt. Stellt man dies der stark verteilten Verweilzeit einzelner Moleküle im kontinuierlichen Kessel gegenüber, dann können sich daraus beim diskontinuierlichen Rührkessel Vorteile hinsichtlich der Produktqualität ergeben (z. B. einheitlichere Molmassenverteilungen bei Polymerisationsreaktionen – s. Kapitel 11).

- Bei Reaktionen mit starker Zunahme der Viskosität der Reaktionsmasse kann die diskontinuierliche Reaktionsführung die einzige mögliche Variante sein, weil eine kontinuierliche Förderung des hochviskosen Produktes sehr schwierig ist.
- Es ist ein Vorteil gerührter Reaktoren generell, dass Sedimentationsprobleme vermieden werden können. Dies ist notwendig, wenn z. B. Kristallisations- oder Fällungsvorgänge auftreten.

Nachteile
- Der Chargenbetrieb kann insbesondere bei großen Produktionsmengen zu hohen Betriebskosten führen, weil Stillstandszeiten zum Reinigen, Füllen, Aufheizen, Entleeren, Abkühlen usw. unvermeidbar sind. Gleichzeitig ist er vielfach alternativlos, wenn nach relativ kurzen Betriebszeiten z. B. eine Kesselreinigung erforderlich ist. Ursachen dafür können Wandansätze durch Reaktionsprodukte und Verunreinigungen oder auch das Auftreten unerwünschter Mikroorganismen in Bioreaktoren sein.
- Der Automatisierungsaufwand ist relativ hoch. Nicht nur der Reaktionsprozess selbst ist naturgemäß instationär sondern alle weiteren mit ihm verbundenen Teilschritte. Eine auf den Chargenbetrieb zugeschnittene Vorratshaltung ist ebenfalls notwendig.
- Die notwendigen Energien für Heizung und Kühlung sind oft sehr ungleichmäßig bereitzustellen (Aufheizen und Abkühlen am Beginn oder Ende der Charge, ungleichmäßiger Anfall an Reaktionswärmen).
- Eine reproduzierbare Reaktionsführung von Charge zu Charge kann sich mitunter als schwierig erweisen. Die Sicherung chargenunabhängiger Produktqualitäten erfordert oft einen hohen Automatisierungsaufwand.

Unter Berücksichtigung der genannten Vor- und Nachteile wird man den diskontinuierlichen Rührkessel besonders dann einsetzen, wenn
- relativ kleine Produktmengen mit gleich bleibender Qualität hergestellt werden sollen,
- lange Reaktionszeiten zur möglichst vollständigen Umsetzung notwendig sind,
- im Reaktor nacheinander verschiedene Produkte erzeugt werden sollen,
- eine kontinuierliche Förderung des Reaktionsgemisches z. B. wegen eines großen Viskositätsanstieges zu Schwierigkeiten führen kann.

Kontinuierlicher Rührkessel (s. Abb. 4.2)
Bei der Gegenüberstellung der Vor- und Nachteile des kontinuierlichen Rührkessels wird sich zeigen, dass im Vergleich zum diskontinuierlichen Rührkessel die Vorteile des einen Reaktortyps teilweise die Nachteile des anderen sind.

Vorteile
- Die kontinuierliche Reaktionsführung erweist sich dann als besonders günstig, wenn die chemische Prozessstufe in ein kontinuierliches Verfahren insgesamt eingebettet ist. Der kontinuierliche Stofffluss kann dann über mehrere Verfahrensstufen erfolgen. Größere Speichereinheiten zwischen den einzelnen Stufen sind vermeidbar.
- Bei großen Produktionsmengen können im Vergleich zur diskontinuierlichen Reaktionsführung niedrigere Betriebskosten erwartet werden, weil Stillstandszeiten zwischen den Chargen (z. B. zum Füllen und Entleeren) nicht auftreten.

- Der kontinuierliche Betrieb ist automatisierungsfreundlich, weil bei Normalbetrieb der stationäre Zustand angestrebt wird. Unter solchen zeitlich nicht veränderlichen Bedingungen kann man von einer konstanten Qualität der Reaktionsprodukte ausgehen.
- Da auch weitgehend konstante Kühlbedingungen vorliegen, können anfallende Reaktionswärmen stetig genutzt werden.
- Im kontinuierlichen Betrieb ist die Hintereinanderschaltung mehrerer Rührkessel möglich (Rührkesselkaskade). Die daraus erwachsenden Vorteile bezüglich des Gesamtumsatzes, der Ausbeuten an gewünschten Reaktionsprodukten und der produzierten Mengen werden im Kapitel 7 bei der Behandlung von Reaktorschaltungen dargelegt.

Nachteile

- Die Realisierung eines kontinuierlichen Verfahrens insgesamt kann zu hohen Investitionskosten führen, weil mitunter viele Verfahrensstufen vorliegen und teilweise Rückführungen von Stoffen und Energien vorgesehen sind. Ein entsprechender Automatisierungsaufwand ist erforderlich.
- Im stationären Betriebszustand liegen konstante Stoffänderungsgeschwindigkeiten vor, die allerdings im Vergleich zum diskontinuierlichen Rührkessel bei vergleichbaren Reaktionszeiten niedriger sind und deshalb in der Regel auch zu geringeren Umsätzen führen. Das ist ein genereller Nachteil des kontinuierlichen ideal vermischten Reaktors. Er führt besonders dann zu sehr hohen notwendigen Reaktorvolumina (hohen mittleren Verweilzeiten), wenn ein hoher Umsatz der Reaktionspartner verlangt wird, weil meist deren Konzentration die Reaktionsgeschwindigkeit beeinflusst.
- Eine Umstellung der Anlage mit dem Ziel der Erzeugung anderer Produkte ist in der Regel nur mit beträchtlichen technologischen Änderungen möglich. Verfolgt man trotzdem solche Konzepte, dann muss bei vorgesehenen Änderungen oder Modifikationen von Produkten mit dem zeitweiligen Anfall unbrauchbarer oder minderwertiger Produkte gerechnet werden.
- Die ideale Vermischung führt im kontinuierlichen Betrieb zu einer starken Verteilung der Verweilzeit der reagierenden Komponenten im Reaktor (s. Kapitel 8). Polymerisationsreaktionen, bei denen die Produktqualität von der Verweilzeitverteilung abhängen kann, werden dadurch mitunter nachteilig beeinflusst.

Aus den genannten Vor- und Nachteilen ergibt sich ein bevorzugter Einsatz des kontinuierlichen Rührkessels (meist innerhalb eines kontinuierlichen Gesamtverfahrens) dann, wenn

- die Reaktorkapazität hoch sein soll (hohe Durchsätze, keine kleintonnagigen Chargenprodukte),
- gleich bleibend ein einheitliches Produkt erzeugt werden soll und gewünschte Qualitätsparameter z. B. durch einen entsprechenden Automatisierungsaufwand dauerhaft gesichert werden können,
- der kontinuierliche Stoffstrom nicht durch Produktspezifika (hohe Viskositäten, Entstehen störender Feststoffanteile) behindert wird,
- keine Ablagerungen, Wandansätze oder Kontaminationen auftreten, die eine häufige Reinigung des Reaktors erfordern.

Halbkontinuierlicher Rührkessel (s. Abb. 4.4)

Der halbkontinuierliche Rührkessel vereint sowohl Vor- als auch Nachteile der bisher behandelten Rührkesseltypen. Es liegt in jedem Fall ein Chargenbetrieb vor, weil mindestens eine

Komponente diskontinuierlich vorgelegt wird. Mindestens eine weitere Komponente wird entweder kontinuierlich dosiert oder dem Reaktionsgemisch z. B. durch Abdampfen oder einen anderen geeigneten Trennprozess entnommen.

Die kontinuierliche Dosierung eines Reaktionspartners kann dann sinnvoll sein, wenn dadurch die Reaktionsgeschwindigkeit und damit auch der Anfall an Reaktionswärme in gewünschten Grenzen gehalten wird. Aber auch eine Erhöhung der Reaktionsgeschwindigkeit ist durch eine kontinuierliche Dosierung eines Reaktionspartners möglich. Ein anderer Grund dieser Reaktionsführung ergibt sich oft daraus, dass am Beginn der Reaktion bestimmte Reaktionspartner nicht in notwendigen Mengen im Reaktionsgemisch unterzubringen sind. Das betrifft z. B. den Reaktionspartner Saustoff bei Gas-Flüssig-Reaktionen, was zu einer ständigen Begasung der Flüssigphase führt. Diese Variante ist deshalb häufig bei biotechnologischen Prozessen zu finden.

In jedem Fall erfordert die kontinuierliche Dosierung, die auch zeitlich veränderlich erfolgen kann, einen beträchtlichen Automatisierungsaufwand. Zu berücksichtigen ist auch, dass eine ständige Zunahme des Reaktionsvolumens erfolgt, was bei der Auslegung des Kessels in Rechnung gestellt werden muss.

Als zweite Variante der halbkontinuierlichen Fahrweise kann eine kontinuierliche Entnahme eines Reaktionsproduktes erfolgen. Dies kann sich z. B. bei Gleichgewichtsreaktionen als Vorteil erweisen, wenn dadurch die Lage des chemischen Gleichgewichtes günstig beeinflusst wird. Das entsprechende Produkt kann dabei entweder direkt aus der Reaktionsmischung separiert oder in einer Trennstufe innerhalb eines Kreislaufes abgetrennt werden, wobei die restlichen Komponenten wieder in den Kessel zurückströmen.

6.1.3 Berechnung von Rührkesseln für homogene Reaktionen

In diesem Kapitel werden die mathematischen Modelle zur Berechnung ideal durchmischter Reaktoren für homogene Reaktionen dargelegt. Im Normalfall liegt das Reaktionsgemisch als Flüssigphase vor. Für homogene Gasphasenreaktionen gelten die Berechnungsunterlagen in gleicher Weise, wobei zu berücksichtigen ist, dass es für die Durchführung von Gasphasenreaktionen in diskontinuierlicher Betriebsweise praktisch keine technisch bedeutsamen Anwendungen gibt.

Allgemeines Rührkesselmodell

Ausgangspunkt der mathematischen Modellierung von Rührkesselreaktoren sind die Stoff- und Wärmebilanzen, die in allgemeiner Form im Kapitel 5 dargestellt wurden. Dort erfolgte für ein durchströmtes System mit Temperatur- und Konzentrationsgradienten (Strömungsrohr) die Formulierung der Bilanzgleichungen für ein Volumenelement. Da der Rührkessel ein System mit konzentrierten Parametern darstellt (gleiche örtliche Konzentrationen und Temperaturen), können Leitprozesse innerhalb der Reaktionsmischung (Diffusion und Wärmeleitung) hier außer Acht gelassen werden. Man geht vielmehr davon aus, dass deren Geschwindigkeit durch die Intensität des Rührens theoretisch unendlich groß ist und deshalb das Auftreten entsprechender Gradienten verhindert wird. Damit stellt der gesamte Kesselinhalt (Reaktionsvolumen) den hier interessierenden Bilanzraum dar. Die in Gl. (5.23) und der folgenden Ableitung enthaltenen konvektiven Ströme sind folglich nur an den Grenzen des Bilanzraumes (Reaktorein- und -austritt) zu berücksichtigen. Die Übergangsströme spielen innerhalb der Reaktionsmischung keine Rolle, weil hier ein homogenes System aus nur einer Phase vorausgesetzt wurde. An den Grenzen des Systems sind allerdings im nicht adiabaten Fall Wärmeübergangsströme vorhanden (Heizung oder Kühlung des Kessels). Dabei ist es unerheblich, ob die Wärmeübertragungsflächen am äußeren Rand (z. B. Mantelkühlung) oder in der Flüssigphase (z. B. Schlangenkühlung) untergebracht sind.

In einer allgemeinen Bilanz für den Rührkessel, die für Stoff und Wärme gilt, sind auf dieser Grundlage folgende Terme zu berücksichtigen:

Instationäre Terme (zeitliche Änderung der betreffenden Größe)
Stoff:

$$\frac{dc_i}{dt} = \frac{d\left(\frac{n_i}{V_R}\right)}{dt} \tag{6.5}$$

Die Verwendung der Konzentration in instationären Term ist besonders dann günstig und auch üblich, wenn das Reaktionsvolumen zeitlich unverändert bleibt. Im allgemeinen Fall kann die nicht auf das Reaktionsvolumen bezogene zeitliche Ableitung der Stoffmenge oder Molzahl der Komponente i (dn_i / dt) eingesetzt werden.

Wärme:

$$\frac{d\left(\frac{Q}{V_R}\right)}{dt} = \frac{d\left(\rho c_p T\right)}{dt} \tag{6.6}$$

Dieser Term entspricht dem in der allgemeinen Wärmebilanz [Gl. (5.36)] verwendeten Ausdruck. Auch hier ist der Bezug auf das möglicherweise veränderliche Reaktionsvolumen nicht erforderlich:

$$\frac{dQ}{dt} = \frac{d\left(m c_p T\right)}{dt}. \tag{6.7}$$

Auf die Verwendung partieller Differentiale kann in beiden Fällen verzichtet werden, weil nur zeitliche Gradienten auftreten (keine örtlichen Gradienten).

Ein- und Austrittsströme (Konvektion)
Stoff:

$$\dot{n}_i^0 = c_i^0 \dot{V}^0 \tag{6.8}$$

$$\dot{n}_i = c_i \dot{V} \tag{6.9}$$

Wärme:

$$\dot{Q}_{Kon}^0 = \dot{m}^0 c_p^0 T^0 \tag{6.10}$$

$$\dot{Q}_{Kon} = \dot{m} c_p T \tag{6.11}$$

Der Zustand der idealen Vermischung ergibt theoretisch konstante Konzentrationen und Temperaturen im gesamten Reaktionsvolumen. Deshalb entsprechen die Austrittswerte auch den im Kessel vorliegenden Werten; sie werden deshalb nicht gesondert indiziert:

$$c_i = c_i^{Aus} \tag{6.12}$$

$$T = T^{Aus}. \tag{6.13}$$

Quellterme (chemische Reaktionen)
Die Quellterme bleiben gegenüber dem im Kapitel 5 dargelegten allgemeinen Modell unverändert [s. Gl. (5.27) und (5.36)].

Stoff:

$$\dot{Q}u_{Si} = R_i = \sum_j \nu_{ij}\, r_j \tag{6.14}$$

Wärme:

$$\dot{Q}u_W = \frac{\dot{Q}_R}{V_R} = \sum_j r_j \left(-\Delta H_{Rj}\right). \tag{6.15}$$

Mit diesen Termen wird das allgemeine Rührkesselmodell für homogene Reaktionen formuliert (s. Abb. 6.4).

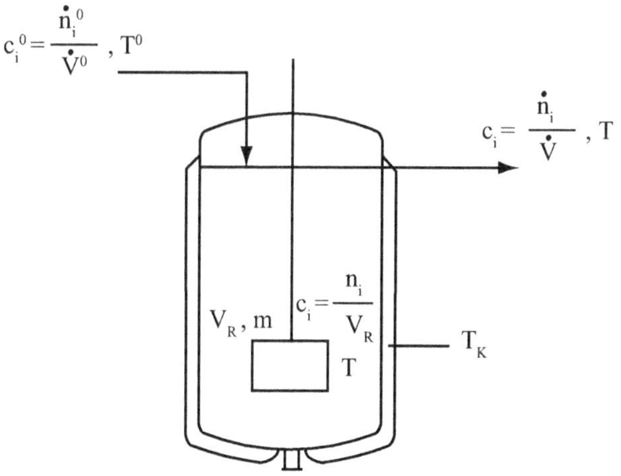

Abb. 6.4: Bezeichnungen für die Bilanzierung eines Rührkessels

Stoffbilanz
Alle Ausdrücke werden in der Maßeinheit $mol\,/\,s$ eingesetzt:

$$\frac{dn_i}{dt} = \dot{n}_i^0 - \dot{n}_i + R_i V_R. \tag{6.16}$$

Diese Stoffbilanz ist für alle Schlüsselkomponenten des Reaktionssystems zu formulieren; die Stoffmengen der Nichtschlüsselkomponenten ergeben sich aus den stöchiometrischen Beziehungen.

Die notwendigen Anfangsbedingungen erhält man aus den zum Beginn der Reaktion vorliegenden Stoffmengen:

$$t = 0 \rightarrow n_i = n_{i0} \,. \tag{6.17}$$

(Es soll an dieser Stelle noch einmal vermerkt werden, dass der Index „unten null" für den zeitlichen Beginn der Reaktion und der Index „oben null" für den Reaktoreintritt verwendet wird.)

Eine Lösung des Systems der Stoffbilanzen ohne Einbeziehung der Wärmebilanz ist nur im isothermen Fall möglich, bei dem eine konstante Temperatur vorgegeben wird und Temperaturunterschiede zwischen Ein- und Austritt nicht berechnet werden sollen.

Allerdings kann auch in diesem vereinfachten Fall eine Lösung dadurch erschwert werden, dass wegen der laufenden Änderung der Zusammensetzung des Reaktionsgemisches im Kessel auch bei konstanter Dosierung des Eintrittsstromes und gleich bleibendem Reaktionsvolumen eine zeitlich veränderliche Gemischdichte und damit auch ein gegenüber dem Reaktoreintrit veränderter Volumenstrom am Austritt vorliegt.

Kann man dagegen vom *volumenbeständigen Fall* mit der Bedingung

$$\dot{V} = \dot{V}^0 \tag{6.18}$$

ausgehen, dann ergibt sich durch Nutzung der Gleichungen (6.8) und (6.9) und bei Verwendung der mittleren Verweilzeit $\bar{t}$ entsprechend der Beziehung

$$\bar{t} = \frac{V_R}{\dot{V}} \tag{6.19}$$

aus der allgemeinen Bilanz (6.16) eine Form der Stoffbilanz, in der die Konzentration als abhängige Variable enthalten ist:

$$\frac{dc_i}{dt} = \frac{1}{\bar{t}}\left(c_i^0 - c_i\right) + R_i \,. \tag{6.20}$$

Dies ist eine bequemere Form der Stoffbilanz, weil auch die Stoffänderungsgeschwindigkeiten meist von Molkonzentrationen abhängen. Bei einfachen kinetischen Ansätzen findet man für den isothermen Fall sehr häufig analytische Lösungen für die zeitlichen Konzentrationsverläufe.

Wärmebilanz
Bei der Formulierung der allgemeinen Wärmebilanz für ideal durchmischte Reaktoren ist neben dem instationären Term, den Ein- und Austrittsströmen und dem Term der Reaktionswärme auch der Wärmedurchgangsterm zu berücksichtigen, wenn eine Reaktorkühlung oder -heizung vorgesehen ist:

$$\dot{Q}_D = k_D A_D \left(T - T_K\right). \tag{6.21}$$

Alle Ausdrücke werden in der Maßeinheit J/s eingesetzt:

$$\frac{dQ}{dt} = \dot{Q}^0_{Kon} - \dot{Q}_{Kon} + \dot{Q}_R - \dot{Q}_D \tag{6.22}$$

$$\frac{d\left(mc_p T\right)}{dt} = \dot{m}^0 c_p^0 T^0 - \dot{m} c_p T + \sum_j r_j \left(-\Delta H_{Rj}\right) V_R - k_D A_D \left(T - \overline{T}_K\right) \tag{6.23}$$

Die Anfangsbedingung lautet hier

$$t = 0 \rightarrow T = T_0 . \tag{6.24}$$

Im Wärmedurchgangsterm [s. auch Gl. (5.17)] wird der Wärmedurchgangskoeffizient mit dem Index D gekennzeichnet, um eine Verwechslung mit reaktionskinetischen Konstanten zu vermeiden. Die mittlere Kühl- oder Heizmitteltemperatur T_K muss bei jeder Variante der Temperierung entweder auf geeignete Weise vorgegeben oder mit Hilfe einer Bilanz berechnet werden. Bei entsprechenden Beispielen wird darauf eingegangen.

In der Wärmebilanz werden Wärmeverluste, z. B. durch Abstrahlung über den Deckel des Kessels, oder die mit der Rührerleistung verbundene Energiedissipation vernachlässigt.

Die Wärmebilanz ist simultan mit dem System der Stoffbilanzgleichungen zu lösen, wenn z. B. bei vorgegebenen Anfangs- und Eintrittswerten der zeitliche Konzentrations- und Temperaturverlauf berechnet werden soll.

Ebenso wie bei den Stoffbilanzen können sich auch in der Wärmebilanz beträchtliche Vereinfachungen ergeben, wenn z. B. der volumenbeständige Fall ($\dot{V} = \dot{V}^0$) vorliegt und die mittleren spezifischen Wärmekapazitäten und Dichten des Reaktionsgemisches durch die Reaktion nicht beeinflusst werden ($\rho = \overline{\rho} = \overline{\rho}^0 ; c_p = \overline{c}_p = \overline{c}_p^0$). Dann ergibt sich folgende Form der Wärmebilanz:

$$\rho c_p \frac{dT}{dt} = \frac{\rho c_p}{\overline{t}}\left(T^0 - T\right) + \sum_j r_j\left(-\Delta H_{Rj}\right) - \frac{k_D A_D}{V_R}\left(T - \overline{T}_K\right) . \tag{6.25}$$

Die allgemeinen Rührkesselbilanzen (6.16) und (6.23) beinhalten sowohl das instationäre Reaktorverhalten als auch die laufende Dosierung von Reaktionspartnern und Entnahme der Reaktionsprodukte. Sie kennzeichnen damit das Reaktorverhalten in kontinuierlichen Betrieb bei nicht stationären Bedingungen. Dies sind Prozessverläufe, die z. B. beim An- oder Abfahren eines kontinuierlichen Rührkessels, bei gezielter Änderung der Eintrittswerte oder der

Heiz- bzw. Kühlbedingungen oder bei anderweitig verursachten zeitlichen Schwankungen auftreten.

Viele Aufgabenstellungen der Reaktorberechnung ergeben sich allerdings daraus, dass man von vorn herein einen diskontinuierlichen Prozess ohne Zu- und -abführungen während einer Charge oder einen kontinuierlichen Betrieb im stationären Zustand konzipiert hat. Insbesondere bei der Auslegung von Reaktoren (Berechnung notwendiger Chargenzeiten oder mittlerer Verweilzeiten bzw. Reaktorvolumina), aber auch bei der Analyse des Betriebsverhaltens ist dieser Ansatz sinnvoll. Ebenso ist es bei Reaktorvergleichen vorteilhaft, von den Reaktorgrundtypen auszugehen.

Es lässt sich sehr einfach demonstrieren, dass aus den allgemeinen Rührkesselbilanzen durch Berücksichtigung der jeweils relevanten Terme die Stoff- und Wärmebilanzen des betrachteten Grundtyps formuliert werden können.

Stoff- und Wärmebilanzen für den diskontinuierlichen Rührkessel

Als Reaktorgrundtyp ist der diskontinuierliche Rührkessel dadurch gekennzeichnet, dass zum Zeitpunkt $t = 0$ eine Reaktionsmischung mit definierter Anfangszusammensetzung und -temperatur vorgelegt und in Abhängigkeit von der Reaktionszeit umgesetzt wird. Weitere Zu- oder Abflüsse finden während dieser Zeit nicht statt, so dass die konvektiven Terme in den Bilanzgleichungen nicht enthalten sind. Deshalb gilt sowohl für jede Komponente i als auch für den gesamten Massenstrom:

$$\begin{aligned} \dot{n}_i &= \dot{n}_i^0 = 0 \\ \dot{m} &= \dot{m}^0 = 0. \end{aligned} \tag{6.26}$$

Damit verbleibt nach den Gleichungen (6.16) und (6.23) folgendes Bilanzgleichungssystem für die Berechnung des diskontinuierlichen Rührkessels:

Stoffbilanz

$$\frac{dn_i}{dt} = R_i V_R, \qquad i = 1, \ldots, N\,. \tag{6.27}$$

Bei komplexen Reaktionen sind mindestens N Stoffbilanzen für die gleiche Anzahl von Schlüsselkomponenten zu lösen.

Gl. (6.27) entspricht genau dem in Gl. (3.92) eingeführten Begriff der Stoffänderungsgeschwindigkeit. Dies bedeutet nichts anderes, als dass die Lösung der Stoffbilanz des diskontinuierlichen Rührkessels im isothermen Fall identisch ist mit der Integration von kinetischen Gleichungen, wie dies im Abschnitt 3.3 bereits für einige Beispiele demonstriert wurde.

Für den häufigen Fall der volumenbeständigen Reaktion (V_R =konstant) ergibt sich unter Beachtung der Definition der Konzentration [s. Gl. (3.5)] folgende Form der Stoffbilanz:

$$\frac{dc_i}{dt} = R_i\,. \tag{6.28}$$

Bei nicht isothermen Bedingungen, also bei zeitlich nicht konstanter Reaktionstemperatur, ist eine separate Lösung der Stoffbilanzen nicht möglich, weil die Temperaturabhängigkeit der kinetischen Konstanten zu berücksichtigen ist. In diesem Fall können die Stoffbilanzen nur gekoppelt mit der Wärmebilanz und gegebenenfalls mit einer zusätzlichen Wärmeträgerbilanz gelöst werden.

Wärmebilanz für die polytrope Reaktionsführung

Zusätzlich zum instationären Term und zum Quellterm enthält die Wärmebilanz den Ausdruck für den Wärmedurchgang, der die Heizung oder Kühlung des Reaktors über Wärmedurchgangsflächen berücksichtigt. Man spricht dann von polytroper Reaktionsführung oder auch vom polytropen Reaktor. Andere thermische Bedingungen, wie sie im isothermen Reaktor (konstante Reaktionstemperatur) und im adiabaten Reaktor (keine Wärmezu- oder -abführung) vorliegen, sind Sonderfälle der polytropen Betriebsweise, für die aus der allgemeinen Gleichung (6.22) mit

$$\dot{Q}_{Kon} = \dot{Q}^0_{Kon} = 0 \tag{6.29}$$

folgende Wärmebilanz abzuleiten ist:

$$\frac{dQ}{dt} = \dot{Q}_R - \dot{Q}_D \tag{6.30}$$

$$\frac{d\left(mc_pT\right)}{dt} = \sum_j r_j\left(-\Delta H_{Rj}\right)V_R - k_D A_D\left(T - \overline{T}_K\right). \tag{6.31}$$

Die mittlere Heiz- oder Kühlmitteltemperatur ist eine zusätzliche Variable in dieser Gleichung; sie kann über eine geeignete Wärmeträgerbilanz berechnet werden. Es soll hier der häufigere Fall der Kühlung behandelt werden. Für den Fall der Heizung des Reaktors gelten die gleichen Beziehungen, die dann lediglich mit geänderten Indizes symbolisiert werden sollten.

Wärmeträgerbilanz

Bei Vernachlässigung von Wärmeverlusten kann man davon ausgehen, dass der durch die Wärmeübertragungsfläche transportierte Wärmestrom vollständig vom Kühlmittel aufgenommen wird. Der Akkumulationsanteil (instationärer Term) ist gegenüber der übertragenen Wärmemenge sehr gering und wird im Allgemeinen nicht berücksichtigt. Dann ergibt sich folgende Wärmeträgerbilanz (s. Abb. 6.5):

$$k_D A_D\left(T - \overline{T}_K\right) = \dot{m}_K c_{pK}\left(T_K^A - T_K^E\right). \tag{6.32}$$

Diese Gleichung ermöglicht die Berechnung der Austrittstemperatur des Kühlmittels, wenn dessen Eintrittsdaten bekannt sind. Es muss allerdings eine Beziehung zwischen der Kühlmittelein- und -austrittstemperatur und der mittleren Kühlmitteltemperatur hergestellt werden. Dazu bestehen folgende Möglichkeiten:

Mantelkühlung
Bildung des arithmetischen Mittels:

$$\overline{T}_K = \frac{T_K^A + T_K^E}{2} \tag{6.33}$$

Voraussetzung einer idealen Durchmischung des Kühlmittels im Mantel:

Ebenso wie innerhalb der Reaktionsmischung geht man hierbei auch im Kühlmantel von einer idealen Durchmischung aus, obwohl dort nicht gerührt wird und eher unübersichtliche Strömungsbedingungen vorliegen:

$$\overline{T}_K = T_K^A \,. \tag{6.34}$$

Mit dieser Variante liegt man bei der Auslegung des Kühlsystems auf der „sicheren" Seite, weil mit einer kleineren Triebkraft für den Wärmedurchgang gerechnet wird.

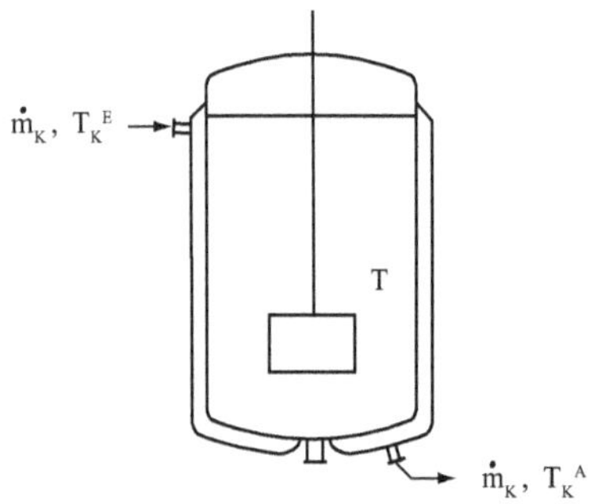

Abb. 6.5: Temperaturverhältnisse bei der Mantelkühlung eines Rührkessels

Schlangenkühlung
Bei einer Schlangenkühlung im Reaktor oder bei außen aufgeschweißten Halbrohren (s. Abb. 6.3) liegt eine gerichtete Strömung des Kühlmittels zwischen dessen Ein- und Austritt vor. Dann lässt sich der örtliche Verlauf der Kühlmitteltemperatur über eine differentielle Bilanz für ein Volumenelement der Schlange berechnen. Durch Integration über die gesamte Wärmeübertragungsfläche der Schlange kann man die Austrittstemperatur des Kühlmittels und auch den übertragenen Wärmestrom berechnen:

$$d\dot{Q}_D = \dot{m}_K c_{pK} \, dT_K = k_D \, dA_D \left(T - T_K\right) . \tag{6.35}$$

In dieser Gleichung ist T_K die innerhalb der Schlange variable Kühlmitteltemperatur und T die wegen der idealen Durchmischung im Kessel örtlich konstante aber zeitlich veränderliche Reaktionstemperatur. Die Integration ergibt:

$$\int_{T_K^E}^{T_K^A} \frac{dT_K}{\left(T - T_K\right)} = \frac{k_D}{\dot{m}_K c_{pK}} \int_0^{A_D} A_D \tag{6.36}$$

$$T_K^A = T - \left(T - T_K^E\right) \exp\left\{ -\frac{k_D A_D}{\dot{m}_K c_{pK}} \right\} \tag{6.37}$$

$$\dot{Q}_D = k_D A_D \left(T - \overline{T}_K\right) = \dot{m}_K c_{pK} \left(T - T_K^E\right)\left[1 - \exp\left\{-\frac{k_D A_D}{\dot{m}_K c_{pK}}\right\}\right]. \tag{6.38}$$

Vereinfachte Wärmebilanzen für die isotherme und adiabate Reaktionsführung

Isothermer diskontinuierlicher Rührkessel

Grundsätzlich liegt bei isothermer Reaktionsführung eine örtlich und zeitlich konstante Reaktionstemperatur während des Reaktionsverlaufes vor:

$$\frac{dT}{dt} = \frac{dT}{d\xi} = 0 \text{ bzw. } T = konst. \tag{6.39}$$

Hierbei stellt ξ eine allgemeine Ortskoordinate in der Reaktionsmischung dar.

Die Voraussetzung nach Gl. (6.39) kann hinsichtlich der Vermeidung *örtlicher* Temperaturgradienten durch eine geeignete Gestaltung der Rührbedingungen näherungsweise erfüllt werden. *Zeitlich* konstante Temperaturen lassen sich durch entsprechende Heiz- oder Kühlbedingungen annähern, wenn z. B. bei exothermen Reaktionen zu jedem Zeitpunkt die anfallende Reaktionswärme vollständig durch die Kühlung abgeführt wird. Nach Gl. (6.31) bedeutet das für den isothermen Fall

$$\sum_j r_j \left(-\Delta H_{Rj}\right) V_R = k_D A_D \left(T - \overline{T}_K\right). \tag{6.40}$$

Für die zum jeweiligen Zeitpunkt notwendige mittlere Kühlmitteltemperatur ergibt sich daraus

$$\overline{T}_K = T - \frac{\sum_j r_j \left(-\Delta H_{Rj}\right) V_R}{k_D A_D}. \tag{6.41}$$

Durch die im Zusammenhang mit den Kühlungsvarianten diskutierten Berechnungsmöglichkeiten der mittleren Kühlmitteltemperatur lässt sich damit die entsprechende Kühlmitteleintrittstemperatur berechnen, wenn man von einem konstanten Kühlmittelstrom ausgeht. Will man dagegen die Kühlmitteleintrittstemperatur konstant lassen, dann lässt sich die Bedingung der Isothermie auch durch eine ständige Anpassung des Kühlmittelstromes an den aktuellen Quellterm der Reaktionswärme annähernd erfüllen. Man erhält aus der Isothermiebedingung nach Gl. (6.40) mit einer arithmetischen Mittelwertbildung für die Kühlmitteltemperatur nach Gl. (6.33) und der Kühlmittelbilanzgleichung (6.32) folgende Beziehung für die Abschätzung des Kühlmitteldurchsatzes:

$$\dot{m}_K = \frac{\sum_j r_j \left(-\Delta H_{Rj}\right) V_R}{2 c_{pK} \left(T^0 - T_K^E - \frac{\sum_j r_j \left(-\Delta H_{Rj}\right) V_R}{k_D A_D}\right)}. \tag{6.42}$$

Die hier für den jeweiligen Zeitpunkt einzusetzenden Reaktionsgeschwindigkeiten sind bei isothermen Bedingungen nur von den sie beeinflussenden Konzentrationen abhängig. Mit der Änderung des Kühlmittelstromes ändert sich im Allgemeinen auch der Wärmedurchgangskoeffizient, der von den Wärmeübergangsbedingungen an der Reaktorinnenwand und auf der Kühlmittelseite abhängt.

Welche Variante der Temperaturregelung im praktischen Anwendungsfall gewählt wird, um eine annähernd isotherme Betriebsweise zu garantieren, hängt von den erlaubten Regelabweichungen und auch von den vorhandenen oder notwendigen Leistungsparametern des Kühlsystems (Vorlauftemperatur, Mengenströme) ab.

Adiabater diskontinuierlicher Rührkessel

Die adiabate Reaktionsführung ist dadurch gekennzeichnet, dass keinerlei Wärmetransport durch Wärmeübertragungsflächen erfolgt und auch andere Wärmeverluste nicht berücksichtigt werden. Dies drückt sich in der Bedingung

$$\dot{Q}_D = 0 \tag{6.43}$$

aus und vereinfacht die allgemeine polytrope Wärmebilanz [Gl. (6.30) bzw. (6.31)] für den hier zu behandelnden adiabaten diskontinuierlichen Rührkessel in folgender Weise:

$$\frac{dQ}{dt} = \dot{Q}_R \tag{6.44}$$

$$\frac{m\,d\left(c_p T\right)}{dt} = \sum_j r_j \left(-\Delta H_{Rj}\right) V_R \,. \tag{6.45}$$

Die adiabate Reaktionsführung hat die Konsequenz, dass Reaktionswärmen vollständig in der Reaktionsmasse verbleiben, weil keinerlei Kühlung oder Heizung erfolgen. Bei exothermen Reaktionen steigt die Reaktionstemperatur ständig an und erreicht bei der Annäherung an den vollständigen Umsatz der Reaktionspartner die *adiabate Höchsttemperatur*. Bei endothermen Reaktionen sinkt die Temperatur und erreicht eine *adiabate Tiefsttemperatur*.

Für einfache volumenbeständige Reaktionen kann durch Kopplung der Stoff- und Wärmebilanz ein einfacher Zusammenhang zwischen dem Konzentrations- oder Umsatzverlauf und der Reaktionstemperatur auf folgendem Weg gewonnen werden:

Stoffbilanz nach Gl. (6.28), formuliert für einen Reaktionspartner A (z. B. in einer Reaktion: $|\nu_A| A \rightarrow \nu_B B + \nu_C C$):

$$\frac{dn_A}{dt} = R_A V_R = \nu_A r V_R \,. \tag{6.46}$$

Für den volumenbeständigen Fall ergibt sich mit

$$c_A = \frac{n_A}{V_R} \tag{6.47}$$

folgende Form der Stoffbilanz:

$$\frac{dc_A}{dt} = \nu_A r \tag{6.48}$$

Wärmebilanz nach Gl. (6.45):

$$\frac{mc_p dT}{dt} = r(-\Delta H_R)V_R\,. \tag{6.49}$$

Die spezifische Wärmekapazität, das spezifische Gewicht und die molare Reaktionsenthalpie sollen als annähernd konstante Größen vorausgesetzt werden.

Dividiert man die Wärmebilanz [Gl. (6.49)] durch die Stoffbilanz [Gl. (6.46)], dann erhält man mit

$$\rho = \frac{m}{V_R} \tag{6.50}$$

folgende Differentialgleichung:

$$\frac{dT}{dc_A} = \frac{(-\Delta H_R)}{\nu_A \rho c_p}\,. \tag{6.51}$$

Die Integration dieser Gleichung ergibt

$$\int_{T_0}^{T} dT = \frac{(-\Delta H_R)}{\nu_A \rho c_p} \int_{c_{A0}}^{c_A} dc_A \tag{6.52}$$

$$T - T_0 = \frac{(-\Delta H_R)}{-\nu_A \rho c_p}(c_{A0} - c_A)\,. \tag{6.53}$$

Dieser lineare Zusammenhang zwischen Temperatur- und Konzentrationsänderung, der sich bei einfachen Reaktionen und konstanten Stoffwerten ergibt, ist kennzeichnend für den adiabaten Reaktionsverlauf. Er gilt unabhängig vom Reaktortyp und von der Art der kinetischen Gleichung.

Bei Verwendung des Umsatzes für die Komponente A mit der Definition

$$U = \frac{c_{A0} - c_A}{c_{A0}} \tag{6.54}$$

ergibt sich aus Gl. (6.53)

$$T - T_0 = \frac{(-\Delta H_R)}{-\nu_A \rho c_p} c_{A0} U\,. \tag{6.55}$$

Die bei vollständigem Umsatz erreichte Temperatur wird als *adiabate Höchsttemperatur* T^* bezeichnet; sie kennzeichnet bei den gewählten Anfangswerten die maximale Erwärmung der Reaktionsmasse bei exothermen Reaktionen:

$$T^* - T_0 = \frac{(-\Delta H_R)}{-\nu_A \rho c_p} c_{A0} \, . \tag{6.56}$$

Entsprechend berechnet man bei endothermen Reaktionen die *adiabate Tiefsttemperatur.*

Man kann auch Gl. (6.55) durch Gl. (6.56) dividieren und erhält damit

$$U = \frac{T - T_0}{T^* - T_0} \, . \tag{6.57}$$

Auch dieser Zusammenhang gilt unabhängig vom Reaktortyp, wenn die hier genannten Voraussetzungen vorliegen. Er ist für die betriebliche Praxis nicht unerheblich, weil mit der Messung der Temperatur der Reaktionsmischung zu jedem Zeitpunkt auf den erreichten Umsatz geschlossen werden kann, ohne dass eine chemische Analyse erforderlich ist.

Es muss noch bemerkt werden, dass die diskutierten Gleichungen (6.53), (6.55) oder (6.67) zwar einen Zusammenhang zwischen den Temperatur- und Konzentrations- bzw. Umsatzverläufen herstellen; für die Berechnung der zeitlichen Abhängigkeiten ist jedoch das System von Stoff- und Wärmebilanzen als gekoppeltes Differentialgleichungssystem zu lösen.

Mathematische Lösungsverfahren und verfahrenstechnische Informationen

Mit dem System von N Stoffbilanzen, der Wärmebilanz und der Wärmeträgerbilanz liegen die notwendigen Berechnungsgleichungen für den *polytropen diskontinuierlichen Rührkessel* vor. Im diesem Fall können die Gleichungen nur gekoppelt gelöst werden, weil im Reaktionsterm sowohl Konzentrationen als auch die Reaktionstemperatur als Variable enthalten sind. Eine Verkopplung ist auch mit der Wärmeträgerbilanz über die Reaktionstemperatur gegeben. Analytische Lösungen sind in Sonderfällen möglich; im Normalfall wird man numerische Lösungsverfahren für das hier vorliegende System gewöhnlicher Differentialgleichungen einsetzen.

Die wesentlichen verfahrenstechnischen Informationen liegen in den berechneten zeitlichen Verläufen der Konzentrationen und Temperaturen bei vorgegebenen Anfangswerten und Temperierbedingungen. So kann z. B. die notwendige Reaktionszeit bis zum Erreichen eines vorgegebenen Umsatzes bestimmt werden. Diese Information wird auch benötigt, wenn bei einer geforderten Jahresproduktion das dafür notwendige Reaktionsvolumen berechnet werden soll.

Eine beträchtliche Vereinfachung der mathematischen Lösung ergibt sich insbesondere beim *isothermen diskontinuierlichen Rührkessel*, weil in diesem Fall bei vorgegebener Temperatur die Stoffbilanzen separat gelöst werden können. Die Lösung der Stoffbilanzen entspricht dann den reaktionskinetischen Zeitgesetzen, die im Zusammenhang mit der Behandlung der Kinetik einfacher und komplexer Reaktionen (Kapitel 3.3.2 und 3.3.3) für mehrere Reaktionstypen bereits abgeleitet wurden.

Beim *adiabaten diskontinuierlichen Rührkessel* müssen die Stoffbilanzen ebenso wie im polytropen Fall gemeinsam mit der Wärmebilanz gelöst werden, wobei auch hier numerische Verfahren genutzt werden. Verwendet man den oben abgeleiteten linearen Zusammenhang zwischen Temperatur und Umsatz, kann man bei einfachen Reaktionen auf die Lösung einer der beiden Differentialgleichungen (Stoff- oder Wärmebilanz) verzichten. Dabei kann die Temperatur [z. B. nach Gl. (6.53)] in die Stoffbilanz als dann einzig verbleibende Differentialgleichung eingesetzt werden.

Berechnungsbeispiele zum diskontinuierlichen Rührkessel

In der Studienliteratur und auch in reaktionstechnischen Monographien und Sammelwerken sind zahlreiche Berechnungsbeispiele für den diskontinuierlichen Rührkessel und auch für andere Reaktorgrundtypen zu finden (z. B. [6-7] bis [6-12]). Dies trifft besonders auf isotherme Reaktionsabläufe zu, die bei diskontinuierlicher Reaktionsführung durch die reaktionskinetischen Zeitgesetze charakterisiert werden. Hier sollen einige typische Beispiele dargelegt und durchgerechnet werden, die einerseits von unterschiedlichen Reaktionsschemata ausgehen (z. B. einfache Reaktion oder verschiedene Beispiele komplexer Reaktionen) und andererseits auch die unterschiedlichen wärmetechnischen Betriebsweisen berücksichtigen.

Für einfache Reaktionen lässt sich ein allgemeines Reaktionsschema in folgender Form darstellen:

$$|\nu_A| A + |\nu_B| B \rightarrow \nu_C C + \nu_D D . \tag{6.58}$$

Weitere Reaktionspartner und -produkte sind möglich. Die stöchiometrischen Koeffizienten können eins, null oder andere meist ganze Zahlen sein.

Berechnungsbeispiel 6-1: Einfache volumenbeständige Reaktion im isothermen diskontinuierlichen Rührkessel.

Aufgabenstellung

Eine Flüssigphasenreaktion des Typs

$$A + B \rightarrow C + D \tag{6.59}$$

soll bei konstanter Temperatur ohne Änderung des Reaktionsvolumens in einem diskontinuierlichen Rührkessel ablaufen.

Die Reaktion verläuft nach einer Kinetik 2. Ordnung mit folgendem Geschwindigkeitsansatz:

$$r = k c_A c_B . \tag{6.60}$$

Folgende Teilaufgaben sind zu lösen:

a) Berechnung der notwendigen Reaktionszeit bis zum Erreichen eines Umsatzes der Komponente A von 97 % bei einer Reaktionstemperatur von $T = 363\,K$;
b) Berechnung der Konzentrationen aller Komponenten des Reaktionsgemisches bei der ermittelten Reaktionszeit;

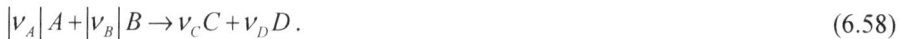

c) Berechnung des notwendigen Reaktionsvolumens, wenn jährlich $5000\,t$ des Produktes C bei einer Gesamtbetriebszeit von $t_a = 8000$ Stunden pro Jahr produziert werden sollen;
d) Berechnung der Kapazitätserhöhung des Reaktors, wenn der gleiche Endumsatz erreicht werden soll und die Reaktion bei einer um $10\,K$ erhöhten Temperatur ablaufen würde.

Gegebene Daten
Reaktionskinetische Konstanten

Häufigkeitsfaktor: $k_\infty = 5{,}5 \cdot 10^5\, m^3\, kmol^{-1}\, s^{-1}$

Aktivierungsenergie: $E = 68400\, kJ\, kmol^{-1}$

Molmassen und Anfangskonzentrationen

$$M_A = 60\, kg\, kmol^{-1},\quad c_{A0} = 3{,}5\, kmol\, m^{-3}$$
$$M_B = 46\, kg\, kmol^{-1},\quad c_{B0} = 4{,}8\, kmol\, m^{-3}$$
$$M_C = 88\, kg\, kmol^{-1},\quad c_{C0} = 0$$
$$M_D = 18\, kg\, kmol^{-1},\quad c_{D0} = 0$$

Chargenzeit und jährliche Betriebszeit
Die für eine Charge zu berücksichtigende Zeit t_{Ch} setzt sich neben der bis zum Erreichen des geforderten Umsatzes notwendigen Reaktionszeit t_R auch aus der für das Befüllen, das Entleeren und gegebenenfalls auch für das Reinigen des Reaktors erforderlichen Zeit (zusammengefasst als t_{FE}) zusammen:

$$t_{Ch} = t_R + t_{FE}\,. \tag{6.61}$$

Im Beispiel betragen

$$t_{FE} = 1{,}5\, h$$

$$t_a = 8000\, h\,/\,a\,.$$

Voraussetzungen für die Reaktorberechnung
- Mit der vorausgesetzten Isothermie des Reaktionsablaufes wird nicht berücksichtigt, dass bei der praktischen Durchführung des Chargenprozesses auch Aufheizphasen notwendig sein können, die mitunter bereits zu Vorumsätzen führen. Die Festlegung des Reaktionsbeginns bei $t_0 = 0$ kann in solchen Fällen etwas unsicher sein.
- Die Voraussetzung der Volumenbeständigkeit stellt zwar einen Sonderfall dar; sie ist allerdings bei den meisten Flüssigphasenreaktionen zumindest näherungsweise erfüllt.

Lösung Teilaufgabe a)
Die Berechnung der Reaktionszeit erfordert die Lösung der Stoffbilanz des diskontinuierlichen Rührkessels. Wegen der vorgegebenen konstanten Reaktionstemperatur ist die Einbeziehung der Wärmebilanz nicht erforderlich.

Stoffbilanz Komponente A

Aus Gl. (6.28) bzw. Gl. (6.48) für den volumenbeständigen Fall ergibt sich mit $\nu_A = -1$ folgende Stoffbilanz:

$$\frac{dc_A}{dt} = -kc_A c_B \,. \tag{6.62}$$

Da diese Gleichung zwei Konzentrationen als abhängige Variable enthält, muss mit Hilfe der stöchiometrischen Beziehungen eine Größe (z. B. c_B) durch eine andere (z. B. c_A) ersetzt werden. Eine andere Möglichkeit besteht darin, beide Konzentrationen durch den Umsatz einer Komponente oder durch einen Fortschreitungsgrad auszudrücken. Als Reaktionsvariable soll hier der Umsatz verwendet werden. Allgemein ergibt sich nach Gl. (3.20) für den volumenbeständigen Fall:

$$c_i = c_{i0} + \frac{\nu_i}{|\nu_k|} c_{k0} U_k \,. \tag{6.63}$$

Dabei stellt i eine beliebige und k die gewählte Bezugskomponente (hier Reaktionspartner A) dar. Für die vorliegende Reaktion erhält man damit die folgenden stöchiometrischen Gleichungen:

$$c_A = c_{A0} - c_{A0} U_A \tag{6.64}$$

$$c_B = c_{B0} - c_{A0} U_A \tag{6.65}$$

$$c_C = c_{C0} + c_{A0} U_A \tag{6.66}$$

$$c_D = c_{D0} + c_{A0} U_A \,. \tag{6.67}$$

Aus den Gleichungen (6.64) und (6.65) folgt der gewünschte Zusammenhang zwischen den Konzentrationen der Komponenten A und B:

$$c_B = c_{B0} - c_{A0} + c_A \,. \tag{6.68}$$

Setzt man diese Beziehung in die Stoffbilanzgleichung (6.62) ein, dann erhält man eine durch Trennung der Variablen integrierbare Gleichung:

$$\frac{dc_A}{dt} = -kc_A \left(c_{B0} - c_{A0} + c_A\right). \tag{6.69}$$

Die Integration ergibt mit den Grenzen

$$\begin{aligned} t = 0 &\rightarrow c_A = c_{A0} \\ t = t_R &\rightarrow c_A = c_{AR} \end{aligned} \tag{6.70}$$

die bereits in Kapitel 3.3.2 mit Gl. (3.112) vorgestellte Lösung:

$$t_R = \frac{1}{k\left(c_{B0} - c_{A0}\right)} \ln \frac{c_{A0}\left(c_{AR} - c_{A0} + c_{B0}\right)}{c_{B0} c_{AR}}. \tag{6.71}$$

Mit Gl. (6.71) kann die erforderliche Reaktionszeit auch in Abhängigkeit vom Umsatz ausgedrückt werden:

$$t_R = \frac{1}{k\left(c_{B0} - c_{A0}\right)} \ln \frac{-c_{A0} U_{AR} + c_{B0}}{c_{B0}\left(1 - U_{AR}\right)}. \tag{6.72}$$

Die bei der Reaktionstemperatur von $T = 363\,K$ vorliegende Geschwindigkeitskonstante beträgt nach der *Arrhenius*-Gleichung:

$$k_{363} = k_{\infty} e^{-\frac{E}{R \cdot 363}} \tag{6.73}$$

$$k_{363} = 7{,}90 \cdot 10^{-5} \frac{m^3}{kmol\, s}.$$

Damit kann die notwendige Reaktionszeit für den geforderten Umsatz der Komponente A ($U_{AR} = 0{,}97$) berechnet werden:

$$t_R = 22180\,s = 6{,}16\,h.$$

Lösung Teilaufgabe b)
Die nach der berechneten Reaktionszeit im Kessel vorliegenden Konzentrationen aller Komponenten des Reaktionsgemisches werden nach den stöchiometrischen Gleichungen (6.64) bis (6.67) ermittelt:

$$c_{AR} = 0{,}105\, kmol / m^3$$
$$c_{BR} = 1{,}405\, kmol / m^3$$
$$c_{CR} = c_{DR} = 3{,}395\, kmol / m^3$$

Lösung Teilaufgabe c)
Ausgangspunkt der Berechnung des notwendigen Reaktionsvolumens ist die geforderte Produktionskapazität des Stoffes C ($\dot{m}_C = 5000\, t / a$).

Die notwendige Gesamtzeit für eine Charge beträgt unter Berücksichtigung der berechneten Reaktionszeit und der weiteren benötigten Zeiten

$$t_{Ch} = t_R + t_{FE} = 6{,}16\,h + 1{,}5\,h = 7{,}66\,h.$$

Pro Jahr ist damit folgende Chargenanzahl realisierbar:

$$N_{Ch} = \frac{t_a}{t_{Ch}} = \frac{8000\, h / a}{7{,}66\, h} = 1044\ [1/a].$$

Die am Ende jeder Charge vorliegende Konzentration des Produktes C hängt folgendermaßen mit der produzierten Menge und dem Reaktionsvolumen zusammen:

$$c_{CR} = \frac{n_{CR}}{V_R} = \frac{m_{CR} / M_C}{V_R} = \frac{\dot{m}_C / M_C}{N_{Ch} V_R}. \tag{6.74}$$

In dieser Gleichung wurde berücksichtigt, dass die zu produzierende Gesamtmenge an Stoff C durch die berechnete Chargenzahl erreicht wird. $\dot{m}_C$ stellt damit keinen Massendurchsatz im Sinne eines kontinuierlichen Stromes sondern eine im Jahreszeitraum produzierte Menge dar. Damit ergibt sich folgendes Reaktionsvolumen:

$$V_R = \frac{\dot{m}_C}{N_{Ch} c_{CR} M_C} \tag{6.75}$$

$$V_R = \frac{5 \cdot 10^6 \, kg / a}{1044 \, a^{-1} \cdot 3{,}395 \, kmol / m^3 \cdot 88 \, kg / kmol}$$

$$V_R = 16{,}03 \, m^3 .$$

Dieser Wert entspricht dem notwendigen Volumen der Reaktionsmasse. Das Gesamtvolumen des Rührkessels ist unter Beachtung der üblichen Leerraumanteile festzulegen. Der berechnete Auslegungswert enthält keine Aussage darüber, ob die Reaktion in *einem* Kessel durchgeführt wird oder in mehreren kleineren Reaktoren, die in der Summe das berechnete Volumen zur Verfügung stellen.

Lösung Teilaufgabe d)
Bei einer Temperaturerhöhung um 10 K vergrößert sich die kinetische Konstante der Reaktion:

$$k_{373} = k_\infty e^{-\frac{E}{R \cdot 373}}$$

$$k_{373} = 1{,}45 \cdot 10^{-4} \frac{m^3}{kmol \, s} .$$

Nach Gl. (6.72) verkürzt sich damit die erforderliche Reaktionszeit auf folgenden Wert:

$$t_R = 3{,}357 \, h .$$

Wegen der gleichfalls verkleinerten Chargenzeit

$$t_{Ch} = t_R + t_{FE} = 3{,}357 \, h + 1{,}5 \, h = 4{,}857 \, h$$

erhöht sich die in der jährlichen Betriebszeit mögliche Chargenzahl:

$$N_{Ch} = \frac{t_a}{t_{Ch}} = \frac{8000 \, h / a}{4{,}857 \, h} = 1647 \left[1 / a \right] .$$

Geht man weiterhin von dem in der Teilaufgabe b) berechneten Reaktionsvolumen von $V_R = 16{,}03\,m^3$ aus, dann würde eine Temperaturerhöhung zu folgender nach Gl. (6.67) zu berechnender Produktionsmenge der Komponente C führen:

$$\dot{m}_C = N_{Ch} c_{CR} M_C V_R \tag{6.76}$$

$$\dot{m}_C = 1647 \frac{1}{a} \cdot 3{,}395 \frac{kmol}{m^3} \cdot 88 \frac{kg}{kmol} \cdot 16{,}03\,m^3$$

$$\dot{m}_C = 7{,}888 \cdot 10^6\,kg/a = 7888\,t/a\,.$$

Ist die Temperaturerhöhung ohne zusätzliche prozesstechnische Probleme realisierbar, könnte somit die Produktion um mehr als 57 % erhöht werden.

Berechnungsbeispiel 6-2: Durchführung komplexer Reaktionen im isothermen diskontinuierlichen Rührkessel.

Aufgabenstellung

Auf der Grundlage eines komplexen Reaktionsschemas, das neben einer einseitig verlaufenden Reaktion auch Folge-, Parallel- und Gleichgewichtsreaktionen enthält, sollen für vorgegebene kinetische Gleichungen erster Ordnung die Bilanzgleichungen für den isothermen diskontinuierlichen Rührkessel gelöst werden.

Ein oft verwendetes komplexes Schema (s. z. B. [6-12]) enthält die genannten Reaktionen in folgender Form:

$$\begin{array}{ccccc} A & \xrightarrow{1} & B & \underset{3}{\overset{2}{\rightleftarrows}} & C \\ & & \downarrow{\scriptstyle 4} & & \\ & & D & & \end{array} \tag{6.77}$$

Für die vier Reaktionen gelten folgende reaktionskinetische Gleichungen:

$$\text{Reaktion 1: } A \xrightarrow{1} B, \quad r_1 = k_1 c_A \tag{6.78}$$

$$\text{Reaktion 2: } B \xrightarrow{2} C, \quad r_2 = k_2 c_B \tag{6.79}$$

$$\text{Reaktion 3: } C \xrightarrow{3} B, \quad r_3 = k_3 c_C \tag{6.80}$$

$$\text{Reaktion 4: } B \xrightarrow{4} D, \quad r_4 = k_4 c_B \tag{6.81}$$

Folgende Teilaufgaben sind zu lösen:

a) Berechnung der Konzentrations-Zeit-Verläufe der vier beteiligten Komponenten, wobei folgende kinetische Konstanten und Anfangskonzentrationen gegeben sind:

$$k_1 = 0{,}001\, s^{-1}$$
$$k_2 = 0{,}001\, s^{-1}$$
$$k_3 = 0{,}004\, s^{-1}$$
$$k_4 = 1{,}0 * 10^{-4}\, s^{-1}$$
$$c_{A0} = 1{,}0\, kmol\, m^{-3}$$
$$c_{B0} = c_{C0} = c_{D0} = 0.$$

Weiterhin ist die Reaktionszeit zu ermitteln, bei der eine maximale Konzentration des Folgeproduktes B im Kessel vorliegt.

b) Laufen die Reaktionen 1 und 4 nicht ab, dann ergibt sich eine aus den verbleibenden Reaktionen 2 und 3 bestehende Gleichgewichtsreaktion mit folgendem Reaktionsschema:

$$B \underset{3}{\overset{2}{\rightleftarrows}} C \, . \tag{6.82}$$

Mit den oben genannten kinetischen Konstanten soll der Gleichgewichtsumsatz der Komponente B ermittelt werden, wobei folgende Anfangskonzentrationen vorgegeben sind:

$$c_{B0} = 1\, kmol\, m^{-3}$$
$$c_{C0} = 0.$$

Weiterhin soll die Reaktionszeit berechnet werden, nach der 98 % des Gleichgewichtsumsatzes erreicht sind.

c) Laufen die Reaktionen 1 und 3 nicht ab, verbleibt der einfachste Typ einer Parallelreaktion mit den Teilreaktionen 2 und 4:

$$\begin{aligned} B &\xrightarrow{2} C \\ B &\xrightarrow{4} D \end{aligned} \tag{6.83}$$

Für dieses Beispiel sind die Reaktionszeit bis zum Erreichen eines 99-prozentigen Umsatzes der Komponente B und die dann vorliegende Selektivität bezüglich der beiden Produkte C und D sowie das Produktverhältnis zu ermitteln. Die Anfangskonzentrationen haben hier folgende Werte:

$$c_{B0} = 1{,}0\, kmol\, m^{-3}$$
$$c_{C0} = c_{D0} = 0.$$

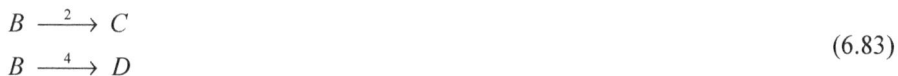

Lösung Teilaufgabe a)
Die Berechnung der Konzentrations-Zeit-Verläufe im diskontinuierlichen Rührkessel erfolgt durch Integration der Stoffbilanzgleichungen. Die Berücksichtigung der Wärmebilanz ist bei vorgegebener Temperatur nicht erforderlich.

Stoffbilanzen

- Komponente A

$$\frac{dc_A}{dt} = -k_1 c_A \tag{6.84}$$

- Komponente B

$$\frac{dc_B}{dt} = k_1 c_A - k_2 c_B + k_3 c_C - k_4 c_B \tag{6.85}$$

- Komponente C

$$\frac{dc_C}{dt} = k_2 c_B - k_3 c_C \tag{6.86}$$

- Komponente D

$$\frac{dc_D}{dt} = k_4 c_B \tag{6.87}$$

Dieses System von vier gekoppelten gewöhnlichen Differentialgleichungen erster Ordnung kann mit einem geeigneten numerischen Verfahren (z. B. *Runge-Kutta*-Verfahren, Differenzenverfahren) gelöst werden. Vereinfachungen ergeben sich daraus, dass die teilweise möglichen analytischen Lösungen genutzt werden. So ergibt die Integration der Stoffbilanz für die Komponente A entsprechend Gl. (3.106) folgenden Ausdruck:

$$c_A = c_{A0}\, e^{-k_1 t} \; . \tag{6.88}$$

Auch die Stöchiometrie liefert einen zusätzlichen Zusammenhang zwischen den Konzentrationen der einzelnen Stoffe, da hier nur drei Schlüsselkomponenten vorliegen. Mit der Definition des Fortschreitungsgrades nach Gl. (3.19) erhält man folgendes Gleichungssystem:

$$\begin{aligned} c_A &= c_{A0} - \xi_1 \\ c_B &= 0 \quad + \xi_1 - \xi_2 + \xi_3 - \xi_4 \\ c_C &= 0 \qquad\quad + \xi_2 - \xi_3 \\ c_D &= 0 \qquad\qquad\qquad\quad + \xi_4 . \end{aligned} \tag{6.89}$$

Die Summation dieser Gleichungen ergibt

$$c_A + c_B + c_C + c_D = c_{A0} \, . \tag{6.90}$$

Die Berechnung der Konzentrations-Zeit-Verläufe (s. Abb. 6.6) erfolgt bis zu einer Reaktionszeit von $t_R = 5000\,s$, nach der die Komponente A einen Umsatz von $U_A = 99{,}33\%$ aufweist.

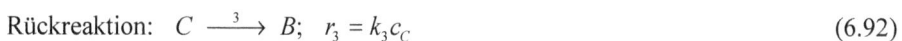

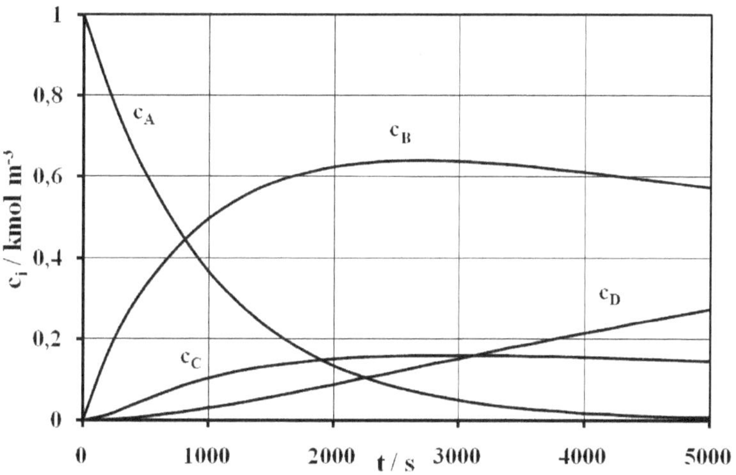

Abb. 6.6: Berechnete Konzentrations-Zeit-Verläufe für das komplexe Reaktionsschema nach Gl. (6.77)

Vielfach ist die Komponente B bei einer derartigen Folgereaktion das gewünschte Produkt. Deshalb ist die Frage nach der Maximalkonzentration dieses Stoffes ebenso interessant wie die Reaktionszeit, bei der dieser Wert im Kessel vorliegt. Im hier betrachteten Beispiel erhält man aus den Konzentrations-Zeit-Verläufen:

$$c_{B,\max} = 0{,}6408\,kmol\,m^{-3}$$

$$t_{\max} = 2680\,s\,.$$

Der Konzentrationsverlauf des Folgeproduktes B ist bei den hier gewählten kinetischen Konstanten eine relativ flache Kurve. Zwischen den Reaktionszeiten von 1700 und $4200\,s$ liegt die berechnete Konzentration für Stoff B durchgängig über $c_B = 0{,}6\,kmol\,m^{-3}$.

Lösung Teilaufgabe b)

Bei der Lösung dieser Teilaufgabe soll nur das Gleichungssystem (6.82) berücksichtigt werden, dass dem einfachsten Typ einer Gleichgewichtsreaktion entspricht.

Für den hier vorliegenden Fall einer Kinetik erster Ordnung für die Hin- und Rückreaktion wurden die Stoffbilanzen im Zusammenhang mit der Erläuterung der Kinetik komplexer Reaktionen im Kapitel 3.3.3 bereits gelöst [s. Gleichungen (3.116) bis (3.130)].

$$\text{Hinreaktion:} \quad B \xrightarrow{2} C; \quad r_2 = k_2 c_B \tag{6.91}$$

$$\text{Rückreaktion:} \quad C \xrightarrow{3} B; \quad r_3 = k_3 c_C \tag{6.92}$$

Stoffbilanzen

$$\frac{dc_B}{dt} = -k_2 c_B + k_3 c_C \tag{6.93}$$

$$\frac{dc_C}{dt} = k_2 c_B - k_3 c_C \tag{6.94}$$

Diese Bilanzen sind stöchiometrisch nicht voneinander unabhängig. Man kann jeweils eine Konzentration durch die andere ausdrücken [s. Gl. (3.126)]:

$$\begin{aligned} c_B &= c_{B0} - \xi_1 + \xi_2 \\ c_C &= c_{C0} + \xi_1 - \xi_2 . \end{aligned} \tag{6.95}$$

Damit ergibt sich für $c_{C0} = 0$:

$$c_C = c_{B0} - c_B . \tag{6.96}$$

Dieser Zusammenhang gilt auch für den Gleichgewichtszustand:

$$c_C^* = c_{B0} - c_B^* . \tag{6.97}$$

Durch Einsetzen von Gl. (6.96) in die Stoffbilanz für die Komponente B kann diese Gleichung integriert werden:

$$t = \frac{1}{k_2 + k_3} \ln \frac{k_2 c_{B0}}{(k_2 + k_3) c_B - k_3 c_{B0}} . \tag{6.98}$$

Im chemischen Gleichgewicht sind die Geschwindigkeiten der Hin- und Rückreaktion gleich groß:

$$r_2^* = r_3^* . \tag{6.99}$$

Damit gilt auch

$$k_2 c_B^* = k_3 c_C^* \tag{6.100}$$

bzw. mit Gl. (6.97)

$$c_B^* = \frac{k_3}{k_2 + k_3} c_{B0} . \tag{6.101}$$

Damit liegen im Gleichgewicht folgende Konzentrationen vor:

$$\begin{aligned} c_B^* &= 0{,}8\, kmol\, m^{-3} \\ c_C^* &= 0{,}2\, kmol\, m^{-3} . \end{aligned}$$

Der Gleichgewichtsumsatz für den Ausgangsstoff B beträgt damit

$$U_B^* = \frac{c_{B0} - c_B^*}{c_{B0}} = 0,2\,. \tag{6.102}$$

Es ist ersichtlich, dass bei dem hier vorliegenden Verhältnis der kinetischen Konstanten, durch das die Rückreaktion bevorzugt abläuft, nur ein geringer Umsatz der Komponente B erreichbar ist.

Zur Berechnung der Reaktionszeit, bei der ein vorgegebener Umsatz erreicht ist, kann die integrierte Stoffbilanzgleichung (6.98) genutzt werden. Der in der Aufgabenstellung geforderte Umsatz (98% des Gleichgewichtsumsatzes) beträgt hier

$$U_{B,98} = 0,98 * U_B^* = 0,196.$$

Daraus ergibt sich

$$c_{B,98} = c_{B0}(1 - U_{B,98}) = 0,804\,kmol\,m^{-3}.$$

Setzt man diesen Wert in Gl. (6.98) ein, erhält man die notwendige Reaktionszeit:

$$t_{98} = 782\,s.$$

Lösung Teilaufgabe c)
Bei dieser Teilaufgabe soll nur das Gleichungssystem (6.83) berücksichtigt werden, das aus den beiden parallel ablaufenden Reaktionen 2 und 4 besteht:

$$\text{Reaktion 2: } B \xrightarrow{2} C; \quad r_2 = k_2 c_B \tag{6.103}$$

$$\text{Reaktion 4: } B \xrightarrow{4} D; \quad r_4 = k_4 c_B. \tag{6.104}$$

Stoffbilanzen

$$\frac{dc_B}{dt} = -k_2 c_B - k_4 c_B \tag{6.105}$$

$$\frac{dc_C}{dt} = k_2 c_B \tag{6.106}$$

$$\frac{dc_D}{dt} = k_4 c_B \tag{6.107}$$

Da bei diesem System nur zwei Reaktionen ablaufen, genügen auch zwei Stoffbilanzen zur Beschreibung des gesamten Reaktionsablaufes. Mit Hilfe der stöchiometrischen Gleichungen kann die Konzentration einer Komponente aus den beiden anderen berechnet werden:

$$\begin{aligned} c_B &= c_{B0} - \xi_2 - \xi_4 \\ c_C &= 0 + \xi_2 \\ c_D &= 0 + \xi_4. \end{aligned} \tag{6.108}$$

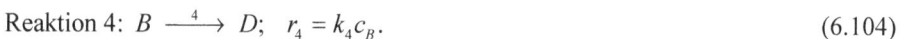

Daraus erhält man die Beziehung

$$c_B + c_C + c_D = c_{B0} \,. \tag{6.109}$$

Um die Reaktionszeit bis zum Erreichen eines Umsatzes des Stoffes B von 99 % zu berechnen, ist die Stoffbilanzgleichung (6.105) für diese Komponente zu lösen. Die Integration ist nach Trennung der Variablen analytisch möglich und ergibt

$$t = \frac{1}{k_2 + k_4} \ln \frac{c_{B0}}{c_B} \,. \tag{6.110}$$

Der geforderte Umsatz $U_B = 0{,}99$ führt zu

$$c_B = c_{B0}\left(1 - U_B\right) = 0{,}01\, kmol\, m^{-3} \,.$$

Nach Gl. (6.110) ergibt sich damit

$$t = \frac{1}{0{,}001 + 0{,}0001} \ln \frac{1}{0{,}01} = 4187\, s \,.$$

Für diese berechnete Reaktionszeit sollen die Selektivitäten der beiden parallel erzeugten Produkte C und D in Bezug auf die umgesetzte Menge des Ausgangsstoffes B sowie das Produktverhältnis ermittelt werden.

Die Selektivitäten, die in Gl. (3.13) als Stoffmengenverhältnisse definiert wurden, können im Fall der hier vorliegenden volumenbeständigen Reaktionen auch mit Hilfe der Konzentrationen ausgedrückt werden:

$$S_i = \frac{c_i - c_{i0}}{c_{k0} - c_k} \,. \tag{6.111}$$

Die Bezugskomponente ist im vorliegenden Beispiel der Reaktionspartner B.

Selektivität S_C

$$S_C = \frac{c_C - c_{C0}}{c_{B0} - c_B} \tag{6.112}$$

Aus den Stoffbilanzen (6.106) und (6.105) ergibt sich bei der hier vorliegenden Kinetik mit $c_{C0} = 0$:

$$S_C = \frac{dc_C}{-dc_B} = \frac{c_C}{c_{B0} - c_B} = \frac{k_2}{k_2 + k_4} \tag{6.113}$$

$$S_C = 0{,}9091 \,.$$

Selektivität S_D

$$S_D = \frac{c_D - c_{D0}}{c_{B0} - c_B} \tag{6.114}$$

Durch Division von Gl. (6.107) durch Gl. (6.105) erhält man mit $c_{D0} = 0$:

$$S_D = \frac{dc_D}{-dc_B} = \frac{c_D}{c_{B0} - c_B} = \frac{k_4}{k_2 + k_4} \tag{6.115}$$

$$S_D = 0{,}0909\,.$$

Produktverhältnis PV
Bei dieser Kennzahl werden die Selektivitäten der erzeugten Produkte ins Verhältnis gesetzt:

$$PV = \frac{S_C}{S_D} = \frac{k_2}{k_4} \tag{6.116}$$

$$PV = \frac{0{,}01}{0{,}001} = 10\,.$$

Entsprechend dem Verhältnis der kinetischen Konstanten der beiden Parallelreaktionen wird von Komponente C die zehnfache Menge im Vergleich zur Komponente D produziert.

Berechnungsbeispiel 6-3: Berechnung eines diskontinuierlichen Rührkessels bei adiabater und bei polytroper Reaktionsführung.

Aufgabenstellung
Eine einfache volumenbeständige exotherme Flüssigphasenreaktion erster Ordnung nach dem Reaktionsschema

$$A \rightarrow B + C; \quad r = k_\infty e^{-\frac{E}{RT}} c_A \tag{6.117}$$

soll in einem diskontinuierlichen Rührkessel durchgeführt werden. Zunächst sind adiabate Bedingungen vorauszusetzen und die dabei vorliegenden Temperatur- und Konzentrationsverläufe zu berechnen. Danach sollen für eine polytrope Reaktionsführung die notwendigen Parameter der Kühlung des Reaktors ermittelt werden, wenn eine vorgegebene Maximaltemperatur im Reaktor nicht überschritten werden darf.

Folgende Prozessdaten und Stoffwerte sind gegeben:

- Kinetische Konstanten $k_\infty = 12{,}16\,s^{-1}$
  $E = 34800\,kJ\,kmol^{-1}$
- Anfangskonzentrationen $c_{A0} = 7\,kmol\,m^{-3}$
  $c_{B0} = c_{C0} = 0$
- Mindestumsatz des Stoffes A: $U_{\min} = 0{,}994$

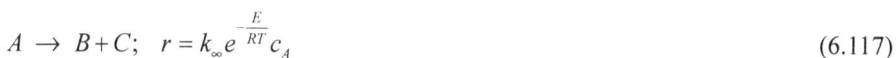

- Anfangstemperatur $T_0 = 300\,K$.
- Reaktionsenthalpie und Stoffwerte, die näherungsweise als temperaturunabhängig angesehen werden: $(-\Delta H_R) = 62800\,kJ\,kmol^{-1}$

  $\rho = 1000\,kg\,m^{-3}$

  $c_p = 4{,}186\,kJ\,kg^{-1}\,K^{-1}$

Für den Fall der polytropen Reaktionsführung gelten folgende Vorgaben für das Kühlsystem:

- Mittlere Kühlmitteltemperatur $T_K = 300\,K$
- Verhältnis von Wärmedurchgangsfläche und Reaktionsvolumen

  $A_D / V_R = 0{,}2187\,m^2 / m^3$.

Folgende Teilaufgaben sind zu lösen:

a) Berechnung der adiabaten Höchsttemperatur und der Konzentrations- und Temperaturverläufe in Abhängigkeit von der Reaktionszeit bei adiabaten Bedingungen;

b) Berechnung der Konzentrations- und Temperaturverläufe bei polytroper Reaktionsführung, wenn eine Maximaltemperatur von $390\,K$ im Kessel nicht überschritten werden soll. Die dafür notwendigen Kühlbedingungen sind zu berechnen und die Konsequenzen bezüglich des erreichbaren Umsatzes im Vergleich zum adiabaten Prozess zu diskutieren.

Lösung Teilaufgabe a)

Grundlage der Berechnung von Temperatur- und Umsatzverläufen sind die Wärme- und Stoffbilanzen, die für den adiabaten diskontinuierlichen Rührkessel bei Vorliegen einer einfachen volumenbeständigen Reaktion durch die Gleichungen (6.48) und (6.49) dargestellt wurden.

Adiabate Höchsttemperatur

Durch Kombination der Gleichungen (6.48) und (6.49) ergab sich der als Gl. (6.55) formulierte Zusammenhang zwischen Temperatur und Umsatz:

$$T - T_0 = \frac{(-\Delta H_R)}{-\nu_A \rho\, c_p} c_{A0} U \,. \tag{6.118}$$

Die hier zu berechnende adiabate Höchsttemperatur liegt bei einem vollständigen Umsatz der Komponente A vor. Mit $U = 1$ ergibt sich

$$T^* = T_0 + \frac{(-\Delta H_R)}{-\nu_A \rho\, c_p} c_{A0} \,. \tag{6.119}$$

Für die gegebenen Daten folgt mit $\nu_A = -1$

$$T^* = 300\,K + \frac{62800\,kJ\,kmol^{-1}}{1 \cdot 1000\,kg\,m^{-3} \cdot 4{,}186\,kJ\,kg^{-1}\,K^{-1}} 7\,kmol\,m^{-3}$$

$$T^* = 405\,K \,.$$

Zeitliche Verläufe der Konzentrationen und der Reaktionstemperatur
Bei einer einfachen Reaktion ist nur eine Stoffbilanz zu lösen, weil die Konzentrationen der anderen beiden Komponenten mit Hilfe der Stöchiometrie berechnet werden können:

$$\begin{aligned} c_A &= c_{A0} - c_{A0}U \\ c_B &= 0 + c_{A0}U \\ c_C &= 0 + c_{A0}U. \end{aligned} \tag{6.120}$$

Dies bedeutet auch

$$c_B = c_C . \tag{6.121}$$

Durch Einsetzen des reaktionskinetischen Ansatzes (6.117) in die Gleichungen (6.48) und (6.49) erhält man das folgende Gleichungssystem:

Stoffbilanz

$$\frac{dc_A}{dt} = -k_\infty e^{-\frac{E}{RT}} c_A \tag{6.122}$$

Wärmebilanz

$$\rho c_p \frac{dT}{dt} = (-\Delta H_R) k_\infty e^{-\frac{E}{RT}} c_A . \tag{6.123}$$

Dieses System zweier gewöhnlicher Differentialgleichungen erster Ordnung wird mit Hilfe eines numerischen Verfahrens (*Runge-Kutta*-Verfahren) gelöst. Es sei vermerkt, dass entsprechend Gl. (6.118) Temperatur und Umsatz bzw. Konzentration linear voneinander abhängen. Man könnte also auch diese Beziehung nutzen und hätte dann nur eine der Bilanzgleichungen zu lösen. Auch dazu ist ein numerisches Verfahren erforderlich.

Das Ergebnis der Durchrechnung mit den oben genannten Anfangsbedingungen ist in Abb. 6.7 dargestellt. Man erkennt zunächst, dass bei einer großen Reaktionszeit eine nahezu vollständige Umsetzung und folglich auch die adiabate Höchsttemperatur annähernd erreicht werden. Dies zeigen einige Einzelergebnisse:

$$t = 40\,000\,s \;\rightarrow\; c_A = 0{,}043\,kmol\,m^{-3}, \quad U = 0{,}994, \; T = 404{,}4\,K$$
$$t = 50\,000\,s \;\rightarrow\; c_A = 0{,}00008\,kmol\,m^{-3}, \; U = 0{,}9999, \; T = 404{,}99\,K.$$

Aus unterschiedlichen reaktions- oder sicherheitstechnischen Gründen ist in manchen Anwendungsfällen eine maximal zulässige Reaktionstemperatur nicht zu überschreiten. Gibt man sich für das hier demonstrierte Beispiel eine Maximaltemperatur von $390\,K$ vor, dann wäre ein Abbruch der Reaktion nach etwa $31000\,s$ notwendig. Dabei würde nur ein Umsatz von etwa 85% vorliegen. Im Folgenden soll deshalb überprüft werden, bei welchen Kühlbedingungen und Reaktionszeiten im polytropen Kessel die gegebene Temperaturgrenze eingehalten und trotzdem ein Umsatz des Stoffes A von mindestens $99{,}4\%$ realisiert werden kann.

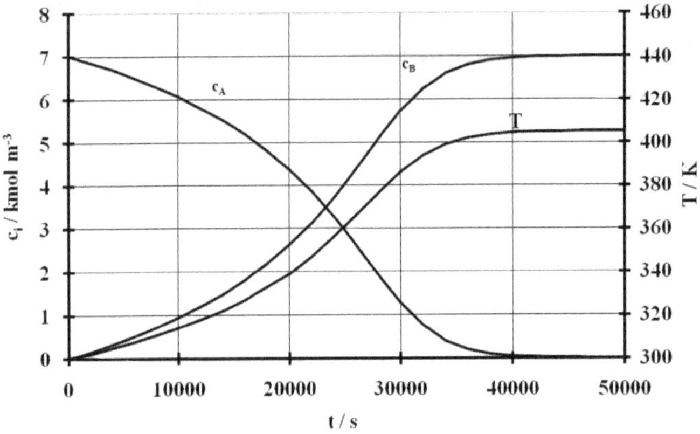

Abb. 6.7: *Konzentrations- und Temperaturverläufe im adiabaten diskontinuierlichen Rührkessel*

Lösung Teilaufgabe b)

Der Reaktorberechnung liegen jetzt die Bilanzgleichungen des polytropen diskontinuierlichen Rührkessels zugrunde. Auch bei dieser Variante gelten die getroffenen Voraussetzungen bezüglich der Volumenbeständigkeit des Reaktionssystems und der konstanten Stoffwerte. Hinzu kommt die vereinfachende Annahme, dass auch der Wärmedurchgangskoeffizient für die Reaktorkühlung als annähernd konstant vorausgesetzt werden kann.

Das im polytropen Fall zu lösende Bilanzgleichungssystem enthält die gegenüber dem adiabaten Prozess unveränderte Stoffbilanz und die entsprechend Gleichung (6.123) zu formulierende Wärmebilanz:

Stoffbilanz [s. Gl.(6.122)]

Wärmebilanz

Gegenüber dem adiabaten Fall [Gl. (6.123)] ist jetzt der Term der Wärmeabführung hinzuzufügen:

$$\rho c_p \frac{dT}{dt} = \left(-\Delta H_R\right) k_\infty e^{-\frac{E}{RT}} c_A - \frac{k_D A_D}{V_R}\left(T - T_K\right). \tag{6.124}$$

Gibt man – wie im vorliegenden Beispiel – ein Verhältnis von Kühlfläche und Reaktionsvolumen als festen Wert vor, dann kann die Berechnung unabhängig von der Größe des Reaktors erfolgen. Unter Vorgabe einer konstanten Kühlmitteltemperatur soll der Wärmedurchgangskoeffizient ermittelt werden, für den die erlaubte Maximaltemperatur nicht überschritten wird.

Die Berechnung der Konzentrations- und Temperaturverläufe erfolgt wie auch bei der Teilaufgabe a) mit Hilfe des *Runge-Kutta*-Verfahrens. Zur Simulation unterschiedlicher Kühlbedingungen wurden der Wärmedurchgangskoeffizient k_D variiert und die Kühlfläche konstant gehalten. Die gleichen Aussagen erhält man im umgekehrten Fall (konstanter Wärmedurchgangskoeffizient, Variation der spezifischen Kühlfläche), weil beide Größen immer als Produkt auftreten.

Aus den berechneten Verläufen wurden zunächst die maximalen Reaktionstemperaturen und die nach einer Reaktionszeit von $50\,000\,s$ vorliegenden Konzentrationen der Komponente A, bzw. der Umsatz entnommen und in der Tabelle 6.1 zusammengestellt.

Tabelle 6.1: Maximaltemperaturen und Endumsätze bei Variation des Wärmedurchgangskoeffizienten im polytropen diskontinuierlichen Rührkessel

k_D $kJ\,m^{-2}\,s^{-1}\,K^{-1}$	T_{max} K	$c_A\,(t = 50\,000\,s)$ $kmol\,m^{-3}$	$U\,(t = 50\,000\,s)$
0 (adiabat !)	405,0 (=T*)	0,00008	0,9999
0,020	402,4	0,0014	0,9998
0,040	400,2	0,0022	0,9997
0,060	398,0	0,0034	0,9995
0,080	396,0	0,0051	0,9993
0,100	394,0	0,0075	0,9989
0,120	392,0	0,0107	0,9985
0,140 (s. Abb. 6.8)	390,0	0,0149	0,9979
0,160	388,0	0,0203	0,9971
0,180	386,0	0,0272	0,9961
0,200	384,1	0,0358	0,9949

Aus der Tabelle 6.1 ist ersichtlich, dass bei einem Wärmedurchgangskoeffizienten von mindestens $0{,}0140\,kJ\,m^{-2}\,s^{-1}\,K^{-1}$ ein Überschreiten der hier vorgegebenen Maximaltemperatur von $T_{max} = 390\,K$ verhindert werden kann. Bei dieser Variante wird auch der geforderte Mindestumsatz von $U_{min} = 0{,}994$ erreicht bzw. überschritten. Aus den berechneten Verläufen (s. Abb. 6.8) ist zu entnehmen, dass der Mindestumsatz noch erreicht wird, wenn die Reaktionszeit auf etwa $46\,000\,s$ verringert wird. Die Rechnung ergibt:

$$t = 46\,000\,s \rightarrow c_A = 0{,}0398\,kmol\,m^{-3},\; U = 0{,}9943\,.$$

Dieses Ergebnis erfüllt alle im Beispiel geforderten Bedingungen und stellt damit eine sinnvolle Chargenzeit dar.

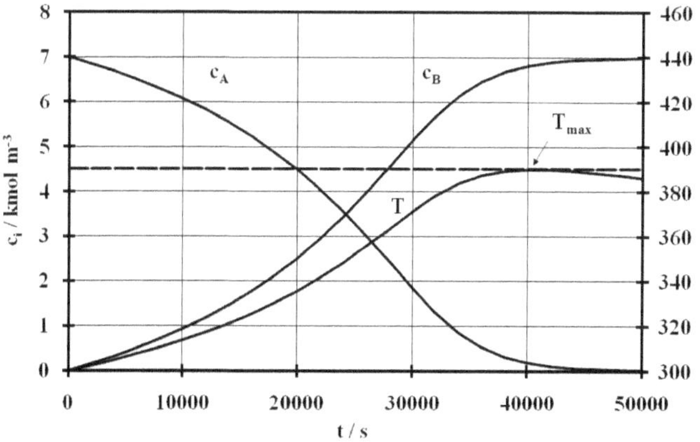

Abb. 6.8: Konzentrations- und Temperaturverläufe im polytropen diskontinuierlichen Rührkessel

Die Darstellung zeigt, dass die Maximaltemperatur während des Reaktionsablaufes nicht überschritten wird.

Stoff- und Wärmebilanzen für den kontinuierlichen Rührkessel im stationären Zustand
Der kontinuierliche Rührkessel ist durch den ständigen Zu- und Abfluss von Reaktionspartnern und -produkten gekennzeichnet (s. Abb. 6.4). Als Reaktorgrundtyp wird er dann bezeichnet, wenn stationäre, also zeitlich nicht veränderliche Reaktionsbedingungen vorliegen. Hinsichtlich der mathematischen Modellierung ist er deshalb als Sonderfall des allgemeinen Rührkessels anzusehen, für den die Stoff- und Wärmebilanzen im Kapitel 6.1.3.1 dargestellt wurden. Aus den dort formulierten Bilanzgleichungen (6.16) und (6.23) erhält man mit den Stationaritätsbedingungen

$$\frac{dn_i}{dt} = 0; \quad \frac{dT}{dt} = 0 \tag{6.125}$$

folgende Bilanzen:

Stoffbilanz

$$\dot{n}_i - \dot{n}_i^0 = R_i V_R = \sum_j \nu_{ij} r_j \, V_R, \qquad i = 1, \ldots, N. \tag{6.126}$$

Die Stoffbilanz ist wie auch bei allen anderen Reaktortypen für die Schlüsselkomponenten eines Reaktionssystems zu formulieren. Die Stoffmengen bzw. Molströme der Nichtschlüsselkomponenten ergeben sich aus den stöchiometrischen Beziehungen.

Der häufig auftretende Fall der *volumenbeständigen* Reaktion drückt sich hier darin aus, dass der Volumenstrom der Reaktionsmischung am Ein- und Austritt gleich ist [s. Gl. (6.18)]. Ersetzt man die Molströme entsprechend den Gleichungen (6.8) und (6.9) durch das Produkt aus Konzentration und Volumenstrom, dann ergibt sich

$$\dot{V}\left(c_i - c_i^0\right) = R_i V_R. \tag{6.127}$$

Verwendet man auch hier den Begriff der mittleren Verweilzeit nach Gl. (6.19)

$$\overline{t} = \frac{V_R}{\dot{V}},$$

dann erhält man folgende Form der Stoffbilanz:

$$c_i - c_i^0 = R_i \overline{t}. \tag{6.128}$$

Die für alle Schlüsselkomponenten zu lösenden Stoffbilanzen stellen ein System von algebraischen Gleichungen dar, das bei bekannter oder vorgegebener Reaktionstemperatur ohne Berücksichtigung der Wärmebilanz gelöst werden kann. Man spricht dann vom *isothermen kontinuierlichen Rührkessel*, weil die Temperatur im Reaktor bekannt ist und Temperaturunterschiede zwischen Ein- und Austritt nicht berechnet werden.

Wärmebilanz
Die Einbeziehung der Wärmebilanz ist notwendig, wenn Temperaturunterschiede der Reaktionsmischung zwischen Ein- und Austritt berechnet und die Parameter der Wärmezu- oder -abführung (Heizung oder Kühlung) ermittelt werden sollen. Dabei kann auch bei diesem Reaktortyp zwischen der polytropen und der adiabaten Reaktionsführung unterschieden werden.

Polytrope Reaktionsführung
Setzt man in der allgemeinen Wärmebilanz für Rührreaktoren entsprechend den Gleichungen (6.22) und (6.23) den instationären Term gleich null, dann erhält man folgende vereinfachte Beziehungen:

$$\dot{Q}_{Kon} - \dot{Q}^0_{Kon} = \dot{Q}_R - \dot{Q}_D \tag{6.129}$$

$$\dot{m}\left(c_p T - c_p^0 T^0\right) = \sum_j r_j \left(-\Delta H_{Rj}\right) V_R - k_D A_D \left(T - \overline{T}_K\right). \tag{6.130}$$

Wird diese Bilanz gemeinsam mit den Stoffbilanzen gelöst, dann kann man eine der thermischen Größen (Eintrittstemperatur, Austrittstemperatur, Kühl- bzw. Heizmitteltemperatur, Wärmedurchgangskoeffizient, Wärmeübertragungsfläche) berechnen, wenn alle anderen bekannt sind.

Zur Berechnung der Heiz- oder Kühlmitteltemperatur im hier vorliegenden Fall des kontinuierlichen Rührkessels kann auch die für den diskontinuierlichen Rührkessel formulierte Wärmeträgerbilanz (6.32) unverändert verwendet werden, weil in dieser Bilanz ein instationärer Term in beiden Fällen vernachlässigt werden kann. Die für die einzelnen Kühlungsvarianten genannten Berechnungsgleichungen (6.33) bis (6.38) sind ebenfalls gültig.

Die Bedingung des *isothermen kontinuierlichen Rührkessels* ($T = T^0$) lässt sich auch als Sonderfall der polytropen Reaktionsführung auffassen. Wie bereits beim isothermen diskontinuierlichen Rührkessel [Gl. (6.40)] dargestellt wurde, muss dann die zu- oder abgeführte Wärmemenge ebenso groß sein wie die Reaktionswärme:

$$\sum_j r_j \left(-\Delta H_{Rj}\right) V_R = k_D A_D \left(T - \overline{T}_K\right). \tag{6.131}$$

Gegenüber dem diskontinuierlichen Rührkessel kann eine solche Bedingung beim stationären kontinuierlichen Rührkessel leichter realisiert werden, weil sich die Reaktionswärme und damit auch der übertragene Wärmestrom zeitlich nicht ändern.

Adiabate Reaktionsführung
In diesem Fall wird keine Wärme zu- oder abgeführt. Es gilt damit

$$\dot{Q}_D = k_D A_D \left(T - \overline{T}_K\right) = 0\,. \tag{6.132}$$

Damit verbleibt folgender Ausdruck für die adiabate Wärmebilanz:

$$\dot{m}\left(c_p^0 T^0 - c_p T\right) = \sum_j r_j \left(-\Delta H_{Rj}\right) V_R \,. \tag{6.133}$$

Auch diese Wärmebilanz ist gekoppelt mit den Stoffbilanzen zu lösen, wenn die Reaktionstemperatur nicht bekannt ist.

Bei Ablauf einer einfachen Reaktion kann man ebenso wie beim diskontinuierlichen Rührkessel einen linearen Zusammenhang zwischen der Temperatur- und Konzentrationsänderung erzeugen, indem man die Wärme- und Stoffbilanz durcheinander dividiert. In Analogie zu den Gleichungen (6.53) und (6.56) ergeben sich für eine Reaktion des Typs

$$|\nu_A| A \rightarrow \text{Produkte} \tag{6.134}$$

unabhängig von deren Reaktionsordnung folgende Zusammenhänge:

$$T - T^0 = \frac{\left(-\Delta H_R\right)}{-\nu_A \rho c_p}\left(c_A^0 - c_A\right). \tag{6.135}$$

Bei vollständigem Umsatz ($c_A = 0$) liegt die adiabate Höchsttemperatur T^* vor:

$$T^* - T^0 = \frac{\left(-\Delta H_R\right)}{-\nu_A \rho c_p} c_A^0 . \tag{6.136}$$

Die adiabate Höchsttemperatur T^* kann im kontinuierlichen Rührkessel durch die Einstellung sehr großer mittlerer Verweilzeiten, also durch große Reaktorvolumina bei kleinen Durchsätzen annähernd erreicht werden.

Mathematische Lösungsverfahren und verfahrenstechnische Informationen

Im allgemeinen Fall stellen die Stoff- und Wärmebilanzgleichungen ein System nichtlinearer algebraischer Gleichungen dar, das durch geeignete Iterationsverfahren (z. B. *Newton*-Verfahren) gelöst werden kann. Bei vielen Anwendungen sind allerdings auch analytische Lösungen möglich. Dies betrifft z. B. solche Fälle, bei denen die Temperatur der Reaktionsmischung für den gewünschten stationären Betriebszustand vorgegeben wird. Dann können die Stoffbilanzen separat gelöst werden. Die anschließende Lösung der Wärmebilanz (im polytropen Fall auch gekoppelt mit der Wärmeträgerbilanz) ermöglicht dann beispielsweise die Berechnung der notwendigen Eintrittstemperatur der Reaktionsmischung und der Parameter für die Wärmeübertragung.

Die gewünschten verfahrenstechnischen Informationen hängen von der konkreten Aufgabenstellung ab, die wie bei allen kontinuierlich betriebenen Reaktoren ganz grob in zwei Kategorien eingeteilt werden kann:

1. Reaktorauslegung
   In diesem Fall sind das erforderliche Reaktionsvolumen und die Parameter für die Wärmeübertragung zu berechnen. Vorzugeben sind Austrittskonzentrationen oder Umsatz und

Ausbeuten sowie die gewünschte Reaktorkapazität (z. B. Jahresproduktion einer Komponente).
Bezüglich der thermischen Verhältnisse kann entweder die Reaktionstemperatur vorgegeben und die Eintrittstemperatur berechnet werden, oder es liegt der umgekehrte Fall vor. Die Verwendung der Wärmeträgerbilanz ermöglicht die Berechnung einer der charakteristischen Größen der Kühlung oder Heizung ($\overline{T}_K, k_D, A_D, \dot{m}_K, T_K^E, T_K^A$), während alle anderen Größen vorzugeben sind.

2. Berechnung der Leistungsparameter eines vorhandenen Reaktors
Bei bekanntem Reaktionsvolumen und der vielfach davon abhängigen Wärmeübertragungsfläche werden bei gegebenen Eintrittsgrößen die Austrittskonzentrationen bzw. Umsätze oder Ausbeuten und damit auch die Kapazität des Reaktors berechnet. Im nicht isothermen Fall wird auch die Reaktionstemperatur berechnet, wenn die Eintrittstemperatur gegeben ist. Bei Verwendung der Wärmeträgerbilanz gelten die gleichen Aussagen wie unter Punkt 1.

Berechnungsbeispiele zum kontinuierlichen Rührkessel im stationären Betriebszustand
Berechnungsbeispiel 6-4: Einfache volumenbeständige Reaktion im isothermen kontinuierlichen Rührkessel.

Aufgabenstellung
Es soll die gleiche einfache und volumenbeständige Flüssigphasenreaktion wie im Berechnungsbeispiel 6-1 mit einer Kinetik 2. Ordnung ablaufen:

$$A + B \rightarrow C + D; \quad r = k c_A c_B . \tag{6.137}$$

Für diese Reaktion ist ein kontinuierlicher Rührkessel im stationären Betriebszustand zu berechnen, wobei folgende Teilaufgaben zu lösen sind:

a) Berechnung der Konzentrationen der eingesetzten Stoffe A und B sowie des erreichbaren Umsatzes der Komponente A in Abhängigkeit von der mittleren Verweilzeit bei einer Reaktionstemperatur von $T = 363\,K$;
b) Berechnung der Jahresproduktion des Stoffes C bei einer Gesamtbetriebszeit von $t_a = 8000\,h/a$ und einem Umsatz der Komponente A von 97%.

Gegebene Daten
Reaktionsvolumen: $V_R = 16\,m^3$
Reaktionskinetische Konstanten
- Häufigkeitsfaktor: $k_\infty = 5{,}5 \cdot 10^5\,m^3\,kmol^{-1}\,s^{-1}$
- Aktivierungsenergie: $E = 68400\,kJ\,kmol^{-1}$

Molmassen und Anfangskonzentrationen

$$M_A = 60\,kg\,kmol^{-1}, \quad c_A^0 = 3{,}5\,kmol\,m^{-3}$$
$$M_B = 46\,kg\,kmol^{-1}, \quad c_B^0 = 4{,}8\,kmol\,m^{-3}$$
$$M_C = 88\,kg\,kmol^{-1}, \quad c_C^0 = 0$$
$$M_D = 18\,kg\,kmol^{-1}, \quad c_D^0 = 0$$

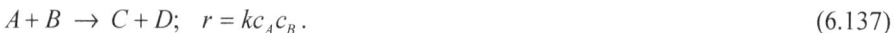

Lösung Teilaufgabe a)

Bei Vorliegen einer einfachen Reaktion erfolgt die Reaktorberechnung im isothermen Fall durch Lösung einer Stoffbilanz. Weil die Reaktionstemperatur vorgegeben wurde, ist die Einbeziehung der Wärmebilanz nicht erforderlich.

Stoffbilanz Komponente A

Nach Gl. (6.128) ergibt sich mit dem stöchiometrischen Koeffizienten $\nu_A = -1$ folgende Stoffbilanz:

$$c_A - c_A^0 = -k c_A c_B \overline{t} \,. \tag{6.138}$$

Analog zu den im Berechnungsbeispiel 6-1 dargestellten stöchiometrischen Gleichungen (6.64) bis (6.67) erhält man mit den für einen kontinuierlichen Rührkessel gültigen Indizes

$$c_A = c_A^0 - c_A^0 U_A \tag{6.139}$$

$$c_B = c_B^0 - c_A^0 U_A \tag{6.140}$$

$$c_C = c_C^0 + c_A^0 U_A \tag{6.141}$$

$$c_D = c_D^0 + c_A^0 U_A \,. \tag{6.142}$$

Aus den Gleichungen (6.139) und (6.140) kann folgender Zusammenhang zwischen den Konzentrationen der Stoffe A und B hergestellt werden:

$$c_B = c_B^0 - c_A^0 + c_A \,. \tag{6.143}$$

Diese Beziehung wird in die Stoffbilanzgleichung (6.138) eingesetzt:

$$c_A - c_A^0 = -k\overline{t}\, c_A \left(c_B^0 - c_A^0 + c_A \right). \tag{6.144}$$

Es liegt damit eine quadratische Gleichung mit folgender Normalform vor:

$$c_A^2 + \left(\frac{1}{k\overline{t}} + c_B^0 - c_A^0 \right) c_A - \frac{c_A^0}{k\overline{t}} = 0 \,. \tag{6.145}$$

Die Lösung dieser Gleichung ergibt den Zusammenhang zwischen der im Kessel und damit auch am Reaktoraustritt vorliegenden Konzentration der Komponente A und der mittleren Verweilzeit $\overline{t}$:

$$c_A = -\frac{1}{2}\left(\frac{1}{k\overline{t}} + c_B^0 - c_A^0 \right) + \sqrt{\frac{\left(\frac{1}{k\overline{t}} + c_B^0 - c_A^0 \right)^2}{4} + \frac{c_A^0}{k\overline{t}}} \,. \tag{6.146}$$

Die im Beispiel vorliegende kinetische Konstante beträgt bei den hier gegebenen Daten:

$$k = 5{,}5 \cdot 10^5 \, e^{-\frac{68400}{8{,}314 \cdot 363}} = 7{,}90 \cdot 10^{-5} \, \frac{m^3}{kmol\, s}.$$

Mit diesem Wert ergibt sich die in Abb. 6.9 gezeigte Abhängigkeit der Konzentration des Stoffes A von der mittleren Verweilzeit. In der gleichen Darstellung sind der Umsatz dieser Komponente und die nach Gl. (6.143) berechnete Konzentration des Stoffes B enthalten.

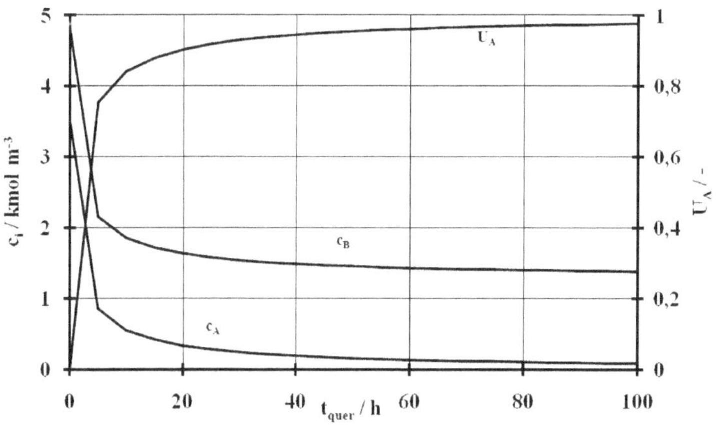

Abb. 6.9: Abhängigkeit der Konzentrationen der reagierenden Komponenten A und B und des Umsatzes des Stoffes A von der mittleren Verweilzeit im kontinuierlichen Rührkessel

Es ist ersichtlich, dass bei den hier vorliegenden Prozessdaten sehr große mittlere Verweilzeiten erforderlich sind, wenn hohe Umsätze erreicht werden sollen. Ein Umsatz von beispielsweise 97 % erfordert hier eine mittlere Verweilzeit von 80 Stunden. Der gleiche Umsatz wird im diskontinuierlichen Rührkessel bereits nach einer Reaktionszeit von 6,16 Stunden erreicht (s. Berechnungsbeispiel 6-1). Dieses sehr ungünstige Umsetzungsverhalten des kontinuierlichen Rührkessels ist kennzeichnend für diesen Reaktortyp und fällt bei Reaktionen höherer Ordnung besonders ins Gewicht. Im Kapitel 6.3 wird im Zusammenhang mit dem Vergleich der Reaktorgrundtypen noch einmal auf dieses Problem eingegangen.

Lösung Teilaufgabe b)

Bei einem Umsatz der Komponente A von 97 % und einer dafür erforderlichen mittleren Verweilzeit von

$$\bar{t} = \frac{V_R}{\dot{V}} = 80\,h$$

ergibt sich folgender Volumendurchsatz:

$$\dot{V} = \frac{V_R}{\bar{t}} = \frac{16\,m^3}{80\,h} = 0{,}20\,m^3\,h^{-1}.$$

Die Austrittskonzentration der Komponente C wird mit Hilfe der stöchiometrischen Gleichung (6.141) berechnet:

$$c_C = c_C^0 + c_A^0 U_A = 0 + 3{,}5 \cdot 0{,}97 = 3{,}395\, kmol\, m^{-3}\,.$$

Damit ergibt sich folgende Jahresproduktion des Stoffes C:

$$\dot{m}_{C,a} = \dot{m}_C t_a = \dot{n}_C\, M_C t_a = c_C \dot{V} M_C t_a\,. \tag{6.147}$$

$$\dot{m}_{C,a} = 3{,}395\, kmol\, m^{-3} \cdot 0{,}20\, m^3\, h^{-1} \cdot 88\, kg\, kmol^{-1} \cdot 8000\, h\, a^{-1}$$

$$\dot{m}_{C,a} = 4{,}78 \cdot 10^5\, kg\,/\,a = 478\, t\,/\,a\,.$$

Auch dieses Ergebnis bestätigt das ungünstige Umsetzungsverhalten des kontinuierlichen Rührkessels. Da die berechnete mittlere Verweilzeit mehr als zehn Mal so groß ist wie die Chargenzeit im diskontinuierlichen Rührkessel, wird auch eine um den gleichen Faktor kleinere Jahresproduktion erreicht. Nach den Ergebnissen des Berechnungsbeispiels 6-1 beträgt der entsprechende Wert im diskontinuierlichen Rührkessel $5000\, t\,/\,a$.

Berechnungsbeispiel 6-5: Folgereaktion im isothermen kontinuierlichen Rührkessel.

Aufgabenstellung
Zur Herstellung eines Stoffes B, der bei der volumenbeständigen Folgereaktion

$$A \xrightarrow{1} B \xrightarrow{2} C \tag{6.148}$$

als Zwischenprodukt auftritt, wird ein kontinuierlicher Rührreaktor eingesetzt.

Die beiden Reaktionen laufen nach einer Kinetik 1. Ordnung ab:

$$\text{Reaktion 1: } A \xrightarrow{1} B, \quad r_1 = k_1 c_A \tag{6.149}$$

$$\text{Reaktion 2: } B \xrightarrow{2} C, \quad r_2 = k_2 c_B\,. \tag{6.150}$$

Folgende Daten sind gegeben:

- Kinetische Konstanten bei der vorgesehenen Reaktionstemperatur

  $k_1 = 0{,}3\, h^{-1}$

  $k_2 = 0{,}1\, h^{-1}$

- Eintrittskonzentrationen

  $c_A^0 = 2\, kmol\, m^{-3}$

  $c_B^0 = c_C^0 = 0$

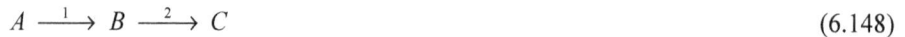

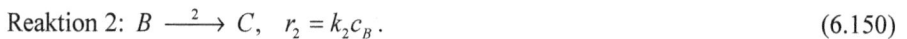

- Molmasse des Produktes B

  $M_B = 115\,kg\,kmol^{-1}$.

Es sind folgende Teilaufgaben zu lösen:

a) Berechnung des Durchsatzes, bei dem eine maximale Konzentration des gewünschten Produktes B vorliegt, wenn ein Reaktionsvolumen von

$$V_R = 3\,m^3$$

zur Verfügung steht;

b) Berechnung der Konzentrationen der drei Komponenten, die bei Optimalbedingungen (Maximalkonzentration von Stoff B) vorliegen;

c) Berechnung des notwendigen Reaktionsvolumens, wenn bei maximaler Konzentration der Komponente B pro Tag $5{,}2\,t$ dieses Stoffes erzeugt werden sollen.

Lösung Teilaufgabe a)
Die Abhängigkeit der Konzentration des Zwischenproduktes B von der mittleren Verweilzeit bzw. vom Durchsatz der Reaktionsmischung ist durch ein Maximum gekennzeichnet, bei dem optimale Betriebsbedingungen vorliegen, wenn B das gewünschte Produkt ist. Zu deren Berechnung werden die Stoffbilanzen zweier Komponenten (Schlüsselkomponenten A und B) gelöst. Die Einbeziehung der Wärmebilanz ist nicht erforderlich, weil isotherme Bedingungen vorliegen und die Reaktionstemperatur vorgegeben ist.

Stoffbilanzen
Für den volumenbeständigen Fall gilt die allgemeine Stoffbilanz gemäß Gl. (6.128).

Komponente A

$$c_A - c_A^0 = R_A \overline{t} = -k_1 \overline{t} c_A . \qquad (6.151)$$

Aufgelöst nach der Konzentration des Stoffes A ergibt sich:

$$c_A = \frac{c_A^0}{1 + k_1 \overline{t}} . \qquad (6.152)$$

Komponente B

$$c_B - c_B^0 = R_B \overline{t} = k_1 \overline{t} c_A - k_2 \overline{t} c_B \qquad (6.153)$$

Setzt man Gl. (6.152) in diese Bilanz ein, dann erhält man für die Konzentration der Komponente B:

$$c_B = \frac{k_1 \overline{t} c_A^0}{\left(1 + k_1 \overline{t}\right)\left(1 + k_2 \overline{t}\right)} . \qquad (6.154)$$

Optimale mittlere Verweilzeit
Die optimale mittlere Verweilzeit $\bar{t}_{opt}$, bei der die optimale (maximale) Konzentration des gewünschten Stoffes B ($c_{B,opt}$) vorliegt, erhält man durch Nullsetzen der ersten Ableitung von Gleichung (6.154). Bei der hier gegebenen Kinetik ergibt sich eine Gleichung, in der nur die kinetischen Konstanten enthalten sind:

$$\bar{t}_{opt} = \frac{1}{\sqrt{k_1 k_2}}, \tag{6.155}$$

$$\bar{t}_{opt} = \frac{1}{\sqrt{0,3\,h^{-1} \cdot 0,1\,h^{-1}}} = 5,774\,h.$$

Da hier das Reaktionsvolumen bekannt ist, kann der einzustellende Durchsatz bei Optimalbedingungen $\dot{V}_{opt}$ berechnet werden:

$$\dot{V}_{opt} = \frac{V_R}{\bar{t}_{opt}}, \tag{6.156}$$

$$\dot{V}_{opt} = \frac{3\,m^3}{5,774\,h} = 0,520\,m^3\,h^{-1}.$$

Lösung Teilaufgabe b)
Zur Berechnung der Konzentrationen bei der mittleren Verweilzeit $\bar{t}_{opt}$ wird diese in die gelösten Stoffbilanzen für A und B entsprechend Gl. (6.152) bzw. (6.154) eingesetzt:

$$c_A = \frac{c_A^0}{1 + k_1 \bar{t}_{opt}} = \frac{2\,kmol\,m^{-3}}{1 + 0,3\,h^{-1} \cdot 5,774\,h} \tag{6.152}$$

$$c_A = 0,732\,kmol\,m^{-3}$$

$$c_B = c_{B,opt} = \frac{k_1 \bar{t}_{opt} c_A^0}{\left(1 + k_1 \bar{t}_{opt}\right)\left(1 + k_2 \bar{t}_{opt}\right)} \tag{6.157}$$

$$c_{B,opt} = 0,804\,kmol\,m^{-3}.$$

Die Konzentration der Komponente C kann man mit Hilfe der stöchiometrischen Beziehungen berechnen, die hier mit den Fortschreitungsgraden für die beiden Reaktionen formuliert werden:

$$\begin{aligned} c_A &= c_A^0 - \xi_1 \\ c_B &= +\xi_1 - \xi_2 \\ c_C &= +\xi_2. \end{aligned} \tag{6.158}$$

Durch Summation dieser drei Gleichungen erhält man

$$c_C = c_A^0 - c_A - c_B \tag{6.159}$$

$$c_C = 0,464\,kmol\,m^{-3}\,.$$

Für die Bewertung dieses Ergebnisses werden oft der Umsatz des eingesetzten Stoffes und die Selektivität bezüglich des gewünschten Produktes herangezogen:

$$U_A = \frac{c_A^0 - c_A}{c_A^0} \tag{6.160}$$

$$U_A = 0,634$$

$$S_B = \frac{c_B - c_B^0}{c_A^0 - c_A} \tag{6.161}$$

$$S_{B,opt} = 0,634\,.$$

Für beide Kenngrößen ergibt sich hier der gleiche Wert. Am Austritt des Kessels liegt für das Zwischenprodukt B zwar die maximale Konzentration vor, die Selektivität beträgt aber lediglich 63,4 %. Auch der relativ niedrige Umsatz der Komponente A erfordert meist zusätzliche Prozessstufen für die Trennung und Rückführung dieses Stoffes, um eine weitere Verwendung in der Reaktionsstufe zu sichern.

Lösung Teilaufgabe c)
Grundlage der Berechnung des Reaktionsvolumens für die erhöhte Produktmenge von

$$\dot{m}_B^{\#} = 5,2\,t\,/\,Tag$$

sind die berechnete Optimalkonzentration der Komponente B und die entsprechende mittlere Verweilzeit, die unabhängig von der Kapazität des Reaktors einzuhalten sind. Damit gilt:

$$c_{B,opt} = \frac{\dot{n}_B^{\#}}{\dot{V}^{\#}} = \frac{\dot{m}_B^{\#}}{M_B \dot{V}^{\#}} = \frac{\dot{m}_B^{\#}}{M_B \left(V_R^{\#} / \overline{t}_{opt} \right)}\,. \tag{6.162}$$

Umgestellt nach dem Reaktionsvolumen erhält man:

$$V_R^{\#} = \frac{\dot{m}_B^{\#}\,\overline{t}_{opt}}{M_B c_{B,opt}} \tag{6.163}$$

$$V_R^{\#} = \frac{\left(5200\,kg\,/\,24\,h\right)\cdot 5,774\,h}{115\,kg\,kmol^{-1}\cdot 0,804\,kmol\,m^{-3}}$$

$$V_R^{\#} = 13,53\,m^3\,.$$

Wählt man nun aus Gründen der Verfügbarkeit einen kontinuierlichen Rührkessel mit einem Reaktionsvolumen von beispielsweise

$$V_R^{\#\#} = 15\,m^3$$

aus, dann ist unter Beibehaltung der optimalen mittleren Verweilzeit der Volumenstrom entsprechend anzupassen:

$$\dot{V}^{\#\#} = \frac{V_R^{\#\#}}{\overline{t}_{opt}} = \frac{15\,m^3}{5,774\,h} = 2,598\,m^3\,h^{-1}\ .$$

Im gleichen Verhältnis wie das Reaktionsvolumen und der Durchsatz erhöht sich auch die produzierte Menge des Stoffes B :

$$\dot{m}_B^{\#\#} = \dot{m}_B^{\#} \frac{V_R^{\#\#}}{V_R^{\#}} = 5,765\,t\,/\,Tag\ .$$

Unverändert bleiben dagegen die Konzentrationen aller Komponenten und damit auch der Umsatz und die Selektivität, wenn die optimale mittlere Verweilzeit eingehalten wird.

Berechnungsbeispiel 6-6: Berechnung eines kontinuierlichen stationären Rührkessels bei polytroper Reaktionsführung.

Aufgabenstellung

In einem kontinuierlichen Rührkessel soll eine einfache volumenbeständige Reaktion erster Ordnung nach dem Reaktionsschema

$$A + W \rightarrow 2S, \quad r = k_\infty e^{-\frac{E}{RT}} c_A \tag{6.164}$$

ablaufen, das beispielsweise für die Hydrolyse von Acetanhydrid zu Essigsäure zutrifft. Für den stationären Betriebszustand sollen der Reaktor und das Kühlsystem ausgelegt werden.

Folgende Prozessparameter und Stoffwerte sind gegeben:

- Kinetische Konstanten $k_\infty = 3,0 \cdot 10^7\,h^{-1}$

  $E = 50\,000\,kJ\,kmol^{-1}$

- Eintrittskonzentrationen $c_A^0 = 5\,kmol\,m^{-3}$

  $c_S^0 = 0$

- Umsatz des Stoffes A $U_A = 90\,\%$
- Volumenstrom (Durchsatz) $\dot{V} = 2\,m^3\,h^{-1}$
- Reaktoreintrittstemperatur $T^0 = 293\,K$
- Zulässige Reaktionstemperatur $T = 363\,K$

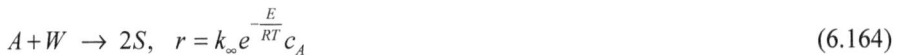

- Reaktionsenthalpie und Stoffwerte der Reaktionsmischung, die näherungsweise als temperaturunabhängig angesehen werden:

  $$(-\Delta H_R) = 210\,kJ\,mol^{-1}$$

  $$\rho = 1100\,kg\,m^{-3}$$

  $$c_p = 3{,}559\,kJ\,kg^{-1}\,K^{-1}$$

Für die Reaktorgeometrie und das Kühlsystem gelten folgende Vorgaben:

- Das Reaktionsvolumen entspricht näherungsweise einem zylindrischen Raum, dessen Durchmesser d_R und Höhe h_R gleich groß sein sollen:

  $$d_R = h_R\,. \tag{6.165}$$

- Der Zylindermantel und der Boden werden für eine Mantelkühlung (Index MK) benutzt, wodurch folgende Kühlfläche entsteht:

  $$A_{MK} = \pi\, d_R h_R + \frac{\pi}{4} d_R^2 = \frac{5}{4}\pi\, d_R^2\,. \tag{6.166}$$

- Sollte die Mantelkühlung nicht ausreichen, ist eine zusätzliche Schlangenkühlung (Index SK) im Reaktor vorzusehen und auszulegen.
- Ein- und Austrittstemperaturen des Kühlmittels:
  Mantelkühlung

  $$T_{MK}^0 = 10°C$$

  $$T_{MK}^A = 20°C.$$

  Es wird eine weitgehende Vermischung des Kühlmittels im gesamten Mantel vorausgesetzt, so dass näherungsweise folgender Ansatz gilt:

  $$T_{MK}^A \approx \overline{T}_{MK} \tag{6.167}$$

  Schlangenkühlung

  $$T_{SK}^0 = 10°C$$

  $$T_{SK}^A = 30°C.$$

- Auch die spezifische Wärmekapazität des Kühlmittels wird für beide Varianten als temperaturunabhängiger Mittelwert vorgegeben:

  $$c_{pK} = 4{,}19\,kJ\,kg^{-1}\,K^{-1}\,.$$

- Für den Wärmedurchgangskoeffizienten wird bei beiden Varianten mit folgendem Schätzwert gerechnet:

  $$k_D = 630\,kJ\,m^{-2}\,h^{-1}\,K^{-1}\,.$$

- Zur Fertigung der Kühlrohre der Schlange stehen dünnwandige Rohre mit folgendem Durchmesser zur Verfügung:

  $d_{SK} = 30\,mm$.

Folgende Teilaufgaben sind zu lösen:

a) Berechnung des erforderlichen Reaktionsvolumens;
b) Berechnung der bei alleiniger Mantelkühlung vorhandenen und erforderlichen Kühlfläche;
c) Auslegung einer eventuell notwendigen zusätzlichen Schlangenkühlung.

Lösung Teilaufgabe a)
Die Berechnung des Reaktionsvolumens erfolgt bei Vorgabe der zulässigen Reaktionstemperatur, des geforderten Umsatzes und des einzustellenden Volumenstromes. Bei $T = 363\,K$ ergibt sich folgende kinetische Konstante:

$$k = 3,0 \cdot 10^7\ h^{-1} e^{-\frac{50000\,kJ\,kmol^{-1}}{8,314\,kJ\,kmol^{-1}\,K^{-1} \cdot 363\,K}}$$

$$k = 1,914\,h^{-1}.$$

Stoffbilanz
Für den volumenbeständigen Fall gilt die Stoffbilanz gemäß Gl. (6.128).

Komponente A

$$c_A - c_A^0 = R_A \overline{t} = -k c_A \frac{V_R}{\dot{V}} \tag{6.168}$$

Durch Einführung des Umsatzes für den Stoff A

$$U_A = \frac{c_A^0 - c_A}{c_A^0} \tag{6.169}$$

ergibt sich folgende Gleichung für die Berechnung des Reaktionsvolumens:

$$V_R = \frac{\dot{V} U_A}{k\left(1 - U_A\right)}. \tag{6.170}$$

Mit den gegebenen Daten erhält man

$$V_R = 9,40\,m^3 .$$

Lösung Teilaufgabe b)
Für die Mantelkühlung stehen der Mantel und der Boden des als zylindrisch vorausgesetzten Reaktionsraumes zur Verfügung. Aus dem berechneten Volumen ergibt sich der Durchmesser des Reaktors entsprechend der vorausgesetzten Zylindergeometrie:

$$d_R = \sqrt[3]{\frac{4V_R}{\pi}}$$

$$d_R = 2{,}287\,m.$$

Mit Gl. (6.166) kann daraus die vorhandene Kühlfläche berechnet werden:

$$A_{MK} = \frac{5}{4}\pi\, d_R^2$$

$$A_{MK} = 20{,}53\,m^2.$$

Mit Hilfe der Wärmebilanz wird überprüft, ob diese Kühlfläche ausreichend ist.

Wärmebilanz
Für den polytropen kontinuierlichen Rührkessel gilt im stationären Zustand die als Gl. (6.129) bzw. Gl. (6.130) formulierte Wärmebilanz, die unter den hier geltenden Voraussetzungen bei Vorliegen einer Mantelkühlung folgende Form hat:

$$\Delta\dot{Q}_{Kon} = \dot{Q}_{Kon} - \dot{Q}^0_{Kon} = \dot{Q}_R - \dot{Q}_{MK,erf} \tag{6.171}$$

$$\rho\dot{V}c_p\left(T - T^0\right) = \left(-\Delta H_R\right)kc_A V_R - k_D A_{erf}\left(T - \overline{T}_{MK}\right). \tag{6.172}$$

Hier stellt A_{erf} genau die Kühlfläche einer Mantelkühlung dar, die für die Sicherung einer Reaktionstemperatur von $T = 363\,K$ erforderlich wäre. Durch Umstellung der Beziehung ergibt sich:

$$A_{erf} = \frac{\left(-\Delta H_R\right)kc_A V_R - \rho\dot{V}c_p\left(T - T^0\right)}{k_D\left(T - \overline{T}_{MK}\right)} \tag{6.173}$$

$$A_{erf} = 30{,}41\,m^2.$$

Damit wird deutlich, dass die vorhandene Kühlfläche der Mantelkühlung wesentlich kleiner als erforderliche Kühlfläche ist. Deshalb wird eine zusätzliche Schlangenkühlung eingesetzt.

Lösung Teilaufgabe c)
Der mit Hilfe der Schlangenkühlung abzuführende Wärmestrom ist als zusätzlicher Term in der Wärmebilanz (6.171) zu berücksichtigen:

$$\Delta\dot{Q}_{Kon} = \dot{Q}_R - \dot{Q}_{MK} - \dot{Q}_{SK}. \tag{6.174}$$

Damit ergibt sich:

$$\dot{Q}_{SK} = \dot{Q}_R - \Delta\dot{Q}_{Kon} - \dot{Q}_{MK} \tag{6.175}$$

$$\dot{Q}_{SK} = (-\Delta H_R) k c_A V_R - \rho \dot{V} c_p \left(T - T^0\right) - k_D A_{MK} \left(T - \overline{T}_{MK}\right) \tag{6.176}$$

$$\dot{Q}_{SK} = 4{,}348 \cdot 10^5 \, kJ\, h^{-1} .$$

Dieser Wärmestrom wird vom Kühlmittel der Schlangenkühlung aufgenommen:

$$\dot{Q}_{SK} = \dot{m}_{SK} c_{pK} \left(T_{SK}^A - T_{SK}^0\right). \tag{6.177}$$

Daraus kann der erforderliche Massenstrom des Kühlmittels durch die Schlange berechnet werden:

$$\dot{m}_{SK} = \frac{\dot{Q}_{SK}}{c_{pK}\left(T_{SK}^A - T_{SK}^0\right)} \tag{6.178}$$

$$\dot{m}_{SK} = 5189 \, kg\, h^{-1} .$$

Der Berechnungsalgorithmus für die Schlangenkühlung wurde bereits mit den Gleichungen (6.35) bis (6.38) dargelegt. Mit den hier gültigen Indizes gilt für ein Flächenelement der Schlange

$$k_D \, dA_{SK} \left(T - T_{SK}\right) = \dot{m}_{SK} c_{pK} \, dT_{SK} . \tag{6.179}$$

Es sei noch einmal vermerkt, dass hier die Reaktionstemperatur T eine Konstante darstellt, während sich die Kühlmitteltemperatur T_{SK} zwischen dem Ein- und Austritt der Schlange ändert und deshalb eine Integrationsvariable darstellt. Die Integration dieser Gleichung ergibt:

$$A_{SK} = \frac{\dot{m}_{SK} c_{pK}}{k_D} \ln \frac{T - T_{SK}^0}{T - T_{SK}^A} \tag{6.180}$$

$$A_{SK} = 9{,}92 \, m^2 .$$

Diese zusätzliche Kühlfläche wird durch eine Rohrschlange realisiert, deren Länge aus der Zylindergeometrie berechnet werden kann:

$$L_{SK} = \frac{A_{SK}}{\pi \, d_{SK}} \tag{6.181}$$

$$L_{SK} = 105{,}4 \, m .$$

Es ist noch zu überprüfen, welches Volumen durch die innerhalb der Reaktionsmischung installierte Schlange eingenommen wird:

$$V_{SK} = \frac{d_{SK}^2 \pi}{4} L_{SK} \tag{6.182}$$

$$V_{SK} = 0{,}074\, m^3 .$$

Dieses Volumen muss im Kessel zusätzlich zur Verfügung stehen.

Stoff- und Wärmebilanzen für den halbkontinuierlichen Rührkessel

Bei der Beschreibung der Vor- und Nachteile des halbkontinuierlichen Rührkessels im Kapitel 6.1.2 wurden die folgenden beiden prinzipiellen Betriebsweisen dieser Reaktorvariante genannt:

a) Diskontinuierliche Vorlage mindestens eines Reaktionspartners, kontinuierliche Dosierung mindestens eines weiteren Reaktionspartners;
b) Diskontinuierliche Vorlage der Reaktionspartner, kontinuierliche Entnahme eines oder mehrerer Reaktionsprodukte.

Bei halbkontinuierlich geführten Gas-Flüssigphase-Reaktionen liegt meist eine Kombination beider Betriebsweisen vor, weil flüssige Reaktionspartner und -produkte in der Reaktionsmischung verbleiben, während ein gasförmiger Reaktionspartner (z. B. Sauerstoff in einem Luftstrom) kontinuierlich dosiert und teilweise auch wieder entnommen wird.

Bei der Formulierung der Stoff- und Wärmebilanzen sind die entsprechenden konvektiven Ströme zu berücksichtigen.

Stoffbilanz

Ausgangspunkt der Formulierung der Stoffbilanz des halbkontinuierlichen Rührkessels ist die allgemeine Rührkesselbilanz nach Gl. (6.16):

$$\frac{dn_i}{dt} = \dot{n}_i^0 - \dot{n}_i^A + R_i V_R . \tag{6.183}$$

Sie gilt in dieser Form für Komponenten, die sowohl dosiert als auch dem Reaktor entnommen werden. Die beiden Betriebsweisen a) und b) sind als Sonderfälle enthalten:

$$\text{Betriebsweise a):}\quad \dot{n}_i^A = 0 \tag{6.184}$$

$$\text{Betriebsweise b):}\quad \dot{n}_i^0 = 0 . \tag{6.185}$$

Für alle Komponenten, die nicht zugespeist oder abgezogen werden, gilt

$$\dot{n}_i^A = \dot{n}_i^0 = 0 \tag{6.186}$$

und damit die Stoffbilanz des diskontinuierlichen Rührkessels:

$$\frac{dn_i}{dt} = R_i V_R \,. \tag{6.187}$$

Unabdingbar ist bei halbkontinuierlicher Reaktionsführung die Berücksichtigung der zeitlichen Veränderung der Reaktionsmasse bzw. des Reaktionsvolumens:

Reaktionsmasse

$$\frac{dm}{dt} = \frac{d(\rho V_R)}{dt} = \sum_i M_i \frac{dn_i}{dt} = \rho^0 \dot{V}^0 - \rho^A \dot{V}^A \tag{6.188}$$

Reaktionsvolumen

$$V_R(t) = \sum_i \frac{m_i(t)}{\rho_i} = \sum_i \frac{M_i n_i(t)}{\rho_i} \,. \tag{6.189}$$

In dieser Gleichung müssen die Stoffmengen (Molzahlen) aller Komponenten und auch inerter Stoffe berücksichtigt werden.

Vereinfachungen ergeben sich für folgende Sonderfälle:

Konstante Dichten
Diese Vereinfachung gilt zumindest näherungsweise für viele Flüssigphasenreaktionen, z. B. mit einem Lösungsmittelüberschuss.

$$\rho = \rho^0 = \rho^A \,. \tag{6.190}$$

Aus Gl. (6.188) ergibt sich daraus

$$\frac{dV_R}{dt} = \dot{V}^0 - \dot{V}^A \,. \tag{6.191}$$

Konstante Dichten und keine Entnahme

$$\frac{dV_R}{dt} = \dot{V}^0 \tag{6.192}$$

$$V_R = V_{R0} + \int_0^t \dot{V}^0(t)\,dt \tag{6.193}$$

Konstante Dichten und zeitlich konstanter Einspeisungsstrom

$$V_R = V_{R0} + \dot{V}^0 t \tag{6.194}$$

Hier stellt V_{R0} das Volumen der Reaktionsmischung zum Zeitpunkt $t = 0$ dar, an dem die kontinuierliche Einspeisung beginnt.

Wärmebilanz
Es gilt die allgemeine Wärmebilanzgleichung (6.23) für Rührkesselreaktoren, wobei die Betriebsweise a) (nur kontinuierliche Zuspeisung, keine Produktentnahme) folgendermaßen zu berücksichtigen ist:

$$\dot{m} = \dot{m}^A = 0 \,. \tag{6.195}$$

Entsprechend gilt für die Betriebsweise b) (keine Zuspeisung, nur kontinuierliche Produktentnahme):

$$\dot{m}^0 = 0 \,. \tag{6.196}$$

Der Sonderfall des *adiabten halbkontinuierlichen Reaktors* vereinfacht die Wärmebilanz, weil der Wärmeübertragungsterm wegfällt. Ebenso können die Bedingungen eines *isothermen halbkontinuierlichen Reaktors* berücksichtigt werden, wenn in der allgemeinen Wärmebilanz

$$\frac{dT}{dt} = 0 \tag{6.197}$$

gesetzt wird.

Wärmeträgerbilanz
Auch bei halbkontinuierlicher Reaktionsführung gelten die gleichen Berechnungsunterlagen, die für eine Kühlung oder Heizung des Reaktors [s. Gl. (6.32)] am Beispiel des diskontinuierlichen Rührkessels hergeleitet wurden.

Berechnungsbeispiel 6-7: Berechnung eines isothermen halbkontinuierlichen Rührkessels mit kontinuierlicher Zuspeisung eines Reaktionspartners.

Aufgabenstellung
Eine Flüssigphasenreaktion des Typs

$$A + B \rightarrow P \tag{6.198}$$

soll bei konstanter Temperatur in einem halbkontinuierlichen Rührkessel durchgeführt werden.

Die Reaktion verläuft nach einer Kinetik 2. Ordnung mit folgendem Geschwindigkeitsansatz:

$$r = kc_A c_B \,. \tag{6.199}$$

Die Reaktion ist hoch exotherm, so dass bei diskontinuierlichem Betrieb eine konstante Reaktionstemperatur nur schwer einzuhalten ist. Deshalb wird im Reaktor zunächst nur der Reaktionspartner A vorgelegt und der Stoff B kontinuierlich dosiert, bis ein maximal zulässiges Reaktionsvolumen vorliegt. Damit erreicht man einen gleichmäßigeren Anfall der Reaktionswärme. Nach der halbkontinuierlichen Phase wird die Zufuhr der Komponente B unterbrochen und die Reaktion diskontinuierlich weiter geführt.

Die spezielle Aufgabenstellung dieses Beispiels soll dadurch gekennzeichnet sein, dass die Komponente A möglichst vollständig umgesetzt wird, während der Umsatz des Stoffes B von geringerer Bedeutung ist.

Folgende Teilaufgaben sind zu lösen:

a) Berechnung der Konzentrationen aller Komponenten, der Stoffmengen von A und P sowie des Reaktionsvolumens in Abhängigkeit von der Reaktionszeit während des halbkontinuierlichen Betriebes;
b) Berechnung der Konzentrationen und der Stoffmengen während der diskontinuierlichen Phase bis zum Erreichen eines Umsatzes der Komponente A von 99 %.

Gegebene Daten

- Kinetische Konstante bei Reaktionstemperatur $k = 1,284\, m^3\, kmol^{-1}\, h^{-1}$
- Anfangskonzentrationen bei $t = 0$ $c_{A0} = 1,667\, kmol\, m^{-3}$
  $c_{B0} = 0$
- Anfangsmolzahl bei $t = 0$ $n_{A0} = 1\, kmol$
- Anfangsvolumen der Reaktionsmischung $V_{R0} = 0,6\, m^3$
- Maximales Volumen der Reaktionsmischung $V_{R,\max} = 1,6\, m^3$
- Eintrittsvolumenstrom $\dot{V}^0 = 0,1\, m^3\, h^{-1}$
- Konzentration des Stoffes B im Zulauf $c_B^0 = 1,5\, kmol\, m^{-3}$
- Reaktionszeit im halbkontinuierlichen Betrieb $t_{HK} = 10\, h$

Voraussetzungen für die Reaktorberechnung

- Die in der Aufgabenstellung vorausgesetzte Isothermie während des gesamten Reaktionsablaufes kann nur durch ständige Nachführung der Kühlungsintensität erreicht werden, weil sich die Reaktionswärme mit der Zeit ändert. Hierbei ist auch zu berücksichtigen, dass die effektive Kühlfläche durch das veränderliche Reaktionsvolumen beeinflusst werden kann. Bei der Berechnung der Kühlungsparameter ist von Gl. (6.40) auszugehen.
- Die Veränderung des Reaktionsvolumens wird nur durch den zeitlich konstanten Zulauf der Komponente B verursacht; Volumeneffekte durch die chemische Reaktion werden nicht berücksichtigt. Dichteänderungen werden vernachlässigt.

Lösung Teilaufgabe a)

Die Berechnung der Konzentrations-Zeit-Verläufe für den halbkontinuierlichen Betrieb erfolgt mit Hilfe der allgemeinen Stoffbilanz des kontinuierlichen Rührkessels [s. Gl. (6.183)] unter Beachtung der unterschiedlichen konvektiven Ströme der einzelnen Komponenten:

$$\frac{dn_i}{dt} = \frac{d\left(c_i V_R\right)}{dt} = \dot{n}_i^0 - \dot{n}_i^A + R_i V_R \,. \tag{6.200}$$

Stoffbilanz Komponente A:

$$\dot{n}_A^0 = \dot{n}_A^A = 0 \tag{6.201}$$

$$\frac{d(c_A V_R)}{dt} = -k c_A c_B V_R \tag{6.202}$$

Stoffbilanz Komponente B:

$$\dot{n}_B^0 = c_B^0 \dot{V}^0; \quad \dot{n}_B^A = 0 \tag{6.203}$$

$$\frac{d(c_B V_R)}{dt} = -k c_A c_B V_R + c_B^0 \dot{V}^0 \tag{6.204}$$

Stoffbilanz Komponente P:

$$\dot{n}_P^0 = \dot{n}_P^A = 0 \tag{6.205}$$

$$\frac{d(c_P V_R)}{dt} = +k c_A c_B V_R \tag{6.206}$$

Neben den drei Konzentrationen tritt das Reaktionsvolumen als zeitlich veränderliche Größe auf. Es ergibt sich bei konstanter Dichte aus Gl. (6.194):

$$V_R = V_{R0} + \dot{V}^0 t\,. \tag{6.207}$$

Die Bilanzgleichungen werden numerisch mit Hilfe eines *Runge-Kutta*-Verfahrens gelöst, das für Systeme gewöhnlicher Differentialgleichungen dieser Art gut geeignet ist.

Das Ergebnis der Simulation ist in Abb. 6.10 dargestellt. Für die halbkontinuierliche Phase, die den Zeitraum der ersten 10 Stunden des Reaktionsablaufes umfasst, sieht man zunächst den linearen Anstieg des Reaktionsvolumens von der Anfangsfüllung ($V_{R0} = 0{,}6\,m^3$) bis zum erlaubten Maximalwert ($V_{R,\max} = 1{,}6\,m^3$) entsprechend Gl. (6.207).

Die Konzentration der Komponente A erreicht nach 10 Stunden einen Wert von

$$c_{A,10} = 0{,}0515\,kmol\,m^{-3}\,.$$

Der Umsatz sollte hier mit Hilfe der Stoffmengen (Molzahlen) berechnet werden, weil sich das Reaktionsvolumen als Bezugsbasis für die Konzentrationsberechnung ständig ändert:

$$U_A = \frac{n_{A0} - n_A}{n_{A0}} = \frac{c_{A0} V_{R0} - c_A V_R}{c_{A0} V_{R0}}\,. \tag{6.208}$$

Man erhält damit für $t = 10\,h$:

$$U_{A,10} = 0{,}918\,.$$

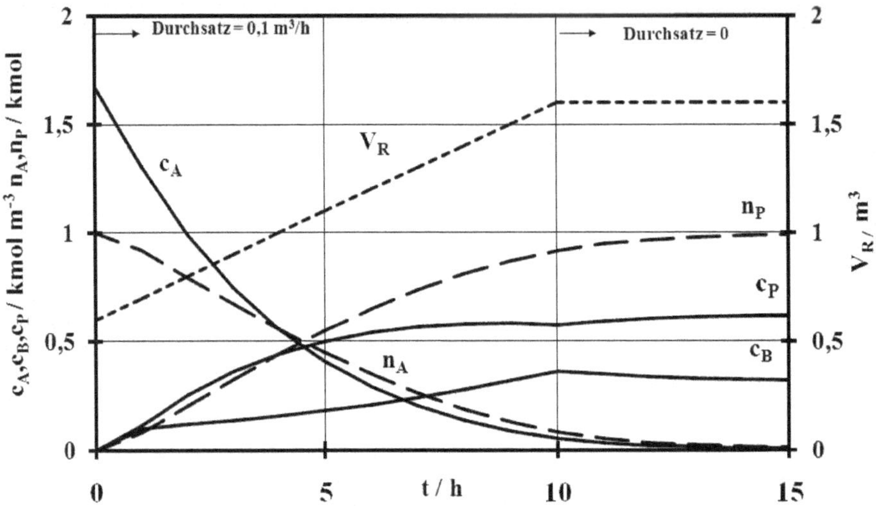

Abb. 6.10: *Verläufe der Konzentrationen, der Molzahlen und des Reaktionsvolumens in Abhängigkeit von der Reaktionszeit*

Dieser Umsatz entspricht noch nicht dem in der Aufgabenstellung geforderten Wert von 99 %, obwohl die Konzentration des Reaktionspartners B im Interesse einer möglichst großen Reaktionsgeschwindigkeit relativ hoch liegt. Es wird deshalb eine diskontinuierliche Phase angeschlossen.

Lösung Teilaufgabe b)

Die Berechnung der diskontinuierlichen Phase erfolgt für den Zeitraum zwischen 10 und 15 Stunden. In den Bilanzgleichungen (6.204) und (6.207) ist lediglich

$$\dot{V}^0 = 0 \tag{6.209}$$

zu setzen.

Die Rechenergebnisse sind für den entsprechenden Zeitabschnitt ebenfalls in Abb. 6.10 enthalten. Man erkennt den weiteren Abbau der Konzentration der Komponente A, der auch mit einer Verringerung der Konzentration des Stoffes B und der Zunahme der Konzentration des Reaktionsproduktes P verbunden ist.

Der gewünschte Umsatz wird nach insgesamt 15 Stunden erreicht. Es ergibt sich folgender Umsatz der Komponente A:

$$U_{A,15} = 0{,}9903 .$$

Bei diesem nahezu vollständigen Umsatz erreicht die produzierte Stoffmenge $\dot{n}_{P,15}$ fast den Anfangswert der eingesetzten Stoffmenge von Stoff A, was der Stöchiometrie dieser Reaktion entspricht.

6.2 Reaktoren mit idealer Pfropfenströmung (Idealer Rohrreaktor, Strömungsrohr)

Neben dem diskontinuierlichen und dem kontinuierlichen Rührkessel stellt der ideale Rohrreaktor den dritten Reaktorgrundtyp dar. Er wird stets kontinuierlich betrieben und zeichnet sich im Gegensatz zum kontinuierlichen Rührkessel dadurch aus, dass innerhalb des Reaktionsvolumens eine durch keinerlei Vermischungseinflüsse gestörte eindimensionale Strömung vorliegt.

6.2.1 Strömungsverhältnisse und technische Gestaltung

Bei der Charakterisierung der Reaktorgrundtypen nach strömungstechnischen Gesichtspunkten im Kapitel 4.1 wurde bereits der Begriff der idealen Pfropfenströmung als eine eindimensionale Strömung des Reaktionsgemisches entlang der Achse eines Reaktors gekennzeichnet, wobei in den meisten Fällen die Geometrie eines Rohres vorliegt (s. Abb. 4.3). Im hier betrachteten Idealfall wird diese Strömung durch keinerlei Vermischungseinflüsse gestört und es soll auch keine radiale Geschwindigkeitskomponente auftreten. Man folgt also der Vorstellung, dass das Reaktionsgemisch wie ein Pfropfen oder durch einen Kolben in axialer Richtung transportiert wird. Dabei wird auch vorausgesetzt, dass trotz der Ausbildung von Konzentrations- und vielfach auch von Temperaturgradienten keine Leitprozesse (effektive Diffusion und Wärmeleitung) in axialer Richtung auftreten. Dagegen soll die radiale effektive Diffusion und Wärmeleitung so schnell verlaufen, dass in dieser Richtung keine Konzentrations- und Temperaturgradienten berücksichtigt werden müssen.

Es stellt sich nun die Frage, ob diese gravierenden Voraussetzungen bei der Berechnung technischer Reaktoren überhaupt oder zumindest näherungsweise vorliegen können. Im Gegensatz zum Zustand der idealen Vermischung, der z. B. durch die Art und Intensität des Rührens zumindest annähernd erzwungen werden kann, wird der Grad der Annäherung an eine ideale Pfropfenströmung vor allem durch folgende Gesichtspunkte beeinflusst:

- Sowohl bei Gas- als auch bei Flüssigkeitsströmungen erreicht man die Annäherung an die ideale Pfropfenströmung umso besser, je größer das Verhältnis von Reaktorlänge zu Reaktordurchmesser ist. In langen dünnen Rohren kann deshalb der Idealzustand weitgehend erreicht werden.
- Der Grad der axialen Vermischung wird in starkem Maße durch die Turbulenzbedingungen beeinflusst. Laminare Rohrströmungen von Flüssigkeiten sind durch ein parabolisches Geschwindigkeitsprofil in radialer Richtung gekennzeichnet, was einer prinzipiellen Abweichung von der Vorstellung der Pfropfenströmung entspricht. Bei turbulenten Strömungen von Gasen und Flüssigkeiten erfolgt in vielen Fällen ein Ausgleich radialer Geschwindigkeitsunterschiede, allerdings wird auch die axiale Vermischung gefördert.
- Durch Umlenkungen der Strömung und Einbauten im Reaktor werden die örtliche Turbulenzen erhöht und deshalb eine ideale axiale Strömung gestört.
- Beträchtliche Abweichungen von der idealen Pfropfenströmung treten auch in fluiden Mehrphasensystemen auf. In Strömungsrohren für Gas-Flüssigkeits-Reaktionen kann die aufsteigende Gasphase eine starke Vermischung bis zur Zirkulation der Flüssigphase verursachen, die ihrerseits auch wieder eine Gasphasenvermischung erzeugt.

- Mit einer guten Annäherung an die ideale Pfropfenströmung kann dann gerechnet werden, wenn Partikelschüttungen (z. B. Katalysatoren, Adsorbentien, Ionenaustauscher, Füllkörper) durchströmt werden (s. Kap. 9). Aus diesem Grund werden Reaktoren der heterogenen Gaskatalyse (z. B. Katalysator gefüllte Einzelrohre eines Rohrbündelreaktors) oft näherungsweise als ideale Strömungsrohre berechnet.

Unter Berücksichtigung der genannten Gesichtspunkte sollte man bei der Anwendung des Pfropfenströmungsmodells mögliche Abweichungen vom postulierten Idealzustand beachten und gegebenenfalls überprüfen. Das kann durch Anwendung von Reaktormodellen erfolgen, die Einflüsse axialer und auch radialer Vermischung und Wärmeleitung erfassen. Solche Modelle für strömungstechnisch nichtideale Reaktoren werden im Kapitel 8 dargestellt. An gleicher Stelle werden auch Mess- und Auswertungsmethoden zur Erfassung strömungstechnischer Nichtidealitäten demonstriert.

Die technische Gestaltung von Rohrreaktoren hängt vor allem von den Phasenverhältnissen und den Reaktionsbedingungen ab. Bei der Behandlung industrieller Reaktortypen, vor allem der Mehrphasenreaktoren in den Kapiteln 9 und 10, wird eine große Anzahl entsprechender Beispiele dargestellt. In den meisten Fällen ist eine Temperierung der Reaktionsmischung erforderlich, wobei prinzipiell die gleichen technischen Varianten wie bei Rührkesseln in Frage kommen. Man findet Mantelkühlungen oder -heizungen ebenso wie Kühl- oder Heizschlangen oder andere Wärmeübertrager innerhalb des Reaktors. Der Rohrbündelreaktor ist eine typische Variante für die Durchführung hoch exothermer Reaktionen, weil sehr große spezifische Wärmeübertragungsflächen erreichbar sind.

6.2.2 Vor- und Nachteile des Rohrreaktors

Der ideale Rohrreaktor ist grundsätzlich ein durchströmtes System und deshalb durch eine kontinuierliche Reaktionsführung gekennzeichnet, bei der in den weitaus meisten Fällen über längere Betriebsperioden stationäre Bedingungen angestrebt werden. Folgende Vor- und Nachteile sind vor allem im Vergleich zu den anderen Reaktorgrundtypen zu nennen:

Vorteile

- Der Rohrreaktor zeichnet sich durch eine einfache und vielfach auch kostengünstige Bauart aus. Es werden keine Rühreinrichtungen eingesetzt. Die Aufwendungen für eine Heizung oder Kühlung entsprechen in etwa denen bei Rührkesseln.
- Durch Parallelschaltung von mehreren hundert oder tausend Einzelrohren in einem Apparat (Rohrbündelreaktor) lassen sich Reaktoren mit hoher Leistung und sehr guten Wärmeübertragungseigenschaften realisieren.
- Wenn im Rohrreaktor weitgehend stationäre Bedingungen eingehalten werden können, dann kann mit einer gleich bleibenden Produktqualität über längere Betriebsperioden gerechnet werden. Auch die mit der idealen Pfropfenströmung verbundene einheitliche Reaktionszeit aller reagierenden Moleküle (einheitliche mittlere Verweilzeit) kann insbesondere im Vergleich zum kontinuierlichen Rührkessel zu günstigen Produkteigenschaften führen.
- Bei vergleichbaren Reaktionsbedingungen erreicht man im idealen Rohrreaktor im Normalfall höhere Umsätze als im kontinuierlichen Rührkessel. Im Kapitel 6.3 wird auf die-

sen wichtigen Gesichtspunkt im Zusammenhang mit dem Umsetzungsverhalten der Reaktorgrundtypen noch einmal eingegangen.

Nachteile

- Die Bedingungen einer weitgehend ungestörten eindimensionalen Strömung, wie sie beim idealen Rohrreaktor vorausgesetzt wird, kann vielfach nur näherungsweise erreicht werden.
- Im Rohrreaktor ist es kompliziert hochviskose Reaktionsmischungen zu fördern. Ein weitgehend ideales Strömungsverhalten kann nur bei niedrigviskosen Reaktionsmassen erreicht werden.
- Die Entstehung fester Stoffe kann in Strömungsrohren zu Schwierigkeiten bei der Förderung der Reaktionsmischung und im ungünstigsten Fall zur Verstopfung des Reaktors führen.
- Isotherme Bedingungen lassen sich im Rohrreaktor insbesondere bei Reaktionen mit hoher Wärmetönung kaum oder nur mit hohen Aufwendung bei der Gestaltung des Wärmeübertragungssystems erreichen.
- In Rohrreaktoren liegen im Gegensatz zu Rührkesseln nur begrenzte Möglichkeiten der Beschleunigung von Stoff- und Wärmetransportprozessen innerhalb der Reaktionsmischung und zwischen der Reaktionsmischung und Reaktorwänden oder Einbauten vor.

Unabhängig von den genannten Vor- und Nachteilen muss davon ausgegangen werden, dass für Reaktionen mit bestimmten Phasenverhältnissen (Gasphasenreaktionen, Gas-Feststoff-Reaktionen) nur Rohrreaktoren in Frage kommen.

6.2.3 Berechnung von idealen Rohrreaktoren für homogene Reaktionen

Im Gegensatz zu ideal vermischten Reaktoren, bei denen innerhalb der Reaktionsmischung keine Konzentrations- und Temperaturgradienten auftreten, liegen beim Rohrreaktor örtlich unterschiedliche Konzentrationen und Temperaturen vor. Bei der Formulierung der Stoff- und Wärmebilanzen für den Rohrreaktor ist deshalb von einem differentiellen Volumenelement auszugehen, das bei eindimensionaler (axialer) Durchströmung folgende Form besitzt:

$$dV_R = \frac{d_R^2 \pi}{4} dz' . \tag{6.210}$$

Entsprechend den Voraussetzungen des idealen Rohrreaktors existiert nur eine axiale Komponente des Strömungsgeschwindigkeitsvektors:

$$w_z = w = \frac{\dot{V}}{d_R^2 \pi / 4} . \tag{6.211}$$

Weiterhin wird vorausgesetzt, dass keine radialen Gradienten der Konzentration und der Temperatur auftreten und auch keine Einflüsse einer axialen Vermischung vorliegen, die ihrerseits eine effektive axiale Diffusion und Wärmeleitung verursachen:

$$\frac{\partial c_i}{\partial r'} = \frac{\partial T}{\partial r'} = 0 \tag{6.212}$$

$$D_{z,eff} = \lambda_{z,eff} = 0\,. \tag{6.213}$$

Unter diesen Voraussetzungen ergeben sich aus den im Kapitel 5.2 für den allgemeinen Fall (zweidimensionales Diffusionsmodell) abgeleiteten Bilanzen [Stoffbilanz Gl. (5.32), Wärmebilanz Gl. (5.38)] folgende Bilanzgleichungssysteme für den idealen Rohrreaktor, wobei zwischen dem instationären und dem stationären Betrieb unterschieden wird.

Instationärer idealer Rohrreaktor

Stoffbilanz
Die Bedingungen entsprechend den Gleichungen (6.212) und (6.213) vereinfachen die Stoffbilanz nach Gl. (5.32) in folgender Weise:

$$\frac{\partial c_i}{\partial t} = -\frac{\partial (c_i w)}{\partial z'} + R_i\,. \tag{6.214}$$

Wie bei allen anderen Reaktortypen ist diese Stoffbilanz für alle Schlüsselkomponenten eines Reaktionssystems zu formulieren. Bei den Anfangs- bzw. Randbedingungen ist zwischen dem zeitlichen Reaktionsbeginn und dem Eintritt in den Reaktor zu unterscheiden:

$$t = 0 \rightarrow c_i = c_{i0} \tag{6.215}$$

$$z' = 0 \rightarrow c_i = c_i^0\,. \tag{6.216}$$

Die Stoffänderungsgeschwindigkeiten nach Gl. (3.92)

$$R_i = \sum_j \nu_{ij} r_j \tag{6.217}$$

sind konzentrations- und temperaturabhängig. Nur im isothermen Fall kann deshalb das System der Stoffbilanzen entsprechend Gl. (6.214) separat gelöst werden. Ansonsten eine gekoppelte Lösung mit der Wärmebilanz erforderlich.

Wärmebilanz
Nach Gl. (5.38) ergibt sich unter Beachtung der für den idealen Rohrreaktor geltenden Vereinfachungen folgende Wärmebilanz:

$$\frac{\partial (\rho c_p T)}{\partial t} = -\frac{\partial (\rho c_p T w)}{\partial z'} + \sum_j r_j \left(-\Delta H_{Rj}\right) - k_D \frac{4}{d_R}(T - T_K)\,. \tag{6.218}$$

In dieser Bilanz ist bei polytroper Reaktionsführung der Term der Wärmeübertragung zusätzlich zu berücksichtigen, weil an der Wand jedes zylindrischen Volumenelementes eine Heizung oder Kühlung erfolgen kann, wie dies in der Abb. 6.11 für den Fall einer Mantelkühlung des Rohrreaktors deutlich gemacht wurde. Der Ausdruck $(4/d_R)$ ergibt sich unter Berücksichtigung der Zylindergeometrie des Rohrreaktors aus der volumenbezogenen Wärmeübertragungsfläche:

$$\frac{dA_D}{dV_R} = \frac{d_R \pi \, dz'}{\frac{d_R^2 \pi}{4} dz'} = \frac{4}{d_R} . \tag{6.219}$$

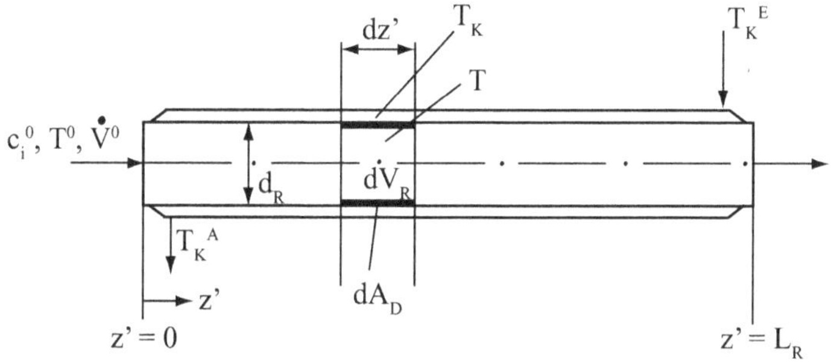

Abb. 6.11: Geometrische Verhältnisse und Prozessdaten in einem Rohrreaktor mit Mantelkühlung

Die Anfangs- und Eintrittsbedingungen für die Wärmebilanz haben folgende Form:

$$t = 0 \rightarrow T = T_0 \tag{6.220}$$

$$z' = 0 \rightarrow T = T^0 . \tag{6.221}$$

Die hier dargestellten Stoff- und Wärmebilanzen stellen ein System partieller Differentialgleichungen dar, das durch Anwendung numerischer Verfahren gelöst werden kann. Die zu gewinnenden Informationen bestehen in den zeitlichen und örtlichen Abhängigkeiten von Konzentrationen und Temperaturen im Reaktor.

Stationärer idealer Rohrreaktor

Bei der Berechnung des idealen Rohrreaktors im stationären Zustand werden zeitliche Änderungen nicht berücksichtigt. Bei technischen Anwendungen kontinuierlich betriebener Reaktoren wird dieser Zustand im Normalfall angestrebt. Modelluntersuchungen zur Leistungsfähigkeit oder zur Auslegung von Reaktoren gehen deshalb meist von stationären Bedingungen aus. Mit den Voraussetzungen des stationären Zustandes

$$\frac{\partial c_i}{\partial t} = \frac{\partial T}{\partial t} = 0 \tag{6.222}$$

erhält man folgendes Bilanzgleichungssystem:

Stoffbilanz

$$\frac{d(c_i w)}{dz'} = R_i \,. \tag{6.223}$$

Zu dieser Bilanz gelangt man auch, wenn nicht die hier zutreffenden Vereinfachungen der allgemeinen instationären Stoffbilanz berücksichtigt, sondern allein die im stationären Fall relevanten Terme gegenüber gestellt werden. Im Volumenelement gilt, dass die Änderung des konvektiven Stromes einer Komponente nur durch den Quellterm der chemischen Reaktionen verursacht wird:

$$d\dot{n}_i = R_i dV_R \,. \tag{6.224}$$

Mit den Beziehungen

$$\dot{n}_i = c_i \dot{V} = c_i w A_R \tag{6.225}$$

$$dV_R = A_R \, dz' \tag{6.226}$$

erhält man ebenfalls Gl. (6.223).

Es bleibt damit letztlich eine Frage der Betrachtungsweise, ob man den stationären Rohrreaktor als einen Sonderfall des allgemeinen instationären Falles behandelt oder die vereinfachten Verhältnisse des stationären Reaktors von vornherein bei der Bilanzierung ansetzt.

Liegt der *volumenbeständige Fall* vor, der sich hier in einem konstanten Durchsatz und in einer konstanten Strömungsgeschwindigkeit ausdrückt, ergibt sich folgende Stoffbilanz:

$$w\frac{dc_i}{dz'} = R_i \,. \tag{6.227}$$

Auch beim Rohrreaktor ist es vielfach üblich mit der mittleren Verweilzeit zu arbeiten:

$$\bar{t} = \frac{V_R}{\dot{V}} \tag{6.228}$$

$$d\bar{t} = \frac{dV_R}{\dot{V}} = \frac{A_R \, dz'}{\dot{V}} = \frac{dz'}{w} \,. \tag{6.229}$$

Die Stoffbilanz für den volumenbeständigen Fall erhält dann folgende Form:

$$\frac{dc_i}{d\bar{t}} = R_i \,. \tag{6.230}$$

Vergleicht man diese Beziehung mit der entsprechenden Stoffbilanzgleichung (6.28) des diskontinuierlichen Rührkessels, dann wird deutlich, dass in beiden Fällen der gleiche Algorithmus vorliegt. Es tritt also ein völlig identisches Umsetzungsverhalten auf, wenn im diskontinuierlichen Rührkessel eine bestimmte Reaktionszeit und im idealen Rohrreaktor eine gleich große mittlere Verweilzeit vorgegeben wird. Beim Vergleich der Reaktorgrundtypen (Kapitel 6.3) wird auf diesen wichtigen Sachverhalt noch einmal eingegangen.

Wärmebilanz
Durch Wegfall des Akkumulationsgliedes in Gl. (6.218) ergibt sich für den stationären idealen Rohrreaktor folgende Wärmebilanz:

$$\frac{d\left(\rho c_p T w\right)}{dz'} = \sum_j r_j \left(-\Delta H_{Rj}\right) - k_D \frac{4}{d_R}\left(T - T_K\right). \tag{6.231}$$

Ebenso wie bei der Stoffbilanz kann auch hier gezeigt werden, dass das gleiche Ergebnis erreicht wird, wenn die Änderung des konvektiven Wärmestromes im Volumenelement deren Ursachen durch die Wärmeeffekte der chemischen Reaktionen und des Wärmetransportes durch die Wand gegenübergestellt wird:

$$\dot{m}\, d\left(c_p T\right) = \sum_j r_j \left(-\Delta H_R\right) dV_R - k_D\, dA_D \left(T - T_K\right). \tag{6.232}$$

Man erhält die für eine mathematische Lösung „geordnete" Gleichung (6.231), wenn die Beziehung

$$\dot{m} = \rho \dot{V} = \rho w A_R \tag{6.233}$$

sowie die Gleichungen (6.219) und (6.226) eingesetzt werden.

In der Wärmebilanzgleichung (6.231) sind ebenso wie in der Stoffbilanz Vereinfachungen dadurch möglich, dass im volumenbeständigen Fall die Strömungsgeschwindigkeit konstant ist und auch die Stoffwerte des Reaktionsgemisches als temperaturunabhängige Mittelwerte im gesamten Reaktor angesehen werden können:

$$\rho c_p w \frac{dT}{dz'} = \sum_j r_j \left(-\Delta H_{Rj}\right) - k_D \frac{4}{d_R}\left(T - T_K\right). \tag{6.234}$$

Die in der polytropen Wärmebilanz enthaltene Kühl- oder Heizmitteltemperatur wird in vielen Fällen keine konstante Größe sein. Liegt z. B. eine Mantelkühlung mit Gegenstrom des Kühlmittels vor (s. Abb. 6.11), dann kann die variable Kühlmitteltemperatur mit Hilfe einer Wärmeträgerbilanz berechnet werden.

Wärmeträgerbilanz
Es wird davon ausgegangen, dass der gesamte übertragene Wärmestrom vom Kühlmittel aufgenommen wird.

$$-\dot{m}_K c_{pK} dT_K = k_D\, dA_D \left(T - T_K\right). \tag{6.235}$$

Mit

$$dA_D = \pi\, d_R\, dz' \tag{6.236}$$

ergibt sich

$$-\dot{m}_K c_{pK} \frac{dT_K}{dz'} = \pi\, d_R\, k_D \left(T - T_K\right). \tag{6.237}$$

Bei Gegenstromkühlung liegen für das Kühlmittel folgende Randbedingungen vor:

$$z' = 0 \;\rightarrow\; T_K = T_K^A \quad \text{oder} \tag{6.238}$$

$$z' = L_R \;\rightarrow\; T_K = T_K^E\,. \tag{6.239}$$

Will man die zweite Randbedingung nutzen, dann macht sich für das gesamte Bilanzgleichungssystem eine iterative Lösung erforderlich, weil dann die Kühlmitteltemperatur am Reaktoreintritt zunächst nicht bekannt ist.

Vereinfachte Wärmebilanzen bei isothermer oder adiabater Reaktionsführung

Isothermer idealer Rohrreaktor

Konstante Temperaturen im gesamten Reaktionsvolumen lassen sich bei idealen Rohrreaktoren nur dann erreichen, wenn keine nennenswerte Wärmeentwicklung durch die ablaufenden Reaktionen auftritt oder anfallende Reaktionswärmen an jeder Position sofort quantitativ abgeführt bzw. zugeführt werden können.

Betrachtet man die stationäre Betriebsweise, dann ergibt sich für den isothermen Rohrreaktor aus Gl. (6.234) folgende Bedingung für die Einhaltung einer konstanten Reaktionstemperatur:

$$\sum_j r_j \left(-\Delta H_{Rj}\right) = k_D \frac{4}{d_R}\left(T - T_K\right). \tag{6.240}$$

Diese Bedingung müsste an jeder axialen Position des Strömungsrohres eingehalten werden, was insbesondere bei hoch exothermen Reaktionen kaum möglich ist. Ein annähernd isothermes Temperaturprofil kann z. B. durch zonenweise Heizung oder Kühlung erreicht werden.

Adiabater idealer Rohrreaktor

Dieser Sonderfall des thermischen Regimes lässt sich im Strömungsreaktor ebenso nahezu vollständig realisieren wie in anderen Reaktortypen auch. Durch eine Wärmeisolierung des Rohres kann der Wärmetransport nach außen weitgehend verhindert werden.

Gegenüber der allgemeinen Wärmebilanz für den polytropen Rohrreaktor [Gl. (6.231)] ist im adiabaten Fall der Wärmedurchgangsterm nicht mehr enthalten:

$$\frac{d\left(\rho c_p T w\right)}{dz'} = \sum_j r_j \left(-\Delta H_{Rj}\right). \tag{6.241}$$

Die für den diskontinuierlichen und den kontinuierlichen adiabaten Rührkessel abgeleiteten Zusammenhänge zwischen Reaktionstemperatur und Umsatz bei einfachen Reaktionen und die Gleichung zur Berechnung der adiabaten Höchsttemperatur gelten auch für den Rohrreaktor [s. Gleichungen (6.135) und (6.136)].

Die Abschätzung der adiabaten Höchsttemperatur bei stark exothermen Gasphasenreaktionen, die fast ausschließlich in Rohrreaktoren durchgeführt werden, besitzt eine besondere Bedeutung, weil bei diesen häufig auftretenden Anwendungsfällen sehr große Temperaturerhöhungen möglich sind.

Mathematische Lösungsverfahren und verfahrenstechnische Informationen

Die Bilanzgleichungen des *instationären idealen Rohrreaktors* (N Stoffbilanzen, eine Wärmebilanz, eine Wärmeträgerbilanz bei Heizung oder Kühlung) stellen ein System von gekoppelten partiellen Differentialgleichungen dar, das durch numerische Verfahren gelöst werden kann. Neben den axialen Profilen der Konzentrationen, der Reaktionstemperatur und gegebenenfalls auch der Kühl- oder Heizmitteltemperatur werden auch deren zeitliche Verläufe berechnet. So kann es zum Beispiel von Interesse sein, welche Anfahrzeiten bis zum Erreichen eines annähernd stationären Zustandes erforderlich sind oder in welcher Weise der Reaktor auf Schwankungen von Betriebsparametern reagiert. Ein technisch sehr interessanter Fall ist die Simulation des Ausfalls der Kühlung, wodurch bei exothermen Reaktionen eine Aufheizung bis zur adiabaten Höchsttemperatur ("Durchgehen" des Reaktors) erfolgen kann.

Die Bilanzgleichungen des *stationären idealen Rohrreaktors* sind ein System gekoppelter gewöhnlicher Differentialgleichungen. Analytische Lösungen sind in Sonderfällen möglich, z. B. bei isothermen Strömungsreaktoren mit einfachen kinetischen Ansätzen für die ablaufenden Reaktionen. Im Normalfall wird eine numerische Lösung erforderlich sein, wobei wegen der gleichen Struktur des Differentialgleichungssystems auch die gleichen numerischen Verfahren eingesetzt werden wie bei der Berechnung des diskontinuierlichen Rührkessels.

Da der stationäre Zustand des Rohrreaktors in den meisten Fällen das angestrebte Betriebsregime darstellt, können die entsprechenden Modellrechnungen verfahrenstechnische Informationen zur Auslegung des Reaktors (Ermittlung notwendiger Reaktorvolumina zum Erreichen vorgegebener Leistungsparameter) oder zur Berechnung erreichbarer Leistungsdaten (Umsätze, Ausbeuten, Produktionskapazitäten) bei einem vorgegebenen Reaktorvolumen liefern. Die Berechnung der Axialprofile ist darüber hinaus erforderlich, um maximale Reaktionstemperaturen zu erkennen, die zu sicherheitstechnischen Problemen führen können. Bei Einbeziehung der Wärmeträgerbilanz können zusätzlich Informationen zur Auslegung des Heiz- oder Kühlsystems gewonnen werden.

Berechnungsbeispiele zum idealen Rohrreaktor

An dieser Stelle werden einige Beispiele der Berechnung idealer Rohrreaktoren für homogene Reaktionen im stationären Betriebszustand dargelegt. Dabei sollen vor allem unterschiedlichen Modelltypen, Lösungsverfahren und die aus der Reaktorberechnung zu gewinnenden Informationen exemplarisch demonstriert werden.

Es sei bereits hier darauf hingewiesen, dass das Modell des idealen Rohrreaktors in vielen Fällen auch zur vereinfachten Berechnung industrieller Mehrphasenreaktoren genutzt wird. Im Kapitel 9 wird dieser Weg am Beispiel einer heterogen-gaskatalytischen Reaktion beschritten (s. Berechnungsbeispiel 9-2).

Berechnungsbeispiel 6-8: Berechnung eines isothermen idealen Rohrreaktors für eine einfache volumenbeständige Flüssigphasenreaktion.

Aufgabenstellung
Im Interesse eines im Kapitel 6.3 durchzuführenden Vergleiches der Reaktorgrundtypen wird auch in diesem Beispiel von der gleichen Reaktion 2. Ordnung ausgegangen, die bereits den Berechnungsbeispielen 6-1 und 6-4 zugrunde liegt:

$$A + B \rightarrow C + D; \quad r = kc_A c_B. \tag{6.242}$$

Für diese Reaktion ist ein idealer Rohrreaktor zu berechnen, wobei folgende Teilaufgaben zu lösen sind:

a) Berechnung der notwendigen mittleren Verweilzeit und des einzustellenden Volumenstromes, um einen Umsatz der Komponente A von 97 % zu erreichen;
b) Berechnung der Jahresproduktion des Stoffes C bei einer Gesamtbetriebszeit von $t_a = 8000\, h/a$ und einem Umsatz der Komponente A von 97 %.

Gegebene Daten
- Reaktionsvolumen: $V_R = 16\, m^3$
- Reaktionstemperatur: $T = 363\, K$
- Reaktionskinetische Konstanten
  - Häufigkeitsfaktor: $k_\infty = 5,5 \cdot 10^5\, m^3\, kmol^{-1}\, s^{-1}$
  - Aktivierungsenergie: $E = 68\,400\, kJ\, kmol^{-1}$
- Molmassen und Anfangskonzentrationen

$$M_A = 60\, kg\, kmol^{-1}, \; c_A^0 = 3,5\, kmol\, m^{-3}$$
$$M_B = 46\, kg\, kmol^{-1}, \; c_B^0 = 4,8\, kmol\, m^{-3}$$
$$M_C = 88\, kg\, kmol^{-1}, \; c_C^0 = 0$$
$$M_D = 18\, kg\, kmol^{-1}, \; c_D^0 = 0$$

Lösung Teilaufgabe a)
Bei Vorliegen einer einfachen Reaktion erfolgt die Reaktorberechnung im isothermen Fall durch Lösung einer Stoffbilanz. Weil die Reaktionstemperatur vorgegeben wurde, ist die Einbeziehung der Wärmebilanz nicht erforderlich.

Stoffbilanz Komponente A
Nach Gl. (6.230) ergibt sich für den idealen Rohrreaktor, in dem eine volumenbeständige Reaktion unter stationären Bedingungen abläuft, folgende Stoffbilanz für die Komponente A mit dem stöchiometrischen Koeffizienten $\nu_A = -1$:

$$\frac{dc_A}{d\bar{t}} = -kc_A c_B. \tag{6.243}$$

Damit liegt für diesen Reaktor eine Stoffbilanz mit der gleichen Struktur wie die Stoffbilanz des diskontinuierlichen Rührkessels vor (Berechnungsbeispiel 6-1). Dort stellte lediglich die

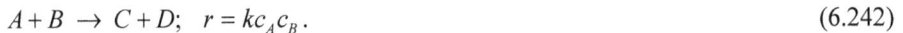

Zeit die unabhängige Variable dar, während hier die mittlere Verweilzeit auftritt. Deshalb kann das Lösungsverfahren des Beispiels 6-1 [Gleichungen (6.62) bis (6.72)] mit folgenden Teilschritten übernommen werden:

- Stöchiometrischer Zusammenhang zwischen den Konzentrationen der Stoffe A und B:

$$c_B = c_B^0 - c_A^0 + c_A \tag{6.244}$$

- Integrationsgrenzen

$$\begin{aligned} \bar{t} &= 0 \quad \rightarrow c_A = c_A^0 \\ \bar{t} &= \bar{t}(z) \rightarrow c_A = c_A(z) \end{aligned} \tag{6.245}$$

- Integrierte Stoffbilanz [s. Gl. (6.71)]

$$\bar{t} = \frac{1}{k\left(c_B^0 - c_A^0\right)} \ln \frac{c_A^0\left(c_A - c_A^0 + c_B^0\right)}{c_B^0 c_A} \tag{6.246}$$

- Einsetzen des Umsatzes

$$U_A = \frac{c_A^0 - c_A}{c_A^0} \tag{6.247}$$

$$\bar{t} = \frac{1}{k\left(c_B^0 - c_A^0\right)} \ln \frac{c_B^0 - c_A^0 U_A}{c_B^0\left(1 - U_A\right)} \tag{6.248}$$

Die kinetische Konstante hat bei der gegebenen Reaktionstemperatur folgenden Wert:

$$k_{363} = k_\infty e^{-\frac{E}{R \cdot 363}}. \tag{6.249}$$

$$k_{363} = 7{,}90 \cdot 10^{-5} \frac{m^3}{kmol\, s}.$$

Damit kann die notwendige mittlere Verweilzeit für $U_A = 0{,}97$ berechnet werden:

$$\bar{t} = 22180\, s = 6{,}16\, h.$$

Diese Verweilzeit entspricht erwartungsgemäß der notwendigen Reaktionszeit im diskontinuierlichen Rührkessel (Berechnungsbeispiel 6-1).

Da im vorliegenden Fall das Volumen des Rohrreaktors vorgegeben ist, kann der zu realisierende Durchsatz berechnet werden:

$$\dot{V} = \frac{V_R}{\bar{t}} = \frac{16\, m^3}{6{,}161\, h} \tag{6.250}$$

$$\dot{V} = 2{,}597\, m^3\, h^{-1}.$$

Lösung Teilaufgabe b)
Zur Berechnung der Jahresproduktion von Stoff C werden zunächst die Beziehungen zwischen den Konzentrationen der einzelnen Komponenten mit Hilfe der stöchiometrischen Bilanzen formuliert [s. Gleichungen (6.64) bis (6.67)]:

$$\begin{aligned} c_A &= c_A^0 \left(1 - U_A\right) \\ c_C &= c_A^0 U_A . \end{aligned} \tag{6.251}$$

Daraus und mit der Definition der Konzentration ergibt sich

$$c_C = \frac{\dot{n}_C}{\dot{V}} = \frac{\dot{m}_C}{M_C \dot{V}} = c_A^0 - c_A \tag{6.252}$$

$$\dot{m}_C = \left(c_A^0 - c_A\right) M_C \dot{V} . \tag{6.253}$$

Die stündlich erzeugte Menge an Produkt C beträgt damit

$$\begin{aligned} \dot{m}_C &= 3,5\, kmol\, m^{-3} \cdot 0,97 \cdot 88\, kg\, kmol^{-1} \cdot 2,597\, m^3\, h^{-1} \\ \dot{m}_C &= 775,9\, kg / h. \end{aligned}$$

Die Jahresproduktion beträgt dann

$$\begin{aligned} \dot{m}_{C,a} &= 775,9\, kg / h \cdot 8000\, h / a \\ \dot{m}_{C,a} &= 6,207 \cdot 10^6\, kg / a = 6207\, t / a. \end{aligned}$$

Im Kapitel 6.3 wird dieser Wert mit dem für die anderen Reaktortypen erzielten Ergebnis verglichen.

Berechnungsbeispiel 6-9: Berechnung eines isothermen idealen Rohrreaktors für eine nichtvolumenbeständige Gasphasenreaktion.

Aufgabenstellung
Die einfache Gasphasenreaktion

$$A \rightarrow B + C \tag{6.254}$$

(z. B. Zersetzung von Acetaldehyd zu Methan und Kohlenmonoxid) verläuft nach einer Kinetik zweiter Ordnung:

$$r = k\, c_A^2 . \tag{6.255}$$

Unter Berücksichtigung der Volumenänderung des Reaktionsgemisches sollen die notwendige Länge des Reaktionsrohres bei einem Umsatz der Komponente A von 90 % und der dann am Reaktoraustritt vorliegende Volumenstrom berechnet werden. Am Reaktoreintritt wird nur die Komponente A dosiert.

Gegebene Daten
- Durchmesser des Rohrreaktors $d_R = 8{,}5\,cm$
- Reaktionstemperatur $T = 791{,}15\,K$
- Druck im Reaktor $p = 0{,}1013\,MPa$
- Reaktionskinetische Konstante $k = 0{,}33\,m^3\,kmol^{-1}\,s^{-1}$
- Durchsatz an einer Messstelle vor dem Reaktoreintritt (gemessen bei $T_{Mess} = 25\,°C$ und $p_{Mess} = 0{,}1013\,MPa$): $\dot{V}_{Mess} = 0{,}2\,m^3\,h^{-1}$

Voraussetzungen für die Reaktorberechnung
- Die Voraussetzung der Bedingungen des idealen Rohrreaktors erfordert eine vom Radius des Strömungsrohres unabhängige Strömungsgeschwindigkeit. In axialer Richtung ändert sich dagegen die Geschwindigkeit entsprechend der Molzahländerung durch die chemische Reaktion.
- Änderungen des Druckes durch den unvermeidlichen Druckverlust werden bei diesem Beispiel ebenso vernachlässigt wie die in Rohrreaktoren bei Gasreaktionen oft auftretenden Temperaturgradienten.

Lösung
Ausgangspunkt der Umsatzberechnung ist die Stoffbilanz für den idealen Rohrreaktor entsprechend Gl (6.224). Die Wärmebilanz kann wegen der isothermen Bedingungen hier entfallen.

Stoffbilanz Komponente A

$$d\dot{n}_A = R_A dV_R = -kc_A^2\,dV_R \qquad (6.256)$$

Da bei nichtvolumenbeständigen Reaktionen der Durchsatz als Bezugsgröße der Konzentration eine Variable darstellt, ist es günstiger, als kennzeichnende Größe für den Reaktionsfortschritt nicht die Konzentration sondern den Stoffmengenstrom (Molstrom) oder eine abgeleitete Größe (Umsatz, Fortschreitungsgrad) zu verwenden. Mit

$$c_A = \frac{\dot{n}_A}{\dot{V}}$$

ergibt sich

$$d\dot{n}_A = -k\left(\frac{\dot{n}_A}{\dot{V}}\right)^2 dV_R\,. \qquad (6.257)$$

Der Zusammenhang zwischen dem Durchsatz $\dot{V}$ und dem Molstrom $\dot{n}_A$ wird mit Hilfe der stöchiometrischen Bilanzen hergestellt:

$$\dot{n}_A = \dot{n}_A^0 - \dot{n}_A^0 U_A \qquad (6.258)$$

$$\dot{n}_B = 0 + \dot{n}_A^0 U_A = \dot{n}_A^0 - \dot{n}_A \qquad (6.259)$$

$$\dot{n}_C = 0 + \dot{n}_A^0 U_A = \dot{n}_A^0 - \dot{n}_A\,. \qquad (6.260)$$

Bei Abwesenheit anderer Komponenten (Inertstoffe) beträgt die Summe aller Molströme:

$$\dot{n} = \dot{n}_A + \dot{n}_B + \dot{n}_C = 2\dot{n}_A^0 - \dot{n}_A = \dot{n}_A^0\left(1+U_A\right). \tag{6.261}$$

Aus dem Gesamtmolstrom kann man den Volumenstrom berechnen, wobei hier wegen der isothermen und isobaren Bedingungen das Molvolumen eine Konstante ist:

$$\dot{V} = \dot{n} v_{Mol} = \left(2\dot{n}_A^0 - \dot{n}_A\right) v_{Mol} = \dot{n}_A^0\left(1+U_A\right) v_{Mol}. \tag{6.262}$$

Da am Eintritt nur die Komponente A vorliegt, ergibt sich

$$\dot{V}^0 = \dot{n}_A^0 v_{Mol}. \tag{6.263}$$

Setzt man die Beziehung (6.263) in die Stoffbilanzgleichung (6.258) ein, erhält man

$$d\dot{n}_A = -k\left(\frac{\dot{n}_A}{\left(2\dot{n}_A^0 - \dot{n}_A\right) v_{Mol}}\right)^2 dV_R. \tag{6.264}$$

Führt man die Trennung der Variablen durch, dann ist folgendes Integral zu lösen:

$$\int_{\dot{n}_A^0}^{\dot{n}_A}\left(\frac{2\dot{n}_A^0 - \dot{n}_A}{\dot{n}_A}\right)^2 d\dot{n}_A = -\frac{k}{v_{Mol}^2}\int_0^{V_R} dV_R. \tag{6.265}$$

Die Integration ergibt

$$V_R = -\frac{v_{Mol}^2 \dot{n}_A^0}{k}\left[-\frac{4\dot{n}_A^0}{\dot{n}_A} + 4 - 4\ln\frac{\dot{n}_A}{\dot{n}_A^0} + \frac{\dot{n}_A - \dot{n}_A^0}{\dot{n}_A^0}\right]. \tag{6.266}$$

Unter Berücksichtigung der Gleichungen (6.259) und (6.264) erhält man

$$V_R = \frac{v_{Mol}\dot{V}^0}{k}\left\{4\left[\frac{U_A}{1-U_A} + \ln\left(1-U_A\right)\right] + U_A\right\}. \tag{6.267}$$

Zunächst wird der Volumenstrom bei Reaktionsbedingungen aus dem gemessenen Volumenstrom berechnet:

$$\dot{V}^0 = \dot{V}_{Mess}\frac{T}{T_{Mess}}\frac{p_{Mess}}{p} \tag{6.268}$$

$$\dot{V}^0 = 0{,}2\,m^3/h\,\frac{791{,}15\,K}{298{,}15\,K} = 0{,}5307\,m^3/h.$$

Das Molvolumen bei Reaktionsbedingungen ergibt sich durch Umrechnung aus dem Normalzustand:

$$v_{Mol} = v_{Mol,N} \frac{T}{T_N} \frac{p_N}{p} \tag{6.269}$$

$$v_{Mol} = 22,4\, m^3 / kmol \frac{791,15\, K}{273,15\, K} = 64,88\, m^3 / kmol\,.$$

Für den geforderten Umsatz der Komponente A von 90 % ergibt sich aus Gl. (6.267)

$$V_R = 0,803\, m^3\,.$$

Die Reaktorlänge beträgt

$$L_R = \frac{4V_R}{d_R^2 \pi} \tag{6.270}$$

$$L_R = 141,6\, m\,.$$

Der Volumenstrom am Austritt des Reaktors ergibt sich entsprechend Gl. (6.263) und (6.264):

$$\dot{V} = \dot{V}^0 \left(1 + U_A\right) = 0,5307\, m^3 / h \left(1 + 0,9\right) \tag{6.271}$$

$$\dot{V} = 1,008\, m^3 / h\,.$$

Berechnungsbeispiel 6-10: Folgereaktion in einem isothermen idealen Rohrreaktor.

Aufgabenstellung

In einem isothermen idealen Rohrreaktor soll die gleiche Folgereaktion wie im Berechnungsbeispiel 6-5 (kontinuierlicher Rührkessel) ablaufen:

$$A \xrightarrow{1} B \xrightarrow{2} C \tag{6.272}$$

Im Interesse der Vergleichbarkeit der Reaktortypen sollen mit den gleichen Ausgangsdaten dieselben Teilaufgaben gelöst werden.

Die beiden volumenbeständigen Reaktionen laufen nach einer Kinetik 1. Ordnung ab:

$$\text{Reaktion 1: } A \xrightarrow{1} B, \quad r_1 = k_1 c_A \tag{6.273}$$

$$\text{Reaktion 2: } B \xrightarrow{2} C, \quad r_2 = k_2 c_B\,. \tag{6.274}$$

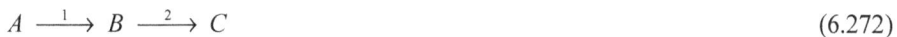

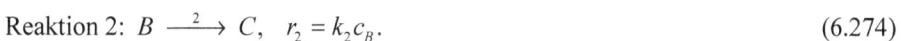

Folgende Daten sind gegeben:

- Kinetische Konstanten bei der vorgesehenen Reaktionstemperatur

$$k_1 = 0{,}3\,h^{-1}$$

$$k_2 = 0{,}1\,h^{-1}$$

- Eintrittskonzentrationen $c_A^0 = 2\,kmol\,m^{-3}$

$$c_B^0 = c_C^0 = 0$$

- Molmasse des Produktes B $M_B = 115\,kg\,kmol^{-1}$.

Es sind folgende Teilaufgaben zu lösen:

a) Berechnung des Durchsatzes, bei dem eine maximale Konzentration des gewünschten Produktes B vorliegt, wenn ein Reaktionsvolumen von

$$V_R = 3\,m^3$$

zur Verfügung steht;

b) Berechnung der Konzentrationen der drei Komponenten, die bei Optimalbedingungen (Maximalkonzentration von Stoff B) vorliegen;

c) Berechnung des notwendigen Reaktionsvolumens, wenn bei maximaler Konzentration der Komponente B pro Tag 5,2 t dieses Stoffes erzeugt werden sollen.

Lösung Teilaufgabe a)

Zur Beschreibung des isothermen Reaktionssystems genügen bei den hier ablaufenden zwei Reaktionen auch zwei Stoffbilanzen entsprechend Gl. (6.230).

Stoffbilanzen

Komponente A

$$\frac{dc_A}{d\bar{t}} = R_A = -k_1 c_A \qquad (6.275)$$

Durch eine Trennung der Variablen ergibt sich eine analytisch integrierbare Form:

$$\int_{c_A^0}^{c_A} \frac{dc_A}{c_A} = -k_1 \int_0^{\bar{t}} d\bar{t}\,. \qquad (6.276)$$

Die Integration führt zum Verlauf der Konzentration der Komponente A in Abhängigkeit von der mittleren Verweilzeit:

$$c_A = c_A^0 e^{-k_1 \bar{t}}\,. \qquad (6.277)$$

Komponente B

$$\frac{dc_B}{d\bar{t}} = +k_1 c_A - k_2 c_B \qquad (6.278)$$

Setzt man die Lösung für Stoff A nach Gl. (6.277) in diese Beziehung ein, dann ergibt sich eine inhomogene Differentialgleichung:

$$\frac{dc_B}{d\bar{t}} = k_1 c_A^0 e^{-k_1 \bar{t}} - k_2 c_B \,. \qquad (6.279)$$

Auch diese Gleichung kann analytisch gelöst werden, indem zunächst die homogene Gleichung gelöst und danach eine spezielle Lösung der inhomogenen Differentialgleichung ermittelt wird. Für den vorliegenden Fall ergibt sich folgende Abhängigkeit der Konzentration der Komponente B von der mittleren Verweilzeit:

$$c_B = \frac{k_1 c_A^0}{k_2 - k_1}\left(e^{-k_1 \bar{t}} - e^{-k_2 \bar{t}}\right). \qquad (6.280)$$

Optimale mittlere Verweilzeit

Die optimale mittlere Verweilzeit $\bar{t}_{opt}$, bei der die maximale Konzentration des Stoffes B ($c_{B,opt}$) vorliegt, erhält man durch Nullsetzen der ersten Ableitung von Gl. (6.280):

$$\bar{t}_{opt} = \frac{1}{k_1 - k_2} \ln \frac{k_1}{k_2} \qquad (6.281)$$

$$\bar{t}_{opt} = 5{,}493\, h \,.$$

Daraus ergibt sich folgender Durchsatz bei Optimalbedingungen:

$$\dot{V}_{opt} = \frac{V_R}{\bar{t}_{opt}}, \qquad (6.282)$$

$$\dot{V}_{opt} = \frac{3\, m^3}{5{,}493\, h} = 0{,}546\, m^3\, h^{-1} \,.$$

Lösung Teilaufgabe b)

Setzt man die optimale mittlere Verweilzeit in die Berechnungsgleichungen für die Konzentrationen der Stoffe A und B [Gl. (6.277) bzw. (6.280)] ein, dann erhält man folgende Werte:

$$c_A = c_A^0 e^{-k_1 \bar{t}_{opt}} = 2\, kmol\, m^{-3}\, e^{-0{,}3 h^{-1} \cdot 5{,}493 h} \qquad (6.283)$$

$$c_A = 0{,}385\, kmol\, m^{-3}$$

$$c_B = c_{B,opt} = \frac{k_1 c_A^0}{k_2 - k_1}\left(e^{-k_1 \bar{t}_{opt}} - e^{-k_2 \bar{t}_{opt}}\right). \qquad (6.284)$$

$$c_{B,opt} = 1{,}155\, kmol\, m^{-3} \,.$$

Die Konzentration der Komponente C ergibt sich aus der stöchiometrischen Bilanz (6.159):

$$c_C = c_A^0 - c_A - c_B \tag{6.285}$$

$$c_C = 0{,}460\,kmol\,m^{-3}.$$

Lösung Teilaufgabe c)
Der Zusammenhang zwischen der pro Zeiteinheit produzierten Menge eines Stoffes und dem erforderlichen Volumen des Rohrreaktors kann über die optimale Konzentration des gewünschten Zwischenproduktes ermittelt werden:

$$c_{B,opt} = \frac{\dot{n}_{B,opt}}{\dot{V}_{opt}} = \frac{\dot{m}_{B,opt}}{M_B \dot{V}_{opt}} = \frac{\dot{m}_{B,opt}}{M_B \left(V_{R,opt} / \overline{t}_{opt}\right)}. \tag{6.286}$$

Diese Gleichung wird nach dem Reaktionsvolumen umgestellt:

$$V_{R,opt} = \frac{\dot{m}_{B,opt}\,\overline{t}_{opt}}{M_B c_{B,opt}}. \tag{6.287}$$

$$V_{R,opt} = \frac{(5200\,kg / 24\,h) \cdot 5{,}493\,h}{115\,kg\,kmol^{-1} \cdot 1{,}155\,kmol\,m^{-3}}$$

$$V_{R,opt} = 8{,}96\,m^3.$$

Es ist bemerkenswert, dass im Vergleich zum kontinuierlichen Rührkessel ein deutlich kleineres Reaktionsvolumen erforderlich ist. Im folgenden Kapitel werden die entsprechenden Ergebnisse beim Vergleich der Reaktortypen noch einmal gegenüber gestellt.

6.3 Vergleich der Leistungsparameter der Reaktorgrundtypen

Bei der Diskussion der Vor- und Nachteile der einzelnen Reaktorgrundtypen in den Kapiteln 6.1 und 6.2 wurde versucht, die wesentlichen verfahrenstechnischen Gesichtspunkte zusammenzustellen, mit deren Hilfe die Entscheidung für die Auswahl eines bestimmten Reaktortyps im konkreten Anwendungsfall getroffen werden kann. An dieser Stelle und auch bei den behandelten Berechnungsbeispielen ist bereits deutlich geworden, dass die in den verschiedenen Reaktortypen erreichbaren Umsätze und Selektivitäten höchst unterschiedlich sein können. Im folgenden Kapitel soll versucht werden, solche Erkenntnisse an typischen Reaktionsbeispielen zu verallgemeinern.

6.3.1 Vergleichende Betrachtungen bei einfachen Reaktionen

Eine sinnvolle und übliche Größe zur Quantifizierung der Leistung eines chemischen Reaktors ist die *Reaktorkapazität* (RK), die als produzierte Menge eines gewünschten Stoffes pro Volumeneinheit des Reaktionsraumes definiert ist. Die Menge kann dabei als die in der Zeiteinheit erzeugte Masse oder Molzahl angegeben werden:

$$RK = \frac{\Delta \dot{n}_P}{V_R} \text{ bzw. } RK_m = \frac{\Delta \dot{m}_P}{V_R}. \tag{6.288}$$

Diese Größe wird vielfach auch als *Raum-Zeit-Ausbeute* bezeichnet.

Der Zusammenhang zwischen Reaktorkapazität und Umsatz soll am Beispiel der folgenden einfachen Reaktion dargestellt werden:

$$|\nu_A|\,A + |\nu_B|\,B \rightarrow |\nu_P|\,P. \tag{6.289}$$

Stöchiometrische Gleichungen unter Verwendung des Umsatzes

$$U_A = \frac{\dot{n}_A^0 - \dot{n}_A}{\dot{n}_A^0} \tag{6.290}$$

$$\dot{n}_A = \dot{n}_A^0 - \dot{n}_A^0 U_A \tag{6.291}$$

$$\dot{n}_B = \dot{n}_B^0 + \frac{\nu_B}{|\nu_A|}\dot{n}_A^0 U_A \tag{6.292}$$

$$\dot{n}_P = \dot{n}_P^0 + \frac{\nu_P}{|\nu_A|}\dot{n}_A^0 U_A \tag{6.293}$$

Reaktorkapazität bei durchströmten Reaktoren

$$RK = \frac{\dot{n}_P - \dot{n}_P^0}{V_R} = \frac{1}{V_R}\frac{\nu_P}{|\nu_A|}\dot{n}_A^0 U_A \tag{6.294}$$

bzw. bei $\dot{V}$ = konstant:

$$RK = \frac{\dot{V}(c_P - c_P^0)}{V_R} = \frac{c_P - c_P^0}{\bar{t}} = \frac{\nu_P}{|\nu_A|}\frac{c_A^0}{\bar{t}}U_A. \tag{6.295}$$

Für den diskontinuierlichen Rührkessel ergibt sich:

$$RK = \frac{1}{V_R}\frac{\nu_P}{|\nu_A|}\frac{n_{A0}}{t_R}U_A \tag{6.296}$$

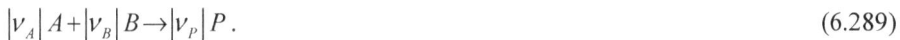

bzw. bei V_R = konstant:

$$RK = \frac{\nu_P}{|\nu_A|} \frac{c_{A0}}{t_R} U_A . \tag{6.297}$$

Anhand der dargelegten Beziehungen können die Kapazitäten der einzelnen Reaktoren verglichen werden.

Vergleich Diskontinuierlicher Rührkessel – Ideales Strömungsrohr
Unter den Voraussetzungen gleicher Eintritts- bzw. Anfangsbedingungen, konstanter Reaktionstemperaturen sowie gleicher Werte für die Reaktionszeit im diskontinuierlichen Rührkessel (DRK) einerseits und für die mittlere Verweilzeit im Strömungsrohr (SR) andererseits ergeben sich in beiden Reaktoren gleiche Reaktorkapazitäten. Dies gilt für alle Reaktionstypen und auch unabhängig von der Form der kinetischen Gleichungen. Formal ergeben sich nach den Gleichungen (6.295) und (6.297) mit

$$\bar{t}_{SR} = t_{DRK,R} \tag{6.298}$$

die Kapazitäten

$$RK_{SR} = RK_{DRK} . \tag{6.298}$$

Die Ursache liegt darin, dass gleiche Zeiten für beide Reaktoren zu denselben Umsätzen führen, wie es sich aus der Lösung der jeweiligen Stoffbilanz ergibt. Über einen definierten Zeitraum (z. B. eine Jahresbetriebszeit von 8000 Stunden) ergeben sich die gleichen Produktionsmengen, wenn entweder der ideale Rohrreaktor stationär in der gesamten Zeit betrieben wird oder im diskontinuierlichen Rührkessel eine Charge ohne jede Zwischenzeit für Füllung, Entleerung oder Reinigung (t_{FE}) der nächsten Charge folgt.

Berücksichtigt man dagegen diese zusätzlichen Zeiten, die im Normalfall unabdingbar sind, dann verkleinern sich die verbleibenden Reaktionszeiten im diskontinuierlichen Rührkessel:

$$t_{DKR,ges} = t_{DKR,R} + t_{FE} . \tag{6.299}$$

Daraus folgen beim diskontinuierlichen Rührkessel eine Verringerung der Anzahl der Chargen im Betriebszeitraum und eine verminderte Kapazität gegenüber dem idealen Rohrreaktor:

$$RK_{DKR} = \frac{\bar{t}_{DKR,R}}{t_{DKR,ges}} RK_{SR} . \tag{6.300}$$

Vergleich Kontinuierlicher Rührkessel – Ideales Strömungsrohr
Der Vergleich wird für die beiden Grenzfälle des strömungstechnischen Idealverhaltens (Ideale Vermischung bzw. ideale Pfropfenströmung) unter der Voraussetzung stationärer Bedingungen vorgenommen. Hier wird sich zeigen, dass für den Normalfall reaktionskinetischer Gleichungen (Abhängigkeit der Reaktionsgeschwindigkeit von den Konzentrationen der Reaktanten mit positiven Reaktionsordnungen) im Rohrreaktor stets höhere Umsätze erreicht werden als im kontinuierlichen Rührkessel, wenn gleiche Reaktorvolumina und Ein-

trittsbedingungen sowie konstante Temperaturen vorausgesetzt werden. Umgekehrt bedeutet dies auch, dass zum Erreichen gleicher Umsätze im durchmischten System größere Reaktionsvolumina zur Verfügung zu stellen sind als im Strömungsrohr. Dabei sind die Unterschiede zwischen den beiden kontinuierlich betriebenen Reaktorgrundtypen insbesondere dann besonders gravierend, wenn hohe Umsätze erreicht werden sollen und eine Reaktionskinetik höherer Ordnung vorliegt.

Das günstige Umsetzungsverhalten eines idealen Rohrreaktors ist damit zu begründen, dass die Konzentrationen der Reaktionspartner während des Durchströmens der Reaktionsmischung von den im allgemeinen hohen Eintrittswerten bis zum niedrigen Austrittswert stetig abgebaut werden, wobei ein durch keinerlei Vermischungseinflüsse gestörtes Konzentrationsprofil entsteht. Dies führt zu relativ hohen Durchschnittswerten dieser Konzentrationen, die ihrerseits insgesamt hohe Reaktionsgeschwindigkeiten verursachen.

Ganz anders liegen die Verhältnisse bei idealer Vermischung der Reaktionsmasse. Hier entsprechen die einheitlichen Konzentrationen aller Stoffe deren Austrittswerten, weil wegen der Abwesenheit örtlicher Konzentrationsunterschiede der Austritt an jeder Stelle im Reaktor positioniert sein könnte. Das führt zu niedrigen Reaktionsgeschwindigkeiten im gesamten Kessel, weil die sie beeinflussenden Konzentrationen gering sind, wobei sich dieser Einfluss umso gravierender bemerkbar macht, je höher der gewünschte Umsatz ist.

Am Beispiel einfacher volumenbeständiger Reaktionen sollen im Folgenden die Verhältnisse der Reaktorkapazitäten der beiden kontinuierlichen Reaktorgrundtypen für vorgegebene Umsätze dargestellt werden.

Einfache Reaktion 1. Ordnung
Die Geschwindigkeit der einfachen Reaktion $A \rightarrow P$ soll linear von der Konzentration des Reaktionspartners A abhängen:

$$r = kc_A \ . \tag{6.301}$$

Für einen vorgegebenen Umsatz der Komponente A ergibt sich nach Gl. (6.295) folgendes Verhältnis der Reaktorkapazitäten:

$$\frac{RK_{SR}}{RK_{KRK}} = \frac{\bar{t}_{KRK}}{\bar{t}_{SR}} = \frac{V_{R,KRK}}{V_{R,SR}} \ . \tag{6.302}$$

Die Lösung der Stoffbilanzen für den kontinuierlichen Rührkessel [Gl. (6.128)] und für das ideale Strömungsrohr [Gl. (6.230)] ergeben folgende Ausdrücke für die jeweilige mittlere Verweilzeit:

$$\bar{t}_{KRK} = \frac{1}{k}\frac{U_A}{1-U_A} \tag{6.303}$$

$$\bar{t}_{SR} = \frac{1}{k}\ln\frac{1}{1-U_A} \ . \tag{6.304}$$

Damit erhält man folgendes Kapazitätsverhältnis:

$$\frac{RK_{SR}}{RK_{KRK}} = \frac{U_A/(1-U_A)}{\ln\left[1/(1-U_A)\right]}. \tag{6.305}$$

Für vorgegebene Umsätze sind berechnete Verhältnisse der Reaktorkapazitäten in Tabelle 6.2 zusammengestellt. Sie zeigen den deutlichen Anstieg dieser Leistungskennzahl insbesondere dann, wenn hohe Umsätze erreicht werden sollen.

Einfache Reaktion 2. Ordnung
Löst man die Stoffbilanzen unter Vorgabe einer Reaktionskinetik zweiter Ordnung

$$r = kc_A^2, \tag{6.306}$$

dann erhält man folgendes Verhältnis der Reaktorkapazitäten:

$$\frac{RK_{SR}}{RK_{KRK}} = \frac{1}{1-U_A}. \tag{6.307}$$

Tabelle 6.2: Kapazitätsverhältnisse von idealem Strömungsrohr und kontinuierlichem Rührkessel bei unterschiedlichen Reaktionsordnungen in Abhängigkeit vom geforderten Umsatz

U_A	$\frac{RK_{SR}}{RK_{KRK}}$	
	Reaktion 1. Ordnung	**Reaktion 2. Ordnung**
0,1	1,055	1,111
0,3	1,202	1,429
0,5	1,443	2,000
0,6	1,637	2,500
0,7	1,938	3,333
0,8	2,485	5,0
0,9	3,909	10,0
0,95	6,342	20,0
0,98	12,520	50,0
0,99	21,50	100,0

In Tabelle 6.2 sind auch für diesen Fall Rechenergebnisse für vorgegebene Umsätze dargestellt. Es ist ersichtlich, welche gravierenden Unterschiede bei den Reaktorkapazitäten und damit auch bei den erforderlichen Reaktionsvolumina auftreten, wenn einerseits keine Rückvermischung im Reaktor vorliegt (ideale Pfropfenströmung) und als anderer Grenzfall eine vollständige Durchmischung vorhanden ist.

Berechnungsbeispiel 6-11: Vergleich der Kapazitäten der Reaktorgrundtypen bei Ablauf einer einfachen Reaktion mit einer Kinetik zweiter Ordnung.

Aufgabenstellung
Die in den Berechnungsbeispielen 6-1 (Diskontinuierlicher Rührkessel), 6-4 (Kontinuierlicher Rührkessel) und 6-8 (Idealer Rohrreaktor) ermittelten Ergebnisse sollen hinsichtlich der erreichbaren Reaktorkapazitäten verglichen werden.

Es liegt eine volumenbeständige Reaktion 2. Ordnung vor:

$$A + B \rightarrow C + D; \quad r = kc_A c_B . \tag{6.308}$$

Die gegebenen Anfangs-, bzw. Eintrittsdaten sind den jeweiligen Beispielen zu entnehmen.

Lösung
Aus den berechneten Reaktionszeiten bzw. mittleren Verweilzeiten kann in allen drei Fällen die pro Jahr erzeugte Menge des Produktes C bei vorgegebenem Umsatz und Reaktionsvolumen ermittelt werden. Gibt man dagegen eine gewünschte Jahresproduktion vor, stellt das Reaktionsvolumen die zu berechnende Größe dar.

Diskontinuierlicher Rührkessel
Größen für die Kapazitätsberechnung:

$$t_R = 6,16\,h$$
$$t_{FE} = 1,5\,h$$
$$t_{Ch} = 7,66\,h$$
$$\dot{m}_C = 5000\,t/a$$
$$V_R = 16\,m^3$$

Nach Gl. (6.288) oder (6.297) ergibt sich

$$RK_{DRK} = 3,55 \cdot 10^3 \frac{kmol}{m^3\,a} .$$

Kontinuierlicher Rührkessel
Größen für die Kapazitätsberechnung:

$$\bar{t} = 80\,h$$
$$\dot{m}_C = 478\,t/a$$
$$V_R = 16\,m^3$$

Nach Gl. (6.288) oder Gl. (6.295) erhält man

$$RK_{KRK} = 0,340 \cdot 10^3 \frac{kmol}{m^3\,a}.$$

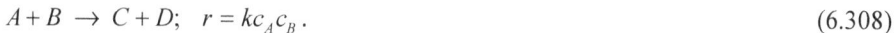

Idealer Rohrreaktor
Größen für die Kapazitätsberechnung

$$\bar{t} = 6{,}16\,h$$

$$\dot{m}_C = 6207\,t\,/\,a$$

$$V_R = 16\,m^3$$

Daraus ergibt sich folgende Reaktorkapazität:

$$RK_{SR} = 4{,}41 \cdot 10^3 \,\frac{kmol}{m^3\,a}.$$

Die berechneten Unterschiede zwischen den Kapazitäten für den diskontinuierlichen Rührkessel und das ideale Strömungsrohr ergeben sich allein aus der Berücksichtigung der Zeiten für das Füllen und Entleeren beim diskontinuierlichen Betrieb.

Die wesentlich größere Kapazität des idealen Rohrreaktors gegenüber der des kontinuierlichen Rührkessels wird erwartungsgemäß auch bei diesem Beispiel deutlich.

6.3.2 Vergleichende Betrachtungen bei komplexen Reaktionen

Beim Ablauf komplexer Reaktionen, zu denen Parallel-, Folge- und Gleichgewichtsreaktionen und auch vielfach zusammengesetzte Reaktionen gehören, sind die Verhältnisse hinsichtlich der Vor- und Nachteile der einzelnen Reaktorgrundtypen nicht so leicht überschaubar wie bei einfachen Reaktionen. Hier spielen neben der Geschwindigkeit der Umsetzung der Ausgangsstoffe auch das Erreichen hoher Ausbeuten und Selektivitäten gewünschter Reaktionsprodukte oft eine dominierende Rolle. An den Beispielen einer Parallel- und einer Folgereaktion sollen im Folgenden einige Gesichtspunkte einer optimalen Reaktorauswahl zusammengestellt werden.

Selektivität und Produktverteilung bei Parallelreaktionen
Für die parallel ablaufenden Reaktionen

$$A \xrightarrow{1} B \tag{6.309}$$

$$A \xrightarrow{2} C \tag{6.310}$$

gelten folgende kinetische Gleichungen:

$$r_1 = k_1 c_A^{\gamma_1} \tag{6.311}$$

$$r_2 = k_2 c_A^{\gamma_2}\,. \tag{6.312}$$

Die Komponente B sei das erwünschte Produkt, das mit hoher Selektivität erzeugt werden soll. Im Fall 1 soll dabei $\gamma_1 < \gamma_2$ sein, im Fall 2 wird $\gamma_1 > \gamma_2$ vorgegeben, im Fall 3 sei $\gamma_1 = \gamma_2$.

Selektivität und Produktverteilung
Für die Quantifizierung der Selektivitäten soll der in Gl. (3.13) eingeführte Ausdruck verwendet werden:

$$S_B = \frac{\dot{n}_B - \dot{n}_B^0}{\dot{n}_A^0 - \dot{n}_A} \tag{6.313}$$

$$S_C = \frac{\dot{n}_C - \dot{n}_C^0}{\dot{n}_A^0 - \dot{n}_A} . \tag{6.314}$$

Die Produktverteilung stellt das Verhältnis der Selektivitäten dar:

$$PV = \frac{S_B}{S_C} . \tag{6.315}$$

Im vorliegenden Beispiel soll diese Größe möglichst hohe Werte annehmen.

Unabhängig vom Reaktortyp ergibt sich aus der Lösung der Stoffbilanzen:

$$\frac{S_B}{S_C} = \frac{c_B - c_B^0}{c_C - c_C^0} = \frac{k_1 (c_A)^{\gamma_1}}{k_2 (c_A)^{\gamma_2}} = \frac{k_1}{k_2} (c_A)^{(\gamma_1 - \gamma_2)} . \tag{6.316}$$

Schlussfolgerungen für Fall 1 ($\gamma_1 < \gamma_2$):
Im Reaktor sollte eine möglichst geringe Konzentration der Komponente A vorliegen, damit die Produktverteilung günstig wird. Deshalb ist es vorteilhaft, einen kontinuierlichen Rührkessel auszuwählen, weil dann in der gesamten Reaktionsmischung die im Allgemeinen geringe Konzentration des Ausgangsstoffes vorhanden ist. Es darf aber keinesfalls außer Acht gelassen werden, dass dann auch insgesamt geringe Reaktionsgeschwindigkeiten vorliegen und deshalb hohe Verweilzeiten erforderlich sind.

Schlussfolgerungen für den Fall 2 ($\gamma_1 > \gamma_2$):
Hier sind die Verhältnisse gerade umgekehrt. Es ist sinnvoll, wenn im Reaktionsraum möglichst hohe Konzentrationen des Ausgangsstoffes vorliegen. Deshalb sollte ein Strömungsrohr oder ein diskontinuierlicher Rührkessel ausgewählt werden. Günstig wären hier nicht zu hohe Umsätze des Stoffes A, damit in Durchschnitt ein hohes Konzentrationsniveau vorhanden ist. Dann wird sich allerdings in den meisten Fällen eine Abtrennung der Komponente A aus dem Produkt und eine Rückführung in den Reaktor erforderlich machen.

Schlussfolgerungen für den Fall 3 ($\gamma_1 = \gamma_2$):
In diesem Fall ergibt sich ein konzentrationsunabhängiger Ausdruck für das Produktverhältnis, das damit nicht durch die Vermischungsverhältnisse im Reaktor beeinflusst werden kann:

$$\frac{S_B}{S_C} = \frac{k_1}{k_2} . \tag{6.317}$$

Eine Einflussnahme auf dieses Verhältnis der kinetischen Konstanten ist durch den Einsatz selektiv wirkender Katalysatoren oder durch die Beeinflussung der Reaktionstemperatur möglich.

Die Wirkung einer veränderten Reaktionstemperatur kann man abschätzen, wenn die Aktivierungsenergien der einzelnen Reaktionen bekannt sind:

$$PV(T)=\frac{S_B}{S_C}=\frac{k_{1\infty}e^{-\frac{E_1}{RT}}}{k_{2\infty}e^{-\frac{E_2}{RT}}}=\frac{k_{1\infty}}{k_{2\infty}}e^{\frac{E_2-E_1}{RT}}\,. \tag{6.318}$$

Fall 3a: $E_1 > E_2$
Eine Analyse von Gl. (6.318) zeigt, dass in diesem Fall das Produktverhältnis ansteigt, wenn die Temperatur erhöht wird. Im praktischen Fall ist deshalb zu überprüfen, ob eine Erhöhung der Reaktionstemperatur möglich ist. Damit wäre auch eine Vergrößerung des Gesamtumsatzes des Ausgangsstoffes A verbunden, weil beide Reaktionen beschleunigt würden.

Fall 3b: $E_1 < E_2$
In diesem Fall steigt das Produktverhältnis an, wenn die Reaktionstemperatur sinkt. Diese Möglichkeit kann prinzipiell überprüft werden. Man muss jedoch berücksichtigen, dass bei niedrigerer Temperatur der Gesamtumsatz sinkt, wodurch längere Reaktionszeiten oder größere Reaktionsvolumina erforderlich werden.

Maximalkonzentrationen des Zwischenproduktes bei Folgereaktionen 1. Ordnung
Bei technischen Folgereaktionen wie Oxidationen, Hydrierungen oder Chlorierungen stellt vielfach das Zwischenprodukt die gewünschte Komponente dar. Es soll deshalb überprüft werden, inwieweit die Auswahl des Reaktortyps die maximal mögliche Konzentration dieses Stoffes beeinflusst. Dabei wird vom Ablauf einer Folge von zwei Reaktionen mit einer Kinetik 1. Ordnung ausgegangen, die bereits den Berechnungsbeispielen 6-5 (Kontinuierlicher Rührkessel) und 6-10 (Idealer Rohrreaktor) zugrunde lag. Ein derartiges Schema kann vorliegen, wenn ein Reaktionspartner im Überschuss dosiert wird und deshalb ein zweiter Reaktant die Kinetik weitgehend allein beeinflusst.

Reaktionsschema und Kinetik

$$A \xrightarrow{1} B \xrightarrow{2} C;\quad \begin{aligned} r_1 &= k_1 c_A \\ r_2 &= k_2 c_B \end{aligned} \tag{6.319}$$

Lösungen der Stoffbilanzen für den kontinuierlichen Rührkessel [s. Gleichungen (6.151) bis (6.154)]

$$\text{Komponente } A:\ c_A=\frac{c_A^0}{1+k_1\bar{t}} \tag{6.320}$$

$$\text{Komponente } B:\ c_B=\frac{k_1\bar{t}c_A^0}{\left(1+k_1\bar{t}\right)\left(1+k_2\bar{t}\right)} \tag{6.321}$$

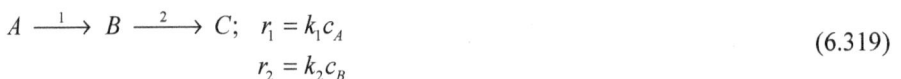

Optimalbedingungen für den kontinuierlichen Rührkessel

Die maximale Konzentration der gewünschten Komponente B liegt vor, wenn die erste Ableitung von Gl. (6.321) den Wert null annimmt. Entsprechend Gl. (6.155) liegt in diesem Punkt folgende mittlere Verweilzeit vor:

$$\bar{t}_{opt} = \frac{1}{\sqrt{k_1 k_2}}. \tag{6.322}$$

Setzt man diese Größe in Gl. (6.321) ein, dann ergibt sich mit dem Ausgangsstoff A als Bezugskomponente folgende optimale Ausbeute:

$$A_{B,opt} = \frac{c_{B,opt}}{c_A^0} = \frac{1}{\left(\sqrt{\frac{k_2}{k_1}} + 1\right)^2}. \tag{6.323}$$

Lösungen der Stoffbilanzen für den idealen Rohrreaktor [s. Gleichungen (6.275) bis (6.280)]

Komponente A: $c_A = c_A^0 e^{-k_1 \bar{t}}$ (6.324)

Komponente B: $c_B = \frac{k_1 c_A^0}{k_2 - k_1}\left(e^{-k_1 \bar{t}} - e^{-k_2 \bar{t}}\right)$ (6.325)

Optimalbedingungen für den idealen Rohrreaktor [s. Gl. (6.281)]

$$\bar{t}_{opt} = \frac{1}{k_1 - k_2} \ln \frac{k_1}{k_2} \tag{6.326}$$

$$c_B = c_{B,opt} = \frac{k_1 c_A^0}{k_2 - k_1}\left(e^{-k_1 \bar{t}_{opt}} - e^{-k_2 \bar{t}_{opt}}\right). \tag{6.327}$$

$$A_{B,opt} = \frac{c_{B,opt}}{c_A^0} = \left(\frac{k_1}{k_2}\right)^{k_2/(k_2 - k_1)} \tag{6.328}$$

Die für den Rohrreaktor ermittelten Lösungen gelten nur für

$$k_1 \neq k_2 .$$

Für den Sonderfall $k_1 = k_2$ erhält man

$$\bar{t}_{opt} = \frac{1}{k_2}, \tag{6.329}$$

$$A_{B,opt} = \frac{1}{e} = 0,368 . \tag{6.330}$$

Berechnungsbeispiel 6-12: Vergleich des kontinuierlichen Rührkessels und des idealen Rohrreaktors hinsichtlich der bei einer Folgereaktion erreichbaren Optimalbedingungen.

Aufgabenstellung

Für das in Gl. (6.319) dargestellte Reaktionsschema einer Folgereaktion sollen die Abhängigkeiten der optimalen Ausbeute des Zwischenproduktes, der optimalen mittleren Verweilzeit und des bei diesen Bedingungen im Kessel vorliegenden Umsatzes des Ausgangsstoffes vom Verhältnis der kinetischen Konstanten dargestellt werden. Die für den ideal durchmischten kontinuierlichen Rührkessel und für das ideale Strömungsrohr ermittelten Ergebnisse sind gegenüberzustellen und zu diskutieren.

Lösung

Es sind die Berechnungsgleichungen (6.319) bis (6.330) anzuwenden. Für die kinetische Konstante der Reaktion 1 wird der Wert $k_1 = 1\,h^{-1}$ vorgegeben.

Die Abhängigkeiten der Zwischenproduktausbeuten vom Verhältnis der kinetischen Konstanten für die beiden kontinuierlichen Reaktorgrundtypen sind in Abb. 6.12 dargestellt. Es ist ersichtlich, dass im Reaktor ohne Rückvermischung eine höhere maximale Zwischenproduktkonzentration erreicht wird als im kontinuierlichen Rührkessel. Unter diesem Gesichtspunkt ist das Strömungsrohr dem kontinuierlichen Rührreaktor vorzuziehen.

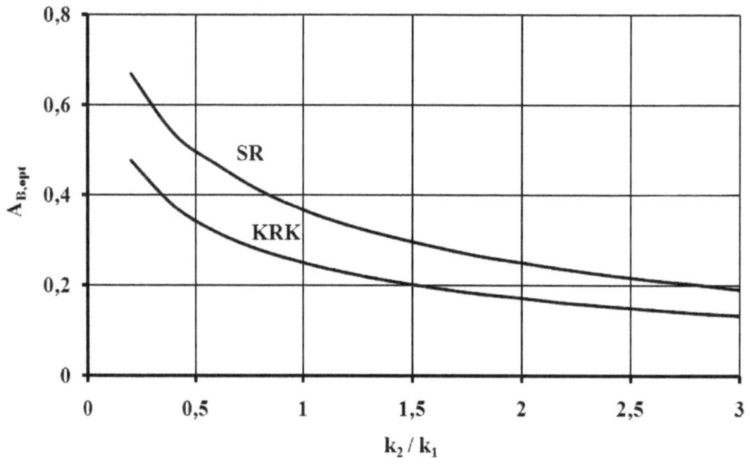

Abb. 6.12: Abhängigkeit der maximalen Zwischenproduktausbeute vom Verhältnis der kinetischen Konstanten in den kontinuierlich betriebenen Reaktorgrundtypen (SR – Idealer Rohrreaktor, KRK – Kontinuierlicher Rührkessel)

Für die Wirtschaftlichkeit des Verfahrens ist es auch von Interesse, welche mittleren Verweilzeiten für das Erreichen der optimalen Zwischenproduktausbeuten erforderlich sind und welche Umsätze des Ausgangsstoffes unter diesen Bedingungen erreicht werden. Diese Abhängigkeiten sind für die beiden Reaktortypen in Abb. 6.13 dargestellt.

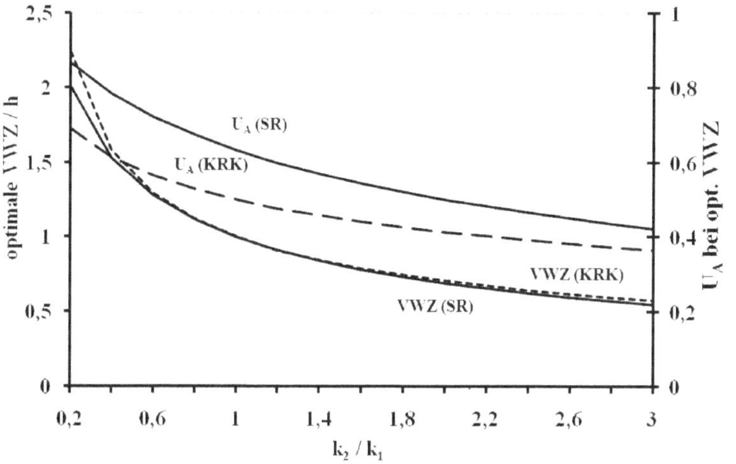

Abb.6.13: Abhängigkeiten der bei optimaler Ausbeute des Zwischenproduktes erreichbaren Umsätze des Ausgangstoffes und der mittleren Verweilzeit vom Verhältnis der kinetischen Konstanten (SR – Idealer Rohrreaktor, KRK – Kontinuierlicher Rührkessel, VWZ – mittlere Verweilzeit)

Auch hier zeigt sich ein günstigeres Umsetzungsverhalten im idealen Rohrreaktor, weil dort durchgängig höhere Umsätze des Ausgangsstoffes als im kontinuierlichen Rührkessel vorliegen. Bei den berechneten Verweilzeiten sind die Unterschiede zwischen den beiden Reaktortypen relativ gering.

6.4 Thermische Stabilität und instationäres Reaktorverhalten

In diesem Kapitel sollen einige ausgewählte Gesichtspunkte aus dem Gebiet der Stabilität und Dynamik chemischer Reaktoren diskutiert werden. Nach notwendigen Begriffsbestimmungen erfolgt die Darstellung technischer Beispiele, die mit dem dynamischen Verhalten von Reaktoren zusammenhängen. Für den Fall des kontinuierlichen Rührreaktors werden danach die Probleme der thermischen Stabilität und das damit verbundene Zeitverhalten des Prozesses analysiert.

6.4.1 Technische Beispiele

Mit dem Begriff der *Dynamik* von Reaktoren wird das Zeitverhalten des Reaktionsprozesses im Großen bezeichnet, weil dabei die zeitliche Anhängigkeit der Zustandsgrößen im Mittelpunkt des Interesses steht. Dabei handelt es sich vor allem um die Änderung von Konzentrationen und Temperaturen der Reaktionsmischung, aber auch um Temperaturen von Bauelementen (Reaktorwände) oder Wärmeträgern. Die interessierenden zeitlichen Intervalle liegen im Allgemeinen im Bereich von Minuten oder Stunden. Spezielle Gesichtspunkte liegen bei der *Langzeitdynamik* vor, die durch zeitliche Änderungen innerhalb von Tagen, Wochen oder Monaten gekennzeichnet sind. Dieses Problem tritt häufig beim Einsatz von Katalysatoren auf, die innerhalb solcher Zeiträume einem ständigen Aktivitätsverlust ausgesetzt sind.

Unter der *Stabilität* von Reaktoren wird das Zeitverhalten im Kleinen verstanden. Man betrachtet dabei das Verhalten in einer hinreichend kleinen Umgebung eines an sich stationären Betriebspunktes, um ein Urteil darüber zu treffen, ob dieser Zustand im kontinuierlichen Reaktorbetrieb ohne Probleme aufrechterhalten werden kann.

Die in den voran stehenden Kapiteln getroffene Unterscheidung der drei Reaktorgrundtypen

- Diskontinuierlicher Rührkessel
- Kontinuierlicher Rührkessel
- Rohrreaktor

setzt bereits ein definiertes Regime hinsichtlich des dynamischen Verhaltens voraus. Treten zeitliche Änderungen der Zustandsgrößen auf, dann liegt ein *instationärer Zustand* vor. Im Gegensatz dazu ist ein *stationärer Zustand* dadurch gekennzeichnet, dass alle Zustandsgrößen (Konzentrationen, Temperaturen, Durchsatz, Druck am Ein- und Austritt und an jedem Ort im Reaktor) unabhängig von der Zeit sind. Dies stellt eine gewisse Idealisierung dar, weil ein vollständig stationärer Betrieb bei einem kontinuierlichen Prozess zwar im Normalfall angestrebt wird, aber nur näherungsweise erreicht werden kann.

Der *diskontinuierliche Rührkessel* kann nur instationär betrieben werden, weil keine Zu- und Abläufe der Reaktionsmischung vorhanden sind. Die ablaufenden chemischen Reaktionen verursachen deshalb zwangsläufig zeitliche Änderungen von Konzentrationen und Temperaturen. Spezielle dynamische Probleme können bei diesem Reaktortyp dann auftreten, wenn bei exothermen Reaktionen durch kleine Veränderungen der Temperierung (Anfangstemperatur der Reaktionsmischung, Kühlmitteltemperatur oder -menge) oder auch der Anfangskonzentrationen der Ausgangsstoffe das vorgesehene Regime verlassen wird und Gefahr bringende Zustände entstehen. Im Extremfall kann ein Ausfall der Kühlung eines polytrop betriebenen Reaktors den adiabaten Reaktionsablauf herbeiführen, der in Form einer so genannten Wärmeexplosion zu unerlaubt hohen Temperaturen und gegebenenfalls zur Zerstörung des Reaktors führen kann. Man spricht dann auch vom „Durchgehen" des Reaktors.

Bei den kontinuierlich betriebenen Reaktoren wird im Normalfall ein stationärer Zustand über längere Betriebszeiträume angestrebt. Bei entsprechender Konstanz der Eintrittsgrößen und der Parameter der Heizung oder Kühlung sowie einer geeigneten Regelungstechnik kann ein solcher Zustand weitgehend aufrechterhalten werden. Jedoch können Störungen insbesondere im Kühlsystem auch bei diesen Reaktortypen zu erheblichen dynamischen Problemen führen.

Einige spezielle Probleme der Dynamik und der Stabilität von Betriebszuständen können beim *kontinuierlichen Rührkessel* auftreten. Hier ist in vielen Anwendungsfällen das Anfahren des Prozesses bis zum Erreichen eines stationären Zustandes von besonderem Interesse. So kann es bei exothermen Reaktionen während dieser Phase zu einer unerwünschten Temperaturerhöhung kommen, die als Überschwingen bezeichnet wird. Im günstigen Fall erreicht man die gewünschten Werte der Reaktionstemperatur und der Konzentration einer reagierenden Komponente durch eine asymptotische Annäherung an den stationären Zustand [s. Abb. 6.14 a)]. Der ungünstigere Anfahrvorgang mit einem Überschwingen der Temperatur und einem Unterschwingen der Konzentration ist in Abb. 6.14 b) dargestellt.

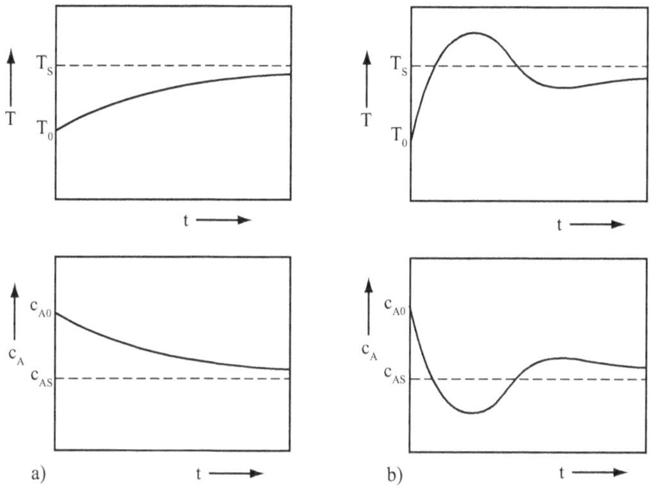

Abb. 6.14: Anfahrverhalten kontinuierlicher Rührreaktoren; a) asymptotische Annäherung an den stationären Zustand; b) Über- und Unterschwingen von Temperatur und Konzentration

Ein weiteres Problem der Reaktordynamik stellt das Auftreten stabiler Grenzzyklen dar. Bei der Durchführung exothermer Reaktionen im polytropen kontinuierlichen Rührkessel kann der zeitlich unterschiedliche Einfluss von Temperaturen und Konzentrationen auf die Reaktionsgeschwindigkeit zu dauerhaften Schwankungen dieser Prozessgrößen führen. Steigt beispielsweise die Reaktionstemperatur durch eine Störung über den stationären Sollwert an, erhöht sich die Reaktionsgeschwindigkeit und die Konzentration der reagierenden Komponente wird geringer. Mit der Temperaturerhöhung steigt aber auch die Temperaturdifferenz zwischen Reaktionsmasse und Kühlmittel, wodurch die abgeführte Wärmemenge größer wird und die Reaktionstemperatur wieder sinkt. Dadurch und wegen der zwischenzeitlich kleineren Konzentration verringert sich wieder die Reaktionsgeschwindigkeit. Diese periodische Erhöhung und Verringerung der Reaktionsgeschwindigkeit kann zeitlich stabil auftreten und führt zu den in Abb. 6.15 dargestellten Grenzzyklen.

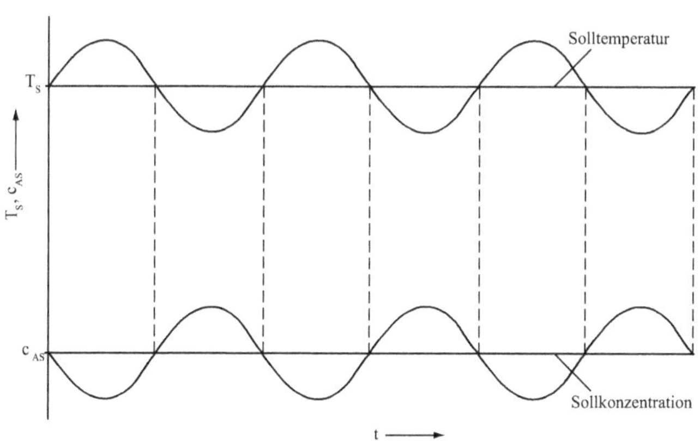

Abb. 6.15: Stabiler Grenzzyklus eines kontinuierlichen Rührkessels bei Ablauf einer exothermen Reaktion

Ein spezielles Problem der Reaktorstabilität stellen das Auftreten mehrerer stationärer Betriebspunkte eines kontinuierlich betriebenen Reaktors und das damit verbundene Anfahrverhalten dar. Am Beispiel des Rührkessels soll darauf im folgenden Kapitel eingegangen werden.

Auch bei *Rohrreaktoren* muss insbesondere im Fall hoch exothermer Gasphasenreaktionen mit Problemen bei der Beherrschung des stationären Betriebes gerechnet werden. In Abhängigkeit von der Reaktorgeometrie, den reaktionskinetischen Daten und den Parametern der Wärmeabführung wurden Kenngrößen entwickelt, mit deren Hilfe ermittelt werden kann, ob der Reaktor auf kleine Störungen empfindlich reagiert oder ob das Auftreten unerwünschter starker Temperaturanstiege („Durchgehen" des Reaktors) wahrscheinlich ist (s. z. B. [6-13] und [6-14]). Unerwünschte dynamische Probleme können auch auftreten, wenn der Reaktionsprozess eine hohe Sensitivität besitzt. Man versteht darunter eine deutliche Empfindlichkeit gegenüber kleinen Veränderungen der Eintrittsgrößen oder auch der Parameter der Wärmeabführung. Dies wird besonders bei hoch exothermen Gasphasenreaktionen deutlich. Dazu werden in Kapitel 9 einige Untersuchungsergebnisse am Beispiel einer heterogengaskatalytischen Reaktion mitgeteilt (Berechnungsbeispiel 9-2 und Erläuterungen zur parametrischen Empfindlichkeit im Kapitel 9.3.3).

6.4.2 Stabilitätsuntersuchungen an einem kontinuierlichen Rührkessel

Die Untersuchungen zur Reaktorstabilität sollen für einen polytropen kontinuierlichen Rührkessel durchgeführt werden. Bei vorgegebenen Eintrittsbedingungen (Konzentrationen, Temperatur, Durchsatz) und festgelegten Bedingungen für die Kühlung oder Heizung können für ein bestimmtes Reaktionsvolumen die im Reaktor bzw. am Austritt vorliegenden Temperaturen und Konzentrationen im stationären Zustand durch Lösung des Bilanzgleichungssystems berechnet werden. Im allgemeinen Fall sind N Stoffbilanzen gemäß Gl. (6.126) und eine Wärmebilanz entsprechend Gl. (6.130) zu lösen. Bei einseitig verlaufenden Reaktionen besteht dabei die Möglichkeit, dass mehr als eine Lösung des Gleichungssystems vorhanden ist. Für den praktischen Reaktorbetrieb ergibt sich daraus die Schlussfolgerung, dass bei einem Satz an Eintrittsdaten mehrere Betriebszustände im stationären Zustand möglich sind.

Die Berechnung der Lage solcher Betriebspunkte und die Diskussion der prozesstechnischen Einflussmöglichkeiten erfolgen anhand des Berechnungsbeispiels 6-13 für eine einfache irreversible Reaktion. Zunächst sollen einige allgemeine Gesichtspunkte des Auftretens mehrerer stationärer Punkte und deren Stabilität diskutiert werden. Ausgangspunkt ist dabei die allgemeine Wärmebilanz für den kontinuierlichen Rührkessel unter stationären Bedingungen, wie sie in Gl. (6.129) formuliert wurde:

$$\Delta\dot{Q}_{Kon} = \dot{Q}_{Kon} - \dot{Q}_{Kon}^{0} = \dot{Q}_R - \dot{Q}_D \,. \tag{6.331}$$

Bei exothermen Reaktionen enthält die linke Seite dieser Gleichung den Teil der Reaktionswärme, der mit dem Massenstrom der Reaktionsmischung infolge der Temperaturerhöhung zwischen Ein- und Austritt abgeführt wird. Der restliche Anteil wird durch den Wärmedurchgangsstrom $\dot{Q}_D$ übernommen. Es ist deshalb üblich, die Ströme der Wärmeabführung zusammenzufassen:

$$\dot{Q}_{ab} = \Delta\dot{Q}_{Kon} + \dot{Q}_D = \dot{Q}_R \,. \tag{6.332}$$

Es sei vermerkt, dass es sich bei allen Termen der dargelegten Gleichungen um Wärmeströme mit der Maßeinheit kJ/s oder kW handelt, auch wenn dies in der üblichen Begriffsbestimmung (z. B. Reaktionswärme) nicht immer deutlich wird.

Für den Fall einer einfachen volumenbeständigen Reaktion 1. Ordnung des Typs

$$A \rightarrow P, \qquad r = kc_A \tag{6.333}$$

ergibt sich aus Gl. (6.332) unter der Voraussetzung konstanter spezifischer Wärmekapazitäten folgende Wärmebilanz [s. Gl. (6.130)]:

$$\dot{m}c_p\left(T-T^0\right)+k_D A_D\left(T-T_K\right)=k_\infty e^{-\frac{E}{RT}} c_A\left(-\Delta H_R\right)V_R\,. \tag{6.334}$$

Die Lösung dieser Gleichung kann nur gemeinsam mit den Stoffbilanzen erfolgen, weil der Term der Reaktionswärme von der Konzentration des Ausgangsstoffes im Kessel abhängig ist. Analysiert man die funktionellen Abhängigkeiten der Terme der Wärmeabführung und der Reaktionswärme, dann ergibt sich im ersten Fall eine lineare Funktion von der Temperatur, die vielfach als „Wärmeabfuhrgerade" bezeichnet wird. Dagegen ergibt der Reaktionsterm wegen des Zusammenwirkens von Reaktionstemperatur und Konzentration eine gekrümmte Kurve („Wärmeerzeugungskurve"). In Abb. 6.16 a) sind solche Verläufe qualitativ dargestellt. Bei bestimmten Parameterkombinationen können sich drei Schnittpunkte der Kurven und damit drei Lösungen des Gleichungssystems ergeben. Dies würde auch drei Betriebspunkten des Reaktors entsprechen, deren Stabilität im Folgenden beurteilt werden soll.

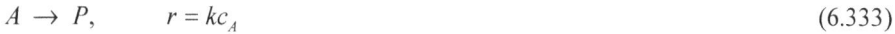

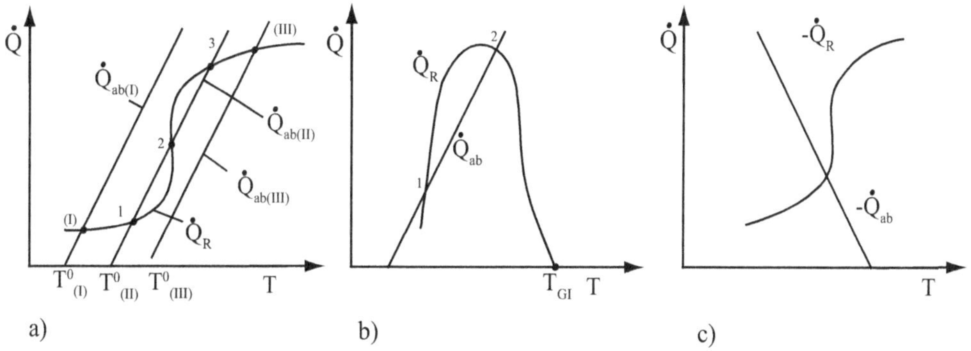

Abb. 6.16: Verläufe der Wärmeabfuhrgeraden und der Wärmeerzeugungskurve; a) Einfache irreversible exotherme Reaktion; b) Exotherme Gleichgewichtsreaktion; c) Einfache endotherme Reaktion

Zunächst wird vom Fall (I) ausgegangen, bei dem der Schnittpunkt der Kurven (Punkt (I)) und damit der zu erwartende stationäre Betriebspunkt bei einer geringen Reaktionstemperatur und damit auch bei einem geringen Umsatz liegt. Durch Änderung der Eintrittsgrößen oder der Parameter der Kühlung kann man die Lage der Kurven verändern und damit günstigere Betriebszustände erreichen. Im Fall (III) liegt eine deutlich erhöhte Eintrittstemperatur vor, die zum Betriebspunkt (III) und damit zu einem wesentlich höheren Umsatz führt. In beiden Fällen sind die Betriebspunkte stabil zu betreiben.

Andere Parameterkombinationen, wie sie für den Fall (II) vorliegen, ergeben drei Lösungen der Bilanzgleichungen und damit auch drei mögliche Betriebspunkte. Allerdings sind nur der Punkt 1 (unerwünscht – Umsatz gering) und der Punkt 3 (angestrebter Betriebspunkt – Umsatz hoch) stabil, während der Punkt 2 bei mittlerem Umsatz nicht stabil zu betreiben ist.

Die Instabilität des Punktes 2 zeigt sich darin, dass der Reaktor bei kleinsten Störungen nicht mehr zum Zustand dieses Punktes zurückkehrt, sondern die Bedingungen des Punktes 1 oder 3 anstrebt. Tritt beispielsweise eine geringe Erhöhung der Reaktionstemperatur im Punkt 2 auf, dann liegt die Wärmeerzeugungskurve wegen der Beschleunigung der chemischen Reaktion über der Wärmeabfuhrgeraden. Die Folge ist eine Erhöhung der Reaktionstemperatur, bis der stabile Betriebspunkt 3 erreicht ist. Im umgekehrter Weise bewirkt eine geringfügige Erniedrigung der Temperatur, dass die Reaktionswärme geringer ist als die abgeführte Wärme, was zu einer Abkühlung des Reaktors führt, bis der stabile Betriebspunkt 1 erreicht ist. Im Gegensatz zur Instabilität des Punktes 2 zeigt sich bei den stabilen Arbeitspunkten 1 und 3, dass jede Störung die jeweiligen Wärmeströme so beeinflusst, dass der Störung entgegen gewirkt und damit der ursprüngliche Zustand wieder angestrebt wird.

Aus diesen Überlegungen ergibt sich folgendes Stabilitätskriterium für den kontinuierlichen Rührkessel:

$$\frac{d\dot{Q}_{ab}}{dT} > \frac{d\dot{Q}_R}{dT}. \qquad (6.335)$$

Damit ist ausgesagt, dass ein stabiler Betriebspunkt des Reaktors dann vorliegt, wenn in diesem Punkt der Anstieg der Wärmeabfuhrgeraden über dem der Wärmeerzeugungskurve liegt.

Aus Gl. (6.334) ist ersichtlich, dass der Verläufe der einzelnen Funktionen durch die Eintrittsgrößen und die Parameter der Kühlung beeinflusst werden können. Die unterschiedliche Lage der Wärmeabfuhrgeraden bei verschiedenen Eintrittstemperaturen ist in Abb. 6.16 a) ersichtlich. Bei einer Änderung des Durchsatzes beeinflusst man sowohl die Wärmeabfuhrgerade als auch die Wärmeerzeugungskurve. Dieser Fall wird im Berechnungsbeispiel 6-13 demonstriert. Die Parameter des Wärmedurchganges können einerseits den Anstieg der Wärmeabfuhrgeraden durch Variation des Produktes aus Wärmedurchgangskoeffizienten und Kühlfläche beeinflussen; auf der anderen Seite bewirkt eine veränderte Kühlmitteltemperatur einen veränderten Schnittpunkt der Geraden mit der Abzisse (T-Achse).

Andere Verhältnisse liegen bei Gleichgewichtsreaktionen vor [s. Abb. 6-16 b)]. Die Wärmeerzeugungskurve weist hier ein Maximum auf, wenn eine exotherme Hinreaktion vorliegt. In diesem Bereich sollte auch der Betriebspunkt des Reaktors liegen, wenn ein möglicht hoher Umsatz angestrebt wird. Der Betriebspunkt 1 ist in diesem Fall instabil. Liegt das Eintrittsgemisch bereits bei der Gleichgewichtstemperatur T_{Gl} vor, dann ist ein weiterer Reaktionsfortschritt nicht möglich.

Bei endothermen Reaktionen ist der Reaktionsterm eine negative Größe, weil die molare Reaktionsenthalpie positiv ist. Anstelle der Wärmeerzeugung müsste man deshalb in diesem Fall von der „Wärmeverbrauchskurve“ sprechen, die in der Abb. 6.16 c) mit $-\dot{Q}_R$ bezeichnet wurde. Die negative Wärmeabfuhr $-\dot{Q}_{ab}$ ist als Wärmezufuhr zu verstehen; sie setzt sich hier aus der Heizung der Reaktionsmasse und der Differenz der konvektiven Wärmeströme am

Ein- und Austritt zusammen. Hinsichtlich der Stabilität treten bei endothermen Reaktionen keine Probleme auf, weil nur ein stabiler Betriebspunkt möglich ist.

Berechnungsbeispiel 6-13: Untersuchung des stationären und dynamischen Verhaltens eines polytropen kontinuierlichen Rührkessels am Beispiel einer irreversiblen exothermen Reaktion.

Aufgabenstellung
In einem polytropen kontinuierlich betriebenen Rührkessel läuft eine einfache volumenbeständige Reaktion erster Ordnung ab:

$$A \rightarrow B, \quad r = k_\infty e^{-\frac{E}{RT}} c_A \tag{6.336}$$

Unter der vereinfachenden Annahme, dass die Stoffwerte, die molare Reaktionsenthalpie und die Parameter der Kühlung als konstante Größen vorgegeben werden können, sind folgende Teilaufgaben zu lösen:

a) Untersuchung der Dynamik des Anfahrvorganges insbesondere im Hinblick auf das Erreichen eines gewünschten stationären Betriebspunktes;
b) Berechnung der stationären Lösungen des Bilanzgleichungssystems für vorgegebene Eintrittswerte;
c) Untersuchung des Einflusses der stationären Eintrittswerte (Temperatur, Durchsatz) auf das Umsetzungs- und Stabilitätsverhalten.

Gegebene Stoffwerte und Prozessdaten

- Kinetische Daten: $k_\infty = 7{,}8 \cdot 10^{13}\, s^{-1}$
  $E = 95\,000\, kJ\, kmol^{-1}$
- Reaktionsenthalpie $\Delta H_R = -45\,000\, kJ\, kmol^{-1}$
- Stoffwerte $c_p = 4{,}187\, kJ\, kg^{-1}\, K^{-1}$
  $\rho = 1000\, kg\, m^{-3}$
- Kühlungsparameter $k_D \cdot A_D = 5\, kW\, K^{-1}$
  $T_K = 293\, K$
- Reaktionsvolumen $V_R = 2\, m^3$
- Stationäre Eintrittswerte $c_A^0 = 4{,}8\, kmol\, m^{-3}$
  $T^0 = 282\, K$
  $\dot{V} = 0{,}01\, m^3\, s^{-1}$.

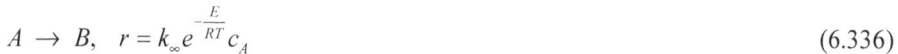

Lösung Teilaufgabe a)
Das Anfahren eines kontinuierlichen Rührkessels wird durch das allgemeine dynamische Modell dieses Reaktortyps beschrieben (s. Kapitel 6.1.3.1). Für eine einfache volumenbeständige Reaktion ergibt sich daraus das folgende Bilanzgleichungssystem.

Stoffbilanz
Nach Gl. (6.20) erhält man für die Komponente A

$$\frac{dc_A}{dt} = \frac{1}{\bar{t}}\left(c_A^0 - c_A\right) - k_\infty e^{-\frac{E}{RT}} c_A \,. \tag{6.337}$$

Aus den gegebenen Daten kann die mittlere Verweilzeit berechnet werden:

$$\bar{t} = \frac{V_R}{\dot{V}} = \frac{2\,m^3}{0{,}01\,m^3\,s^{-1}} = 200\,s$$

Wärmebilanz
Für den polytropen Fall ergibt sich nach Gl. (6.25) für die hier vorliegende einfache Reaktion folgende instationäre Wärmebilanz:

$$\frac{dT}{dt} = \frac{1}{\bar{t}}\left(T^0 - T\right) - \frac{k_D A_D}{\rho c_p V_R}\left(T - T_K\right) + \frac{\left(-\Delta H_R\right)}{\rho c_p} k_\infty e^{-\frac{E}{RT}} c_A \,. \tag{6.338}$$

Folgende Anfangswerte (gekennzeichnet mit dem unteren Index 0) sind für die Lösung erforderlich:

$t = 0 \rightarrow T = T_0$ (variabel im Bereich von 282 bis 312 K)

$c_A = c_{A0} = 4{,}8\,kmol\,m^{-3}$ (fest vorgegeben).

Zur Lösung dieses Systems von zwei gekoppelten gewöhnlichen Differentialgleichungen erster Ordnung ist ein numerisches Verfahren anzuwenden (z. B. *Runge-Kutta*-Verfahren).

Durch die Berechnung der Konzentrations- und Temperaturverläufe für die Anfahrphase des Kessels sollen vor allem folgende Fragen beantwortet werden:

1. Treten bei den gewählten Reaktionsbedingungen mehrfach stationäre Zustände auf und durch welche Anfangstemperatur ist ein erwünschter Zustand erreichbar?
2. Welche Zeit ist erforderlich, um einen annähernd stationären Zustand zu erreichen?
3. Tritt in der Anfahrphase ein Über- oder Unterschwingen der wesentlichen Zustandsgrößen auf?

Zur Klärung dieser Fragen wurde die Anfahrphase durchgerechnet, wobei zunächst der Einfluss der Anfangstemperatur im vorgegebenen Bereich untersucht wurde. Dabei ergab sich für Anfangstemperaturen zwischen 282 und $300\,K$ stets ein stationärer Betriebspunkt bei einem sehr geringen Umsatz, während für den Bereich von 302 bis $312\,K$ ein Betriebspunkt mit hohem Umsatz erreicht wird. Für den Grenzbereich der Anfangstemperatur sind die zeitlichen Verläufe der Konzentration und der Temperatur in Abb. 6.17 dargestellt.

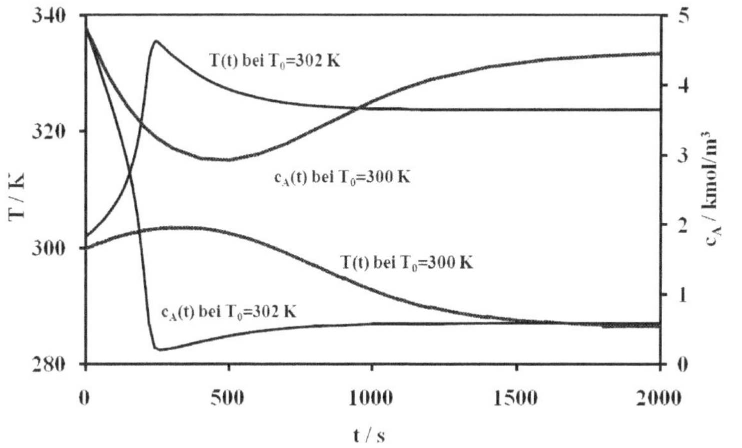

Abb. 6.17: Konzentrations- und Temperaturverläufe im kontinuierlichen Rührkessel während der Anfahrphase bei zwei verschiedenen Anfangstemperaturen

Es ist ersichtlich, dass bei $T_0 = 300\,K$ nur eine geringe Konzentrationsabnahme der reagierenden Komponente und bedingt durch die Kühlung sogar eine Abnahme der Reaktionstemperatur im Vergleich zur Anfangstemperatur erfolgen. Ganz anders stellt sich die Situation bei einer um $2\,K$ höheren Anfangstemperatur dar, bei der eine wesentlich effizientere Umsetzung und eine höhere Reaktionstemperatur zu erkennen sind. Die numerischen Ergebnisse sind in der Tabelle 6.3 zusammen gestellt.

In Abb. 6.17 ist auch zu erkennen, dass ein annähernd stationärer Zustand nach etwa $2000\,s$ vorliegt, was etwa dem zehnfachen Wert der mittleren Verweilzeit entspricht. Weiterhin wird deutlich, dass ein nicht unerhebliches Überschwingen der Reaktionstemperatur und ein Unterschwingen der Konzentration des Ausgangsstoffes auftreten.

Zu der hier durchgeführten Analyse des dynamischen Verhaltens muss bemerkt werden, dass allein die Anfangstemperatur variiert wurde. Ähnliche Einflüsse hinsichtlich des Erreichens gewünschter Betriebszustände können auch festgestellt werden, wenn die Anfangskonzentration, der Durchsatz oder die Parameter der Kühlung variiert werden.

Lösung Teilaufgabe b)
Zur Ermittlung der stationären Betriebspunkte können die Lösungen des instationären Gleichungssystems für sehr große Betriebszeiten verwendet werden, weil dann die Bedingungen

$$\frac{dT}{dt} = \frac{dc_A}{dt} = 0 \tag{6.339}$$

näherungsweise erfüllt sind. Man kann für die Lösung dieser Teilaufgabe ebenso von der stationären Stoff- und Wärmebilanz [Gleichungen (6.128) und (6.130) bzw. (6.134)] ausgehen und das System algebraischer Gleichungen lösen.

Setzt man die zeitlichen Änderungen null, dann ergibt die Wärmebilanz in der Form von Gl. (6.338) folgenden Ausdruck:

$$\frac{dT}{dt} = -W_{ab} + W_R = 0\,. \tag{6.340}$$

Dabei wurden die Abkürzungen

$$W_{ab} = \frac{\dot{Q}_{ab}}{\rho c_p V_R} = \frac{T - T^0}{\overline{t}} + \frac{k_D A_D}{\rho c_p V_R}\left(T - T_K\right) \tag{6.341}$$

und

$$W_R = \frac{\dot{Q}_R}{\rho c_p V_R} = \frac{\left(-\Delta H_R\right)}{\rho c_p} k_\infty e^{-\frac{E}{RT}} c_A \tag{6.342}$$

eingeführt, die die Maßeinheit K/s besitzen. Eine stationäre Lösung liegt damit bei

$$W_{ab} = W_R \tag{6.343}$$

vor, wobei sich die Konzentration aus der simultan zu lösenden Stoffbilanzgleichung (6.128) oder (6.337) mit der Stationaritätsbedingung (6.339) ergibt:

$$c_A = \frac{c_A^0}{1 + k_\infty e^{-\frac{E}{RT}}\overline{t}}\,. \tag{6.344}$$

Stoff- und Wärmebilanz können nur simultan gelöst werden. Eine analytische Lösung ist nicht möglich. Deshalb erfolgt die Anwendung einer Näherungsmethode (z. B. *Newton*-Verfahren).

Mit den vorliegenden Prozessbedingungen erhält man die in Abb. 6.18 dargestellten Verläufe, wobei die Schnittpunkte der Kurven drei Lösungen des Gleichungssystems darstellen. Entsprechend dem Stabilitätskriterium nach Gl. (6.335) ergeben sich mit P1 und P3 stabile Betriebspunkte, währen der Punkt P2 nicht stabil zu betreiben ist.

Die für drei Lösungen berechneten Zustandsgrößen sind in Tabelle 6.3 zusammengestellt.

Tabelle 6.3: Zustandsgrößen für die berechneten Betriebspunkte

Betriebspunkt	$W_{ab} = W_R$ K/s	T K	c_A $kmol/m^3$	U_A %
P1 – stabil	0,01738	286,3	4,47	6,87
P2 – instabil	0,1337	307,1	2,32	51,67
P3 – stabil	0,2268	323,7	0,57	88,12

Es ist ersichtlich, dass nur der stabile Betriebspunkt P3 einen akzeptablen Umsatz des Ausgangsstoffes A ergibt. Weitere Umsatzsteigerungen sind durchaus möglich, wenn beispielsweise durch Verringerung der Intensität der Kühlung eine höhere Reaktionstemperatur zulässig ist. Auch eine Vergrößerung der mittleren Verweilzeit führt zu höheren Umsätzen.

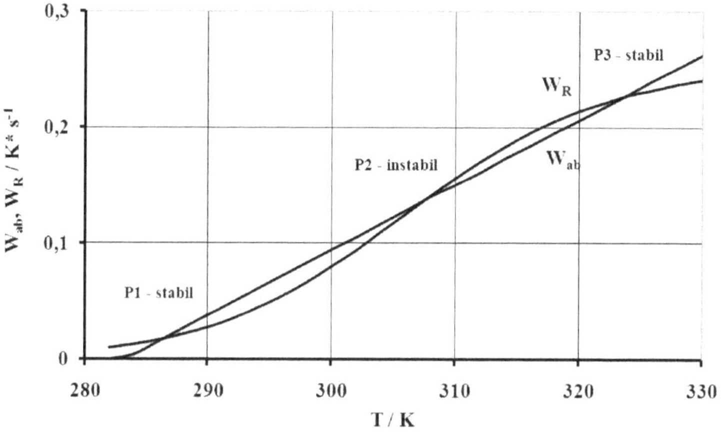

Abb. 6.18: *Ermittlung stationärer Betriebspunkte des polytropen Rührkessels*

Lösung Teilaufgabe c)

Betrachtet man allein die stationären Lösungen des Stoff- und Wärmebilanzgleichungssystems, dann lässt sich auch an diesem Berechnungsbeispiel der Einfluss der im Allgemeinen leicht zu beeinflussenden Eintrittswerte (Eintrittstemperatur, Durchsatz) deutlich machen.

Bei den hier gewählten Standardbedingungen ergeben sich bei einer Eintrittstemperatur von $282\,K$ die in Abb. 6.18 dargestellten drei Betriebspunkte. Senkt man diese Temperatur auf $278\,K$, dann ergibt sich nur eine Lösung des Bilanzgleichungssystems bei einem sehr geringen Umsatz (s. Abb. 6.19), der im praktischen Betrieb nicht akzeptabel ist. Bei einer Erhöhung der Eintrittstemperatur auf $286\,K$ tritt dagegen nur ein stabiler Betriebspunkt im Bereich hoher Umsätze auf, der im Allgemeinen angestrebt wird.

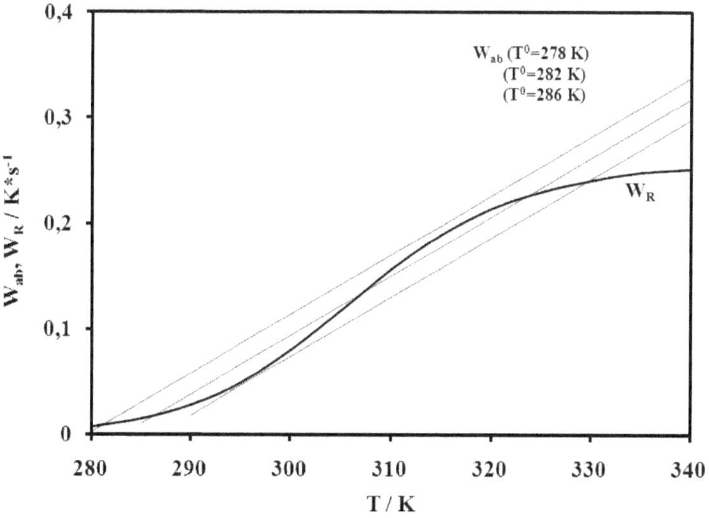

Abb. 6.19: *Einfluss der Eintrittstemperatur auf die stationären Betriebspunkte eines polytropen kontinuierlichen Rührkessels*

Aus Abb. 6.19 ersieht man auch, dass eine Variation der Eintrittstemperatur allein den Term der Wärmeabführung beeinflusst, während der Reaktionsterm unverändert bleibt. Anders stellt sich die Situation bei einer Änderung des Durchsatzes dar (Abb. 6.20). Hier variieren sowohl der Anstieg der Wärmeabfuhrgeraden als auch die Lage der Wärmeerzeugungskurve wegen der veränderten Verweilzeit des Reaktionsgemisches. Weitere im Beispiel nicht berücksichtigte Einflüsse (Wärmedurchgangskoeffizient, Druckverlust) können sich gegebenenfalls auswirken. Die berechneten Verläufe bei Durchsatzänderung zeigen, dass alle Varianten des Auftretens eines oder mehrerer stationärer Betriebspunkte mit den diskutierten Stabilitätsbedingungen möglich sind. Ein zu hoher Durchsatz führt zu einem stabilen Punkt mit nur geringer Temperaturerhöhung und damit auch zu einem geringen Umsatz. Bei Verringerung des Durchsatzes liegen zunächst die bereits diskutierten drei Betriebspunkte vor, von denen im Allgemeinen nur der stabile Punkt bei hoher Reaktionstemperatur und damit bei hohem Umsatz von Interesse ist. Schließlich kann man den Durchsatz auch so weit verringern, dass allein ein stabiler oberer Betriebspunkt möglich ist.

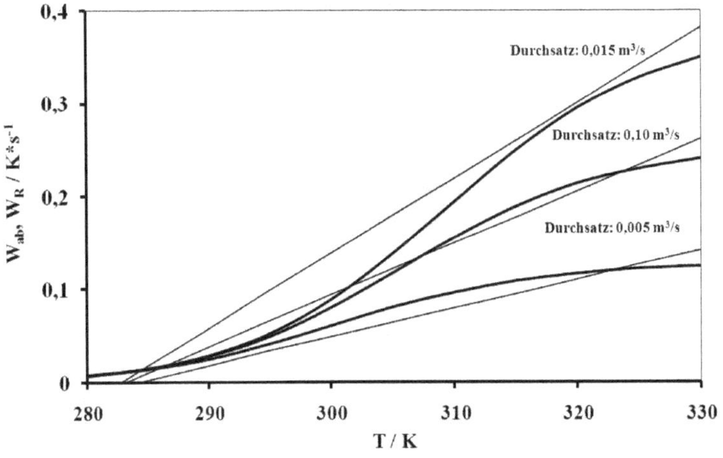

Abb. 6.20: Einfluss des Durchsatzes auf die stationären Betriebspunkte eines polytropen kontinuierlichen Rührkessels

Aus den Ergebnissen der Durchsatzvariation lässt sich auch eine einfache Anfahrstrategie des kontinuierlichen Rührkessels ableiten. Da die Drosselung des Durchsatzes im Allgemeinen problemlos möglich ist, kann man während des Anfahrvorganges den Reaktor solange mit geringerem Durchsatz betreiben, bis eine gewünschte Temperatur erreicht ist. Danach können die Standardparameter eingestellt werden, ohne dass eine Abkühlung bis zu einem unteren Betriebspunkt befürchtet werden muss.

Weitere Einflussmöglichkeiten liegen in einer Variation der die Reaktorkühlung kennzeichnenden Größen. Will man die Reaktionstemperatur erhöhen, kann man überprüfen, ob während des Anfahrvorganges oder auf Dauer eine Änderung der Kühlmitteltemperatur oder des Kühlmitteldurchsatzes bis hin zu einer annähernd adiabaten Betriebsweise im gegebenen Fall möglich ist. Dabei wird die Einbeziehung einer Kühlmittelbilanz entsprechend Gl. (6.32) erforderlich, weil sich mit einer Änderung des Kühlmitteldurchsatzes auch die mittlere Kühlmitteltemperatur und im Normalfall auch der Wärmedurchgangskoeffizient ändern.

7 Reaktorschaltungen

Industrielle Reaktionsprozesse sind vielfach dadurch gekennzeichnet, dass eine Verschaltung von Einzelreaktoren zu einem Reaktorsystem oder auch von Reaktionsräumen innerhalb eines Apparates erfolgt. Die einzelnen Reaktoren oder Reaktionsräume können dabei bezüglich ihrer strömungstechnischen Charakteristik, des wärmetechnischen Regimes sowie der geometrischen und konstruktiven Gestaltung gleich oder unterschiedlich sein.

Im vorliegenden Kapitel werden einige Grundzüge des Entwurfes und der Berechnung von Reaktorschaltungen dargelegt, die unter verfahrenstechnischer Sicht besondere Bedeutung besitzen. Der Schwerpunkt liegt auf der Gestaltung und Berechnung von Rührkesselkaskaden als einem häufig eingesetzten Reaktortyp mit einigen prinzipiellen Besonderheiten gegenüber den bisher behandelten Grundtypen chemischer Reaktoren.

Als spezielle Variante der Verschaltung von Stoffströmen können Reaktorkreisläufe angesehen werden. Mit dem Ziel der Effizienzsteigerung des gesamten Reaktionsprozesses erfolgt hier eine Rückführung bestimmter Anteile der Reaktionsmischung in einem Kreislauf, in dem auch Stofftrennprozesse sowie Kühl- oder Heizeinrichtungen integriert sei können.

7.1 Industrielle Anwendungsbeispiele

Unter systemtechnischen Gesichtspunkten werden Reaktorschaltungen in Reihen- Parallel- und Kreislaufschaltungen unterteilt. Bei der Anwendung solcher Schaltungen geht man in den meisten Fällen von folgenden Zielsetzungen aus:

- Der erreichbare Grad der Stoffwandlung (Umsätze, Ausbeuten) soll durch Hinzuschalten weiterer Reaktoren oder durch geeignete Verschaltung der Stoffströme erhöht werden.
- Durch die Anwendung von Reaktorschaltungen strebt man eine höhere Flexibilität der Reaktionsführung insbesondere hinsichtlich der Schaffung günstiger Triebkraftverhältnisse (Temperatur- und Konzentrationsbedingungen) an.
- Aus Gründen der technischen Realisierbarkeit macht sich bei vielen industriellen Prozessen die Anwendung von Reaktorsystemen erforderlich, wenn ein Einstufenbetrieb allein wegen der notwendigen Größe des Reaktors oder unüblicher Bauhöhen auszuschließen ist.
- Bei der Anwendung von Reaktorschaltungen lassen sich neben Problemen der stofflichen Regeneration auch Probleme der energetischen Regeneration lösen.

Die verfahrenstechnischen Aspekte der Gestaltung günstiger Temperatur- und Konzentrationsverhältnisse treten vielfach bei der *Reihenschaltung* von Reaktoren (Reaktorkaskaden) und *Reaktoren mit Produktkreisläufen* in den Vordergrund. Eine Kaskade kann dabei aus gleich oder unterschiedlich großen Einzelreaktoren aufgebaut sein, wobei zwischen den einzelnen Apparaten Zwischeneinspeisungen oder Produktentnahmen sowie Zwischenkühlungen oder Zwischenaufheizungen möglich sind. Auch Festbettreaktoren der heterogenen Gaskatalyse mit mehreren Katalysatorschichten (Mehrschichtreaktoren, Etagenreaktoren – s. Kapitel 9.3.2) können als Reihenschaltung von Teilreaktoren aufgefasst werden, die in diesem Fall in einem Apparat untergebracht sind.

Die *Parallelschaltung* von Einzelreaktoren erfolgt im Allgemeinen mit dem Ziel der Durchsatzvergrößerung, wobei in der Regel gleich aufgebaute Reaktoren verschaltet werden. Als einzelne Apparate können sie im System beliebig zu- oder abgeschaltet werden. Im erweiterten Sinn ist auch der Röhrbündelreaktor, in dem hunderte oder tausende Einzelrohre von der Reaktionsmischung durchströmt werden, eine Parallelschaltung von Reaktoren. Allerdings ist das Ziel einer gleichmäßigen Durchströmung und gleichartiger Bedingungen für die Temperierung der Rohre nur näherungsweise zu erreichen. Wegen sehr günstiger Bedingungen der Wärmezu- oder -abführung wird dieser Reaktortyp sehr häufig eingesetzt.

7.2 Gestaltung und allgemeine stoffliche Bilanzierung von Reaktorkaskaden

In diesem Kapitel werden für eine Reaktorkaskade mit Q in Reihe geschalteten Einzelreaktoren die Beziehungen zwischen den Gesamt- und Teilumsätzen sowie den Umsätzen von Einzelreaktoren abgeleitet, die für die Berechnung und Bewertung der Kaskade wesentlich sind. Dazu gehört auch die Darlegung der Zusammenhänge zwischen den Austrittsgrößen eines Reaktors der Kaskade und den Eintrittsgrößen des folgenden Reaktors. Über die Art der Einzelreaktoren (strömungstechnische und wärmetechnische Bedingungen) werden zunächst keine Voraussetzungen getroffen.

Reaktorkaskade ohne Zwischenkühlung und Zwischeneinspeisung

Wie in Abb. 7.1 a) dargelegt entsprechen die Eintrittsbedingungen für den K-ten Reaktor einer Kaskade bezüglich der Komponentenströme und der Temperatur (unter Vernachlässigung von Wärmeverlusten in den Rohrleitungen) den Austrittswerten des ($K-1$)-ten Reaktors:

$$\dot{n}_i^{0(K)} = \dot{n}_i^{A(K-1)} \tag{7.1}$$

$$T^{0(K)} = T^{A(K-1)} . \tag{7.2}$$

Verwendet man als kennzeichnende Größe für den Ablauf einer einfachen Reaktion den Umsatz einer Bezugskomponente k, dann gelten für den K-ten Reaktor der Kaskade folgende Definitionen:

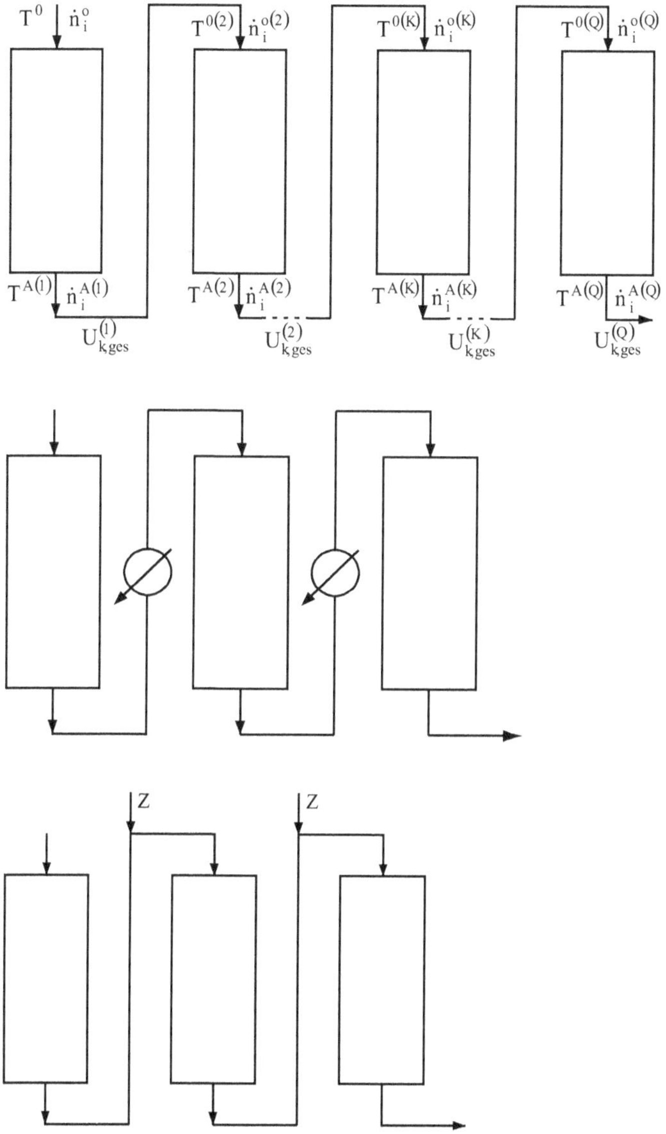

Abb. 7.1: *Schaltungsvarianten von Reaktorkaskaden;*
a) Kaskade ohne Zwischenkühlung und -einspeisung; b) Kaskade mit Zwischenkühlung;
c) Kaskade mit Zwischeneinspeisung

Gesamtumsatz
Der Bezug erfolgt hier auf den Eintrittsmolstrom für den ersten Reaktor der Kaskade und erfasst die gesamte Umsetzung bis zum Austritt des K -ten Reaktors.

$$U_{k,ges}^{(K)} = \frac{\dot{n}_k^0 - \dot{n}_k^{A(K)}}{\dot{n}_k^0} \tag{7.3}$$

Teilumsatz
Durch diese Größe wird die Umsetzung innerhalb des K -ten Reaktors erfasst, wobei als Bezugsgröße ebenfalls der Eintrittsmolstrom für den ersten Reaktor verwendet wird.

$$\Delta U_k^{(K)} = \frac{\dot{n}_k^{0(K)} - \dot{n}_k^{A(K)}}{\dot{n}_k^0} \tag{7.4}$$

Einzelumsatz
Bei dieser Größe betrachtet man den K -ten Reaktor unabhängig von den anderen Reaktoren der Kaskade und definiert den Umsatz mit Bezug auf dessen Eintrittswert.

$$U_k^{(K)} = \frac{\dot{n}_k^{0(K)} - \dot{n}_k^{A(K)}}{\dot{n}_k^{0(K)}} \tag{7.5}$$

Mit den Definitionen (7.3) und (7.4) ergibt sich folgender Zusammenhang:

$$U_{k,ges}^{(K)} = \sum_{s=1}^{K} \Delta U_k^{(s)} \,. \tag{7.6}$$

Der Stoffmengenstrom (Molstrom) am Austritt eines Reaktors einer Kaskade für eine beliebige Komponente einer einfachen Reaktion hat bei Verwendung des Gesamtumsatzes folgende Form [vergleiche Gl. (3.20)]:

$$\dot{n}_i^{A(K)} = \dot{n}_i^0 + \frac{\nu_i}{|\nu_k|} \dot{n}_k^0 U_{k,ges}^{(K)} \,. \tag{7.7}$$

Reaktorkaskade mit Zwischenkühlung
Mit einer Zwischenkühlung zwischen den Reaktoren einer Kaskade wird im Allgemeinen das Ziel verfolgt, die Reaktion im Interesse hoher Stoffänderungsgeschwindigkeiten oder der Vermeidung Gefahr bringender Zustände in gewünschten Temperaturbereichen ablaufen zu lassen. Die Anwendung erfolgt oft bei Gleichgewichtsreaktionen, bei denen eine Zwischenkühlung nach jeweils einem adiabaten Teilreaktor erfolgt. Vielfach befindet sich die Kaskade mit Zwischenkühlungen in einem Reaktionsapparat, wie dies beim heterogen-gaskatalytischen Mehrschichtreaktor (s. Abb. 9.28) der Fall ist.

Für die in Abb. 7.1 b) dargestellte Reaktorkaskade mit Zwischenkühlung gilt ebenso wie bei der Kaskade ohne Zwischenkühlung, dass die Stoffmengenströme am Austritt des ($K-1$)-ten Reaktors denen am Eintritt des K -ten Reaktors entsprechen (Gl. 7.1). Dagegen ist

Gl. (7.2) wegen der hier vorausgesetzten Zwischenkühlung (oder gegebenenfalls auch Zwischenaufheizung) nicht gültig:

$$T^{0(K)} \neq T^{A(K-1)}. \tag{7.8}$$

Die Eintrittstemperatur des K-ten Reaktors wird über die Berechnung des zwischen dem ($K-1$)-ten und K-ten Reaktor angeordneten Wärmeübertragers ermittelt.

Reaktorkaskade mit Zwischeneinspeisung

Die Reaktorkaskade mit Zwischeneinspeisung ist in Abb. 7.1 c) dargestellt. Diese Variante ist prinzipiell einer Kaskade mit Zwischenentnahme gleichzusetzen, die man z. B. bei Gleichgewichtsreaktionen im Interesse einer Verringerung der Geschwindigkeit der Rückreaktion vorsehen kann. Sie ist aber im Gegensatz zu einer meist unkomplizierten Zuspeisung an einen Trennapparat gebunden.

Der K-te Reaktor einer Kaskade mit Zwischeneinspeisung ist in Abb. 7.2 charakterisiert. Die Indizierung der Zwischeneinspeisung wird so vorgenommen, dass die K-te Zwischeneinspeisung vor dem K-ten Reaktor erfolgt.

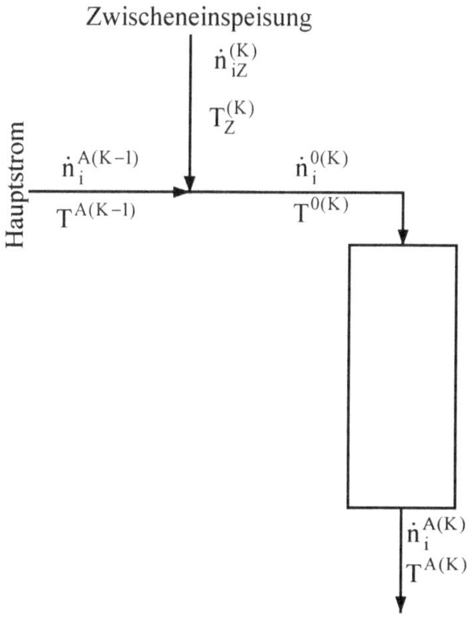

Abb. 7.2: Teilreaktor einer Kaskade mit Zwischeneinspeisung

Für den betrachteten Reaktor ergeben sich folgende Eintrittsbedingungen:

$$\dot{n}_i^{0(K)} = \dot{n}_i^{A(K-1)} + \dot{n}_{iZ}^{(K)} \tag{7.9}$$

$$T^{0(K)} = Z_m^{(K)} \frac{c_p^{A(K-1)}}{c_p^{0(K)}} T^{A(K-1)} + \left(1 - Z_m^{(K)}\right) \frac{c_{p,Z}^{(K)}}{c_p^{0(K)}} T_Z^{(K)}. \tag{7.10}$$

Dabei wurde ein massenbezogener Seitenstromfaktor verwendet:

$$Z_m^{(K)} = \frac{\dot{m}^{A(K)}}{\dot{m}^{0(K)}}. \tag{7.11}$$

Auch bei der Kaskade mit Zwischeneinspeisung kann man bei Vorliegen einfacher Reaktionen den Umsatz einer Bezugskomponente zur Bilanzierung aller Komponenten verwenden. Der Umsatz ist dabei auf die gesamte zugespeiste Menge dieses Stoffes zu beziehen.

Gesamtumsatz

$$U_{k,ges}^{(K)} = \frac{\dot{n}_k^0 + \sum_{s=2}^{K} \dot{n}_{kZ}^{(s)} - \dot{n}_k^{A(K)}}{\dot{n}_k^0 + \sum_{s=2}^{K} \dot{n}_{kZ}^{(s)}} \tag{7.12}$$

Teilumsatz

$$\Delta U_k^{(K)} = \frac{\dot{n}_k^{0(K)} - \dot{n}_k^{A(K)}}{\dot{n}_k^0 + \sum_{s=2}^{K} \dot{n}_{kZ}^{(s)}} \tag{7.13}$$

Damit lässt sich folgende stöchiometrische Bilanz für eine beliebige Komponente einer einfachen Reaktion formulieren:

$$\dot{n}_i^{A(K)} = \dot{n}_i^0 + \sum_{s=2}^{K} \dot{n}_{iZ}^{(s)} + \frac{\nu_i}{|\nu_k|}\left(\dot{n}_k^0 + \sum_{s=2}^{K} \dot{n}_{kZ}^{(s)}\right) U_{k,ges}^{(K)}. \tag{7.14}$$

Durch die Lösung der Stoffbilanz für jeden Reaktor der Kaskade können alle Teilumsätze berechnet werden. Nach Gl. (7.6) ergibt sich daraus der Gesamtumsatz, mit dessen Hilfe Gl. (7.14) gelöst werden kann.

7.3 Rührkesselkaskade

Die Rührkesselkaskade stellt eine Reihenschaltung ideal durchmischter Reaktoren dar, die gegenüber den kontinuierlichen Reaktorgrundtypen (Kontinuierlicher Rührkessel, Idealer Rohrreaktor) spezifische Vor- und Nachteile besitzt. Mitunter wird die Kaskade selbst als ein Reaktorgrundtyp bezeichnet.

Die im Kapitel 7.2 dargelegten Grundzüge der stofflichen Bilanzierung von Reaktorkaskaden beliebigen Typs gelten auch für die Rührkesselkaskade, bei der ebenso einfache Reihenschaltungen wie Kaskaden mit Zwischeneinspeisungen und Zwischenkühlungen angewendet werden.

7.3.1 Vor- und Nachteile von Rührkesselkaskaden

Die Rührkesselkaskade als Reihenschaltung von zwei bis zu mehr als zehn ideal durchmischten Rührreaktoren wird naturgemäß stets kontinuierlich betrieben, wobei im Allgemeinen der stationäre Betriebszustand angestrebt wird. Sie liegt hinsichtlich des Vermischungsverhaltens zwischen dem kontinuierlichen Rührkessel (vollständige Durchmischung des gesamten Reaktionsraumes) und dem idealen Rohrreaktor (keine Rückvermischung im gesamten Reaktionsraum). Bei der Kaskade tritt insofern eine teilweise Vermischung auf, als zwar der einzelne Apparat vollständig vermischt ist, zwischen den Kesseln aber keine Rückvermischungsströme auftreten sollen. Diese Charakteristik hat zur Folge, dass das sehr ungünstige Umsetzungsverhalten des kontinuierlichen Rührkessels als einzelner Reaktor bei Anwendung einer Kaskade umso weniger auftritt desto mehr Kessel eingesetzt werden. Mit steigender Kesselzahl werden die günstigen Umsätze und Selektivitäten, die das Strömungsrohr auszeichnen, immer besser angenähert. Die Ursache der mit einer Kaskadierung verbundenen Umsatzverbesserung kann leicht erklärt werden. Während in einem Kessel meist gewünschte niedrige Austrittskonzentrationen der reagierenden Komponenten vorliegen und damit im gesamten Reaktionsvolumen im Normalfall geringe Reaktionsgeschwindigkeiten verbunden sind, erfolgt der Konzentrationsabbau in der Kaskade schrittweise, wodurch im Durchschnitt höhere Reaktionsgeschwindigkeiten auftreten. Der Idealfall würde bei unendlich vielen Kesseln vorliegen, weil dadurch das Verhalten des idealen Rohrreaktors erreicht werden könnte. Bei den hier angestellten Vergleichen der Reaktortypen muss in jedem Fall von denselben Eintrittsbedingungen und gleich großen Reaktionsvolumina (bei der Kaskade Gesamtvolumen aller Kessel) ausgegangen werden.

Die beschriebenen reaktionstechnischen Vorteile, die mit der Kaskade gegenüber dem Einzelkessel erreicht werden können, sind mit dem Nachteil des wesentlich höheren apparatetechnischen Aufwandes verbunden. Entsprechend der Kesselzahl sind mehrere (allerdings kleinere) Rührkessel einzusetzen. In gleicher Anzahl sind Rührer mit der notwendigen Antriebstechnik sowie Verbindungsleitungen, Armaturen und oft auch Mess- und Regelungseinrichtungen erforderlich. Hat man sich für diesen Aufwand entschieden, dann gewinnt man allerdings vielfach auch bedeutsame Möglichkeiten einer höheren Flexibilität der Prozessführung. Dazu gehört die Möglichkeit der Realisierung unterschiedlicher Temperaturen und Verweilzeiten in den einzelnen Kesseln sowie der Zwischeneinspeisung oder Zwischenentnahme von Komponenten.

Rührkesselkaskaden werden für die Durchführung von Flüssigphasenreaktionen, für Gas-Flüssig- und für Fest-Flüssig-Reaktionen eingesetzt (Nitrierungen, Halogenierungen, Oxidationen, Veresterungen). Eine bedeutende Rolle spielen sie auch in der Polymerisationstechnik. Mitunter findet man das Prinzip der Kaskade auch innerhalb eines Reaktionsapparates, der mehrere mit Rührern versehene Kammern besitzt.

7.3.2 Berechnung von Rührkesselkaskaden

Bei der Berechnung von Rührkesselkaskaden sind die grundsätzlichen Gesichtspunkte der stofflichen Bilanzierung von Reaktorkaskaden, die im Kapitel 7.2 dargelegt wurden, ohne Einschränkungen gültig. Die Besonderheiten der Kaskade von ideal durchmischten Reaktoren ergeben sich allein aus der speziellen Form der Stoff- und Wärmebilanzen, die im Kapitel 6.1.3 für den stationären Rührkesselbetrieb bereits beschrieben wurden. Das dort für einen Kessel dargelegte Bilanzgleichungssystem ist hier lediglich für alle Reaktoren der Kaskade zu formulieren. Dabei sollen folgende Voraussetzungen getroffen werden:

- Die Berechnung der Kaskade erfolgt nur für den stationären Betriebszustand. Für die Untersuchung nicht stationärer Bedingungen (An- und Abfahrverhalten, Analyse von Störungen des Reaktorbetriebes) sind die instationären Rührkesselbilanzen für jeden Kessel der Kaskade anzuwenden (s. allgemeines Rührkesselmodell im Kapitel 6.1.3).
- Jeder einzelne Kessel ist ideal durchmischt. Rückvermischungsströme zwischen den Kesseln treten nicht auf.
- Es erfolgen keine Zwischeneinspeisungen und keine Temperierungen (Zwischenkühlung oder Zwischenaufheizung) zwischen den einzelnen Kesseln. Die Austrittswerte eines Reaktors entsprechen also den Eintrittswerten des folgenden Kessels (s. Abb. 7.3).
- Hinsichtlich der Temperierung der einzelnen Kessel werden vorerst keine Voraussetzungen getroffen. Die Wärmebilanz wird für den allgemeinen polytropen Fall formuliert.

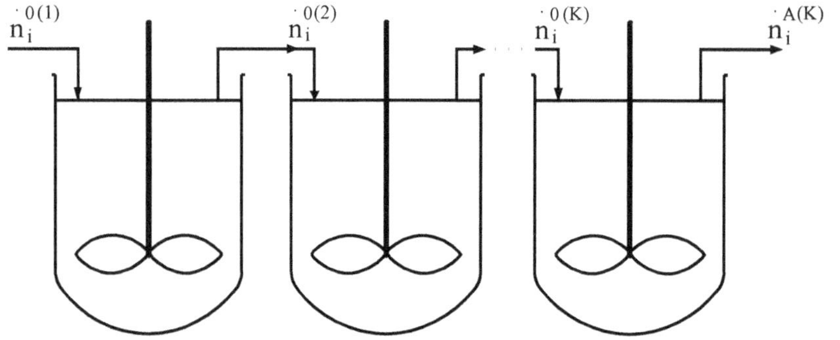

Abb. 7.3: Rührkesselkaskade ohne Zwischeneinspeisung

Stoffbilanz für den K-ten Kessel

Gegenstand der Bilanzierung ist ein beliebiger Kessel der Kaskade, der mit dem oberen Index (K) gekennzeichnet ist (s. Abb. 7.4). Für diesen Kessel hat die Stoffbilanz für den stationären Zustand entsprechend Gl. (6.126) folgende Form:

$$\dot{n}_i^{(K)} - \dot{n}_i^{0(K)} = R_i^{(K)} V_R^{(K)} . \tag{7.15}$$

Diese Stoffbilanz ist für jeden Kessel einer Kaskade und dort wieder für alle Schlüsselkomponenten eines Reaktionssystems zu formulieren. Die zusätzlichen Berechnungsgleichungen für die Stoffmengenströme der Nichtschlüsselkomponenten ergeben sich wie bei anderen Reaktoren auch aus den stöchiometrischen Bilanzen.

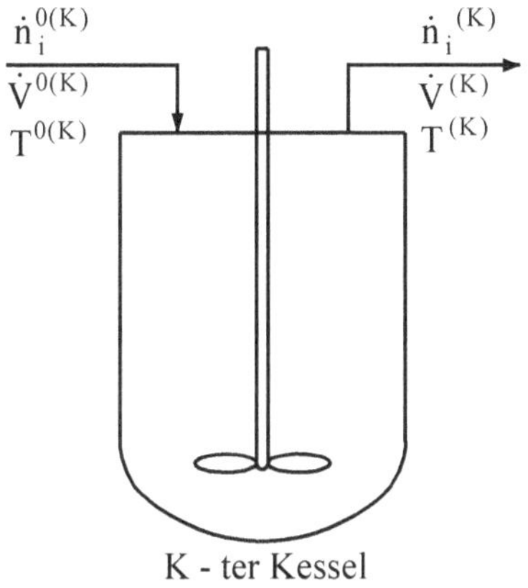

Abb.7.4: Ein beliebiger Kessel der Rührkesselkaskade

Unter den hier getroffenen Voraussetzungen (keine Zwischeneinspeisungen) gilt die Beziehung

$$\dot{n}_i^{0(K)} = \dot{n}_i^{(K-1)} \,. \tag{7.16}$$

Für den volumenbeständigen Fall ergibt sich mit

$$\dot{V}^{(K)} = \dot{V}^{0(K)} \tag{7.17}$$

sowie

$$c_i^{(K)} = \frac{\dot{n}_i^{(K)}}{\dot{V}^{(K)}} \tag{7.18}$$

und der mittleren Verweilzeit des K -ten Kessels

$$\overline{t}^{(K)} = \frac{V_R^{(K)}}{\dot{V}^{(K)}} \tag{7.19}$$

eine Form der Stoffbilanz, die Gl. (6.128) entspricht:

$$c_i^{(K)} - c_i^{(K-1))} = R_i^{(K)} \overline{t}^{(K)} \,. \tag{7.20}$$

Das System der Stoffbilanzen in Form von Gl. (7.15) oder (7.20) kann nur gelöst werden, wenn die Stoffänderungsgeschwindigkeiten in jedem Kessel berechnet werden können. Dazu müssen die Temperaturen für die gesamte Kaskade bekannt sein oder vorgegeben werden. Ist dies nicht der Fall oder will man die Parameter des Kühl- bzw. Heizsystems berechnen, dann ist die Wärmebilanz für jeden Kessel gemeinsam mit den Stoffbilanzen und der Wärmeträgerbilanz zu lösen.

Wärmebilanz für den K-ten Kessel

Überträgt man die Wärmebilanz für einen stationären kontinuierlichen Rührkessel gemäß Gl. (6.130) auf den Einzelkessel einer Kaskade, ergibt sich folgende Wärmebilanz:

$$\dot{m}\left(c_p^{(K)}T^{(K)} - c_p^{0(K)}T^{0(K)}\right) = \sum_j r_j^{(K)}\left(-\Delta H_{Rj}\right)V_R^{(K)} - k_D^{(K)}A_D^{(K)}\left(T^{(K)} - T_K^{(K)}\right) \tag{7.21}$$

Diese Wärmebilanz ist für jeden Kessel zu formulieren. Das entstehende Gleichungssystem kann nur gemeinsam mit den Stoffbilanzen gelöst werden, weil die im Quellterm enthaltenen Reaktionsgeschwindigkeiten temperatur- und konzentrationsabhängig sind.

Erfolgt keine Wärmezu- oder -abführung, dann liegt das adiabate Reaktionsregime vor. In diesem Fall verschwindet der Wärmeübertragungsterm.

Wärmeträgerbilanz

In der Wärmebilanz erscheint die Kühl- oder Heizmitteltemperatur als eine zusätzliche Variable. Wird diese Größe nicht vorgegeben, dann kann sie mit Hilfe der Wärmeträgerbilanz berechnet werden. Vorausgesetzt wird hier eine vollständige Vermischung des Wärmeträgers im Kühl- oder Heizmantel, so dass dessen Austrittstemperatur in etwa der für die Triebkraft der Wärmeübertragung wichtigen mittleren Temperatur entsprechen soll:

$$k_D^{(K)}A_D^{(K)}\left(T^{(K)} - T_K^{(K)}\right) = \dot{m}_K^{(K)}\left(c_{pK}^{(K)}T_K^{(K)} - c_{pK}^{0(K)}T_K^{0(K)}\right). \tag{7.22}$$

Im Allgemeinen gilt wegen der relativ kleinen Temperaturdifferenzen zwischen dem Ein- und Austritt des Wärmeträgers:

$$c_{pK}^{(K)} \approx c_{pK}^{0(K)}. \tag{7.23}$$

Mathematische Lösung und verfahrenstechnische Informationen

Besteht die Kaskade aus insgesamt Q Kesseln, dann hat man bei Vorliegen von N Schlüsselkomponenten die folgende Anzahl algebraischer Gleichungen zu lösen:

- Polytrope Reaktionsführung: $(N \times Q)$ Stoffbilanzen, Q Wärmebilanzen und Q Wärmeträgerbilanzen;
- Adiabate Reaktionsführung: $(N \times Q)$ Stoffbilanzen, Q Wärmebilanzen;
- Isotherme Reaktionsführung: $(N \times Q)$ Stoffbilanzen.

Hinzu kommen in jedem Fall die stöchiometrischen Bilanzen zur Berechnung der Konzentrationen oder Stoffmengenströme der Nichtschlüsselkomponenten. Häufig sind Vereinfachungen des Modells dadurch möglich, dass die innerhalb der Kaskade auftretenden Temperaturdifferenzen nur geringfügige Änderungen der spezifischen Wärmekapazitäten und der Reaktionsenthalpien verursachen und diese Größen deshalb näherungsweise konstant gesetzt werden können. In vielen Fällen sind auch die Reaktionsvolumina und die Wärmeübertragungsbedingungen der einzelnen Kessel identisch.

Das nichtlineare algebraische Gleichungssystem ist für die einzelnen wärmetechnischen Anwendungsfälle mit Hilfe üblicher Iterationsverfahren zu lösen. Eine technisch wichtige Aufgabenstellung kann darin bestehen, dass die Eintrittsbedingungen für den ersten Kessel

(Konzentrationen, Temperatur, Durchsatz), das Reaktionsvolumen und die Wärmeübertragungsbedingungen aller Kessel vorgegeben werden und eine schrittweise Berechnung der Kaskade vom ersten bis zum letzten Kessel ohne Iteration über die gesamte Kaskade erfolgt. Iterative Lösungen sind allerdings im nicht isothermen Fall für jeden einzelnen Kessel erforderlich. Die Lösung des Modells ergibt im hier beschriebenen Fall folgende Informationen für jeden Reaktor der Kaskade:

- Austritts- bzw. Reaktorkonzentrationen aller Komponenten,
- Austritts- bzw. Reaktortemperaturen,
- Temperatur des Wärmeträgers am Austritt.

Weitere Berechnungsmöglichkeiten können von Interesse sein, wenn andere Größen vorgegeben oder ermittelt werden sollen, wobei folgende Beispiele genannt werden können:

- Bei festgelegten Reaktionsvolumina der einzelnen Kessel wird eine gewünschte Abstufung der Reaktionstemperaturen vorgegeben. Dann können notwendige Temperaturen und Durchsätze des Wärmeträgers oder – wenn diese vorgegeben sind – auch erforderliche Kühlflächen oder Wärmedurchgangskoeffizienten berechnet werden.
- Es wird ein Umsatz oder die Austrittskonzentration einer Komponente nach dem letzten Kessel vorgegeben. Setzt man gleich große Reaktionsvolumina aller Kessel voraus, dann kann man dieses Volumen und die Konzentrationen aller Komponenten in allen Kesseln berechnen. Im nicht isothermen Fall werden auch alle Reaktionstemperaturen berechnet. Bei der Lösung des nichtlinearen Gleichungssystems muss über die gesamte Kaskade iteriert werden.
- Unter den vereinfachenden Voraussetzungen einer konstanten Temperatur und einer für alle Kessel konstanten mittleren Verweilzeit kann die zum Erreichen eines bestimmten Umsatzes erforderliche Kesselzahl direkt berechnet werden.

Bei einfachen Reaktionstypen und ganzzahligen Reaktionsordnungen in den kinetischen Gleichungen sind analytische Lösungen möglich (s. Berechnungsbeispiele).

Berechnungsbeispiele zur Rührkesselkaskade

Berechnungsbeispiel 7-1: Berechnung einer isothermen Rührkesselkaskade bei Vorliegen einer einfachen volumenbeständigen Reaktion

Aufgabenstellung

Für die Hydrolyse eines Kohlenwasserstoffes in wässriger HCl-Lösung ist eine Rührkesselkaskade auszulegen. Die nach dem Reaktionsschema

$$C + W \xrightarrow{H^+} S + A \tag{7.24}$$

(C Kohlenstoff, W Wasser, S und A Reaktionsprodukte)

ablaufende Umsetzung folgt einem Geschwindigkeitsgesetz 1. Ordnung bezüglich des Kohlenwasserstoffes[7-1]. Gefordert ist ein Endumsatz der Komponente C von 95 %.

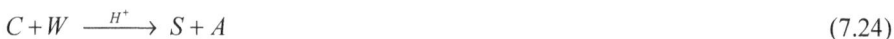

Folgende Teilaufgaben sind zu lösen:

a) Wie viele Kessel mit einem Volumen von $V_R = 6\,m^3$ sind in Reihe zu schalten, um den geforderten Umsatz zu erreichen und welche Konzentrationen liegen in den einzelnen Kesseln vor?
b) Welches Volumen eines einzelnen Reaktors bzw. der Kaskade insgesamt ist notwendig, um in
   - einem kontinuierlichen Rührkessel,
   - einer Kaskade aus zwei bis zehn Kesseln,
   - einem idealen Rohrreaktor

   den gleichen Endumsatz von 95 % zu erreichen?

Gegebene Daten

Eintrittsvolumenstrom	$\dot{V} = 0,0012\,m^3\,s^{-1}$
Eintrittskonzentrationen	$c_C^0 = 0,2\,kmol\,m^{-3}$
	$c_S^0 = c_A^0 = 0$
Reaktionskinetische Konstante	$k = 9,33 \cdot 10^{-5}\,s^{-1}$

Voraussetzungen für die Berechnung der Kaskade
- Die einzelnen Kessel der Kaskade besitzen das gleiche Reaktionsvolumen.
- Die Reaktion verläuft volumenbeständig und unter isothermen Bedingungen in allen Kesseln der Kaskade.
- Wasser wird im Überschuss dosiert, so dass dessen Konzentration in etwa konstant bleibt.

Lösung Teilaufgabe a)
Ausgangspunkt der Berechnung der Kaskade ist die Stoffbilanzgleichung (7.20) für den volumenbeständigen Fall. Eine Wärmebilanz ist nicht erforderlich, weil isotherme Bedingungen vorausgesetzt werden.

Stoffbilanzen für die einzelnen Kessel der Kaskade
Die Stoffbilanzen werden für den Stoff C als Bezugskomponente formuliert. Mit der Definition des Umsatzes in einem beliebigen Kessel K

$$U^{(K)} = U_{C,ges}^{(K)} = \frac{c_C^0 - c_C^{(K)}}{c_C^0} \qquad (7.25)$$

und der Stoffänderungsgeschwindigkeit

$$R_C^{(K)} = -kc_C^{(K)} \qquad (7.26)$$

erhält man nach Gl. (7.20) folgende Stoffbilanzen:

1. Kessel:

$$U^{(1)} = k\bar{t}\left(1 - U^{(1)}\right) \qquad (7.27)$$

2. Kessel:

$$U^{(2)} - U^{(1)} = k\bar{t}\left(1 - U^{(2)}\right) \tag{7.28}$$

Q-ter Kessel, in dem der geforderte Umsatz $U^{(Q)} = 0,95$ erreicht werden soll:

$$U^{(Q)} - U^{(Q-1)} = k\bar{t}\left(1 - U^{(Q)}\right). \tag{7.29}$$

Die Produktkonzentrationen in den einzelnen Kesseln können mit Hilfe der stöchiometrischen Bilanzen berechnet werden:

$$c_C^{(K)} = c_C^0 - c_C^0 U^{(K)} \tag{7.30}$$

$$c_S^{(K)} = c_C^0 U^{(K)} \tag{7.31}$$

$$c_A^{(K)} = c_C^0 U^{(K)}. \tag{7.32}$$

Das System der Stoffbilanzgleichungen kann sukzessiv gelöst werden. Man erhält aus den Gleichungen (7.26) bis (7.28) durch schrittweises Einsetzen des Umsatzes:

$$U^{(1)} = \frac{k\bar{t}}{1 + k\bar{t}} \tag{7.33}$$

$$U^{(2)} = 1 - \frac{1}{\left(1 + k\bar{t}\right)^2} \tag{7.34}$$

$$U^{(Q)} = 1 - \frac{1}{\left(1 + k\bar{t}\right)^Q}. \tag{7.35}$$

Gl. (7.35) kann direkt nach der gesuchten Kesselzahl, die den gewünschten Umsatz ermöglicht, aufgelöst werden:

$$Q = \frac{\lg\left(\frac{1}{1 - U^{(Q)}}\right)}{\lg\left(1 + k\bar{t}\right)}. \tag{7.36}$$

Die mittlere Verweilzeit des einzelnen Kessels ergibt sich nach Gl. (7.19):

$$\bar{t} = \frac{6\,m^3}{0,0012\,m^3\,s^{-1}} = 5000\,s.$$

Damit kann die erforderliche Kesselzahl berechnet werden:

$$Q = 7,82.$$

Um den geforderten Umsatz zu erreichen, sind somit 8 in Reihe geschaltete Kessel erforderlich. Die in den einzelnen Kesseln vorliegenden Umsätze werden nach den Gleichungen (7.27) bis (7.32) berechnet. Die Ergebnisse sind in der Tabelle 7.1 zusammengestellt.

Tabelle 7.1: Umsätze und Konzentrationen in der Rührkesselkaskade (8 Kessel)

Kessel	Umsatz	Konzentrationen in kmol m^{-3}		
		c_C	c_S	c_A
1	0,318	0,136	0,064	0,064
2	0,535	0,093	0,107	0,107
3	0,683	0,063	0,137	0,137
4	0,784	0,043	0,157	0,157
5	0,853	0,029	0,171	0,171
6	0,900	0,020	0,180	0,180
7	0,931	0,014	0,186	0,186
8	0,953	0,009	0,191	0,191

Lösung Teilaufgabe b)

Zur Berechnung des notwendigen Volumens eines Reaktors einer Rührkesselkaskade mit insgesamt Q gleich großen Kesseln kann von der Stoffbilanzgleichung (7.35) ausgegangen werden:

$$\left(1+k\overline{t}\right)^{Q}=\frac{1}{1-U^{(Q)}} \tag{7.37}$$

$$\left(1+k\frac{V_R}{\dot{V}}\right)^{Q}=\frac{1}{1-U^{(Q)}}. \tag{7.38}$$

Die Umstellung nach dem Reaktionsvolumen ergibt folgende Beziehung:

$$V_R=\frac{\dot{V}}{k}\left[\left(\frac{1}{1-U^{(Q)}}\right)^{\frac{1}{Q}}-1\right]. \tag{7.39}$$

Erforderliches Reaktionsvolumens bei Verwendung eines kontinuierlichen Rührkessels

Soll der gewünschte Endumsatz bei Einsatz eines einzigen Kessels erreicht werden, dann erhält man

$$V_R^{(1)}=V_{R,ges}^{(1)}=244,4\,m^3.$$

Dieses unter praktischen Gesichtspunkten oft nicht akzeptable hohe Volumen wird dadurch verursacht, dass bei der vorausgesetzten idealen Durchmischung im gesamten Reaktionsraum wegen des hohen Umsatzes eine relativ geringe Konzentration der reagierenden Komponente vorliegt. Dadurch hat die Reaktionsgeschwindigkeit ebenfalls einen kleinen Wert.

Erforderliche Reaktionsvolumina bei Anwendung einer Rührkesselkaskade
Die nach Gl. (7.39) berechneten Reaktionsvolumina der einzelnen Kessel einer Kaskade sind in Abb. 7.5 dargestellt.

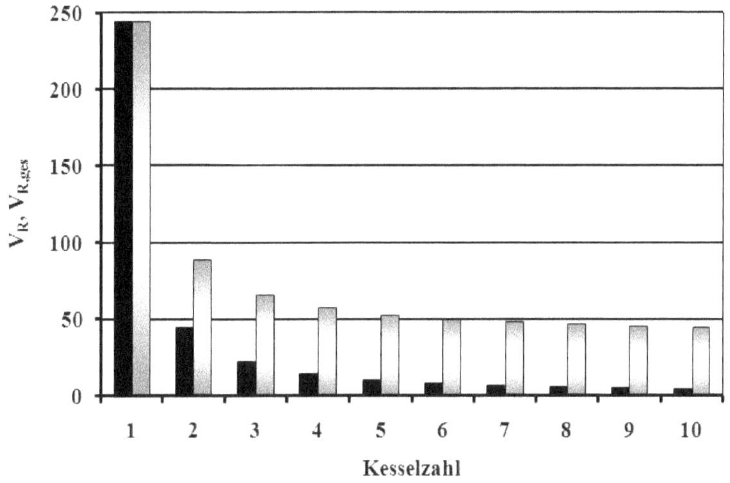

Abb. 7.5: Erforderliche Reaktionsvolumina des Einzelkessel einer Kaskade (schwarze Balken) und der Kaskade insgesamt (helle Balken)

Es ist ersichtlich, dass bereits bei der Verwendung einer Kaskade aus zwei oder drei Kesseln das erforderliche Reaktionsvolumen eines Kessels und auch das Gesamtvolumen der Kaskade drastisch verkleinert werden.

- Kaskade aus zwei Kesseln:

$$V_R^{(2)} = 44{,}66\,m^3$$

$$V_{R,ges}^{(2)} = 89{,}32\,m^3$$

- Kaskade aus drei Kesseln:

$$V_R^{(3)} = 22{,}05\,m^3$$

$$V_{R,ges}^{(3)} = 66{,}15\,m^3$$

- Kaskade aus zehn Kesseln

$$V_R^{(10)} = 4{,}49\,m^3$$

$$V_{R,ges}^{(10)} = 44{,}9\,m^3$$

Diese Tendenz setzt sich bei Erhöhung der Kesselzahl fort. Führt man dies gedanklich weiter, dann nähert man sich mit der Unterteilung des gesamten Volumens in sehr viele Teilreaktionsräume mit sehr kleinen Volumina den Verhältnissen des idealen Rohrreaktors.

Erforderliches Reaktionsvolumen bei Anwendung eines idealen Rohrreaktors
Das Volumen ergibt sich auch für den Rohrreaktor aus der Lösung der Stoffbilanz für eine Reaktion 1. Ordnung [s. Gl. (6.230)].

Stoffbilanz des idealen Rohrreaktors

$$\frac{dc_C}{d\bar{t}} = R_C = -kc_C \tag{7.40}$$

Durch Trennung der Variablen kann diese Gleichung integriert werden:

$$\frac{c_C}{c_C^0} = 1 - U = e^{-k\bar{t}} = e^{-k\frac{V_R}{\dot{V}}}. \tag{7.41}$$

Die Umstellung nach dem Reaktionsvolumen des idealen Rohrreaktors ergibt

$$V_R = \frac{\dot{V}\ln(1-U)}{-k}. \tag{7.42}$$

Für den geforderten Umsatz von 95 % erhält man

$$V_R = 38{,}53\,m^3.$$

Damit zeigt sich auch an diesem Beispiel, dass das Umsetzungsverhalten des idealen Rohrreaktors gegenüber vollständig vermischten Reaktoren oder Kaskaden mit einer stufenweisen Vermischung immer günstiger ist, wenn eine Kinetik mit positiver Reaktionsordnung vorliegt. Der Vergleich des berechneten Reaktionsvolumens mit dem Gesamtvolumen einer Kaskade aus zehn Kesseln zeigt, dass trotz des hohen apparativen Aufwandes der Kaskade immer noch ein um etwa 16 % höheres Gesamtvolumen im Vergleich zum idealen Strömungsrohr erforderlich ist. Bei der Entscheidung für oder gegen einen Reaktortyp muss man allerdings auch berücksichtigen, dass gerade bei Flüssigphasenreaktionen die ideale Pfropfenströmung oft schwer anzunähern ist (s. Kapitel 8).

Berechnungsbeispiel 7-2: Berechnung einer nicht isothermen Rührkesselkaskade zur Durchführung einer konkurrierenden Folgereaktion

Aufgabenstellung
Die nach dem Reaktionsschema

$$\begin{aligned} A + B &\xrightarrow{1} R \\ R + B &\xrightarrow{2} S \end{aligned} \tag{7.43}$$

ablaufende Parallel-Folgereaktion soll in einer Kaskade aus drei Rührkesseln durchgeführt werden. Beide Reaktionen verlaufen nach einer Kinetik zweiter Ordnung:

$$r_1 = k_{1\infty} e^{-\frac{E_1}{RT}} c_A c_B \tag{7.44}$$

$$r_2 = k_{2\infty} e^{-\frac{E_2}{RT}} c_R c_B. \tag{7.45}$$

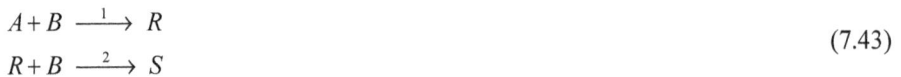

Für vorgegebene Eintritts- und Kühlungsbedingungen sind die Konzentrationen und Temperaturen in den einzelnen Kesseln zu berechnen.

Gegebene Daten [7-1]

- Reaktionskinetische Konstanten $k_{1\infty} = 1{,}12 \cdot 10^7\, m^3\, kmol^{-1}\, s^{-1}$

  $k_{2\infty} = 1{,}84 \cdot 10^8\, m^3\, kmol^{-1}\, s^{-1}$

  $E_1 = 67\,660\, kJ\, kmol^{-1}$

  $E_2 = 82\,750\, kJ\, kmol^{-1}$

- Volumen eines Kessels $V_R = 0{,}020\, m^3$
- Kühlfläche eines Kessels $A_D = 0{,}15\, m^2$
- Wärmedurchgangskoeffizient $k_D = 140\, W\, m^{-2}\, K^{-1}$
- Volumenstrom am Ein- und Austritt der Kaskade $\dot{V} = 1{,}494 \cdot 10^{-6}\, m^3\, s^{-1}$
- Eintrittskonzentrationen (1. Kessel) $c_A^0 = 3{,}068\, kmol\, m^{-3}$

  $c_B^0 = 2{,}789\, kmol\, m^{-3}$

  $c_R^0 = c_S^0 = 0$

- Eintrittstemperatur (1. Kessel) $T^0 = 40°C$
- Mittlere Kühlmitteltemperatur für alle Kessel $T_K = 40°C$
- Stoffwerte $\rho = 1240\, kg\, m^{-3}$

  $c_p = 4{,}39\, kJ\, kg^{-1}\, K^{-1}$

- Reaktionsenthalpien $\Delta H_{R1} = -58{,}6\, kJ\, kmol^{-1}$

  $\Delta H_{R2} = -58{,}6\, kJ\, kmol^{-1}$

Voraussetzungen für die Berechnung der Kaskade

- Das Reaktionsvolumen, die Kühlfläche, der Wärmedurchgangskoeffizient und die Kühlmitteltemperatur sind für alle drei Kessel der Kaskade gleich groß.
- Die Reaktion verläuft volumenbeständig und unter stationären Bedingungen.
- Wärmeverluste in den Rohrleitungen zwischen den Kesseln werden vernachlässigt. Die Austrittstemperatur eines Kessels entspricht damit der Eintrittstemperatur des folgenden Kessels.
- Die Stoffwerte und die Reaktionsenthalpien können im vorliegenden Bereich der Reaktionstemperaturen als annähernd konstant vorausgesetzt werden.

Lösung

Die Berechnung der Konzentrationen und Temperaturen in den einzelnen Kesseln erfordert die Lösung der Stoff- und Wärmebilanzen. Die Anzahl der zu lösenden Stoffbilanzen ergibt sich aus dem Rang der Matrix der stöchiometrischen Koeffizienten, der sich bei zwei Parallelreaktionen zu $N = 2$ ergibt (s. Kap. 3.1.3). Daraus folgt, dass für jeden Kessel zwei Stoffbilanzen zu lösen sind und die Konzentrationen der restlichen beiden Komponenten mit Hilfe der Stöchiometrie berechnet werden können. Als Schlüsselkomponenten werden die Stoffe A und R gewählt. Hinzu kommt eine Wärmebilanz für jeden Kessel. Eine Kühlmittelbilanz ist hier nicht erforderlich, weil die Kühlmitteltemperatur als konstanter Wert vorgegeben wurde.

Stöchiometrie

Die stöchiometrischen Gleichungen gelten für jeden Kessel. Sie werden mit Hilfe der Fortschreitungsgrade formuliert:

$$c_A^{(K)} = c_A^0 - \xi_1^{(K)} \tag{7.46}$$

$$c_B^{(K)} = c_B^0 - \xi_1^{(K)} - \xi_2^{(K)} \tag{7.47}$$

$$c_R^{(K)} = \xi_1^{(K)} - \xi_2^{(K)} \tag{7.48}$$

$$c_S^{(K)} = \xi_2^{(K)} . \tag{7.49}$$

Aus diesem System lassen sich die Fortschreitungsgrade eliminieren und die Konzentrationen der Nichtschlüsselkomponenten aus denen der Schlüsselkomponenten berechnen:

$$c_B^{(K)} = c_B^0 - 2c_A^0 + 2c_A^{(K)} + c_R^{(K)} \tag{7.50}$$

$$c_S^{(K)} = c_A^0 - c_A^{(K)} - c_R^{(K)} . \tag{7.51}$$

Stoffbilanzen

Die Stoffbilanzen für die beiden Schlüsselkomponenten R und A werden entsprechend Gl. (7.20) formuliert.

Komponente A

$$c_A^{(K)} - c_A^{(K-1)} = \overline{t}^{(K)} \left[-k_{1\infty} \exp\left(-\frac{E_1}{RT^{(K)}} \right) c_A^{(K)} c_B^{(K)} \right] \tag{7.52}$$

Komponente R

$$c_R^{(K)} - c_R^{(K-1)} = \overline{t}^{(K)} \left[k_{1\infty} \exp\left(-\frac{E_1}{RT^{(K)}} \right) c_A^{(K)} c_B^{(K)} - k_{2\infty} \exp\left(-\frac{E_2}{RT^{(K)}} \right) \cdots c_R^{(K)} c_B^{(K)} \right] \tag{7.53}$$

Die mittlere Verweilzeit beträgt für jeden Kessel

$$\overline{t}^{(K)} = \frac{V_R}{\dot{V}} = 1{,}339 \cdot 10^4 \ s . \tag{7.54}$$

Wärmebilanz

Die polytrope Wärmebilanz für den K -ten Kessel hat gemäß Gl. (7.21) unter Berücksichtigung der hier geltenden Voraussetzungen folgende Form:

$$\rho c_p\left(T^{(K)}-T^{(K-1)}\right)=\bar{t}^{(K)}\left[k_{1\infty}\exp\left(-\frac{E_1}{RT^{(K)}}\right)c_A^{(K)}c_B^{(K)}\left(-\Delta H_{R1}\right)\right.$$
$$\left.+k_{2\infty}\exp\left(-\frac{E_2}{RT^{(K)}}\right)c_R^{(K)}c_B^{(K)}\left(-\Delta H_{R2}\right)\right] \tag{7.55}$$
$$-\frac{k_D A_D}{\dot{V}}\left(T^{(K)}-T_K\right).$$

Da die Eintrittsbedingungen des ersten Kessels bekannt sind, kann das Bilanzgleichungssystem schrittweise vom ersten bis zum dritten Kessel gelöst werden. Für jeden Reaktor der Kaskade sind die Stoffbilanzen (7.52) und (7.53), die beiden stöchiometrischen Gleichungen (7.50) und (7.51) sowie die Wärmebilanz (7.55) zu lösen. Es handelt sich damit jeweils um ein System von fünf gekoppelten nicht linearen algebraischen Gleichungen, die durch ein geeignetes Iterationsverfahren (z. B. *Newton*-Verfahren) gelöst werden können.

Die mit den gegebenen Eintrittswerten erzielten Lösungen sind in Tabelle 7.2 zusammengestellt.

Tabelle 7.2: Konzentrationen und Temperaturen in einer Rührkesselkaskade aus drei Kesseln bei einer konkurrierenden Folgereaktion

Kessel	**Temperatur in °C**	**Konzentration in kmol m^{-3}**			
		c_A	c_B	c_R	c_S
Eintritt	40	3,068	2,789	0	0
1	45,4	1,392	1,006	1,568	0,108
2	43,0	0,933	0,495	1,975	0,160
3	41,0	0,748	0,283	2,134	0,186

Hinsichtlich der thermischen Bedingungen zeigen die Rechenergebnisse, dass die Reaktion ohne Schwierigkeiten zu beherrschen ist. Die Temperaturerhöhungen in den einzelnen Kesseln sind relativ gering. Die Umsätze der Reaktionspartner betragen:

$$U_A=75{,}6\,\%$$
$$U_B=89{,}9\,\%.$$

Durch Nachschaltung eines vierten Kessels oder durch Temperaturerhöhung können die Umsätze verbessert werden. Wenn das Zwischenprodukt R die gewünschte Komponente ist, stellt neben dessen absoluter Konzentration auch das Produktverhältnis eine interessante Größe dar:

$$PV=\frac{c_R}{c_S}. \tag{7.56}$$

Dieser Wert verringert sich vom ersten bis zum dritten Kessel:

$$PV^{(1)} = 14,5$$

$$PV^{(3)} = 11,5.$$

Bei der Ermittlung eines optimalen Verfahrens wird man hier neben den Kosten für die Reaktionsstufe auch die Aufwendungen für notwendige Trennstufen (Abtrennung und Rückführung nicht umgesetzter Reaktionspartner, Abtrennung gewünschter und nicht erwünschter Produkte) zu berücksichtigen haben. Dazu ist die Berechnung verschiedener Varianten der Reaktionsführung (Kesselzahl, Temperaturführung, Eintrittskonzentrationen, Verweilzeiten) unabdingbar.

7.4 Reaktoren mit Kreislauf

Reaktorkreisläufe sind durch die Rückführung von Teilen des am Reaktoraustritt vorliegenden Reaktionsgemisches zum Eintritt des Reaktors gekennzeichnet. Beim Kreislauf ohne Produktabtrennung bleibt die Zusammensetzung des zurückgeführten Stromes gegenüber der am Reaktoraustritt unverändert. Im Gegensatz dazu erfolgt beim Reaktorkreislauf mit Produktabtrennung in erster Linie die Rückführung nicht umgesetzter Reaktionspartner oder von Katalysatoren und Lösungsmitteln. Auch die Beeinflussung der Temperaturverhältnisse im Reaktor ist vielfach das Ziel der Kreislaufführung.

7.4.1 Anwendung von Reaktorkreisläufen

Bei der Anwendung von Reaktorkreisläufen, die man vielfach auch als internes Recycling (s. Kapitel 2.2) bezeichnet, wird in den meisten Anwendungsfällen vom Ziel einer möglichst vollständigen Nutzung eingesetzter Rohstoffe oder Zwischenprodukte, einem geringen Ausstoß von Schadstoffen oder der Schaffung günstiger Reaktionsbedingungen ausgegangen. Folgende Anwendungsbeispiele kennzeichnen die einzelnen Kategorien der Nutzung von Kreisläufen:

Rückführung nicht umgesetzter Reaktionspartner
Eine weitgehend vollständige Umsetzung von Ausgangsstoffen chemischer Reaktionen erfordert oft unvertretbar hohe Verweilzeiten und damit große Reaktorvolumina. Man legt deshalb den Reaktor auch bei einseitig verlaufenden Reaktionen für bestimmte Teilumsätze aus und führt die nicht umgesetzten Edukte nach einer Produktabtrennung über den Kreislauf zum Reaktoreintritt zurück. Dies macht sich in besonderem Maße bei Gleichgewichtsreaktionen erforderlich. Hier sind auch bei sehr langen Verweilzeiten oft nur Teilumsätze möglich, die weit unter 100 % liegen.

Beispiel: Ammoniak-Synthese
Ammoniak wird in einem heterogen-gaskatalytischen Mehrstufenreaktor aus Wasserstoff und Stickstoff synthetisiert. Bei Drücken von etwa 300 bar und Temperaturen von 400 bis 500°C werden weniger als 20 % der im stöchiometrischen Verhältnis dosierten Reaktionspartner beim einmaligen Durchlauf durch den Reaktor umgesetzt. Deshalb wird Ammoniak durch

eine meist zweistufige Kondensation bis auf einen Molanteil von wenigen Prozent aus dem Kreislaufgas abgetrennt. Danach wird das Kreislaufgas einschließlich der frisch dosierten Reaktionspartner dem Reaktor wieder zugeführt. Aus dem Kreislauf wird neben dem flüssigen Reaktionsprodukt auch ständig ein geringer Gasstrom entnommen, durch den das Konzentrationsniveau von Inertgasen (Methan, Argon) unterhalb zulässiger Grenzwerte gehalten werden kann.

Rückführung von katalytisch wirksamen Stoffen und Lösungsmitteln

Gelöste oder auch feste suspendierte Katalysatoren sowie Lösungsmittel werden oft mit dem Produktstrom aus dem Reaktionsraum ausgetragen. Durch die Rückführung im Kreislauf können sie nach der Abtrennung von Reaktionsprodukten vollständig oder größtenteils über längere Betriebsperioden des Reaktionsprozesses genutzt werden.

Beispiel: Hydrolyse von Trichlorethylen

Diese durch Schwefelsäure katalysierte Reaktion wird in einem Blasensäulen-Reaktor durchgeführt. Zwischen dem Ein- und Austritt des Reaktors steigt der Molanteil des Reaktionsproduktes Monochloressigsäure von 12 auf 14 % an. Im Kreislauf befindet sich eine Trennstufe, in der ein Teil des Produktes destillativ gewonnen wird. Der Katalysator Schwefelsäure und die nicht abgetrennte Monochloressigsäure werden in den Reaktor zurückgeführt (s. Abb. 7.6).

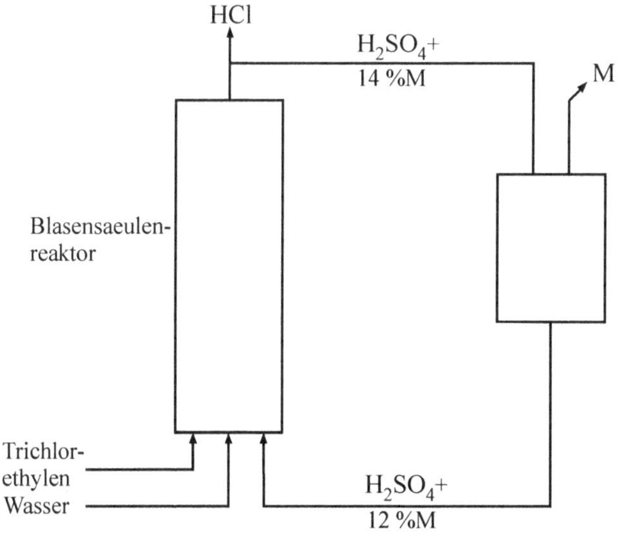

Abb. 7.6: Reaktor mit Kreislauf zur Rückführung von flüssigem Katalysator und nicht abgetrennter Reaktionsprodukte (M Monochloressigsäure)

Rückführung von Teilen des Reaktoraustrittsgemisches ohne Produktabtrennung

Vorrangiges Ziel dieser Variante der Kreislaufführung ist die Beeinflussung der Temperaturverhältnisse im Reaktor. Bei Reaktionen mit nur einer fluiden Phase (homogene Gas- oder Flüssigphasenreaktionen, heterogen-gaskatalytische oder heterogen-flüssigkatalytische Reaktionen) kann das gasförmige oder flüssige Reaktionsgemisch teilweise oder bei diskontinuierlichen Reaktoren auch vollständig über externe Wärmeübertrager in einem Kreislauf geführt werden. Da die einsetzbaren Kühl- oder Heizflächen außerhalb des Reaktors praktisch unbegrenzt zur Verfügung gestellt werden können, ist auch die Temperierung des Reaktionsgemisches in weiten Grenzen möglich. Ein weiterer Vorteil der Kreislaufführung ergibt sich daraus, dass höhere Strömungsgeschwindigkeiten innerhalb des Reaktors vorliegen und dadurch Stoff- und Wärmetransportvorgänge beschleunigt werden. Bei der Anwendung von Rohrreaktoren ist jedoch unbedingt zu beachten, dass die Kreislaufführung der Reaktionsmasse praktisch zu einer Vergrößerung der Durchmischung des gesamten Systems führt. Damit ist im Allgemeinen eine Verringerung des Umsatzes und bei komplexen Reaktionen vielfach auch eine Verschlechterung der Selektivität verbunden. Darauf wurde bereits beim Vergleich der Reaktorgrundtypen (Kap. 6.3) hingewiesen. Bei der Behandlung strömungstechnisch nichtidealer Reaktoren (Kap. 8) wird auf diesen Zusammenhang noch einmal eingegangen.

Für die Kühlung von Reaktionsprozessen, die bei der Siedetemperatur der Flüssigphase stattfinden, wählt man oft einen Kreislauf mit einem Kondensationskühler, in dem der aus dem Reaktor abgezogene Dampf verflüssigt und wieder zurückgeführt wird [Abb.7.7 a)]. Eine andere Kühlungsvariante bei Gas-Flüssig-Reaktionen besteht darin, dass die beiden Phasen getrennt den Reaktor verlassen und die Flüssigphase über einen externen Kühler dem Reaktor wieder zugeführt wird [(Abb. 7.7 b)]. Auch in diesen Fällen verstärkt die Kreislaufführung den Grad der Durchmischung in Reaktor. Da bei Gas-Flüssig-Reaktionen ohnehin mit einer „Rührwirkung“ der Gasphase zu rechnen ist, kann man bei solchen Anwendungen mit Kreislauf oft eine Annäherung an die ideale Vermischung (Modell des ideal durchmischten kontinuierlichen Rührkessels) erwarten.

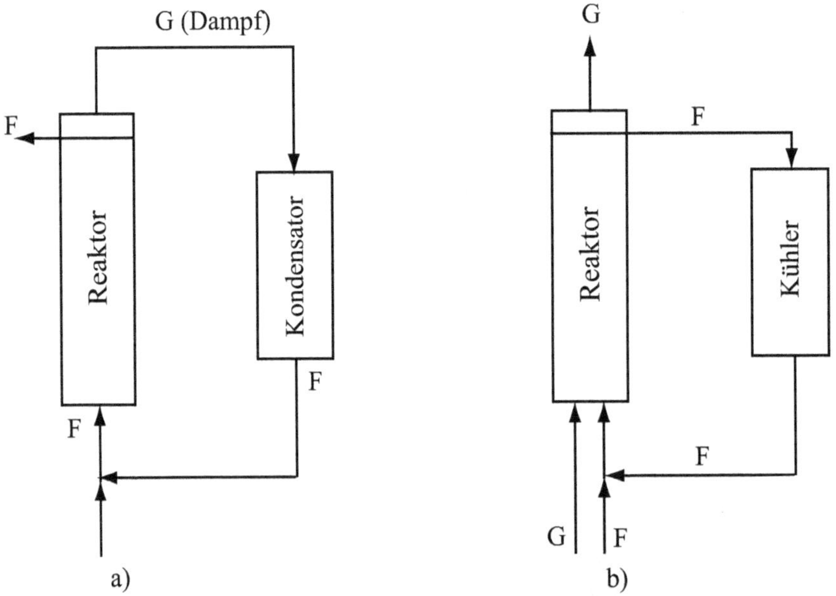

Abb. 7.7: Kreislaufführung mit dem Ziel der Kühlung des Reaktionsgemisches; a) Kreislauf mit Kondensationskühlung; b) Gas-Flüssigphasen-Reaktor mit Kreislaufkühlung der flüssigen Phase (F Flüssigphase, G Gasphase)

Eine spezielle Variante der Kreislaufführung ohne Produktabtrennung stellt der Differentialkreislaufreaktor zur Untersuchung der Kinetik heterogen-katalytischer Reaktionen dar (s. Kapitel 9.2.5). Hier werden im Vergleich zum dosierten Eintrittsstrom der Reaktionspartner große Mengen des Reaktionsgemisches im Kreislauf geführt, um in einer Katalysatorschicht möglichst kleine Konzentrations- und Temperaturunterschiede und damit definierte Bedingungen für kinetische Messungen zu erreichen. Die Auswertung kann bei genügend großen Kreislaufströmen nach dem Modell des kontinuierlichen Rührkessels erfolgen.

7.4.2 Berechnung von Reaktorkreisläufen

Reaktorkreislauf ohne Produktabtrennung

Beim Reaktorkreislauf ohne Produktabtrennung wird ein Teil der Reaktionsmischung mit unveränderter Zusammensetzung zurückgeführt (s. Abb. 7.8).

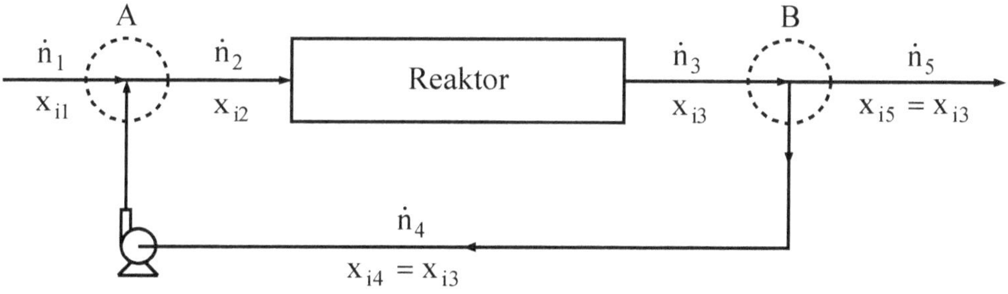

Abb. 7.8: Reaktorkreislauf ohne Produktabtrennung (A Mischstelle, B Verzweigung Produktentnahme – Kreislauf)

Wählt man zur Kennzeichnung der Zusammensetzung des Reaktionsgemisches die Molanteile (Molenbrüche) der beteiligten Komponenten, dann ergibt sich für die Mischstelle A folgende Bilanz:

$$x_{i1}\dot{n}_1 + x_{i4}\dot{n}_4 = x_{i2}\dot{n}_2 \,. \tag{7.57}$$

Definiert man das Kreislaufverhältnis als

$$\phi^+ = \frac{\dot{n}_4}{\dot{n}_1} \,, \tag{7.58}$$

dann gilt unter Beachtung von

$$x_{i4} = x_{i3} \tag{7.59}$$

folgende Beziehung für den Molenbruch einer beliebigen Komponente am Reaktoreintritt:

$$x_{i2} = \frac{x_{i1} + \phi^+ x_{i3}}{1 + \phi^+} \,. \tag{7.60}$$

Für die Berechnung der Austrittsbedingungen an der Position 3 ist das jeweils zutreffende Bilanzgleichungssystem des vorliegenden Reaktors zu lösen. Wählt man beispielsweise zur Kennzeichnung des Ablaufes einer einfachen Reaktion den Fortschreitungsgrad, dann ergibt sich für den Komponentenstrom

$$\dot{n}_{i3} = \dot{n}_{i2} + \nu_i \dot{X}_i \,. \tag{7.61}$$

Der Gesamtmolstrom an der Position 3 ist damit

$$\dot{n}_3 = \dot{n}_2 + \sum_i \nu_i \dot{X}_i \,. \tag{7.62}$$

Damit ergibt sich folgender Molanteil der Komponente i:

$$x_{i3} = \frac{\dot{n}_{i2} + \nu_i \dot{X}_i}{\dot{n}_2 + \sum_i \nu_i \dot{X}_i} \,. \tag{7.63}$$

Bei sehr hohen Kreislaufverhältnissen ($\phi^+ \to \infty$) wird

$$x_{i2} \approx x_{i3} \,. \tag{7.64}$$

Das gesamte System ist dann als ideal durchmischter kontinuierlicher Rührkessel mit den Ein- und Austrittsgrößen an den Positionen 1 und 5 aufzufassen und zu berechnen. Dagegen liegt bei

$$\phi^+ = 0 \tag{7.65}$$

kein Rückvermischungseinfluss durch den Kreislauf vor. Der Reaktor wäre dann allein mit Hilfe der für seine strömungstechnischen Bedingungen geltenden Bilanzen (z. B. idealer Rohrreaktor) zu berechnen.

Reaktorkreislauf mit Produktabtrennung

Der Reaktorkreislauf mit Produktabtrennung (Abb. 7.9) enthält eine Trennstufe (Separator), in der Reaktionsprodukte vollständig oder teilweise aus dem Reaktionsgemisch abgetrennt werden. Dazu kommen alle üblichen thermischen oder mechanischen Trennverfahren in Frage.

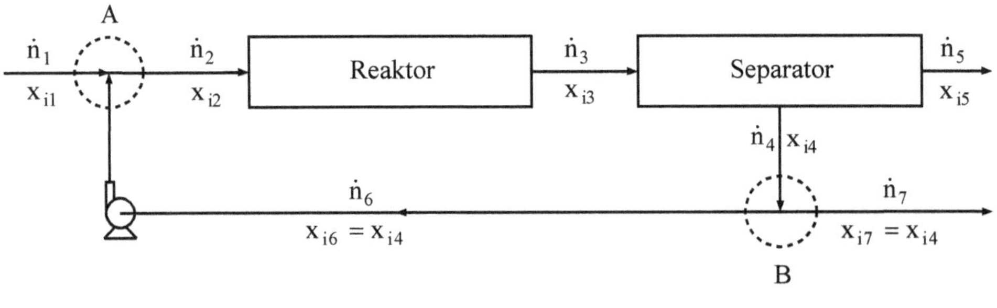

Abb. 7.9: Reaktorkreislauf mit Produktabtrennung (A Mischstelle, B Verzweigung zur Auskreisung eines Teilstromes)

Bei vielen Kreisläufen ist es notwendig, neben der Abführung abgetrennter Produkte (Strom 5) eine zusätzliche Auskreisung eines Teilstromes (Strom 7) vorzunehmen, damit die Konzentration inerter Stoffe, die im Separator nicht abgetrennt werden, unterhalb vorgegebener Grenzwerte gehalten werden kann.

Das Kreislaufverhältnis wird hier durch folgende Beziehung gekennzeichnet:

$$\phi^{+} = \frac{\dot{n}_6}{\dot{n}_1}. \tag{7.66}$$

Damit gilt Gl. (7.60) unverändert für den Molanteil am Reaktoreintritt. Die Zusammensetzung des Reaktionsgemisches am Austritt des Reaktors muss auch bei dieser Variante durch die Lösung des Bilanzgleichungssystems ermittelt werden. Für den Separator und die Verzweigung B gelten folgende Zusammenhänge:

Separator

- Gesamtstrom

$$\dot{n}_3 = \dot{n}_4 + \dot{n}_5 \tag{7.67}$$

- Komponentenstrom

$$x_{i3}\dot{n}_3 = x_{i4}\dot{n}_4 + x_{i5}\dot{n}_5. \tag{7.68}$$

Die Berechnung der Trennstufe erfolgt mit Hilfe der Bilanzgleichungen für den im konkreten Fall eingesetzten Separationsprozess.

Verzweigung B

- Gesamtstrom

$$\dot{n}_4 = \dot{n}_6 + \dot{n}_7 \tag{7.69}$$

- Komponentenstrom

$$x_{i4}\dot{n}_4 = x_{i6}\dot{n}_6 + x_{i7}\dot{n}_7 \tag{7.70}$$

Diese Gleichung enthält wegen

$$x_{i4} = x_{i6} = x_{i7} \tag{7.71}$$

keine neuen Informationen.

Zur Auslegung des Kreislaufes gehören neben der Dimensionierung von Reaktor, Separator und Förderaggregat für den Kreislaufstrom die Festlegung bzw. Berechnung aller Stoffströme einschließlich der auszukreisenden Menge sowie der Temperaturen und Drücke an den verschiedenen Positionen.

Berechnungsbeispiel 7-3: Berechnung eines Reaktorkreislaufes mit Produktabtrennung am Beispiel der Methanol-Synthese

Aufgabenstellung
Der Herstellung von Methanol aus Kohlenmonoxid und Wasserstoff wird folgendes Schema einer einfachen Bruttoreaktion zu Grunde gelegt:

$$CO + 2H_2 \rightleftarrows CH_3OH \tag{7.72}$$

oder in vereinfachter Schreibweise

$$A + 2B \rightleftarrows C\,. \tag{7.73}$$

Für einen Reaktorkreislauf mit Separator sind die charakteristischen Daten zu berechnen. Als Trennstufe dient ein Kondensator, der das gebildete Methanol aus dem Kreislauf entfernt. Zur Vermeidung der Anreicherungen von Inertgasen wird dem Kreislauf ständig ein Teilstrom (Entspannungsgas) entnommen.

Für eine gegebene Frischgaszusammensetzung, eine festliegende Gasmenge für die Reaktoreinspeisung und einen an dieser Stelle erlaubten Inertgasgehalt sowie den zu produzierenden Methanolmengenstrom sollen folgende Größen berechnet werden:

a) Fortschreitungsgrad für die Reaktion,
b) Zusammensetzung des Kreislaufgases,
c) Einzusetzender Frischgasmengenstrom und Mengenstrom des Entspannungsgases.

Gegebene Daten
Die Nummerierung der einzelnen Positionen im Kreislauf entspricht der in Abb. 7.9.

- Frischgaszusammensetzung (Pos. 1)

$$x_{A1} = 0,325$$
$$x_{B1} = 0,650$$
$$x_{I1} = 0,025$$

- Gesamter Gasmengenstrom am Reaktoreintritt $\dot{n}_2 = 3000\,kmol/h$
- Zulässiger Inertgasgehalt am Reaktoreintritt $x_{I2} = 0,20$
- Produktmengenstrom (Kondensator) $\dot{n}_5 = \dot{n}_{C5} = 500\,kmol/h$

Voraussetzungen für die Kreislaufberechnung
- Im Kondensator erfolgt eine vollständige Entfernung des Methanols, so dass diese Komponente im Kreislaufgas nicht enthalten ist.
- Für den Reaktor werden lediglich die Ein- und Austrittsdaten festgelegt bzw. berechnet. Eine Auslegung des Reaktors, die hier der Ermittlung einer erforderlichen Katalysatormenge mit Berechnung der Temperatur- und Konzentrationsprofile entspricht, wird nicht durchgeführt.

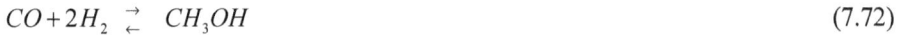

Lösung Teilaufgabe a)
Aus der Stöchiometrie der Gleichgewichtsreaktion ergeben sich folgende Beziehungen zwischen den einzelnen Stoffmengenströmen:

$$\dot{n}_{A3} = \dot{n}_{A2} - \dot{X} \tag{7.74}$$

$$\dot{n}_{B3} = \dot{n}_{B2} - 2\dot{X} \tag{7.75}$$

$$\dot{n}_{C3} = \dot{X} \tag{7.76}$$

$$\dot{n}_{I3} = \dot{n}_{I2}\,. \tag{7.77}$$

In diesen Gleichungen wurde, wie bei Gleichgewichtsreaktionen üblich, der Fortschreitungsgrad als Differenz der entsprechenden Werte für die Hin- und Rückreaktion verwendet:

$$\dot{X} = \dot{X}_{Hin} - \dot{X}_{Rück}\,. \tag{7.78}$$

Der gesamte Molstrom am Reaktorausgang ergibt sich aus der Summation der Gleichungen (7.74) bis (7.77):

$$\dot{n}_3 = \dot{n}_2 - 2\dot{X}\,. \tag{7.79}$$

Der gesuchte Fortschreitungsgrad entspricht hier dem gegebenen Produktmengenstrom:

$$\dot{X} = \dot{n}_{C3} = \dot{n}_{C5} = 500\,kmol/h\,.$$

Lösung Teilaufgabe b)
Das Kreislaufgas verlässt den Separator und wird nach Auskreisung des Entspannungsgases dem Reaktor wieder zugeführt. An den einzelnen Positionen gilt für die Komponenten A, B und I:

$$x_{i4} = x_{i6} = x_{i7}\,. \tag{7.80}$$

Dagegen ergibt sich für das vollständig auskondensierte Reaktionsprodukt Methanol

$$x_{C4} = x_{C6} = x_{C7} = 0\,. \tag{7.81}$$

Für die Position 4 sind folgende Größen berechenbar:

$$\dot{n}_{A4} = \dot{n}_{A3} = \dot{n}_{A2} - \dot{X} \tag{7.82}$$

$$\dot{n}_{B4} = \dot{n}_{B3} = \dot{n}_{B2} - 2\dot{X} \tag{7.83}$$

$$\dot{n}_{I4} = \dot{n}_{I3} = \dot{n}_{I2}\,. \tag{7.84}$$

Als Summe dieser drei im Kreislauf befindlichen Komponenten ergibt sich:

$$\dot{n}_4 = \dot{n}_2 - 3\dot{X} \tag{7.85}$$

$$\dot{n}_4 = 1500\,kmol/h\,.$$

Die Reaktionspartner Kohlenmonoxid und Wasserstoff werden im Verhältnis 1:3 im Eintrittsgemisch dosiert und im Reaktor umgesetzt. Folglich müssen sie sich auch an jeder Position des Kreislaufes im gleichen Verhältnis befinden. Deshalb werden sie unter Berücksichtigung der Gleichungen (7.82) und (7.83) folgendermaßen zusammengefasst:

$$\dot{n}_{A4} + \dot{n}_{B4} = \dot{n}_{AB4} = \dot{n}_{AB2} - 3\dot{X} = \left(1 - x_{I2}\right)\dot{n}_2 - 3\dot{X}\ . \tag{7.86}$$

Damit lässt sich der Molanteil dieser beiden Komponenten im Kreislauf berechnen:

$$x_{AB4} = \frac{\dot{n}_{AB4}}{\dot{n}_4} = \frac{\left(1 - x_{I2}\right)\dot{n}_2 - 3\dot{X}}{\dot{n}_2 - 3\dot{X}} \tag{7.87}$$

$$x_{AB4} = 0,6$$
$$x_{A4} = 0,2$$
$$x_{B4} = 0,4.$$

Als dritte Komponente wird nur der Inertstoff im Kreislauf gefördert:

$$x_{I4} = 0,4\ .$$

Lösung Teilaufgabe c)
Zur Berechnung des Frischgasmengenstromes sind die Bilanzen an den Punkten A und B heranzuziehen:

$$\dot{n}_1 + \dot{n}_6 = \dot{n}_2 \tag{7.88}$$

$$\dot{n}_4 - \dot{n}_7 = \dot{n}_6\ . \tag{7.89}$$

Durch Einsetzen ergibt sich

$$\dot{n}_1 = \dot{n}_2 - \dot{n}_4 + \dot{n}_7\ . \tag{7.90}$$

Eine zweite Beziehung zwischen den beiden noch zu berechnenden Stoffmengenströmen an den Positionen 1 und 7 ergibt sich aus einer Bilanz des Inertstoffes, dessen Eintrittswert in den Kreislauf dem Austrittswert im Entspannungsgas entsprechen muss:

$$\dot{n}_{I1} = \dot{n}_{I7} \tag{7.91}$$

$$x_{I1}\dot{n}_1 = x_{I7}\dot{n}_7 = x_{I4}\dot{n}_7\ . \tag{7.92}$$

Aus den Gleichungen (7.90) und (7.92) ergeben sich mit Gl. (7.85) folgende Lösungen für die beiden gesuchten Stoffmengenströme:

$$\dot{n}_1 = \frac{3\dot{X}}{1 - \frac{x_{I1}}{x_{I7}}} \tag{7.93}$$

$$\dot{n}_1 = 1600\,kmol\,/\,h$$

$$\dot{n}_7 = \dot{n}_1 - 3\dot{X} \tag{7.94}$$

$$\dot{n}_7 = 100\,kmol\,/\,h\,.$$

Mit dieser Menge an Entspannungsgas werden entsprechend der oben berechneten Kreislaufzusammensetzung 40 kmol/h Inertstoff, 40 kmol/h Wasserstoff und 20 kmol/h Kohlenmonoxid aus dem Kreislauf entnommen. Das Gemisch kann entweder als Brenngas verwendet oder nach Abtrennung des Inertstoffes als Reaktionspartner wieder eingesetzt werden.

8 Strömungstechnisch nichtideale Reaktoren

Der Begriff der *strömungstechnischen Nichtidealität* bezieht sich auf die in realen technischen Reaktoren und auch anderen Apparaten der Verfahrenstechnik auftretenden *Abweichungen vom idealen Strömungsverhalten*, das durch die Grenzfälle der idealen (vollständigen) Vermischung im Rührkessel und der idealen Pfropfenströmung (keinerlei Vermischung, ungestörte eindimensionale Pfropfenströmung) im Rohrreaktor gekennzeichnet ist. Die grundlegende Charakterisierung der idealen Reaktortypen wurde im Kapitel 4.1 vorgenommen, während die Berechnungsmöglichkeiten im Kapitel 6 zusammengestellt sind.

Zunächst ist festzustellen, dass die Probleme des nichtidealen Strömungsverhaltens nur in kontinuierlichen Reaktoren mit mindestens einer strömenden Phase von Belang sind. Im ideal durchmischten *diskontinuierlichen Rührkessel* haben alle Moleküle oder auch dispergierte Teile der Reaktionsmasse die gleiche Reaktionszeit für die chemische Umsetzung. Unterschiede der Verweilzeit und damit auch die für durchströmte Reaktoren typischen Verweilzeitverteilungen treten hier nicht auf.

Bei der Berechnung des *idealen kontinuierlichen Rührkessels* und des *idealen Rohrreaktors* wurde vorausgesetzt, dass alle Teilchen eines Reaktionsgemisches im stationären Zustand eine gleiche mittlere Verweilzeit besitzen:

$$\bar{t} = \frac{V_R}{\dot{V}}. \tag{8.1}$$

Diese statistisch gemittelte Größe ist bei realen durchströmten Reaktoren oft nicht konstant sondern durch eine *Verweilzeitverteilung* (Verweilzeitspektrum) gekennzeichnet. Bei der Berechnung technischer Reaktoren sind solche Verteilungen zu berücksichtigen, weil das Umsetzungsverhalten sehr deutlich durch den Grad der Vermischung im Reaktor beeinflusst wird.

Das in einem kontinuierlich betriebenen Reaktor zu erwartende Umsetzungsverhalten könnte bei genauer Kenntnis der Strömungsfelder im Reaktionsraum durch Lösung der Stoff-, Wärme- und Impulsbilanzen vorausberechnet werden. Entsprechende Methoden sind zwar verfügbar, erfordern jedoch einen relativ hohen Aufwand. Dieser drückt sich auch in einer größeren Anzahl von Modellparametern aus, die für den jeweils vorliegenden Reaktor zur theoretischen Beschreibung seiner spezifischen Strömungsbedingungen notwendig sind. Detaillierte Informationen zu den vielfach mehrdimensionalen Geschwindigkeitsprofilen, die im Fall heterogener Reaktionssysteme auch für mehrere Phasen vorliegen müssten, sind auch experimentell schwer zugänglich und nur näherungsweise zu erfassen. Einfacher ist es dagegen, Signale am Reaktorein- und -austritt zu messen und daraus Schlussfolgerungen über strömungstechnische Gegebenheiten innerhalb des Reaktors zu ziehen. Dazu gehört vor allem die Untersuchung des Verweilzeitverhaltens, mit deren Hilfe seit Jahrzehnten versucht wird, der möglichst exakten Beschreibung des Verhaltens realer Reaktoren (strömungstechnisch nicht idealer Reaktoren) näher zu kommen (s. z. B. [8-1], [8-2]).

In den folgenden Kapiteln werden zunächst Ursachen und Erscheinungsformen strömungstechnischer Nichtidealitäten dargelegt. Bei der Berechnung entsprechender Reaktoren liegt der Schwerpunkt auf dem Rohrreaktor mit teilweiser (partieller) Rückvermischung, für den einige Korrelationen für die Erfassung des realen Vermischungsverhaltens aus der Literatur bekannt sind und deshalb auch eine Vorausberechnung von Reaktoren möglich ist.

Wenn die Möglichkeit der Messung von Verweilzeitspektren am vorhandenen oder einem geometrisch ähnlichen Reaktors besteht, dann kann man aus entsprechenden Experimenten eine Reihe von Aussagen zum Charakter strömungstechnischer Nichtidealitäten gewinnen und auch die Parameter geeigneter Modelle für die Reaktorberechnung ermitteln. Dazu werden einige Mess- und Auswertungsmethoden dargelegt.

8.1 Beispiele für nichtideales Strömungsverhalten

Strömungstechnische Nichtidealitäten treten sowohl in homogenen (einphasigen) als auch in heterogenen (mehrphasigen) Reaktionssystemen auf. Liegen mehrere Phasen vor, dann ist das Vermischungs- oder Verweilzeitverhalten jeder einzelnen Phase zu berücksichtigen, wobei beträchtliche gegenseitige Beeinflussungen der einzelnen Phasen auftreten können.

Eine grobe Klassifizierung strömungstechnischer Nichtidealitäten lässt sich durch die Analyse ihres *Wirkungsbereiches* in folgender Weise vornehmen:

- Globale Nichtidealitäten
  In diesem Fall erstrecken sich die Abweichungen vom idealen Strömungsverhalten auf den gesamten Reaktionsraum. Daraus kann sich die Möglichkeit ergeben, mit wenigen Parametern (im einfachsten Fall mit nur einem Vermischungskoeffizienten) das nichtideale Strömungsverhalten in einem mathematischen Modell zu erfassen.
- Lokale Nichtidealitäten
  In bestimmten Bereichen des Reaktors wird die Abweichung vom idealen Strömungsverhalten besonders wirksam (Turbulenzen um Einbauten im Reaktionsraum, starke Vermischung im Bereich der Eindüsung von Gasen in Flüssigkeiten).
- Probleme der Mischung im Molekülmaßstab
  Die für den Reaktionsprozess notwendige Mischung der Reaktionspartner auf Molekülniveau kann dann limitiert sein, wenn die Turbulenzbedingungen zu Mischzeiten führen, die im Bereich der Reaktionszeiten oder sogar noch höher liegen. Ergibt sich daraus die Notwendigkeit einer höheren Turbulenz (z. B. durch größere Rührintensität), dann wird auch das Vermischungsverhalten des Reaktors insgesamt beeinflusst.

Die *Erscheinungsformen strömungstechnischer Nichtidealitäten* lassen sich auch durch eine Bewertung der dominierenden Strömungsbedingungen kennzeichnen, die durch die geometrische Gestalt des Reaktors, die Zu- und Abführung der Reaktionsmasse, die Phasenverhältnisse und die Rührbedingungen beeinflusst werden. Dabei stehen folgende Phänomene im Vordergrund:

Teilweise oder partielle axiale Vermischung
Unter diesem Begriff (auch als teilweise oder partielle Rückvermischung bezeichnet) fasst man eine in Rohrreaktoren mit einer dominierenden axialen Durchströmung auftretende globale durch Turbulenzen verursachte Nichtidealität zusammen, die ähnlich einer molekularen Diffusion zu einem teilweisen Abbau der axialen Konzentrationsunterschiede im Reaktor führt. Im Gegensatz zur molekularen Diffusion ist die partielle Rückvermischung vor allem durch Verwirbelungen mit Quer-, Rück- und Zirkulationsströmungen gekennzeichnet, die zu mehr oder weniger bedeutsamen Abweichungen von der idealen Pfropfenströmung führen. In Abb. 8.1 a) ist symbolisch dargestellt, dass die axiale Strömung immer wieder durch turbulente Vermischungsvorgänge gestört wird. Bei starken Vermischungseinflüssen, wie sie durch Rührer oder andere mechanische Mischvorrichtungen, durch eine intensive Begasung in Gas-Flüssig-Reaktoren oder durch Kreislaufführungen mit großen Kreislaufmengenströmen verursacht werden können, nähert man sich den Bedingungen des idealen kontinuierlichen Rührkessels an.

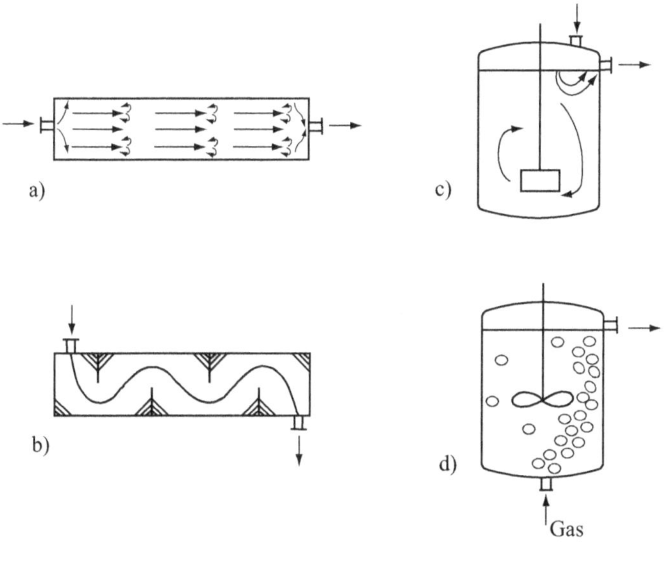

Abb. 8.1: *Beispiele strömungstechnischer Nichtidealitäten;*
a) Teilweise axiale Vermischung; b) Totzonen in Bereich von Umlenkblechen;
c) Kurzschlussströmung; d) Bildung von Gaskanälen in einem Gas-Flüssig-Reaktor

Die Erfassung der oft unübersichtlichen Strömungsverhältnisse bei partieller Vermischung in den Bilanzgleichungen für die Reaktorberechnung gelingt in vielen Fällen näherungsweise durch Koeffizienten, die vor allem von der Strömungsgeschwindigkeit und der Reaktorgeometrie abhängen. Für die stoffliche Bilanzierung wird diese Größe als *effektiver axialer Diffusions- oder Vermischungskoeffizient* (auch Dispersionskoeffizient) bezeichnet. Bei der Formulierung einer allgemeinen Stoffbilanz für homogene Reaktionen wurde diese Größe bereits eingeführt und ein entsprechender Ausdruck für die Rückvermischung in der Bilanz berücksichtigt [s. Kapitel 5.2, Gleichungen (5.31) und (5.32)]. Gleiches gilt für die Wärmebilanz, in der über einen *effektiven axialen Wärmeleitkoeffizienten* der Vermischungseinfluss berücksichtigt werden kann [s. Kapitel 5.3, Gl. (5.38)].

Im Kapitel 8.2 werden mathematische Modelle (Dispersionsmodelle) vorgestellt, die auf der Grundlage der genannten Bilanzgleichungen die Vorausberechnung technischer Reaktoren ermöglichen. Auch für die Berechnung von Mehrphasenreaktoren werden Dispersionsmodelle oft genutzt, wobei im Fall von Gas-Flüssig-Reaktoren das Rückvermischungsverhalten beider fluider Phasen berücksichtigt werden muss (s. Kapitel 10.4).

Radiale Strömungsgeschwindigkeitsprofile bei laminarer Strömung
Bei laminarer Strömung in Rohrreaktoren bildet sich ein parabolisches Geschwindigkeitsprofil über den Radius aus, dass durch den Wert null an der Rohrwand und einen Maximalwert in der Rohrmitte gekennzeichnet ist:

$$w(r') = \frac{2\dot{V}}{\pi R^2}\left[1-\left(\frac{r'}{R}\right)^2\right]. \tag{8.2}$$

Damit liegen für jede radiale Position unterschiedliche Strömungsgeschwindigkeiten und Verweilzeiten vor. In diesem Fall würde das Pfropfenströmungsmodell nicht anwendbar sein. Eine genauere Erfassung dieser strömungstechnischen Nichtidealität ist möglich, wenn man jeder radialen Position ihre individuelle Verweilzeit zuordnet, die dazu gehörige Umsetzung berechnet und über den gesamten Radius integriert. In diesem Fall betrachtet man die Volumenelemente an den einzelnen Positionen als voneinander unabhängig (segregierte Strömung). Dies ist möglich, wenn die Verweilzeiten im Reaktor klein sind im Vergleich zu den Zeiten, in denen radiale Transportprozesse (Diffusion, Wärmeleitung) auftreten.

Bei der Behandlung der Kopplung von Verweilzeitverhalten und Reaktion im Kapitel 8.4 wird auf die Berechnung von Reaktoren mit Segregation eingegangen.

Radiale Temperatur- und Konzentrationsunterschiede
In Rohrreaktoren treten besonders bei hoch exothermen Reaktionen neben den axialen Konzentrations- und Temperaturprofilen oft auch Gradienten dieser Größen in radialer Richtung, also quer zur Strömungsrichtung auf. Bei heterogen-gaskatalytischen Reaktionen mit Kühlung oder Heizung über die Rohrwand können insbesondere Temperaturunterschiede zwischen Rohrachse und den wandnahen Zonen des Reaktionsraumes sehr beträchtlich sein (s. Abb. 9.26). Die Erfassung der radialen Transportprozesse von Stoff und Wärme kann ebenso wie bei der axialen Vermischung durch entsprechende Terme der effektiven radialen Diffusion und Wärmeleitung erfolgen, wie sie in den allgemeinen Bilanzgleichungen [Gleichungen (5.32) und (5.38)] enthalten sind. Die Parameter für die radialen Transportprozesse (effektiver radialer Diffusionskoeffizient, effektiver radialer Wärmeleitkoeffizient) können für verschiedene Phasenverhältnisse meist in Abhängigkeit von der axialen Strömungsgeschwindigkeit berechnet werden. Die dann vorliegenden zweidimensionalen Modelle sind vor allem für heterogen-gaskatalytische Reaktionen von Interesse (s. Kapitel 9.3.1, Gleichungen (9.94) und (9.95)].

Es muss bei der Einbeziehung radialer Konzentrations- und Temperaturgradienten in Rohrreaktoren allerdings berücksichtigt werden, dass es sich nicht um eine strömungstechnische Nichtidealität wie die axiale Rückvermischung handelt. Radiale Gradienten können auch auftreten, wenn eine ideale axiale Pfropfenströmung vorliegt. Da ihr Mechanismus und die Art der mathematischen Beschreibung in den Bilanzgleichungen allerdings in gleicher Weise erfolgen, werden sie hier als „Nichtidealität im weiteren Sinne" aufgeführt.

Totzonen

Unter Totzonen werden Bereiche innerhalb der Reaktionsmischung verstanden, die von der Strömung gar nicht oder nur unzureichend erfasst werden. Solche Bereiche können in der Nähe von Einbauten oder Umlenkungen auftreten, die einen „Strömungsschatten" verursachen [s. Abb. 8.1 b)]. Auch von Rührern nicht erfasste Bereiche oder Zonen mit verminderter Begasungsintensität bei Gas-Flüssig-Reaktionen können als Totzonen bezeichnet werden, die als aktives Reaktionsvolumen ganz oder teilweise wegfallen.

Die Einbeziehung dieser Problematik in die Vorausberechnung von Reaktoren ist kaum mit ausreichender Sicherheit möglich. Dagegen kann man durch die Auswertung gemessener Verweilzeitspektren an vorhandenen Reaktoren den Anteil von Totvolumina abschätzen und eine Nachrechnung durchführen (s. Kap. 8.3.3).

Kurzschlussströmung und Kanalbildung

Eine ungünstige Anordnung von Zu- und Abläufen kann dazu führen, dass ein Teil des Zulaufstromes den Reaktor verlässt, bevor er innerhalb der Reaktionsmasse vermischt wird [s. Abb. 8.1 c)]. Ein bestimmter Anteil des Volumenstromes würde dann mit einer sehr kleinen Verweilzeit am Reaktionsablauf beteiligt sein. Auch solche Erscheinungen sind durch Auswertung von Verweilzeitmessungen zu erkennen. Sie sollten durch eine günstigere Gestaltung der Zu- und Ablaufstutzen am Reaktor vermieden werden.

Insbesondere bei Mehrphasensystemen kann es zur Ausbildung von Bereichen kommen, die besonders schnell von einer fluiden Phase durchströmt werden. So liegt z. B. in Festbettreaktoren (s. Kap. 9) in der Nähe der Reaktorwand eine weniger kompakte Katalysatorschüttung als im Inneren des Reaktors vor. Deshalb findet man in Wandnähe oft eine deutlich höhere Strömungsgeschwindigkeit gegenüber dem Durchschnittswert. Beim Einsatz von Rohrbündelreaktoren, die aus einer Parallelschaltung von sehr vielen Rohren bestehen, treten in mangelhaft gefüllten Einzelrohren ebenfalls erhöhte Strömungsgeschwindigkeiten auf. Auch bei Gas-Flüssig-Reaktionen können schnell aufsteigende Blasenketten deutlich höhere Aufstiegsgeschwindigkeiten der Gasphase verursachen, als es dem Mittelwert dieser Größe entspricht [s. Abb. 8.1 d)]. Erkennt man solche Nichtidealitäten, dann sind meist technische Maßnahmen zu deren Verhinderung möglich und auch notwendig, um die damit oft verbundenen Umsatzverluste zu verringern.

Segregation

In bestimmten Reaktionsmassen ist eine Vermischung bis in den Molekülbereich hinein auch bei sehr großer Rührintensität nicht möglich, weil z. B. bei heterogenen Reaktionssystemen oder hochviskosen Medien größere Strukturen (Molekülanhäufungen) im Reaktionsraum erhalten bleiben. Diese Erscheinung wird als Segregation und die nicht oder nur unvollständig vermischbaren Bereiche als segregierte Volumenelemente bezeichnet. Die Erfassung dieser

Nichtidealität bei der Reaktorberechnung ist möglich, wenn man die individuelle Verweilzeit dieser Elemente kennt. Durch die Untersuchung des Verweilzeitspektrums kann man die entsprechenden Informationen gewinnen und bei der Reaktorberechnung nutzen (s. Kap. 8.4.2).

8.2 Berechnung von Rohrreaktoren mit partieller axialer Rückvermischung

Die teilweise oder partielle Rückvermischung kann als Strömungszustand eines kontinuierlichen Reaktors bezeichnet werden, der weder dem einen Grenzfall der idealen Vermischung noch dem anderen der idealen Pfropfenströmung entspricht. Es wurde schon darauf hingewiesen, dass die Erfassung der tatsächlich vorliegenden im Allgemeinen dreidimensionalen Verteilungen der Strömungsgeschwindigkeitsfelder und deren Kopplung mit den Stoff- und Wärmebilanzen eine sehr aufwändige Methode der mathematischen Modellierung darstellt. Bei der Entwicklung vereinfachter Modelle mit möglichst wenigen Parametern zur Kennzeichnung der Strömungsbedingungen ist man von zwei Lösungsansätzen (Dispersionsmodell und Kaskadenmodell) ausgegangen, die in den folgenden Kapiteln dargestellt werden. Dabei werden zunächst Möglichkeiten der Vorausberechnung partiell vermischter Rohrreaktoren dargestellt, bei denen nur Korrelationen aus der Fachliteratur zur Beschreibung der Vermischungsparameter genutzt werden.

8.2.1 Eindimensionales Dispersionsmodell

Das Dispersionsmodell (auch Diffusionsmodell) wurde in zweidimensionaler Form für einen Rohrreaktor in seiner allgemeinen Struktur als System der Stoff- und Wärmebilanzen im Kapitel 5 [Gleichungen (5.32) und (5.38)] abgeleitet. Jede der Bilanzen enthält neben dem Akkumulations- und Konvektionsterm die Ausdrücke für die effektiven Leitströme in radialer und axialer Richtung sowie den durch die chemischen Reaktionen beeinflussten Quellterm. Mit dem Ziel der Nutzung des Modells für die Auslegung eines teilweise rückvermischten Strömungsrohres für die Durchführung einer homogenen Flüssigphasenreaktion werden folgende Voraussetzungen getroffen:

- Es kann von einem eindimensionalen Modell ausgegangen werden, weil die wesentlichen Konzentrationsänderungen in axialer Richtung auftreten und in radialer Richtung gering sind. Der zylindrische Reaktor besitzt einen konstanten Durchmesser.
- Die Berechnung des Reaktors erfolgt für den stationären Zustand.
- Sowohl die Koeffizienten der axialen Vermischung und der effektiven axialen Wärmeleitung als auch die Stoffwerte des Reaktionsgemisches und die Reaktionsenthalpien sollen näherungsweise als konstante Größen angenommen werden.
- Die Strömungsgeschwindigkeit der Reaktionsmasse hat nur eine axiale Komponente und soll sich zwischen Reaktorein- und -austritt nicht ändern (Volumenbeständigkeit).

Stoffbilanz

Unter den genannten Voraussetzungen erhält die allgemeine Stoffbilanzgleichung (5.32) bei Berücksichtigung der Konvektion, der axialen Rückvermischung und der Reaktion folgende Form:

$$w_z \frac{dc_i}{dz'} = D_{z,eff} \frac{d^2 c_i}{dz'^2} + R_i \,. \tag{8.3}$$

Es werden die dimensionslose axiale Koordinate, die mittlere Verweilzeit und als charakteristische dimensionslose Kennzahl die *Bodenstein*-Zahl eingeführt:

$$z = \frac{z'}{L_R} \tag{8.4}$$

$$\bar{t} = \frac{V_R}{\dot{V}} = \frac{L_R}{w_z} \tag{8.5}$$

$$Bo = \frac{w_z L_R}{D_{z,eff}} \,. \tag{8.6}$$

Damit ergibt sich folgende Form der Stoffbilanz:

$$\frac{dc_i}{dz} - \frac{1}{Bo} \frac{d^2 c_i}{dz^2} = R_i \bar{t} \,. \tag{8.7}$$

Diese Stoffbilanz ist für alle Schlüsselkomponenten zu formulieren.

Wärmebilanz

Auf der Grundlage der allgemeinen Wärmebilanzgleichung (5.38) ergibt sich unter Beachtung der hier getroffenen Voraussetzungen folgende Beziehung:

$$\rho c_p w \frac{dT}{dz'} = \lambda_{z,eff} \frac{d^2 T}{dz'^2} + \sum_j r_j \left(-\Delta H_{Rj}\right) - k_D \frac{dA_D}{dV_R} \left(T - T_K\right). \tag{8.8}$$

Die eindimensionale Form der Wärmebilanz enthält bei polytropen Bedingungen (Heizung oder Kühlung durch die Reaktorwand) den Term des Wärmedurchganges, weil jedes betrachtete zylindrische Volumenelement mit den Abmessungen

$$dV_R = \frac{d_R^2 \pi}{4} dz' \tag{8.9}$$

eine Wärmeübertragungsfläche der Größe

$$dA_D = d_R \pi \, dz' \tag{8.10}$$

besitzt.

Mit den Gleichungen (8.4) und (8.5) sowie den Größen

$$\frac{dA_D}{dV_R} = \frac{d_R \pi \, dz'}{d_R^2 \frac{\pi}{4} dz'} = \frac{4}{d_R} \tag{8.11}$$

und der *Bodenstein*-Zahl für die Beschreibung der effektiven Wärmeleitung

$$Bo' = \frac{w L_R \rho c_p}{\lambda_{z,eff}} \tag{8.12}$$

erhält man die Wärmebilanz in folgender Form:

$$\frac{dT}{dz} - \frac{1}{Bo'} \frac{d^2T}{dz^2} = \frac{L_R}{\rho c_p w} \sum_j r_j \left(-\Delta H_{Rj}\right) - k_D \frac{4 L_R}{\rho c_p w d_R} \left(T - T_K\right) \tag{8.13}$$

Randbedingungen

Die Stoff- und Wärmebilanzen als Differentialgleichungen zweiter Ordnung erfordern je zwei Randbedingungen, die üblicherweise für den Ein- und Austritt des Rohres formuliert werden.

Eintritt des Rohrreaktors: $z' = +0$ *bzw.* $z = +0$:

Stoff:

Der in den Reaktor eintretende konvektive Strom (Position ^{0}) entspricht unmittelbar am Beginn des Reaktionsraumes (Position $^{+0}$) dem dort vorliegenden konvektiven Strom und dem Rückvermischungsstrom:

$$w c_i^0 = w c_i^{+0} - D_{z,eff} \left(\frac{dc_i}{dz'} \right) \Bigg|^{+0} . \tag{8.14}$$

Bei Verwendung der *Bodenstein*-Zahl und der dimensionslosen axialen Koordinate ergibt sich

$$c_i^{+0} = c_i^0 + \frac{1}{Bo} \left(\frac{dc_i}{dz} \right) \Bigg|^{+0} . \tag{8.15}$$

Es ist ersichtlich, dass die hier vorgenommene Bilanzierung der Stoffströme am Reaktoreintritt zu einem Konzentrationssprung an dieser Position führt.

Wärme
In Analogie zu den Stoffströmen wird auch hier von der Vorstellung ausgegangen, dass der konvektive Wärmestrom der eintretenden Reaktionsmischung den beiden Wärmeströmen im Reaktionsraum (Konvektion und effektive axiale Wärmeleitung) gleichzusetzen ist:

$$w\rho c_p T^0 = w\rho c_p T^{+0} - \lambda_{z,eff} \left(\frac{dT}{dz'}\right)\Bigg|^{+0} \qquad (8.16)$$

$$T^{+0} = T^0 + \frac{1}{Bo'}\left(\frac{dT}{dz}\right)\Bigg|^{+0} . \qquad (8.17)$$

Auch hier ergibt sich ein Sprung der bilanzierten Größe am Reaktoreintritt.

Austritt des Rohrreaktors: $z = 1$
Für den Reaktoraustritt wird allgemein vorausgesetzt, dass sich Konzentrationen und Temperaturen nicht ändern:

Stoff

$$\frac{dc_i}{dz} = 0 \qquad (8.18)$$

Wärme

$$\frac{dT}{dz} = 0 . \qquad (8.19)$$

Mathematische Lösungsverfahren und verfahrenstechnische Informationen
Das System der gekoppelten Stoff- und Wärmebilanzen des hier dargestellten eindimensionalen Dispersionsmodells kann mit Hilfe numerischer Verfahren gelöst werden (z. B. Mehrstellenverfahren). Analytische Lösungen sind für isotherme Bedingungen bei Ablauf einer einfachen Reaktion 1. Ordnung möglich (s. Berechnungsbeispiel 8-1).

Für vorgegebene Eintrittsbedingungen und Reaktorabmessungen erhält man die axialen Verläufe der Konzentrationen und der Temperatur und damit auch die Größe der Konzentrations- und Temperatursprünge am Eintritt des Reaktors.

Voraussetzung für die Berechnung praktischer Reaktoren ist die Kenntnis der Koeffizienten der effektiven Diffusion und Wärmeleitung. Hinsichtlich der stofflichen Vermischung sind in der Literatur zahlreiche experimentelle Ergebnisse dargestellt, aus denen für bestimmte Strömungsbereiche und Phasenverhältnisse Korrelationsgleichungen zur Berechnung effektiver axialer Diffusionskoeffizienten abgeleitet wurden. Zusammenstellungen zu dieser Problematik sind z. B. in [8-1] und [8-3] zu finden.

Unter Verwendung der *Peclet*-Zahl für die axiale Vermischung

$$Pe_z = \frac{wd_R}{D_{z,eff}} = Bo\frac{d_R}{L_R} \qquad (8.20)$$

wird in [8-4] folgende empirische Beziehung für glatte Rohre genannt, die für Re > 2000 anwendbar ist:

$$\frac{1}{Pe_z} = \frac{3 \cdot 10^7}{Re^{2,1}} + \frac{1,35}{Re^{0,125}} . \tag{8.21}$$

Nach dieser Beziehung, durch die eine Vielzahl von experimentellen Ergebnissen relativ gut beschrieben werden können, steigt die *Peclet*-Zahl mit der *Reynolds*-Zahl zunächst deutlich an und geht dann in einen konstanten Bereich über, der bei $Pe_z \approx 6$ liegt.

Berechnungsbeispiel 8-1: Berechnung eines partiell vermischten isothermen Rohrreaktors bei Ablauf einer Reaktion 1. Ordnung.

Aufgabenstellung
In einem isothermen Rohrreaktor soll eine Flüssigphasenreaktion 1. Ordnung nach folgender Stöchiometrie ablaufen:

$$A \rightarrow B + C, \qquad r = kc_A . \tag{8.22}$$

Für vorgegebene Eintrittsbedingungen und eine festgelegte Rohrgeometrie soll mit Hilfe des Dispersionsmodells der Einfluss der axialen Vermischung auf das Umsetzungsverhalten des Reaktors untersucht werden.

Folgende Größen sind gegeben:

- Reaktorabmessungen $L_R = 10\,m$
  $d_R = 0,5\,m$
- Mittlere axiale Strömungsgeschwindigkeit $w = 10\,m\,h^{-1}$
- Eintrittskonzentration der Komponente A $c_A^0 = 1\,kmol\,m^{-3}$
- Reaktionskinetische Konstante $k = 1,5\,h^{-1}$
- Viskosität der Reaktionsmischung $\nu = 4,68 \cdot 10^{-7}\,m^2\,s^{-1}$.

Folgende Teilaufgaben sind zu lösen:

a) Für die gegebenen Bedingungen soll die *Bodenstein*-Zahl abgeschätzt und auf dieser Grundlage das axiale Konzentrationsprofil im Rohrreaktor berechnet werden. Danach soll die gefundene Lösung den mit anderen *Bodenstein*-Zahlen berechneten Verläufen gegenüber gestellt und der Vermischungseinfluss insgesamt diskutiert werden.
b) Es ist zu untersuchen, wie sich eine Vergrößerung der Reaktorlänge bei gleich bleibender mittlerer Verweilzeit auf das Vermischungsverhalten auswirkt.

Voraussetzungen für die Reaktorberechnung
- Die Reaktion verläuft volumenbeständig und unter isothermen Bedingungen ab.
- Die Anwendbarkeit des eindimensionalen Dispersionsmodells ist gegeben.

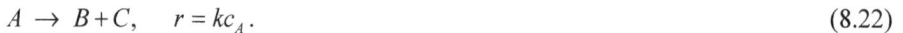

Lösung Teilaufgabe a)
Wegen des Vorliegens einer einfachen Reaktion unter isothermen Bedingungen ist nur eine Stoffbilanz zu lösen.

Stoffbilanz
Die Stoffbilanzgleichung (8.7) ist unter Beachtung der Randbedingungen (8.15) und (8.18) für die Komponente A zu lösen.

$$\frac{dc_A}{dz} - \frac{1}{Bo}\frac{d^2 c_A}{dz^2} = -kc_A\overline{t}\ . \tag{8.23}$$

Für den hier vorliegenden Sonderfall einer Reaktion 1. Ordnung kann diese Stoffbilanz analytisch gelöst werden [8-5]. Für die am Reaktoraustritt ($z = 1$) vorliegende Konzentration ergibt sich

$$\frac{c_A(z=1)}{c_A^0} = 1 - U_A = \frac{4a\exp\left(\frac{Bo}{2}\right)}{(1+a)^2\exp\left(a\frac{Bo}{2}\right) - (1-a)^2\exp\left(-a\frac{Bo}{2}\right)}\ . \tag{8.24}$$

Dabei bedeutet

$$a = \sqrt{1 + \frac{4k\overline{t}}{Bo}}\ . \tag{8.25}$$

Die mittlere Verweilzeit am Reaktoraustritt ergibt sich zu

$$\overline{t} = \frac{V_R}{\dot{V}} = \frac{L_R}{w} = \frac{10\,m}{10\,m\,h^{-1}} = 1\,h\ .$$

Peclet- und Bodenstein-Zahl
Zur Berechnung der *Peclet*-Zahl wird Gl. (8.21) herangezogen. Dazu ist zunächst die *Reynolds*-Zahl zu ermitteln:

$$Re = \frac{w\,d_R}{\nu} \tag{8.26}$$

$$Re = \frac{10\,m\,h^{-1}\cdot 0{,}5\,m}{4{,}68\cdot 10^{-7}\,m^2\,s^{-1}\cdot 3600\,s\,h^{-1}} = 2968\ .$$

Dieser Wert liegt innerhalb des Gültigkeitsbereiches von Gl. (8.21). Für die *Peclet*-Zahl ergibt sich damit:

$$Pe_z = 0{,}5\ .$$

Nach Gl. (8.20) erhält man

$$Bo = Pe_z \frac{L_R}{d_R} \tag{8.27}$$

$$Bo = 10 \, .$$

Axiale Konzentrationsverläufe

Für diese und für weitere *Bodenstein*-Zahlen wurden die axialen Konzentrationsverläufe im Reaktor berechnet (s. Abb. 8.2). Die berechneten Konzentrationen der Komponente A am Austritt des Reaktors sind in Tabelle 8.1 dargestellt.

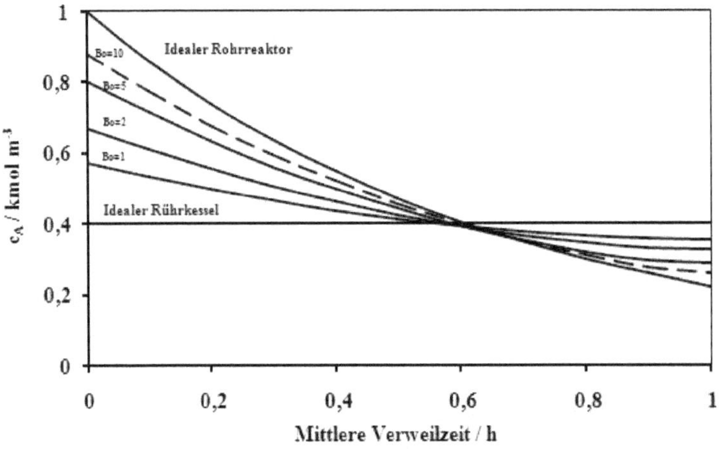

Abb. 8.2: Axiale Konzentrationsverläufe im Rohrreaktor bei unterschiedlichen Bodenstein-Zahlen

Bei der berechneten *Bodenstein*-Zahl von 10 ergibt sich eine Austrittskonzentration von

$$c_A\left(z=1\right) = 0{,}262 \, kmol \, m^{-3}$$

und damit ein Umsatz der Komponente A von

$$U_A = 0{,}738 \, .$$

Ein besseres Ergebnis ist bei höheren *Bodenstein*-Zahlen erreichbar. Für den idealen Rohrreaktor ($Bo = \infty$) ergibt sich aus der Lösung der Stoffbilanz

$$c_A = c_A^0 e^{-k\bar{\tau}} = 0{,}223 \, kmol \, m^{-3} \, .$$

Tabelle 8.1: Austrittskonzentrationen und Umsätze bei unterschiedlichen Vermischungsbedingungen (Bodenstein-Zahlen)

Bodenstein-Zahl	$c_A(z=1)$ $kmol\,m^{-3}$	$U_A(z=1)$
0 (Idealer kontinuierlicher Rührkessel)	0,400	0,600
1	0,355	0,645
2	0,328	0,672
5	0,288	0,712
10	0,262	0,738
∞ (Idealer Rohrreaktor)	0,223	0,777

Bei intensiverer Durchmischung (sinkende *Bodenstein*-Zahlen) verschlechtert sich die Umsetzung, bis für den Fall der vollständigen Vermischung ($Bo = 0$) die Gegebenheiten des idealen kontinuierlichen Rührkessels vorliegen. Dann erhält man aus der Lösung der Stoffbilanz [Gl. (6-128)] für eine Reaktion erster Ordnung:

$$c_A = \frac{c_A^0}{1+k\overline{t}} = 0,40\,kmol\,m^{-3}$$

$$U_A = 0,60\,.$$

Bei den berechneten Konzentrationsprofilen ist zu berücksichtigen, dass die Eintrittskonzentration jeweils den gleichen Wert von $c_A^0 = 1\,kmol\,m^{-3}$ besitzt. Die in Abb. 8.2 erkennbaren kleineren Werte für die Position $z = 0$ bzw. $\overline{t} = 0$ entsprechen dem aus den Randbedingungen resultierenden Konzentrationssprung, der die teilweise oder vollständige Rückvermischung kennzeichnet.

Lösung Teilaufgabe b)
Eine Vergrößerung der Reaktorlänge führt bei gleich bleibender mittlerer Verweilzeit und unverändertem Reaktordurchmesser zu einem höheren Durchsatz und damit auch zur Leistungssteigerung des Reaktors. Gleichzeitig vergrößert sich mit steigendem Schlankheitsgrad auch der Umsatz, weil die Intensität der Vermischung geringer wird. Die in Tabelle 8.2 dargestellten Rechenergebnisse zeigen den entsprechenden Anstieg der *Bodenstein*-Zahl. In praktischen Fällen kann man davon ausgehen, dass bei $Bo > 100$ die Verhältnisse des idealen Rohrreaktors weitgehend angenähert sind.

Tabelle 8.2: Einfluss der Reaktorlänge auf die charakteristischen dimensionslosen Kennzahlen zur Erfassung des Vermischungsverhaltens bei gleich bleibender mittlerer Verweilzeit

L_R m	d_R m	$\overline{t}$ h	w m/h	Re	Pe_z	Bo	$U_A(z=1)$
10	0,5	1	10	2968	0,50	10	0,738
20	0,5	1	20	5935	0,813	49	0,767
30	0,5	1	30	8902	1,71	102	0,771
40	0,5	1	40	11871	2,00	160	0,773

Bei der Anwendung sehr langer und entsprechend schlanker Reaktoren sind natürlich die mit der Baugröße verbundenen Probleme und der erhöhte Druckverlust wegen des Anstiegs der Strömungsgeschwindigkeit zu berücksichtigen.

8.2.2 Kaskadenmodell

Bei der Anwendung des Kaskadenmodells zur Berechnung partiell rückvermischter Rohrreaktoren geht man von der Vorstellung aus, dass durch die Lösung der Bilanzgleichungen für eine Rührkesselkaskade mit einer bestimmten Kesselzahl praktisch beliebige Intensitäten der Vermischung in das Modell einbezogen werden können. Dabei betrachtet man zunächst die Grenzfälle der Vermischung, die den kontinuierlichen Reaktorgrundtypen entsprechen. Ein einzelner kontinuierlicher Rührkessel (oder eine Kaskade mit der Kesselzahl 1) ist durch eine vollständige Vermischung des gesamten Reaktionsraumes gekennzeichnet. Der ideale Rohrreaktor ohne jede Rückvermischung entspricht dagegen einer Kaskade mit unendlich vielen Kesseln, die theoretisch unendlich kleine Volumina besitzen. Es liegt folglich nahe, einer Kesselzahl zwischen eins und unendlich einen bestimmten Grad der Rückvermischung zuzuordnen. Kennt man diese Kesselzahl, dann können die Bilanzen der Kaskade für die Reaktorberechnung herangezogen werden (s. Kapitel 7.3.2). Das dabei entstehende System algebraischer Gleichungen lässt sich naturgemäß einfacher handhaben als das Differentialgleichungssystem entsprechend dem Dispersionsmodell.

Die für einen bestimmten Vermischungszustand eines vorhandenen Reaktors charakteristische Kesselzahl kann mit Hilfe von Verweilzeitmessungen ermittelt werden, wie dies im folgenden Kapitel 8.3 dargestellt wird. Will man dagegen einen noch nicht gebauten Reaktor nach dem Kaskadenmodell vorausberechnen, dann benötigt man auch Korrelationsgleichungen für die Abschätzung der Kesselzahl in Abhängigkeit von den Strömungsbedingungen. Solche Zusammenhänge sind gegenwärtig nicht mit ausreichender Genauigkeit zu beschreiben. Allerdings lässt sich für bestimmte Strömungsbereiche ein Zusammenhang zwischen der *Bodenstein*-Zahl und der Kesselzahl herstellen. Damit könnte auch das Kaskadenmodell für die Auslegung partiell vermischter Rohrreaktoren genutzt werden.

Berechnungsbeispiel 8-2: Ermittlung des Zusammenhanges zwischen der für das Dispersionsmodell charakteristischen *Bodenstein*-Zahl und der Kesselzahl des Kaskadenmodells

Aufgabenstellung
Für einen partiell rückvermischten Rohrreaktor mit den Prozessparametern und Eintrittsdaten des Berechnungsbeispiels 8-1 sollen für ausgewählte stationäre Zustände die für das Dispersionsmodell berechneten *Bodenstein*-Zahlen den Kesselzahlen des Kaskadenmodells gegenübergestellt werden, die zu gleichen Umsätzen am Reaktoraustritt führen.

Folgende Größen bleiben unverändert:

- Reaktordurchmesser $d_R = 0{,}5\,m$
- Mittlere axiale Strömungsgeschwindigkeit $w = 10\,m\,h^{-1}$
- Eintrittskonzentration der Komponente A $c_A^0 = 1\,kmol\,m^{-3}$
- Reaktionskinetische Konstante $k = 1{,}5\,h^{-1}$
- Viskosität der Reaktionsmischung $\nu = 4{,}68 \cdot 10^{-7}\,m^2\,s^{-1}$

Variiert werden folgende Größen:

- Reaktorlänge $L_R = 10\,m$ (Variante 1)
  $L_R = 20\,m$ (Variante 2)
- Mittlere axiale Strömungsgeschwindigkeit $w = 10\,m\,h^{-1}$ (Variante 1)
  $w = 20\,m\,h^{-1}$ (Variante 2).

Damit bleibt bei beiden Varianten die mittlere Verweilzeit konstant.

Lösung
Die als Ersatzschaltung für das partiell rückvermischte Strömungsrohr verwendete Rührkesselkaskade soll zu den gleichen Austrittsumsätzen führen, die im Berechnungsbeispiel 8-1 ermittelt wurden:

$$\text{Variante 1: } Bo = 10 \rightarrow U_A(z=1) = 0{,}738 \text{ (s. Tabelle 8.1)}$$

$$\text{Variante 2: } Bo = 49 \rightarrow U_A(z=1) = 0{,}767 \text{ (s. Tabelle 8.2)}$$

Die Berechnung der notwendigen Kesselzahl, die zu den gegebenen Umsätzen führt, erfolgt durch Lösung der Stoffbilanzen für die Rührkesselkaskade. Für einen beliebigen Kessel hat diese Bilanz folgende Form [s. Gl. (7.20)]:

$$c_i^{(K)} - c_i^{(K-1)} = R_i^{(K)} \overline{t}^{(K)} \ . \tag{8.28}$$

Diese Bilanz wird schrittweise vom ersten bis zum letzen Kessel (Kennzeichnung Q) gelöst. Die mittlere Verweilzeit des einzelnen Kessels ist dabei

$$\overline{t}^{(1)} = \overline{t}^{(K)} = \overline{t}^{(Q)} = \frac{\overline{t}_{ges}}{Q} \ . \tag{8.29}$$

Für die hier vorliegende Reaktion 1. Ordnung und isotherme Bedingungen kann man die Stoffbilanz für den letzten Kessel in Form von Gl. (7.36) darstellen:

$$Q = \frac{\lg\left(\dfrac{1}{1-U_A^{(Q)}}\right)}{\lg\left(1+\dfrac{k\overline{t}_{ges}}{Q}\right)} \ . \tag{8.30}$$

Für beide Varianten ergibt sich

$$\overline{t}_{ges} = \frac{L_R}{w} = 1\,h \ .$$

Als Austrittsumsatz ist bei beiden Modellen derselbe Wert einzusetzen:

$$U_A(z=1) = U_A^{(Q)} \ . \tag{8.31}$$

Damit kann die implizite Gleichung (8.30) durch Anwendung eines Näherungsverfahrens gelöst werden. Man erhält folgende Werte:

Variante 1 ($Bo = 10$): Kesselzahl $Q = 6,0$

Variante 2 ($Bo = 49$): Kesselzahl $Q = 25,0$.

Bei größeren Kesselzahlen lässt sich aus Verweilzeituntersuchung der Zusammenhang

$$Q \approx \frac{Bo}{2} \tag{8.32}$$

ableiten, der hier in etwa bestätigt wurde (s. Kapitel 8.3.3).

Nutzt man diesen Zusammenhang und ermittelt vorher eine *Bodenstein*-Zahl z. B. mit Hilfe der Gleichungen (8.20) und (8.21), dann kann man das Zellenmodell zumindest für überschlägige Vorausberechnungen anwenden.

8.3 Verweilzeituntersuchungen zur Charakterisierung des Vermischungsverhaltens und zur Ermittlung von Modellparametern

Bei den bisher dargelegten Berechnungsmodellen für Rohrreaktoren mit partieller Rückvermischung sind Korrelationsgleichungen zur Berechnung der Vermischungsparameter verwendet worden, die durch Auswertung von Verweilzeitmessungen ermittelt wurden. Diese Beziehungen gelten für bestimmte Rohrgeometrien und Strömungsbedingungen. So gilt z. B. die hier genutzte Gl. (8.21) für einphasige Strömungen in glatten zylindrischen Rohren und *Reynolds*-Zahlen von größer als 2000.

In vielen technischen Reaktoren liegen oft ganz andere Bedingungen vor, die partielle Rückvermischungen und andere Formen strömungstechnischer Nichtidealitäten verursachen können. Bei vorhandenen Reaktoren oder auch anderen durchströmten Apparaten kann man mit Hilfe von Verweilzeituntersuchungen vielfältige Informationen über die Art und das Ausmaß solcher Nichtidealitäten gewinnen. Entsprechende Messungen können ohne den Ablauf der chemischen Reaktionen durchgeführt werden, wenn das Strömungsverhalten mit und ohne Reaktion identisch ist. Dann würde ein Behälter mit einer dem geplanten Reaktor entsprechenden Geometrie ausreichen, um das Vermischungs- oder Verweilzeitverhalten zu untersuchen. Dies ist allerdings nicht der Fall, wenn durch den Reaktionsablauf die Strömungsbedingungen stark beeinflusst werden. Solche Erscheinungen sind sehr häufig und werden z. B. durch große Temperatur- und Konzentrationsgradienten, durch Viskositätsänderungen oder durch Änderung der Phasenanteile und Durchsätze bei Mehrphasenreaktionen verursacht.

Im vorliegenden Kapitel wird das Verweilzeitverhalten zunächst ohne den Ablauf chemischer Reaktionen untersucht. Wenn vom Reaktor gesprochen wird, dann kann man die getroffenen Aussagen ebenso auf beliebige andere durchströmte Apparate übertragen. Dazu werden Mess- und Auswertungsmethoden dargelegt, die primär den Strömungs- und Vermischungszustand des Systems kennzeichnen, aber letztlich zu Informationen und Modellparametern für eine günstige Gestaltung des Reaktors führen sollen.

8.3.1 Definitionen

In kontinuierlich betriebenen Reaktoren kann man nur unter der Voraussetzung einer idealen Pfropfenströmung davon ausgehen, dass die Verweilzeit aller in den Reaktor eintretenden Elemente des Volumenstromes gleich groß ist und der mittleren Verweilzeit entspricht. Die wahre Verweilzeit kann infolge von Vermischungseinflüssen länger oder kürzer sei. Es liegt also eine Verweilzeitverteilung (Verweilzeitspektrum) vor.

Das Verweilzeitverhalten ist auf der einen Seite eine typische Apparateeigenschaft und wird durch die Geometrie (Form des Behälters, Länge und Durchmesser, Anzahl und Anordnung von Zu- und Abläufen, Einbauten wie Wärmeübertrager oder Stromstörer) bestimmt. Andererseits sind die Strömungsverhältnisse (stoffliche Eigenschaften des strömenden Mediums, Durchsätze, Einspeisungen, Turbulenzbedingungen) von Bedeutung, wobei sich beide Gesichtspunkte gegenseitig beeinflussen.

Zur Charakterisierung des Verweilzeitverhaltens werden folgende Größen herangezogen:

- Wahre Verweilzeit eines Fluidelementes t in s
- Mittlere Verweilzeit [s. Gl. (8.5)] $$\bar{t} = \frac{V_R}{\dot{V}} = \frac{L_R}{w} \quad \text{in } s \tag{8.33}$$
- Relative oder reduzierte Aufenthaltsdauer $$\Theta = \frac{t}{\bar{t}} \tag{8.34}$$

Verweilzeitspektrum $E(t)$
Diese Funktion beschreibt die Wahrscheinlichkeit, mit der ein Anteil der zum Zeitpunkt $t = 0$ in den Reaktor dosierten Menge (n_T^0) einer Testsubstanz (Tracer) nach der Zeit t am Austritt erscheint (s. Abb. 8.3). Sie wird auch als *differentielle Verweilzeitverteilung*, *Altersverteilung* oder *Impulsanwortfunktion* bezeichnet.

$$E(t) = \frac{\dot{n}_T^{Aus}(t)}{n_T^0} = \frac{\dot{V}\, c_T^{Aus}(t)}{n_T^0}\,. \tag{8.35}$$

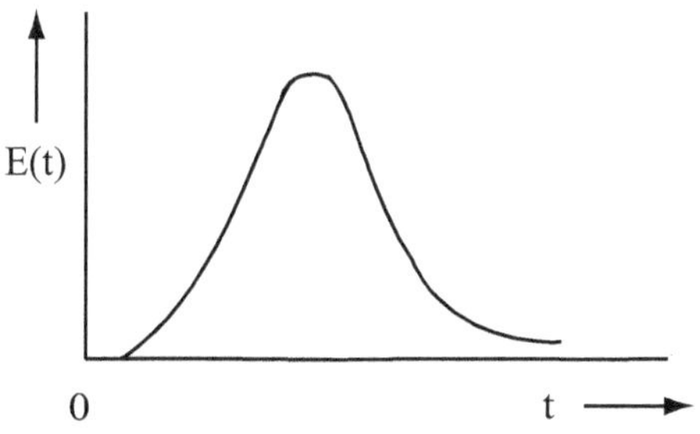

Abb. 8.3: Verweilzeitspektrum $E(t)$

Man kann davon ausgehen, dass nach einer unendlich langen Verweilzeit alle Volumenelemente, die zum Zeitpunkt null dosiert wurden, den Reaktor wieder verlassen haben. Damit gilt auch

$$n_T^0 = \int_0^\infty \dot{V}\, c_T^{Aus}(t)\, dt \tag{8.36}$$

$$\int_0^\infty E(t)\, dt = 1\,. \tag{8.37}$$

Liegt ein konstanter Volumenstrom im Reaktor vor, dann ergibt sich aus den Gleichungen (8.35) und (8.36) folgende Beziehung für das Verweilzeitspektrum:

$$E(t) = \frac{c_T^{Aus}(t)}{\int_0^\infty c_T^{Aus}(t)\, dt}\,. \tag{8.38}$$

Auf diese Gleichung wird bei der Auswertung experimentell ermittelter Verläufe der Tracer-Konzentration zurückgegriffen. Dabei ist es für praktische Untersuchungen wichtig, dass aus gemessenen Verweilzeitverteilungen charakteristische Kennzahlen des Vermischungsverhaltens ermittelt werden können. Eine Kenngröße ist die mittlere Verweilzeit, die als arithmetischer Mittelwert dem *ersten Moment* der differentiellen Verteilungsfunktion entspricht:

$$\bar{t} = \int_0^\infty t \cdot E(t)\, dt\,. \tag{8.39}$$

Ein Maß für die Streuung der Verweilzeiten um den Mittelwert („Breite" der Verteilung) ist die mittlere quadratische Abweichung, die über das *zweite Moment* der differentiellen Verteilung berechnet wird:

$$\sigma^2 = \int_0^\infty (t - \bar{t})^2\, E(t)\, dt\,. \tag{8.40}$$

Auf die Anwendung der *Momentenmethode* zur Ermittlung von Parametern des Diffusionsmodells wird im Kapitel 8.3.3 eingegangen.

Verweilzeitsummenfunktion $F(t)$

Diese auch als *Übergangsfunktion* oder *integrale Verweilzeitverteilung* bezeichnete Funktion (s. Abb. 8.4) beschreibt die Wahrscheinlichkeit dafür, dass ein zum Zeitpunkt $t = 0$ in den Reaktor dosiertes Volumenelement diesen innerhalb des Zeitraumes zwischen 0 und t wieder verlässt. Die mathematische Formulierung ergibt folgenden dimensionslosen Ausdruck:

$$F(t) = \frac{c_T^{Aus}(t)}{c_T^0}\,. \tag{8.41}$$

Die gleiche Beziehung erhält man auch, wenn das Spektrum der einzelnen Verweilzeiten aller Teilchen (differentielle Verweilzeitverteilung) integriert wird:

$$F(t) = \int_0^t E(t)\,dt\,. \tag{8.42}$$

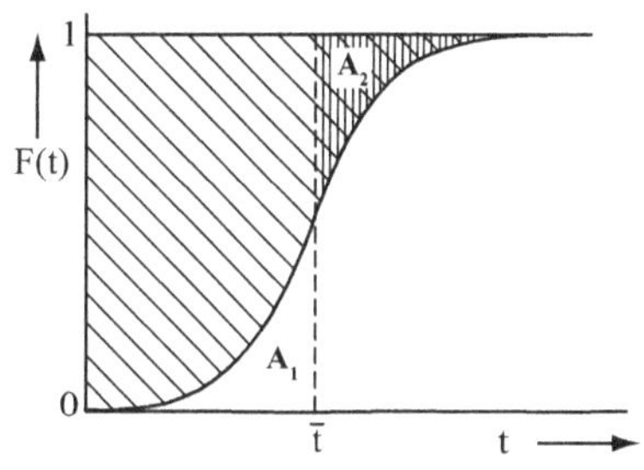

Abb. 8.4: Verweilzeitsummenfunktion $F(t)$

Damit gilt auch

$$E(t) = \frac{dF(t)}{dt}\,. \tag{8.43}$$

Die Grenzwerte für die Verweilzeitsummenfunktion lauten

$$F(0) = 0 \quad \text{und} \quad F(\infty) = \int_0^\infty E(t)\,dt = 1\,. \tag{8.44}$$

Aus dieser Verteilung ergibt sich die mittlere Verweilzeit nach folgender Beziehung:

$$\bar{t} = \int_0^1 t \cdot dF(t)\,. \tag{8.45}$$

Diese Größe liegt vor, wenn die in Abb. 8.4 dargestellten Flächen A_1 und A_2 gleich groß sind.

8.3.2 Messung von Verweilzeitverteilungen

Bei der experimentellen Erfassung von Verweilzeitverteilungen soll sich der durchströmte Reaktor im stationären Zustand befinden. Dabei ist es nicht von Belang, ob das System mit oder ohne Ablauf chemischer Reaktionen untersucht wird. Dann wird am Eingang ein definiertes Signal aufgegeben und dessen Veränderung am Reaktorausgang messtechnisch erfasst. Wichtig ist auch, dass durch die Aufgabe des Eingangssignales der fluiddynamische Zustand des Systems nicht verändert wird.

Die in den Reaktor dosierte Markierungssubstanz muss hinsichtlich chemischer Prozesse inert sein und darf auch nicht absorbiert, adsorbiert oder abgedampft werden. Sie muss sich als definiertes Signal in den Reaktor einbringen lassen und gut analysierbar sein. Als Tracer kommen Farbstoffe, Elektrolyte oder radioaktive Substanzen in Frage, deren charakteristische Eigenschaften sich von der Hauptströmung unterscheiden, aber diese nicht wesentlich beeinflussen. Das Ausgangssignal lässt sich dann allein dem Tracer zuordnen, der das gesamte Strömungsverhalten charakterisiert. In Abhängigkeit von der Art der Testsubstanz erhält man das Ausgangssignal z. B. durch Messung spektraler Eigenschaften, der elektrischen Leitfähigkeit oder der radioaktiven Strahlungsintensität.

Das Eingangssignal wird meist in Form bekannter Funktionen (Impulsfunktion, Sprungfunktion, periodische Funktionen) eingegeben. Die Sprung- und die Impulsmethode werden am häufigsten angewendet; sie sollen hier näher erläutert werden. Die Auswertung bei beliebigen anderen Eingangsfunktionen gestaltet sich komplizierter (s. z. B. [8-3]).

Impulsmethode

Die Einbringung des Impulses eines Tracers (*Eingangssignal*) erfolgt in der Weise, dass dem Trägerstrom innerhalb eines sehr kurzen Zeitintervalles (Δt^0) ein stoß- oder impulsförmiges Signal aufgeprägt wird, das der *Dirac*'schen Deltafunktion (Nadelfunktion) möglichst nahe kommen soll (s. Abb. 8.5). In der Praxis wird ein Wert von

$$\Delta t^0 < 0{,}01\bar{t} \tag{8.46}$$

als ausreichend genannt [8-3].

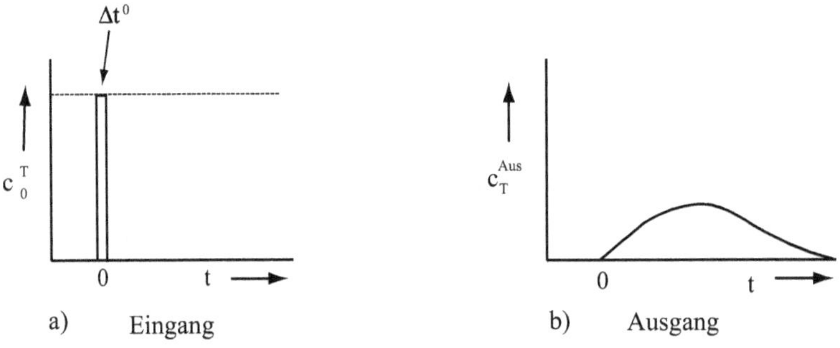

Abb. 8.5: Eingangs- und Ausgangssignal bei der Impulsmethode

Stellt das Signal eine bestimmte Stoffmenge des Tracers dar, dann gilt dafür

$$n_T^0 = c_T^0\,\dot{V}\,\Delta t^0\,. \tag{8.47}$$

Genau diese Stoffmenge muss nach unendlich langer Zeit den Reaktor wieder verlassen haben. Sie kann auch durch die Messung der Austrittskonzentrationen erfasst werden:

$$n_T^0 = \dot{V}\int_0^\infty c_T^{Aus}\,dt\,. \tag{8.48}$$

Das *Ausgangssignal* ist das Verweilzeitspektrum (Impulsantwort, differentielle Verweilzeitverteilung). Es kann nach Gl. (8.38) allein aus den gemessenen Austrittskonzentrationen des Tracers berechnet werden:

$$E(t) = \frac{c_T^{Aus}}{\int_0^\infty c_T^{Aus}\, dt} \approx \frac{c_T^{Aus}}{\sum_i c_{T,i}^{Aus}\, \Delta t_i} . \tag{8.49}$$

Für die Lösung des Integrals mit Hilfe der dargestellten Näherung wird das Verweilzeitspektrum in eine bestimmte Anzahl von Zeitintervallen (Δt_i) eingeteilt. Dies lässt sich umgehen, wenn die dosierte Tracermenge genau bekannt ist. Dann kann das Verweilzeitspektrum unmittelbar aus der Definitionsgleichung (8.35) ermittelt werden.

Aus den Messwerten der Impulsantwort kann gemäß Gl. (8.41) auch die Verweilzeitsummenfunktion (integrale Verweilzeitverteilung) berechnet werden:

$$F(t) = \int_0^t E(t)\, dt = \frac{\dot{V}}{n_T^0} \int_0^t c_T^{Aus}\, dt \approx \frac{\dot{V}}{n_T^0} \sum_i c_{T,i}^{Aus}\, \Delta t_i \ . \tag{8.50}$$

Sprungmethode

Die Erzeugung einer Sprungfunktion wird auch als Verdrängungsmethode oder Stufenmarkierung bezeichnet. Dabei wird als *Eingangssignal* dem stationären Trägerstrom im Reaktor ab dem Zeitpunkt $t = 0$ stetig ein konstanter Tracerstrom zugegeben (s. Abb.8.6).

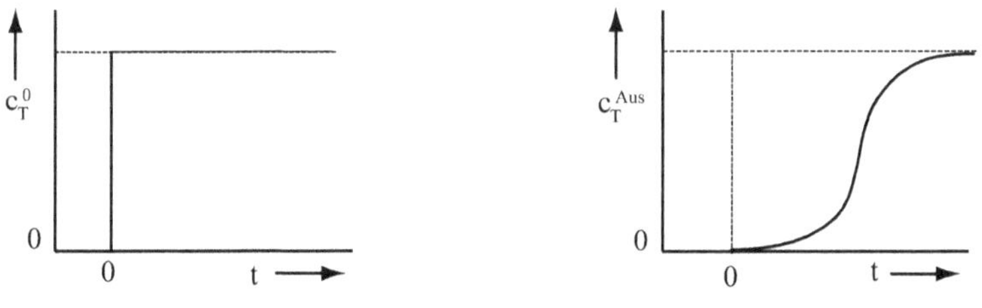

Abb. 8.6: Eingangs- und Ausgangssignal bei der Sprungmethode

Das *Ausgangsignal* ist in diesem Fall die Verweilzeitsummenfunktion (Sprungantwort, integrale Verweilzeitverteilung) entsprechend Gl. (8.41):

$$F(t) = \frac{c_T^{Aus}(t)}{c_T^0} .$$

Diese dimensionslose Funktion bewegt sich zwischen null und eins; die Größe des aufgeprägten Konzentrationssprunges am Eintritt muss deshalb nicht unbedingt bekannt sein.

Durch Differentiation des gemessenen Kurvenverlaufes kann entsprechend Gl. (8.43) auch das Verweilzeitspektrum (differentielle Verweilzeitverteilung) ermittelt werden.

8.3.3 Berechnung und Auswertung von Verweilzeitverteilungen

Bei der experimentellen Untersuchung von Verweilzeitverteilungen wird das Ziel verfolgt, das Vermischungsverhalten in einem durchströmten System zu charakterisieren und geeignete Parameter für die Modelle zur Berechnung strömungstechnisch nichtidealer Reaktoren zu ermitteln. Qualitative Aussagen zur Rückvermischung können bereits gewonnen werden, wenn gemessene Verweilzeitverteilungen den Modellrechnungen für bestimmte Reaktortypen gegenübergestellt werden. Dies gilt in besonderem Maße, wenn unterschiedliche Strömungsbedingungen oder Reaktorgeometrien verglichen werden sollen.

Die Ermittlung von Parametern der Rückermischung oder anderer Nichtidealitäten erfolgt immer im Hinblick auf die für die Reaktorberechnung vorgesehenen mathematischen Modelle, auch wenn die Experimente in Apparaten ohne Ablauf chemischer Reaktionen durchgeführt werden können. Selbstverständlich sind die Vermischungsparameter auch für die Berechnung anderer kontinuierlich betriebener Prozessstufen (z. B. Absorption, Adsorption, Rektifikation) anwendbar, wenn die Strömungsbedingungen in der Versuchsanlage denen der zu berechnenden technischen Anlage entsprechen.

Im Folgenden werden Verweilzeitverteilungen für unterschiedliche Vermischungszustände in kontinuierlich betriebenen Reaktoren (oder anderen Apparaten) berechnet und den Informationen aus Verweilzeitmessungen gegenübergestellt. Die Berechnung erfolgt mit Hilfe der Stoffbilanzen für den Tracer, die entsprechend dessen Funktion das instationäre Verhalten beschreiben müssen. Dagegen ist der Reaktionsterm nicht erforderlich, weil der Tracer nicht an chemischen Reaktionen beteiligt sein darf. Es werden isotherme Bedingungen vorausgesetzt.

Ideal durchmischter kontinuierlicher Rührkessel

Stoffbilanz für den Tracer
Unter der Voraussetzung eines konstanten Volumenstromes ergibt sich nach der allgemeinen instationären Rührkesselbilanz bei Wegfall des Quelltermes durch chemische Reaktionen nach Gl. (6.20) folgende Stoffbilanz:

$$\frac{dc_T^{Aus}}{dt} = \frac{1}{\bar{t}}\left(c_T^0 - c_T^{Aus}\right). \tag{8.51}$$

Die Art der Markierung bestimmt die zu verwendende Anfangsbedingung, die sich im Fall der Sprungmarkierung folgendermaßen beschreiben lässt:

$$t = 0 \rightarrow c_T^{Aus} = 0. \tag{8.52}$$

Der Sprung am Eintritt wird durch den kontinuierlich dosierten Tracerstrom bestimmt:

$$t > 0 \rightarrow c_T^0 = \frac{\dot{n}_T^0}{\dot{V}}. \tag{8.53}$$

Verweilzeitverteilungen
Die Integration der Stoffbilanz ergibt entsprechend Gl. (8.41) folgende *Verweilzeitsummenfunktion* (Sprungantwort):

$$F(t) = \frac{c_T^{Aus}}{c_T^0} = 1 - e^{-\frac{t}{\bar{t}}} . \tag{8.54}$$

Durch Einsetzen der relativen Verweilzeit Θ nach Gl. (8.34) erhält man

$$F(\Theta) = 1 - e^{-\Theta} . \tag{8.55}$$

Durch Differentiation ergibt sich mit Gl. (8.43) das *Verweilzeitspektrum*

$$E(t) = \frac{dF(t)}{dt} = \frac{1}{\bar{t}} e^{-\frac{t}{\bar{t}}} \tag{8.56}$$

bzw. in dimensionsloser Form

$$E(\Theta) = \bar{t}\, E(t) = e^{-\Theta} . \tag{8.57}$$

Das Verweilzeitspektrum kann man auch berechnen, wenn man die Eingangsbedingungen der Impulsmarkierung für die Lösung der Stoffbilanz des Tracers verwendet.

In Abb. 8.7 sind die beiden Verteilungen dargestellt.

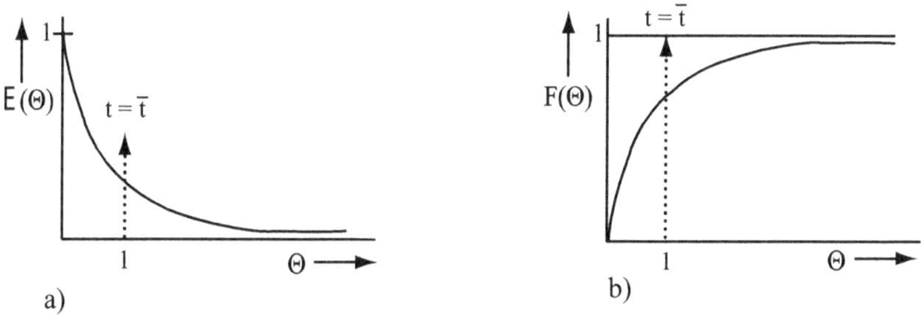

Abb. 8.7: Verweilzeitspektrum a) und Verweilzeitsummenfunktion b) für den ideal durchmischten kontinuierlichen Rührkessel

Auswertung von Messergebnissen
Lassen sich experimentell ermittelte Verweilzeitkurven unter Beachtung der Art des Eingangssignals durch die dargestellten Funktionen nachbilden, dann kann vom Zustand der idealen Vermischung im untersuchten Reaktionsraum ausgegangen werden. Entsprechend den Gleichungen (8.39) und (8.45) können die im stationären Zustand eingestellten mittleren Verweilzeiten rechnerisch überprüft werden.

Idealer Rohrreaktor

Stoffbilanz für den Tracer

In der Stoffbilanz für den Tracer sind bei idealer Pfropfenströmung der instationäre Term und der Konvektionsterm zu berücksichtigen. Es liegen keinerlei Vermischungseinflüsse vor und die Strömungsgeschwindigkeit im Reaktor wird als konstante Größe vorausgesetzt. An chemischen Reaktionen ist der Tracer nicht beteiligt. Die allgemeine Rohrreaktorbilanz nach Gl. (5.32) vereinfacht sich deshalb in folgender Weise:

$$\frac{\partial c_T}{\partial t} + w\frac{\partial c_T}{\partial z'} = 0\,. \tag{8.58}$$

Die Anfangs- und Randbedingungen hängen von der Art der gewählten Markierung ab.

Verweilzeitverteilungen

Die Lösung der Stoffbilanz, aus der sich die Verweilzeitverteilungen ergeben, führt bei idealer Pfropfenströmung immer zu dem Ergebnis, das ein Eingangssignal nach der mittleren Verweilzeit unverändert am Reaktorausgang erscheint. In Abb. 8.8 ist dieser Sachverhalt für verschiedene Eingangssignale dargestellt.

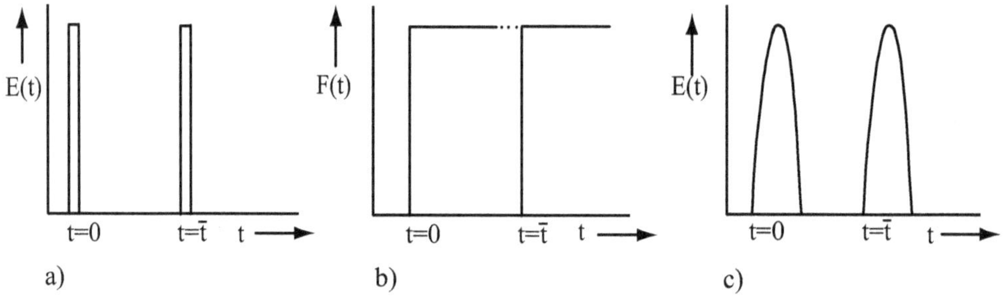

Abb. 8.8: Ein- und Ausgangssignale beim idealen Rohrreaktor; a) Stoßmarkierung; b) Verdrängungsmarkierung; c) Markierung durch einen nicht idealen Impuls

Auswertung von Messergebnissen

Bei weitgehend unveränderten Signalen am Ein- und Ausgang ist lediglich die qualitative Aussage zu treffen, dass die ideale Pfropfenströmung im Reaktor annähernd vorhanden ist. In diesem Fall liegt eine einheitliche mittlere Verweilzeit vor, die als Zeitdifferenz zwischen den Signalen aus dem Verweilzeitspektrum sofort entnommen werden kann.

Rohrreaktor mit partieller axialer Rückvermischung

Die Berechnung von Verweilzeitverteilungen erfolgt für den Fall der eindimensionalen (axialen) Vermischung. Ebenso wie bei der Berechnung stationär betriebener Reaktoren (Kapitel 8.2) werden auch bei der hier notwendigen Formulierung der instationären Stoffbilanzen das eindimensionale Dispersionsmodell (Diffusionsmodell) und das Kaskadenmodell zugrunde gelegt.

a) Dispersionsmodell

Stoffbilanz für den Tracer

Die partielle axiale Rückvermischung wird in einem entsprechenden Dispersionsterm in der Stoffbilanz berücksichtigt. Chemische Reaktionen des Tracers finden nicht statt.

$$\frac{\partial c_T}{\partial t} = -w \frac{\partial c_T}{\partial z'} + D_{z,eff} \frac{\partial^2 c_T}{\partial z'^2} \tag{8.59}$$

Durch Einführung der *Bodenstein*-Zahl nach Gl. (8.6) und der dimensionslosen Größen für die Zeit und die axiale Koordinate nach den Gleichungen (8.4) und (8.34)

$$z = \frac{z'}{L_R} \quad \text{und} \quad \Theta = \frac{t}{\bar{t}}$$

sowie für die Tracerkonzentration gemäß

$$C_T = \frac{c_T}{c_T^0} \tag{8.60}$$

erhält man

$$\frac{\partial C_T}{\partial \Theta} = -\frac{\partial C_T}{\partial z} + \frac{1}{Bo} \frac{\partial^2 C_T}{\partial z^2} . \tag{8.61}$$

Die Lösung dieser partiellen Differentialgleichung hängt von den Randbedingungen am Ein- und Ausgang ab. Neben der Art der Markierung (z. B. Impuls- oder Stufenmarkierung) ist auch zu berücksichtigen, ob an der Ein- oder Austrittstelle Rückvermischung des Tracers auftritt oder nicht. Dabei sind prinzipiell drei Fälle zu unterscheiden:

1. Es liegt ein hinsichtlich der Dispersion „beidseitig geschlossenes“ System vor. Die Rückvermischung erfolgt nur im Bereich zwischen dem Reaktorein- und -austritt, wobei diese Positionen auch der Dosierung bzw. Analyse des Tracers entsprechen [s. Abb. 8.9 a)].
2. Es liegt ein „beidseitig offenes“ System vor. Die Dispersion ist nicht begrenzt und kann auch vor dem Eintritt und nach dem Austritt aus dem Reaktor auftreten. Diese Situation würde man auch vorfinden, wenn die Dosierung und Analyse des Tracers nicht am Ein- und Ausgang des Rohres sondern in gewisser Entfernung davon positioniert sind [s. Abb. 8.9b)].
3. Der Reaktor ist hinsichtlich der Dispersion „halboffen“. Hier sind zwei Varianten möglich. Im ersten Fall liegt Rückvermischung über den Austritt hinaus vor, während für den Eintritt diese Möglichkeit nicht besteht. Die andere Variante sieht den hinsichtlich der Dispersion geschlossenen Zustand für den Austritt vor, während am Eintritt Rückvermischung entgegen der Strömungsrichtung auftreten kann.

In praktischen Fällen wird man davon ausgehen können, dass bei Verwendung von Rohrreaktoren mit relativ kleinen Stutzen für die Ein- und Ausläufe des strömenden Mediums eine Rückvermischung über das eigentliche Reaktorvolumen hinaus nur in geringem Maße zu erwarten ist.

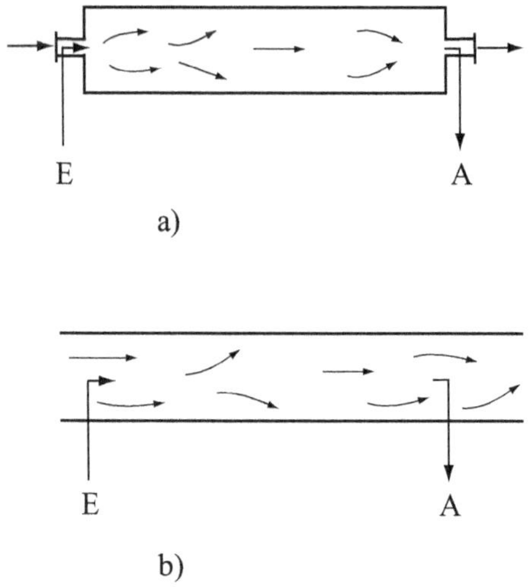

Abb. 8.9: *Randbedingungen hinsichtlich der Dispersion;*
a) beidseitig geschlossenes System; b) beidseitig offenes System;
E Eintritt des Tracers (Eingangssignal); A Analyse des Tracers (Ausgangssignal)

Die Lösung von Gl. (8.61) wird im Allgemeinen durch numerische Verfahren erfolgen. Eine analytische Lösung wurde z. B. für den Fall des beidseitig offenen Reaktors für eine Impulseingabe ermittelt ([8-1], [8-6]):

$$C_T = \frac{1}{2}\sqrt{\frac{Bo}{\pi\Theta}}\exp\left[\frac{-(1-\Theta)^2\,Bo}{4\Theta}\right]. \tag{8.62}$$

Für geringe Rückvermischungen ($Bo > 100$) lässt sich der dimensionslose Konzentrations-Zeit-Verlauf für alle genannten Randbedingungen mit ausreichender Genauigkeit durch folgende Verteilungsfunktion beschreiben:

$$C_T = \frac{1}{2}\sqrt{\frac{Bo}{\pi}}\exp\left[\frac{-(1-\Theta)^2\,Bo}{4}\right]. \tag{8.63}$$

Diese Funktion entspricht in ihrer prinzipiellen Gestalt einer *Gauß*'schen Normalverteilung. Deshalb liegt es nahe, die Auswertungsmethoden für solche Funktionen auch zur Kennzeichnung der hier interessierenden *Bodenstein*-Zahlen anzuwenden.

Verweilzeitverteilungen

Aus Gl. (8.62) bzw. (8.63) kann auf folgendem Weg das Verweilzeitspektrum (differentielle Verweilzeitverteilung) berechnet werden:

$$E(\Theta) = \bar{t}\,E(t) = c_T^{Aus}(t)\frac{V_R}{n_T^0} = \frac{c_T^{Aus}}{c_T^0} = C_T\,. \tag{8.64}$$

Bei der Darstellung berechneter differentieller Verweilzeitverteilungen zeigt sich der Einfluss der *Bodenstein*-Zahl und damit der Intensität der Rückvermischung (s. Abb. 8.10).

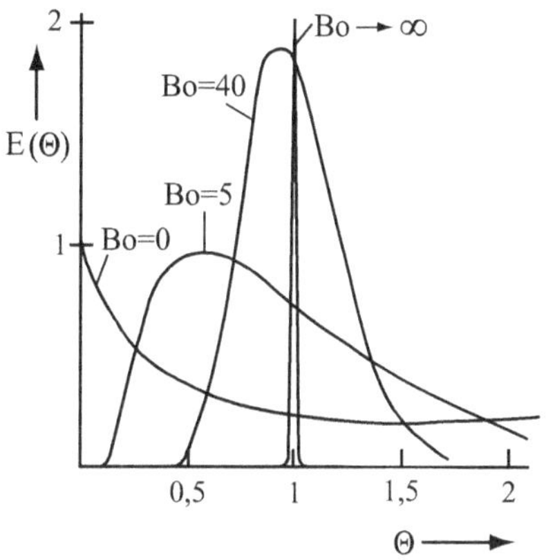

Abb. 8.10: Verweilzeitspektren für verschiedene Bodenstein-Zahlen

Auswertung von Messergebnissen
Zur Auswertung von gemessenen Verweilzeitverläufen nutzt man die für *Gauß*-Verteilungen üblichen Kenngrößen, die aus den *Momenten der Verteilung* ermittelt werden. Dabei unterscheidet man zwischen den gewöhnlichen Momenten MG und den Zentralmomenten MZ.

Die einzelnen *gewöhnlichen Momente* sind durch folgende Funktion gekennzeichnet (k = Nummer des Momentes):

$$MG_k \equiv \int_0^\infty t^k\, E(t)\, dt\,. \tag{8.65}$$

Für die *zentralen Momente* gilt die Definition

$$MZ_k \equiv \int_0^\infty (t-\bar{t})^k\, E(t)\, dt\,. \tag{8.66}$$

Das erste gewöhnliche Moment entspricht der mittleren Verweilzeit:

$$MG_1 = \bar{t} = \int_0^\infty t\, E(t)\, dt\,. \tag{8.67}$$

Von besonderem Interesse ist die Spreizung der Verweilzeiten, die durch die Standardabweichung σ oder die Varianz σ^2 gekennzeichnet ist [s. Gl. (8.40)]. Diese Größe ergibt sich aus dem zweiten zentralen Moment:

$$\sigma^2 = MZ_2 = MG_2 - MG_1^2 = \int_0^\infty (t-\bar{t})^2\, E(t)\, dt\,. \tag{8.68}$$

Zur näherungsweisen Berechnung der Varianz erfolgt eine Einteilung gemessener Verläufe des Verweilzeitspektrums in Zeitintervalle Δt und die Summation über den gesamten Beobachtungszeitraum:

$$\sigma^2 \approx \sum_i \left(t_i - \bar{t}\right)^2 E\left(t_i\right)\Delta t \,. \tag{8.69}$$

Die durch Lösung von Gl. (8.62) ermittelten Verläufe der Tracerkonzentration als Funktion der Zeit ermöglichen die Berechnung des Verweilzeitspektrum, dessen Varianz mit dem aus der Messung ermittelten Wert verglichen werden kann. Daraus ergibt sich die gesuchte *Bodenstein*-Zahl nach folgenden Beziehungen:

- Hinsichtlich der Dispersion beidseitig geschlossener Reaktor:

  $$\sigma_\Theta^2 = \frac{\sigma^2}{\bar{t}^2} = \frac{2}{Bo} - \frac{2}{Bo^2}\left[1 - \exp\left(-Bo\right)\right]. \tag{8.70}$$

  Hier stellt σ_Θ^2 die Varianz in dimensionsloser Form dar.
  Bei relativ geringer Rückvermischung ($Bo > 100$) gilt mit ausreichender Genauigkeit:

  $$\sigma_\Theta^2 = \frac{2}{Bo}. \tag{8.71}$$

- Hinsichtlich der Dispersion beidseitig offener Reaktor:

  $$\sigma_\Theta^2 = \frac{\sigma^2}{\bar{t}^2} = \frac{2}{Bo} + \frac{8}{Bo^2}. \tag{8.72}$$

  In dieser Gleichung ist die übliche mittlere Verweilzeit ($\bar{t} = V_R / \dot{V}$) einzusetzen, wobei sich das Reaktorvolumen aus der Distanz zwischen Eintritt und Austritt (Ort der Analyse des Ausgangssignals) des Tracers ergibt.

Die aus dem Verweilzeitspektrum nach Gl. (8.67) berechnete mittlere Verweilzeit erhält man im Fall des beidseitig offenen Reaktors nach folgender Beziehung:

$$\bar{t}_E = \bar{t}\left(1 + \frac{2}{Bo}\right). \tag{8.73}$$

Die Unterschiede zwischen den beiden Verweilzeiten werden im offenen System dadurch verursacht, das sich der Tracer über die Eintrittsstelle hinaus (entgegen der Hauptströmungsrichtung) durch Dispersion ausbreiten kann. Gleiches gilt für eine Dispersion über den Austritt (in Strömungsrichtung) hinaus.

b) Kaskadenmodell

Neben dem Dispersionsmodell bietet auch das Kaskadenmodell die Möglichkeit zur Berechnung partiell rückvermischter Rohrreaktoren. Die Auswertung von Verweilzeitmessungen kann deshalb ebenfalls auf der Grundlage dieses Modells erfolgen.

Stoffbilanz für den Tracer

Es werden eine Rührkesselkaskade aus Q gleich großen Kesseln und ein konstanter Volumenstrom vorausgesetzt.

Für *einen* Kessel wurde die instationäre Stoffbilanz (ohne chemische Reaktionen) bereits mit Gl. (8.51) formuliert. Für den Q-ten Kessel der Kaskade folgt daraus:

$$\frac{dc_T^{(Q)}}{dt} = \frac{1}{\bar{t}}\left(c_T^{(Q-1)} - c_T^{(Q)}\right). \tag{8.74}$$

Die mittlere Verweilzeit soll für alle Kessel gleich groß sein; sie bezieht sich jeweils auf einen Kessel:

$$\bar{t} = \bar{t}^{(1)} = \cdots = \bar{t}^{(Q)} = \frac{V_R^{(Q)}}{\dot{V}}. \tag{8.75}$$

Die Lösung der Stoffbilanz erfolgt schrittweise vom ersten bis zum Q-ten Kessel mit folgenden Anfangsbedingungen, die einer Sprungmarkierung vor dem ersten Kessel entsprechen:

$$t = 0 \rightarrow c_T^{(Q)} = 0 \tag{8.76}$$

$$t > 0 \rightarrow c_T^0 = c_T^{0(1)} = \frac{\dot{n}_T^0}{\dot{V}}. \tag{8.77}$$

Für den Systemaustritt (Austritt des Q-ten Kessels) erhält man bei Verwendung der relativen Verweilzeit $\Theta = t/\bar{t}$ folgende Lösung:

$$C_T^{(Q)}(\Theta) = \frac{c_T^{(Q)}}{c_T^0} = 1 - \exp(-Q\cdot\Theta) \cdot\left[1 + Q\cdot\Theta + \frac{1}{2!}(Q\cdot\Theta)^2 + \cdots + \frac{1}{(Q-1)!}(Q\cdot\Theta)^{Q-1}\right] \tag{8.78}$$

Aus der Lösung der Stoffbilanz sind die Verweilzeitverteilungen sofort zu berechnen.

Verweilzeitverteilungen

Die Lösung der Stoffbilanz für den Tracer bei Anwendung der Randbedingungen für die Sprungmarkierung ergibt die *Verweilzeitsummenfunktion* (integrale Verweilzeitverteilung) und entspricht damit Gl. (8.78):

$$F(\Theta) = C_T^{(Q)}(\Theta). \tag{8.79}$$

Das *Verweilzeitspektrum* (differentielle Verweilzeitverteilung) ergibt sich durch Differentiation der integralen Verweilzeitverteilung:

$$E(\Theta) = \frac{dF(\Theta)}{d\Theta} = \frac{Q(Q\cdot\Theta)^{Q-1}}{(Q-1)!}\exp(-Q\cdot\Theta). \tag{8.80}$$

Die Verweilzeitspektren für verschiedene Kesselzahlen sind in Abb. 8.11 dargestellt.

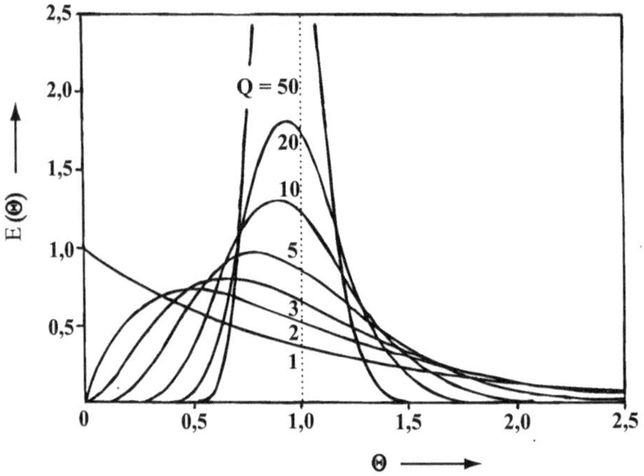

Abb. 8.11: *Verweilzeitspektren für verschiedene Kesselzahlen*

Die Abbildung macht deutlich, dass die berechneten Verweilzeitspektren prinzipiell die gleiche Form besitzen, wie die in Abb. 8.10 dargestellten Lösungen des Dispersionsmodells bei unterschiedlichen *Bodenstein*-Zahlen. Auf Zusammenhänge zwischen den charakteristischen Größen (Kesselzahl, *Bodenstein*-Zahl) wurde bereits bei der Berechnung von Reaktoren hingewiesen (s. Berechnungsbeispiel 8-1 und 8-2).

Auswertung von Messergebnissen

Aus der Gegenüberstellung zwischen berechneten und gemessenen Verweilzeitverteilungen kann man zunächst qualitative Aussagen zum Grad der Rückvermischung treffen. Dies wird insbesondere beim Vergleich verschiedener Reaktoren oder unterschiedlicher Betriebszustände deutlich. Enge Verteilungen weisen auf eine geringe Vermischung hin, wobei bei Kesselzahlen > 50 praktisch kaum ein Unterschied zum idealen Rohrreaktor festzustellen ist. Breitere Verteilungen entsprechen einer geringeren Kesselzahl und damit einem höheren Einfluss der Vermischung. Die Kesselzahl eins bedeutet vollständige Vermischung im gesamten Reaktionsraum.

Quantitative Aussagen sind ebenso wie bei der Anwendung des Dispersionsmodells mit Hilfe der Varianz des Verweilzeitspektrums möglich, wobei die Kesselzahl nach folgender Beziehung zu ermitteln ist:

$$Q = \frac{1}{\sigma_\Theta^2} . \tag{8.81}$$

Vergleicht man diese Beziehung mit Gl. (8.71), so wird zumindest für große Kesselzahlen ein einfacher Zusammenhang zwischen der *Bodenstein*-Zahl des Dispersionsmodells und der Kesselzahl des Kaskadenmodells deutlich:

$$Q \approx \frac{Bo}{2} . \tag{8.82}$$

Die nach den einzelnen Modellen berechneten Verweilzeitverteilungen zeigen bei

$$Bo > 20 \text{ bzw. } Q > 10$$

praktisch keine wesentlichen Unterschiede.

Berechnungsbeispiel 8-3: Ermittlung der *Bodenstein*-Zahl nach dem Dispersionsmodell und der Kesselzahl nach dem Kaskadenmodell aus einem gemessenen Verweilzeitspektrum eines partiell vermischten Rohrreaktors

Aufgabenstellung
Zur Untersuchung des Verweilzeitverhaltens wurden am Eintritt eines Rohrreaktors im stationären Zustand der Hauptströmung ein impulsförmiges Signal in Form einer definierten Tracermenge aufgegeben und der zeitliche Verlauf der Tracerkonzentration am Reaktoraustritt gemessen. Mit Hilfe der Momentenmethode sind die mittlere Verweilzeit und die Varianz aus dem Verweilzeitspektrums zu ermitteln und daraus die *Bodenstein*-Zahl nach dem Dispersionsmodell und die Kesselzahl nach dem Kaskadenmodell abzuschätzen.

Folgende Größen sind gegeben:

- Reaktorvolumen $V_R = 1\,m^3$
- Volumenstrom (Hauptströmung) $\dot{V} = 0{,}01\,m^3\,s^{-1}$
- Dosierte Tracermenge $n_T^0 = 0{,}005\,kmol$.

Voraussetzungen für die Auswertung
Bei der Anwendung des Dispersionsmodells ist der Zusammenhang zwischen der aus den Messwerten ermittelten Varianz der Verweilzeitverteilung und der *Bodenstein*-Zahl von den Randbedingungen am Reaktorein- und -austritt abhängig. Im vorliegenden Beispiel sollen die Bedingungen so gestaltet sein, dass Dispersionseinflüsse nur innerhalb des Reaktors wirken und folglich ein für die Dispersion beidseitig geschlossenes System vorhanden ist. Die Ein- und Austrittsorte der Hauptströmung liegen an der gleichen Position wie die Dosierung und Analyse des Tracers.

Lösung
In Abhängigkeit von der Versuchszeit sind in Tabelle 8.3 neben dem gemessenen Konzentrationsverlauf die für die Berechnung der Kenngrößen der Verteilung erforderlichen Daten zusammengestellt.

Gemessene Tracerkonzentration am Reaktoraustritt

$$c_{T,i}^{Aus} = c_i \,. \tag{8.83}$$

Dabei kennzeichnet der Index i den jeweiligen Zeitpunkt der Messung.

Durch Diskretisierung von Gl. (8.36) kann überprüft werden, ob die dosierte Tracermenge im Laufe der Versuchszeit den Reaktor wieder verlassen hat:

$$n_T^0 = \sum_i \dot{V} c_i \,\Delta t \,. \tag{8.84}$$

Bei konstantem Durchsatz und Zeitinkrementen von $\Delta t = 20\,s$ ergeben sich

$$\sum_i c_i = 0{,}0251\,kmol\,m^{-3}$$

und

$$n_T^0 = 0{,}00502\,kmol\,.$$

Damit liegt nur eine sehr geringe Abweichung zwischen der Ein- und Austrittsmenge des Tracers vor.

Tabelle 8.3: *Messwerte und abgeleitete Größen zur Auswertung einer Verweilzeitverteilung*

t_i s	c_i $kmol/m^3$	E_i s^{-1}	$t_i \cdot E_i \cdot \Delta t$ s	$(t_i - \bar{t})^2 \cdot E_i \cdot \Delta t$ s^2
0	0	0	0	0
20	0,00017	0,00034	0,14	47,4
40	0,00175	0,0035	2,80	277,8
60	0,00410	0,0082	9,84	303,3
80	0,00527	0,01054	16,86	111,5
100	0,00488	0,00976	19,52	1,8
120	0,00367	0,00734	17,62	42,4
140	0,00240	0,00480	13,44	131,4
160	0,00141	0,00282	10,82	183,2
180	0,00077	0,00154	5,54	182,6
200	0,00039	0,00078	3,14	147,9
220	0,00019	0,00038	1,68	104,6
240	0,000089	0,00018	0,86	66,8
260	0,000040	0,00008	0,42	39,4
280	0,000017	0,000034	0,20	21,9
300	0,000008	0,000016	0,10	12,1

Differentielle Verweilzeitverteilung $E_i(t_i)$ *(Verweilzeitspektrum, Impulsantwort)*

Diese Größe wird nach Gl. (8.35) aus den gegebenen Daten und den gemessenen Tracerkonzentrationen für jeden Zeitpunkt t_i berechnet:

$$E_i = \frac{\dot{V}\,c_i}{n_T^0} = 2 \cdot c_i\,. \tag{8.85}$$

Auch die Summation dieser Werte erlaubt entsprechend Gl. (8.37) eine Überprüfung der Messergebnisse:

$$\sum_i E_i = 1{,}005 \approx 1\,.$$

Erstes gewöhnliches Moment (Mittlere Verweilzeit)
Entsprechend Gl. (8.67) lautet die Näherungsgleichung zur Berechnung des ersten gewöhnlichen Momentes

$$MG_1 = \bar{t} = \sum_i t_i \, E_i \, \Delta t \,. \tag{8.86}$$

Die einzelnen Summanden sind in Tabelle 8.3 enthalten. Die Summation ergibt

$$\bar{t} = 103\, s.$$

Dieser Wert weicht nur geringfügig von der theoretisch zu erwartenden Verweilzeit ab:

$$\bar{t} = \frac{V_R}{\dot{V}} = \frac{1\, m^3}{0{,}01 m^3\, s^{-1}} = 100\, s \,.$$

Varianz der Verweilzeitverteilung
Die Varianz wird auf der Grundlage der gemessenen Verläufe nach Gl. (8.69) berechnet:

$$\sigma^2 = \sum_i \left(t - \bar{t}\right) E_i \, \Delta t \,.$$

Mit den in Tabelle 8.3 dargestellten Summanden ergibt sich

$$\sigma^2 = 1674\, s^2 \,.$$

In dimensionsloser Form erhält man

$$\sigma_\Theta^2 = \frac{\sigma^2}{\bar{t}^2} = \frac{1674}{(103)^2} = 0{,}158 \,.$$

Bodenstein-Zahl nach dem Dispersionsmodell
Eine Näherungslösung zur Berechnung der *Bodenstein*-Zahl findet man nach Gl. (8.71):

$$Bo \approx \frac{2}{\sigma_\Theta^2} = \frac{2}{0{,}158} = 12{,}66 \,.$$

Da diese Beziehung nur im Bereich von $Bo > 100$ relativ genaue Ergebnisse liefert, wird die *Bodenstein*-Zahl nach Gl. (8.70) berechnet, die für den hinsichtlich der Dispersion „beidseitig geschlossenen“ Reaktor gilt:

$$\sigma_\Theta^2 = \frac{2}{Bo} - \frac{1}{Bo^2}\left[1 - \exp\left(-Bo\right)\right] = 0{,}158$$

Diese implizite Gleichung ergibt (z. B. durch probeweises Einsetzen verschiedener *Bodenstein*-Zahlen):

$$Bo = 12{,}1.$$

Kesselzahl nach dem Kaskadenmodell
Nach Gl. (8.81) erhält man für die gesuchte Kesselzahl

$$Q = \frac{1}{\sigma_\Theta^2} = \frac{1}{0{,}158}$$
$$Q = 6{,}33.$$

Bewertung der Ergebnisse
Bei der Bewertung der aus Verweilzeitmessungen erzielten Ergebnisse sind folgende Gesichtspunkte zu berücksichtigen:

- Die Ergebnisse erlauben eine Einschätzung des Einflusses der axialen Vermischung mit Hilfe der berechneten Kenngrößen. Die *Bodenstein*-Zahl von etwa 12 weist auf eine beträchtliche Abweichung von der idealen Pfropfenströmung hin. Entsprechende Vermischungseinflüsse in technischen Reaktoren können die Ursache dafür sein, dass geringere Umsätze erzielt werden als z. B. mit dem Modell des idealen Rohrreaktors vorausberechnet wurden.
- Die ermittelten *Bodenstein*- und Kesselzahlen gelten nur für die bei der Messung vorliegenden Strömungsbedingungen und die vorhandene Reaktorgeometrie. Genau für diesen Zustand kann das Verhalten des Systems mit dem eindimensionalen Dispersionsmodell oder mit dem Zellenmodell nachgerechnet werden.
- Bei der Durchführung der Verweilzeitmessungen war es nicht von Belang, ob chemische Reaktionen ablaufen oder ob dies nicht erfolgte. Wichtig war lediglich, dass der verwendete Tracer nicht an chemischen Reaktionen beteiligt war oder durch andere Prozesse (z. B. Adsorption, Absorption, Verdampfung) aus der Trägerphase entfernt wurde. Insofern ist es möglich, Messergebnisse bei Vorliegen strömender Medien ohne Reaktion auf Reaktionssysteme zu übertragen, wenn sich charakteristische Stoffwerte (Viskosität) nicht wesentlich ändern.

Im voran stehenden Teilkapitel wurden Probleme zum Verweilzeitverhalten des *Rohrreaktors mit partieller axialer Rückvermischung* behandelt. Es sei noch einmal darauf verwiesen, dass die gleichen grundsätzlichen Gesichtspunkte des Vermischungsverhaltens und auch gleiche Auswertungsmethoden für die *Rührkesselkaskade* vorliegen. Mit der Anwendung des Kaskadenmodells zur Berechnung des Rohrreaktors mit teilweiser Vermischung wurde davon bereits Gebrauch gemacht.

Rohrreaktor mit laminarer Strömung
Bei der Beschreibung der strömungstechnischen Nichtidealitäten wurde bereits die laminare Rohrströmung genannt, deren radiales Geschwindigkeitsprofil bei Gültigkeit des Gesetzes von *Hagen-Poiseuille* durch einen parabolischen Ansatz beschrieben werden kann [s. Gl. (8.2)]:

$$w(r') = \frac{2\dot{V}^0}{\pi R^2}\left[1 - \left(\frac{r'}{R}\right)^2\right]. \qquad (8.2)$$

Mit der dimensionslosen Koordinate $r = r'/R$ und der mittleren bzw. maximalen Strömungsgeschwindigkeit

$$\overline{w} = \frac{\dot{V}^0}{\pi R^2} \tag{8.87}$$

$$w_{max} = 2\,\overline{w} \tag{8.88}$$

ergibt sich

$$w(r) = w_{max}\left(1 - r^2\right) = 2\,\overline{w}\left(1 - r^2\right). \tag{8.89}$$

Tracerbilanz und Verweilzeitspektrum

Eine Verteilung der Verweilzeit einzelner Teilchen der Reaktionsmischung im laminar durchströmten Rohr wird allein durch die unterschiedliche Strömungsgeschwindigkeit an den einzelnen radialen Positionen verursacht. Bei der Bilanzierung wird ein Element der Querschnittsfläche in Form eines Kreisringes betrachtet:

$$dA = 2\pi\, r'\, dr' = 2\pi\, R^2\, r\, dr\,. \tag{8.90}$$

Diesem Element wird eine nach Gl. (8.89) berechenbare Strömungsgeschwindigkeit zugeordnet, so dass sich folgende Beziehung für die zeitliche Änderung der Tracerkonzentration und damit des Verweilzeitspektrums ergibt:

$$E(t) = \frac{1}{c_T^0}\frac{dc_T}{dt} = \frac{1}{\dot{V}^0}\frac{d\dot{V}}{dt} = \frac{1}{\dot{V}^0}\frac{w \cdot 2\pi\, R^2 r\, dr}{dt} = \frac{4r\left(1 - r^2\right)dr}{dt} \tag{8.91}$$

Zwischen der Zeit, die der Tracer im Reaktor verweilt, und der radialen Position kann folgender Zusammenhang hergestellt werden:

$$t(r) = \frac{L_R}{w(r)}. \tag{8.92}$$

Für die Rohrachse gilt

$$t_{min} = \frac{L_R}{w_{max}}. \tag{8.93}$$

Daraus folgt

$$\frac{t_{min}}{t(r)} = \frac{w(r)}{w_{max}} = 1 - r^2\,. \tag{8.94}$$

Durch Differentiation erhält man

$$\frac{dr}{dt} = \frac{t_{min}}{2r\,t^2} \tag{8.95}$$

und damit nach Gl. (8.91)

$$E(t) = \frac{2t_{\min}^2}{t^3} = \frac{\bar{t}^2}{2t^3}. \tag{8.96}$$

Diese Lösung gilt für $t \geq \bar{t}/2$. Im Zeitintervall $0 \leq t < \bar{t}/2$ ist dagegen $E(t) = 0$.

Für die Verweilzeitsummenkurve ergibt sich

$$F(t) = \int_{t_{\min}}^{t} E(t)\,dt = \int_{\bar{t}/2}^{t} \frac{\bar{t}^2}{2t^3}\,dt \tag{8.97}$$

$$F(t) = 1 - \frac{1}{4}\left(\frac{\bar{t}}{t}\right)^2. \tag{8.98}$$

Die beiden Verweilzeitverteilungen für das laminare Strömungsrohr sind in Abb. 8.12 dargestellt.

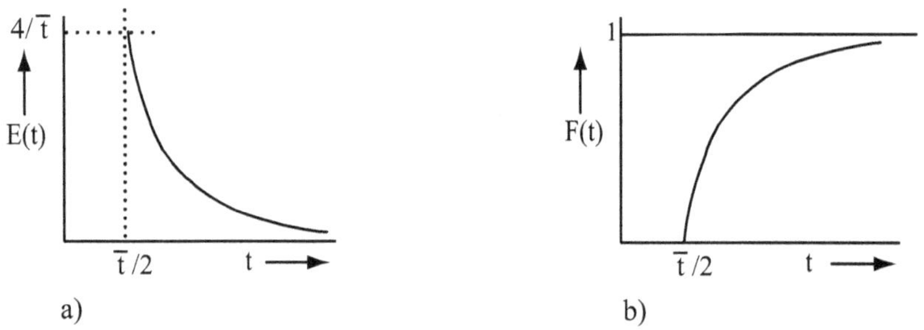

Abb. 8.12: Verweilzeitspektrum a) und Verweilzeitsummenkurve b) für den Rohrreaktor mit laminarer Strömung

Reaktoren mit Totzonen

Bei der Beschreibung strömungstechnischer Nichtidealitäten im Kapitel 8.1 wurde das Auftreten von nicht oder nur unvollständig durchströmten Teilreaktionsräumen (Totzonen, Totwasserzonen) genannt. Diese Bereiche stehen für das Reaktionsgeschehen nicht oder nur eingeschränkt zur Verfügung. Für den praktischen Reaktorbetrieb ist es wichtig, solche Erscheinungen zu erkennen und Maßnahmen zu deren Verhinderung zu treffen. Deshalb werden im Folgenden einige Möglichkeiten des Erkennens von Totzonen durch Auswertung von Verweilzeitspektren dargelegt.

Totzonen im kontinuierlichen Rührkessel

In Rührkesseln können Totzonen auftreten, wenn der Rührer bestimmte Bereiche des Reaktionsraumes nicht ausreichend erfasst. Ein zu kurzer Rührer kann z. B. den oberen Teil des Kessels gut vermischen, aber im unteren nicht wirksam werden. Zu geringe Rührerdurchmesser oder die Wahl eines Rührers mit geringer radialer Vermischungsintensität können zu stagnierenden Randbereichen in der Nähe der Kesselwand führen.

Stoffbilanz für den Tracer
Im Vergleich zur Bilanzierung des Rührkessels ohne Totzonen entsprechend Gl. (8.51) ist hier nicht das gesamte Volumen der flüssigen Phase zu berücksichtigen, sondern nur das „aktive" Volumen V_a, dass durch den Rührer durchmischt wird. Der stagnierende Bereich sei das Totvolumen V_t. Damit gilt für die einzelnen Volumina

$$V_R = V_a + V_t \tag{8.99}$$

und für die mittlere Verweilzeit für das aktive Volumen

$$\bar{t}_a = \frac{V_a}{\dot{V}}. \tag{8.100}$$

Damit lautet die Tracer-Bilanz

$$\frac{dc_T^{Aus}}{dt} = \frac{1}{\bar{t}_a}\left(c_T^0 - c_T^{Aus}\right). \tag{8.101}$$

Die Integration dieser Bilanz ergibt für die differentielle Verweilzeitverteilung [s. Gl. (8.56)]

$$E(t) = \frac{1}{\bar{t}_a} e^{-\frac{t}{\bar{t}_a}} \tag{8.102}$$

Auswertung von Verweilzeitverteilungen
Die Auswertung einer gemessenen Impulsantwort ergibt durch Berechnung des ersten gewöhnlichen Momentes nach Gl. (8.67) die aktive Verweilzeit. Wenn der Wert des Verweilzeitspektrums bei $t = 0$ relativ genau zu erfassen ist, dann kann die aktive Verweilzeit auch direkt als Ordinatenabschnitt entnommen werden:

$$E(t=0) = \frac{1}{\bar{t}_a}. \tag{8.103}$$

In Abb. 8.13 sind die Verhältnisse mit und ohne Totzone dargestellt.

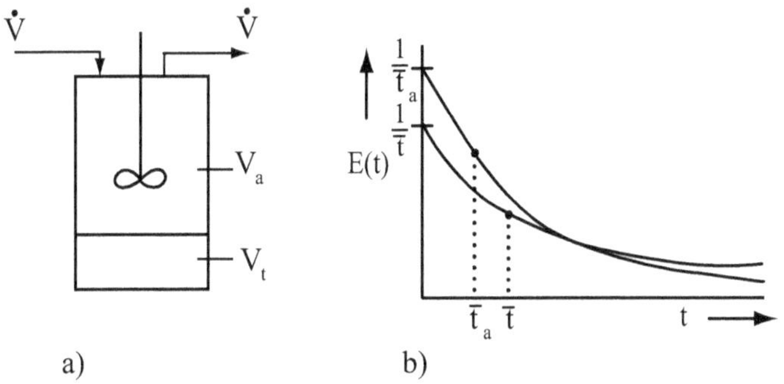

Abb. 8.13: Rührkessel mit Totzone;
a) Schematische Darstellung; b) Verweilzeitspektrum (Impulsantwort)

Die aus den Verweilzeitmessungen entnommene aktive Verweilzeit ermöglicht nach Gl. (8.100) die Berechnung des aktiven Volumens, das vom Rührer erfasst wird und damit für die Durchführung chemischer Reaktionen zur Verfügung steht. Bei der Berechnung eines entsprechenden Reaktors wäre genau dieses Volumen in den Bilanzgleichungen zu berücksichtigen. Die technische Zielsetzung wird allerdings über die theoretische Erfassung von Totzonen hinaus vor allem in der Verhinderung solcher Probleme durch eine geeignete Rührer- und Reaktorgestaltung liegen.

Totzonen im Rohrreaktor

Auch in Rohrreaktoren können nicht oder nur unzureichend durchströmte Regionen vorliegen [s. Abb. 8.1 b)], deren Ausmaß mit Hilfe von Verweilzeitmessungen erkannt und näherungsweise quantifiziert werden kann. Bei Anwendung der Impulsmethode lässt sich aus der entsprechenden Antwortfunktion die mittlere Verweilzeit als erstes gewöhnliches Moment berechnen. Diese Verweilzeit wird gegenüber einem Rohrreaktor ohne Totzonen verkleinert sein, weil nur das aktive Volumen durchströmt wird (s. Abb. 8.14).

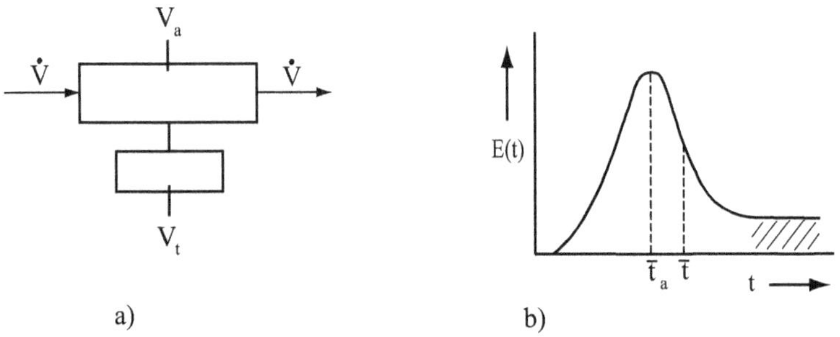

Abb. 8.14: Rohrreaktor mit Totzone; a) Schematische Darstellung; b) Verweilzeitspektrum (Impulsantwort)

Mit Hilfe der auch bei Rohrreaktoren geltenden Gleichungen (8.99) und (8.100) kann das aktive für den Reaktionsablauf verfügbare Volumen abgeschätzt werden:

$$V_a = \dot{V}\,\bar{t}_a \,. \tag{8.104}$$

Abb. 8.14 zeigt mit dem langsamen Auslaufen des Verweilzeitspektrums eine weitere Besonderheit, die durch Totzonen verursacht werden kann. Der Grund für diese Erscheinung liegt in Austauschprozessen zwischen dem aktiven Volumen und den Totzonen, die allerdings nicht immer streng separiert sind.

Reaktoren mit Kurzschlussströmung oder Kanalbildung

Der schnelle Transport von Teilen der Reaktionsmischung auf dem Weg vom Eintrittsstutzen zum Reaktoraustritt kann sowohl bei kontinuierlichen Rührkesseln [s. Abb. 8.1 c) und d)] als auch bei Rohrreaktoren auftreten. Bei Strömungsreaktoren mit Katalysatorschüttungen oder in Füllkörperkolonnen können bei ungleichmäßiger Packung der Partikel Kanäle entstehen, die von Teilen der fluiden Phase schnell durchströmt werden. Diese Anteile sind wegen ihrer im Vergleich zur Hauptströmung kürzeren Verweilzeit in der Impulsantwort als zusätzlicher

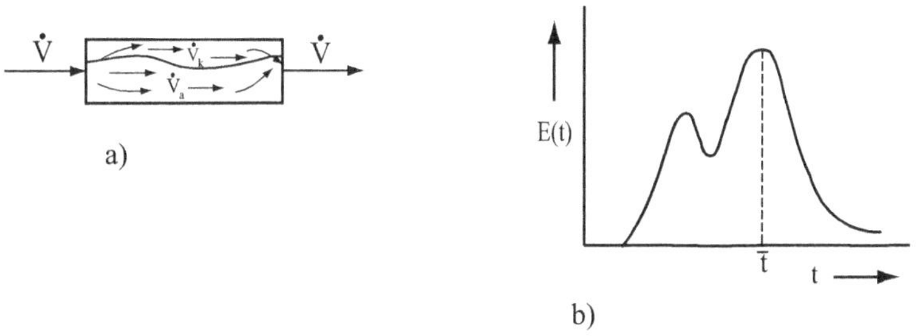

Abb. 8.15: Durchströmte Partikelschüttung mit Kanalbildung; a) Schematische Darstellung; b) Verweilzeitspektrum (Impulsantwort)

Peak zu erkennen (s. Abb. 8.15). Die Kurzschluss- oder Kanalströmung $\dot{V}_k$ ist durch den ersten Peak mit der kurzen Verweilzeit gekennzeichnet, während der Strom durch die geordnete Packung ($\dot{V}_a$) dem später erscheinenden Peak entspricht.

Findet man zwei weitgehend getrennte Anteile der Impulsantwort, dann entspricht das Verhältnis der Peakflächen dem Verhältnis von Kurzschlussstrom und Hauptstrom durch die gut gepackte Schüttung.

8.4 Kopplung von Verweilzeitverhalten und Reaktion in realen Reaktoren

In den bisher behandelten Kapiteln 8.2 und 8.3 wurden die Probleme der Berechnung partiell rückvermischter Reaktoren sowie der Messung und Auswertung von Verweilzeitspektren zunächst getrennt dargestellt. Bei der Anwendung des Dispersions- und des Kaskadenmodells (Kap. 8.2) ist man in der Lage, das Phänomen der teilweisen Vermischung bei Kenntnis nur eines zusätzlichen Parameters (effektiver axialer Diffusionskoeffizient bzw. Kesselzahl) zumindest näherungsweise in den Stoffbilanzen zu erfassen. Diese Parameter können in Abhängigkeit von den Strömungsbedingungen und von der Reaktorgeometrie für viele Fälle mit Hilfe von Korrelationsgleichungen abgeschätzt werden, so dass auch eine Vorausberechnung von Reaktoren möglich ist. Insbesondere für Reaktoren mit kreisförmigem Strömungsquerschnitt sind solche Korrelationsbeziehungen, die auf der Grundlage experimenteller Verweilzeituntersuchungen ermittelt wurden, für laminare und turbulente Bedingungen in der Fachliteratur verfügbar [s. z. B. Gl. (8.21)].

Bei den im Kapitel 8.3 dargestellten Methoden zur Berechnung und experimentellen Untersuchung von Verweilzeitverteilungen wurde von durchströmten Apparaten ohne chemische Reaktionen ausgegangen. Eine Übertragung auf reagierende Systeme ist möglich, wenn in beiden Fällen vergleichbare Strömungsverhältnisse vorliegen.

Im folgenden Kapitel soll die Kopplung von Verweilzeitverhalten und Reaktion erfolgen, weil auf dieser Grundlage zusätzliche Aussagen zum Verhalten nichtidealer Reaktoren möglich sind. Dabei spielt auch das Problem der Segregation (Makrovermischung), das bereits bei den Erscheinungsformen strömungstechnischer Nichtidealitäten genannt wurde, eine wesentliche Rolle.

8.4.1 Mikrovermischung und Makrovermischung in Reaktoren

Die bisher behandelten Stoffbilanzen zur Reaktorberechnung werden in ihrer grundlegenden Struktur vor allem durch den Grad der Vermischung (Rückvermischung) im Reaktor bestimmt, der sich auch in einem unterschiedlichen Verweilzeitverhalten ausdrückt. Wir sprechen vom ideal durchmischten kontinuierlichen Rührkessel, wenn eine vollständige Vermischung vorliegt, und vom idealen Rohrreaktor, dessen Pfropfenströmung theoretisch durch keinerlei Vermischungseinflüsse gestört wird.

Ein weiterer Gesichtspunkt, der das Umsetzungsverhalten des Reaktors beeinflussen kann, hängt damit zusammen, ob die Vermischung der Reaktionspartner bis in den molekularen Bereich hinein erfolgt oder ob dies nicht bzw. nur teilweise der Fall ist. Man spricht von *Mikrovermischung*, wenn die Vermischung bis in den molekularen Bereich hinein gelingt, weil individuelle Moleküle die Vermischung übernehmen (mikroskopischer Bereich). Die Reaktionsmischung wird in diesem Fall als Mikrofluid bezeichnet. Niederviskose Flüssigkeiten oder Gase können in den meisten Fällen dieser Kategorie zugeordnet werden. Sind dagegen nicht separierbare Molekülverbände (Molekülaggregate) im Reaktionsraum vorhanden, dann spricht man von *Makrovermischung* (Segregation). Diese kleinen Anhäufungen von Molekülen können im Extremfall während des gesamten Reaktionsablaufes als individuelle Volumenelemente ohne Austauschvorgänge erhalten bleiben. Man spricht dann von *vollständiger Segregation* und bezeichnet die Reaktionsmischung als Makrofluid. Dieser Kategorie sind häufig mehrphasige Reaktionssysteme (Suspensionen, Emulsionen) zuzuordnen. Dort kann die chemische Reaktion im einzelnen Partikel oder Tropfen ablaufen, wobei Transportprozesse zwischen den einzelnen Partikeln nicht oder nur langsam ablaufen. In einphasigen Systemen wird man dagegen den Zustand der vollständigen Segregation kaum antreffen, weil durch eine hohe Turbulenz ein gewisser Austausch zwischen vorhandenen Molekülanhäufungen erreicht werden kann. Dieser Zustand wird als teilweise (partielle) Segregation bezeichnet.

Merkmale der Makrovermischung trägt auch die laminare Rohrströmung von Flüssigkeiten, bei der sich über den Radius des Rohres ein parabolisches Geschwindigkeitsprofil nach Gl. (8.2) ausbildet. Jeder radialen Position ist eine andere Strömungsgeschwindigkeit und damit eine andere Verweilzeit des entsprechenden Volumenelementes zuzuordnen, so dass praktisch die Verhältnisse eines segregierten Systems vorliegen.

8.4.2 Berechnung von Reaktionssystemen mit Segregation

Die Bestimmung des Grades der Segregation ist in praktischen Fällen oft sehr kompliziert, weil die Austauschvorgange zwischen den Molekülverbänden schwer erfasst werden können. Um den möglichen Einfluss der Segregation generell zu verdeutlichen, sollen hier nur die Grenzfälle der Mikromischung und der vollständigen Segregation gegenüber gestellt werden.

Zunächst soll noch einmal festgehalten werden, im Fall des *diskontinuierlichen Rührkessels* keine Einflüsse der Segregation auf den Umsatz einer Reaktion zu erwarten sind. Der Grund liegt darin, dass alle Volumenelemente der Reaktionsmischung (mikro- oder makrovermischt) die gleiche Aufenthaltsdauer im Kessel und damit die gleiche Reaktionszeit besitzen.

Auch für den *idealen Rohrreaktor* gilt diese Feststellung, weil unter den Bedingungen der idealen Pfropfenströmung die mittlere Verweilzeit für alle Elemente gleich groß ist.

Andere *kontinuierlich betriebene Reaktoren* zeichnen sich durch nicht einheitliche Verweilzeiten der einzelnen Volumenelemente, also durch eine Verweilzeitverteilung aus, wie sie für den kontinuierlichen Rührkessel und den partiell rückvermischten Rohrreaktor im Kapitel 8.3 abgeleitet wurden.

Bei der Berechnung eines Reaktors mit vollständiger Segregation hat man jedem Volumenelement seine individuelle Verweilzeit zuzuordnen. Das Element selbst kann dann als kleiner diskontinuierlicher Rührkessel betrachtet werden, dessen Reaktionszeit genau dieser Verweilzeit entspricht. Integriert man über die gesamte Zeit, dann ergibt sich aus der Lösung für den diskontinuierlichen Rührkessel entsprechend der Reaktionszeit t und der Verweilzeitverteilung $E(t)$ ein am Reaktoraustritt zu erwartender Mittelwert für den Umsatz bei vollständiger Segregation:

$$U_S = \int_{t=0}^{t=\infty} U_{DRK}(t) \cdot E(t) \cdot dt = \int_{F=0}^{F=1} U_{DRK}(t) \cdot dF(t) . \tag{8.105}$$

Von Interesse ist nun die Gegenüberstellung der für Mikro- und Makrovermischung erzielten Ergebnisse, um den Segregationseinfluss abschätzen zu können. Dies erfolgt für den ideal durchmischten kontinuierlichen Rührkessel am Beispiel einer einfachen volumenbeständigen Reaktion unter Vorgabe verschiedener Reaktionsordnungen:

$$A \rightarrow B \qquad r = k\,c_A^{\gamma} . \tag{8.106}$$

Geht man von einer volumenbeständigen Reaktion aus, dann ist für den Fall der Mikrovermischung die übliche Stoffbilanz für den kontinuierlichen Rührkessel im stationären Zustand zu lösen [s. Gl. (6.128)]. Diese lautet für die Komponente A :

$$c_A - c_A^0 = R_A \bar{t} = -k\bar{t}\, c_A^{\gamma} . \tag{8.107}$$

Durch Einsetzen des Umsatzes bei Mikrovermischung

$$U_M = \frac{c_A^0 - c_A}{c_A^0} \tag{8.108}$$

ergibt sich für $\gamma \geq 1$ folgende Gleichung zur Ermittlung dieser Größe:

$$\left(c_A^0\right)^{\gamma-1} k\bar{t}\left(1-U_M\right)^{\gamma} - U_M = 0 . \tag{8.109}$$

Für eine Reaktion 1. Ordnung führt diese Beziehung zu

$$U_M = \frac{k\bar{t}}{1+k\bar{t}} . \tag{8.110}$$

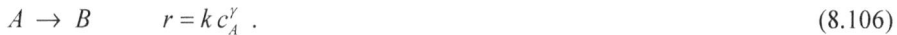

Die Umsatzberechnung für den Fall der vollständigen Segregation erfordert zunächst die Ermittlung des Umsatzes, der nach einer Reaktionszeit t bei diskontinuierlicher Reaktionsführung vorliegen würde und damit der Lösung des kinetischen Zeitgesetzes nach Gl. (3.105) entspricht:

$$\frac{dc_A}{dt} = -kc_A^\gamma . \tag{8.111}$$

Verwendet man auch hier den Umsatz zur Kennzeichnung des Reaktionsfortschrittes, dann ergibt die Integration dieser Gleichung folgende Beziehungen:

$$U_{DKR} = 1 - \sqrt[1-\gamma]{1+(\gamma-1)\left(c_A^0\right)^{\gamma-1} kt} \quad \text{für } \gamma \neq 1 \tag{8.112}$$

und

$$U_{DKR} = 1 - \exp(-kt) \qquad \text{für } \gamma = 1 . \tag{8.113}$$

Setzt man diese Berechnungsgleichungen für den Umsatz in Gl. (8.105) ein, dann kann man bei Kenntnis der Verweilzeitverteilung den mittleren Umsatz der Reaktionsmischung bei vollständiger Segregation berechnen. Bei Reaktionsordnungen ungleich eins ergibt sich aus Gl. (8.112) mit dem Verweilzeitspektrum für den kontinuierlichen Rührkessel nach Gl. (8.56) folgender Ausdruck:

$$U_S = 1 - \frac{1}{\bar{t}} \int_{t=0}^{t=\infty} \left[\sqrt[1-\gamma]{1+(\gamma-1)\left(c_A^0\right)^{\gamma-1} kt} \right] \cdot \exp\left(-\frac{t}{\bar{t}}\right) dt . \tag{8.114}$$

Das Lösungsverfahren für dieses Integral hängt von der Reaktionsordnung ab. Während sich z. B. für $\gamma = 0,5$ eine analytische Lösung ergibt, muss bei $\gamma = 2$ auf eine numerische Lösung oder auf das tabellierte Exponentialintegral zurückgegriffen werden (s. z. B. [8-1]).

Für $\gamma = 1$ erhält man

$$U_S = \frac{1}{\bar{t}} \int_{t=0}^{t=\infty} \left[1 - \exp(-kt)\right] \cdot \exp\left(-\frac{t}{\bar{t}}\right) dt . \tag{8.115}$$

Hier ergibt die Integration

$$U_S = \frac{k\bar{t}}{1+k\bar{t}} . \tag{8.116}$$

Damit gilt für diesen Fall

$$U_M = U_S . \tag{8.117}$$

Dies bedeutet, dass es bei Reaktionen 1. Ordnung ohne Bedeutung ist, ob Mikrovermischung oder Segregation im System vorhanden ist. Ganz anders stellt sich die Situation dar, wenn von eins abweichende Reaktionsordnungen vorliegen. Bei Reaktionsordnungen kleiner eins berechnet man bei Voraussetzung der Mikrovermischung größere Umsätze, während sich bei Reaktionsordnungen größer eins im segregierten System höhere Umsätze ergeben.

Berechnungsbeispiel 8-4: Untersuchung des Einflusses der Segregation in einem kontinuierlichen Rührkessel

Aufgabenstellung
In einem ideal durchmischten kontinuierlichen Rührkessel läuft folgende Reaktion 2. Ordnung ab:

$$A \rightarrow B + C; \qquad r = kc_A^2 . \tag{8.118}$$

Für einen stationären Betriebszustand wurden die Ein- und Austrittsdaten gemessen. Durch Berechnung des Umsatzes für die Fälle der idealen Mikrovermischung und der vollständigen Segregation soll überprüft werden, ob und in welchem Umfang im Reaktor ein segregierter Zustand zu vermuten ist.

Gegebene Daten
- Reaktionskinetische Konstante $k = 8{,}267 \cdot 10^{-4}\, m^3\, kmol^{-1}\, s^{-1}$
- Reaktionsvolumen $V_R = 16\, m^3$
- Eintrittskonzentrationen $c_A^0 = 4{,}2\ kmol\, m^{-3}$, $c_B^0 = c_C^0 = 0$
- Durchsatz $\dot{V} = 2{,}0\, m^3\, h^{-1}$
- Gemessener Umsatz (Stoff A) $U = 0{,}90$

Voraussetzungen für die Reaktorberechnung
Die Reaktion verläuft volumenbeständig und isotherm.

Das Verweilzeitspektrum soll dem des ideal durchmischten Rührkessels weitgehend entsprechen, so dass mit der theoretischen Verteilungsfunktion für diesen Reaktortyp gerechnet werden kann.

Lösung
Die Umsatzberechnung erfolgt für den Fall der Mikrovermischung und der Makrovermischung (vollständige Segregation), um einen Vergleich mit dem gemessenen Wert zu ermöglichen.

Mikrovermischung
Der Rührkessel wird als Reaktorgrundtyp mit der allgemeinen Stoffbilanz für den stationären Zustand berechnet, wobei von Gl. (8.109) mit dem Umsatz als Reaktionsvariable ausgegangen werden kann:

$$c_A^0 k\bar{t}\left(1 - U_M\right)^2 - U_M = 0 . \tag{8.119}$$

Diese quadratische Gleichung hat folgende Normalform:

$$U_M^2 - \left(2 + \frac{1}{Da}\right)U_M + 1 = 0 \tag{8.120}$$

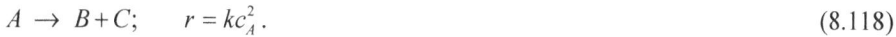

mit der Lösung

$$U_M = 1 + \frac{1}{2\,Da} - \sqrt{\frac{1}{Da} + \frac{1}{4\,Da^2}}\,. \tag{8.121}$$

Dabei wurde die dimensionslose *Damköhler*-Zahl in folgender Form verwendet:

$$Da = c_A^0\,k\bar{t}\,. \tag{8.122}$$

Mit den gegebenen Daten ergibt sich:

$$Da = 50,0\,.$$

Als Lösung der quadratischen Gleichung (8.121) erhält man

$$U_M = 0,868\,.$$

Vollständige Segregation
Aus Gl. (8.114) folgt für die Reaktion 2. Ordnung:

$$U_S = 1 - \frac{1}{\bar{t}} \int\limits_{t=0}^{t=\infty} \frac{e^{-\frac{t}{\bar{t}}}}{1 + Da}\,dt\,. \tag{8.123}$$

Bei Verwendung der relativen Aufenthaltsdauer $\Theta = t/\bar{t}$ nach Gl. (8.34) ergibt sich folgender Ausdruck:

$$U_S = 1 - \frac{e^{1/Da}}{Da} \int\limits_{1/Da}^{\infty} \frac{e^{-\left(\frac{1}{Da}+\Theta\right)}}{\frac{1}{Da}+\Theta}\,d\left(\frac{1}{Da}+\Theta\right) = 1 - \frac{e^{1/Da}}{Da}\,ei\left(\frac{1}{Da}\right). \tag{8.124}$$

Das Exponentialintegral

$$ei(x) = \int\limits_x^{\infty} \frac{e^{-u}}{u}\,du \tag{8.125}$$

ist tabelliert und kann aus mathematischen Tafelwerken (z. B. [8-7], [8-8]) entnommen werden.

Im vorliegenden Fall ist es allein eine Funktion von $(1/Da)$. Man erhält

$$\frac{1}{Da} = 0,02 \;\rightarrow\; ei\left(\frac{1}{Da}\right) = 3,3547\,.$$

Damit kann der Umsatz für den Fall der vollständigen Segregation berechnet werden:

$$U_S = 0,932\,.$$

Dieser Wert liegt höher als der für den Zustand der Mikrovermischung berechnete Umsatz, was bei Reaktionsordnungen größer eins zu erwarten war. Der gemessene Umsatz liegt zwischen den berechneten Werten für Mikro- und Makrovermischung. Aus dieser Tatsache kann der Schluss gezogen werden, dass im vorliegenden Reaktionssystem ein teilweise segregierter Zustand vorhanden ist.

Berechnungsbeispiel 8-5: Berechnung des Umsatzes im laminaren Rohrreaktor bei Voraussetzung vollständiger Segregation

Aufgabenstellung
In einem Rohrreaktor läuft die einfache Reaktion 2. Ordnung ab, die auch dem Berechnungsbeispiel 8-4 zugrunde lag:

$$A \rightarrow B + C; \qquad r = kc_A^2 .$$

Für stationäre Reaktionsbedingungen soll bei bekannten Eintrittsgrößen und vorgegebenem Reaktionsvolumen der Umsatz berechnet werden, wobei folgende Varianten gegenüber gestellt werden sollen:

a) idealer Rohrreaktor mit Pfropfenströmung und Mikrovermischung
b) laminarer Rohrreaktor mit vollständig segregierter Strömung (unabhängige Strömung der radialen Volumenelemente ohne Austauschvorgänge)

Voraussetzungen für die Reaktorberechnung
Die Reaktion verläuft in beiden Fällen volumenbeständig und unter isothermen Bedingungen ab.

Gegebene Daten
- Die vorgegebenen Größen entsprechen denen des Berechnungsbeispiels 8-4.
- Reaktionskinetische Konstante $k = 8,267 \cdot 10^{-4}\ m^3\ kmol^{-1}\ s^{-1}$
- Reaktionsvolumen $V_R = 16\ m^3$
- Eintrittskonzentrationen $c_A^0 = 4,2\ kmol\ m^{-3}$
  $c_B^0 = c_C^0 = 0$
- Durchsatz $\dot{V} = 2,0\ m^3\ h^{-1}$

Lösung Teilaufgabe a)
Die Umsatzberechnung für den idealen Rohrreaktor erfolgt durch Lösung der Stoffbilanz nach Gl. (6.230) für den volumenbeständigen Fall.

Stoffbilanz – Komponente A

$$\frac{dc_A}{d\tau} = -kc_A^2 \qquad (8.126)$$

Die Lösung dieser Gleichung ergibt

$$\frac{c_A}{c_A^0} = 1 - U_M = \frac{1}{1 + k\bar{t}\, c_A^0} = \frac{1}{1 + Da}. \tag{8.127}$$

Damit folgt für den Umsatz des idealen Rohrreaktors

$$U_M = \frac{Da}{1 + Da}. \tag{8.128}$$

Mit der *Damköhler*-Zahl nach Gl. (8.122)

$$Da = k\bar{t}\, c_A^0 = k \frac{V_R}{\dot{V}} c_A^0 = 50$$

ergibt sich

$$U_M = 0{,}980\,.$$

Lösung Teilaufgabe b)

Der Umsatz im Rohrreaktor mit vollständig segregierter Laminarströmung wird nach Gl. (8.105) berechnet:

$$U_S = \int_{t=0}^{t=\infty} U_{DKR}(t)\, E(t)\, dt$$

Der Umsatz im diskontinuierlichen Rührkessel entspricht genau dem Umsatz des idealen Rohrreaktors, wenn anstelle der mittleren Verweilzeit die Reaktionszeit bei diskontinuierlichem Betrieb eingesetzt wird. Nach Gl. (8.127) ergibt sich damit

$$U_{DKR} = \frac{kt\, c_A^0}{1 + kt\, c_A^0}. \tag{8.129}$$

Das Verweilzeitspektrum für das laminar durchströmte Rohr wird durch Gl. (8.96) beschrieben. Damit folgt für den Umsatz

$$\begin{aligned} U_S &= \int_{t=\bar{t}/2}^{t=\infty} \frac{kt\, c_A^0}{1 + kt\, c_A^0} \cdot \frac{\bar{t}^2}{2t^3}\, dt \\ &= \frac{k\bar{t}^2\, c_A^0}{2} \int_{t=\bar{t}/2}^{t=\infty} \frac{dt}{\left(1 + kt\, c_A^0\right) t^2} \end{aligned} \tag{8.130}$$

Die untere Integrationsgrenze ergibt sich daraus, dass die differentielle Verweilzeitverteilung $E(t)$ im Bereich $t < \bar{t}/2$ den Wert null besitzt.

Die Integration von Gl. (8.130) liefert bei Verwendung der *Damköhler*-Zahl nach Gl. (8.122) folgende Gleichung für den Umsatz bei segregierter Laminarströmung im Rohrreaktor:

$$U_S = Da\left[1 - \frac{Da}{2}\ln\left(\frac{2 + Da}{Da}\right)\right]. \qquad (8.131)$$

Mit dem bereits berechneten Wert von $Da = 50$ erhält man

$$U_S = 0{,}974 .$$

Damit liegt der für die laminare Strömung berechnete Umsatz etwas niedriger als bei idealer Pfropfenströmung. Bei Verringerung des Reaktorvolumens, die einer Verkleinerung der *Damköhler*-Zahl entspricht, werden diese Unterschiede größer (s. Abb. 8.16).

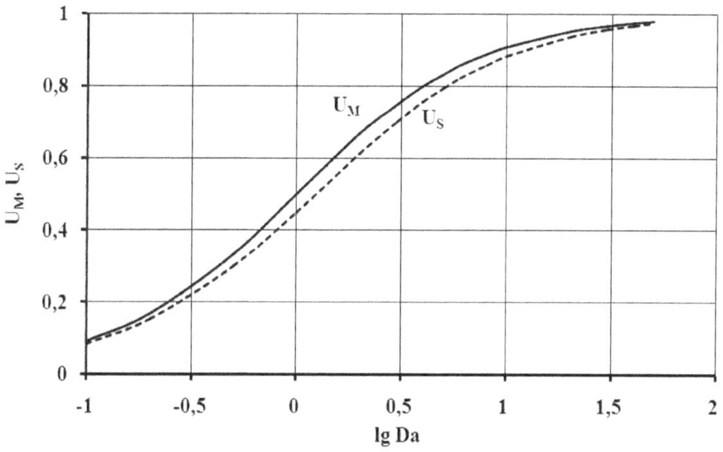

Abb. 8.16: Berechnete Umsätze im Rohrreaktor mit idealer Pfropfenströmung und im laminar durchströmten Rohrreaktor mit vollständiger Segregation

Sowohl bei Pfropfenströmung als auch im Fall der laminaren Strömung mit Segregation stellt der berechnete Umsatz einen Mittelwert für den Reaktoraustritt dar. Die Darstellung veranschaulicht, dass die Fehler bei der Reaktorberechnung beträchtlich sein können, wenn die im realen Fall vorliegenden Strömungsbedingungen nicht richtig erfasst werden.

9 Reaktoren für Fluid-Feststoff-Reaktionen

Bei den bisher behandelten homogenen Reaktionssystemen liegt das Reaktionsgemisch generell nur in einer Phase vor. Dagegen sind bei heterogenen oder Mehrphasenreaktionen mindestens zwei Phasen vorhanden. Zu dieser Kategorie gehören die großen Gruppen der Fluid-Feststoff-Reaktionen und der Fluid-Fluid-Reaktionen, die jeweils eigene Charakteristika in der Reaktorgestaltung und bei der technischen Reaktionsführung aufweisen. Im Kapitel 9 werden zunächst Reaktoren behandelt, in denen ein Feststoff entweder als Katalysator oder als Reaktionspartner eingesetzt wird. Weitere Komponenten des Reaktionsgemisches liegen dann in einer oder mehreren fluiden Phasen vor. Diese Phasenverhältnisse führen in vielen industriellen Anwendungsfällen zu neuen verfahrenstechnischen Aufgabenstellungen, die in erster Linie aus den Problemen des Wärme- und Stofftransportes zwischen Feststoff und Fluidphase und vielfach auch innerhalb des Feststoffes resultieren.

Im Abschnitt 9.1 werden Beispiele industrieller Verfahren und Reaktoren für alle üblichen Phasenverhältnisse der Fluid-Feststoff-Systeme zusammengestellt. Die Darlegung der Prozessgrundlagen im Abschnitt 9.2 und die Behandlung ausgewählter Reaktortypen in den Kapiteln 9.3 und 9.4 erfolgen für das Gebiet der *heterogen-gaskatalytischen Prozesse*, weil diese die weitaus größte technische Bedeutung besitzen und eine sehr große Anzahl industrieller Anwendungen vorliegt. Der Einsatz technischer Katalysatoren kann als ein Schlüsselfaktor für die weitere Entwicklung der chemischen Industrie im 21. Jahrhundert bezeichnet werden. Nach [9-1] basieren über 90% aller industriellen chemischen Prozesse auf katalysierten Reaktionen und sind integraler Bestandteil der Synthesewege für 60% aller chemischen Produkte. Der Weltmarkt technischer Katalysatoren betrug im Jahr 2006 mehr als 12 Mrd. US-$ und hat jährliche Zuwachsraten von etwa 4,5%.

9.1 Industrielle Verfahren und Reaktoren

Entsprechend den im Abschnitt 4.3 verwendeten Klassifizierungskriterien von Fluid-Feststoff-Reaktionen werden zwei Typen dieser Systeme unterschieden. Man spricht von **Reaktoren der heterogenen Katalyse**, wenn der eingesetzte Feststoff als Katalysator fungiert. Dagegen liegen **nichtkatalytische Fluid-Feststoff-Reaktoren** vor, wenn der oder die Feststoffe als Reaktionspartner genutzt werden. In jedem der genannten Fälle kann das Fluid ein Gas oder eine Flüssigkeit sein oder auch als zwei Phasen (Gas und Flüssigkeit, zwei Flüssigkeiten) vorliegen.

In Tabelle 9.1 werden zunächst Beispiele industrieller Verfahren und Reaktoren der heterogenen Katalyse genannt. Eine große Anzahl weiterer Anwendungsfälle ist beispielsweise in [9-2] zu finden. Entsprechend dem Aggregatzustand der fluiden Phasen spricht man von der *heterogenen Gaskatalyse*, wenn gasförmige Reaktionspartner am festen Katalysator reagieren und von der *heterogenen Flüssigkatalyse*, wenn ein flüssiges Reaktionsgemisch und ein fester Katalysator vorliegen. Eine *katalytische Dreiphasenreaktion* ist dadurch gekennzeichnet, dass mindestens ein Reaktionspartner als Gas und ein zweiter in einer Flüssigphase dosiert wird und die Reaktion an der Oberfläche eines festen Katalysators stattfindet.

Tabelle 9.1: Anwendungsbeispiele für heterogen-katalytische Reaktionen

Reaktionssystem	Anwendungsbeispiel	Reaktortyp
Gas – Fester Katalysator (Heterogene Gaskatalyse)	Isomerisierung von Kohlenwasserstoffen	Vollraumreaktor
	Reformieren von Schwerbenzin	Vollraumreaktor-Kaskade
	Ammoniak-Verbrennung	Flachbett-Kontaktofen
	Styrol-Synthese	Radialstromreaktor
	Oxidation von o-Xylol	Rohrbündelreaktor
	Dampfreformierung von Methan	Röhrenofen (Indirekte Beheizung)
	Fischer-Tropsch-Synthese	*Fischer-Tropsch*-Reaktor
	Oxychlorierung von Ethylen	Wirbelschichtreaktor
	Katalytisches Cracken	Wirbelschichtreaktor (Äußere Zirkulation)
	Ammoniak-Synthese	Mehrschichtreaktor (Kaltgaseinspeisung)
	Oxidation von Schwefeldioxid	Mehrschichtreaktor (Zwischenkühlung)
	Kfz-Abgasreinigung	Monolith-Katalysator
Gas – Flüssigkeit – Fester Katalysator (Dreiphasenreaktion)	Herstellung von Butindiol	Rieselreaktor
	Aminierung von Alkoholen	Sumpfreaktor
	Hydrierung von Benzol	Suspensions-Blasensäule
	Hydrierung von Nitroverbindungen	Suspensions-Rührkessel
	Hydrocracken von Schweröl	Wirbelschichtreaktor

Reaktoren zur Durchführung von Fluid-Feststoff-Reaktionen sind in der industriellen Praxis in einer großen Anzahl unterschiedlicher konstruktiver Gestaltungsvarianten anzutreffen, wobei zwischen folgenden Grundtypen unterschieden werden kann:

Heterogen-gaskatalytische Reaktoren ohne spezielle Vorrichtungen zur Wärmeübertragung in der Katalysatorschicht (s. Abb. 9.1)
Der Vollraumreaktor (a) als einfaches Rohr mit einer auf einem Stützboden aufliegenden kompakten Katalysatorschicht wird weitgehend adiabat betrieben, weil Wärmeübertragungsflächen im Allgemeinen nicht vorgesehen sind. Ähnliche verfahrenstechnische Merkmale wie der Vollraumreaktor besitzen monolithische Katalysatoren, die nicht aus einer Katalysatorschüttung bestehen, sondern mit vielen feinen Kanälen durchzogene Formkörper (Katalysatorträger) darstellen, an deren innerer Oberfläche die katalytisch wirksame Substanz aufgebracht ist.

Der Einbau einer oder mehrerer dünner Katalysatorschichten erfolgt beim Flachbettreaktor (b). Er ist für sehr schnelle Reaktionen geeignet, die nur eine sehr kurze Verweilzeit des Reaktionsgemisches an der Katalysatorschicht erfordern. Mitunter besteht die katalytisch wirksame Schicht lediglich aus einem Drahtnetz. Möglichkeiten der Kühlung (vielfach auch mit einer Dampferzeugung verbunden) sind außerhalb der Katalysatorschichten gegeben.

Beim Radialstromreaktor (c) wird die Katalysatorschüttung nicht in Reaktorlängsrichtung sondern radial (von außen nach innen oder umgekehrt) durchströmt. Bei vergleichbaren Verweilzeiten erreicht man dadurch kleinere Strömungsgeschwindigkeiten und auch kleinere Druckverluste; man muss aber auch mit einer stärkeren Rückvermischung im Vergleich zum axial durchströmten Reaktor rechnen.

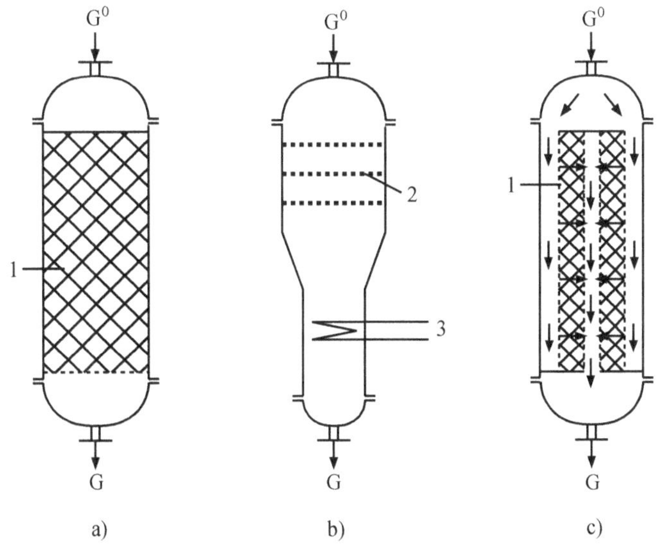

Abb. 9.1: *Heterogen-gaskatalytische Festbettreaktoren ohne spezielle Vorrichtungen zur Wärmeübertragung innerhalb der Katalysatorschicht;*
a) Vollraumreaktor; b)Flachbett-Kontaktofen (Flachbettreaktor); c) Radialstromreaktor;
1 Katalysatorschicht, 2 Katalysatorflachbett oder Katalysatornetz, 3 Wärmeübertrager;
G Reaktionsgas

Heterogen-gaskatalytische Reaktoren mit intensiver Wärmeübertragung (s. Abb. 9.2)
Beim Rohrbündelreaktor (a) wendet man das Prinzip des Rohrbündel-Wärmeübertragers zur Schaffung großer Heiz- oder Kühlflächen an. Der Durchmesser der Einzelrohre beträgt oft nur wenige Zentimeter. Der Reaktor kann aus einigen hundert bis zu mehreren tausend Rohren bestehen. Im Normalfall befindet sich der Katalysator innerhalb der Rohre; um die Rohre herum wird der Wärmeträger meist im Kreuz-Gegenstrom oder im Kreuz-Gleichstrom geführt. Der Rohrbündelreaktor ist einer der am häufigsten eingesetzten Reaktoren speziell bei exothermen Reaktionen der heterogenen Gaskatalyse.

Der Röhrenofen (b) ist ein für endotherme Reaktionen geeigneter Rohrbündelreaktor, bei dem die mit Katalysator gefüllten Reaktionsrohre indirekt beheizt werden. Diese Beheizung erfolgt durch Wärmestrahlung von heißen Wänden an die Oberfläche der Rohre. Die heißen

Wände werden ihrerseits durch ein Brenngas erhitzt. Eine weitere Möglichkeit der Beheizung der Rohre besteht darin, dass Rauchgase oder überhitzte Dämpfe als Wärmeträger verwendet werden.

Der *Fischer-Tropsch*-Reaktor (c) enthält ein fest eingebautes Röhren-Lamellen-System mit relativ großen Kühlflächen. Die Katalysatorschüttung befindet sich zwischen den Lamellen und wird bei geöffnetem Deckel oben eingefüllt. Auch die Entfernung des Katalysators ist nach Abnahme des Bodens leicht möglich, sofern keine Verklebungen von Partikeln vorliegen. Die Kühlung des Festbettes erfolgt beispielsweise durch siedendes Wasser.

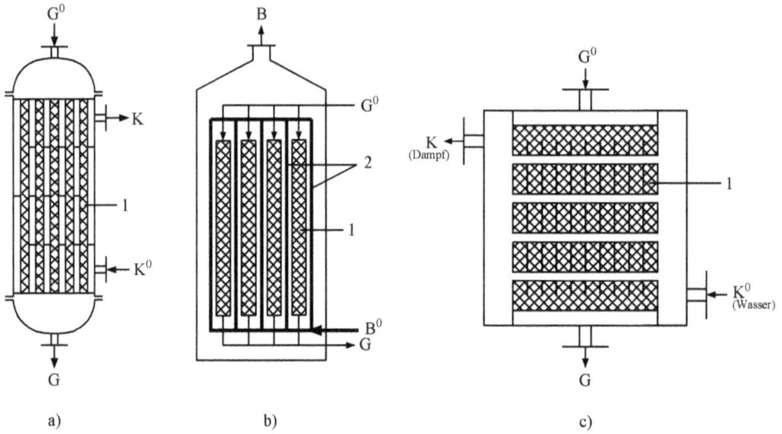

Abb. 9.2: *Heterogen-gaskatalytische Festbettreaktoren mit intensiver Wärmeübertragung; a) Rohrbündelreaktor mit Kreuzstromkühlung; b) Rohrbündelreaktor mit Wärmezufuhr über beheizte Wände; c) Fischer-Tropsch-Reaktor mit Kühlung durch siedendes Wasser und Katalysatoranordnung zwischen Kühlrohren und Lamellen; 1 Katalysatorschicht, 2 Beheizte Wände; B Brenngas, G Reaktionsgas, K Kühlmittel*

Heterogen-gaskatalytische Wirbelschichtreaktoren (s. Abb. 9.3 und Abschnitt 9.4)
Beim Wirbelschichtreaktor (a) benötigt man neben der Einhaltung geeigneter Strömungsbedingungen für die Aufrechterhaltung der Wirbelschicht auch Vorrichtungen zur Vermeidung des Katalysatoraustrages. Dies kann wie im Bild dargestellt eine Beruhigungszone sein, in der wegen der verringerten Strömungsgeschwindigkeit mitgeführte Katalysatorpartikel wieder absinken.

Die Wirbelschichtkaskade (b) bietet neben den allgemeinen Vorteilen der Kaskadierung des Reaktionsraumes (Verringerung der axialen Rückvermischung) auch die Möglichkeit einer gezielten Beeinflussung des Profils der Katalysatoraktivität im Reaktor, indem in der oberen Katalysatorschicht neuer Katalysator zugeführt und in der unteren Schicht teilweise desaktivierter Katalysator ausgetragen wird. Auch Zwischenkühlungen zwischen den einzelnen Schichten sind möglich.

Beim Wirbelschichtreaktor mit äußerer Feststoffzirkulation (c) wird der Katalysator zwischen der Wirbelschicht für die eigentliche Reaktion und einer Wirbelschicht für die Regeneration des Katalysators im Kreislauf geführt. Die notwendige Gas-Feststoff-Trennung erfolgt hier durch Zyklonabscheider.

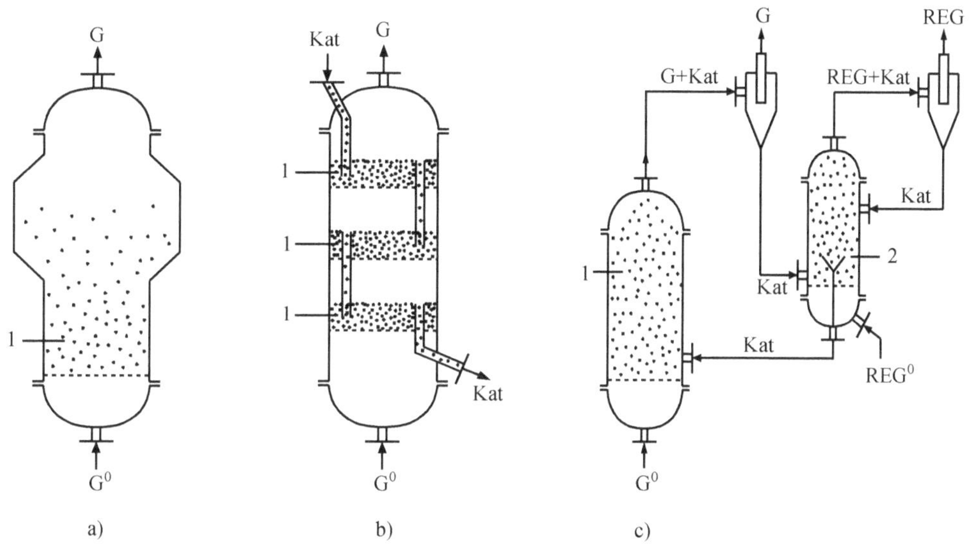

Abb. 9.3: *Wirbelschichtreaktoren für heterogen-gaskatalytische Reaktionen;*
a) Wirbelschichtreaktor mit Beruhigungszone; b) Wirbelschichtreaktorkaskade, Wirbelschichtkolonne; c) Wirbelschichtreaktor mit äußerer Feststoffzirkulation;
1 Wirbelschicht (Reaktion), 2 Wirbelschicht (Katalysatorregenerierung);
G Reaktionsgas, REG Gas für Katalysatorregeneration, Kat Katalysator

Heterogen-gaskatalytische Mehrschichtreaktoren (s. Abb. 9.4 und Abschnitt 9.3.2)
Mehrschichtreaktoren sind für die Durchführung heterogen-gaskatalytischer Reaktionen geeignet, bei denen der Gleichgewichtsumsatz mit steigender Temperatur deutlich absinkt oder bestimmte maximale Reaktionstemperaturen einzuhalten sind. Zwischen den einzelnen Schichten kann kaltes Gas eingespeist oder das Reaktionsgas gekühlt bzw. aufgeheizt werden. Beim Mehrschichtreaktor mit Kaltgaseinspeisung (a) erfolgt eine Temperaturabsenkung zwischen den Schichten durch kaltes Eintrittsgemisch oder auch durch die Einspeisung von Wasser.

Beim Mehrschichtreaktor mit interner Zwischenkühlung oder Zwischenaufheizung (b) wird das Reaktionsgemisch durch innen liegende Wärmeübertrager temperiert.

Beliebig große Wärmeübertragungsflächen lassen sich beim Mehrschichtreaktor mit externer Zwischenkühlung oder Zwischenaufheizung (c) realisieren, weil die konstruktive Gestaltung der Wärmeübertrager nicht an die Reaktorabmessungen gebunden ist.

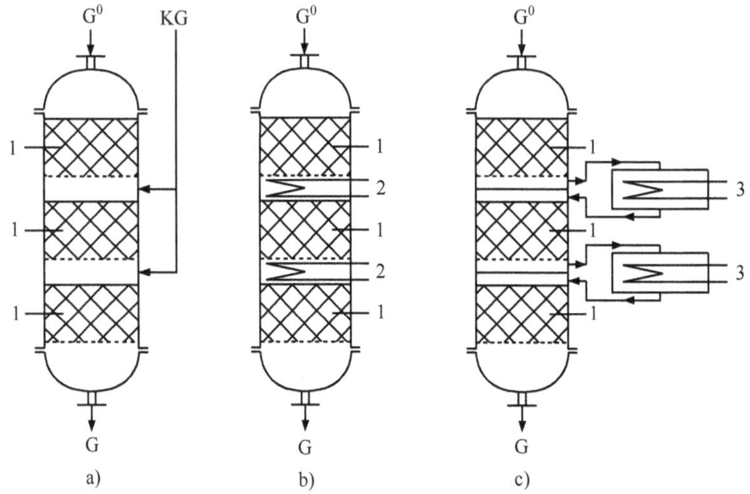

Abb. 9.4: *Mehrschichtreaktoren für heterogen-gaskatalytische Reaktionen;*
a) Kaltgas-Zwischeneinspeisung; b) Interne Zwischenkühlung oder Zwischenaufheizung;
c) Externe Zwischenkühlung oder Zwischenaufheizung;
1 Katalysatorschicht, 2 Interner Wärmeübertrager, 3 Externer Wärmeübertrager;
G Reaktionsgas, KG Kaltgas für Zwischeneinspeisungen

Heterogen-flüssigkatalytische Reaktoren und Reaktoren für Dreiphasenreaktionen
(s. Abb. 9.5)
Die Gestaltung von Reaktoren, bei denen ein fester Katalysator und eine Flüssigphase vorliegen, ist vom prinzipiellen Aufbau her nur wenig davon abhängig, ob zusätzlich eine Gasphase vorhanden ist oder nicht. Die in Abb. 9.5 gezeigten Reaktortypen für Dreiphasenreaktionen sind deshalb auch für katalytische Gas-Flüssig-Reaktionen geeignet.

Der Rieselreaktor (Rieselfilmreaktor) (a) enthält ein Katalysatorfestbett (Partikeldurchmesser > 5 mm), über das die Flüssigphase von oben nach unten und das Gas bevorzugt im Gleichstrom, mitunter aber auch im Gegenstrom geführt werden. Kennzeichnend für diesen Reaktor ist ein enges Verweilzeitspektrum der fluiden Phasen.

Der Sumpfreaktor (b) enthält ebenfalls ein Katalysatorfestbett (Partikeldurchmesser 1 bis 5 mm), durch das die Flüssigkeit meist von unten nach oben geführt. Sie nimmt einen relativ hohen Anteil am Reaktionsvolumen ein (20 bis 30%) und bildet die zusammenhängende Phase, in der die Gasphase dispergiert ist. Die Rückvermischung beider Phasen ist deutlich stärker als beim Rieselreaktor.

Die Suspensionsblasensäule (c) ist wie auch der Suspensionsrührkessel dadurch gekennzeichnet, das die Flüssigkeit die zusammenhängende Phase bildet, in der Gas und Feststoff verteilt sind. Es liegen sehr kleine Katalysatorpartikel vor (Durchmesser < 0,1 mm), die mit der Flüssigkeit ausgetragen werden. Der Feststoffanteil beträgt nur etwa 1%.

Der Dreiphasen-Wirbelschichtreaktor (d) enthält durch den Flüssigkeits- und Gasstrom aufgewirbelte Katalysatorpartikel mit einem Durchmesser von 0,1 bis 5 mm, die in einem hohen Feststoffanteil von 10 bis 50% vorliegen und mit der Flüssigphase nicht ausgetragen werden. Bei Fermentationsreaktionen werden als Feststoffe auch immobilisierte Zellen eingesetzt.

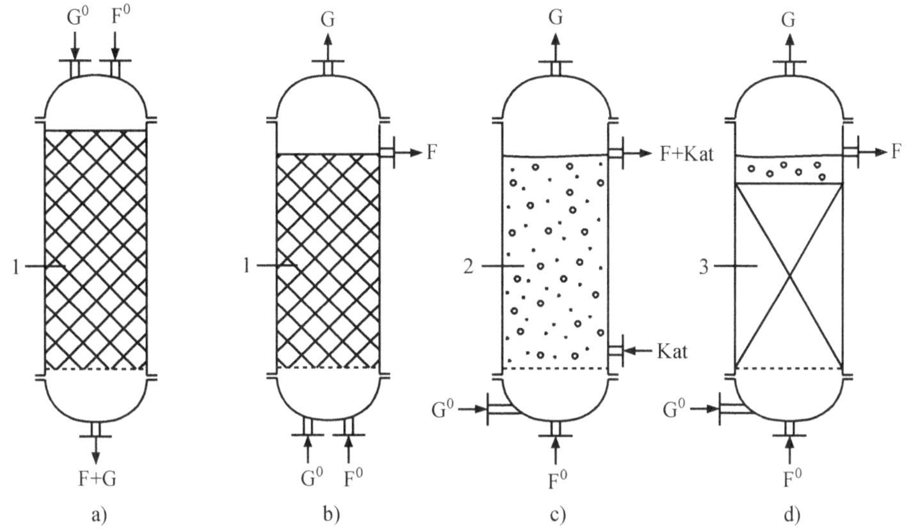

Abb. 9.5: *Reaktoren für Dreiphasenreaktionen;*
a) Rieselreaktor; b) Sumpfreaktor; c) Suspensionsblasensäule;
d) Dreiphasen-Wirbelschichtreaktor;
1 Katalysatorfestbett, 2 Gas-Flüssig-Fest-Suspension, 3 Gas-Flüssig-Feststoff-Wirbelschicht;
G Reaktionsgas, F Flüssigphase, Kat Katalysator

Reaktoren für nichtkatalytische Fluid-Feststoff-Reaktionen (s. Abb. 9.6)
Der Feststoff ist bei dieser Klasse technischer Reaktionen kein Katalysator, sondern wird als Reaktionspartner kontinuierlich durch den Reaktionsraum gefördert und mit der fluiden Phase in Kontakt gebracht. Dazu werden in Tabelle 9.2 Anwendungsbeispiele und Reaktortypen genannt. Einige Reaktortypen sind sowohl für das System Gas-Feststoff als auch für das System Flüssigkeit-Feststoff geeignet. Auch eine Reihe bereits behandelter Reaktortypen wie der Wirbelschichtreaktor oder der Rührkessel sind für nichtkatalytische Fluid-Feststoff-Reaktionen geeignet.

Tabelle 9.2: *Anwendungsbeispiele für nichtkatalytische Fluid-Feststoff-Reaktionen*

Reaktionssystem	Anwendungsbeispiel	Reaktortyp
Gas – Feststoff	Brennen von Kalk	Wanderbettreaktor
	Rösten sulfidischer Erze	Etagenreaktor
	Herstellung von Aktivkohle	Drehrohrofen
	Verkokung von Kohle	Wirbelschichtreaktor
	Rösten von Erzstäuben	Staub-Sprühreaktor (Flugwolkereaktor)
Flüssigkeit – Feststoff	Zellulosegewinnung	Rührkessel (kontinuierlich oder halbkontinuierlich)
	Apatitaufschluss	Rührkesselkaskade
	Herstellung von Superphosphat	Kneter
	Acetylenherstellung aus Carbid	Mehretagenreaktor
	Phosphataufschluss	Drehrohrofen
	Wasserenthärtung	Wirbelschichtreaktor

Der Wanderbettreaktor (a) ist dadurch gekennzeichnet, dass ein gasdurchströmtes Festbett unter Wirkung der Schwerkraft durch einen Reaktorschacht hindurchwandert und mit Hilfe einer geeigneten Feststoffffördereinrichtung ausgetragen wird. Das Gas wird meist im Gegenstrom gefördert.

Im Etagenreaktor (b) wird der Feststoff auf die obere Etage aufgegeben und durch eine rotierende Fördereinrichtung (Rechen- oder Kratzelemente) radial bis zu einer Öffnung im Boden transportiert, durch die er auf die darunter liegende Etage fällt. Der Transport auf jede folgende Etage vollzieht sich analog. Das Gas wird im Gegenstrom geführt. Bei Flüssig-Fest-Prozessen kann ein flüssiger Reaktionspartner mit dem Feststoff von oben nach unten transportiert werden.

Der Drehrohrofen (c) ermöglicht die Feststoffförderung durch die Neigung einer rotierenden Trommel. Gasförmige Reaktionspartner oder Produkte können im Gleich- oder Gegenstrom gefördert werden. Auch Flüssigkeiten, die im Gleichstrom transportiert werden, kommen als Reaktionspartner in Frage.

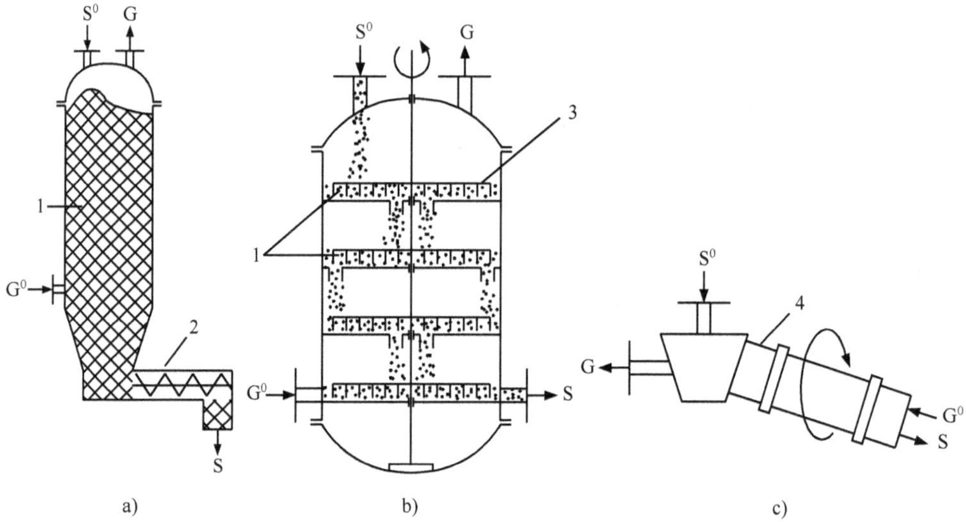

Abb. 9.6: *Reaktoren für nichtkatalytische Fluid-Feststoff-Reaktionen;*
a) Wanderbettreaktor (Schachtofen); b) Etagenreaktor; c) Drehrohrofen;
1 Bewegte Feststoffschicht, 2 Feststoffaustragsvorrichtung, 3 Rotierende Vorrichtung zur horizontalen Feststoffförderung auf den Etagen, 4 Rotierende Trommel
G Reaktionsgas S Feststoff

9.2 Prozessgrundlagen heterogen-gaskatalytischer Reaktionen

Der Einsatz fester Katalysatoren zur Durchführung technischer Reaktionen in der Gasphase ist in der chemischen Verfahrenstechnik außerordentlich weit verbreitet und besitzt eine enorme volkswirtschaftliche Bedeutung. Die Bereitstellung geeigneter Katalysatoren und die Beherrschung der reaktionstechnischen Probleme bei der Auslegung und beim Betrieb entsprechender Reaktoren erweisen sich deshalb als wichtige Aufgaben von Chemikern und Verfahrenstechnikern. Im Folgenden werden dazu ausgewählte prozesstechnische Grundlagen zusammengestellt, die vor allem für die Reaktorauswahl und -berechnung von Bedeutung sind.

9.2.1 Katalytische Wirkung und Vorgänge am Katalysatorkorn und in der Katalysatorschicht

Der bei heterogen-gaskatalytischen Reaktionen eingesetzte Katalysator adsorbiert die Reaktionspartner an aktiven Zentren seiner Oberfläche. Ohne auf die chemischen Elementarvorgänge der heterogenen Katalyse einzugehen, kann man die Wirkung eines Katalysators folgendermaßen charakterisieren:

- Der Katalysator beschleunigt den Ablauf gewünschter Reaktionen.
- Der Ablauf unerwünschter Reaktionen wird gegebenenfalls verzögert oder verhindert.
- Die Lage des chemischen Gleichgewichtes kann durch einen Katalysator nicht verändert werden.

Eine Übersicht zu den stofflichen Grundlagen der heterogenen Katalyse, zu Einsatzformen, Herstellungsverfahren und Anwendungsgebieten von Katalysatoren wird in [9-3] gegeben.

Am Beispiel der einfachen Reaktion $A+B \rightarrow R$ soll die katalytische Wirkung verdeutlicht werden:

1. Der Reaktionspartner A wird an einem aktiven Zentrum l der Katalysatoroberfläche adsorbiert:

   $$A+l \rightarrow Al\,.$$

2. Durch Reaktion mit dem Partner B, der hier aus der Gasphase heraus reagiert, entsteht das an der Katalysatoroberfläche adsorbierte Produkt R:

   $$Al+B \rightarrow Rl\,.$$

3. Das Reaktionsprodukt R gelangt durch Desorption in die Gasphase:

   $$Rl \rightarrow R+l\,.$$

Betrachtet man die mit dem Ablauf einer nichtkatalytischen und katalytischen Reaktion verbundene Energieänderung, dann wird die Verringerung der Aktivierungsenergie beim Einsatz des Katalysators deutlich (s. Abb. 9.7).

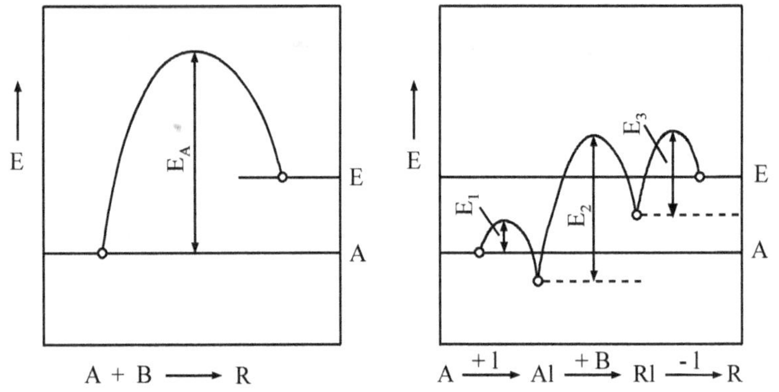

Abb. 9.7: Reaktionsablauf mit und ohne Katalysator

Ohne Einsatz des Katalysators ist die Aktivierungsenergie so hoch, dass nur ein kleiner Teil der reaktionsfähigen Moleküle die für den Reaktionsablauf notwendige Mindestenergie besitzt. Die Herabsetzung der Aktivierungsenergie beim Einsatz eines Katalysators führt dazu, dass dieser Anteil wesentlich größer wird, was letztlich zu einer Erhöhung der Reaktionsgeschwindigkeit führt.

Bei der Katalysatorentwicklung wird man bestrebt sein, möglichst große aktive Oberflächen pro Masseneinheit des Katalysators zur Verfügung zu stellen. Deshalb verwendet man vielfach poröse Trägermaterialien mit großen inneren Oberflächen, die mit katalytisch wirksamen Substanzen belegt werden. Andere Katalysatoren bestehen aus nicht porösen Trägermaterialien und enthalten deshalb nur an der äußeren Oberfläche aktive Zentren. Der notwendige Transport der Reaktionspartner aus der durch die Katalysatorschicht strömenden Gasphase an die aktiven Zentren des Katalysators und der in entgegen gesetzter Richtung erfolgende Abtransport der Reaktionsprodukte bedingt einige Forderungen hinsichtlich der Katalysatorgröße und -struktur sowie der Prozessführung. Dabei sind auch die Wärmetransportvorgänge zu berücksichtigen, die teilweise nach gleichen Mechanismen wie die Stofftransportvorgänge ablaufen.

In Festbettreaktoren befindet sich eine vom fluiden Medium durchströmte Katalysatorschüttung in einem Reaktionsrohr, das vielfach mit Wärmeübertragungsflächen versehen ist (z. B. Mantelkühlung). Innerhalb der Schüttung laufen Wärme- und Stofftransportprozesse ab, während durch die Wand nur Wärme zu- oder abgeführt wird (s. Abb. 9.8 a). Der Stofftransport innerhalb der Katalysatorschicht (weißer Pfeil) kann näherungsweise auf der Grundlage eines modifizierten Diffusionsgesetzes in radialer und axialer Richtung des Rohrreaktors beschrieben werden, wobei das System Gas-Feststoff als quasihomogenes Medium angesehen wird und der Diffusionskoeffizient im Gegensatz zum *Fick*'schen Gesetz (s. Gl. 5.3) eine effektive, von den Strömungsbedingungen im Festbett abhängige Größe ist. Ein gleicher Ansatz ist für die Beschreibung des Wärmetransportes im Festbett (schwarzer Pfeil) üblich. Die effektiven Wärmeleitkoeffizienten in radialer und axialer Richtung werden ebenfalls in Abhängigkeit von den Strömungsbedingungen in einer modifizierten *Fourier*'schen Gleichung für die Wärmeleitung (s. Gl. 5.4) verwendet. Beim Wärmetransport ist für den häufigen Fall der polytropen Betriebsweise die Kühlung oder Heizung des Festbettes an dessen Rändern (z. B. Rohrwand) zu berücksichtigen.

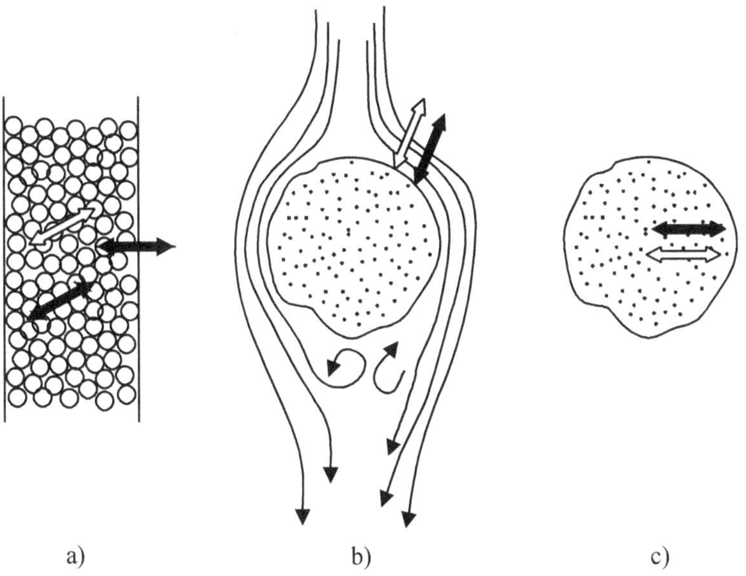

Abb. 9.8: *Stoff- und Wärmetransportprozesse bei der heterogenen Gaskatalyse (weißer Pfeil – Stofftransport, schwarzer Pfeil – Wärmetransport); a) im Festbett, b) zwischen Gasstrom und äußerer Katalysatoroberfläche, c) innerhalb des Katalysators*

Für die effektiven Diffusionskoeffizienten und Wärmeleitfähigkeiten im Festbett sowie für den Wärmeübergangskoeffizienten an der Wand des Festbettreaktors liegen Berechnungsgleichungen in der Fachliteratur vor. Eine Zusammenstellung und Bewertung der häufig verwendeten Beziehungen wird in [9-4] und [9-5] vorgenommen. Modifizierte Modellansätze, die insbesondere beim radialen Wärmetransport die reale Struktur der Gas- und Katalysatorphase berücksichtigen, werden beispielsweise in [9-6] und [9-7] diskutiert.

Der Stoff- und Wärmeübergang zwischen dem Gasstrom und der äußeren Katalysatoroberfläche erfolgt durch eine hydrodynamische Grenzschicht, die sich um das einzelne Katalysatorkorn herum ausbildet (s. Abb. 9.8 b). Dieser äußere Stoffübergang wird auch als äußere Diffusion oder Filmdiffusion bezeichnet.

Innerhalb des Katalysatorkornes laufen bei porösen Materialien ebenfalls Stoff- und Wärmetransportvorgänge ab (s. Abb. 9.8 c). Reaktionspartner und -produkte werden in den Poren durch Porendiffusion transportiert. Wegen der mit chemischen Reaktionen verbundenen Enthalpieänderungen findet auch eine innere Wärmeleitung durch das poröse Katalysatorkorn statt.

An den aktiven Zentren des Katalysators erfolgen die Adsorption der Reaktionspartner und schließlich die chemische Oberflächenreaktion mit anschließender Desorption der Produkte. Zusammenfassend ergeben sich damit sieben Teilschritte der heterogenen Gaskatalyse, die in Abb. 9.9 dargestellt sind. Bei einer solchen Schrittfolge bestimmt der langsamste Schritt maßgeblich die Gesamtgeschwindigkeit des Prozesses. Es ist deshalb erforderlich die Geschwindigkeiten der einzelnen Teilschritte abzuschätzen, um geeignete Maßnahmen zur Beschleunigung des langsamsten Teilvorganges treffen zu können.

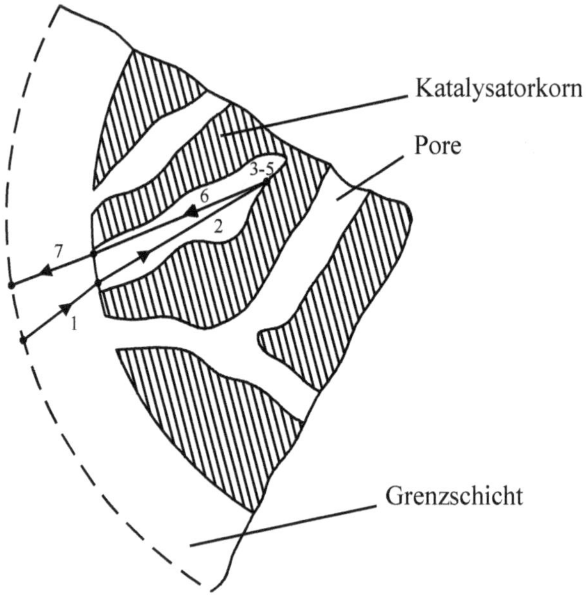

Abb. 9.9: *Teilschritte der heterogenen Gaskatalyse (dargestellt am Beispiel des Stofftransportes)*
1 Äußerer Stoffübergang (äußere Diffusion) der Reaktionspartner aus der strömenden Gasphase durch die Grenzschicht an die äußere Katalysatoroberfläche; 2 Porendiffusion von der äußeren Oberfläche zu den aktiven Zentren an der inneren Katalysatoroberfläche; 3 Adsorption der Reaktionspartner; 4 Chemische Oberflächenreaktion; 5 Desorption der Reaktionsprodukte und nicht umgesetzter Reaktionspartner; 6 Porendiffusion zur äußeren Katalysatoroberfläche; 7 Äußerer Stoffübergang von der äußeren Katalysatoroberfläche durch die Grenzschicht in die strömende Gasphase

9.2.2 Äußerer Stoff- und Wärmeübergang

Beim Durchströmen einer Katalysatorschüttung im Festbett oder auch beim Umströmen eines aufgewirbelten Katalysatorteilchens in einer Wirbelschicht bildet sich unmittelbar an der Oberfläche der Körner eine Grenzschicht aus, in der andere strömungstechnische Bedingungen als in der Kernströmung des Gases vorliegen. Die Grenzschichtdicke ist eine Funktion der *Reynolds*-Zahl; sie wird in erster Linie durch die Strömungsgeschwindigkeit, die physikalischen Eigenschaften des fluiden Mediums und den Charakter der Schüttung (Katalysatorform und -durchmesser, Lückenvolumen) beeinflusst. Die durch die Größe der Übergangskoeffizienten sowie durch die Konzentrations- bzw. Temperaturdifferenzen zwischen Gasstrom und äußerer Katalysatoroberfläche gekennzeichneten Transportgeschwindigkeiten werden hier durch einen einfachen Ansatz gemäß den Gleichungen (5.5) und (5.6) beschrieben. Dabei wird beim Stoffübergang von solchen gravierenden Bedingungen ausgegangen, dass verdünnte Gemische vorliegen und die Gemische ähnliche Moleküle enthalten. Ist dies nicht gegeben, muss man bei der Beschreibung des äußeren Stoffüberganges von den komplizierteren *Stefan-Maxwell*-Gleichungen ausgehen, die z. B. in [9-8] ausführlich diskutiert werden.

Äußerer Stoffübergang (Filmdiffusion)

$$\dot{n}_i = \beta_i A\left(c_i^S - c_i^G\right). \tag{9.1}$$

Verwendet man die auf die Volumeneinheit des Reaktors bezogene spezifische Phasengrenzfläche a, dann ergibt sich

$$\frac{\dot{n}_i}{V_R} = \beta_i a\left(c_i^S - c_i^G\right). \tag{9.2}$$

Dabei ist

$$a = \frac{A}{V_R}. \tag{9.3}$$

Im stationären Betriebszustand entspricht die am Katalysator durch die chemischen Reaktionen umgesetzte Stoffmenge der Komponente i dem durch die äußere Grenzschicht transportierten Molstrom dieser Komponente:

$$\beta_i a\left(c_i^S - c_i^G\right) = R_i^S = \sum_j \nu_{ij} r_j^S. \tag{9.4}$$

Die Stoffänderungsgeschwindigkeiten R_i^S bzw. die Reaktionsgeschwindigkeiten r_j^S sind dabei Funktionen der an der Katalysatoroberfläche vorliegenden Konzentrationen und Temperaturen, wenn man zunächst den Einfluss der Porendiffusion nicht berücksichtigt.

Äußerer Wärmeübergang

$$\dot{Q} = \alpha A\left(T^S - T^G\right) \tag{9.5}$$

Setzt man auch hier die spezifische Phasengrenzfläche a ein, dann ergibt sich

$$\frac{\dot{Q}}{V_R} = \alpha a\left(T^S - T^G\right) \tag{9.6}$$

und gemäß Gl. (5.36) für stationäre Bedingungen

$$\alpha a\left(T^S - T^G\right) = \sum_j r_j^S\left(-\Delta H_{Rj}\right). \tag{9.7}$$

Dabei ist $r_j^S\left(c_i^S, T^S\right)$ die Reaktionsgeschwindigkeit an der Katalysatoroberfläche, wobei auch hier zunächst von einem nicht porösen Korn ausgegangen wurde.

Abb. 9.10 zeigt die Konzentrations- und Temperaturverläufe innerhalb der Grenzschicht für verschiedene Prozessbedingungen. Man spricht vom *Gebiet der äußeren Diffusion* (äußere Stofftransporthemmung), wenn dieser Schritt relativ langsam verläuft und deshalb beträchtliche Konzentrationsunterschiede zwischen Gasstrom und äußerer Katalysatoroberfläche auftreten. Gleiches gilt für die Temperaturen, wobei man aus dieser Sicht vom *Gebiet des äußeren Wärmeüberganges* (äußere Wärmetransporthemmung) spricht. Beide Phänomene sind in

Abb. 9.10 a) dargestellt. Andere Verhältnisse liegen vor, wenn die Übergangskoeffizienten für Stoff und Wärme beispielsweise wegen hoher Turbulenzen sehr groß sind. Dann verschwinden der Einfluss der äußeren Transportschritte und damit auch die Konzentrations- und Temperaturunterschiede zwischen den Phasen. Dieser in Abb. 9.10 b) dargestellte Fall wird als *kinetisches Gebiet* bezeichnet, weil jetzt die chemische Reaktion den langsamsten und damit geschwindigkeitsbestimmenden Schritt darstellt.

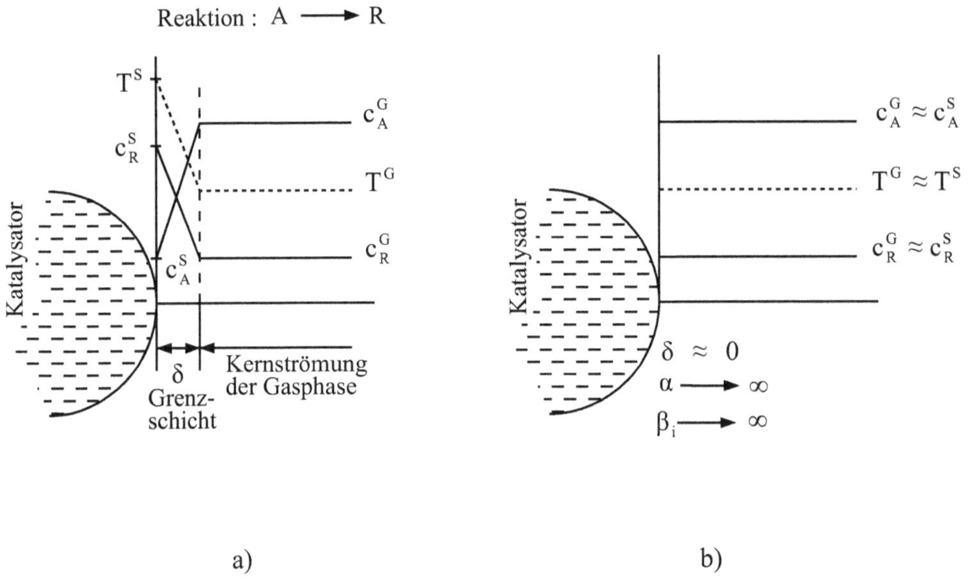

Abb. 9.10: *Konzentrations- und Temperaturverläufe in der Nähe der Katalysatoroberfläche; a) Gebiet der äußeren Diffusion bzw. des äußeren Wärmeüberganges, b) kinetisches Gebiet*

Im Berechnungsbeispiel 9-1 (Abschnitt 9.2.5) werden die in einem Reaktor zur Untersuchung der Kinetik heterogen-gaskatalytischer Reaktionen auftretenden Konzentrations- und Temperaturunterschiede für verschiedene Strömungsgeschwindigkeiten der Gasphase berechnet. Dabei sind Korrelationsgleichungen zur Ermittlung der Übergangskoeffizienten von Stoff und Wärme erforderlich, wie sie z. B. von *Connachie und Thodos* [9-9] auf der Grundlage experimenteller Untersuchungen hergeleitet wurden.

Neben der rechnerischen Überprüfung des Einflusses äußerer Transportprozesse lässt sich auch experimentell nachweisen, ob man sich bei den gegebenen Reaktionsbedingungen im kinetischen Gebiet befindet oder mit Transporthemmungen rechnen muss. Nimmt man beispielsweise in einem Strömungsrohr Umsatz-Verweilzeit-Kurven auf, dann müsste deren Verlauf unabhängig von der linearen Strömungsgeschwindigkeit sein, wenn das kinetische Gebiet vorliegt. Ist dies nicht der Fall, dann ist mit äußeren Transporthemmungen zu rechnen. Gleiche Verweilzeiten bei unterschiedlichen Strömungsgeschwindigkeiten lassen sich in solchen Versuchsserien dadurch erreichen, dass man die Katalysatormenge entsprechend variiert (s. auch [9-10]).

9.2.3 Porendiffusion und Wärmeleitung im Katalysatorkorn

Bei hochporösen Katalysatoren befindet sich die überwiegende Anzahl der aktiven Zentren an den Porenwänden im Inneren des Korns. Der Transport der Reaktionspartner von der äußeren Oberfläche des Katalysators erfolgt durch einen speziellen Diffusionsprozess (Porendiffusion oder innere Diffusion). Dabei bilden sich in den Poren Konzentrationsgradienten aus, die durch die Wechselwirkung von Porendiffusion und chemischer Reaktion an der inneren Oberfläche verursacht werden (s. Abb. 9.11).

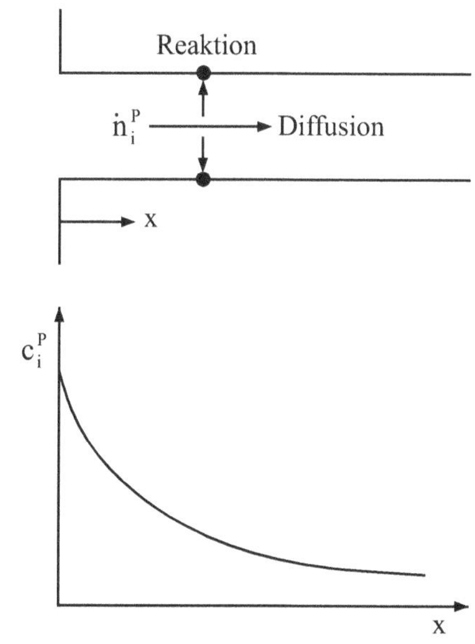

Abb. 9.11: Konzentrationsverlauf innerhalb der Katalysatorpore

Auch für die mathematische Beschreibung der Porendiffusion geht man vom *Fick*'schen Gesetz entsprechend Gl. (5.3) aus, wobei ein eindimensionaler Transport in Porenlängsrichtung vorausgesetzt wird. Für einen flächenbezogenen Stoffmengenstrom ergibt sich damit folgender Ansatz:

$$\dot{N}_i^P = \frac{\dot{n}_i^P}{A^P} = -D_i^P \frac{dc_i^P}{dx} . \tag{9.8}$$

Im stationären Fall $\left(dc_i^P / dt = 0\right)$ erhält man entsprechend der allgemeinen Stoffbilanz nach Gl. (5.25)

$$div\, \dot{N}_i^P = R_i^P \tag{9.9}$$

folgende Stoffbilanz für die Komponente i in der Katalysatorpore:

$$R_i^P = -D_i^P \frac{d^2 c_i^P}{dx^2} . \tag{9.10}$$

Die Koordinate x ist hier beispielsweise die Längskoordinate parallel angeordneter Poren in einem zylindrischen Katalysatorkorn. Bei den häufig vorliegenden kugelförmigen Partikeln mit der radialen Koordinate y' ergibt sich aus Gl. (9.9):

$$R_i^P = -D_i^P \left(\frac{d^2 c_i^P}{dy'^2} + \frac{2}{y'} \frac{dc_i^P}{dy'} \right). \tag{9.11}$$

Diese Bilanz ist für alle Schlüsselkomponenten zu formulieren. Die Randbedingungen hängen von der Korngeometrie ab. Bei kugelförmigen Partikeln kann man davon ausgehen, dass die erste Ableitung der Konzentration nach dem Radius im Kornzentrum aus Gründen der Symmetrie zu Null wird, während am Poreneintritt die der äußeren Oberfläche zugeordneten Konzentrationen c_i^S vorliegen.

Der Porendiffusionskoeffizient ist eine effektive Größe, die von der Struktur des Katalysators und von der Art der Diffusion abhängt und gegebenenfalls durch mehrere Mechanismen beeinflusst werden kann. Sind die Porenradien größer als die mittlere freie Weglänge der diffundierenden Moleküle, dann liegt eine normale *molekulare Diffusion* vor (s. Abb. 9.12 a). In diesem Fall lassen sich Diffusionskoeffizienten für die Porendiffusion aus den Diffusionskoeffizienten im freien Gasraum unter Berücksichtigung der Porosität des Katalysatorkornes und des Porenwindungsgrades berechnen. In sehr engen Poren, deren Durchmesser deutlich kleiner als die mittlere freie Weglänge der Poren ist, kollidieren die Moleküle ständig mit der Porenwand. Der hier vorliegende Mechanismus wird als *Knudsen-Diffusion* (s. Abb. 9.12 b) bezeichnet. Daneben können sich in manchen Katalysatoren die Moleküle durch *Oberflächendiffusion* (s. Abb. 9.12 c) im adsorbierten Zustand entlang der Porenoberfläche bewegen.

Eine Zusammenstellung von Berechnungsgleichungen für den effektiven Diffusionskoeffizienten im porösen Katalysatorkorn kann der Arbeit von *Adler* [9-5] entnommen werden.

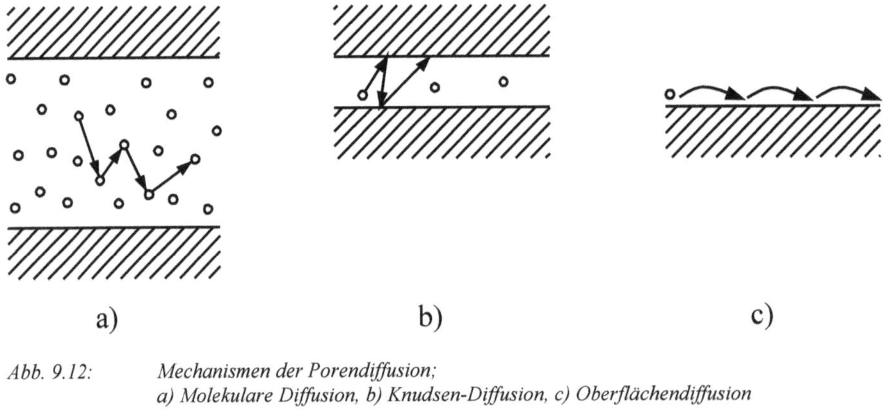

Abb. 9.12: Mechanismen der Porendiffusion;
a) Molekulare Diffusion, b) Knudsen-Diffusion, c) Oberflächendiffusion

Bei der Berechnung von Festbettreaktoren versucht man vielfach, den Einfluss der Porendiffusion mit Hilfe eines Porennutzungsgrades zu erfassen, der folgendermaßen definiert ist:

$$\eta^P = \frac{r^P}{r}. \tag{9.12}$$

Hierbei bedeuten:

r^P tatsächlich vorliegende durch die Porendiffusion beeinflusste Reaktionsgeschwindigkeit

r Reaktionsgeschwindigkeit, die bei gleicher Temperatur und Konzentration ohne Porendiffusionshemmung vorliegen würde (kinetisches Gebiet).

Durch experimentelle Untersuchungen an Katalysatoren unterschiedlicher Korngröße lässt sich der jeweils vorliegende Porennutzungsgrad ermitteln, wie dies in Abb. 9.13 dargestellt ist. Die Reaktionsgeschwindigkeit ohne Porendiffusionshemmung kann aus Versuchsdaten berechnet werden, indem man Umsatzmessungen unter Verwendung sehr kleiner Partikel (zermahlene Katalysatorkörner) auswertet. Bei Untersuchungen an größeren Partikeln ergeben sich entsprechend geringere Porennutzungsgrade. Der Porendiffusionseinfluss ist insgesamt vernachlässigbar, wenn

- kleine Korndurchmesser vorliegen bzw. die Eindringtiefe der Reaktionspartner gering ist,
- die chemische Oberflächenreaktion im Vergleich zur Porendiffusion sehr langsam abläuft,
- der effektive Diffusionskoeffizient sehr groß ist und deshalb ein schneller Stofftransport in den Poren erfolgt.

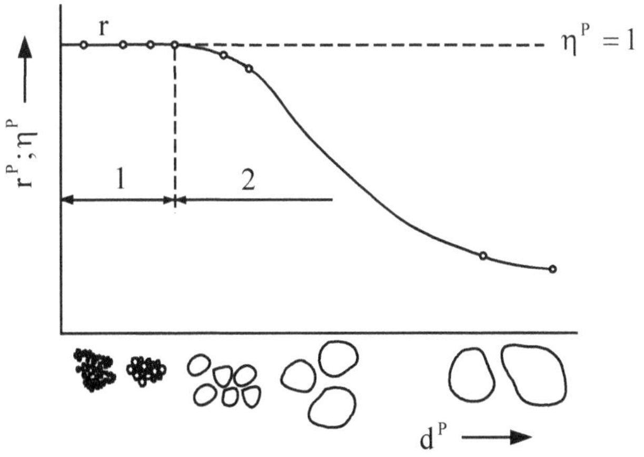

Abb. 9.13: Abhängigkeit des Porenwirkungsgrades vom Katalysatorkorndurchmesser; 1 Kinetisches Gebiet $\left(\eta^P \approx 1\right)$, *2 Porendiffusionsgebiet* $\left(\eta^P < 1\right)$

Durch die mit der chemischen Reaktion verbundenen Enthalpieänderungen treten auch Wärmetransportprozesse innerhalb eines porösen Katalysatorkornes auf. So liegen z. B. bei exothermen Reaktionen wegen der definierten Richtung der Wärmeabführung von innen nach außen im Zentrum eines Partikels (z. B. im Mittelpunkt eines kugelförmigen Teilchens) die höchsten Temperaturen vor.

Bei der Formulierung der Wärmebilanz für das poröse Katalysatorkorn geht man in Analogie zur stofflichen Bilanzierung [(Gl. 9.8) bis (911)] vom Leitstrom für die Wärme nach Gl. (5.4) und der allgemeinen Wärmebilanz nach Gl. (5.34) aus, wobei auch in diesem Fall der stationäre Zustand vorausgesetzt wird. Damit entspricht die Änderung des Wärmeleitstromes im

Volumenelement des porösen Kornes der dort auftretenden Reaktionswärme. Setzt man auch hier ein kugelförmiges Katalysatorkorn mit der radialen Koordinate y' voraus, dann ergibt sich in Analogie zur Stoffbilanz nach Gl. (9.11) folgende Wärmebilanz:

$$\sum_j \left(-\Delta H_{R,j}\right) r_j^P = -\lambda^P \left(\frac{d^2 T^P}{dy'^2} + \frac{2}{y'} \frac{dT^P}{dy'} \right) \tag{9.13}$$

Auch hinsichtlich der Randbedingungen existiert eine vollständige Analogie zwischen der stofflichen und der thermischen Bilanzierung. Es gilt

$$\text{für das Kornzentrum} \quad y' = 0: \quad \frac{dc_i^P}{dy'} = \frac{dT^P}{dy'} = 0 \tag{9.14}$$

$$\text{für den Poreneintritt} \quad y' = \frac{d^P}{2}: \quad T^P = T^S; \quad c_i^P = c_i^S . \tag{9.15}$$

Da die Wärme im Gegensatz zum Stoff nicht nur innerhalb der Poren sondern auch durch das Feststoffgerüst des Korns transportiert wird, hängt die Größe des effektiven Wärmeleitkoeffizienten maßgeblich von der Struktur und der Wärmeleitfähigkeit des Trägermaterials ab.

Die Lösung der Wärmebilanz nach Gl. (9.13) ermöglicht die Berechnung der Temperaturprofile innerhalb des Katalysatorkornes. Sie ist allerdings nur gemeinsam mit dem System der Stoffbilanzen nach Gl. (9.11) zu lösen, weil alle Gleichungen wegen der Konzentrations- und Temperaturabhängigkeit der Reaktionsgeschwindigkeiten miteinander gekoppelt sind.

9.2.4 Adsorption und Desorption an Katalysatoroberflächen

Die Adsorption von Reaktionspartnern an aktiven Zentren der Katalysatoroberfläche und die Desorption von Reaktionsprodukten und nicht umgesetzten Edukten gehören zu den im Abschnitt 9.2.1 genannten Elementarschritten der heterogenen Gaskatalyse. Deshalb sollen hier in kurzer Form Möglichkeiten zur mathematischen Beschreibung dieser Vorgänge dargestellt werden.

Die Adsorption von Molekülen an einer Katalysatoroberfläche kann in einem Grenzfall unter Beibehaltung der molekularen Struktur adsorbierter Teilchen durch *van-der-Waals*sche Kräfte bewirkt werden. In diesem Fall liegt eine physikalische Adsorption vor. Dagegen besteht andererseits die Möglichkeit, dass durch die energetische Wirkung des Katalysators Bindungskräfte innerhalb der adsorbierten Teilchen gelockert werden, wodurch es zur Aufspaltung der Moleküle und zur Bildung instabiler oder stabiler Zwischenverbindungen mit dem Katalysator kommen kann. In diesem Fall spricht man im Gegensatz zur physikalischen Adsorption von einer Chemisorption.

Zur mathematischen Beschreibung der Sorptionsvorgänge hat sich in vielen Fällen die *Langmuirsche Adsorptionsisotherme* bewährt, bei deren Ableitung folgende Voraussetzungen getroffen werden:

- Alle aktiven Zentren besitzen gleiche Eigenschaften und sind homogen auf der Katalysatoroberfläche verteilt.

- Die Zahl der aktiven Zentren ist zeitlich konstant.
- Von einem aktiven Zentrum kann nur ein Teilchen adsorbiert werden, d. h. es liegt eine monomolekulare Bedeckung vor.
- Zwischen den adsorbierten Teilchen bestehen keine Wechselwirkungen.

Der Verlauf des Adsorptionsprozesses wird durch den Bedeckungsgrad quantifiziert, der das Verhältnis der Anzahl der durch Adsorption bedeckten aktiven Zentren zu deren Gesamtanzahl darstellt:

$$\Theta = \frac{L-l}{L}; \quad 0 \le \Theta \le 1 \tag{9.16}$$

L = Gesamtanzahl aktiver Zentren

l = Anzahl der freien aktiven Zentren.

Geht man in Analogie zum Ablauf chemischer Gleichgewichtsreaktionen von folgendem stöchiometrischen Schema der Adsorption und Desorption aus, dann können für jeden Schritt kinetische Ansätze formuliert werden:

Adsorptions-Desorptions-Gleichgewicht:

$$A + l \rightleftarrows Al$$

Teilschritt Adsorption:

$$\begin{gathered} A + l \xrightarrow{k_{ad}} Al \\ r_{ad} = k_{ad} p_A \left(1 - \Theta_A\right) \end{gathered} \tag{9.17}$$

Teilschritt Desorption:

$$\begin{gathered} Al \xrightarrow{k_{des}} A + l \\ r_{des} = k_{des} \Theta_A \end{gathered} \tag{9.18}$$

Im Gleichgewicht gilt

$$r_{ad}^* = r_{des}^* \tag{9.19}$$

und damit

$$k_{ad} p_A \left(1 - \Theta_A^*\right) = k_{des} \Theta_A^* . \tag{9.20}$$

Daraus ergibt sich die *Langmuirsche Adsorptionsisotherme*, die eine Berechnungsmöglichkeit des Bedeckungsgrades bei Einstellung des Adsorptionsgleichgewichtes liefert, wenn nur die Komponente A adsorbiert ist:

$$\Theta_A^* = \frac{K_A p_A}{1 + K_A p_A} . \tag{9.21}$$

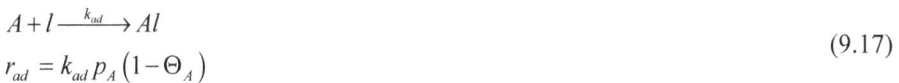

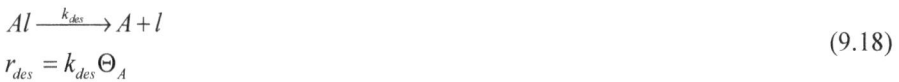

Hierbei wurde die Adsorptionsgleichgewichtskonstante mit folgender Definition eingeführt:

$$K_A = \frac{k_{ad}}{k_{des}} = \frac{\Theta_A^*}{p_A\left(1-\Theta_A^*\right)}. \tag{9.22}$$

Diese Größe besitzt im Allgemeinen eine exponentielle Temperaturabhängigkeit, wobei im Gegensatz zu reaktionskinetischen Konstanten meist eine Abnahme dieses Wertes mit steigender Temperatur vorliegt:

$$K_A = K_{A\infty} e^{\frac{Q}{RT}}. \tag{9.23}$$

Wenn nicht nur eine Komponente reversibel an der Katalysatoroberfläche adsorbiert wird, dann erhält die *Langmuirsche Adsorptionsisotherme* für einen beliebigen Stoff i folgende Form:

$$\Theta_i^* = \frac{K_i p_i}{1+\sum_{q=1}^{N} K_q p_q}. \tag{9.24}$$

N bezeichnet hier die Anzahl aller adsorbierten Komponenten.

Bei realen technischen Katalysen können auch andere Gleichungen für die Beschreibung der Adsorptionsgleichgewichte herangezogen werden. Hierzu gehört die *Freundlich-Isotherme*, die für die alleinige Adsorption einer Komponente A folgende Form besitzt:

$$\Theta_A^* = C p_A^{1/n} \tag{9.25}$$

C und n sind Konstanten, wobei $n < 1$ ist.

9.2.5 Reaktionskinetik an festen Katalysatoren

Im Gegensatz zur homogenen Katalyse wird die Kinetik heterogen-katalytischer Reaktionen auch von Adsorptions- und Desorptionsschritten beeinflusst. Da sowohl die chemische Oberflächenreaktion als auch die Sorptionsschritte von den Konzentrationen der Reaktanten und der am Reaktionsort vorliegenden Temperatur beeinflusst werden, versucht man reaktionskinetische Modelle abzuleiten, mit denen sich die Abfolge der einzelnen Schritte in einer Gleichung mathematisch erfassen lässt. Man geht dabei von dem in der Verfahrenstechnik oft genutzten Prinzip des geschwindigkeitsbestimmenden Schrittes aus. Dies bedeutet, dass einer der ablaufenden Schritte als langsam und damit geschwindigkeitsbestimmend vorausgesetzt wird. Für diesen Schritt wird ein plausibler kinetischer Ansatz vorgegeben. Die anderen Teilschritte sollen so schnell ablaufen, dass sie sich praktisch im Gleichgewicht befinden. Die Auswahl des geschwindigkeitsbestimmenden Schrittes erfolgt zunächst willkürlich oder auf der Grundlage vorliegender Erkenntnisse bei ähnlich ablaufenden Reaktionen. Die Gültigkeit der getroffenen Annahme kann allein durch die experimentelle Überprüfung des abgeleiteten kinetischen Modells bestätigt werden.

Auf der Grundlage der *Langmuir*schen Adsorptionsisothermen entwickelte *Hinshelwood* [9-11] kinetische Ansätze, bei denen die chemische Oberflächenreaktion geschwindigkeitsbestimmend ist (*Langmuir-Hinshelwood*-Ansätze). Eine Erweiterung dieses Konzeptes nahmen *Hougen* und *Watson* [9-12] vor, die auch die Möglichkeit anderer geschwindigkeitsbestimmender Schritte (Adsorption, Desorption) zulassen.

Am Beispiel der einfachen Reaktion

$$A + B \rightleftarrows R$$

soll die Ableitung eines typischen Geschwindigkeitsansatzes der heterogenen Gaskatalyse gezeigt werden.

Teilschritte

1. Adsorption von A und B an freien aktiven Zentren des Katalysators, die so schnell erfolgt, dass die Einstellung des Adsorptionsgleichgewichtes vorausgesetzt werden kann:

$$A + l \rightleftarrows Al; \quad K_A = \frac{\Theta_A}{p_A(1-\Theta)} \tag{9.26}$$

$$B + l \rightleftarrows Bl; \quad K_B = \frac{\Theta_B}{p_B(1-\Theta)} \quad . \tag{9.27}$$

   p_A und p_B sind die Partialdrücke der Komponenten in der Gasphase. $(1-\Theta)$ stellt die auf die Gesamtzahl der aktiven Zentren bezogene Anzahl freier aktiver Zentren dar. Die Adsorptionsgleichgewichtskonstanten entsprechen der in Gl. (9.22) dargestellten Form.

2. Oberflächenreaktion der adsorbierten Reaktionspartner als geschwindigkeitsbestimmender Schritt:

$$Al + Bl \rightleftarrows Rl + l$$

$$r = k_1 \Theta_A \Theta_B - k_2 \Theta_R (1-\Theta) . \tag{9.28}$$

   Mit der Reaktionsgeschwindigkeit r ist hier die Differenz der Geschwindigkeiten der Hin- und Rückreaktion bezeichnet ($r = r_1 - r_2$).

3. Desorption des Reaktionsproduktes im Gleichgewicht:

$$Rl \rightleftarrows R + l; \quad K_R = \frac{\Theta_R}{p_R(1-\Theta)} . \tag{9.29}$$

   Aus Gründen der einheitlichen Darstellungsweise der Gleichgewichtskonstanten für alle Komponenten wird hier vom Kehrwert dieser Größe ausgegangen.

Bilanz der Bedeckungsgrade
Der gesamte Bedeckungsgrad setzt sich aus den Anteilen der drei Komponenten des Reaktionsgemisches zusammen. Möglicherweise ebenfalls adsorbierte Inertstoffe werden nicht berücksichtigt:

$$\Theta = \Theta_A + \Theta_B + \Theta_R . \tag{9.30}$$

Durch Einsetzen von Gl. (9.26), (9.27) und (9.29) in Gl. (9.30) erhält man:

$$\left(1-\Theta\right) = \frac{1}{1+K_A p_A + K_B p_B + K_R p_R} . \tag{9.31}$$

Reaktionskinetische Gleichung
Durch Einsetzen der Bedeckungsgrade aus den Sorptionsgleichgewichten sowie Gl. (9.31) in den Ansatz für die Oberflächenreaktion nach Gl. (9.28) erhält man folgende kinetische Gleichung:

$$r = \frac{k\left(p_A p_B - p_R / K\right)}{\left(1+K_A p_A + K_B p_B + K_R p_R\right)^2} . \tag{9.32}$$

Hierbei wurden folgende Abkürzungen benutzt:

$$k = k_1 K_A K_B ; \qquad K = \frac{k_1 K_A K_B}{k_2 K_R} . \tag{9.33}$$

Mit dem hier dargelegten Konzept lässt sich für jede heterogen-gaskatalytische Reaktion eine Vielzahl kinetischer Gleichungen ableiten. Neben mehreren Möglichkeiten der Festlegung des geschwindigkeitsbestimmenden Schrittes können auch unterschiedliche Adsorptionsverhältnisse vorliegen. Gegebenenfalls werden nur bestimmte Komponenten des Reaktionsgemisches adsorbiert.

Prinzipiell lassen sich Ansätze dieser Art in folgender allgemeiner Form darstellen:

$$r = \frac{\left(kinetischer Term\right)\left(Triebkraft\right)}{\left(Adsorptionsterm\right)^n} . \tag{9.34}$$

Der kinetische Term enthält reaktionskinetische und Adsorptionsgleichgewichtskonstanten. Im Triebkraftterm sind die Partialdrücke der reagierenden Komponenten enthalten, während der Adsorptionsterm eine Summe von Ausdrücken darstellt, in denen Partialdrücke und Adsorptionsgleichgewichtskonstanten in unterschiedlicher funktioneller Abhängigkeit vorliegen. Der Exponent n gibt die Anzahl der miteinander reagierenden Komponenten der chemischen Oberflächenreaktion an.

Bei Vorgabe anderer geschwindigkeitsbestimmender Teilschritte als die im Beispiel genannte Oberflächenreaktion oder geänderter Adsorptionsbedingungen würden sich für jede Reaktion weitere Varianten möglicher Modellgleichungen für die mathematische Beschreibung der Reaktionskinetik ergeben. Eine Zusammenstellung entsprechender Gleichungen erfolgt z. B. in [9-13].

Wenn keine gesicherten Erkenntnisse über einen geeigneten Mechanismus z. B. durch eigene Voruntersuchungen oder aus Literaturangaben verfügbar sind, dann kann eine Kinetik für einen konkreten Anwendungsfall nur durch experimentelle Untersuchungen ermittelt werden. Dabei geht es neben dem Auffinden einer geeigneten reaktionskinetischen Gleichung auch um die Bestimmung der darin enthaltenen Konstanten im interessierenden Temperatur- und Partialdruckbereich. Eine so ermittelte Kinetik ist die Grundlage für die mathematische Modellierung heterogen-gaskatalytischer Reaktoren und kann auch für vergleichende Untersuchungen bei der Katalysatorentwicklung herangezogen werden.

Die Methoden zur Untersuchung der Kinetik heterogen-gaskatalytischer Reaktionen stellen ein wichtiges Teilgebiet bei der theoretischen Durchdringung solcher Prozesse dar. Zu den experimentellen Methoden und zu den Verfahren der Modellauswahl und der Parameterschätzung liegen zahlreiche Literaturangaben vor (z. B. [9-14], [9-15]). Hier sollen die für den Verfahrenstechniker wichtigen Gesichtspunkte der Auswahl eines geeigneten Versuchsreaktors und der Schaffung der erforderlichen Versuchsbedingungen angesprochen werden.

Für die experimentelle Untersuchung der chemischen Kinetik an industriellen Katalysatoren müssen Bedingungen geschaffen werden, die einen signifikanten Einfluss von Wärme- und Stofftransportvorgängen ausschließen. Ist dies versuchstechnisch nicht zu realisieren, dann müssen diese Einflüsse mit ausreichender Genauigkeit bei der Auswertung eingerechnet werden. Durch die Verwendung stark zerkleinerter Katalysatorpartikel gelingt es, Transporteinflüsse innerhalb des Korn zurückzudrängen (s. Abb. 9.13). Werden dagegen die Messungen an Katalysatorkörnern technischer Abmessungen durchgeführt, dann ermittelt man eine effektive Kinetik, die entsprechend Gl. (9.12) mit der chemischen Kinetik durch den Porenwirkungsgrad verknüpft ist.

Den Einfluss des Stoff- und Wärmeüberganges zwischen Gasstrom und äußerer Katalysatoroberfläche kann man durch den weitgehenden Abbau der Grenzschicht um das Korn mit Hilfe hoher Strömungsgeschwindigkeiten der Gasphase zurückdrängen. Entsprechend Gl. (9.2) und (9.6) erreicht man bei hohen Stoff- und Wärmeübergangskoeffizienten einen Abbau der Temperatur- und Konzentrationsgradienten zwischen den Phasen. Damit wird auch das Ziel erreicht, dass die in der Gasphase gemessenen Werte annähernd mit denen am Reaktionsort (Katalysatoroberfläche) übereinstimmen.

Zur Untersuchung des Zusammenhanges der Reaktionsgeschwindigkeit (hier üblicherweise auf die Katalysatormasse bezogen) und deren Einflussgrößen

$$r = \frac{1}{\nu_i} \frac{d\dot{n}_i}{dm_K} = f\left(p_1, p_2, \ldots, T\right) \tag{9.35}$$

ist ein geeigneter Versuchsreaktor auszuwählen, wobei folgende prinzipielle Möglichkeiten vorhanden sind:

Integralreaktor (Abb. 9.14 a)
Dieser Versuchsreaktor ist als katalysatorgefülltes Strömungsrohr relativ einfach aufgebaut und erlaubt in Abhängigkeit von der Verweilzeit beliebig hohe Umsätze. Die Nachteile liegen darin, dass bei Reaktionen mit beträchtlicher Wärmetönung isotherme Bedingungen [$T(r,z)$] als Voraussetzung für eine unkomplizierte Auswertung kaum realisierbar sind.

Durch kleine Rohrdurchmesser, einen intensiven Wärmetransport und gegebenenfalls durch Katalysatorverdünnung kann man diesem Ziel näher kommen. Weitere Nachteile liegen darin, dass Einflüsse des äußeren Stoff- und Wärmetransportes wegen zu geringer Strömungsgeschwindigkeiten nicht immer auszuschließen sind und die Auswertung nach dem Rohrreaktormodell (Integration der Bilanzgleichungen) erfolgen muss. Auch die axiale Vermischung kann von Einfluss sein, wodurch die Auswertung von Versuchen noch komplizierter wird (Diffusionsmodell).

Bei Verwendung eines einfachen Integralreaktors mit Probenahmen am Reaktoraustritt erhält man nach Einstellung eines stationären Zustandes nur einen Satz Messwerte (Umsätze, Konzentrationen oder Partialdrücke der Reaktanten) für die eingestellte Verweilzeit. Es besteht allerdings auch die Möglichkeit, durch Probenahmen an mehreren axialen Positionen des Rohres eine ganze Versuchsreihe bei mehreren Verweilzeiten zu gewinnen.

Differentialreaktor (Abb. 9.14 b)
Wenn das Problem der Versuchsdurchführung vor allem darin besteht, dass isotherme Bedingungen im Integralreaktor nicht mit gewünschter Genauigkeit erreichbar sind, dann kann man sehr kleine Katalysatorschichten im Differentialreaktor einsetzen. Dann werden sich annähernd konstante Temperaturen in der Schicht einhalten lassen. Gleichzeitig erwächst daraus jedoch der Nachteil, dass auch sehr geringe Konzentrationsdifferenzen zwischen Ein- und Austritt der Schicht gemessen werden müssen, was hohe Ansprüche an die chemische Analytik stellt. Außerdem ist der Messbereich eingeschränkt, weil die Umsätze in der kleinen Schicht nur gering sind. Will man Reaktionsgeschwindigkeiten im Bereich hoher Umsätze messen, müssen bereits am Eintritt des Differentialreaktors Vorumsätze vorliegen. Deshalb ist der Anwendungsbereich des Differentialreaktors eingeschränkt.

Differentialkreislaufreaktor (Abb. 9.14 c und d)
Bei Verwendung eines Differentialreaktors mit äußerem oder innerem Kreislauf beseitigt man die Nachteile des Integral- oder Differentialreaktors. Man erreicht durch eine aufwändigere apparative Gestaltung (Kreislaufführung des Reaktionsgemisches, möglicherweise Kühlung vor und Aufheizung nach dem Kreislaufgebläse) folgende Vorteile:

- Zwischen dem Reaktorein- und -austritt sind in Abhängigkeit vom Eintrittsvolumenstrom beliebig hohe Umsätze zu erreichen, während Temperatur- und Konzentrationsgradienten über der Katalysatorschüttung klein gehalten werden. Dazu sind Kreislaufverhältnisse notwendig, die etwa im Bereich $50 < m < 1000$ liegen. Man kann dann von einem weitgehend gradientenfreien Reaktor sprechen. Im Berechnungsbeispiel 9-1 werden für einen Anwendungsfall die unter konkreten Versuchsbedingungen in einem Differentialkreislaufreaktor noch auftretenden Gradienten abgeschätzt.
- Wegen der durch die Kreislaufführung vorliegenden hohen Strömungsgeschwindigkeiten sind hemmende Einflüsse des äußeren Stoff- und Wärmetransportes relativ leicht zu beseitigen. Auch dazu werden im Berechnungsbeispiel 9-1 Abschätzungen vorgenommen.
- Die Versuchsauswertung kann auf der Grundlage der Stoffbilanz des kontinuierlichen Rührkessels erfolgen. Unter stationären Bedingungen sind dabei lediglich algebraische Gleichungssysteme zu lösen.

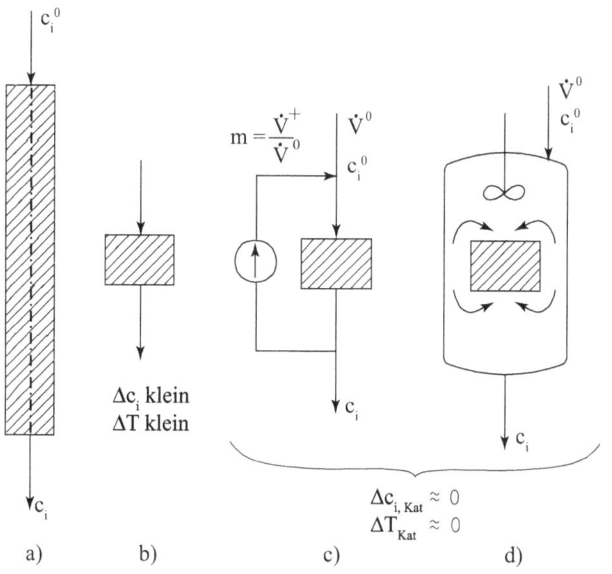

Abb. 9.14: Versuchsreaktoren zur Untersuchung der Kinetik heterogen-katalytischer Reaktionen; a) Integralreaktor, b) Differentialreaktor, c) Differentialkreislaufreaktor mit äußerem Kreislauf, d) Differentialkreislaufreaktor mit innerem Kreislauf

Wegen der genannten Vorteile werden Differentialkreislaufreaktoren häufig eingesetzt. Neben der Nutzung eines Gasgebläses in einem äußeren Kreislauf [Abb. 9.14 c)] wurden auch viele konstruktive Varianten mit innerem Kreislauf entwickelt [9-16]. Die in Abb. 9-14 d) dargestellte Variante soll den durch ein Förderaggregat ermöglichten Gaskreislauf im Inneren des Versuchsreaktors darstellen, der hinsichtlich der Vermischungsverhältnisse dem idealen kontinuierlichen Rührkessel nahe kommt.

Berechnungsbeispiel 9-1: Abschätzung von Temperatur- und Konzentrationsgradienten zwischen Ein- und Austritt der Katalysatorschicht sowie zwischen Gasstrom und Katalysatoroberfläche bei kinetischen Untersuchungen im Differentialkreislaufreaktor

Aufgabenstellung

Die Reaktionskinetik der partiellen Oxidation von o-Xylol mit Luftsauerstoff am Vanadiumpentoxid-Katalysator soll in einem stationär betriebenen Differentialkreislaufreaktor untersucht werden. Für die exakte Berechnung von Temperatur- und Konzentrationsgradienten zwischen Ein- und Austritt der Katalysatorschicht sowie zwischen Gasstrom und Katalysatoroberfläche, die bei kinetischen Messungen möglichst klein gehalten werden sollen, müsste die komplexe Reaktionskinetik des Systems aus mehreren Parallel- und Folgereaktionen bekannt sein. Im vorliegenden Fall ist eine am verwendeten Katalysator ermittelte Bruttokinetik bekannt, die die gesamte aus mehreren Einzelreaktionen bestehende Umsetzung des Reaktionspartners o-Xylol in folgender Form beschreibt:

Vereinfachtes Reaktionsschema:

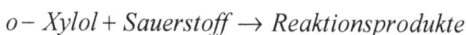

$$o-Xylol + Sauerstoff \rightarrow Reaktionsprodukte$$

Bruttokinetik

$$r_{Kat} = \frac{k_{Br} p_X}{1 + \frac{k_{Br} p_X}{2,08 \cdot 10^{-3}}}, \quad \frac{kmol}{kg_{Kat} \cdot h} \tag{9.36}$$

$$k_{Br} = \exp\left(42,71 - \frac{26130}{T}\right), \quad \frac{kmol}{kg_{Kat} \cdot h \cdot MPa} \tag{9.37}$$

p_X = Partialdruck von o-Xylol in MPa.

Mit Hilfe der kinetischen Gleichung (9.36) soll abgeschätzt werden, welche Verfälschungen bei weiteren Untersuchungen durch die im Folgenden genannten Temperatur- und Konzentrationsunterschiede innerhalb der Katalysatorschicht verursacht werden:

a) adiabate Temperaturerhöhung innerhalb der Katalysatorschicht zwischen Zustand 1und 2 (s. Abb. 9.15),
b) Konzentrations- bzw. Umsatzänderung von o-Xylol in der Katalysatorschicht zwischen Zustand 1 und 2,
c) Temperaturdifferenz zwischen Gasstrom und Katalysatoroberfläche,
d) Umsatzdifferenz zwischen Gasstrom und Katalysatoroberfläche.

Bei der Lösung von c) und d) ist vom Oberflächenmodell auszugehen, da ein nicht poröser Katalysator eingesetzt wird.

Die experimentellen Untersuchungen erfolgen in den Bereichen:

$$T = 360 \ldots 400°C$$
$$U = U_{o-Xylol} = 0 \ldots 90\%.$$

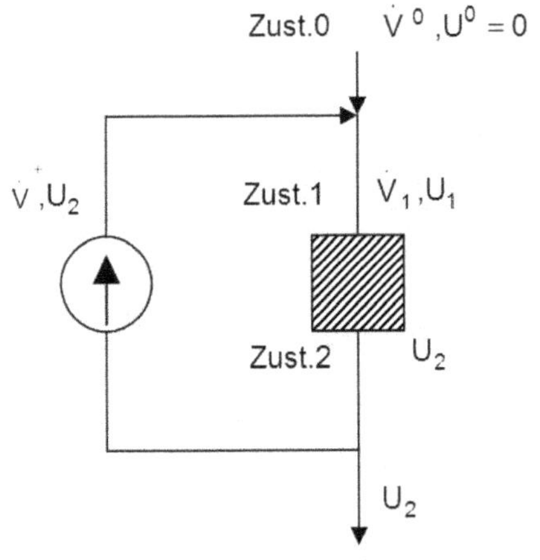

Abb. 9.15: Zustände bezüglich der Umsätze von o-Xylol im Differentialkreislaufreaktor

Gegebene Stoffwerte und Prozessdaten
Alle Stoffwerte sind die von Luft, weil wegen der notwendigen Unterschreitung der Explosionsgrenze ein mindestens 100facher Luftüberschuss bei dieser Reaktion erforderlich ist.

- Dichte (T = 400 °C) $\rho_L = 0,524\,kg\,m^{-3}$
- spezifische Wärmekapazität $c_{pL} = 1,067\,kJ\,kg^{-1}\,K^{-1}$
- Wärmeleitfähigkeit $\lambda_L = 5,15 \cdot 10^{-2}\,W\,m^{-1}\,K^{-1}$
- dynamische Viskosität $\mu_L = 3,28 \cdot 10^{-5}\,kg\,m^{-1}s^{-1}$
- Molmasse $M_L = 29,7\,kg\,kmol^{-1}$
- Diffusionskoeffizient von o-Xylol in Luft $D_X = 1,97 \cdot 10^{-5}\,m^2\,s^{-1}$
- mittlere molare Reaktionsenthalpie (Bruttoreaktion) $\Delta H_{Br} = -1,89 \cdot 10^6\,kJ\,kmol^{-1}$
- Schüttdichte des Katalysators $\rho_{Kat} = 1300\,kg\,m^{-3}$
- Durchmesser der Katalysatorpartikeln $d^P = 0,0035\,m$
- Porosität des Festbettes (Freivolumen / Gesamtvolumen der Schüttung) $\varepsilon = 0,383$
- Reaktordurchmesser $d_R = 0,03\,m$
- Eintrittsmolenbruch $x_X^0 = 0,01$
- Druck im Reaktor $p = 0,10\,MPa$
- Förderleistung des Kreislaufaggregates $\dot{V}^+ = 0,5....2\,m^3\,h^{-1}$

Lösung Teilaufgabe a)
Die ungünstigsten Werte treten bei hohen Reaktionsgeschwindigkeiten, also bei der maximal vorgesehenen Reaktionstemperatur und bei niedrigen Umsätzen auf (gewählt: T = 400 °C, Umsatz von o-Xylol: 10%).

Der Abschätzung wird das quasihomogene eindimensionale Modell für die als Rohrreaktor aufzufassende Katalysatorschicht zugrunde gelegt (Konzentrationen und Temperaturen ohne oberen Index beziehen sich auf den Gasraum):

Stoffbilanz für o-Xylol

$$d\dot{n}_X = -r_{Kat}\,dm_{Kat} \tag{9.38}$$

Wegen des hohen Luftüberschusses kann Volumenbeständigkeit annähernd vorausgesetzt werden:

$$\dot{V}_1\,dc_X = -r_{Kat}\,dm_{Kat}\,. \tag{9.39}$$

Einführung des Umsatzes:

$$U = \frac{c_X^0 - c_X}{c_X^0} \tag{9.40}$$

$$\dot{V}_1 c_X^0\,dU = r_{Kat}\,dm_{Kat} \tag{9.41}$$

Wärmebilanz (adiabat)

$$\dot{V}_1 \rho_L c_{pL}\, dT = \left(-\Delta H_{Br}\right) r_{Kat}\, dm_{Kat} \tag{9.42}$$

Aus den Gln. (9.41) und (9.42) ergibt sich:

$$\frac{\rho_L c_{pL}\, dT}{c_X^0\, dU} = -\Delta H_{Br}\,. \tag{9.43}$$

Unter der Voraussetzung konstanter Stoffwerte erhält man durch Integration:

$$\Delta T_S = T_2 - T_1 = \frac{\left(-\Delta H_{Br}\right) c_X^0}{\rho_L\, c_{pL}} \left(U_2 - U_1\right). \tag{9.44}$$

Eintrittskonzentration

$$c_X^0 = \frac{x_X^0}{v_{Mol}} = x_X^0 \frac{p}{RT} \tag{9.45}$$

$$c_X^0 = 0{,}179 \frac{mol}{m^3}$$

Umsatz im Zustand 2
Bei der eingesetzten Katalysatormenge beträgt für $\dot{V}^0 = 0{,}05\, m^3\, h^{-1}$ der Austrittsumsatz $U_2 = 0{,}10$ (Messwert).

Umsatz im Zustand 1
Bilanzen der Mischung:

$$\text{Volumenströme:} \qquad \dot{V}^0 + \dot{V}^+ = \dot{V}_1 \tag{9.46}$$

$$\text{Molströme von o-Xylol:} \qquad \dot{V}^0 c_X^0 + \dot{V}^+ c_{X2} = \dot{V}_1 c_{X1} \tag{9.47}$$

Durch Einführen des Umsatzes erhält man

$$U_1 = 1 - \frac{\dot{V}^0 + \dot{V}^+\left(1 - U_2\right)}{\dot{V}^0 + \dot{V}^+}\,. \tag{9.48}$$

Das Kreislaufvolumen wird für eine erste Rechenvariante zunächst mit $\dot{V}^+ = 0{,}5\, m^3\, h^{-1}$ vorgegeben. Damit ergibt sich

$$U_1 = 0{,}0909\,.$$

Adiabate Temperaturerhöhung zwischen Ein- und Austritt der Schüttung
Nach Gl. (9.44) ergibt sich nunmehr folgende Temperaturerhöhung:

$$\Delta T_S = 5{,}5\, K$$

Schlussfolgerung: 5,5 K Temperaturdifferenz über der Katalysatorschüttung sind für kinetische Untersuchungen, die unter weitgehend isothermen Bedingungen ablaufen sollen, etwas zu hoch. Eine Kühlung des Katalysators oder eine Erhöhung des Kreislaufverhältnisses führen zu günstigeren Ergebnissen.

2. Variante: Erhöhung des Kreislaufstromes auf $\dot{V}^+ = 2,0\,m^3\,h^{-1}$

Nach Gl. (9.48) wird $U_1 = 0,0976$ und nach Gl. (9.44) folgt damit

$$\Delta T_S = 1,5\,K\ .$$

Dieser Wert ist vertretbar.

Lösung Teilaufgabe b)
Es ist die Umsatzdifferenz zwischen Ein- und Austritt der Katalysatorschüttung abzuschätzen:

$$\Delta U_S = U_2 - U_1\,. \tag{9.49}$$

$$\text{1. Variante: } \dot{V}^+ = 0,5\,m^3\,h^{-1} \quad \rightarrow \quad \Delta U_S = 0,0091\ ,$$

$$\text{2. Variante: } \dot{V}^+ = 2,0\,m^3\,h^{-1} \quad \rightarrow \quad \Delta U_S = 0,0024\ .$$

Auch hier erweist sich die zweite Variante mit einer Umsatzänderung von nur 0,24 % innerhalb der Katalysatorschicht als günstiger Versuchspunkt. Die Reaktionsgeschwindigkeit ist wegen der nur schwach ausgeprägten Konzentrationsdifferenzen in der Schüttung relativ konstant.

Lösung Teilaufgabe c)
Die Notwendigkeit der Abschätzung des Temperaturunterschiedes zwischen Gasstrom und Katalysatoroberfläche ergibt sich daraus, dass messtechnisch mit sinnvollem Aufwand nur die Temperatur des Gasstromes zugänglich ist, während die Reaktion aber bei der am Katalysator vorliegenden Temperatur abläuft. Der ungünstigste Wert (größter Temperaturgradient) liegt bei der maximalen Reaktionsgeschwindigkeit vor $(T = 400\,°C,\ U \approx 0)$.

Wärmebilanz für den Katalysator nach Gl. (9.7)

$$\alpha a\left(T^S - T^G\right) = \rho_{Kat}\left(-\Delta H_{Br}\right) r_{Kat} \tag{9.50}$$

Wie bei den bisher erfolgten Abschätzungen wird auch hier nur die Bruttoreaktion berücksichtigt:

$$\Delta T = T^S - T^G = \frac{\rho_{Kat}\left(-\Delta H_{Br}\right)}{\alpha a} r_{Kat}\,. \tag{9.51}$$

Maximale Reaktionsgeschwindigkeit ($U = 0$, $T = 673\,K$)

$$r_{Kat} = \frac{k_{Br} p_X}{1 + \frac{k_{Br} p_X}{2{,}08 \cdot 10^{-3}}} = \frac{k_{Br} p x_X^0 (1-U)}{1 + \frac{k_{Br} p x_X^0 (1-U)}{2{,}08 \cdot 10^{-3}}} \tag{9.52}$$

$$k_{Br} = \exp\left(42{,}71 - \frac{26130}{673}\right) = 48{,}61\, kmol\, kg^{-1}\, h^{-1}\, MPa^{-1}$$

$$r_{Kat} = 1{,}995 \cdot 10^{-3}\; kmol\, kg^{-1}\, h^{-1}$$

Diese Reaktionsgeschwindigkeit wurde für die vorgegebenen Bedingungen in der Gasphase berechnet, weil die Temperatur und der Umsatz an der Katalysatoroberfläche noch nicht bekannt sind.

Spezifische Phasengrenzfläche a bei kugelförmigem Katalysator

$$a = (1-\varepsilon)\frac{\pi \left(d^P\right)^2}{\pi \frac{\left(d^P\right)^3}{6}} = \frac{6(1-\varepsilon)}{d^P} \tag{9.53}$$

$$a = 1058 \frac{m^2}{m^3}$$

Wärmeübergangskoeffizient α
Berechnung der *Nusselt*-Zahl nach [9-9]:

$$Nu = \frac{\alpha d^P}{\lambda_L} = \frac{1{,}192(1-\varepsilon)^{0{,}41} Re Pr^{0{,}33}}{Re^{0{,}41} - 1{,}52(1-\varepsilon)^{0{,}41}} \tag{9.54}$$

Reynolds-Zahl

$$Re = \frac{\rho_L w d^P}{\mu_L}; \quad w = \frac{4\dot{V}_1}{\pi d_R^2} \tag{9.55}$$

Prandtl-Zahl:

$$Pr = \frac{\mu_L c_{pL}}{\lambda_L} \tag{9.56}$$

Ergebnisse:

Variante 1	Variante 2
$\dot{V}_1 = 0{,}55\,m^3\,h^{-1}$	$\dot{V}_1 = 2{,}05\,m^3\,h^{-1}$
$w = 778\,m\,h^{-1}$	$w = 2900\,m\,h^{-1}$
$Re = 12{,}08$	$Re = 45{,}04$
$Pr = 0{,}68$	$Pr = 0{,}68$
$Nu = 6{,}80$	$Nu = 11{,}02$
$\alpha = 100\,W\,m^{-2}\,K^{-1}$	$\alpha = 162\,W\,m^{-2}\,K^{-1}$
$\Delta T = 13{,}3\,K$	$\Delta T = 8{,}2\,K$

Die berechneten Temperaturunterschiede zwischen Gasstrom und Katalysatoroberfläche sind in beiden Fällen nicht vernachlässigbar, wenn man weitgehend gradientenfreie Bedingungen im Differential-Kreislauf-Reaktor anstrebt. Ein noch höherer Kreislaufstrom wäre in diesem Fall empfehlenswert. Es sollte allerdings berücksichtigt werden, dass die Abschätzung für den ungünstigsten Versuchspunkt erfolgte. Bei kleineren Versuchstemperaturen und höheren Umsätzen verringern sich die Reaktionsgeschwindigkeit und damit auch die auftretende Temperaturdifferenz zwischen den Phasen.

Lösung Teilaufgabe d)
Umsatzdifferenz zwischen Gasstrom und Katalysatoroberfläche

Bei der Berechnung der Umsatzdifferenz zwischen Gasstrom und Katalysatoroberfläche wird ebenso wie bei der Abschätzung des Temperaturunterschiedes das Ziel verfolgt, neben den messtechnisch zugänglichen Werten im Gasraum die Verhältnisse am Reaktionsort, also unmittelbar an der Katalysatoroberfläche, zu ermitteln.

Stoffbilanz für den Katalysator (Komponente o-Xylol):

$$\beta_X a c_X^0 \left(U^S - U^G\right) = \rho_{Kat} r_{Kat} \tag{9.57}$$

Durch Kopplung mit der Wärmebilanz (9.51) erhält man

$$\Delta U = U^S - U^G = \frac{\alpha \Delta T}{(-\Delta H_{Br})\beta_X c_X^0}\,. \tag{9.58}$$

Stoffübergangskoeffizient β_X*:*
Berechnung der *Sherwood*-Zahl nach [9-9]:

$$Sh_X = \frac{\beta_X d^P}{D_X} = \frac{1{,}127(1-\varepsilon)^{0{,}41} Re\, Sc_X^{0{,}33}}{Re^{0{,}41} - 1{,}52(1-\varepsilon)^{0{,}41}} \tag{9.59}$$

Schmidt-Zahl:

$$Sc_X = \frac{\mu_L}{D_X \rho_L}. \tag{9.60}$$

Ergebnisse:

Variante 1	Variante 2
$\dot{V}_1 = 0{,}55\, m^3\, h^{-1}$	$\dot{V}_1 = 2{,}05\, m^3\, h^{-1}$
$Re = 12{,}08$	$Re = 45{,}04$
$Sc_X = 3{,}18$	$Sc_X = 3{,}18$
$Sh_X = 10{,}70$	$Sh_X = 17{,}34$
$\beta_X = 217\, m\, h^{-1}$	$\beta_X = 351\, m\, h^{-1}$
$\Delta U = 6{,}56 \cdot 10^{-2}$	$\Delta U = 4{,}05 \cdot 10^{-2}$

Unter dem Gesichtspunkt, dass der ungünstigste Fall (maximale Reaktionsgeschwindigkeit) betrachtet wurde, ist die berechnete Umsatzdifferenz von etwa 4% bei Variante 2 noch vertretbar. Im Normalfall sollten allerdings Temperaturunterschiede von 2 bis 3 K und Umsatzdifferenzen von etwa 2% nicht überschritten werden. Eine möglichst hohe Kreislaufmenge ist also immer anzustreben.

9.3 Auslegung und Betrieb von Festbettreaktoren

Unter den für die industrielle heterogene Gaskatalyse eingesetzten Reaktoren stellt der Festbettreaktor die am weitesten verbreitete Variante dar. Deshalb sollen im vorliegenden Abschnitt die Berechnungsmethoden mit dem Ziel der Auslegung neuer Reaktoren und der optimalen Prozessgestaltung bei vorhandenen Reaktoren dargestellt werden. Darüber hinaus werden spezifische verfahrenstechnische Probleme des Reaktorbetriebes diskutiert und die wichtige Gruppe der katalytischen Mehrstufenreaktoren in einem separaten Unterkapitel behandelt.

9.3.1 Berechnung von Festbettreaktoren

Unter dem Begriff des Festbettreaktors werden alle aus durchströmten und in einem Reaktionsraum fest angeordneten Katalysatorschüttungen zusammengefasst. Dies gilt für beliebige Reaktorkonstruktionen, wobei jedoch der Rohrreaktor die weitaus häufigste apparative Variante darstellt. Die Berechnungsmethoden für Festbettreaktoren sind mit geringfügigen Modifikationen auch auf Reaktoren mit monolithischen Katalysatoren übertragbar.

In der Fachliteratur sind umfangreiche Zusammenstellungen der üblichen mathematischen Modelle zur Berechnung von Festbettreaktoren zu finden (z. B. [9-17], [9-18]).

Für die hier dargestellten mathematischen Modelle zur Berechnung von Festbettreaktoren sollen folgende *allgemeine Voraussetzungen* gelten:

- Es wird von der Geometrie des Rohrreaktors mit den Koordinaten z' (axial) und r' (radial) ausgegangen. In dimensionsloser Form erhält man:

$$z = \frac{z'}{L_R} \tag{9.61}$$

$$r = \frac{r'}{R} = \frac{2r'}{d_R}. \tag{9.62}$$

- Unter Berücksichtigung der hier zu lösenden Aufgabenstellungen, die sich vor allem auf die Reaktorauslegung und auf Parameteruntersuchungen zur optimalen Prozessgestaltung beziehen, werden die Bilanzgleichungssysteme für den stationären Zustand formuliert. Auch bezüglich der Katalysatoraktivität sollen zeitlich unveränderliche Bedingungen vorausgesetzt werden. Auf dieses spezielle Problem wird im Abschnitt 9.3.3 eingegangen.
- Hinsichtlich der Strömungsgeschwindigkeiten wird davon ausgegangen, dass nur ein axialer Geschwindigkeitsvektor auftritt, der in seiner Größe von der radialen Position weitgehend unabhängig ist. Möglichkeiten und Probleme einer diesbezüglichen Verfeinerung der Modelle werden in [9-5] diskutiert.
- Die Formulierung der Stoffbilanzen erfolgt im Interesse der Vergleichbarkeit mit den im Kapitel 5 dargestellten allgemeinen Bilanzen mit Molkonzentrationen als abhängige Variable. Die Umrechnung in andere Konzentrationsmaße (Massenbrüche, Partialdrücke) ist leicht möglich.
- Reaktions- und Stoffänderungsgeschwindigkeiten beziehen sich hier, wie es bei der Behandlung heterogen-katalytischer Reaktionen oft üblich ist, nicht auf das Reaktorvolumen, sondern auf die Katalysatormasse:

$$r_{Kat} = \frac{r}{\rho_{Kat}}. \tag{9.63}$$

Bei der *Klassifizierung von Modellen* zur Berechnung heterogen-katalytischer Festbettreaktoren ist vor allem davon auszugehen, ob das Modell die Zweiphasigkeit des Systems Gasphase-Katalysator berücksichtigt (*Heterogenes Modell*) oder ob es dieses System als ein Kontinuum beschreibt, in dem Konzentrations- und Temperaturunterschiede zwischen Gasstrom und Katalysatoroberfläche sowie innerhalb des Katalysatorkorns nicht berücksichtigt werden (*Quasihomogenes Modell*).

Bei beiden Grundvarianten existieren viele Modifikationen, die sich auf die Berücksichtigung oder Vernachlässigung von Einflüssen der effektiven Diffusion (z. B. axiale Rückvermischung) und Wärmeleitung beziehen. Gleiches gilt für die Berechnung zweidimensionaler Verteilungen der Konzentrationen und Temperaturen (zweidimensionales Modell), während diese Größen mit einem eindimensionalen Modell nur in axialer Richtung berechnet werden.

Im Folgenden werden einige gebräuchliche Modelle in ihrer Grundstruktur dargestellt.

Quasihomogenes eindimensionales Pfropfenströmungsmodell

Neben den oben genannten allgemeinen Voraussetzungen gelten die Besonderheiten eines quasihomogenen Modells. Es werden also nur Bilanzgleichungen für die Gasphase formuliert, wobei man davon ausgeht, dass sich die Temperatur- und Konzentrationsverhältnisse zwischen Gas und Katalysator an einer Reaktorposition nicht wesentlich unterscheiden. Da auch eindimensionale Verhältnisse (keine radialen Gradienten) und Pfropfenströmung (keine axiale Rückvermischung) vorausgesetzt werden, können die Bilanzgleichungen des idealen polytropen Strömungsrohres (s. Kapitel 6) verwendet werden.

Stoffbilanz

Aus der allgemeinen Stoffbilanz des idealen Rohrreaktors [Gl. (6.224)] ergibt sich mit Gl. (9.63)

$$d\dot{n}_i = \rho_{Kat} \sum_j \nu_{ij} r_{Kat,j} \, dV_R = \rho_{Kat} R_{Kat,i} dV_R \, . \tag{9.64}$$

Mit

$$dV_R = A_R dz' = A_R L_R dz \tag{9.65}$$

$$d\dot{n}_i = d\left(\dot{V} c_i\right) = A_R d\left(w c_i\right) \tag{9.66}$$

erhält man folgende Stoffbilanz:

$$\frac{d\left(w c_i\right)}{dz} = \rho_{Kat} L_R R_{Kat,i} \, . \tag{9.67}$$

Diese Stoffbilanz ist für alle Schlüsselkomponenten zu formulieren.

Wärmebilanz

Aus der allgemeinen Wärmebilanz des polytropen idealen Rohrreaktors entsprechend Gl. (6.232)

$$\dot{m} d\left(c_p T\right) = \rho_{Kat} \sum_j r_{Kat,j} \left(-\Delta H_{Rj}\right) dV_R - k_D \left(T - T_K\right) dA_D \tag{9.68}$$

erhält man bei einer Mantelkühlung durch dünnwandige zylindrische Rohre mit

$$\dot{m} = \rho w A_R \tag{9.69}$$

$$dA_D = \pi d_R L_R dz \tag{9.70}$$

folgende Wärmebilanz:

$$\frac{1}{L_R} \frac{d\left(\rho w c_p T\right)}{dz} = \rho_{Kat} \sum_j r_{Kat,j} \left(-\Delta H_{Rj}\right) - \frac{4}{d_R} k_D \left(T - T_K\right) . \tag{9.71}$$

Bei $k_D = 0$ liegt der Sonderfall des adiabaten Reaktors vor.

Die Randbedingungen für das System der Stoff- und Wärmebilanzen ergeben sich aus Eintrittswerten des Reaktors:

$$z = 0 \rightarrow c_i = c_i^0;\ T = T^0 . \tag{9.72}$$

Mit dem Wärmedurchgangskoeffizienten k_D wird der Wärmetransport durch die Rohrwand berücksichtigt:

$$\frac{1}{k_D} = \frac{1}{\alpha_W} + \frac{\delta}{\lambda} + \frac{1}{\alpha_K};\quad \left(\frac{\delta}{d_R} << 1\right). \tag{9.73}$$

Der innere Wärmeübergangskoeffizient α_W liegt in katalysatorgefüllten Rohren wesentlich höher als in leeren Rohren. Berechnungsmöglichkeiten sind in [9-5] angegeben.

Die Temperatur des Wärmeträgers T_K (Kühl- oder Heizmittel) ändert sich oft beträchtlich über der Reaktorlänge. In diesem Fall ist eine zusätzliche Wärmeträgerbilanz zu formulieren, die z. B. bei einer Mantelkühlung im Gleichstrom mit dem Reaktionsgemisch unter Vernachlässigung von Wärmeverlusten folgende Form besitzt:

$$\dot{m}_K d\left(c_{pK} T_K\right) = k_D \left(T - T_K\right) dA_D . \tag{9.74}$$

Mit Gl. (9.70) ergibt sich daraus

$$\frac{d\left(c_{pK} T_K\right)}{dz} = \frac{\pi d_R L_R}{\dot{m}_K} k_D \left(T - T_K\right).. \tag{9.75}$$

Die Anfangsbedingung lautet

$$z = 0 \rightarrow T_K = T_K^0 . \tag{9.76}$$

Die hier dargelegten Bilanzgleichungen für das quasihomogene eindimensionale Reaktormodell stellen ein System gewöhnlicher Differentialgleichungen dar, dass durch numerische Verfahren zu lösen ist. Stoff- und Wärmebilanzen sind gekoppelt, wobei die in allen Quelltermen auftretenden reaktionskinetischen Ansätze teilweise komplizierte Temperatur- und Konzentrationsabhängigkeiten besitzen.

Die Anwendbarkeit dieses Modells ist unter folgenden Bedingungen ohne größere Fehler möglich:

- Der geschwindigkeitsbestimmende Schritt ist die chemische Reaktion, d.h., Stoff- und Wärmetransportvorgänge zwischen fluider Phase und Katalysatoroberfläche sowie im Katalysatorkorn verlaufen schnell und führen nicht zur Ausbildung wesentlicher Konzentrations- und Temperaturgradienten in diesem Bereich.
- In radialer Richtung treten keine wesentlichen Temperatur- und Konzentrationsgradienten auf, so dass die beim eindimensionalen Modell praktisch vorgenommene Mittelwertbildung über den Radius zu keinen größeren Abweichungen gegenüber den praktisch vorliegenden Verhältnissen führt.

- Das Verhältnis von Rohrdurchmesser und Partikeldurchmesser ist groß genug, so dass eine annähernd gleichmäßige Durchströmung der Schüttung ohne wesentliche Randgängigkeit vorliegt.

Durch Anwendung des quasihomogenen eindimensionalen Modells kann man wesentliche Daten zum Umsetzungs- und Selektivitätsverhalten eines Reaktors und grundlegende Informationen über die notwendigen Reaktorabmessungen bei geforderten Umsätzen oder Produktionsmengen gewinnen. Auch sicherheitstechnische Aspekte können untersucht werden, weil Temperaturverläufe berechnet werden. Allerdings ist hier zu berücksichtigen, dass gerade die Vernachlässigung der radialen Temperaturprofile das Erkennen von auftretenden Maximaltemperaturen in der Mitte des Rohres (Rohrachse) nicht erlaubt. Dazu ist die Anwendung eines zweidimensionalen Modells erforderlich.

Berechnungsbeispiel 9-2: Berechnung eines polytropen heterogen-gaskatalytischen Rohrreaktors mit Hilfe eine quasihomogenen eindimensionalen Modells ohne Rückvermischung

Aufgabenstellung
Am Beispiel der Oxidation von o-Xylol mit Luftsauerstoff, die in einem gekühlten Rohrbündelreaktor mit mehreren Tausend Einzelrohren durchgeführt wird, sollen Parameteruntersuchungen zum Einfluss der Kühlmitteltemperatur, der Eintrittstemperatur des Reaktionsgemisches sowie des Rohrdurchmessers auf das Produktspektrum und das axiale Temperaturprofil im Reaktor durchgeführt werden. Es handelt sich hier um ein stark exothermes Reaktionssystem, so dass mit beträchtlichen Spitzenwerten in den axialen Temperaturverläufen zu rechnen ist. Der mathematischen Modellierung wird das folgende vereinfachte Reaktionsschema einer Parallel-Folge-Reaktion zugrunde gelegt:

$$A+S \xrightarrow{k_1} B$$
$$B+S \xrightarrow{k_2} C$$
$$A+S \xrightarrow{k_3} C.$$

Dabei bedeuten

A = o-Xylol

B = Phthalsäureanhydrid (gewünschtes Produkt)

C = überoxidierte Produkte (Gemisch aus Kohlenmonoxid und Kohlendioxid)

S = Sauerstoff.

Für diese Reaktionen wurde in [9-19] bei Einsatz eines Vanadiumpentoxid-Katalysators folgende Kinetik zweiter Ordnung ermittelt:

$$\begin{aligned} r_{Kat1} &= k_1\, x_A\, x_S \\ r_{Kat2} &= k_2\, x_B\, x_S \\ r_{Kat3} &= k_3\, x_A\, x_S \end{aligned} \tag{9.77}$$

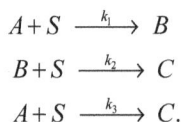

Die kinetischen Gleichungen besitzen hier eine andere Form als im Berechnungsbeispiel 9-1. Dies ist bei heterogen-gaskatalytischen Reaktionen oft anzutreffen, wenn bei den experimentellen Untersuchungen der einzelnen Autoren beispielsweise unterschiedliche Katalysatoren oder auch deutlich verschiedene Messbereiche vorlagen.

Als konzentrationsanaloge Größen werden hier Molenbrüche verwendet. Reaktionsgeschwindigkeiten und kinetische Konstanten liegen in der Maßeinheit $kmol/(kg\,Kat.\cdot h)$ vor.

Am Reaktoreintritt wird folgendes Gemisch dosiert:

Gesamtmassenstrom, bezogen auf die Querschnittsfläche des Reaktors

$$G = 4684\,kg\,m^{-2}\,h^{-1}$$

Eintrittsmolenbrüche

$$x_A^0 = 0{,}00929$$
$$x_S^0 = 0{,}208$$
$$x_B^0 = 0$$
$$x_C^0 = 0$$

Voraussetzungen für die Reaktorberechnung

- Die Berechnung erfolgt nur für ein Rohr des Rohrbündels; Schlussfolgerungen für den gesamten Rohrbündelreaktor sind nur zulässig, wenn zumindest eine annähernd gleichmäßige Durchströmung und Kühlung aller Rohre vorausgesetzt werden kann.
- Näherungsweise wird die Gültigkeit des quasihomogenen Modells ohne Berücksichtigung der axialen Rückvermischung vorausgesetzt.
- Die Bilanzgleichungen werden für den eindimensionalen Fall formuliert; radiale Gradienten der Konzentrationen und der Temperatur bleiben unberücksichtigt.
- Über die Länge des Rohres werden eine konstante Kühlmitteltemperatur und ein konstanter Wärmeübergangskoeffizient für die Reaktorkühlung vorausgesetzt. Dies ist gerechtfertigt, wenn eine intensive Umwälzung des Kühlmittels erfolgt. Auch die im Allgemeinen temperaturabhängigen Stoffwerte werden als konstante Mittelwerte vorgegeben.
- Die Reaktion wird als volumenbeständig angesehen, weil wegen eines hohen Luftüberschusses nur eine geringe Änderung des gesamten Volumenstromes vorliegt.

Bilanzgleichungen
Stöchiometrie
Für die hier berücksichtigten Komponenten des Reaktionsgemisches A, B, C und S ergeben sich bei Verwendung der Fortschreitungsgrade folgende stöchiometrische Beziehungen:

$$\begin{aligned} \dot{n}_A &= \dot{n}_A^0 - \dot{X}_1 - \dot{X}_3 \\ \dot{n}_B &= \dot{n}_B^0 + \dot{X}_1 - \dot{X}_2 \\ \dot{n}_C &= \dot{n}_C^0 + \dot{X}_2 + \dot{X}_3 \\ \dot{n}_S &= \dot{n}_S^0 - \dot{X}_1 - \dot{X}_2 - \dot{X}_3 \end{aligned} \qquad (9.78)$$

Der Rang der Koeffizientenmatrix ergibt sich in diesem Fall zu $N = 2$. Einer der Fortschreitungsgrade könnte gestrichen werden, so dass alle Stoffmengenströme (Molströme) mit Hilfe zweier Fortschreitungsgrade zu berechnen wären. Es sind folglich mindestens zwei Stoffbilanzen (gekoppelt mit der Wärmebilanz) zu lösen.

Aus den Stoffmengenströmen können der Umsatz der Komponente A und die Selektivitäten für das gewünschte Produkt B und das unerwünschte Nebenprodukt C berechnet werden:

$$U_A = \frac{\dot{n}_A^0 - \dot{n}_A}{\dot{n}_A^0} \tag{9.79}$$

$$S_B = \frac{\dot{n}_B - \dot{n}_B^0}{\dot{n}_A^0 - \dot{n}_A} \tag{9.80}$$

$$S_C = \frac{\dot{n}_C - \dot{n}_C^0}{\dot{n}_A^0 - \dot{n}_A}. \tag{9.81}$$

Die in den kinetischen Gleichungen enthaltenen Molenbrüche ergeben sich aus

$$x_i = \frac{\dot{n}_i}{\dot{n}}, \tag{9.82}$$

wobei hier der Gesamtmolstrom wegen des hohen Luftüberschusses als konstant angenommen wird:

$$\dot{n} = \frac{\dot{m}}{M} = \frac{G}{M} A_R . \tag{9.83}$$

Dabei wurde der flächenbezogene Massenstrom G verwendet:

$$G = \frac{\dot{m}}{A_R}. \tag{9.84}$$

Stoffbilanz für eine beliebige Komponente i

$$d\dot{n}_i = \rho_{Kat}\, R_{Kat,i}\, dV_R \tag{9.85}$$

Mit der Geometrie des Rohrreaktors erhält man

$$dV_R = A_R\, dz' = \frac{\pi}{4} d_R^2\, dz' . \tag{9.86}$$

Stoffbilanzen für die Komponenten A, B und C

$$\frac{d\dot{n}_A}{dz'} = \rho_{Kat}\, A_R \left(-k_1\, x_A x_S - k_3 x_A x_S\right) \tag{9.87}$$

$$\frac{d\dot{n}_B}{dz'} = \rho_{Kat}\, A_R (k_1 x_A x_S - k_2 x_B x_S) \tag{9.88}$$

$$\frac{d\dot{n}_C}{dz'} = \rho_{Kat}\, A_R (k_2 x_B x_S + k_3 x_A x_S)\,. \tag{9.89}$$

In diese Bilanzen sind die Molenbrüche nach Gl. (9.82) einzusetzen.

Eintrittswerte:

$$\begin{aligned} z' = 0 \rightarrow \dot{n}_A &= \dot{n}_A^0 \\ \dot{n}_B &= \dot{n}_B^0 = 0 \\ \dot{n}_C &= \dot{n}_C^0 = 0 \end{aligned} \tag{9.90}$$

Wärmebilanz

Unter Berücksichtigung des konvektiven Terms, der Reaktionswärmen und des Kühlterms ergibt sich entsprechend Gl. (9.68) für ein Volumenelement des polytropen Rohrreaktors unter den hier getroffenen Voraussetzungen folgende Wärmebilanz:

$$\dot{m}\, d\left(c_p T\right) = \rho_{Kat} \left[(-\Delta H_1) r_{Kat1} + (-\Delta H_2) r_{Kat2} + (-\Delta H_3) r_{Kat3}\right] dV_R - k_D\, dA_D (T - T_K) \tag{9.91}$$

Berücksichtigt man den Zusammenhang zwischen dem Volumenelement dV_R nach Gl. (9.65) und dem Element der Wärmedurchgangsfläche dA_D mit der axialen Koordinate z' nach Gl. (9.70), dann erhält man unter der Voraussetzung konstanter Stoffwerte die Wärmebilanz in folgender Form:

$$\frac{dT}{dz'} = \frac{\rho_{Kat}\, A_R}{\dot{m}\, c_p}\left[(-\Delta H_1) r_{Kat1} + (-\Delta H_2) r_{Kat2} + (-\Delta H_3) r_{Kat3}\right] - \frac{k_D \pi\, d_R}{\dot{m}\, c_p}(T - T_K) \tag{9.92}$$

Eintrittswert:

$$z' = 0 \rightarrow T = T^0 \tag{9.93}$$

Eine Kühlmittelbilanz ist im vorliegenden Fall nicht erforderlich, weil wegen der weitgehenden Vermischung eine konstante Kühlmitteltemperatur vorausgesetzt wurde.

Modellparameter und Stoffwerte

- Reaktionskinetik
  Die Temperaturabhängigkeiten der kinetischen Konstanten lassen sich durch *Arrhenius*-Gleichungen beschreiben [9-19]:

$$\ln k_1 = -\frac{113040}{RT} + 19{,}837$$

$$\ln k_2 = -\frac{131500}{RT} + 20{,}86$$

$$\ln k_3 = -\frac{119700}{RT} + 18{,}97$$

$$R = 8{,}314\, kJ/(kmol \cdot K)$$

$$k_j \ in \ kmol/\left(kg\, Kat. \cdot h\right)$$

- Reaktionsenthalpien

$$\Delta H_1 = -1{,}29 \cdot 10^6\, kJ\, kmol^{-1}$$

$$\Delta H_2 = -3{,}27 \cdot 10^6\, kJ\, kmol^{-1}$$

$$\Delta H_3 = -4{,}56 \cdot 10^6\, kJ\, kmol^{-1}$$

- Gemittelte Stoffwerte des Reaktionsgemisches

$$M = 29{,}48\ kg\, kmol^{-1}$$

$$c_p = 1{,}047\ kJ\, kg^{-1}\, K^{-1}$$

- Schüttdichte des Katalysators

$$\rho_{Kat} = 1300\, kg\, m^{-3}$$

- Wärmedurchgangskoeffizient

$$k_D = 346\, kJ\, m^{-2}\, h^{-1}\, K^{-1}$$

Mathematische Lösung und Rechenergebnisse

Das System gewöhnlicher Differentialgleichungen erster Ordnung [Gleichungen (9.87) bis (9.89) und Gleichung (9.92)] wird mit Hilfe der in [9-20] verwendeten Verfahren numerisch gelöst. Aus der genannten Literaturstelle wurden auch die meisten Prozessdaten entnommen. Ausgehend von einer Standardvariante mit den Eingabedaten

- Kühlmitteltemperatur: $T_K = 650\, K$
- Eintrittstemperatur: $T^0 = 650\, K$
- Reaktordurchmesser: $d_R = 0{,}025\, m$

werden diese Größen variiert, um günstige Betriebszustände hinsichtlich der erzeugten Produktmenge und des erreichbaren o-Xylol-Umsatzes zu finden. Dabei sollen die Temperaturverläufe wegen der möglichen Schädigung des Katalysators keine extremen Spitzenwerte aufweisen. Als geeigneter Arbeitsbereich für den vorliegenden Katalysator wird eine Temperaturspanne von 630 bis 750 K vorgegeben.

Einfluss der Kühlmitteltemperatur

Ausgehend von der beschriebenen Standardvariante wurden die Kühlmitteltemperaturen bei den einzelnen Rechenvarianten um 10 bzw. 20 K erhöht und erniedrigt. Betrachtet man zunächst die berechneten axialen Temperaturverläufe (s. Abb. 9.16), dann werden die für eine hoch exotherme Reaktion typischen steilen Temperaturgradienten mit ausgeprägten Temperaturmaxima deutlich. Es ist ersichtlich, dass bereits bei der Standardvariante ($T_K = 650 K$) die zulässige Maximaltemperatur der Reaktionsmischung von 750 K deutlich überschritten wird. Allein daraus ergibt sich die Forderung, den Reaktor mit einer niedrigeren Kühlmitteltemperatur zu betreiben. Bei $T_K = 640 K$ liegt die maximale Reaktionstemperatur mit $T_{max} = 738 K$ unter der Grenztemperatur.

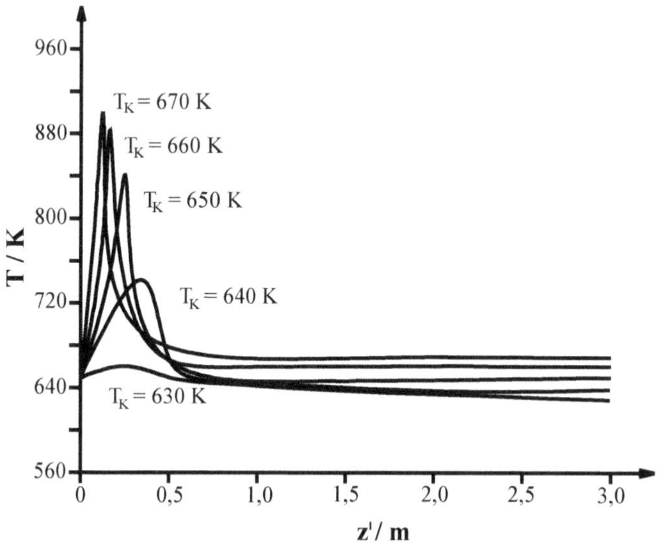

Abb. 9.16: Axiale Temperaturverläufe bei verschiedenen Kühlmitteltemperaturen

Betrachtet man die produzierte Menge an Phthalsäureanhydrid bei verschiedenen Kühlmitteltemperaturen (s. Abb. 9.17), dann wird ersichtlich, dass man den höchsten Wert bei $T_K = 640 K$ erreicht ($\dot{n}_B = 5{,}003 \cdot 10^{-4}\ kmol\, h^{-1}$). Dieser Betriebszustand ist auch deshalb günstig, weil in diesem Fall die Reaktionstemperaturen im zulässigen Bereich liegen. Die Verläufe der Produktmengen zeigen auch, dass bei niedrigeren Kühlmitteltemperaturen die vorhandene Reaktorlänge nicht ausreicht, um das für ein Folgeprodukt typische Maximum des Stoffmengenstromes, bzw. der Konzentration zu erreichen. Bei höheren Kühlmitteltemperaturen wird im Bereich der Temperaturspitzen ein Stoffmengenmaximum bereits bei Reaktorlängen von weniger als einem halben Meter erreicht. Danach laufen im Wesentlichen die Verbrennungsreaktionen der organischen Komponenten (Reaktionen 2 und 3) ab, die mit einer Ausbeuteverminderung für das Produkt Phthalsäureanhydrid verbunden sind.

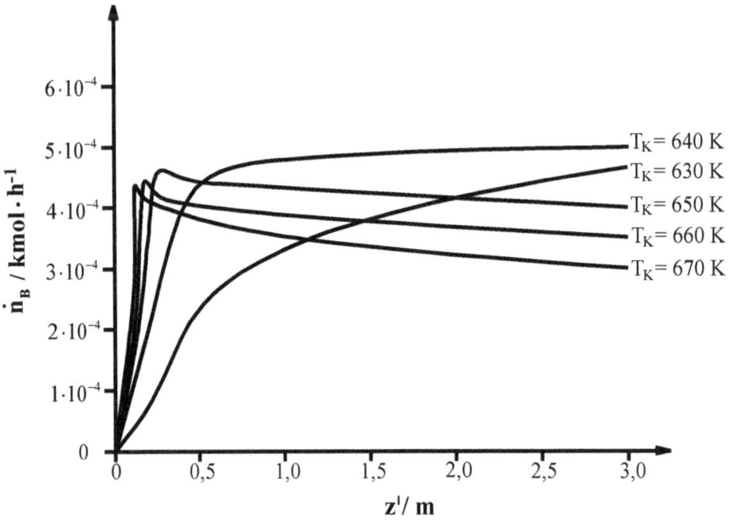

Abb. 9.17: Axiale Verläufe des Produktmengenstromes bei verschiedenen Kühlmitteltemperaturen

Die axialen Verläufe des o-Xylol-Umsatzes (s. Abb. 9.18) korrespondieren mit den Temperaturverläufen. Im Bereich hoher Temperaturen erfolgt eine nahezu vollständige Umsetzung bereits nach geringen Reaktorlängen. Bei der günstigen Kühlmitteltemperatur ($T_K = 640\,K$) wird allerdings kein annähernd vollständiger Umsatz erreicht; der berechnete Wert liegt bei 94,1 %. Eine Verlängerung des Reaktors wäre allerdings in einem solchen Fall nicht sinnvoll, weil man zwar den Umsatz, aber nicht auch gleichzeitig die erzeugte Produktmenge erhöhen kann.

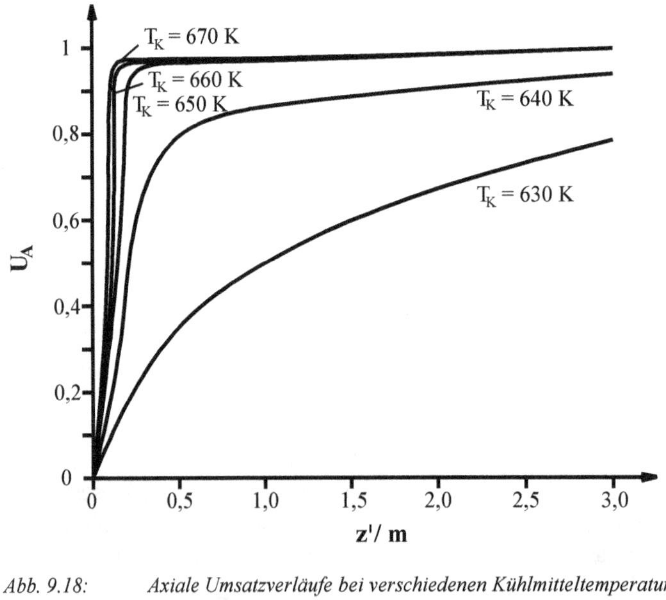

Abb. 9.18: Axiale Umsatzverläufe bei verschiedenen Kühlmitteltemperaturen

Bewertet man den Einfluss der Kühlmitteltemperatur insgesamt, dann erkennt man beim gewählten Beispiel eine sehr hohe Empfindlichkeit hinsichtlich dieser Prozessgröße. Beachtet man weiterhin, dass mögliche Unsicherheiten bei der Ermittlung der Modellparameter sowie Vereinfachungen und Ungenauigkeiten im Modell selbst zu Abweichungen der Simulationsergebnisse vom realen technischen Verhalten führen können, dann können praktische Schlussfolgerungen durchaus kritisch bewertet werden. Trotzdem sind die Ergebnisse solcher Parameterstudien wertvoll, weil das komplexe Zusammenwirken der verschiedenen Einflussgrößen sehr deutlich wird.

Einfluss der Eintrittstemperatur des Reaktionsgemisches

Bei dieser Parameterstudie wird die Kühlmitteltemperatur abweichend von der Standardvariante auf $T_K = 640\,K$ festgesetzt, weil sich diese Temperatur bei den oben gezeigten Modellrechnungen als günstig erwiesen hat. Analysiert man zunächst die axialen Temperaturverläufe, dann wird die vorgegebene Maximaltemperatur nur bei Eintrittstemperaturen von $T^0 > 650\,K$ überschritten (s. Abb. 9.19). Eine Absenkung der Eintrittstemperatur unter den Wert der Standardvariante führt zu einem weiteren Abbau der Temperaturspitzen, dessen Auswirkungen nur im Zusammenhang mit den Verläufen der Konzentrationsgrößen beurteilt werden können.

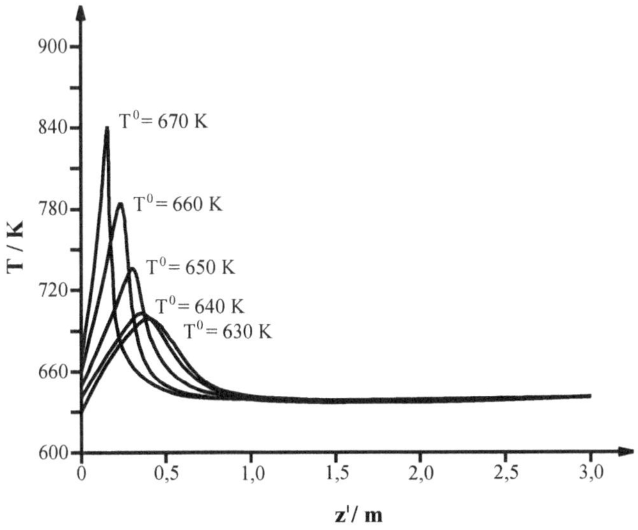

Abb. 9.19: Axiale Temperaturprofile bei verschiedenen Eintrittstemperaturen

Die axialen Verläufe der Stoffmengenströme von Phthalsäureanhydrid (s. Abb. 9.20) zeigen, dass bei allen Eintrittstemperaturen von $T^0 \geq 650\,K$ die Ausbeutemaxima an Produkt B bereits in vorderen Bereichen des Reaktors erreicht werden und am Austritt nicht die Optimalwerte vorhanden sind. Bei einer Eintrittstemperatur von $T^0 = 640\,K$ ergibt sich der höchste Produktmengenstrom mit $\dot{n}_B = 5{,}069 \cdot 10^4\,kmol \cdot h^{-1}$. Hier ist allerdings die Empfindlichkeit gegenüber eventuellen Änderungen der Eintrittstemperatur nicht so stark wie bei der Kühlmitteltemperatur. Bei einer Absenkung der Eintrittstemperatur um $10\,K$ verringert sich die erzeugte Produktmenge nur um 1%.

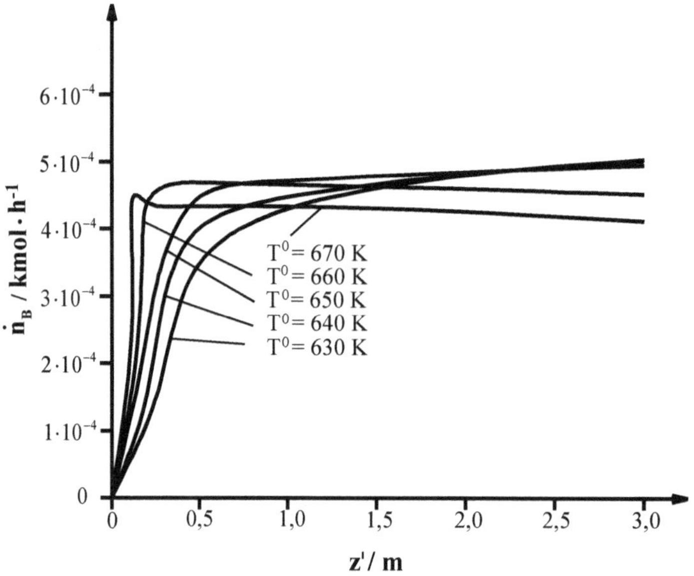

Abb. 9.20: Axiale Profile des Produktmengenstromes bei verschiedenen Eintrittstemperaturen

Die axialen Verläufe des o-Xylol-Umsatzes (s. Abb. 9.21) zeigen auch bei dieser Parameteruntersuchung, dass bei optimaler Produktausbeute keine annähernd vollständige Umsetzung vorliegt ($U_A = 0{,}914$ bei $T^0 = 640\,K$). Höhere Temperaturen allein wegen eines höheren Umsatzes anzustreben ist allerdings bei einer Folgereaktion nicht sinnvoll, wenn damit Ausbeuteverluste wegen einer verstärkten Bildung überoxidierter Produkte verbunden sind.

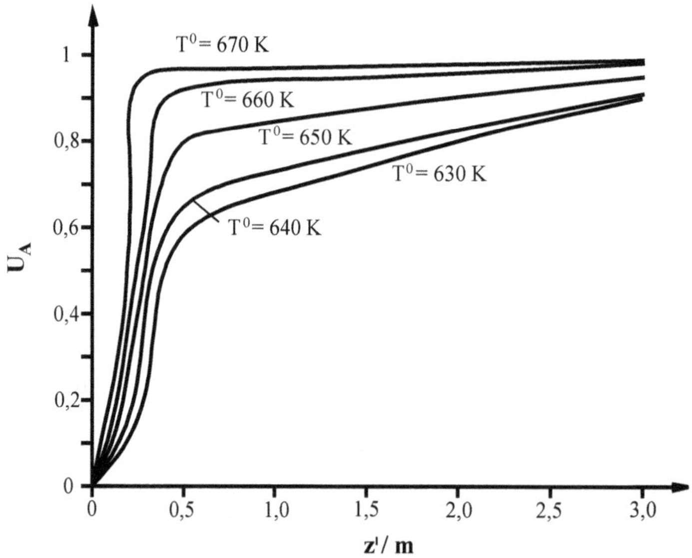

Abb. 9.21: Axiale Umsatzverläufe bei verschiedenen Eintrittstemperaturen

Einfluss des Reaktordurchmessers

Die Festlegung eines optimalen Reaktordurchmessers ist im Zuge der Auslegung von großem Interesse, weil kleinere Rohrdurchmesser einerseits zu besseren Kühlbedingungen (größere spezifische Wärmeübertragungsfläche) führen, andererseits aber den Rohrbündelreaktor verteuern, weil bei gleichem flächenbezogenen Durchsatz eine größere Rohranzahl erforderlich ist. Bei der Parameteruntersuchung wurde der in der Standardvariante festgelegte Durchmesser von 25 mm um jeweils 2,5 und 5 mm vergrößert und verkleinert. Die als optimal ermittelten Temperaturbedingungen der vorangegangenen Modellrechnungen wurden beibehalten ($T_K = T^0 = 640\,K$). Die berechneten axialen Temperaturverläufe (s. Abb. 9.22) zeigen, dass bei den gegebenen Prozessbedingungen eine Vergrößerung des Rohrdurchmessers nicht sinnvoll ist, wenn die Maximaltemperatur von $750\,K$ nicht überschritten werden soll. Eine Vergrößerung der auf das Reaktionsvolumen bezogenen spezifischen Kühlfläche durch eine Verringerung des Reaktordurchmessers führt zu einer Verringerung der Maximaltemperaturen und zu einer Absenkung des Temperaturniveaus insgesamt.

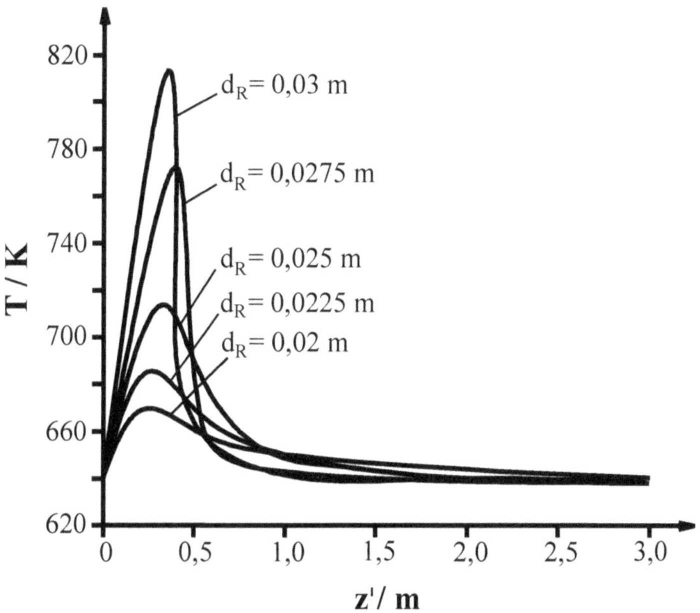

Abb. 9.22: Axiale Temperaturverläufe bei verschiedenen Reaktordurchmessern

Die Auswirkungen der verstärkten Reaktorkühlung machen sich sehr deutlich bei den erzeugten Produktmengen bemerkbar (s. Abb. 9.23). Dies entspricht den Erwartungen, weil das Temperaturniveau im Reaktor mit der Verkleinerung des Durchmessers abgesenkt wurde und deshalb auch insgesamt kleinere Reaktionsgeschwindigkeiten vorliegen. Hier können sich weitere Simulationsrechnungen anschließen, mit denen bei geänderten Eintritts- und Kühlmitteltemperaturen günstige Betriebszustände für dünnere Rohren ermittelt werden.

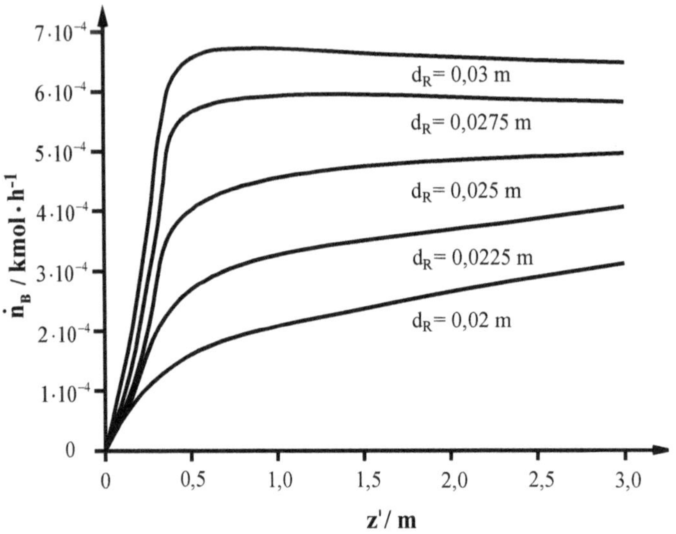

Abb. 9.23: Axiale Verläufe des Produktmengenstromes bei verschiedenen Reaktordurchmessern

Die axialen Umsatzverläufe von o-Xylol (s. Abb. 9.24) führen zu ähnlichen Schlussfolgerungen wie die Simulationsergebnisse zur erzeugten Produktmenge. Bei intensiverer Kühlung der Reaktionsrohre (Absenkung des Durchmessers gegenüber der Standardvariante) sinkt der Umsatz deutlich ab. Eine Vergrößerung des Durchmessers auf 0,0275 bzw. 0,030 m verbessert natürlich wegen des insgesamt höheren Temperaturniveaus das Umsetzungsverhalten; es wird aber die hier erlaubte Maximaltemperatur von $750\,K$ überschritten. Der Rohrdurchmesser der Standardvariante ($d_R = 0{,}025\,m$) erweist sich damit als günstig.

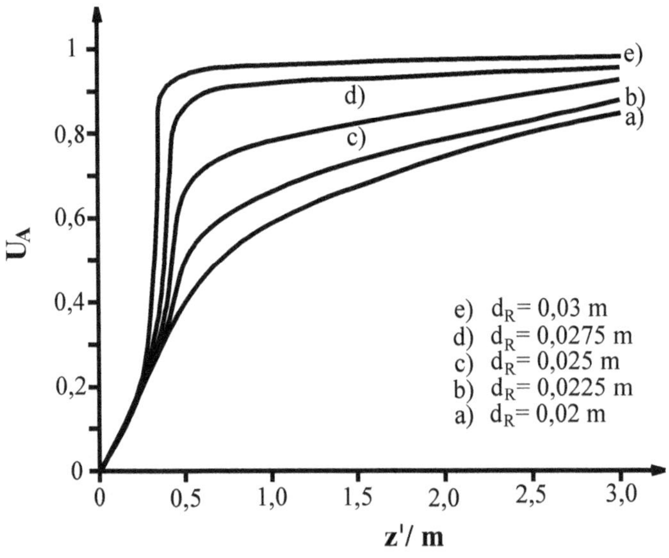

Abb. 9.24: Axiale Umsatzverläufe bei verschiedenen Reaktordurchmessern

Weitere Parameteruntersuchungen, aus denen interessante Erkenntnisse für den Reaktorbetrieb zu erwarten sind, können sich auch aus einer Variation des Gesamtdurchsatzes und der Eintrittskonzentration von o-Xylol ergeben. Darüber hinaus wäre zu überprüfen, ob eine Verbesserung der Kühlbedingungen durch Vergrößerung des Wärmedurchgangskoeffizienten erreichbar ist. Dazu besteht eine Möglichkeit darin, den inneren Wärmeübergang (Reaktionsgasseite) zu intensivieren, wofür eine Turbulenzerhöhung (Durchsatzerhöhung) notwendig wäre. Wegen der damit verbundenen Verweilzeitverringerung wird dadurch allerdings das gesamte Reaktionsgeschehen beeinflusst. Eine zweite Variante kann darin bestehen den äußeren Wärmeübergang (Kühlmittelseite) zu verbessern, wenn beispielsweise eine intensivere Umwälzung des Kühlmittels realisiert werden kann.

Quasihomogenes zweidimensionales Modell

Ebenso wie bei der Ableitung des quasihomogenen eindimensionalen Modells wird auch hier davon ausgegangen, dass die Bilanzgleichungen nur für eine als homogen angesehene Phase zu formulieren sind, bei der in jedem Volumenelement des Reaktors gleiche Temperaturen und Konzentrationen in der Gas- und Katalysatorphase vorliegen. Im zweidimensionalen Fall erfolgt die Lösung der Stoff- und Wärmebilanzen nicht nur in axialer Richtung, sondern es werden auch die radialen Gradienten von Temperaturen und Konzentrationen und damit auch die entsprechenden Transportvorgänge in dieser Richtung berücksichtigt. Auch die effektive axiale Rückvermischung und die effektive axiale Wärmeleitung werden jetzt berücksichtigt.

Die Ableitung der Bilanzen erfolgt für einen infinitesimal kleinen Ringraum, der in axialer Richtung die Länge dz' und in radialer Richtung die Dicke dr' besitzt (s. Abb. 9.25). Die allgemeinen Voraussetzungen eines quasihomogenen Modells gelten auch im vorliegenden Fall; stationäre Bedingungen sollen auch hier vorliegen.

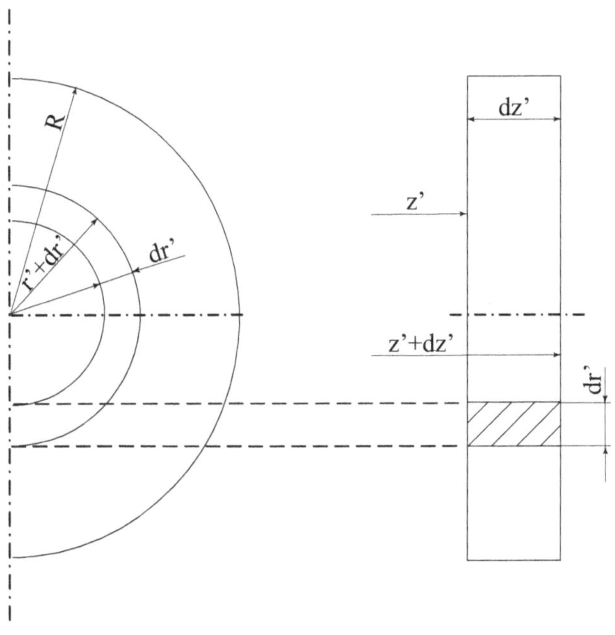

Abb. 9.25: Koordinaten des zweidimensionalen Rohrreaktormodells

Stoffbilanz

Beim quasihomogenen zweidimensionalen Modell kann vom allgemeinen zweidimensionalen Diffusionsmodell ausgegangen werden, das im Abschnitt 5.2 [Gl. (5.32)] dargestellt wurde. Verwendet man dimensionslose Koordinaten [s. Gl. (9.61) und (9.62)] und benutzt ebenso wie in Gl. (9.67) Reaktions- und Stoffänderungsgeschwindigkeiten, die auf die Katalysatormasse bezogen sind, dann ergibt sich folgende Stoffbilanz:

$$\frac{1}{L_R}\frac{\partial\left(c_i w_z\right)}{\partial z}=\frac{4D_{r,eff}}{d_R^{\,2}}\left(\frac{\partial^2 c_i}{\partial r^2}+\frac{1}{r}\frac{\partial c_i}{\partial r}\right)+\frac{D_{z,eff}}{L_R^2}\frac{\partial^2 c_i}{\partial z^2}+\rho_{Kat}R_{Kat,i}\,. \tag{9.94}$$

Diese Stoffbilanz ist für alle Schlüsselkomponenten zu formulieren.

Wärmebilanz

Auch hier wird von der im Abschnitt 5.3 abgeleiteten allgemeinen Wärmebilanz des zweidimensionalen Modells [Gl. (5.38)] ausgegangen. Für stationäre Bedingungen erhält man unter Verwendung der dimensionslosen Koordinaten r und z folgende Wärmebilanz für das quasihomogene Kontinuum aus Gas- und Katalysatorphase:

$$\frac{1}{L_R}\frac{\partial\left(\rho w c_p T\right)}{\partial z}=\frac{4\lambda_{r,eff}}{d_R^{\,2}}\left(\frac{\partial^2 T}{\partial r^2}+\frac{1}{r}\frac{dT}{\partial r}\right)+\frac{\lambda_{z,eff}}{L_R^2}\frac{\partial^2 T}{\partial z^2}+\rho_{Kat}\sum_j r_{Kat,j}\left(-\Delta H_{Rj}\right). \tag{9.95}$$

Im Gegensatz zum quasihomogenen eindimensionalen Modell ist in dieser Wärmebilanz kein Wärmeübergangsterm für die Wandposition enthalten, weil das ringförmige Volumenelement innerhalb des Bilanzgebietes keine Berührungsfläche zur Reaktorwand besitzt. Dieser Term ist erst in der Randbedingung für die Wandposition zu berücksichtigen.

Für den Wärmeträger kann im Fall einer Gleichstrom-Mantelkühlung auch hier Gl. (9.75) angesetzt werden.

Eine Wärmebilanz für das Material der Rohrwand, die axiale und radiale Wärmeleitvorgänge in diesem Element berücksichtigt, ist bei dickwandigen Rohren und insbesondere bei dynamischen Modellen anzusetzen (s. z. B. [9-17]). Hier wird von dünnwandigen Rohren ausgegangen.

Randbedingungen

- Eintritt in die Schüttung (Rohranfang)

$$\begin{aligned} z=0 \;\rightarrow\; -D_{z,eff}\frac{\partial c_i}{\partial z} &= wL_R\left(c_{i,Zu}-c_i\right)\\ -\lambda_{z,eff}\frac{\partial T}{\partial z} &= \rho w c_p L_R\left(T_{Zu}-T\right) \end{aligned} \tag{9.96}$$

- Austritt aus der Schüttung (Rohrende)

$$z=1 \;\rightarrow\; \frac{\partial c_i}{\partial z}=\frac{\partial T}{\partial z}=0 \tag{9.97}$$

- Rohrachse

$$r = 0 \rightarrow \frac{\partial T}{\partial r} = \frac{\partial c_i}{\partial r} = 0 \tag{9.98}$$

- Rohrinnenwand

$$\begin{aligned} r = 1 \rightarrow \frac{\partial c_i}{\partial r} = 0 \\ -\lambda_{r,eff} \frac{\partial T}{\partial r} = \frac{d_R}{2} k_D \left(T - T_K \right) \end{aligned} \tag{9.99}$$

Die Lösung des Systems der Stoffbilanzen und der Wärmebilanz, gegebenenfalls unter Einbeziehung der Wärmeträgerbilanz, erfordert die Anwendung numerischer Verfahren, für die heute entsprechende Software zur Verfügung steht (z. B. das Softwarepaket FEMLAB [9-21]).

Vereinfachungen sind in praktischen Fällen oft dadurch möglich, dass die radialen Konzentrationsgradienten in dünnen Reaktionsrohren sehr gering sind und damit der radiale Diffusionsterm in den Stoffbilanzen entfallen kann. Auch die axiale Rückvermischung ist insbesondere dort von geringerem Einfluss, wo lange dünne Reaktionsrohre eingesetzt werden. Bei Rohrbündelreaktoren mit Längen-Durchmesser-Verhältnissen der Einzelrohre von 100 oder mehr kann dieser Term oft vernachlässigt werden. Radiale Temperaturgradienten sind dagegen besonders bei hoch exothermen Reaktionen oft stark ausgeprägt. Auch bei relativ dünnen über die Wand gekühlten Rohren mit Durchmessern im Bereich von wenigen Zentimetern können zwischen der Rohrachse und der Wand oft beträchtliche Temperaturunterschiede auftreten, die nur mit Hilfe des zweidimensionalen Modells abgeschätzt werden können.

Als Ergebnis der Modellierung liefert das zweidimensionale Modell axiale und radiale Konzentrations- und Temperaturverläufe, wie sie in Abb. 9.26 am Beispiel der Temperaturen dargestellt sind.

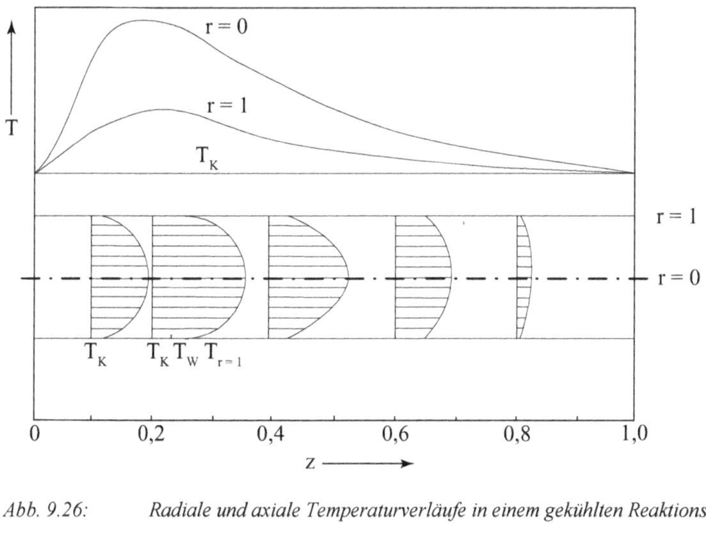

Abb. 9.26: Radiale und axiale Temperaturverläufe in einem gekühlten Reaktionsrohr mit exothermer Reaktion

Heterogene Reaktormodelle

Wenn die Voraussetzungen der quasihomogenen Modelle zur Beschreibung des Verhaltens heterogen-gaskatalytischer Reaktoren (geringe Temperatur- und Konzentrationsgradienten zwischen Gasstrom und äußerer Katalysatoroberfläche sowie innerhalb des Korns) nicht annähernd erfüllt sind und auch die Verwendung eines Porenwirkungsgrades nach Gl. (9.12) zur Erfassung des Porendiffusionseinflusses nicht ausreichend ist, dann kann nur mit heterogenen Modellen eine genauere Reaktorberechnung erfolgen. Dabei werden die Gas- und die Katalysatorphase getrennt bilanziert, wobei die Kopplung zwischen den Phasen mit Hilfe der Übergangsterme für Stoff und Wärme erfolgt. Der Vorteil liegt darin, dass man die am Reaktionsort – also an der äußeren Oberfläche bei nicht porösen Katalysatoren und an der inneren Oberfläche bei porösen Katalysatoren – vorliegenden Konzentrationen und Temperaturen in die Berechnung einbezieht und damit auch die Reaktionsgeschwindigkeiten unter realen Bedingungen berechnet. Im Berechnungsbeispiel 9-1 wurde bereits gezeigt, dass ein einfacher heterogener Modellansatz zur Abschätzung von Temperatur- und Konzentrationsgradienten zwischen den Phasen genutzt werden kann.

Insgesamt können praktische Aussagen durch die Anwendung heterogener Modell sicherer werden und die Anwendung dynamischer Modelle mitunter erst sinnvoll machen. Diesem Vorteil steht das Problem gegenüber, dass eine größere Anzahl zusätzlicher Wärme- und Stofftransportparameter erforderlich sind, die teilweise noch sehr unsicher oder schwer zugänglich sind. Darüber hinaus erhöht sich der Rechenaufwand erheblich.

Im Folgenden sollen einfache Varianten heterogener Modelle dargestellt werden, um deren prinzipielle Gestalt zu demonstrieren. Eine ausführliche Zusammenstellung kann der Arbeit von *Adler* [9-17] entnommen werden.

Oberflächenmodell

Dieses Modell kann bei nicht porösen Katalysatoren angewendet werden und soll die Genauigkeit der Reaktorberechnung in solchen Fällen erhöhen, bei denen mit beträchtlichen Konzentrations- und Temperaturunterschieden zwischen Gasstrom und Katalysatoroberfläche zu rechnen ist. Folgende vereinfachende Voraussetzungen werden getroffen:

- Es liegt der eindimensionale Fall mit einer über den Rohrradius konstanten axialen Strömungsgeschwindigkeit vor. Radiale Temperatur- und Konzentrationsgradienten seien ebenso vernachlässigbar wie die axiale Rückvermischung und Wärmeleitung.
- In jedem Volumenelement (s. Abb. 9.27) mit der Längsabmessung dz' (bzw. dimensionslos dz) liegen Gasphase und Katalysator gleich verteilt vor. Weil sich jedes Volumenelement bei eindimensionaler Betrachtung bis zur temperierten Wand erstreckt, werden entsprechende Terme für die Wärmezu- oder -abführung in der Wärmebilanz berücksichtigt.
- Es werden stationäre Bedingungen vorausgesetzt.

Stoffbilanz – Gasphase:

In der Gasphase werden die Konvektion des strömenden Reaktionsgemisches und der Stoffübergang zwischen Gas und Feststoffoberfläche nach Gl. (9.2) berücksichtigt:

$$\frac{1}{V_R}\frac{d\dot{n}_i^G}{dz} = \beta_i a\left(c_i^S - c_i^G\right). \tag{9.100}$$

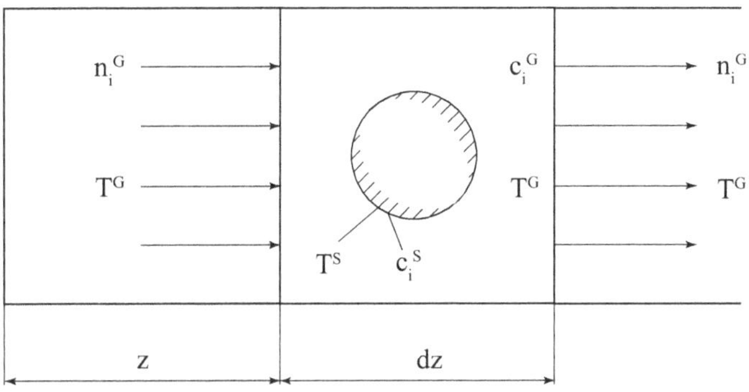

Abb. 9.27: *Temperaturen und Konzentrationen beim heterogenen Modell*

Durch Einführung der Konzentration und der auf den leeren Querschnitt bezogenen Strömungsgeschwindigkeit ergibt sich:

$$\frac{1}{L_R}\frac{d\left(wc_i^G\right)}{dz}=\beta_i a\left(c_i^S-c_i^G\right). \tag{9.101}$$

Stoffbilanz – Katalysatorphase:
Unter stationären Bedingungen entspricht die übergehende Stoffmenge den durch chemische Reaktionen an der Katalysatoroberfläche pro Zeiteinheit umgesetzten Stoffmengen [s. auch Gl. (9.4)]:

$$\beta_i a\left(c_i^S-c_i^G\right)=\rho_{Kat}R_{Kat,i}^S\left(c_i^S,T^S\right). \tag{9.102}$$

Das System der Stoffbilanzen ist für alle Schlüsselkomponenten zu formulieren. Eine Lösung ist in allen nicht isothermen Fällen nur gemeinsam mit den Wärmebilanzen für beide Phasen möglich. Die Stoffänderungsgeschwindigkeiten sind wie auch die Reaktionsgeschwindigkeiten hier Funktionen der an der Katalysatoroberfläche vorliegenden Konzentrationen und Temperaturen.

Wärmebilanz – Gasphase:
In der eindimensionalen Wärmebilanz sind die Konvektion der Gasphase, der Wärmeübergang zwischen Gas- und Katalysatorphase und die Kühlung oder Heizung durch die Reaktorwand zu berücksichtigen:

$$\frac{1}{L_R}\frac{d\left(\rho wc_pT\right)}{dz}=\alpha a\left(T^S-T^G\right)-\frac{4}{d_R}k_D\left(T-T_K\right). \tag{9.103}$$

Wärmebilanz – Katalysatorphase:
Hier entspricht unter stationären Bedingungen die zwischen den Phasen transportierte Wärmemenge der an der Katalysatoroberfläche entstehenden Reaktionswärme [s. auch Gl. (9.7)]:

$$\alpha a\left(T^S-T^G\right)=\rho_{Kat}\sum_j r_{Kat,j}^S\left(-\Delta H_{Rj}\right) \tag{9.104}$$

Anfangsbedingungen:

$$z = 0 \rightarrow c_i^G = c_i^0 \qquad T^G = T^0 \tag{9.105}$$

Bei der numerischen Lösung des Gleichungssystems (9.101) und (9.103) muss bei jedem Integrationsschritt das gekoppelte algebraische Gleichungssystem (9.102) und (9.104) mit gelöst werden. Als Ergebnis erhält man neben den Temperatur- und Konzentrationsverläufen im Gasraum auch die entsprechenden Werte an der Katalysatoroberfläche.

Porendiffusionsmodell

Bei Verwendung poröser Katalysatoren ist die Berücksichtigung der Transportprozesse innerhalb des Katalysatorkorns erforderlich, falls diese die Gesamtgeschwindigkeit der Umsetzung limitieren können und die Eindringtiefe des Reaktionsgemisches nicht wesentlich unter den Kornabmessungen liegt. Mit dem Begriff des Porendiffusionsmodells wird dabei nicht nur der Stofftransport sondern auch der Wärmetransport in den Poren beschrieben; die Bezeichnung „Porentransportmodell" wäre deshalb zutreffender.

Eine vereinfachte Berechnung der Stofftransporthemmung in den Poren kann unter Verwendung von Porennutzungsgraden gemäß Gl. (9.12) erfolgen. Diese Größe lässt sich experimentell ermitteln, indem z. B. in einem gradientenfreien Versuchsreaktor reaktionskinetische Messungen an Katalysatorpartikeln unterschiedlicher Korngröße vorgenommen werden. Für einfache Reaktionen, deren Geschwindigkeit mit Ansätzen der Homogenkinetik (z. B. Reaktion 1. Ordnung) beschrieben werden kann, lassen sich auch Katalysatornutzungsgrade durch eine analytische Lösung der Bilanzgleichungen für das Korn berechnen. Für zylindrische und kugelförmige Partikel werden z. B. in [9-22] entsprechende Lösungen angegeben.

Sind die genannten Vereinfachungen nicht akzeptabel, dann ist unter Beachtung der gegebenen Partikelgeometrie und der Kinetik des Reaktionssystems eine numerische Lösung der Bilanzgleichungen [Gl. (9.11) und (9.13)] erforderlich. Liegen kugelförmige Partikel vor, dann ergeben sich bei Verwendung von massenbezogenen Reaktionsgeschwindigkeiten und der dimensionslosen Kugelkoordinate $y = 2y' / d^P$ folgende stationäre Bilanzen für das Katalysatorkorn:

Stoffbilanz – Katalysatorphase [s. Gl. (9.11)]

$$-\frac{4D_i^P}{\left[d^P\right]^2}\left(\frac{\partial^2 c_i^P}{\partial y^2} + \frac{2}{y}\frac{\partial c_i^P}{\partial y}\right) = \rho_{Kat} R_{Kat,i}^P \tag{9.106}$$

Wärmebilanz – Katalysatorphase [s. Gl.(9.13)]

$$-\frac{4\lambda^P}{\left[d^P\right]^2}\left(\frac{\partial^2 T^P}{\partial y^2} + \frac{2}{y}\frac{\partial T^P}{\partial y}\right) = \rho_{Kat} \sum_j r_{Kat,j}^P \left(-\Delta H_{Rj}\right). \tag{9.107}$$

Randbedingungen
Für das Kornzentrum wird ebenso wie in Gl. (9.14) Kugelsymmetrie vorausgesetzt:

$$y = 0: \quad \frac{\partial c_i^P}{\partial y} = \frac{\partial T^P}{\partial y} = 0 . \tag{9.108}$$

Für den Poreneintritt an der äußeren Oberfläche des Korns können bei der Einbindung der Transportprozesse in den Poren in ein Gesamtmodell des Reaktors die dort vorliegenden Werte der Konzentrationen und der Temperatur nicht vorgegeben werden, weil sie abhängige Variable darstellen. Deshalb werden die an dieser Position vorliegenden Ströme bilanziert, wobei die Leitströme von Stoff und Wärme in der Pore (Porendiffusion bzw. effektive Wärmeleitung im Korn) den Übergangsströmen zwischen den Phasen entsprechen müssen:

$$y = 1: \quad -D_i^P a \frac{2}{d^P} \frac{dc_i^P}{dy} = \beta_i a \left(c_i^S - c_i^G \right) \tag{9.109}$$

bzw.

$$-\frac{dc_i^P}{dy} = \frac{d^P}{2D_i^P} \beta_i \left(c_i^S - c_i^G \right) . \tag{9.110}$$

$$-\frac{dT^P}{dy} = \frac{d^P}{2\lambda^P} \alpha \left(T^S - T^G \right) . \tag{9.111}$$

Diese Randbedingungen beinhalten nur Übergangsschritte zwischen Gas und Katalysatoroberfläche. Es wurde nicht berücksichtigt, dass die einzelnen Partikel aneinander oder an Wände anstoßen, wodurch ein zusätzlicher Wärmetransport auftritt.

Das Porendiffusionsmodell in seiner vollständigen Form enthält neben den Gleichungen für die Katalysatorphase auch die Stoff- und Wärmebilanzen der Gasphase, die ihrerseits ein- oder zweidimensionale Teilmodelle darstellen können. Im eindimensionalen Fall (Berechnung der Gasphasentemperatur und -konzentrationen nur in Reaktorlängsrichtung) erfolgt an jeder axialen Position die Berechnung der dort vorliegenden Verteilungen dieser Größen als Funktion der Strukturgrößen des Korns, z. B. der y-Koordinate bei kugelförmigen Teilchen. Um das Korn herum werden dabei sinnvoller Weise gleiche Bedingungen im Gasraum angenommen. Dies ist vertretbar, wenn das Verhältnis von Reaktor- zum Teilchendurchmesser relativ groß ist.

Auch bei Anwendung des zweidimensionalen Modells für die Gasphase kann man ähnliche Bedingungen voraussetzen. Jetzt muss auch an jeder radialen Position in das Korn „hineingerechnet" werden. Wenn beispielsweise bei hoch exothermen Reaktionen mit Mantelkühlung der Rohre beträchtliche radiale Temperaturgradienten auftreten, dann kann die Voraussetzung einer konstanten Temperatur um das Korn herum zu fehlerhaften Rechenergebnissen führen. Dies wird sich besonders dann gravierend auswirken, wenn relativ große Katalysatorpartikel in dünnen Reaktionsrohren eingesetzt werden ($d_R / d^P < 7...10$). In solchen Fällen werden sich zusätzlich Ungleichverteilungen der Strömungsgeschwindigkeit über den Reaktorquerschnitt als Fehlerquelle bemerkbar machen.

Die genannten Schwierigkeiten und die Probleme bei der Bereitstellung der großen Anzahl von notwendigen Parametern für heterogene Modelle (kinetische Konstanten, Stoff- und Wärmetransportparameter in jeder Phase sowie für Übergangsprozesse) haben dazu geführt, dass trotz der in den letzten Jahren enorm gestiegenen rechentechnischen Möglichkeiten heterogene Modelle bei der Lösung praktischer Aufgaben der chemischen Verfahrenstechnik selten oder – wie oben exemplarisch dargelegt – oft nur in vereinfachter Form genutzt werden. In jedem Fall muss in Betracht gezogen werden, dass der Informationsgewinn durch ein umfassenderes Reaktormodell, z. B. durch das heterogene Modell, gegenüber dem quasihomogenen Modell teilweise dadurch gemindert werden kann, dass die zusätzlich notwendigen Parameter auch neue Unsicherheiten mit sich bringen.

9.3.2 Festbettkatalytische Mehrstufenreaktoren

Als festbettkatalytische Mehrstufenreaktoren werden Reihenschaltungen von Katalysatorschichten bezeichnet, zwischen denen eine Zwischeneinspeisung (Kaltgaseinspeisung) oder eine direkte bzw. indirekte Temperierung des Reaktionsgemisches (Zwischenkühlung oder Zwischenaufheizung) erfolgt. Die einzelnen Schichten stellen im Normalfall weitgehend adiabate Teilreaktoren dar, die in einem Apparat untergebracht sind (s. Abb. 9.4). Vielfach werden solche Mehrstufenreaktoren auch als Schicht-, Abschnitts- oder Hordenreaktoren bezeichnet.

Eine Reihe technisch bedeutender Reaktionen wird in Mehrstufenreaktoren realisiert:

- Ammoniak-Synthese (Zwischeneinspeisung)
- Oxidation von Schwefeldioxid (Zwischenkühlung und Zwischeneinspeisung)
- Methanolsynthese (Zwischeneinspeisung)
- CO-Konvertierung (Zwischeneinspeisung)
- Hydrierung von Benzol (Zwischenkühlung)
- Dehydrierung von Ethylbenzol (Zwischenaufheizung).

Jede adiabate Schicht eines Mehrstufenreaktors stellt prinzipiell einen Vollraumreaktor dar, dessen Festbett selbst nicht oder nicht wesentlich temperiert wird. Durch Variation der Anzahl und der Höhe der Schichten sowie durch die Beeinflussung der Gaseintrittstemperatur und der Zusammensetzung des Reaktionsgemisches zwischen den Schichten lassen sich jedoch gewünschte Temperaturverläufe über der Höhe des Reaktors insgesamt zumindest annähernd erreichen. Damit hat man auch wesentliche Freiheitsgrade bei der Auslegung des Reaktors, wobei das Ziel im Erreichen möglichst hoher Stoffänderungsgeschwindigkeiten besteht. Insbesondere bei Gleichgewichtsreaktionen nutzt man den Mehrschichtreaktor, um hohe Umsätze durch entsprechende Temperatur- und Konzentrationsverhältnisse zu erreichen. Diesem Vorteil – etwa im Vergleich zum Vollraumreaktor ohne Zwischenkühlung – stehen allerdings höhere Investitions- und Betriebskosten gegenüber.

Bei der Berechnung von Mehrstufenreaktoren ist grundsätzlich von der Reihenschaltung von Rohrreaktoren mit den entsprechenden Kopplungsbeziehungen infolge der Zwischenkühlung oder Zwischeneinspeisung auszugehen. Für die Berechnung der Teilreaktoren (z. B. der notwendigen Schichthöhe für eine vorgegebene Umsatzerhöhung) sind die Stoff- und Wärmebilanzen des adiabaten Festbettreaktors zu lösen (s. Abschnitt 9.3.1). Hier sollen vor allem solche Gesichtspunkte dargelegt werden, die mit der Ermittlung der Stufenzahl bei den beiden Haupttypen der adiabaten festbettkatalytischen Mehrstufenreaktoren zusammenhängen.

Adiabater festbettkatalytischer Mehrstufenreaktor mit Zwischenkühlung oder Zwischenaufheizung

In festbettkatalytischen Mehrstufenreaktoren kann man deshalb von annähernd adiabaten Verhältnissen ausgehen, weil innerhalb der einzelnen oft einige Meter breiten Schichten keine Kühl- oder Heizflächen installiert werden. Auch die Wärmeübertragung über die äußere Reaktorwand ist im Normalfall vernachlässigbar gering. Die alternierende Anordnung von Katalysatorschichten und Zwischenkühlungen oder Zwischenaufheizungen, wie sie in Abb. 9.28 dargestellt ist, ergibt sich aus der Temperaturabhängigkeit des Gleichgewichtsumsatzes der Reaktion.

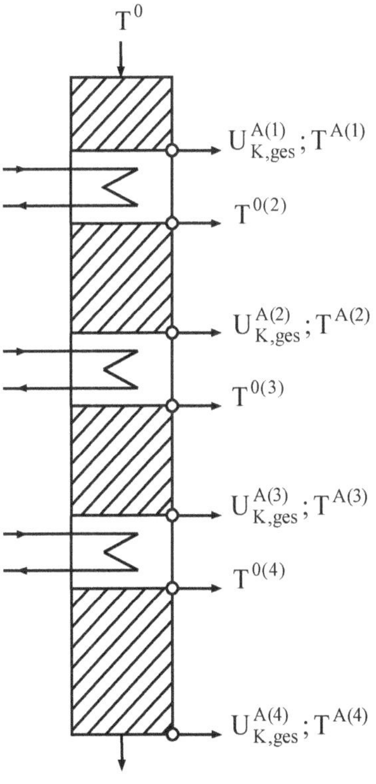

Abb. 9.28: Festbettkatalytischer Mehrstufenreaktor mit Zwischenkühlung

Während bei einfachen irreversiblen Reaktionen unabhängig von der Reaktionstemperatur der Umsatz einer Bezugskomponente k beliebig an $U_{k,ges} = 1$ angenähert werden kann (s. Abb. 9.29 b), sind für reversible Reaktionen die in Abb. 9.29 a) und c) gezeigten Verläufe typisch. Um einen möglichst hohen Gesamtumsatz am Austritt des Mehrstufenreaktors zu erreichen, wird der Prozess in den dargestellten Teilschritten durchgeführt. Diese sind durch die $U-T-$Geraden der adiabaten Reaktionsführung und die horizontalen Geraden der Zwischenkühlung oder Zwischenaufheizung (Linien konstanten Umsatzes) gekennzeichnet. In jedem der drei dargestellten Fälle wird man versuchen, möglichst hohe mittlere Stoffänderungsgeschwindigkeiten zu erreichen, um die Länge der erforderlichen Katalysatorschichten klein zu halten. Im Fall der exothermen reversiblen Reaktion (Fall a) strebt man einerseits ein hohes Temperaturniveau an, um die Reaktion zu beschleunigen. Allerdings wird die Stoffänderungsgeschwindigkeit bei Annäherung an den Gleichgewichtsumsatz verschwindend klein, so dass hier ein echtes Optimierungsproblem vorliegt (s. z. B. [9-2] und [9-22]). Die im Normalfall angestrebten Reaktionsbedingungen für die Fälle b) und c) liegen im Interesse möglichst hoher Stoffänderungsgeschwindigkeiten in unmittelbarer Nähe der zulässigen Maximaltemperatur.

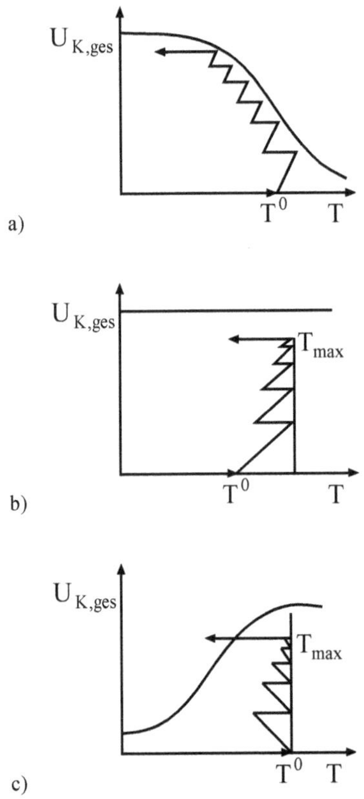

Abb. 9.29: Umsatz-Temperatur-Verläufe in Mehrstufenreaktoren mit Zwischenkühlung bzw. Zwischenaufheizung a) Exotherme reversible Reaktion mit Zwischenkühlung b) Exotherme irreversible Reaktion mit Zwischenkühlung c) Endotherme Reaktion mit Zwischenaufheizung

Bei der Festlegung der Abstufungen der einzelnen Katalysatorschichten ist davon auszugehen, dass einerseits sehr viele Stufen eine gute Annäherung an optimale Temperatur- und Konzentrationsbedingungen ermöglichen, jedoch andererseits einen beträchtlichen apparativen Aufwand mit sich bringen. Bei industriellen Anwendungen findet man deshalb nur etwa zwei bis sechs Schichten.

Die Anzahl der notwendigen Katalysatorschichten und Zwischenkühlungen bzw. Zwischenaufheizungen lässt sich bei Vorgabe des Temperaturregimes berechnen oder graphisch ermitteln

(s. Abb. 9.30). Gibt man beispielsweise vor, dass am Eintritt jeder Schicht die Temperatur $T^{0(K)}$ erreicht werden soll und am Austritt der jeweilige Umsatz in der Nähe des Gleichgewichtes liegt, dann erhält man die dargestellten Prozessverläufe mit den Ein- und Austrittsgrößen für jede Schicht. Der Anstieg der $U-T-$ Verläufe der adiabaten Katalysatorschichten ergibt sich durch Division der Stoff- und Wärmebilanz des katalytischen Reaktors. Für eine einfache Reaktion erhält man

$$\frac{dU_k}{dT} = \frac{\dot{m}^0 \overline{c}_p}{\dot{n}_k^0 \left(-\Delta H_R\right)}. \tag{9.112}$$

Der Anstieg ist dann eine Gerade, wenn die spezifische Wärmekapazität und die Reaktionsenthalpie im vorliegenden Intervall als annähernd konstant angesehen werden können.

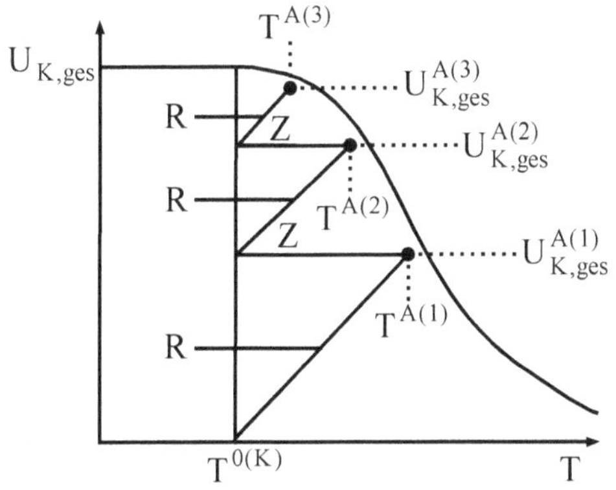

Abb. 9.30: Umsatz-Temperatur-Verlauf im adiabaten Mehrstufenreaktor mit drei Reaktionsschichten und zwei Zwischenkühlungen; R – Katalysatorschicht, Z – Zwischenkühlung

Auch für die Auslegung der Wärmeübertrager für die Zwischenkühlungen oder Zwischenaufheizungen lassen sich der grafischen Darstellung die notwendigen Informationen entnehmen. Vor der K -ten Schicht ist jeweils der Wärmestrom

$$\dot{Q}^{(K)} = \dot{m}\overline{c}_p \left(T^{A(K-1)} - T^{0(K)}\right) \tag{9.113}$$

zu- bzw. abzuführen.

Adiabater festbettkatalytischer Mehrstufenreaktor mit Zwischeneinspeisung

Neben der Zwischenkühlung bietet auch die Einspeisung von kaltem Frischgas (s. Abb. 9.31) die Möglichkeit der Temperaturabsenkung und damit der Triebkrafterhöhung der Reaktion, weil sich der Prozess dadurch vom chemischen Gleichgewicht entfernt. Der Grund für die Anwendung dieser Variante kann neben der gezielten thermischen Beeinflussung auch in der Schaffung günstiger Konzentrationsverhältnisse liegen, die beispielsweise für die Selektivität des Prozesses vorteilhaft sind.

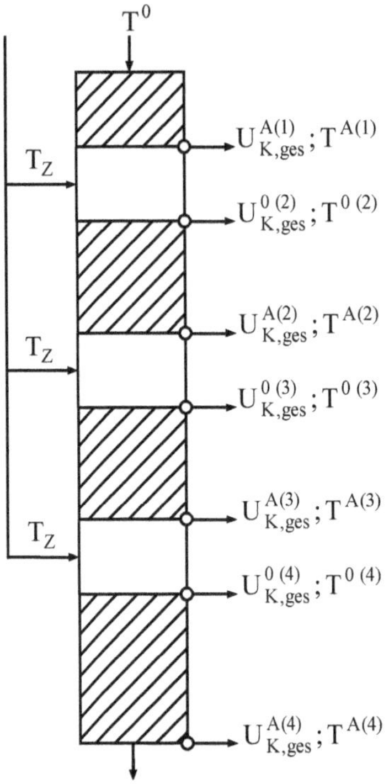

Abb. 9.31: Festbettkatalytischer Mehrstufenreaktor mit Zwischeneinspeisung

Auch bei der Zwischeneinspeisung wird man die Temperatur- und Konzentrationsverhältnisse so gestalten, dass im Mittel optimale Stoffänderungsgeschwindigkeiten bei einer überschaubaren Anzahl von Katalysatorschichten und Zwischeneinspeisungen vorliegen. Dazu wären die Lösungen der Stoff- und Wärmebilanzen für jede Schicht mit einem Optimierungsverfahren zu koppeln, dessen Zielfunktion z. B. bei festgelegtem Gesamtumsatz und vorgegebener Stufenzahl eine möglichst geringe Gesamtmasse des Katalysators ist.

Einfache Variantenuntersuchungen sind auch auf graphischem Wege möglich (s. Abb. 9.32). Gibt man gewünschte Eintrittstemperaturen $T^{0(K)}$ für jede Schicht vor, dann lassen sich die jeweiligen $U-T-$Geraden der adiabaten Schichten einzeichnen. Auch die Eintrittsumsätze $U_{k,ges}^{0(K)}$, die wegen der Einspeisung von Frischgas geringer als die Austrittswerte $U_{k,ges}^{A(K-1)}$ sind, können dem Diagramm entnommen werden. Sie entsprechen dem Ordinatenwert, bei dem die durchbrochene Verbindungslinie $T_Z \rightarrow T^{A(K-1)}$ den Abzissenwert $T^{0(K)}$ erreicht.

Nach Festlegung der einzelnen Ein- und Austrittstemperaturen kann man die notwendige Menge der jeweiligen Zwischeneinspeisung aus einer einfachen Mischungsbilanz berechnen. Die Nummerierung wird so vorgenommen, dass nach der K-ten Schicht jeweils die K-te Zwischeneinspeisung erfolgt:

$$\dot{m}_Z^{(K)} = \dot{m}^{(K)} \frac{\overline{c}_p^{0(K+1)} T^{0(K+1)} - \overline{c}_p^{A(K)} T^{A(K)}}{\overline{c}_{pZ}^{(K)} T_Z^{(K)} - \overline{c}_p^{0(K+1)} T^{0(K+1)}} \quad . \tag{9.114}$$

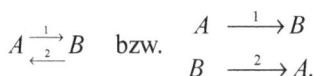

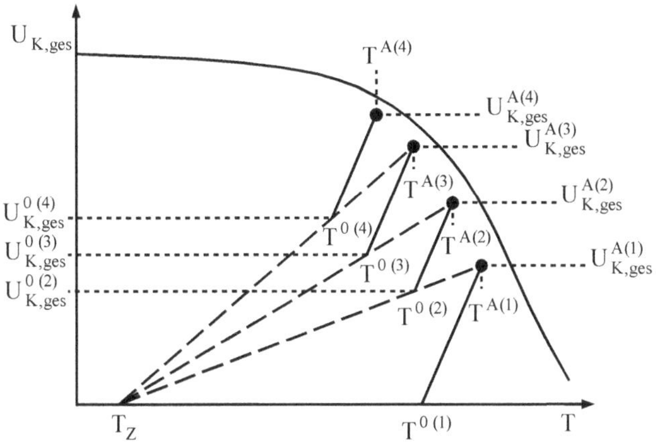

Abb. 9.32: Umsatz-Temperatur-Verlauf im adiabaten Mehrstufenreaktor mit Zwischeneinspeisung

Unter der Voraussetzung, dass am Reaktoreintritt und zwischen den Schichten Gas gleicher Zusammensetzung eingespeist wird, erhält man aus der Stoffbilanz der Mischung

$$U_{k,ges}^{0(K)} = \frac{\dot{m}^{(K-1)}}{\dot{m}^{(K-1)} + \dot{m}_Z} U_{k,ges}^{A(K-1)} . \tag{9.115}$$

Bei konstanten spezifischen Wärmekapazitäten ergibt sich daraus mit Gl. (9.114)

$$\frac{U_{k,ges}^{0(K)}}{U_{k,ges}^{A(K-1)}} = \frac{T^{0(K)} - T_Z}{T^{A(K-1)} - T_Z} . \tag{9.116}$$

Diesen Zusammenhang kann man bei Anwendung des Strahlensatzes auch aus Abb. 9.32 entnehmen.

Weitere Möglichkeiten der Zwischeneinspeisung bestehen darin, nur eine von mehreren reagierenden Komponenten oder Inertstoffe einzuspeisen (z. B. Stickstoff der Luft bei der SO_2-Oxidation, Wasser bei der CO-Konvertierung).

Berechnungsbeispiel 9-3: Ermittlung der Anzahl der adiabaten Reaktionsschichten und der Kaltgasmengen in einem katalytischen Mehrstufenreaktor mit Kaltgaszwischeneinspeisung

Aufgabenstellung

Die Herstellung eines gewünschten Produktes B erfolgt in einem adiabaten heterogen-gaskatalytischen Mehrstufenreaktor mit Kaltgaszwischeneinspeisung, wie er schematisch in Abb. 9.31 dargestellt ist. Innerhalb der einzelnen Katalysatorschichten erfolgt keine Kühlung, so dass jede Schicht als adiabates System betrachtet werden kann. Die exotherme Gleichgewichtsreaktion verläuft nach der vereinfachten Stöchiometrie:

$$A \underset{2}{\overset{1}{\rightleftarrows}} B \quad \text{bzw.} \quad \begin{array}{l} A \xrightarrow{1} B \\ B \xrightarrow{2} A. \end{array}$$

Unter den vereinfachenden Annahmen, dass

- ein quasihomogenes Modell für die Reaktorberechnung annähernd gültig ist,
- die Reaktion volumenbeständig verläuft und in jeder Stufe annähernd bis zum Gleichgewicht geführt wird und
- die spezifische Wärmekapazität, die mittlere Molmasse und die Reaktionsenthalpie näherungsweise als konstante Größen vorgegeben werden können, sollen folgende Teilaufgaben gelöst werden:
  a) grafische Ermittlung der Anzahl der notwendigen Katalysatorschichten und Kaltgaszuführungen, um einen Umsatz von insgesamt 50 % zu erreichen,
  b) Berechnung der notwendigen Zuspeisungsmengen in den einzelnen Stufen, um nach der Mischung jeweils 320 °C zu erreichen.

Gegebene Stoffwerte und Prozessdaten
Experimentelle Untersuchungen ergaben folgende Abhängigkeit des Gleichgewichtsumsatzes von der Temperatur:

$\frac{T}{°C}$	320	350	400	450	527	547
U_{Gl}	0,98	0,97	0,92	0,78	0,39	0,26

Die Reaktionstemperatur in den adiabaten Katalysatorschichten soll zwischen 320 und 550 °C liegen.

Weiterhin sind gegeben:

- Stoffmengenstrom am Eintritt der ersten Schicht $\dot{n}^{0(1)} = \dot{n}_A^{0(1)} = 0,65\frac{kmol}{h}$
- Molmasse des Reaktionspartners $M_A = \bar{M} = 61\frac{kg}{kmol}$
- Mittlere spezifische Wärmekapazität der Reaktionsmischung $C_p = 49,8\,kJ\,kmol^{-1}\,K^{-1}$
- Reaktionsenthalpie (Hinreaktion) $(-\Delta H_R) = 43,3\frac{kJ}{mol}$
- Eintrittstemperaturen für alle Schichten $T^{0(1)} = T^{0(K)} = 320\,°C$
- Kaltgastemperatur $T_Z = 20°C$

Mathematische Lösung und Rechenergebnisse
Da im vorliegenden Beispiel nur die Anzahl der adiabaten Schichten und die Kaltgasmengen für die Zwischeneinspeisung zu ermitteln sind, erübrigt sich die vollständige Lösung des Systems der Stoff- und Wärmebilanzen. Hier ist eine einfache graphische Lösung möglich, weil die annähernde Gleichgewichtseinstellung in jeder Stufe vorausgesetzt wird.

Lösung Teilaufgabe a)
Zur graphischen Ermittlung der notwendigen Anzahl der Katalysatorschichten und Kaltgaszwischeneinspeisungen wird zunächst der Anstieg der $U-T$ – Geraden durch Kombination der Stoff- und Wärmebilanz berechnet.

Stoffbilanz für die als idealer Rohrreaktor betrachtete Katalysatorschicht

$$d\dot{n}_i = R_i \, dV_R \,. \tag{9.117}$$

Für den Reaktionspartner A ergibt sich

$$d\dot{n}_A = \left(-r_1 + r_2\right) dV_R \,. \tag{9.118}$$

Die Indizes 1 und 2 bezeichnen die Hin- und Rückreaktion.

Wärmebilanz

$$\dot{m}\, c_p \, dT = \sum_{j=1}^{M} r_j \left(-\Delta H_{Rj}\right) dV_R \tag{9.119}$$

$$\dot{m}\, c_p \, dT = \left[r_1 \left(-\Delta H_R\right) + r_2 \left(+\Delta H_R\right) \right] dV_R \tag{9.120}$$

Einsetzen der Reaktionsgeschwindigkeiten aus Gl. (9.118) in Gl. (9.120)

$$-d\dot{n}_A = \frac{\dot{m}\, c_p}{\left(-\Delta H_R\right)} dT \tag{9.121}$$

Einsetzen des Umsatzes

Der Umsatz wird auf den bis zur jeweiligen Position realisierten gesamten Eintrittstrom des Stoffes A bezogen (Gasdosierung in die erste Katalysatorschicht und Zwischeneinspeisungen).

$$U = U_{A,ges} = \frac{\dot{n}^0_{A,ges} - \dot{n}_A}{\dot{n}^0_{A,ges}} \tag{9.122}$$

$$d\dot{n}_A = -\dot{n}^0_{A,ges} \, dU \tag{9.123}$$

Integration für die K -te Schicht

$$\dot{n}^{0(K)}_{A,ges} \int_{U^{0(K)}}^{U^{A(K)}} dU = \frac{\dot{m}^{(K)}\, c_p}{\left(-\Delta H_R\right)} \int_{T^{0(K)}}^{T^{A(K)}} dT \tag{9.124}$$

Mit

$$\dot{m} = \dot{m}^{(K)} = \overline{M}\, \dot{n}^{0(K)}_{A,ges} \tag{9.125}$$

und

$$c_p = \frac{C_p}{\bar{\bar{M}}} \tag{9.126}$$

erhält man für die jeweilige Schicht:

$$U^{A(K)} = \frac{C_p}{(-\Delta H_R)}\left(T^{A(K)} - T^{0(K)}\right) + U^{0(K)}. \tag{9.127}$$

Den Austrittsumsatz der jeweiligen Schicht (Gleichgewichtswert) erhält man aus dem Eintrittsumsatz unter Verwendung des Anstieges im $U-T$ – Diagramm (s. Abb. 9.33):

$$\frac{C_p}{(-\Delta H_R)} = 0{,}00115\,K^{-1}. \tag{9.128}$$

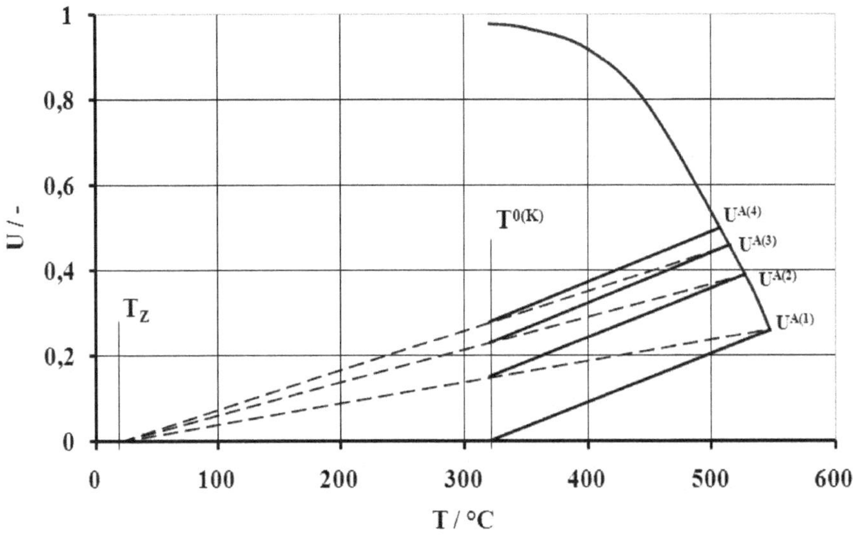

Abb. 9.33: Umsatz-Temperaturverläufe in einem katalytischen Mehrstufenreaktor mit Kaltgaszwischeneinspeisung für das Berechnungsbeispiel 9-3

Die stark gezeichneten Geraden stellen die Umsatz-Temperatur-Verläufe in den einzelnen Katalysatorschichten gemäß Gl. (9.127) dar. Sie enden jeweils an der gekrümmten Linie, die die Abhängigkeit des Gleichgewichtsumsatzes von der Temperatur darstellt, weil hier als Vereinfachung das Erreichen des chemischen Gleichgewichtes in jeder Schicht vorausgesetzt wurde.

Die durchbrochenen Geraden kennzeichnen die durch die Zwischeneinspeisung verursachten Mischungsverhältnisse. Den nach der Zwischeneinspeisung vorliegenden Umsatz kann man dort ablesen, wo die durchbrochene Linie die Vertikale über der vorgegeben Mischungstemperatur schneidet. Hat man entsprechend der Teilaufgabe b) die Kaltgasmengen berechnet, dann lässt sich auch der aus der Graphik entnommene Umsatz nach der Kaltgaseinspeisung rechnerisch überprüfen. Für die Bedingungen nach der ersten Kaltgaseinspeisung gilt beispielsweise folgender Zusammenhang:

$$\dot{n}_A^{0(2)} = \dot{n}_A^{A(1)} + \dot{n}_{AZ}^{(1)} \tag{9.129}$$

$$U^{0(2)} = \frac{\dot{n}_A^{0(1)} + \dot{n}_{AZ}^{(1)} - \dot{n}_A^{0(2)}}{\dot{n}_A^{0(1)} + \dot{n}_{AZ}^{(1)}} \,. \tag{9.130}$$

Ergebnisse der graphischen Lösung:

1. Adiabate Schicht:

$$U^{0(1)} = 0$$
$$U^{A(1)} = 0{,}26$$
$$T^{0(1)} = 320\,°C$$
$$T^{A(1)} = 547\,°C$$

1. Kalteinspeisung = Eintritt in die 2. adiabate Schicht:

$$T^{0(2)} = 320°C$$
$$U^{0(2)} = 0{,}15$$

2. Adiabate Schicht (Austritt):

$$U^{A(2)} = 0{,}39$$
$$T^{A(2)} = 527\,°C$$

2. Kaltgaseinspeisung = Eintritt in die 3. adiabate Schicht:

$$T^{0(3)} = 320\,°C$$
$$U^{0(3)} = 0{,}23$$

3. Adiabate Schicht (Austritt):

$$U^{A(3)} = 0{,}46$$
$$T^{A(3)} = 515\,°C$$

3. Kaltgaseinspeisung = Eintritt in die 4. adiabate Schicht:

$$T^{0(4)} = 320\,°C$$
$$U^{0(4)} = 0{,}28$$

4. Adiabate Schicht (Austritt):

$$U^{A(4)} = 0,5$$

$$T^{A(4)} = 507\,°C$$

Nach der vierten Katalysatorschicht ist der geforderte Umsatz von 50% erreicht.

Lösung Teilaufgabe b)
Die Kaltgaseinspeisungsmengen ergeben sich aus den Mischungsbilanzen der Enthalpieströme an der jeweiligen Position.

1. Einspeisung

Die erste Kaltgaseinspeisung und der Austrittsstrom der ersten Katalysatorschicht werden gemischt und treten in die zweite Katalysatorschicht ein. Damit erhält man folgende Wärmebilanz:

$$\dot{m}^{(1)} c_p T^{A(1)} + \dot{m}_Z^{(1)} c_p T_Z^{(1)} = c_p \left(\dot{m}^{(1)} + \dot{m}_Z^{(1)} \right) T^{0(2)} \tag{9.131}$$

Die hier getroffene Voraussetzung konstanter spezifischer Wärmen muss bei jedem Anwendungsfall überprüft werden. Ist sie näherungsweise zulässig, erhält man folgende Berechnungsgleichung für die Kaltgasmenge:

$$\dot{m}_Z^{(1)} = \dot{m}^{(1)} \frac{T^{A(1)} - T_Z^{(1)}}{T^{0(2)} - T_Z^{(1)}} \tag{9.132}$$

$$\dot{m}^{(1)} = \dot{m}^{0(1)} = \dot{n}_A^0 \, M_A = 0,65\, kmol\, h^{-1}\, 61\, kg\, kmol^{-1} = 39,65\, kg\, h^{-1} \tag{9.133}$$

$$\dot{m}_Z^{(1)} = 30,0 \frac{kg}{h}.$$

2. Einspeisung

$$\dot{m}_Z^{(2)} = \dot{m}^{(2)} \frac{T^{A(2)} - T_Z^{(2)}}{T^{0(3)} - T_Z^{(2)}} \tag{9.134}$$

$$\dot{m}^{(2)} = \dot{m}^{(1)} + \dot{m}_Z^{(1)} \tag{9.135}$$

$$\dot{m}_Z^{(2)} = 48,06 \frac{kg}{h}$$

3. Einspeisung

$$\dot{m}_Z^{(3)} = \dot{m}^{(3)} \frac{T^{A(3)} - T_Z^{(3)}}{T^{0(4)} - T_Z^{(3)}} \tag{9.136}$$

$$\dot{m}^{(3)} = \dot{m}^{(2)} + \dot{m}_Z^{(2)} \tag{9.137}$$

$$\dot{m}_Z^{(3)} = 76{,}51 \frac{kg}{h}$$

Mit diesen Ergebnissen liegen erste Informationen über die notwendige Anzahl der Katalysatorschichten und die Massenströme der Zwischeneinspeisungen vor. Über das notwendige Katalysatorvolumen der einzelnen Schichten erlaubt die hier genutzte Methode keine sinnvollen Aussagen, da in jeder Schicht das Erreichen des chemischen Gleichgewichtes vorausgesetzt wurde, was theoretisch einer unendlich großen Verweilzeit entsprechen würde. Bei weiteren Variantenrechnungen lassen sich andere Austrittsumsätze und -temperaturen für die einzelnen Schichten vorgeben und so Bereiche optimaler Reaktionsgeschwindigkeiten finden. Für jeden dieser Fälle kann dann das notwendige Katalysatorvolumen der Schichten durch Lösung der Stoff- und Wärmebilanzen berechnet werden.

9.3.3 Spezielle verfahrenstechnische Probleme und Betriebsverhalten von Festbettreaktoren

Festbettreaktoren für heterogen-gaskatalytische Reaktionen weisen insbesondere gegenüber homogenen Reaktoren aber auch im Vergleich mit Reaktoren für die Durchführung von nichtkatalytischen Gas-Feststoff-Reaktionen eine Reihe wichtiger Besonderheiten auf, die sich auf spezielle konstruktive Varianten bei der apparativen Gestaltung und vor allem auch auf die Prozessführung beziehen. Dazu werden im Folgenden einige Aspekte diskutiert, die teilweise stark miteinander zusammenhängen. Dabei werden auch Probleme der monolithisch gestalteten Katalysatoren einbezogen, die vielfach denen der Schüttung von Katalysatorpartikeln im Festbett äquivalent sind.

Einbringung und Wechsel von Katalysatoren

Bei Reaktoren größeren Durchmessers (z. B. Vollraumreaktoren) stellt das Füllen des Reaktionsraumes mit Katalysatorpartikeln meist kein Problem dar, wobei die Schüttung auf einer geeigneten Halterung ruht und von oben befüllt wird. Wichtig ist das Erreichen einer möglichst gleichmäßigen Verteilung des Katalysators, weil davon auch gleiche Reaktionsbedingungen über das Volumen des Reaktors abhängen.

Bei Mehrschichtreaktoren kann die Befüllung nur schichtweise erfolgen, weil jede Katalysatorzone auf einer separaten Halterung ruht und vorgegebene Höhen der Schüttung einzuhalten sind. Die Befüllung erfolgt separat für jeden Reaktorschuss und ist deshalb aufwändiger als beispielsweise beim Vollraumreaktor.

Ein eventuell notwendiger Katalysatorwechsel erfordert auch das Entfernen der verbrauchten Schüttung. Im günstigsten Fall öffnet oder entfernt man das Bauteil, auf dem die Schüttung fixiert ist und lässt den Katalysator herausfallen. Mitunter können jedoch Verschmutzungen dazu führen, dass Teile des Festbettes nicht mehr rieselfähig sind. Dann ist oft mechanisches Einwirken notwendig, um schwer entfernbare Bereiche zu beseitigen. Als günstige Lösung erweist sich oft das Absaugen der Katalysatorteilchen aus den Reaktionsrohren, wobei mit einem passenden Saugrohr auch verklebte oder anderweitig verfestigte Regionen zerkleinert und abgesaugt werden können.

Strömungsbedingungen und Druckverlust

Festbettreaktoren werden als durchströmte Systeme grundsätzlich kontinuierlich betrieben. Die Größe, Struktur und Gleichförmigkeit der Partikel und die Art des Einbringens in den meist zylindrischen Reaktionsraum können die Verteilung der Strömungsgeschwindigkeit deutlich beeinflussen. Bei kleineren Rohrdurchmessern, wie sie z. B. in Rohrbündelreaktoren vorliegen, kann eine Ungleichverteilung von Partikeln beträchtliche radiale Unterschiede der axialen Strömungsgeschwindigkeit und insbesondere eine intensivere Strömung im Bereich der Rohrwand (Randgängigkeit) verursachen. Dies sollte durch Wahl einer geeigneten Partikelgröße und -form und sorgfältige Befüllung ebenso vermieden werden wie das Entstehen von Hohlräumen in der Schüttung.

Wenn eine Schüttung kugelförmiger Katalysatorteilchen in dünnen Reaktionsrohren realisiert wird, dann ist das Lückenvolumen nicht gleichmäßig über den Rohrradius verteilt und liegt besonders in Wandnähe deutlich über dem mittleren Wert der Schüttung. Daraus resultiert auch eine radiale Ungleichverteilung der axialen Strömungsgeschwindigkeit, die ebenfalls durch Maxima in Wandnähe gekennzeichnet ist (s. Abb.9.34 nach [9-25]). Für kugelförmige Katalysatorteilchen existiert bereits eine empirische Gleichung zur Berechnung des radialen Verlaufes des Lückenvolumenanteils [9-26]. Bei nicht kugelförmigen Partikeln (Zylinder, Hohlzylinder, Stränge), die in ihrer Lage innerhalb der Schüttung unregelmäßig angeordnet sind, ist eine solche Berechnung gegenwärtig noch nicht möglich. Hier ist allerdings ein radial veränderliches Lückenvolumen außerhalb des Wandbereiches wenig ausgeprägt [9-5].

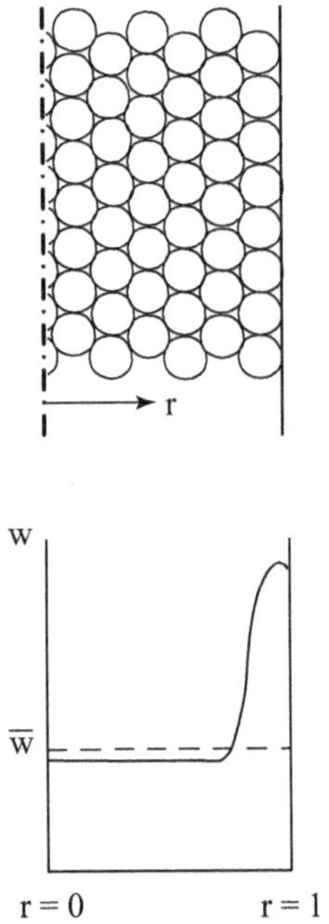

Abb. 9.34: Radiale Verteilung der axialen Strömungsgeschwindigkeit in einem Rohrreaktor mit Kugelpackung

Zur Berechnung des Druckverlustes in katalysatorgefüllten Rohren wird vielfach die *Ergun*-Gleichung verwendet:

$$\Delta p = L_R \frac{1-\varepsilon}{\varepsilon^3} \frac{G^2}{d^P \rho} \left(K_1 \frac{1-\varepsilon}{\text{Re}} + K_2 \right), \tag{9.138}$$

wobei nach [9-27] für Kugelpackungen folgende Koeffizienten gelten:

$K_1 = 150; \quad K_2 = 1{,}75$.

Der flächenbezogene Massendurchsatz G in $kg\, m^{-2}\, s^{-1}$ bezieht sich auf den leeren Rohrquerschnitt. Für die Lückenvolumenanteile kann man von folgenden Richtwerten ausgehen:

$\varepsilon \approx 0{,}37.....0{,}4$ für kugelförmige Partikel

$\varepsilon \approx 0{,}6.....0{,}8$ für Hohlzylinder geringer Wandstärke

$\varepsilon \approx 0{,}35$ für Zylinderpartikel.

Bei Rohrbündelreaktoren, die aus mehreren hundert oder tausend parallel geschalteten Einzelrohren bestehen, kann die axiale Strömungsgeschwindigkeit wegen unterschiedlicher Druckverluste in den einzelnen Rohren deutlich variieren. Vor Beginn einer Betriebsperiode der Katalysatorfüllung wäre dies nur durch einen aufwändigen Druckverlustabgleich aller Rohre und gegebenenfalls eine Nachfüllung mit Katalysator oder Inertmaterial auszuschließen. Diesen Aufwand wird man insbesondere bei kürzeren Standzeiten der Füllung vermeiden. Ungleichmäßigkeiten in der Durchströmung einzelner Rohre oder ganzer Bereiche und eine generelle Erhöhung des Druckverlustes können auch während der Betriebsperiode auftreten. Die Ursachen können in Verstopfungen durch die Ablagerung von Schmutz oder Bestandteilen der Reaktionsmischung liegen. Auch kohlenstoffhaltige Ablagerungen auf Katalysatoren führen mitunter zur Verringerung der freien Querschnitte und damit zu einer Vergrößerung des Druckverlustes.

Parametrische Empfindlichkeit und Stabilität von Festbettreaktoren

Festbettreaktoren der heterogenen Gaskatalyse weisen gegenüber den für Flüssigphasenreaktionen eingesetzten Reaktoren und auch allgemein im Vergleich mit stark rückvermischten Reaktoren einige Besonderheiten auf, die wesentlichen Einfluss auf die betriebliche Praxis besitzen. Für hoch exotherme Reaktionen werden oft Rohrbündelreaktoren eingesetzt, die wegen ihres großen Längen-Durchmesser-Verhältnisses nur eine geringe Rückvermischung aufweisen. Dies führt im Normalfall zu höheren Umsätzen als in rückvermischten Systemen. Durch ein günstiges Verhältnis von Wärmeübertragungsfläche zum Reaktorvolumen bzw. der Katalysatormasse schafft man die Voraussetzung, bei gut ausgelegten Röhrbündelreaktoren unerwünschte Temperaturerhöhungen zu vermeiden und damit kritische Betriebszustände zu verhindern. Gleichzeitig müssen die Temperaturverhältnisse im Reaktor so gestaltet werden, dass hohe Umsätze und gute Ausbeuten an gewünschten Produkten erreicht werden. Außerdem muss gewährleistet sein, dass Gefahr bringende Zustände für Mensch und Material weitgehend ausgeschlossen werden.

Die Gesamtheit dieser Ziele erfordert eine detaillierte Prozesskenntnis, mit der ein optimaler Langzeitbetrieb aufrecht erhalten, bzw. bei Störungen oder notwendigen Änderungen des Normalbetriebes entsprechend reagiert werden kann. Dieses Wissen bezieht sich bei Festbettreaktoren zur Durchführung hoch exothermer Reaktionen vielfach auf die Auswirkungen der Änderung von Eintrittsgrößen oder Kühlbedingungen auf Maximaltemperaturen im Reaktor, die oft wegen möglicher sicherheitstechnischer Randbedingungen oder einer Schädigung des Katalysators bestimmte Grenzwerte nicht überschreiten dürfen.

Im Berechnungsbeispiel 9-2 wurden bereits entsprechende Parameteruntersuchungen auf der Grundlage eines quasihomogenen Reaktormodells durchgeführt. Die Ergebnisse sind in den Abbildungen 9.16 bis 9.24 zusammengestellt. Hier soll dieses Beispiel noch einmal aufgegriffen werden, weil die Rechenergebnisse viele Aspekte des praktischen Verhaltens dieses Reaktortyps verdeutlichen und die Eignung der verwendeten Reaktormodelle zur Berechnung industrieller Reaktoren mehrfach nachgewiesen wurde (siehe z. B. [9-28]). Zur Untersuchung einiger Aspekte der parametrischen Empfindlichkeit wurde vor allem das Problem des Auftretens von Temperaturspitzen in Abhängigkeit von der Kühlmitteltemperatur, der Eintrittstemperatur des Reaktionsgemisches, des Eintrittsmolanteils des Reaktionspartners o-Xylol und des Gesamtdurchsatzes analysiert. Dabei wurden keine Modellrechnungen zum dynamischen Verhalten des Reaktors durchgeführt, mit denen zeitliche Verläufe von Temperatur- und Konzentrationsfeldern bei Veränderung der Eintrittsgrößen berechnet werden können. Die hier dargestellten Verläufe stellen praktisch eine Folge von stationären Zuständen dar. Sie kennzeichnen damit die zu erwartenden Zustände des Reaktors, nachdem sich der stationäre Zustand für die gekennzeichneten Eintrittsgrößen eingestellt hat.

Die in Abb. 9.35 a) dargestellte Abhängigkeit des Maximalwertes des axialen Temperaturverlaufes von der über der Reaktorlänge konstanten Kühlmitteltemperatur entspricht den in Abb. 9.16 dargestellten Ergebnissen, wobei dort wegen einer vorgegebenen oberen Grenztemperatur von etwa 750 K von einer Begrenzung der Kühlmitteltemperatur auf 640 K ausgegangen wurde. Der Verlauf zeigt, dass bei höheren Kühlmitteltemperaturen eine ganz beträchtliche Empfindlichkeit des Reaktors vorliegt, die zu nicht erlaubten Anstiegen der Temperaturspitze im Reaktor führt, wenn man entsprechend weniger intensiv kühlt. Würde man beispielsweise eine Erhöhung der Kühlmitteltemperatur von 640 auf 660 K vornehmen, dann steigt die Maximaltemperatur von etwa 740 K in den hier nicht akzeptablen Bereich von 880 K.

Die Empfindlichkeit des Reaktors hinsichtlich einer Erhöhung der Eintrittstemperatur des Reaktionsgemisches ist dagegen etwas weniger stark ausgeprägt [s. Abb. 9.35 b)]. Erhöht man diesen Wert im gleichen Intervall wie die Kühlmitteltemperatur (640 auf 660 K), dann steigt die Maximaltemperatur um weniger als 100 K und bleibt unter 800 K. Dabei wird allerdings die hier vorgegebene Grenztemperatur von 750 K ebenfalls überschritten.

Von großer Bedeutung für den Reaktorbetrieb ist in diesem Beispiel die Einhaltung eines vorgegebenen Eintrittsmolanteils von o-Xylol. Der im Berechnungsbeispiel 9-2 verwendete Wert von

$$x_A^0 = 0,00929$$

stellt einen oberen Grenzwert dar, der sich aus der unteren Explosionsgrenze eines o-Xylol-Luft-Gemisches ergibt. Insofern hat der in Abb. 9.35 c) dargestellte Verlauf für höhere

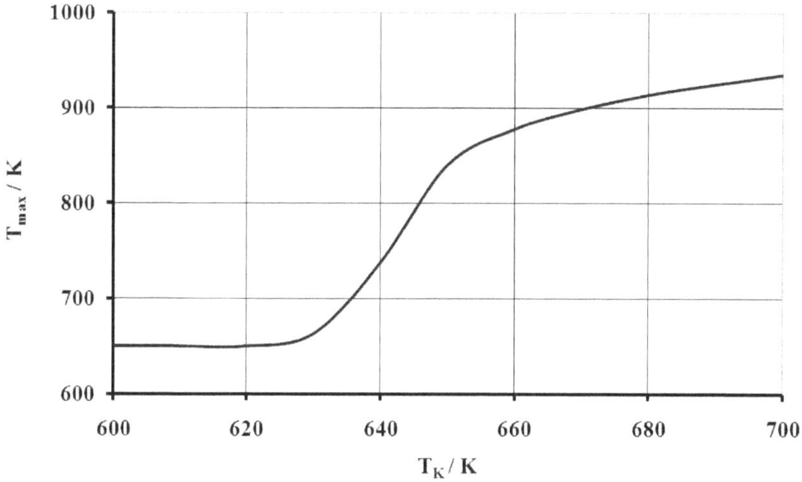

a)

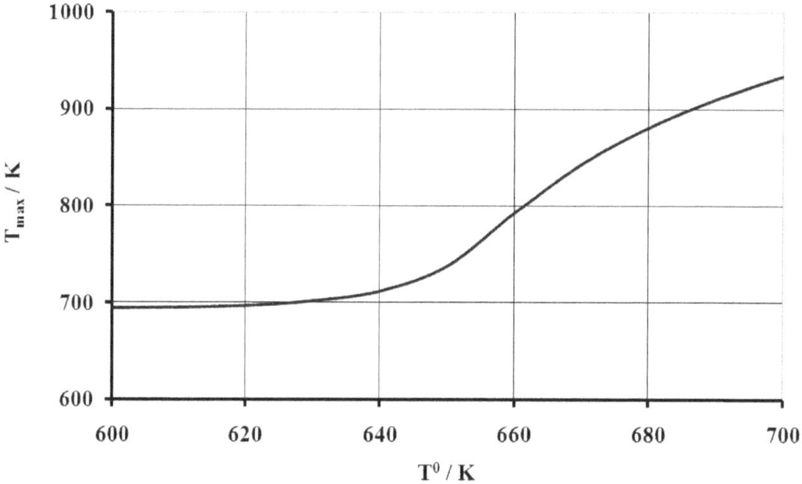

b)

Abb. 9.35: *Maximalwerte des axialen Temperaturprofiles in einem Reaktor für die o-Xylol-Oxidation bei Variation verschiedener Eintrittsgrößen;*
a) Kühlmitteltemperatur, b) Eintrittstemperatur des Reaktionsgemisches
(Fortsetzung *c)* und *d)* siehe folgende Seite)

Eintrittskonzentrationen nur theoretische Bedeutung, wenn es gelingt Schwankungen dieser Größe zu vermeiden. Er weist aber auf eine sehr hohe Empfindlichkeit des Reaktors in diesem Bereich hin, weil eine Vergrößerung des Eintrittsmolanteils zu stark steigenden Maximaltemperaturen führen kann. Eine sicher arbeitende Dosierpumpe für die Einspritzung des o-Xylols in den Luftstrom ist deshalb ebenso wichtig wie ein weitgehend konstanter Volumenstrom der zugeführten Luft. Auch eine Absenkung des Eintrittsmolenbruches führt bei Beibehaltung der anderen Eintrittsdaten und der Kühlmitteltemperatur von 640 K zu ungünstigen Betriebszuständen. Selbst eine geringfügige Reduzierung auf

$$x_A^0 = 0{,}0090$$

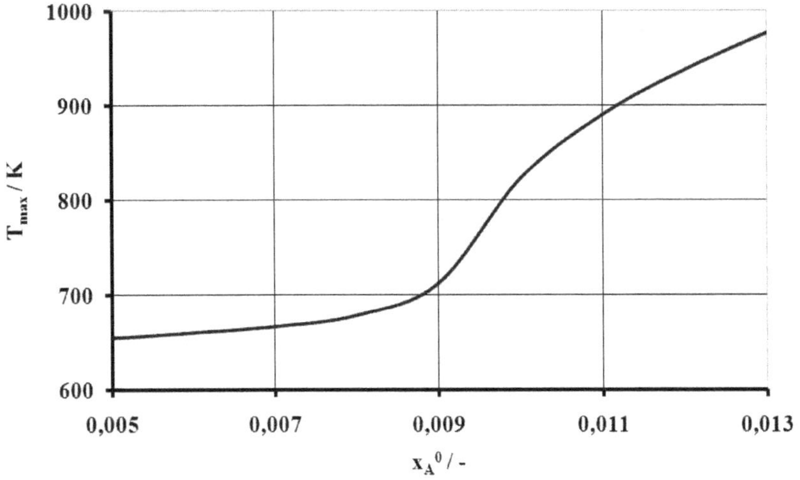

c)

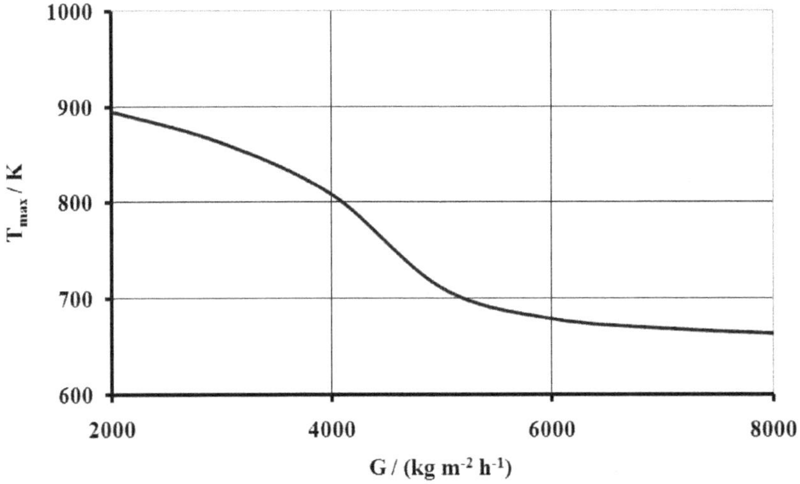

d)

Abb. 9.35: (Fortsetzung)
c) Eintrittsmolanteil von o-Xylol, d) Flächenbezogener Gesamtdurchsatz

senkt bereits die Maximaltemperatur von 738 auf 713 K und verkleinert den Gesamtumsatz wegen des insgesamt niedrigeren Temperaturniveaus von 94,1 auf 91,6%. Auch die produzierte Menge an Phthalsäureanhydrid wird um fast 2% geringer.

Schwankungen des gesamten auf den Reaktorquerschnitt bezogenen Durchsatzes haben beträchtliche Auswirkungen sowohl auf die Maximaltemperatur als auch auf das Umsetzungsverhalten, weil damit die Verweilzeit der Reaktionsmischung beeinflusst wird. Will man das reale Verhalten des Reaktors mit guter Annäherung an die technischen Gegebenheiten mit einem mathematischen Modell beschreiben, dann muss bei polytropen Reaktoren auch der Einfluss des Durchsatzes und damit der axialen Strömungsgeschwindigkeit auf den Wärmedurchgangskoeffizienten berücksichtigt werden. Im vorliegenden Fall wurde vorausgesetzt, dass dieser Koeffizient im Wesentlichen durch den inneren Wärmeübergang an der Reaktorwand beeinflusst wird. Zur Berechnung des Wandwärmeübergangskoeffizienten für durchströmte Schüttungen findet man vielfach die Proportionalität nach [9-29]:

$$\alpha_W^G \sim Re^{0,75} \quad . \tag{9.139}$$

Die Berücksichtigung dieser Abhängigkeit führt zur Intensivierung der Wärmeabführung bei Erhöhung des Durchsatzes und damit zur Absenkung des Temperaturniveaus und auch der Maximaltemperatur. Der letztgenannte Zusammenhang ist in Abb. 9.35 d) dargestellt. Er zeigt einerseits das Auftreten nicht erlaubter Maximaltemperaturen bei Durchsatzverringerung. Selbst eine geringfügige Reduzierung von $4684\,kg\,m^{-2}\,h^{-1}$ auf $4000\,kg\,m^{-2}\,h^{-1}$ lässt die Maximaltemperatur auf über $800\,K$ ansteigen. Auf der anderen Seite führt die Durchsatzerhöhung zu niedrigeren Maximaltemperaturen, was allerdings auch mit einer Umsatzverringerung einhergeht. Durch weiterführende Parameteruntersuchungen wäre zu untersuchen, wie sich Gesamtumsatz und erzeugte Produktmenge gegebenenfalls durch Anhebung der Kühlmitteltemperatur verbessern ließen, ohne dass die Maximaltemperatur festgelegte Grenzwerte überschreitet.

Bei den voran stehenden Ausführungen wurde die parametrische Empfindlichkeit insbesondere im Zusammenhang mit dem Auftreten von Temperaturspitzen im axialen Profil analysiert. Dies erfordert neben Umsatz- und Ausbeuteproblemen oft deshalb besondere Aufmerksamkeit, weil damit vielfach sicherheitstechnische Randbedingungen (z. B. Explosionsgrenzen) oder die durch hohe Temperaturen verursachte Katalysatordesaktivierung verbunden sein können. Zur Vermeidung hoher Temperaturspitzen nutzt man deshalb mitunter auch die Möglichkeit den Katalysator zonenweise mit Inertmaterial zu verdünnen. Entsprechend dessen Massenanteil kann damit die Reaktionsgeschwindigkeit in diesen Bereichen verringert und ein unerwünscht starker Temperaturanstieg vermieden werden. Der Aufwand für die Verdünnung des Katalysators kann allerdings beträchtlich sein, wenn man etwa an die Anzahl von mehreren tausend Einzelrohren eines Rohrbündelreaktors denkt, die in der Befüllung möglichst keine größeren Unterschiede aufweisen sollten.

An dieser Stelle soll auf ein Problem aufmerksam gemacht werden, dass in der betrieblichen Praxis mit dem Auftreten steiler Temperaturmaxima in Festbettreaktoren zusammenhängt. Es ist insbesondere in dünnen katalysatorgefüllten Reaktionsrohren eines Rohrbündels schwierig, Temperaturprofile zu vermessen. Abgesehen davon, dass häufig beträchtliche radiale Temperaturunterschiede auftreten können, die einer Messung schwer zugänglich sind, ist man bei axialen Profilen häufig auf die Verwendung von Thermohülsen (dünne Messrohre zur Aufnahme von Thermoelementen) innerhalb ausgewählter Reaktionsrohre des Reaktors angewiesen. Hier liegen allerdings Ursachen fehlerhafter Messungen mitunter im Messprinzip selbst, weil die Partikelschüttung durch den Einbau der Thermohülse gerade dort in ihrer Packungsdichte beeinflusst werden kann, wo die Messung erfolgen soll. Weiterhin ist zu berücksichtigen, dass innerhalb des Materials der Thermohülse axiale Wärmeleitvorgänge auftreten, die insbesondere bei steilen Temperaturgradienten in der Schüttung zu Verfälschungen der Messergebnisse führen können.

Katalysatordesaktivierung

Bei der Beschreibung der Wirkung von Katalysatoren geht man davon aus, dass durch die chemische Reaktion selbst keine Veränderung der katalytisch aktiven Substanz auftritt. Beim technischen Einsatz dieser Stoffe treten jedoch oftmals Aktivitätsverluste auf, die mitunter bereits nach wenigen Tagen und in anderen Fällen erst nach einer Reihe von Jahren wirksam werden. Dieses Problem hat im Allgemeinen eine beträchtliche wirtschaftliche Bedeutung, weil mit der Abnahme der Aktivität die Leistung des Reaktionsprozesses insgesamt und vielfach auch die Selektivität zurückgehen. Auch die Katalysatorkosten selbst und die Aufwendungen und Ausfallzeiten für den Wechsel oder die Regenerierung des Katalysators erreichen oft beträchtliche Größenordnungen.

Die Katalysatordesaktivierung (auch: Katalysatoralterung) kann durch folgende Einflüsse verursacht werden (s. auch [9-23]):

- Verdampfung oder Sublimation aktiver Zentren von der inneren oder äußeren Oberfläche des Katalysators,
- Vergiftung von Katalysatoren durch irreversible Adsorption z. B. von Schwefel und Schwefelverbindungen, Arsenverbindungen, Phosphor, Blei oder Kohlenmonoxid an aktiven Oberflächen,
- Kohlenstoffablagerungen an Katalysatoren, die in Parallel-, Folge- oder unabhängigen Reaktionen gebildet werden und aktive Zentren blockieren,
- Rekristallisation und Sintervorgänge, die z. B. durch Veränderung der Porenstruktur zum Verlust von aktiver Oberfläche führen.

Die aktuelle Katalysatoraktivität definiert man als das Verhältnis der zum jeweiligen Zeitpunkt vorhandenen Reaktionsgeschwindigkeit zu der Geschwindigkeit, die unter gleichen Temperatur- und Konzentrationsbedingungen am unverbrauchten Katalysator vorliegen würde:

$$a(t) = \frac{r(t)}{r(0)} . \tag{9.140}$$

Dabei bedeuten

$$r(t) = r\left[a(t),\, T(t),\, \prod_i p_i(t)\right] \tag{9.141}$$

$$r(0) = r\left[a(t=0),\, T(t),\, \prod_i p_i(t)\right] . \tag{9.142}$$

Mit dem Produktausdruck wird die durch eine reaktionskinetische Gleichung (z. B. nach *Langmuir-Hinshelwood* – s. Abschnitt 9.2.5) beschriebene Abhängigkeit der Reaktionsgeschwindigkeit von den Partialdrücken oder Konzentrationen beschrieben. Aus den Gleichungen (9.140) und (9.142) ersieht man, dass die Kenntnis der Reaktionskinetik am frischen Katalysator für die Berechnung der Aktivitäten erforderlich ist. Gleichzeitig wird deutlich, dass sich das Problem dann auf die Messung von Reaktionsgeschwindigkeiten beschränkt.

Die Geschwindigkeit der Katalysatordesaktivierung kann man über die zeitliche Änderung der Aktivität in Form einer alterungskinetischen Gleichung quantifizieren, wenn man die Einflussgrößen des Prozesses kennt:

$$r_a = -\frac{da}{dt} = f\left(a, T, p_1, p_2, \ldots, p_i, Re\right). \tag{9.143}$$

Mit dieser Gleichung werden die Probleme einer möglichst exakten Erfassung des Desaktivierungsverhaltens von Katalysatoren deutlich. Sie liegen vor allem darin, dass die wirklichen Mechanismen des Aktivitätsverlustes im Gegensatz zur chemischen Kinetik kaum theoretisch begründet beschrieben werden können und oft mehrere Einflussgrößen wirksam sind. Die *Reynolds*-Zahl als mögliche Variable deutet darauf hin, dass Stoff- und Wärmetransporteinflüsse ebenso wirken können wie der erosive Austrag von aktiver Substanz. Große Schwierigkeiten bei experimentellen Untersuchungen ergeben sich auch daraus, dass oft sehr langsame Vorgänge über längere Zeiträume messtechnisch zu verfolgen sind.

Gelingt es ein Modell gemäß Gl. (9.143) für einen industriell eingesetzten Katalysator aus entsprechenden experimentellen Untersuchungen zu ermitteln, dann ist man in der Lage vollständige Betriebszyklen einer technischen Anlage zu berechnen und zu optimieren.

Für einen Reaktor der Vinylchlorid-Synthese wurde in [9-24] ein mathematisches Modell formuliert und gelöst. Da in diesem Fall die Katalysatoralterung langsam erfolgte, konnten stationäre Stoff- und Wärmebilanzen mit einer Desaktivierungskinetik gekoppelt werden, mit der die zeitliche Aktivitätsabnahme über eine Betriebsperiode von mehr als 200 Tagen erfasst wurde. Interessant sind für die Beurteilung der Laufzeit besonders die Temperaturverhältnisse, weil diese sowohl die Reaktions- als auch die Katalysatoralterungskinetik beeinflussen und wegen auftretender Temperaturspitzen auch unter sicherheitstechnischen Gesichtspunkten beachtet werden müssen. Abb. 9.36 zeigt axiale Temperaturprofile in einem industriellen Reaktor zu unterschiedlichen Laufzeiten einer Betriebsperiode von 200 Tagen. Daraus sind folgende Schlussfolgerungen zu ziehen, die für exotherme Reaktionen typisch sind, bei denen vor allem hohe Temperaturen den Aktivitätsverlust des Katalysators verursachen:

1. Zu Beginn der Betriebsperiode tritt eine sehr steile Temperaturspitze nach wenigen Zentimetern Reaktorlänge auf. Dies kann sicherheitstechnische Probleme mit sich bringen, wenn bestimmte Grenztemperaturen einzuhalten sind. Hier macht sich dieser Sachverhalt auch deshalb sehr ungünstig bemerkbar, weil die Desaktivierung durch hohe Temperaturen beschleunigt wird. Ansonsten wäre der Reaktor völlig überdimensioniert, da sehr schnell ein vollständiger Umsatz erreicht wird.
2. Durch den in den vorderen Bereichen geschädigten Katalysator steigt die Reaktionsgeschwindigkeit in axialer Richtung an den Folgetagen langsamer an, wie aus den weniger steil ansteigenden Temperaturprofilen ersichtlich ist. Der Hauptteil der Umsetzung erfolgt auch am 100. Tag der Betriebsperiode noch immer in der ersten Hälfte des Reaktors. Für die erwünschte möglichst vollständige Umsetzung ist es sinnvoll die Kühlmitteltemperatur anzuheben, wie dies an den erhöhten Reaktionstemperaturen am Reaktoraustritt sichtbar wird. Dort liegt eine weitgehende Annäherung an die Kühlmitteltemperatur vor.
3. Am Ende der Betriebsperiode (200. Tag) verschiebt sich der Hauptteil der Umsetzung in die zweite Reaktorhälfte, weil die vorderen Bereiche schon weitgehend desaktiviert sind. Dadurch treten keine markanten Temperaturspitzen auf. Durch Anheben des Temperatur-

niveaus insgesamt (weitere Erhöhung der Kühlmitteltemperatur) kann ein Absinken des Austrittsumsatzes noch vermieden werden. Dies lässt sich solange fortführen, wie der Umsatz als zufrieden stellend eingeschätzt wird.

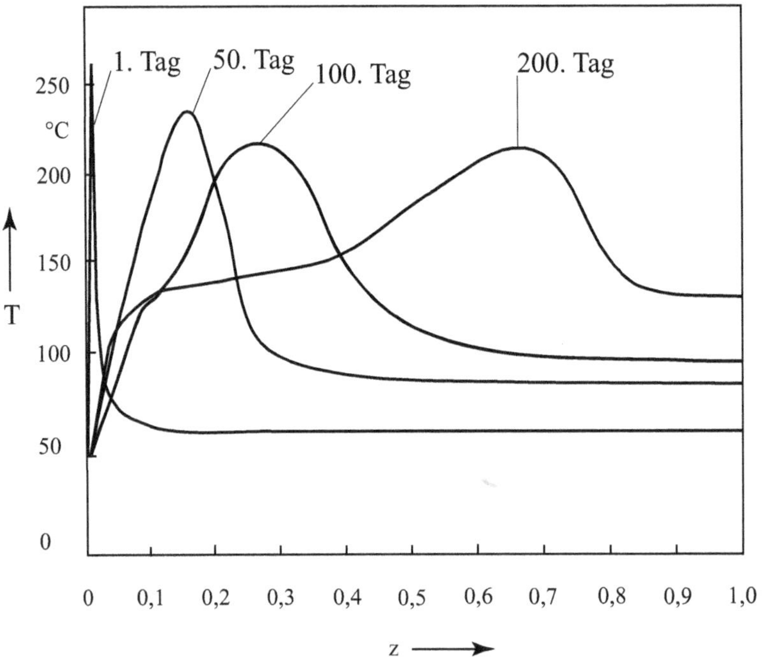

Abb. 9.36: *Axiales Temperaturprofil im einem polytropen Festbettreaktor mit exothermer Reaktion zu verschiedenen Zeitpunkten einer Betriebsperiode*

9.4 Wirbelschichtreaktoren für gaskatalytische Reaktionen

Wirbelschichtprozesse werden sowohl zur Durchführung rein physikalischer Operationen der thermischen Verfahrenstechnik (Trocknung, Aufheizung, Abkühlung) als auch für chemische Reaktionen eingesetzt. Im Fall der nichtkatalytischen Gas-Feststoff-Reaktionen liegen ein oder mehrere Reaktionspartner in der aufgewirbelten festen Phase vor, die dann in ihrer Struktur verändert oder auch durch die Reaktion vollständig verbraucht wird. Bei gaskatalytischen Reaktionen in der Wirbelschicht wird der Katalysator aufgewirbelt, während die Reaktionspartner und -produkte gasförmig vorliegen. Aus diesen Gegebenheiten kann zunächst der Schluss gezogen werden, dass die grundlegenden Teilprozesse (chemische Oberflächenreaktion, Sorptionsprozesse an der Katalysatoroberfläche, Stoff- und Wärmetransport an der äußeren Katalysatoroberfläche und innerhalb des Katalysatorkorns) gegenüber dem Festbettreaktor unverändert zu beschreiben sind. In ihrem Einfluss auf die gesamte Umsetzungsgeschwindigkeit sind sie jedoch höchst unterschiedlich, weil durch die Aufwirbelung des Katalysators andere strömungstechnische Bedingungen vorliegen und kleinere

Katalysatorkörner eingesetzt werden. Die sich daraus ergebenden Besonderheiten der Auslegung und des Betriebes von Wirbelschichtreaktoren sollen deshalb im Mittelpunkt der folgenden Kapitel stehen.

Eine zusammenfassende Übersicht zur Charakteristik der Wirbelschicht ist z. B. in [9-30] gegeben.

9.4.1 Strömungstechnische Charakteristik der Wirbelschicht

Beim langsamen Durchströmen einer Schüttschicht von unten nach oben liegt zunächst eine ruhende Schüttung (Festbett) vor [Abb.9.37 a)]. Durch Erhöhung des Gasdurchsatzes erreicht man einen Zustand, bei dem eine Auflockerung der Partikelschüttung erfolgt, die mit deren vertikaler Ausdehnung und unregelmäßigen Teilchenbewegungen verbunden ist. Die dann vorliegende Lockerungsgeschwindigkeit (Wirbelpunktsgeschwindigkeit) ist dadurch gekennzeichnet, dass ein Gleichgewicht zwischen der durch die Gasströmung auf die Feststoffteilchen ausgeübten Widerstandskraft und dem um den Auftrieb verminderten Feststoffgewicht vorliegt [Abb. 9.37 b)]. Für eine Schicht der Höhe h gilt dann für den *Druckverlust*:

$$\Delta p = (1-\varepsilon)\left(\rho^P - \rho^G\right) gh . \tag{9.144}$$

Dabei stellt ε den Anteil des Leerraumvolumens am gesamten Reaktorvolumen dar.

In den meisten Fällen gilt

$$\rho^G << \rho^P \tag{9.145}$$

und damit

$$\Delta p = (1-\varepsilon)\rho^P gh . \tag{9.146}$$

Diese Beziehung erlaubt nur eine grobe Abschätzung des Druckverlustes, weil die Partikel als Einzelkörper im strömenden Medium angesehen werden.

Der Druckverlust der aufgewirbelten Katalysatorschicht ändert sich nur geringfügig, wenn die Strömungsgeschwindigkeit des Gases weiter erhöht wird. Deshalb sind die für den Lockerungspunkt berechneten Werte in etwa repräsentativ für das Betriebsverhalten der Wirbelschicht.

Eine weitere Möglichkeit zur Berechnung des Druckverlustes bei Kenntnis der Strömungsgeschwindigkeit in der Nähe des Wirbelpunktes bietet die *Ergun*-Gleichung [9-27], wobei auch unregelmäßig geformte Teilchen berücksichtigt werden können:

$$\frac{\Delta p}{h} = 4{,}17 S_v^2 \frac{(1-\varepsilon)^2}{\varepsilon^3} \nu \rho^G w + 0{,}29 S_v \frac{1-\varepsilon}{\varepsilon^3} \rho^G w^2 . \tag{9.147}$$

Dabei stellt S_v eine spezifische Oberfläche mit folgender Definition dar:

$$S_v = \frac{\text{Äußere Oberfläche aller Partikel}}{\text{Volumen aller Partikel}} . \tag{9.148}$$

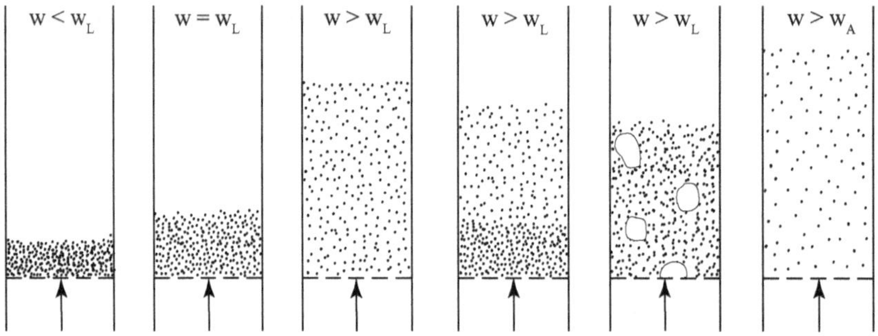

Abb. 9.37: *Strömungszustände in Wirbelschichten;*
a) Ruhende Schüttung, b) Beginn der Aufwirbelung (Lockerungspunkt),
c) Homogene Wirbelschicht, d) Klassierende Wirbelschicht, e) Blasenbildende Wirbelschicht,
f) Pneumatischer Transport

Für den Betrieb von Wirbelschichtreaktoren ist die Kenntnis der *Lockerungsgeschwindigkeit* von großem Interesse, weil unterhalb dieses Wertes die Schüttung nicht aufgewirbelt wird. Durch Umstellung der *Ergun*-Gleichung erhält man

$$w_L = 7{,}14\left(1-\varepsilon_L\right)\nu S_v\left[\sqrt{1+0{,}067\frac{\varepsilon_L^3}{\left(1-\varepsilon_L\right)^2}\frac{\left(\rho^P-\rho^G\right)g}{\rho^G\nu^2 S_v^3}}-1\right]. \tag{9.149}$$

In dieser Gleichung ist ε_L der Leerraumvolumenanteil am Lockerungspunkt, der im Allgemeinen experimentell zu bestimmen ist. Er liegt im Bereich von 0,4 bis 0,7; für kugelförmige Teilchen kann mit guter Näherung $\varepsilon_L = 0{,}4$ angenommen werden.

Es besteht auch die Möglichkeit, die Lockerungsgeschwindigkeit ohne Kenntnis des Leerraumvolumenanteils abzuschätzen, wenn man eine empirische Beziehung von *Wen* und *Yu* [9-31] verwendet:

$$Re_L = \frac{w_L d^P}{\nu} = 33{,}7\left(\sqrt{1+3{,}6\cdot 10^{-5}\,Ar}-1\right). \tag{9.150}$$

Dabei ist die *Archimedes*-Zahl folgendermaßen definiert:

$$Ar = \frac{\rho^P-\rho^G}{\rho^G}\frac{g\left(d^P\right)^3}{\nu^2}\;. \tag{9.151}$$

Werden Strömungsgeschwindigkeiten oberhalb der Lockerungsgeschwindigkeit eingestellt, dann bildet sich eine Wirbelschicht aus, die unterschiedliche Verteilungen der Katalysatorpartikel aufweisen kann. Im Idealfall liegt eine *homogene Wirbelschicht* mit einer weitgehend gleichmäßigen Feststoffverteilung vor [Abb. 9.37 c)]. Dies setzt allerdings den Einsatz von Teilchen gleicher Beschaffenheit (Größe, Form, Dichte) voraus.

Bei unterschiedlichen Teilchengrößen ist mit der Ausbildung einer *klassierenden Wirbelschicht* [Abb. 9.37 d)] zu rechnen. Dabei werden sich die kleinen Teilchen vorzugsweise im oberen und die größeren im unteren Bereich der Schicht aufhalten.

Eine häufige Erscheinungsform ist die *brodelnde* oder *blasenbildende* Wirbelschicht [Abb. 9.37 e)], die ähnlich einer gasdurchströmten Flüssigkeit aus weitgehend feststofffreien Blasen und Bereichen mit einer sich ständig ändernden Feststoffkonzentration besteht. Bei weiter zunehmender Strömungsgeschwindigkeit können die Blasen insbesondere in Wirbelschichtreaktoren mit kleinen Durchmessern so groß werden, dass sie den gesamten Querschnitt füllen und sich wie ein Kolben durch die Schicht bewegen. Dabei schieben sie Bereiche hoher Feststoffkonzentration vor sich her und können selbst auch wieder zerplatzen und in sich zusammen sinken. Man spricht dann von einer *stoßenden Wirbelschicht.*

Wenn die Gasgeschwindigkeit die freie Sinkgeschwindigkeit der Partikel überschreitet, dann werden die Teilchen ausgetragen. Dann liegt ein *pneumatischer Feststofftransport* [Abb. 9.37 f)] vor, dessen Beginn durch die vom Partikeldurchmesser abhängige *Austragsgeschwindigkeit* gekennzeichnet ist. Da deren Größe den Arbeitsbereich des Wirbelschichtreaktors begrenzt, ist eine Berechnung von praktischem Interesse. Nach *Haider* und *Levenspiel* [9-32] kann die Austragsgeschwindigkeit mit folgender Beziehung berechnet werden:

$$w_A = w_A^* \left[\frac{\rho^G}{\nu\left(\rho^P - \rho^G\right) g} \right]^{-\frac{1}{3}} . \tag{9.152}$$

Für die Anwendung dieser Gleichung benötigt man die folgenden dimensionslosen Größen:

Für kugelförmige Partikel

$$w_A^* = \left[\frac{18}{\left(d^{P*}\right)^2} + \frac{0{,}591}{\left(d^{P*}\right)^{\frac{1}{2}}} \right]^{-1} \tag{9.153}$$

Für unregelmäßig geformte Partikel

$$w_A^* = \left[\frac{18}{\left(d^{P*}\right)^2} + \frac{2{,}335 - 1{,}744\phi^P}{\left(d^{P*}\right)^{\frac{1}{2}}} \right]^{-1} . \tag{9.154}$$

Dabei gilt für die Sphärizität der Partikel

$$\phi^P = \frac{\text{Äußere Oberfläche eines kugelförmigen Partikels}}{\text{Äußere Oberfläche eines Partikels mit gleichem Volumen}} \tag{9.155}$$

und für den dimensionslosen Partikeldurchmesser

$$d^{P*} = d^P \left[\frac{\left(\rho^P - \rho^G\right) g}{\nu^2 \rho^G} \right]^{\frac{1}{3}} . \tag{9.156}$$

Will man trotz des Austrages von Katalysatorpartikeln eine Wirbelschicht im Reaktor aufrechterhalten, dann müssen Teilchenströme kontinuierlich zurückgeführt werden. Man spricht dann von einer *zirkulierenden Wirbelschicht*. In diesem Fall werden Strömungsbedingungen realisiert, die gegenüber der blasenbildenden Wirbelschicht durch höhere Turbulenzen gekennzeichnet sind. Hohe Gasgeschwindigkeiten können zur Ausbildung vertikaler Gaskanäle und zum Mitreißen von kleinen Teilchen führen, die dem Reaktor wieder zugeführt werden können. Bei weiterer Steigerung der Gasbelastung können sich ein feststoffarmer Kern im axialen Bereich und eine höhere Feststoffdichte in Wandnähe ausbilden. Auch hier werden kleinere Partikel ausgetragen. Schließlich liegt bei noch größerer Strömungsgeschwindigkeit die pneumatische Förderung vor, bei der alle Partikel kontinuierlich unten eingegeben und oben ausgetragen werden.

Berechnungsbeispiel 9-4: Berechnung der Lockerungsgeschwindigkeit, des Druckverlustes und der Austragsgeschwindigkeit in einem Wirbelschichtreaktor

Aufgabenstellung
In einem Wirbelschichtreaktor sollen weitgehend einheitliche kugelförmige Katalysatorpartikel eingesetzt werden, deren Durchmesser und Dichte bekannt sind. Für vorgegebene Stoffwerte des Gases sind die Lockerungsgeschwindigkeit, der Druckverlust in der Nähe des Wirbelpunktes und die Austragsgeschwindigkeit zu berechnen.

Gegebene Größen und Stoffwerte
In Anlehnung an die in [9-33] angegebenen Daten für die autotherme Methan-Konvertierung werden folgende Stoffwerte und Prozessdaten verwendet:

- Dichte des Gases $\rho^G = 0{,}182\, kg\, m^{-3}$
- Dichte der Partikel $\rho^P = 1500\, kg\, m^{-3}$
- Mittlerer Partikeldurchmesser $d^P = 0{,}0025\, m$
- Kinematische Viskosität des Gases $\nu = 2{,}129 * 10^{-4}\, m^2\, s^{-1}$
- Leerraumvolumenanteil am Lockerungspunkt $\varepsilon_L = 0{,}4$
- Gesamtvolumen der aufgewirbelten Schicht am Lockerungspunkt $V_{ges} = 2{,}5\, m^3$
- Reaktordurchmesser $d_R = 1{,}5\, m$

Berechnung der Lockerungsgeschwindigkeit

Die Berechnung der Lockerungsgeschwindigkeit erfordert zunächst die Ermittlung der spezifischen Oberfläche der eingesetzten Katalysatorpartikel, für die im vorliegenden Beispiel eine kugelförmige Gestalt vorausgesetzt wird. Damit ergibt sich nach Gl. (9.148)

$$S_v = \frac{O^P}{V^P} = \frac{6}{d^P} = 2400\,m^{-1}.$$

Mit dieser Größe erhält man nach Gl. (9.149) folgenden Wert für die Lockerungsgeschwindigkeit, wobei neben den Stoffwerten der Gas- und Katalysatorphase auch ein wahrscheinlicher Leerraumvolumenanteil vorgegeben sein muss:

$$w_L = 1{,}30\,m\,s^{-1}.$$

Nutzt man die empirische Gleichung von *Wen* und *Yu* gemäß Gl. (9.150), dann kann man die Lockerungsgeschwindigkeit ohne Kenntnis des Leerraumvolumenanteils abschätzen. Dazu wird zunächst die *Archimedes*-Zahl nach Gl. (9.151) berechnet:

$$Ar = \frac{1500-0{,}182}{0{,}182} \cdot \frac{9{,}81\cdot(0{,}0025)^3}{\left(2{,}129\cdot 10^{-4}\right)} = 27868.$$

Mit Hilfe dieser Größe kann nach Gl. (9.150) die *Reynolds*-Zahl berechnet werden:

$$Re_L = \frac{w_L d^P}{\nu} = 33{,}7\left(\sqrt{1+3{,}6\cdot 10^{-5}\,Ar}-1\right) = 14{,}00.$$

Die Umstellung dieser Beziehung nach der Lockerungsgeschwindigkeit ergibt

$$w_L = Re\frac{\nu}{d^P} = 14{,}00\frac{2{,}129\cdot 10^{-4}}{0{,}0025} = 1{,}19\,m\,s^{-1}.$$

Die auf zwei unterschiedlichen Wegen berechneten Lockerungsgeschwindigkeiten weichen um weniger als 10% voneinander ab.

Berechnung des Druckverlustes

In der Nähe des Lockerungspunktes erhält man mit Gl. (9.146)

$$\Delta p = \left(1-\varepsilon_L\right)\rho^P g h_L.$$

Die Schichthöhe am Lockerungspunkt beträgt:

$$h_L = \frac{4V_{Ges}}{\pi d_R^2} = 1{,}415\,m.$$

Damit ergibt sich:

$$\Delta p = 12{,}49\,kPa.$$

Geht man von der *Ergun*-Gleichung (9.147) zur Druckverlustberechnung aus, dann ergibt sich unter Verwendung der Bedingungen am Lockerungspunkt

$$\frac{\Delta p}{h_L} = 8813\,Pa\,m^{-1},$$

bzw. mit der berechneten Schichthöhe von $h_L = 1,415\,m$

$$\Delta p = 12,47\,kPa\,.$$

Hier ergibt sich eine sehr gute Übereinstimmung der auf verschiedenen Wegen berechneten Druckverluste.

Berechnung der Austragsgeschwindigkeit

Die Austragsgeschwindigkeit wird als Funktion des Partikeldurchmessers berechnet, um Informationen darüber zu gewinnen, ob bei den gewählten Prozessbedingungen gegebenenfalls vom mittleren Korndurchmesser abweichende Teilchen oder auch Abrieb von Partikeln mit dem Gasstrom ausgetragen werden.

Die Beispielrechnung erfolgt für den Partikeldurchmesser von $d^P = 0,0025\,m$. Damit ergibt sich nach Gl. (9.156) der folgende dimensionslose Partikeldurchmesser:

$$d^{P*} = d^P \left[\frac{\left(\rho^P - \rho^G\right)g}{\nu^2 \rho^G}\right]^{\frac{1}{3}} = 0,0025\left[\frac{(1500-0,182)9,81}{\left(2,129*10^{-4}\right)^2 * 0,182}\right]^{\frac{1}{3}}$$

$$d^{P*} = 30,29\,.$$

Nach Gl. (9.153) lässt sich damit die dimensionslose Austragsgeschwindigkeit für kugelförmige Partikel berechnen:

$$w_A^* = \left[\frac{18}{\left(d^{P*}\right)^2} + \frac{0,591}{\left(d^{P*}\right)^{\frac{1}{2}}} = \left[\frac{18}{30,29^2} + \frac{0,591}{30,29^{\frac{1}{2}}}\right]\right]$$

$$w_A^* = 7,874\,.$$

Für die hier vorliegenden relativ großen Katalysatorteilchen ergibt sich dann entsprechend Gl. (9.152) folgende Austragsgeschwindigkeit:

$$w_A = w_A^* \left[\frac{\rho^G}{\nu\left(\rho^P - \rho^G\right)g}\right]^{-\frac{1}{3}} = 7,874\left[\frac{0,182}{2,129*10^{-4}(1500-0,182)9,81}\right]^{-\frac{1}{3}}$$

$$w_A = 20,3\,m/s\,.$$

Bei diesem Partikeldurchmesser existiert zwischen der Lockerungsgeschwindigkeit von $w_L = 1{,}3\,m/s$ und der Austragsgeschwindigkeit von $w_A = 20{,}3\,m/s$ ein großer Durchsatzbereich, der die Aufwirbelung ohne Austrag der Teilchen kennzeichnet.

Mitunter liegen nicht einheitliche Partikeldurchmesser oder auch Bruchstücke von Teilchen vor, so dass es von Interesse sein kann, bei welcher Strömungsgeschwindigkeit des Gases kleinere Katalysatorkörner ausgetragen werden. Setzt man für solche Beispielrechnungen ebenfalls kugelförmige Teilchen voraus, dann ergibt sich die in Abb. 9.38 dargestellte Abhängigkeit der Austragsgeschwindigkeit vom Partikeldurchmesser.

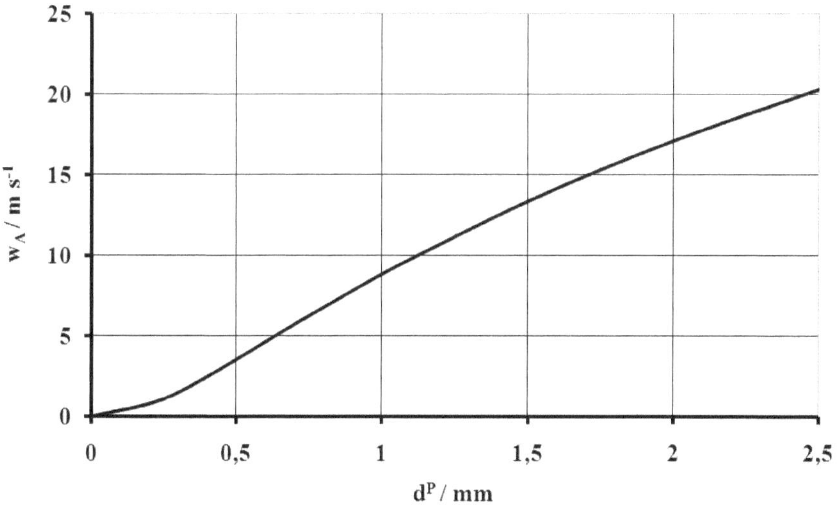

Abb. 9.38: Austragsgeschwindigkeit in Abhängigkeit vom Partikeldurchmesser

9.4.2 Vor- und Nachteile von Wirbelschichtreaktoren

Wirbelschichtreaktoren für heterogen-gaskatalytische Reaktionen weisen insbesondere im Vergleich zu Festbettreaktoren einige wesentliche Vor- und Nachteile auf, die sich zum großen Teil aus der strömungstechnischen Charakteristik ergeben. Folgende **Vorteile** sind zu nennen:

- In der Wirbelschicht liegt ein intensiver Stoff- und Wärmeaustausch zwischen Gasstrom und Katalysatoroberfläche vor. Auch zwischen der Wirbelschicht und gekühlten oder beheizten Reaktorwänden oder internen Wärmeübertragungsflächen sind die Wärmeübergangskoeffizienten höher als in der reinen Gasströmung.
- Da vielfach deutlich kleinere Katalysatorpartikel als im Festbett eingesetzt werden, ist der Einfluss der Porendiffusion und der Wärmeleitung innerhalb des Kornes gering.
- Die intensive Vermischung innerhalb der Wirbelschicht führt zu weitgehend isothermen Bedingungen. Gravierende Temperaturspitzen – etwa im Vergleich zum Festbettreaktor – treten auch bei hoch exothermen Reaktionen nicht auf.
- Zwischen dem Lockerungspunkt und dem Austragspunkt liegt ein größerer Bereich der Strömungsgeschwindigkeit vor, in dem ein annähernd konstanter Druckverlust auftritt.

- Es besteht die Möglichkeit einer ständigen Zu- und Abführung von Katalysator, wodurch eine kontinuierliche Regeneration möglich ist. Wirbelschichten können auch zirkulieren und über andere Reaktions- oder Regenerationsstufen im Kreislauf geführt werden.
- Es können relativ große, einfach aufgebaute Reaktoren eingesetzt werden, so dass die Investitionskosten vergleichsweise gering sind.

Wirbelschichtreaktoren besitzen folgende **Nachteile**, die teilweise unmittelbar mit den genannten Vorteilen verbunden sind:

- Der Katalysator muss weitgehend abriebfest sein, weil ansonsten Partikelbruchstücke ausgetragen werden und nachfolgende Gasreinigungen erforderlich machen. Vielfach müssen Gas-Feststoff-Trenneinrichtungen (z. B. Zyklone) im oberen Teil des Reaktors eingebaut werden. Die Bewegung der Feststoffteilchen führt auch zur Erosion an Reaktorwänden oder an Einbauten im Reaktionsraum.
- Die oben als Vorteil genannte Vermischung in der Wirbelschicht ist mit dem Nachteil verbunden, den ein stark vermischtes System hinsichtlich des ungünstigeren Verweilzeitverhaltens besitzt. Gegenüber einem Reaktor mit geringer axialer Rückvermischung (z. B. lange dünne Rohre in Rohrbündelreaktoren) werden in der Regel kleinere Umsätze bei vergleichbaren Verweilzeiten erreicht.
- Wegen der Gefahr des Partikelaustrages ist die Strömungsgeschwindigkeit nach oben begrenzt oder es müssen Gas-Feststoff-Trennverfahren eingesetzt werden, um Katalysatorteilchen zurück zu halten. Dies trifft nicht auf zirkulierende Wirbelschichten zu.
- Die Größe und Form der Katalysatorpartikel müssen in einem bestimmten Bereich liegen. Teilchen, die zum Agglomerieren neigen, sind für Wirbelschichtprozesse nicht geeignet.
- Die bei Wirbelschichten vielfach auftretenden Inhomogenitäten können den Reaktorbetrieb insofern erschweren als mit sehr uneinheitlichen Verweilzeitverteilungen des Reaktionsgemisches gerechnet werden muss. Besonders in der brodelnden oder blasenbildenden Wirbelschicht ist die Aufstiegsgeschwindigkeit der weitgehend feststofffreien Blasen sehr uneinheitlich.
- Die Berechnung von Wirbelschichtreaktoren und auch die Maßstabsübertragung vom Labor- und Technikumsmaßstab in den industriellen Maßstab sind wegen der komplizierten Strömungsverhältnisse in diesem heterogenen Reaktionssystem oft schwierig und mit Unsicherheiten behaftet.

Es gibt eine Reihe heterogen-gaskatalytischer Reaktionen im industriellen Maßstab, die sowohl im Festbettreaktor als auch in der Wirbelschicht durchgeführt werden können. Durch Abwägung der Vor- und Nachteile, die sich letztlich in einem Kostenvergleich niederschlagen müssen, kann die Entscheidung für die im jeweils vorliegenden Fall günstigere Variante getroffen werden.

9.4.3 Berechnung von Wirbelschichtreaktoren

Aus der strömungstechnischen Charakteristik ergeben sich für die Berechnung von Wirbelschichtreaktoren vielfach gravierende Besonderheiten, die in erster Linie durch die Ungleichverteilung der Katalysatorpartikel im Reaktionsraum und durch eine unübersichtliche Verweilzeitverteilung der Gasphase verursacht werden. Deshalb ist eine verlässliche Vorausberechnung von Wirbelschichtreaktoren sehr schwierig; eine Nachrechnung experimenteller Daten gelingt vielfach nur bei Verwendung einer beträchtlichen Anzahl von prozessspezifischen Parametern. Trotzdem kann man von einigen Grundlinien der Reaktorberechnung ausgehen, die folgende Sachverhalte betreffen:

- Wegen der intensiven Vermischung im Reaktionsraum erübrigt sich in den meisten Fällen die Berechnung von Temperaturfeldern. Im Gegensatz zum Festbettreaktor kann man auch bei stark exothermen Reaktionen in der Wirbelschicht davon ausgehen, dass näherungsweise *isotherme Verhältnisse* vorausgesetzt werden können. Temperaturunterschiede zwischen Reaktorein- und -austritt können dann mit Hilfe der Wärmebilanz für ein durchmischtes System berechnet werden.
- Kann man eine weitgehend *homogene Wirbelschicht* voraussetzen, dann sind Überschlagsrechnungen zur Ermittlung von Austrittskonzentrationen mit Hilfe der *Stoffbilanzen des kontinuierlichen Rührkessels* möglich, wenn die eingesetzte Katalysatormenge vorgegeben wird. Damit würden man die ungünstigsten Verweilzeitverhältnisse voraussetzen, weil die ideale Vermischung im Vergleich zu weniger durchmischten Reaktoren im Normalfall die geringsten Umsätze ergibt.
- Kann man weiterhin davon ausgehen, dass wegen der in der Wirbelschicht eingesetzten kleinen Katalysatorkörner keine Porendiffusionshemmung auftritt und der äußere Stoff- und Wärmetransport zwischen Gasstrom und Katalysatoroberfläche durch die Turbulenz im aufgewirbelten Bett ausreichend schnell erfolgt, dann kann ein einfaches *quasihomogenes Modell* für die stoffliche Bilanzierung verwendet werden.
- Verlässt man die vereinfachte Vorstellung einer homogenen Wirbelschicht mit einer konstanten Partikelverteilung im Reaktionsraum, dann muss man vor allem die Bildung von weitgehend feststofffreien Gasblasen [s. Abb. 9-37 e)] berücksichtigen und auf ein *Zweiphasenmodell* zurückgreifen. Neben der Blasenphase liegt dann eine Suspensionsphase vor, in der wegen der dortigen Anwesenheit des Katalysators die chemische Reaktion lokalisiert ist. Zwischen den Phasen finden Stoffübergangsprozesse statt, die einen Transport der Reaktionspartner aus der Blasenphase in die Suspensionsphase ermöglichen. Allerdings sind die Koeffizienten für diesen Transportschritt nicht leicht zu ermitteln und auch die Berechnung weiterer notwendiger Modellparameter wie der spezifischen Stoffaustauschfläche, des relativen Volumenanteils der Blasenphase oder der Blasenaufstiegsgeschwindigkeit ist mit Unsicherheiten behaftet. In [9-34] wird ein Zweiphasenmodell beschrieben, bei dem von einer idealen Pfropfenströmung in beiden Phasen ausgegangen wird. Mit den auf dieser Grundlage gelösten Stoffbilanzen konnten Messungen in Labor-Wirbelschichtreaktoren gut beschrieben werden.

Eine umfassende Übersicht zu weiteren *Blasenmodellen* und auch zur Berechnung zirkulierender Wirbelschichten wird in [9-35] gegeben. Auch hier sind vereinfachende Annahmen notwendig und mit der Erhöhung des Kompliziertheitsgrades der Modelle tritt eine steigende Anzahl notwendiger Modellparameter auf, deren exakte Berechnung in vielen Fällen schwierig ist.

10 Reaktoren für Fluid-Fluid-Reaktionen

Der Begriff „Fluid-Fluid-Reaktionen" bezieht sich darauf, dass im Reaktor mindestens zwei fluide Phasen vorliegen, in denen sich verschiedene Komponenten des Reaktionsgemisches (Reaktionspartner oder -produkte) befinden. Werden zwei Reaktionspartner in verschiedenen Phasen dosiert, dann geht der chemischen Reaktion in einer der Phasen ein Stofftransportschritt voraus. Die Kopplung dieser beiden Schritte kann im Vergleich zu homogenen Reaktoren zu völlig neuen Gegebenheiten bei der Auslegung und dem Betrieb von Fluid-Fluid-Reaktoren führen. Dabei sind vor allem die Probleme des Strömungsverhaltens des Zweiphasensystems und dessen Einfluss auf Vermischung und Stofftransport zu beachten. Die Erfassung dieser komplizierten Phänomene und deren Berechnung mit Hilfe praktisch handhabbarer Modelle sind die wesentlichen Inhalte dieses Kapitels.

10.1 Industrielle Verfahren und Reaktoren

In der Übersicht zu den Mehrphasen-Reaktionssystemen (Kap. 4.3) wurden bereits die beiden generellen Typen der Fluid-Fluid-Reaktoren charakterisiert. Bilden zwei nicht mischbare Flüssigkeiten das heterogene System, dann spricht man vom **Flüssig-Flüssig-Reaktor**. Dabei liegen die Reaktionspartner meist in beiden Phasen vor, während die chemische Reaktion im Normalfall nur in einer Phase stattfindet. In anderen Fällen dient die zweite Phase der Aufnahme und damit der Abtrennung des Reaktionsproduktes, wodurch dessen Weiterreaktion verhindert werden kann (Extraktivreaktion). Oft liegen eine organische und eine wässrige Phase vor, zwischen denen die Stoffübertragung erfolgen muss, um die chemische Reaktion in einer der Phasen zu ermöglichen.

Die zweite wesentlich häufiger vorliegende Phasenkombination stellt das Gas-Flüssigkeits-System dar. Im dann vorliegenden **Gas-Flüssig-Reaktor** ist entweder das Gas in der Flüssigkeit dispergiert oder die Flüssigkeit in einer kontinuierlichen Gasphase als Tropfen oder andere Strukturen verteilt. In den weitaus meisten Fällen findet die chemische Reaktion in der flüssigen Phase statt. Einige industrielle Anwendungsbeispiele für beide Typen der Fluid-Fluid-Reaktionen sind in Tabelle 10.1 zusammengestellt.

Tabelle 10.1: Anwendungsbeispiele für Fluid-Fluid-Reaktionen

Reaktionssystem	Anwendungsbeispiel	Reaktortyp
Flüssigkeit-Flüssigkeit	Nitrierung von Aromaten	Rührkessel, Rührkesselkaskade
	Sulfurierung von Alkylbenzolen	Rührkessel, Rührkesselkaskade
	Metallsalzextraktion	Bodenkolonne
	Furfurol aus Xylose-Extrakten	Rührkessel
Gas-Flüssigkeit	Oxidation von Ethylen oder Propylen	Blasensäule
	Oxidation von p-Xylol	Blasensäule, Rührkessel
	Abwasserreinigung	Schlaufenreaktor, Belüftungsbecken
	Ethylenchlorierung	Blasensäule
	Chlorierung von Paraffinen	Blasensäule
	Chlorierung von Benzol und Benzol- derivaten	Füllkörperkolonne
	Umsetzung von Dodecylbenzol zu Dodecylbenzolsäure	Dünnschichtreaktor
	Herstellung von Adipinsäurenitrat	Rohrreaktor
	Pottasche-Wäsche	Füllkörperkolonne
	Abluftreinigung	Sprühreaktor

Die Mechanismen bei der Kopplung von Stofftransportprozessen zwischen den Phasen und den im Normalfall nur in einer Phase ablaufenden chemischen Reaktionen sind bei Flüssig-Flüssig-Reaktionen und bei Gas-Flüssig-Reaktionen weitgehend identisch. Bei den industriellen Anwendungen dominieren allerdings eindeutig die im Gas-Flüssig-System ablaufenden Prozesse, zu denen auch eine große Anzahl von Absorptionsprozessen mit anschließender chemischer Reaktion in der Flüssigkeit gehört. Aus diesen Gründen werden die Probleme der technischen Reaktionsführung von Fluid-Fluid-Reaktionen im Folgenden am Beispiel der Gas-Flüssig-Reaktionen behandelt.

In Gas-Flüssig-Reaktoren liegen die Reaktionspartner in beiden Phasen vor; auch die Reaktionsprodukte können sich in der Gas- und Flüssigphase befinden. Bei industriellen Oxydationsprozessen von Kohlenwasserstoffen wird der Sauerstoff gasförmig in den flüssigen Kohlenwasserstoff dosiert. In der Flüssigphase findet wie bei den meisten Gas-Flüssig-Reaktoren die chemische Reaktion statt.

In allen Fällen dieser Prozessklasse geht der chemischen Reaktion ein Stofftransportschritt vom Gas in die Flüssigkeit voraus, wobei der langsamste Schritt die Gesamtgeschwindigkeit des Reaktionsprozesses limitiert. In Abhängigkeit von der Art der Bildung der Phasengrenzfläche unterscheidet man folgende Grundtypen von Gas-Flüssig-Reaktoren:

Reaktoren, in denen das Gas über unbewegliche Verteilungseinrichtungen in die Flüssigphase dispergiert wird (s. Abb.10.1)
Zu dieser Gruppe gehört die Blasensäule als konstruktiv einfacher Rohrreaktor (a), bei dem die Phasen im Gleich- oder Gegenstrom geführt werden können. Beim Schlaufenreaktor (b) liegt eine durch die aufsteigenden Gasblasen verursachte innere Zirkulation der Flüssigphase vor, während der Gas-Flüssig-Rohrschlangen-Reaktor (c) eine Gleichstromführung der Phasen aufweist und bei kurzen Verweilzeiten der Flüssigphase gegebenenfalls auch bei Druck-

reaktionen einsetzbar ist. Beim Strahldüsenreaktor (d) wird das Gas durch einen Flüssigkeitsstrahl dispergiert.

Die Gasverteilung erfolgt bei Blasensäulenreaktoren durch Lochplatten, Düsensysteme und andere Verteilereinrichtungen. Zur Verbesserung des Stoffaustausches zwischen der Gas- und Flüssigphase können Füllkörperkolonnen (Gleich- oder Gegenstrom) oder Blasensäulen mit Einbauten verwendet werden.

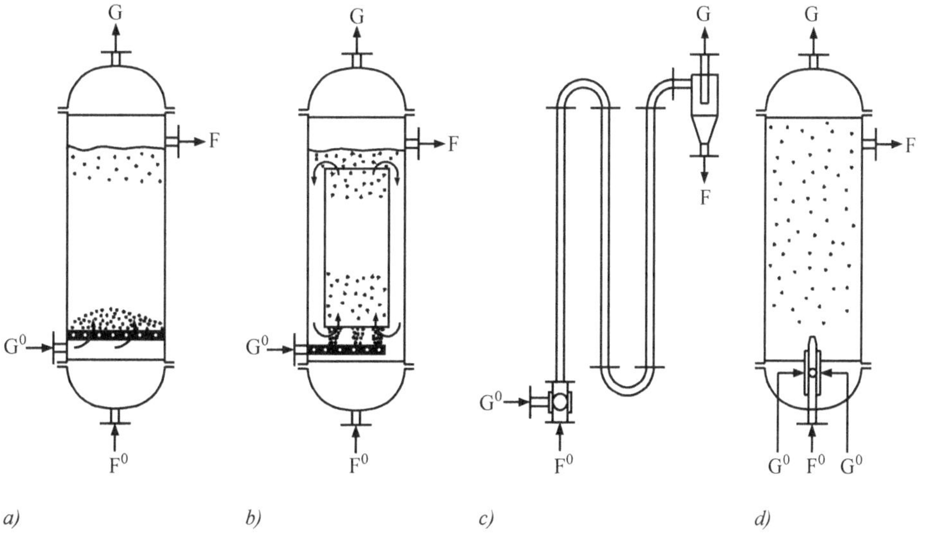

Abb. 10.1: Gas-Flüssig-Reaktoren mit feststehenden Gasverteilungseinrichtungen; a) Blasensäule, b) Schlaufenreaktor, c) Gas-Flüssig-Rohrschlangenreaktor, d) Strahldüsenreaktor

Reaktoren mit Kaskadierung des Reaktionsraumes (s. Abb. 10.2)
Durch die Anwendung von Bodenkolonnen oder Kammerreaktoren erhält man die Möglichkeit die im Allgemeinen starke Rückvermischung beider Phasen im Gas-Flüssig-System zu verringern und damit den Umsatz und gegebenenfalls auch die Selektivität chemischer Reaktionen zu verbessern. In der Bodenkolonne ist auch eine Kopplung mit Trennprozessen realisierbar (Reaktivdestillation). Das Verweilzeitverhalten von Bodenkolonnen und Kammerreaktoren entspricht dem einer Rührkesselkaskade, wobei die Bodenzahl in etwa der Kesselzahl entspricht.

Reaktoren mit mechanischer Dispergierung des Gases (s. Abb. 10.3)
Hierzu gehören der Rührkesselreaktor mit idealer Vermischung im freien Reaktionsraum (a) und der Reaktor mit Rührer im Zirkulationsstrom (b). Durch beide Varianten werden vor allem hohe Stofftransportgeschwindigkeiten sowie hohe Übergangskoeffizienten für den Wärmetransport an der Wand erreicht.

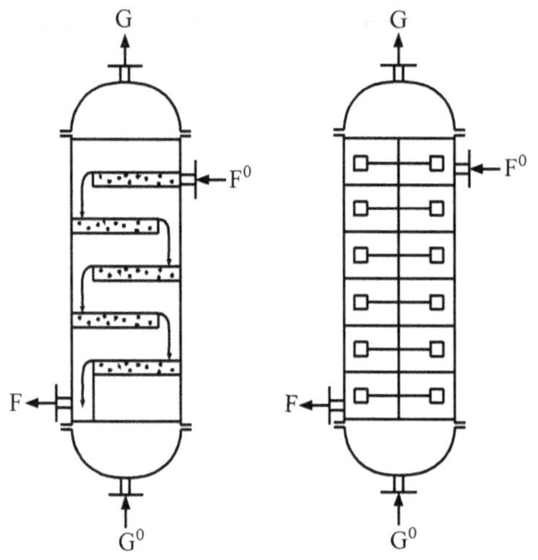

a) *b)*

Abb. 10.2: *Gas-Flüssig-Reaktoren mit Kaskadierung des Reaktionsraumes; a)Bodenkolonne, b) Kammerreaktor*

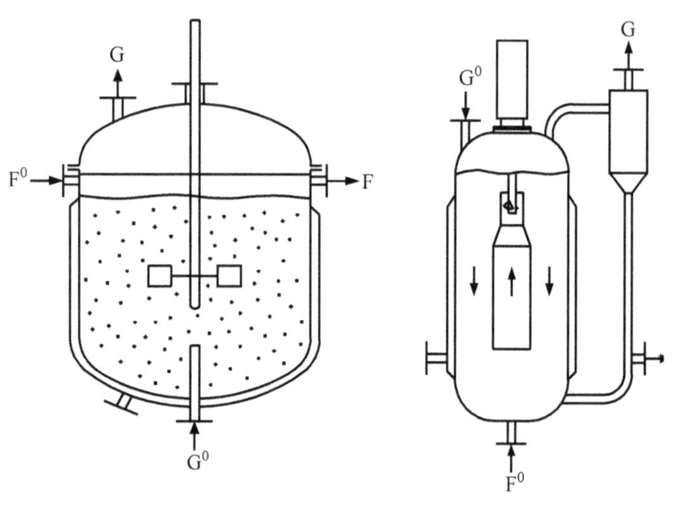

a) *b)*

Abb. 10.3: *Gas-Flüssig-Reaktoren mit mechanischer Gasdispergierung; a)Rührer im freien Reaktionsraum, b) Rührer im Zirkulationsstrom*

Dünnschichtreaktoren (s. Abb. 10.4)
Die Flüssigkeit läuft bei diesen Reaktortypen als frei ablaufender oder durch bewegte Teile erzeugter Film an gekühlten oder beheizten Wänden entlang.

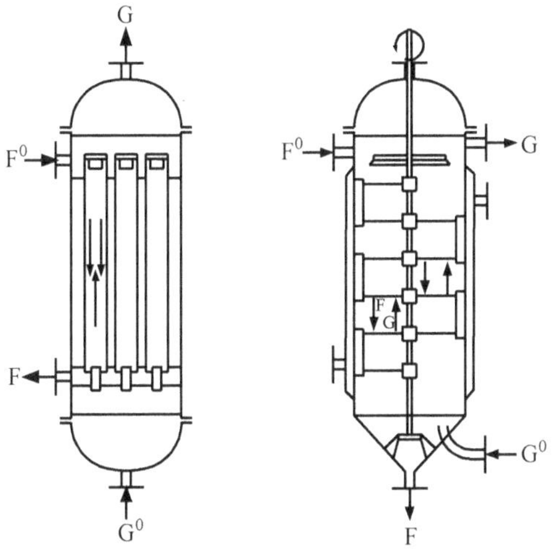

a) *b)*

Abb. 10.4: *Dünnschichtreaktoren für Gas-Flüssig-Reaktionen;*
a) Dünnschicht durch herab laufenden Film erzeugt, b) Dünnschicht durch rotierende Schaber erzeugt

Einem großen Gasvolumen steht in diesem Fall ein relativ kleines Flüssigkeitsvolumen gegenüber.

Reaktoren mit Dispergierung der Flüssigphase (s. Abb. 10.5)
Ebenfalls große Gasvolumina und im Verhältnis dazu kleine Flüssigkeitsvolumina liegen vor, wenn die Flüssigkeit durch Düsen in Tropfen zerteilt wird. Beim Sprühturm (a) wird die Flüssigkeit am Kopf des Reaktors durch Loch- oder Düsensysteme zerteilt und das Gas meist im Gegenstrom geführt. Im Strahlwäscher (b) werden Gas und Flüssigkeit im Gleichstrom abwärts geführt, wobei die Flüssigkeit durch den Gasstrom zerstäubt wird.

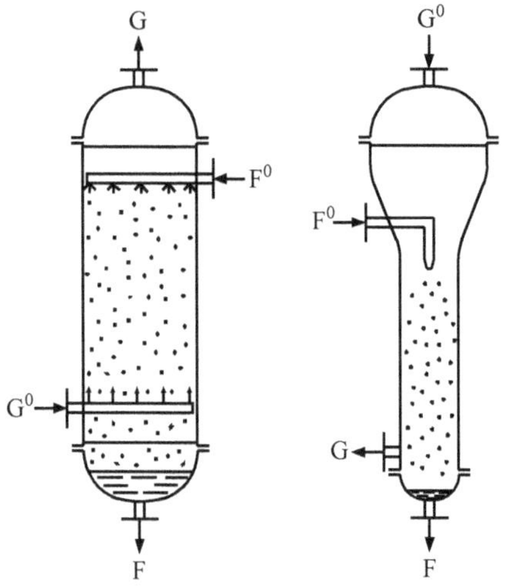

a) b)

Abb. 10.5: Reaktor mit Dispergierung der Flüssigkeit; a) Sprühturm, b) Strahlwäscher

10.2 Stofftransport und chemische Reaktion

Als aufeinander folgende Teilschritte können sowohl der Stofftransport zwischen Gas- und Flüssigphase als auch die chemischen Reaktionen die Gesamtgeschwindigkeit des Prozesses bestimmen. Bei der Gestaltung günstiger Umsetzungsbedingungen kommt es deshalb darauf an, die Einflussgrößen der einzelnen Schritte zu analysieren und dann in der Regel den langsamsten und damit geschwindigkeitsbestimmenden Schritt zu beschleunigen. Im folgenden Kapitel wird zunächst die Berechnung der Stofftransportgeschwindigkeit zwischen Gas- und Flüssigphase beschrieben und danach das Zusammenwirken mit der chemischen Kinetik der Flüssigphasenreaktion dargestellt.

10.2.1 Stofftransport Gas-Flüssigphase

Da die chemische Reaktion in Gas-Flüssig-Reaktoren in der überwiegenden Anzahl der industriellen Anwendungsfälle in der Flüssigphase stattfindet, sind der Transport des Gases in diese Phase und die Vorgänge an der Grenzschicht von großer Bedeutung für den Gesamtprozess. Zur mathematischen Beschreibung des Stofftransportes im Gas-Flüssig-System wurden mehrere Theorien entwickelt, von denen die *Filmtheorie* trotz relativ einfacher Modellvoraussetzungen eine breite Anwendung gefunden und ihre Eignung für die Lösung technischer Aufgabenstellungen vielfach nachgewiesen hat. Man geht dabei von der Existenz einer gas- und flüssigkeitsseitigen stagnierenden Grenzschicht aus, durch die der Stofftransport durch Molekulardiffusion erfolgt.

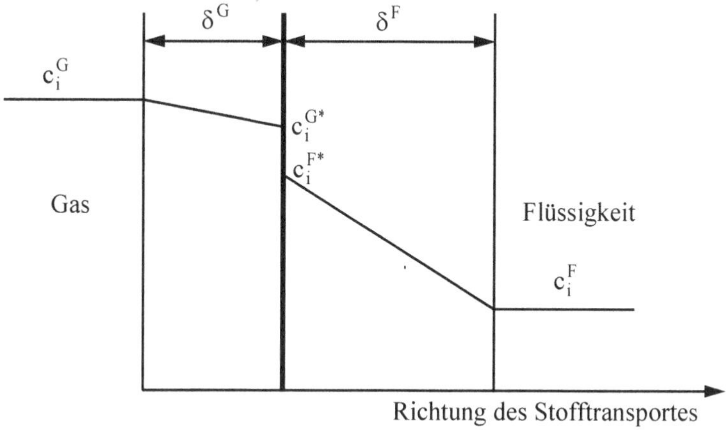

Abb. 10.6: Konzentrationsverhältnisse entsprechend der Filmtheorie

Abb. 10.6 veranschaulicht die Konzentrationsverhältnisse im Bereich der Phasengrenze. Eine wesentliche Annahme besteht darin, dass unmittelbar an der Phasengrenzfläche die Einstellung des Phasengleichgewichtes vorausgesetzt wird. Bei kleinen Gleichgewichtskonzentrationen des gelösten Stoffes i in der Flüssigphase kann vom *Henry*schen Gesetz ausgegangen werden:

$$p_i^{G*} = H_i x_i^{F*} \tag{10.1}$$

Formuliert man dieses Gesetz mit Hilfe der Konzentrationen, dann ergibt sich für das Phasengleichgewicht unter Verwendung des Gleichgewichtskoeffizienten α_i :

$$\alpha_i c_i^{G*} = c_i^{F*} \tag{10.2}$$

Der nach dem ersten *Fick*schen Gesetz

$$\dot{n}_i = -D_i A \frac{dc_i}{dx} \tag{10.3}$$

durch die jeweilige Grenzschicht transportierte Molstrom wird unter der Voraussetzung linearer Konzentrationsgradienten im jeweiligen Film zu

$$\dot{n}_i = D_i^F A \frac{c_i^{F*} - c_i^F}{\delta^F} = D_i^G A \frac{c_i^G - c_i^{G*}}{\delta^G} . \tag{10.4}$$

Mit den Bezeichnungen des gas- und flüssigkeitsseitigen Stoffübergangskoeffizienten

$$\beta_i^F = \frac{D_i^F}{\delta^F} \quad \text{bzw.} \quad \beta_i^G = \frac{D_i^G}{\delta^G} \tag{10.5}$$

erhält man für den durch die Phasengrenzfläche transportierten Molstrom

$$\dot{n}_i = \beta_i^F A(c_i^{F*} - c_i^F) = \beta_i^G A(c_i^G - c_i^{G*}) . \qquad (10.6)$$

Aus dieser Beziehung lassen sich mit Gl. (10.2) die nicht bekannten Konzentrationen an der Phasengrenzfläche eliminieren. Man erhält unter Einführung des gesamten Stoffübergangskoeffizienten mit der Definition

$$\frac{1}{\beta_{i,ges}} = \frac{1}{\beta_i^F} + \frac{\alpha_i}{\beta_i^G} \qquad (10.7)$$

folgende Transportgleichung:

$$\dot{n}_i = \beta_{i,ges} A(\alpha_i c_i^G - c_i^F) . \qquad (10.8)$$

Bei fast allen technischen Reaktionsprozessen dieses Typs kann man davon ausgehen, dass der gasseitige Stoffübergangskoeffizient wegen der viel größeren Diffusionskoeffizienten in dieser Phase eindeutig überwiegt:

$$\beta_i^G >> \beta_i^F . \qquad (10.9)$$

Damit wird aus Gl. (10.7)

$$\beta_{i,ges} \approx \beta_i^F \qquad (10.10)$$

und man erhält unter Einführung der auf das Volumen bezogenen spezifischen Phasengrenzfläche

$$a = A / V_R \qquad (10.11)$$

folgenden auf das Reaktorvolumen bezogenen Stoffmengenstrom

$$\frac{\dot{n}_i}{V_R} = \beta_i^F a(\alpha_i c_i^G - c_i^F) . \qquad (10.12)$$

Für die Berechnung des Stoffübergangskoeffizienten existieren Kenngrößengleichungen, in denen sehr oft der Zusammenhang $\beta_i^F \approx D_i^{1/2}$ experimentell ermittelt wurde. Damit liegt ein Widerspruch zu Gl. (10.5) vor, der auf gewisse Mängel der Filmtheorie hindeutet.

Andere Modellvorstellungen (Penetrationstheorie nach *Higbie* [10-1], Theorie von *Danckwerts* [10-2]) vermögen diesen Widerspruch zu lösen, führen aber insgesamt zu einer komplizierteren Beschreibung des Problems, die für technische Zwecke im Allgemeinen nicht erforderlich ist.

10.2.2 Reaktionskinetik

Das Problem der Reaktionskinetik im Gas-Flüssig-Reaktor, die unter bestimmten Voraussetzungen auch die Größe der Stoffübergangskoeffizienten beeinflussen kann, wird am Beispiel der einfachen Reaktion

$$A(G)+B(F)\rightarrow C$$

erläutert. Der gasförmig dosierte Reaktionspartner A wird durch die Phasengrenzfläche transportiert und reagiert mit der Komponente B in der Flüssigphase. Ein Stofftransportwiderstand soll wegen der im Normalfall geringen Transporthemmung auf der Gasseite nur in der flüssigseitigen Grenzschicht berücksichtigt werden. Zur Ableitung der Gesetzmäßigkeiten des Ablaufes der gekoppelten Teilprozesse Stofftransport und chemische Kinetik unterscheidet man folgende drei Bereiche, die sich auf die Geschwindigkeit der Flüssigphasenreaktion beziehen:

1. langsame Reaktionen mit den Teilbereichen des kinetischen Regimes und des Diffusionsregimes,
2. schnelle Reaktionen,
3. Momentanreaktionen.

Bei *langsamen Reaktionen* wird davon ausgegangen, dass der Anteil der bereits innerhalb der Grenzschicht umgesetzten Stoffmenge des Reaktionspartners A gegenüber dem Anteil im Kern der Flüssigphase (also außerhalb der Grenzschicht) vernachlässigbar klein ist. Im kinetischen Regime (langsame und damit geschwindigkeitsbestimmende Reaktion, schneller Stofftransport) kann man diese Voraussetzung von vornherein als gegeben ansehen. Aber auch beim Diffusionsregime, das durch eine im Vergleich zur Reaktion sehr langsame Stofftransportgeschwindigkeit gekennzeichnet ist, kann die o. g. Voraussetzung der langsamen Reaktion (vernachlässigbarer Umsatz in der Phasengrenzschicht) gegeben sein.

Die Ableitung von Kriterien für das Vorliegen einer langsamen Reaktion ist nur in einfachen Fällen möglich. Für eine irreversible Reaktion 1. Ordnung mit der Kinetik

$$r = k\,c_A^F$$

gilt für vernachlässigbaren Umsatz innerhalb der Grenzschicht:

$$\delta_F A k \alpha_A c_A^G << \beta_A^F A(\alpha_A c_A^G - c_A^F) \tag{10.13}$$

und damit auch

$$\delta_F A\,k \alpha_A c_A^G << \beta_A^F A \alpha_A c_A^G\,. \tag{10.14}$$

Teilt man den kinetischen Term durch den Ausdruck für den Stoffübergang und berücksichtigt Gl. (10.5), dann ergibt sich

$$\frac{k\,D_A^F}{(\beta_A^F)^2} << 1\,. \tag{10.15}$$

Zieht man aus diesem Ausdruck die Wurzel, dann erhält man die *Hatta*-Zahl, mit deren Hilfe die Unterscheidung der einzelnen Regimes vorgenommen werden kann:

$$Ha = \frac{1}{\beta_A^F} \sqrt{k D_A^F} \, . \tag{10.16}$$

Als langsame Reaktion bezeichnet man Umsetzungen mit $Ha < 0{,}3$. Dieses Kriterium enthält noch keine Entscheidung darüber, ob das kinetische oder das Diffusionsregime dominiert. Hierzu ist es erforderlich, den Sättigungsgrad f zu berechnen, der folgendermaßen definiert ist:

$$f = \frac{c_A^F}{\alpha_A c_A^G}; \qquad 0 < f < 1. \tag{10.17}$$

Aus einer vereinfachten Flüssigphasenbilanz, bei der unter Vernachlässigung der Konvektionsterme lediglich die Geschwindigkeit des Stoffüberganges und der chemischen Reaktion gleichgesetzt werden, erhält man für den hier voraus gesetzten Fall der Reaktion erster Ordnung

$$\beta_A^F a(\alpha_A c_A^G - c_A^F) = (1-\varepsilon) k c_A^F \tag{10.18}$$

und damit folgenden Ausdruck für die Abschätzung des Sättigungsgrades:

$$f = \frac{1}{1 + \frac{(1-\varepsilon) k}{\beta_A^F a}} \, . \tag{10.19}$$

Der Sättigungsgrad erreicht etwa den Wert Eins bei Vorliegen des **kinetischen Regimes.** Er drückt in diesem Fall aus, dass das Phasengleichgewicht nahezu eingestellt ist ($c_A^F \approx \alpha_A c_A^G$). Die Geschwindigkeit des Transportes der Komponente A aus der Gas- in die Flüssigphase ist ausreichend groß, so dass Konzentrationsgradienten in der flüssigseitigen Grenzschicht nahezu verschwinden (s. Abb. 10.7). Sind Reaktions- und Stofftransportgeschwindigkeit etwa gleich groß, beträgt $f \approx 0{,}5$.

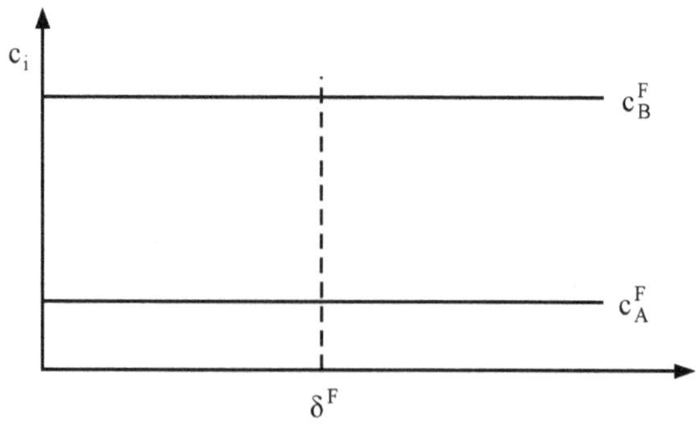

Abb. 10.7: Konzentrationsverläufe der reagierenden Komponenten in der flüssigseitigen Grenzschicht und im Kern der Flüssigphase im kinetischen Regime

Mit kleiner werdendem Sättigungsgrad nähert man sich dem **Diffusionsregime** ($c_A^F \approx 0$ bei einer einseitig verlaufenden Reaktion). In diesem Fall ($Ha < 0{,}3$; $f \approx 0$) kann der Reaktor praktisch als Stoffaustauschapparat ohne Berücksichtigung der chemischen Reaktion berechnet werden. Abb. 10.8 zeigt den diffusionsbedingten Abfall der Konzentration des Reaktionspartners A in der flüssigseitigen Grenzschicht.

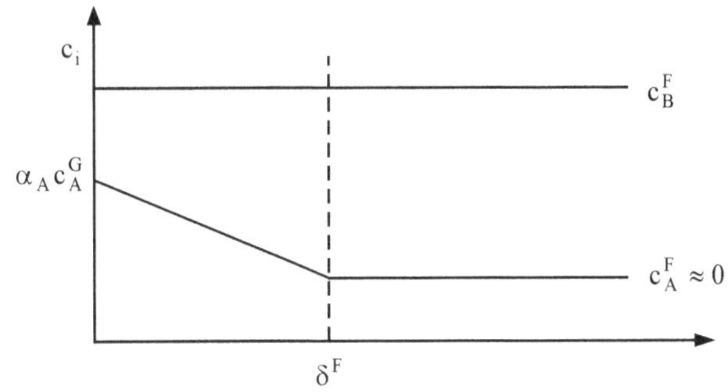

Abb. 10.8: *Konzentrationsverläufe in der flüssigseitigen Grenzschicht und im Kern der Flüssigphase im Diffusionsregime*

Bei Reaktionsordnungen, die von Eins abweichen, ergeben sich konzentrationsabhängige *Hatta*-Zahlen und Sättigungsgrade.

Bei *schnellen Reaktionen* ($0{,}3 < Ha < 3$; $f \approx 0$) stellt ebenso wie beim Vorliegen des Diffusionsregimes der Stoffübergang den langsamsten und damit geschwindigkeitsbestimmenden Schritt dar. Der grundlegende Unterschied liegt jedoch darin, dass eine Beeinflussung dieses Schrittes durch die chemische Reaktion auftritt, weil diese wegen ihrer hohen Geschwindigkeit in beträchtlichem Umfang bereits in der Grenzschicht abläuft und deshalb die effektive Grenzschichtdicke verringert. Man geht davon aus, dass die Komponente A bis zu einem Diffusionsweg λ weitgehend umgesetzt ist und damit auch nicht durch die gesamte hydrodynamische Grenzschicht mit der Dicke δ^F transportiert werden muss. Damit liegt de facto eine Verringerung der Grenzschichtdicke vor (s. Abb. 10.9). Dieser Einfluss wird über den chemischen Beschleunigungsfaktor σ quantifiziert, der das Verhältnis von Stoffübergangskoeffizient mit chemischer Reaktion und Stoffübergangskoeffizient ohne chemische Reaktion darstellt:

$$\sigma = \frac{\beta_{A,R}^F}{\beta_A^F} \quad ; \quad (\sigma > 1) . \tag{10.20}$$

Die Größe des Beschleunigungsfaktors lässt sich für verschiedene reaktionskinetische Gleichungen vorausberechnen. Bei einer Reaktion 1. Ordnung erhält man beispielsweise nach [10-3]:

$$\sigma = \sqrt{1 + Ha^2} . \tag{10.21}$$

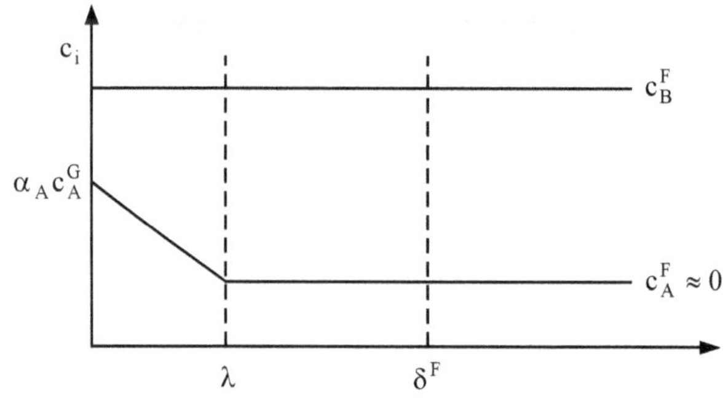

Abb.10.9: *Konzentrationsverläufe in der flüssigseitigen Grenzschicht und im Kern der Flüssigphase bei einer schnellen Reaktion*

Von einer *Momentanreaktion* wird dann gesprochen, wenn die Geschwindigkeit so groß ist, dass die Reaktion bereits vollständig in der flüssigseitigen Grenzschicht abläuft und auch eine deutliche Konzentrationsabnahme des flüssigen Reaktionspartners B in der Grenzschicht auftritt (Abb. 10.10). Die Gesamtgeschwindigkeit des Prozesses wird in diesem Fall sowohl durch die Diffusionsgeschwindigkeit der gelösten Komponente A von der Phasengrenzfläche zur Reaktionsebene als auch durch die der flüssigen Komponente B aus dem Kern der Flüssigphase in Richtung Phasengrenzfläche beeinflusst. In der Reaktionsebene liegen wegen der momentan ablaufenden Reaktion $c_A = c_B \approx 0$ vor. Dieses Gebiet ist durch $Ha > 3$ gekennzeichnet. Für den chemischen Beschleunigungsfaktor gilt bei Reaktionen 1. Ordnung

$$\sigma = Ha\,. \tag{10.22}$$

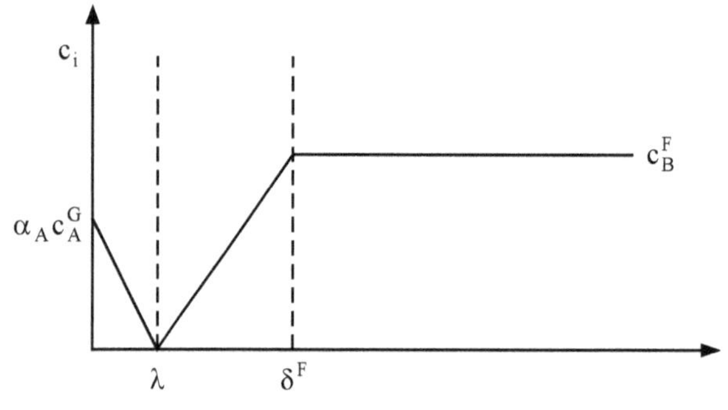

Abb.10.10: *Konzentrationsverläufe in der flüssigseitigen Grenzschicht und im Kern der Flüssigphase bei einer Momentanreaktion*

Verläuft die Reaktion

$$A(G) + B(F) \rightarrow C$$

als irreversible Reaktion zweiter Ordnung mit $r = k\,c_A^F\,c_B^F$, dann erhält man auf der Grundlage der Filmtheorie nach [10-4] folgenden chemischen Beschleunigungsfaktor:

$$\sigma = 1 + \frac{D_B^F}{D_A^F}\frac{c_B^F}{\alpha_A c_A^G}. \tag{10.23}$$

In diesem Ausdruck wird der Einfluss der Diffusion der Komponente B in der Grenzschicht sichtbar.

Betrachtet man den Extremfall einer so starken Beschleunigung des flüssigseitigen Stoffübergangs durch die chemische Reaktion, dass die Reaktionsebene unmittelbar an der Phasengrenzfläche liegt, dann besteht die Möglichkeit des merklichen Einflusses gasseitiger Stoffübergangswiderstände, die bisher vernachlässigt wurden.

10.3 Prozesstechnik und Reaktorauswahl

Das in den voran stehenden Kapiteln beschriebene Zusammenwirken von Stofftransportschritten und chemischen Reaktionen hat erhebliche Konsequenzen auf die Auswahl und Auslegung von Gas-Flüssig-Reaktoren sowie auf die Festlegung optimaler Reaktionsbedingungen. Die Zuordnung eines konkreten Anwendungsfalles zu einem bestimmten Prozessregime mit Hilfe der *Hatta*-Zahl, des Sättigungsgrades und des chemischen Beschleunigungsfaktors erlaubt Schlussfolgerungen bezüglich technischer Möglichkeiten der Intensivierung durch gezielte Beeinflussung von Teilprozessen. In der Regel wird man versuchen, durch Beschleunigung des langsamsten Schrittes das Gesamtergebnis zu verbessern. Die im konkreten Anwendungsfall notwendigen Schritte können an der industriellen Anlage in bestimmten Betriebsbereichen entweder experimentell getestet oder mit Hilfe eines geeigneten mathematischen Modells vorausberechnet werden. Die Berechnungsmöglichkeiten für einige wichtige Gas-Flüssig-Reaktoren werden in den folgenden Kapiteln dargelegt.

Ergibt sich aus der Kenngrößenanalyse, dass bei den gewählten Bedingungen das *kinetische Regime* vorliegt, also die Flüssigphasenreaktion langsam und der Stofftransport schnell erfolgt, dann wird man vorrangig versuchen die Reaktionsgeschwindigkeit zu vergrößern. Dazu können folgende Maßnahmen geeignet sein:

- Erhöhung der Reaktionstemperatur
  (Begrenzungen können hier möglicherweise in der Beschleunigung unerwünschter Nebenreaktionen liegen. Auch beim Erreichen der Siedetemperatur liegt eine Obergrenze vor, die sich nur durch Druckerhöhung verschieben ließe.)
- Erhöhung der Flüssigphasenkonzentration der reagierenden Komponente,
- Erhöhung des Partialdruckes des gasförmig dosierten Reaktionspartners (eventuell durch Erhöhung des Gesamtdruckes), weil damit auch die Flüssigphasenkonzentration ansteigt,
- Erhöhung der Katalysatorkonzentration, falls eine katalytische Reaktion abläuft.

Bei Vorliegen des *Diffusionsregimes* können die folgenden Maßnahmen ergriffen werden, die eine Beschleunigung des Stofftransportes bewirken sollen:

- Erhöhung des Stoffübergangskoeffizienten durch Maßnahmen der Turbulenzerhöhung im Gas-Flüssig-System, z. B. durch Einsatz oder Modifikation von Rührern und Erhöhung der Rührerleistung sowie durch Erhöhung des Gasdurchsatzes,
- Erhöhung der spezifischen Phasengrenzfläche durch Veränderung der Art der Blasenbildung (z. B. Erzeugung kleiner Blasen), durch Hemmung der Koaleszenz von Blasen und durch Turbulenzerhöhung,
- Erhöhung der Triebkraft des Stoffüberganges durch Partialdruckvergrößerung des gasförmig dosierten Reaktionspartners.

Stoffübergangskoeffizient und spezifische Phasengrenzfläche werden teilweise durch die gleichen Einflussfaktoren bestimmt. Mit Hilfe experimentell ermittelter Korrelationsgleichungen lässt sich deshalb vielfach das Produkt dieser Größen in Abhängigkeit von der eingetragenen Rührerleistung (Rührreaktoren) oder vom flächenbezogenen Gasdurchsatz (Blasensäulen) berechnen.

Bei *schnellen Reaktionen* ($0{,}3 < Ha < 3$) und bei *Momentanreaktionen* ($Ha > 3$) sind Maßnahmen zur Beschleunigung des Reaktionsschrittes naturgemäß überflüssig, weil dessen Geschwindigkeit im Vergleich zum Stofftransport ausreichend groß ist. Im Abschnitt 10.2.2 wurde allerdings festgestellt, dass damit auch eine Beschleunigung des flüssigseitigen Stoffüberganges verbunden ist, weil die chemische Reaktion im Wesentlichen oder vollständig in der Grenzschicht stattfindet und damit eine Verkürzung der Diffusionswege und letztlich eine Verringerung der effektiv wirksamen Grenzschichtdicke verbunden ist. Es ist also zu erwarten, dass eine Vergrößerung der Geschwindigkeit der Schrittfolge flüssigseitiger Stoffübergang – Flüssigphasenreaktion wegen der bereits erreichten hohen Intensitäten vielfach nicht im Vordergrund stehen wird. In solchen Fällen wird auch das Problem der Wärmeabführung speziell bei hoch exothermen Reaktionen zu beachten sein. Schließlich hat man besonders bei Momentanreaktionen daran zu denken, dass der ansonsten schnelle gasseitige Stoffübergang zum geschwindigkeitsbestimmenden Schritt werden kann. Dann ist es sinnvoll, diesen Schritt zu beschleunigen, was z. B. durch Dispergieren der Flüssigkeit in einer kontinuierlichen Gasphase (Sprühturm, Strahlwäscher) möglich ist.

Die dargelegten Konsequenzen aus der Wechselwirkung zwischen Stofftransport und Reaktionskinetik gelten eigentlich für alle Gas-Flüssig-Reaktoren. Ihre Auswirkungen sind allerdings bei den einzelnen Typen zumindest quantitativ sehr unterschiedlich. Im Folgenden sollen Kriterien für die Auswahl geeigneter Reaktoren anhand verschiedener Charakteristika dargelegt werden. Für die im Kap. 10.1 dargestellten Gas-Flüssig-Reaktoren sind in Tabelle 10.2 solche Größen zusammengestellt (s. auch [10-5]).

Die auf das gesamte Reaktionsvolumen bezogene spezifische Phasengrenzfläche ist in sehr starkem Maße von den Strömungsbedingungen abhängig. Die Gas- und Flüssigkeitsdurchsätze spielen dabei eine ebenso große Rolle wie die Phasenführung und der Energieeintrag durch einen eventuell eingesetzten Rührer. Die angegebenen Daten eignen sich deshalb nur für eine Grobauswahl eines Reaktortyps.

Das Verhältnis der Durchsätze von Gas- und Flüssigphase, das sinnvoller Weise nur für den kontinuierlichen Betrieb angegeben werden kann, wird einerseits durch die aus dem Chemismus der Reaktion abzuleitenden Stoffmengen und andererseits von den Erfordernissen einer ausreichenden Stofftransportgeschwindigkeit bestimmt. Auch diese Größen stellen nur Anhaltswerte für die Reaktorauswahl dar.

Tabelle 10.2: Charakterisierung von Gas-Flüssig-Reaktoren

Reaktor	a $\left[m^2 / m^3\right]$	$\dot{V}^G / \dot{V}^F$ $\left[m^3 / m^3\right]$	**Rückvermischung**	
			Gasphase	**Flüssigphase**
Blasensäule	20 – 600	10 – 300	mittel	mittel/stark
Schlaufenreaktor	20 – 600	1 – 10	schwach/mittel	stark
Rohrreaktor	60 – 700	50 – 2000	schwach	schwach
Strahldüsenreaktor	20 – 120	1 – 10	stark	stark
Füllkörperreaktor (Gleich- u. Gegenstr.)	10 – 1000	5 – 50	schwach	schwach
Bodenkolonne	100 – 400	200 – 800	schwach/mittel	schwach/mittel
Kammerreaktor	20 – 400	10 – 30	mittel	mittel
Rührkessel	100 – 4000	5 – 400	stark	stark
Dünnschichtreaktor	0,5 – 20	10 – 1000	schwach	schwach
Sprühturm (Gegenstrom)	100 – 1500	20 – 800	mittel/stark	stark
Strahlwäscher (Gleichstrom)	100 – 2000	100 – 1000	schwach/mittel	

Das Rückvermischungsverhalten unterscheidet sich bei den einzelnen Reaktortypen deutlich und wird neben der Bauart und der Phasenführung auch vom Flüssigkeitsdurchsatz und besonders stark vom Gasdurchsatz beeinflusst. Hohe Selektivitäten und Umsätze der chemischen Reaktionen werden vielfach bei geringer Rückvermischung erreicht; hohe Gasgeschwindigkeiten können sich unter diesem Gesichtspunkt als ungünstig erweisen. Andererseits sind aber gerade mit hohen Gasbelastungen auch hohe Stoffübergangsgeschwindigkeiten verbunden, so dass jeweils der dominierende Einfluss experimentell oder mit Hilfe von Modellrechnungen ermittelt werden muss.

Die in Tabelle 10.2 genannten Reaktortypen unterscheiden sich auch hinsichtlich der Erzeugung des Zweiphasensystems teilweise deutlich voneinander. In den meisten Fällen wird das Gas durch Verteilereinrichtungen oder Rührer in einer Flüssigphase dispergiert (Blasensäule, Schlaufenreaktor, Rohrreaktor, Bodenkolonne, Kammerreaktor, Rührkessel, Strahldüsenreaktor). Diese Art der Gasverteilung wird gewählt, wenn der Stofftransportwiderstand vor allem auf der Flüssigseite liegt und große Flüssigphasenvolumina erforderlich sind. Eine zweite Möglichkeit der Erzeugung der Phasengrenzfläche liegt in der Schaffung eines Flüssigkeitsfilmes, der an Füllkörpern (Füllkörperreaktor) oder an der Reaktorwand (Dünnschichtreaktor) herabrieselt. Der Einsatz solcher Reaktoren ist dort möglich, wo schnelle Reaktionen ablaufen und deshalb nur ein kleines Flüssigvolumen erforderlich ist. Dabei kann der Dünnschichtreaktor sehr gut, der Füllkörperreaktor relativ schlecht gekühlt werden. Eine dritte Variante der Schaffung des Zweiphasensystems Gas-Flüssigkeit besteht in der Dispergierung der Flüssigkeit in den Gasraum in Form von Tropfen (Sprühturm, Strahlwäscher). Dies kommt bei hohen Gasvolumenströmen und vor allem dann in Frage, wenn gut lösliche Gase vorliegen und der Stofftransportwiderstand auf der Gasseite liegt. In solchen Fällen liegen schnelle oder Momentanreaktionen vor.

Ein weiteres wichtiges mit der Reaktorauswahl und der Betriebsführung verbundenes Problem besteht in der Sicherung einer gewünschten Betriebstemperatur. Industrielle Gas-

Flüssig-Reaktionen verlaufen fast ausschließlich exotherm und erfordern deshalb eine Kühlung des Reaktors, die folgendermaßen realisiert werden kann:

- Kühlung der Reaktorwand,
- Wärmeübertrager innerhalb des Reaktors,
- äußere Kühlung mit Zirkulation der Flüssigkeit,
- Verdampfung eines Teils der Flüssigkeit,
- Zuführung des Eintrittsstromes mit einer Temperatur, die unterhalb der Reaktortemperatur liegt.

Einer der Hauptvorzüge des hier vorliegenden Zweiphasensystems liegt darin, dass zwischen dem Gas-Flüssig-Gemisch und der Wand hohe Wärmeübergangskoeffizienten vorliegen, die um etwa zwei Zehnerpotenzen über denen in flüssigkeitsdurchströmten Rohren bei gleicher Strömungsgeschwindigkeit liegen. Dadurch und wegen der oft starken Rückvermischung beider Phasen sind vielfach annähernd isotherme Bedingungen gegeben. Eine Berechnung des Wärmeübergangskoeffizienten ist nach folgender Gleichung möglich [10-6]:

$$\alpha = 1610 \frac{\left[w_s^G\right]^{0,22}}{\left[Pr^F\right]^{0,5}} \,, \quad \left(w_s^G \; in \; m\,s^{-1},\, \alpha \; in \; Wm^{-2}K^{-1}\right) \tag{10.24}$$

mit der *Prandtl*-Zahl für die Flüssigphase

$$Pr^F = \frac{\mu^F c_p^F}{\lambda^F} \,. \tag{10.25}$$

Die Genauigkeit dieser Korrelation für α liegt bei etwa ± 30%.

10.4 Berechnung von Blasensäulenreaktoren

Als konstruktiv einfacher Reaktionsapparat wird die Blasensäule sehr häufig für Gas-Flüssig-Reaktionen eingesetzt. Das Gas wird am Boden der meist schlanken zylindrischen Säule durch ein Verteilerorgan (Loch- oder Siebplatte, Ringrohr mit Bohrungen, Sinterplatte) in die Flüssigphase dispergiert. Die Flüssigkeit wird im Gleich- oder Gegenstrom geführt. Der technische Einsatz der Blasensäule erfolgt vor allem dann, wenn die Reaktion relativ langsam abläuft und der Stofftransportwiderstand auf der Flüssigseite liegt.

In Abhängigkeit von der Leerrohrgeschwindigkeit des Gases

$$w_s^G = \frac{\dot{V}^G}{A_R} = \frac{4\dot{V}^G}{d_R^2 \pi} \tag{10.26}$$

und dem Höhen-Durchmesser-Verhältnis $L_R \,/\, d_R$ liegen in Blasensäulenreaktoren sehr unterschiedliche Vermischungsverhältnisse vor. Bei kleinen Gasgeschwindigkeiten $\left(w_s^G < 4\,cm/s\right)$ steigen die Gasblasen ohne nennenswerte gegenseitige Beeinflussung auf. Hier liegt insbesondere bei kleinen Säulendurchmessern eine geringe Rückvermischung der Gasphase vor. Bei hohen Gasgeschwindigkeiten $\left(w_s^G > 10\,cm/s\right)$ und insbesondere bei größeren Durchmessern tritt eine stark turbulente Blasenbewegung mit intensiver Vermischung sowohl der Gas- als auch der Flüssigphase auf. Eine aus Gründen eines hohen Umsatzes oder günstiger Selektivitäten oft gewünschte Verringerung der Vermischung in beiden Phasen kann durch spezielle Einbauten wie Sieb- oder Lochböden erreicht werden. Auch der Einbau von Füllkörpern in die Blasensäule wirkt in der gleichen Richtung und kann das Strömungsverhalten eines idealen Rohrreaktors annähern.

Von der Leerrohrgeschwindigkeit des Gases hängt auch das in der Blasensäule vorliegende Verhältnis von Gas- und Flüssigkeitsvolumen ab, das seinerseits das für die Reaktion zur Verfügung stehende Volumen der Flüssigphase und die Größe der spezifischen Phasengrenzfläche bestimmt. Als Kenngröße wird der relative Gasphasenanteil (Gas-Hold-up) ε verwendet:

$$\varepsilon = \frac{V^G}{V^G + V^F} = \frac{L^{GF} - L^F}{L^{GF}} . \tag{10.27}$$

Aus dieser Gleichung ist ersichtlich, dass sich der relative Gasphasenanteil sehr leicht aus der begasten Säulenhöhe L^{GF} und der unbegasten Flüssigkeitshöhe L^F ermitteln lässt.

Als Berechnungsbeispiel eines Gas-Flüssig-Reaktors wird im Folgenden auf den technisch wichtigen Fall des Rohrreaktors mit teilweiser Rückvermischung beider Phasen eingegangen. Das entsprechende Modell beschreibt die Konzentrationsverhältnisse in Blasensäulen und anderen Gas-Flüssig-Reaktoren, in denen eine weitgehend eindimensionale Strömung der beiden Phasen vorausgesetzt werden kann und keine vollständige Vermischung im Reaktor oder in einzelnen Zonen des Reaktionsvolumens vorliegt. Dabei sollen isotherme Verhältnisse, die wegen der guten Wärmeabführungsbedingungen oft vorliegen, vorausgesetzt werden. Bei der Formulierung der Stoffbilanzen ist das Vorhandensein zweier Phasen zu beachten, die durch den Stofftransport miteinander gekoppelt sind. Folgende Teilprozesse können hierbei eine Rolle spielen:

- Konvektion beider Phasen (Gleichstrom oder Gegenstrom),
- Stoffübergang Gas – Flüssigkeit,
- axiale Rückvermischung beider Phasen (einparametriges Diffusionsmodell),
- chemische Reaktionen.

Bei Voraussetzung eines stationären Zustandes $\left(dc_i^F / dt = 0,\; dc_i^G / dt = 0\right)$ ergibt sich unter Beachtung des relativen Gasphasenanteils ε und des relativen Flüssigkeitsphasenanteils $(1-\varepsilon)$ folgendes Bilanzgleichungssystem, das für jede Schlüsselkomponente zu formulieren ist (s. Abb. 10.11):

Stoffbilanz – Gasphase:

$$-\frac{d}{dz'}\left(w^G \varepsilon c_i^G\right) - \beta_i^F a\left(\alpha_i c_i^G - c_i^F\right) + \frac{d}{dz'}\left(D_z^G \varepsilon \frac{dc_i^G}{dz'}\right) + \varepsilon \sum_k \nu_{ik} r_k = 0 \tag{10.28}$$

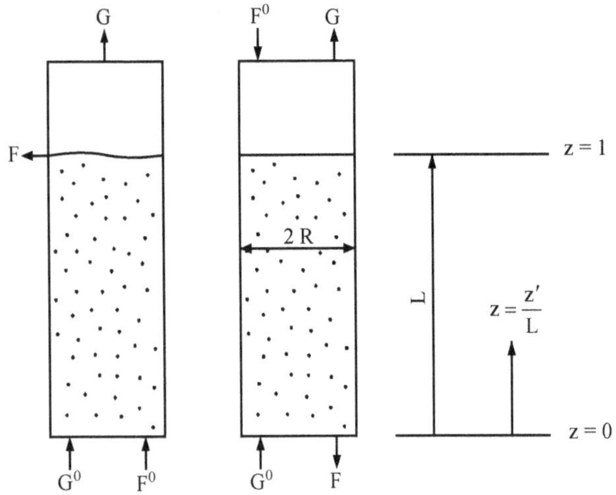

Abb. 10.11: Schematische Darstellung eines Blasensäulenreaktors

Stoffbilanz – Flüssigphase:

$$\mp\frac{d}{dz'}\left[w^F\left(1-\varepsilon\right)c_i^F\right]+\beta_i^F\,a\left(\alpha_i\,c_i^G-c_i^F\right)+\frac{d}{dz'}\left[D_z^F\left(1-\varepsilon\right)\frac{dc_i^F}{dz'}\right]+\left(1-\varepsilon\right)\sum_j \nu_{ij}\,r_j=0 \qquad (10.29)$$

Hierbei sind k die Anzahl der in der Gasphase und j die Anzahl der in der Flüssigphase ablaufenden Reaktionen. In den meisten industriellen Anwendungsfällen treten Gasphasenreaktionen nicht auf. Beim Doppelvorzeichen vor dem Konvektionsterm in der Flüssigphasenbilanz gilt das Minuszeichen für den Gleichstrom, das Pluszeichen für den Gegenstrom der Flüssigphase.

Als Randwerte dieses Gleichungssystems sind die Bedingungen des Diffusionsmodells anzuwenden. In einfachen Fällen (einfache Flüssigphasenreaktion 1. Ordnung, konstante Koeffizienten) sind analytische Lösungen der Bilanzgleichungen möglich. Ansonsten ist die Anwendung numerischer Lösungsmethoden erforderlich. Modellvereinfachungen ergeben sich insbesondere dann, wenn für eine oder für beide Phasen das Verhalten des idealen Strömungsrohres $\left(D_z=0\right)$ vorausgesetzt werden kann.

Bei vorgegebenen Eintrittsbedingungen sowie kinetischen, Stofftransport- und Vermischungsparametern erhält man aus der Lösung der Stoffbilanzgleichungen die Konzentrationsverläufe aller Komponenten in der Gas- und Flüssigphase als Funktion des Reaktorvolumens bzw. der Reaktorlänge und kann damit die Hauptabmessungen des Reaktors entsprechend dem gewünschten Umsatz festlegen.

Berechnungsbeispiel 10-1: Isothermer stationärer Blasensäulenreaktor ohne Berücksichtigung der axialen Rückvermischung

Aufgabenstellung
Für die Hydrolyse von Dicyan, die als Säurekatalyse in der Flüssigphase abläuft, ist ein Blasensäulenreaktor auszulegen. Auf der Grundlage eines in [10-7] angegebenen vereinfachten Reaktionsschemas in der Form

$$D + 2W \rightarrow OX$$

mit D = Dicyan; W = Wasser; OX = Oxamid

lässt sich folgende Bruttokinetik ableiten:

$$r = k\, c_D^F \,. \tag{10.30}$$

Weitere Teilschritte des Reaktionsablaufes werden nicht berücksichtigt, weil als Auslegungsgröße des Reaktors lediglich ein Auswaschungsgrad (Umsatz) des Dicyans in der Gasphase von

$$U_D^G = \frac{c_D^{G0} - c_D^G}{c_D^{G0}} \geq 0{,}98 \tag{10.31}$$

erreicht werden soll. In den Reaktor wird ein Gasgemisch aus 20 Vol.-% Dicyan und 80 Vol.-% Stickstoff dosiert. Die Flüssigphase in der Blasensäule setzt sich aus dem Reaktionspartner Wasser, dem Katalysator Salzsäure (32,2 Gew.-%), aus gelöstem Dicyan in geringen Konzentrationen sowie dem Reaktionsprodukt Oxamid zusammen. Die Phasen werden im Gleichstrom geführt.

Die Reaktorberechnung erfolgt mit den in [10-8] zusammengestellten Modellparametern und Prozessbedingungen, wobei folgende auf den Reaktorquerschnitt bezogene Durchsätze vorliegen sollen:

$$\begin{aligned} w_s^G &= \frac{\dot{V}^G}{A_R} = \varepsilon\, w^G = 5 \cdot 10^{-3}\, m\, s^{-1} \\ w_s^F &= \frac{\dot{V}^F}{A_R} = (1-\varepsilon)\, w^F = 10^{-3}\, m\, s^{-1}. \end{aligned} \tag{10.32}$$

Die Reaktion verläuft bei $T = 303\,K$ und $p = 0{,}3\,MPa$.

Voraussetzungen für die Reaktorberechnung
- Es gelten die bei der Ableitung der Stoffbilanzen (10.28) und (10.29) formulierten allgemeinen Voraussetzungen.
- Die chemische Reaktion findet nur in der Flüssigphase statt.
- Der Einfluss der axialen Rückvermischung wird in beiden Phasen nicht berücksichtigt. Dies dürfte wegen der geringen Begasungsgeschwindigkeit zumindest für die Gasphase annähernd zutreffen.

- Der relative Gasphasenanteil, die spezifische Phasengrenzfläche, der Stoffübergangskoeffizient, der Gleichgewichtskoeffizient und die Strömungsgeschwindigkeiten beider Phasen sind über die Reaktorlänge konstant.
- Wasser, Oxamid und Chlorwasserstoff haben vernachlässigbare Gasphasenkonzentrationen.
- Gas- und Flüssigphase werden im Gleichstrom dosiert.

Bilanzgleichungen
Für die Komponenten des Reaktionsgemisches ergeben sich mit

$$U = \frac{\dot{n}_D^0 - \dot{n}_D^G - \dot{n}_D^F}{\dot{n}_D^0}$$

folgende Molstrombilanzen:

$$\begin{aligned} \dot{n}_D^F + \dot{n}_D^G &= \dot{n}_D^0 - \dot{n}_D^0\, U \\ \dot{n}_W^F &= \dot{n}_W^0 - 2\,\dot{n}_D^0\, U \\ \dot{n}_{OX}^F &= \dot{n}_D^0\, U \\ \dot{n}_{HCl}^F &= \dot{n}_{HCl}^0 \\ \dot{n}_{N_2}^G &= \dot{n}_{N_2}^{G0}. \end{aligned} \qquad (10.33)$$

Damit liegen zur Berechnung der sechs unbekannten Molströme und des Umsatzes fünf stöchiometrische Bilanzen vor, die durch zwei Stoffbilanzen zu ergänzen sind. Gewählt werden die Gas- und Flüssigphasenbilanz des Reaktionspartners Dicyan:

Stoffbilanz – Gasphase:

$$-w_s^G \frac{dc_D^G}{dz'} - \beta_D^F a\left(\alpha_D c_D^G - c_D^F\right) = 0 \qquad (10.34)$$

Stoffbilanz – Flüssigphase:

$$-w_s^F \frac{dc_D^F}{dz'} + \beta_D^F a(\alpha_D c_D^G - c_D^F) - (1-\varepsilon) r = 0 \qquad (10.35)$$

Randwerte:

$$\begin{aligned} z' = 0 \rightarrow c_D^G &= c_D^{G0} \\ c_D^F &= 0 \end{aligned} \;. \qquad (10.36)$$

Modellparameter und Stoffwerte

Reaktionskinetik:

Da der Reaktor nach dem Dicyan-Verbrauch in der Gasphase auszulegen ist, wird lediglich von der in der Aufgabenstellung genannten Bruttokinetik ausgegangen. Bei einer konstanten Reaktionstemperatur von 303 K beträgt

$$k = 0{,}749 \cdot 10^{-3}\, s^{-1}.$$

Stoffwerte der Flüssigphase:

$$\rho^F = 1145\, kg\, m^{-3}$$
$$\mu^F = 1{,}87 \cdot 10^{-3}\, Pa\, s$$
$$\sigma^F = 7{,}104 \cdot 10^{-2}\, N\, m^{-1}$$
$$D_D^F = 1 \cdot 10^{-9}\, m^2\, s^{-1} \quad (Schätzwert)$$

Relativer Gasphasenanteil, Stofftransportparameter, Phasengleichgewichtskoeffizient:

Aus experimentellen Untersuchungen ergaben sich für das Anwendungsbeispiel

$$\varepsilon = 0{,}036$$
$$\beta_D^F a = 5 \cdot 10^{-4}\, s^{-1}$$
$$\alpha_D = 18{,}0.$$

Mathematische Lösung und Rechenergebnisse

Unter den genannten Voraussetzungen (Kinetik 1. Ordnung, konstante Koeffizienten) lässt sich das System zweier linearer Differentialgleichungen erster Ordnung analytisch lösen. Mit

$$x = c_D^G\,; \; y = c_D^F \tag{10.37}$$

$$a_1 = \frac{\beta_D^F a \alpha_D}{w_s^G}; \; a_2 = -\frac{\beta_D^F a}{w_s^G}; \; a_3 = -\frac{\beta_D^F a \alpha_D}{w_s^F}; \; a_4 = \frac{\beta_D^F a + k(1-\varepsilon)}{w_s^F} \tag{10.38}$$

erhält man

$$\begin{aligned} x' + a_1 x + a_2 y &= 0 \\ y' + a_3 x + a_4 y &= 0 \end{aligned} \tag{10.39}$$

wobei (') die erste Ableitung nach z' bezeichnet. Mit Hilfe der *Laplace*-Transformation lässt sich das Gleichungssystem in ein inhomogenes lineares Gleichungssystem mit zwei Unbekannten überführen, dessen Lösung folgende rücktransformierte Beziehungen ergibt:

$$x = x(0)\left[\frac{\lambda_1 + a_4}{\lambda_1 - \lambda_2} e^{\lambda_1 z'} - \frac{\lambda_2 + a_4}{\lambda_1 - \lambda_2} e^{\lambda_2 z'}\right] \tag{10.40}$$

$$y = x(0)\frac{a_3}{\lambda_1 - \lambda_2}\left[e^{\lambda z'} - e^{\lambda_1 z'}\right] \tag{10.41}$$

mit

$$\lambda_{1/2} = -\frac{a_1 + a_4}{2} \pm \sqrt{\frac{(a_1 + a_4)^2}{4} + a_2 a_3 - a_1 a_4} \,. \tag{10.42}$$

Mit den angegebenen Modellparametern erhält man die Koeffizienten:

$$a_1 = 1{,}8\,m^{-1};\; a_2 = -0{,}1\,m^{-1};\; a_3 = -9\,m^{-1};\; a_4 = 1{,}222\,m^{-1}$$

und die Eigenwerte

$$\lambda_1 = -0{,}5193\,m^{-1};\; \lambda_2 = -2{,}5027\,m^{-1}\,.$$

Damit ergeben sich folgende Lösungen der Bilanzgleichungen:

$$\frac{c_D^G}{c_D^{G0}} = 0{,}3543\,e^{\lambda_1 z'} + 0{,}6457\,e^{\lambda_2 z'} \tag{10.43}$$

$$\frac{c_D^F}{c_D^{G0}} = 4{,}538\left[e^{\lambda_1 z'} - e^{\lambda_2 z'}\right]. \tag{10.44}$$

Für die vorgegebene Eintrittskonzentration des Dicyans von

$$c_D^{G0} = 0{,}024\,kmol\,m^{-3}$$

wurden die Konzentrationsverläufe in der Gas- und Flüssigphase berechnet. Wichtig sind im vorliegenden Fall insbesondere die Dicyan-Konzentrationen (s. Abb. 10.12).

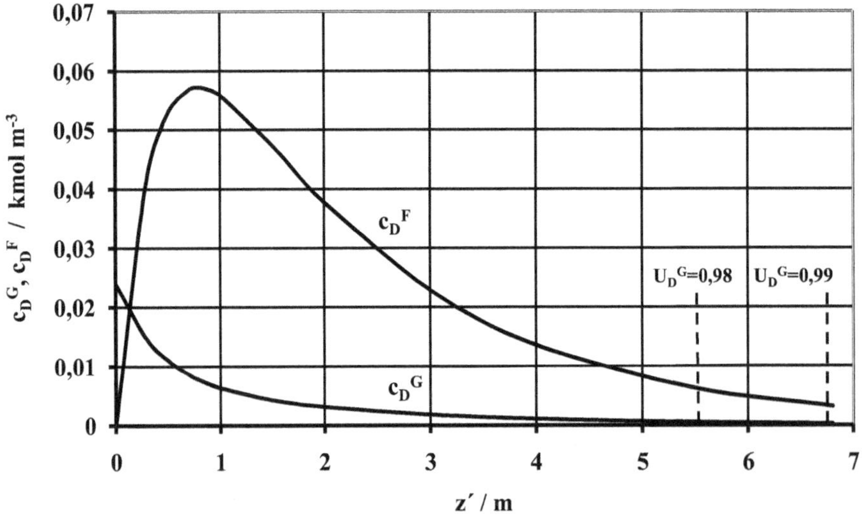

Abb. 10.12: Konzentrationsverläufe des Dicyans im Blasensäulenreaktor ohne axiale Rückvermischung

Der geforderte Umsatz des Dicyans in der Gasphase von 98 % wird bei einer Reaktorlänge von

$$L_R = 5{,}5\,m$$

erreicht. Vergrößert man die Reaktorlänge auf 6,8 m, dann wird ein Auswaschungsgrad von 99 % erreicht. Das Maximum im axialen Verlauf der Flüssigphasenkonzentration wird dadurch verursacht, dass zunächst wegen einer hohen Triebkraft des Stoffüberganges ein Konzentrationsanstieg erfolgt, während mit abnehmender Dicyan-Konzentration in der Gasphase der Stofftransport verlangsamt wird und deshalb nach Erreichen des Maximums die Geschwindigkeit der Flüssigphasenreaktion überwiegt.

Bei der Bewertung der Ergebnisse ist zu berücksichtigen, dass der Blasensäulenreaktor nach dem Modell des idealen Rohrreaktors (ohne Berücksichtigung der axialen Rückvermischung) berechnet wurde. Damit werden die für die Umsetzung günstigsten Bedingungen vorausgesetzt und damit die kleinstmöglichen Reaktorvolumina für das Erreichen bestimmter Umsätze ermittelt.

Wenn Möglichkeiten der Leistungssteigerung des Reaktors untersucht werden sollen, kann man Betriebszustände simulieren, bei denen einerseits eine Beschleunigung der chemischen Reaktion (Erhöhung der kinetischen Konstanten durch Temperaturerhöhung oder Vergrößerung der Katalysatorkonzentration) oder eine Verbesserung der Stoffübergangsbedingungen (Erhöhung des $\beta_D^F a-$ Wertes durch Verstärkung der Turbulenz des Zweiphasensystems) im Modell vorgegeben wird.

Durch Ermittlung der *Hatta*-Zahl, des Sättigungsgrades und des chemischen Beschleunigungsfaktors kann man sich sehr rasch einen Überblick über das vorherrschende Regime verschaffen und entsprechende Einflussmöglichkeiten ableiten.

Nach Abschnitt 10.2.2 erhält man für die Bedingungen der hier dargelegten Rechenvariante die *Hatta*-Zahl für eine Reaktion 1. Ordnung nach folgender Gleichung:

$$Ha_D = \frac{1}{\beta_D^F}\sqrt{k\,D_D^F}\ . \qquad (10.45)$$

Im Gegensatz zu den Stoffbilanzen wird der Stoffübergang hier nicht durch das Produkt von Stoffübergangskoeffizient und spezifischer Phasengrenzfläche charakterisiert, sondern durch den Diffusionskoeffizienten der übergehenden Komponente und deren Stoffübergangskoeffizient. Aus dem bekannten $\beta_D^F a$-Wert kann man nach Abschätzung der spezifischen Phasengrenzfläche den Stoffübergangskoeffizienten berechnen. Für kugelförmige Blasen gilt

$$a = \frac{6\,\varepsilon}{\overline{d}_B}\,, \qquad (10.46)$$

wobei sich der mittlere Blasendurchmesser bei Vorliegen niedrigviskoser Flüssigkeiten ($\mu^F = 0,45...3\,mPa\,s$) nach einer in [10-9] angegebenen Gleichung abschätzen lässt:

$$\bar{d}_B = 1,8\sqrt{\frac{\sigma^F}{\left(\rho^F - \rho^G\right)g}}\,. \tag{10.47}$$

Damit erhält man $\bar{d}_B = 4,53 \cdot 10^{-3}\,m$, $a = 47,7\,m^2\,m^{-3}$ und daraus

$$Ha = 0,082\,.$$

Es liegt also ein Wert von $Ha \leq 0,3$ und damit das Gebiet der langsamen Reaktion vor.

Der Sättigungsgrad nach

$$f = \frac{1}{1 + \dfrac{(1-\varepsilon)\,k}{\beta_D^F\,a}} \tag{10.48}$$

ergibt als mittlere Größe für die Blasensäule

$$f = 0,409\,.$$

Dieser Wert, der sich zwischen $f \approx 0$ (Diffusionsregime) und $f \approx 1$ (kinetisches Regime) bewegen kann, deutet darauf hin, dass hier beide Teilprozesse von Bedeutung sind und damit auch den Gesamtumsatz maßgeblich beeinflussen. Bei einer beabsichtigten Intensivierung des Prozesses (z.B. Umsatzvergrößerung bei gleich bleibendem Reaktorvolumen) wird man also das Augenmerk auf die Vergrößerung der Geschwindigkeit beider Teilprozesse legen und deren voraussichtliche Wirkungen durch Simulationsrechnungen vorher abschätzen.

Bei einem Rohrreaktor hat man allerdings auch zu berücksichtigen, dass der Sättigungsgrad über die Reaktorlänge durchaus nicht konstant ist. Für den Reaktoreintritt ergibt sich hier mit

$$f = \frac{c_D^F}{\alpha_D\,c_D^G} \tag{10.49}$$

wegen $c_D^{F0} = 0$ ein Sättigungsgrad von $f = 0$ (Diffusionsregime), während am Reaktoraustritt bei einer Länge von 5,5 m mit $c_D^F = 0,621 \cdot 10^{-2}\,kmol\,m^{-3}$ und $c_D^G = 4,77 \cdot 10^{-4}\,kmol\,m^{-3}$ der Sättigungsgrad den Wert $f = 0,72$ annimmt, was eher im Bereich des kinetischen Regimes liegt. Dies zeigt, dass die hier durchgeführten Abschätzungen zwar ein erstes Bild über die technische Reaktionsführung liefern, systematische Parameterstudien mit Hilfe des dargelegten Reaktormodells aber wesentlich mehr Informationen über mögliche Maßnahmen zur Intensivierung des Reaktorbetriebes liefern.

Berechnungsbeispiel 10-2: Isothermer stationärer Blasensäulenreaktor mit Berücksichtigung der axialen Rückvermischung in der Flüssigphase

Aufgabenstellung
Für die im Berechnungsbeispiel 10-1 beschriebene Reaktion soll mit den gleichen Eintrittsdaten und Modellparametern ein Blasensäulenreaktor ausgelegt werden, wobei hier der Einfluss der axialen Rückvermischung der Flüssigphase zu berücksichtigen ist. Es ist auch in diesem Fall die Reaktorlänge zu ermitteln, bei der mindestens 98 % des dosierten Dicyans aus der Gasphase entfernt sind.

Voraussetzungen für die Reaktorberechnung
- s. Berechnungsbeispiel 10-1,
- Berücksichtigung der axialen Rückvermischung der Flüssigphase,
- wegen der kleinen Gasbeladung der Säule weiterhin keine Berücksichtigung der axialen Rückvermischung der Gasphase.

Bilanzgleichungen

Stoffbilanz – Gasphase:

$$-w_s^G \frac{dc_D^G}{dz'} - \beta_D^F a\left(\alpha_D c_D^G - c_D^F\right) = 0 \qquad (10.50)$$

Stoffbilanz – Flüssigphase:

$$-w_s^F \frac{dc_D^F}{dz'} + \beta_D^F a\left(\alpha_D c_D^G - c_D^F\right) + D_z^F(1-\varepsilon)\frac{d^2 c_D^F}{dz'^2} - (1-\varepsilon)r = 0 \qquad (10.51)$$

Randwerte:

$$z' = 0 \rightarrow c_D^G = c_D^{G0} \qquad (10.52)$$

$$c_D^F(+0) = D_z^F \frac{1-\varepsilon}{w_s^F}\frac{dc_D^F(+0)}{dz'} \qquad (10.53)$$

$$z' = L \rightarrow \frac{dc_D^F}{dz'} = 0 \qquad (10.54)$$

Modellparameter und Stoffwerte
Gegenüber dem Berechnungsbeispiel 10-1 tritt als zusätzlicher Parameter der effektive axiale Diffusionskoeffizient für die Flüssigphase auf. Dieser Wert kann mit Hilfe von Verweilzeitmessungen ermittelt oder über Korrelationsbeziehungen grob abgeschätzt werden. Oft wird von der *Peclet*-Zahl nach [10-10]

$$Pe^F = \left(\frac{w_s^G}{\varepsilon} - \frac{w_{sF}}{(1-\varepsilon)}\right)\frac{d_R}{D_z^F} \approx 2{,}5 \ldots 3{,}5 \qquad (10.55)$$

ausgegangen. Im vorliegenden Fall ergibt sich mit einem Reaktordurchmesser im Bereich von 0,6 bis 1,0 m ein Schätzwert für den effektiven axialen Diffusionskoeffizienten der Flüssigphase von

$$D_z^F \approx 0,04\, m^2\, s^{-1}\,.$$

Mathematische Lösung und Rechenergebnisse

Auch bei Berücksichtigung der axialen Rückvermischung der Flüssigphase kann das Bilanzgleichungssystem unter den genannten Voraussetzungen (lineare Reaktionskinetik, konstante Koeffizienten) analytisch gelöst werden. Selbstverständlich ist auch die Nutzung numerischer Lösungsverfahren möglich und vielfach sogar zeitsparend, wenn anwenderfreundliche Programme verfügbar sind.

Mit den Beziehungen

$$x = c_D^G;\; y = c_D^F \tag{10.56}$$

und den Koeffizienten

$$h = \frac{\beta_D^F a}{w_s^G}\alpha_D;\; b = \frac{\beta_D^F a}{w_s^G};\; c = \frac{\beta_D^F a}{D_z^F(1-\varepsilon)}\alpha_{D;}$$
$$d = -\frac{\beta_D^F a}{D_z^F(1-\varepsilon)} - \frac{k}{D_z^F};\; g = \frac{w_s^F}{D_z^F(1-\varepsilon)} \tag{10.57}$$

erhält man das Differentialgleichungssystem

$$\begin{aligned} &x' + h\,x + b\,y = 0 \\ &y'' + g\,y' + c\,x + d\,y = 0. \end{aligned} \tag{10.58}$$

Hierbei bezeichnen (′) und (″) die Ableitungen erster bzw. zweiter Ordnung nach z'.

Die Lösung erfolgt nach dem Eliminationsverfahren, das zu der Differentialgleichung dritter Ordnung

$$y''' - s_1\, y'' + s_2\, y' - s_3\, y = 0 \tag{10.59}$$

mit den neuen Koeffizienten

$$s_1 = -h - g;\; s_2 = ag + d;\; s_3 = bc - hd \tag{10.60}$$

führt. Über die sich daraus ergebende kubische Gleichung

$$\lambda^3 - s_1\lambda^2 + s_2\lambda - s_3 = 0 \tag{10.61}$$

erhält man folgende Eigenwerte:

$$\lambda_1 = 0,154\, m^{-1};\; \lambda_2 = -0,121\, m^{-1};\; \lambda_3 = -1,81\, m^{-1}\,.$$

Die Lösungen für die Gas- und Flüssigphasenkonzentrationen des Dicyans lauten:

$$c_D^G = A_1\, C_1 e^{\lambda_1 z'} + A_2\, C_2\, e^{\lambda_2 z'} + A_3\, C_3\, e^{\lambda_3 z'} \tag{10.62}$$

$$c_D^F = A_1\, e^{\lambda_1 z'} + A_2\, e^{\lambda_2 z'} + A_3\, e^{\lambda_3 z'} \tag{10.63}$$

mit

$$C_i = \frac{\lambda_i^2 + g\lambda_i + d}{-c}; \quad i = 1,2,3 \tag{10.64}$$

$$C_1 = 0{,}0512;\ C_2 = 0{,}0595;\ C_3 = -14{,}2\,.$$

Aus den Randwerten ergibt sich folgendes Gleichungssystem zur Bestimmung der Koeffizienten:

Randbedingung nach Gl. (10.52) in Gl. (10.62):

$$c_D^{G0} = A_1 C_1 + A_2 C_2 + A_3 C_3 \tag{10.65}$$

Randbedingung nach Gl. (10.53) in Gl. (10.63) sowie deren differenzierte Form:

$$\frac{dc_D^F}{dz'} = \lambda_1\, A_1\, e^{\lambda_1 z'} + \lambda_2 A_2\, e^{\lambda_2 z'} + \lambda_3 A_3\, e^{\lambda_3 z'} \tag{10.66}$$

$$A_1\left(1 + \frac{\lambda_1}{g}\right) + A_2\left(1 + \frac{\lambda_2}{g}\right) + A_3\left(1 + \frac{\lambda_3}{g}\right) = 0 \tag{10.67}$$

Randbedingung nach Gl. (10.54) in Gl. (10.66):

$$\lambda_1 A_1\, e^{\lambda_1 L_R} + \lambda_2 A_2\, e^{\lambda_2 L_R} + \lambda_3 A_3\, e^{\lambda_3 L_R} = 0\,. \tag{10.68}$$

Zur Lösung dieses Gleichungssystems ist es erforderlich, eine definierte Reaktorlänge vorzugeben. Nachträglich muss dann überprüft werden, ob der geforderte Umsatz am Austritt erreicht wird. Für eine Reaktorlänge von 12 m erhält man:

$$A_1 = 5{,}94 \cdot 10^{-4}\ kmol\, m^{-3};\ A_2 = 2{,}05 \cdot 10^{-2}\ kmol\, m^{-3};$$
$$A_3 = -1{,}60 \cdot 10^{-3}\ kmol\, m^{-3}.$$

Die berechneten Koeffizienten werden in Gl. (10.62) und (10.63) eingesetzt und ergeben die in Abb. (10.13) dargestellten Konzentrationsverläufe in Abhängigkeit von der axialen Koordinate z'.

Die Austrittskonzentration des Dicyans in der Gasphase beträgt

$$c_D^G = 4{,}77 \cdot 10^{-4}\ kmol\, m^{-3}$$

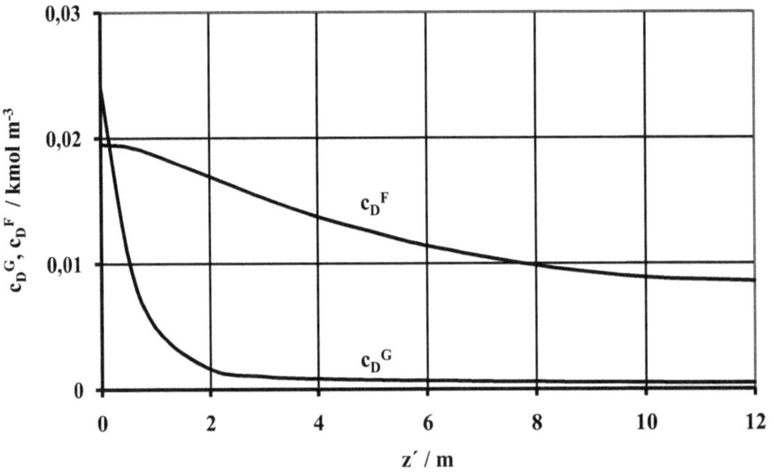

Abb. 10.13: *Konzentrationsverläufe des Dicyans im Blasensäulenreaktor mit axialer Rückvermischung*

und entspricht damit einem Umsatz (Auswaschungsgrad) von

$$U_D^G = 0{,}980\,.$$

Beim gewählten Reaktorvolumen wird somit der in der Aufgabenstellung geforderte Wert erreicht.

Die Flüssigphasenkonzentration des Dicyans zeigt den für den Reaktor mit teilweiser Rückvermischung typischen Sprung bei $z' = 0$, durch den der Eintrittswert

$$c_D^F(-0) = 0$$

auf

$$c_D^F(+0) = 0{,}0195\, kmol\, m^{-3}$$

erhöht wird.

10.5 Berechnung von Rührkesseln für Gas-Flüssig-Prozesse

Ebenso wie bei homogenen Flüssigphasen-Reaktionen findet der Rührkessel auch bei Gas-Flüssig-Reaktionen eine sehr breite Anwendung. Dies beginnt bei Laborreaktoren mit Volumina von weniger als einem Liter und bewegt sich bis zu industriellen Kesseln mit einer Größe von mehreren 100 Kubikmetern. Hinsichtlich der Gaszuführung liegt stets ein kontinuierlicher Betrieb vor; die Flüssigphase kann entweder diskontinuierlich vorgelegt oder ebenfalls kontinuierlich dosiert werden.

Für das Dispergieren des Gases in der Flüssigkeit ist der Rührer vorzüglich geeignet. Durch den relativ hohen apparativen Aufwand (Antriebsmotor, Getriebe, Ein- oder Mehrfachrührer oft in Kombination mit Strombrechern) kann man neben der Schaffung großer spezifischer Phasengrenzflächen auch hohe Stoffübergangskoeffizienten erreichen. Bei niedrigviskosen Flüssigkeiten sind vor allem Turbinenrührer als Dispergator geeignet. Weitere Möglichkeiten der Begasung von Flüssigkeiten liegen in der Verwendung von Hohlrührern, die das Gas über die Rührerwelle selbst ansaugen, oder in der Begasung über eine Trombe mit einem schnell laufenden Rührer in einem Kessel ohne Strombrecher.

10.5.1 Kontinuierlich betriebener Gas-Flüssig-Rührkessel im stationären Zustand

Als Beispiel für die Reaktorberechnung wird zunächst ein Gas-Flüssig-Rührkessel im stationären Betriebszustand gewählt, bei dem beide Phasen kontinuierlich dosiert und aus dem Reaktor abgezogen werden. Dafür sollen folgende Voraussetzungen gelten:

- Isotherme Verhältnisse in der Gas- und Flüssigphase, keine Temperaturunterschiede zwischen beiden Phasen,
- Kontinuierlicher Betrieb und stationärer Zustand in beiden Phasen.
- Die stoffliche Umwandlung findet nur in der flüssigen Phase statt.
- Bezüglich des Stofftransportes gilt die Filmtheorie, der flüssigseitige Stoffübergangswiderstand bestimmt die gesamte Stofftransportgeschwindigkeit.
- Die Vermischung in beiden Phasen ist vollständig, Konzentrationsunterschiede bestehen nur an den Phasengrenzfilmen.

Bei stationären Bedingungen ergeben sich unter Beachtung der in Abb. 10.14 dargestellten Bezeichnungen für die Ein- und Austrittsgrößen folgende Stoffbilanzen:

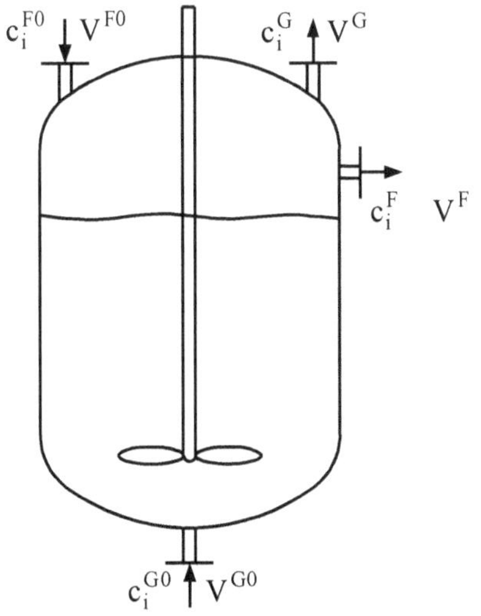

Abb. 10.14: Ein- und Austrittsgrößen des kontinuierlich betriebenen Gas-Flüssig-Rührkessels

Stoffbilanz – Gasphase:

$$\dot{V}^{G0} c_i^{G0} - \beta_i^F a(\alpha_i c_i^G - c_i^F) V_R = \dot{V}^G c_i^G \tag{10.69}$$

Stoffbilanz – Flüssigphase:

$$\dot{V}^{F0} c_i^{F0} + \beta_i^F a(\alpha_i c_i^F - c_i^G) V_R + (1-\varepsilon) V_R R_i = \dot{V}^F c_i^F \tag{10.70}$$

Dieses Gleichungssystem ist für alle Schlüsselkomponenten zu lösen. Für den hier behandelten Fall isothermer Modelle ist bei nicht zu komplizierten Ansätzen für die Reaktionskinetik oft eine geschlossene Lösung des Systems algebraischer Gleichungen möglich, ansonsten sind Iterationsmethoden anzuwenden.

Als reaktionstechnische Information erhält man bei vorgegebenem Durchsatz und Reaktionsvolumen sowie bekannten Eintrittskonzentrationen die Konzentrationen aller Schlüsselkomponenten im Reaktor bzw. am Reaktoraustritt. Die Konzentrationen der Nichtschlüsselkomponenten werden mit Hilfe der stöchiometrischen Bilanzen berechnet. Gibt man die Austrittskonzentration oder den geforderten Umsatz einer Komponente vor, kann das dafür notwendige Reaktionsvolumen direkt berechnet werden.

Das Modell enthält in den Ausdrücken für die Stoffmengenänderungsgeschwindigkeit R_i die reaktionskinetischen Gesetzmäßigkeiten, die für die Berechnung bekannt sein oder experimentell bestimmt werden müssen. Für die Ermittlung des Stoffübergangskoeffizienten und der spezifischen Phasengrenzfläche stehen in der Literatur ebenso Berechnungsgleichungen zur Verfügung wie für die Abschätzung des relativen Gasphasenanteils (z. B. [10-11]).

Berechnungsbeispiel 10-3: Isothermer kontinuierlicher Gas-Flüssig-Rührkessel im stationären Betriebszustand

Aufgabenstellung
In der Flüssigphase eines mit Luft begasten kontinuierlichen Rührkessels findet folgende Oxidation des Stoffes A statt:

$$2A + O_2 \rightarrow P\,.$$

Der Luftüberschuss wird so groß gewählt, dass eine Konzentrationsänderung des Sauerstoffs zwischen Ein- und Austritt der Gasphase vernachlässigt werden kann. Da weitere Reaktionsteilnehmer nicht in der Gasphase enthalten sind, erübrigt sich die Formulierung der Stoffbilanzen für diese Phase. Für die Flüssigphasenreaktion gilt folgende Kinetik zweiter Ordnung:

$$r = k\, c_A^F\, c_O^F \quad mit\, k = 3{,}55\, m^3\, kmol^{-1}\, s^{-1}\,. \tag{10.71}$$

(A =Reaktant A, O =Sauerstoff, P =Produkt P)

Für das Produkt von Stoffübergangskoeffizient und spezifischer Phasengrenzfläche gilt für einen speziellen Rührertyp folgende aus experimentellen Untersuchungen ermittelte Abhängigkeit von der Rührerdrehzahl N und dem dosierten Volumenstrom der Gasphase [10-12]:

$$\beta^F a = k_t\, N^3\, \dot{V}^{G0,5} \quad mit\; k_t = 23{,}803\, s^{2,5} m^{-1,5}\,. \tag{10.72}$$

Die Sättigungskonzentration des Sauerstoffs beträgt bei den gewählten Reaktionsbedingungen:

$$\alpha_O c_O^G = c_O^{F*} = 2{,}5 \cdot 10^{-4}\, kmol/m^3 . \tag{10.73}$$

Folgende weitere Größen sind gegeben:

$$N = 0{,}4\, s^{-1}$$
$$\dot{V}^G = 0{,}017\, m^3 s^{-1}$$
$$\dot{V}^F = 0{,}003\, m^3\, s^{-1}$$
$$c_A^{F0} = 0{,}2\, kmol\, m^{-3}$$
$$c_P^{F0} = 0.$$

Für das Produkt aus Stoffübergangskoeffizient und spezifischer Phasengrenzfläche ergibt sich mit diesen Daten:

$$\beta^F a = 0{,}1986\, s^{-1} .$$

Unter der Voraussetzung, dass die Komponente A zu 90 % umgesetzt wird, sollen das notwendige Reaktionsvolumen der Flüssigphase und die Flüssigphasenkonzentrationen aller Komponenten berechnet werden.

Bilanzgleichungen
Für die Reaktionspartner ergeben sich unter stationären und isothermen Bedingungen folgende Flüssigphasenbilanzen:

Stoffbilanz – Komponente A
Dieser Reaktionspartner wird mit dem Flüssigkeitsvolumenstrom kontinuierlich dosiert und nach der Reaktion aus dem Reaktor abgezogen, wobei Volumenbeständigkeit der Flüssigphase vorausgesetzt wird: $\dot{V}^F = \dot{V}^{F0}$.

$$\dot{V}^F c_A^{F0} - 2\, k\, c_A^F c_O^F\, V^F = \dot{V}^F c_A^F \tag{10.74}$$

Stoffbilanz – Sauerstoff
Die Stoffbilanz für den gelösten Sauerstoff enthält den Antransport aus der Gasphase, die Umsetzung durch die Flüssigphasenreaktion und den Abtransport mit dem austretenden Volumenstrom der Flüssigphase.

$$\beta^F a (c_O^{F*} - c_O^F) V^F - k\, c_A^F\, c_O^F\, V^F = \dot{V}^F\, c_O^F \tag{10.75}$$

Im Stofftransportterm ist hier das Flüssigphasenvolumen enthalten, weil sich die Stoffübergangsgeschwindigkeit im vorliegenden Fall auf dieses Volumen bezieht.

Eine Stoffbilanz für das Produkt P ist nicht erforderlich, weil dessen Konzentration mit Hilfe der Stöchiometrie berechnet werden kann. Mit dem auf die Komponente A bezogenen Umsatz

$$U = \frac{c_A^{F0} - c_A^F}{c_A^{F0}} \tag{10.76}$$

ergibt sich mit $c_P^{F0} = 0$

$$\begin{aligned} c_A^F &= c_A^{F0} - c_A^{F0} U \\ c_P^F &= \quad + \frac{1}{2} c_A^{F0} U. \end{aligned} \tag{10.77}$$

Daraus erhält man durch Eliminieren des Umsatzes folgenden Zusammenhang für die Berechnung der Flüssigphasenkonzentration des Produktes P:

$$c_P^F = \frac{1}{2}\left(c_A^{F0} - c_A^F\right). \tag{10.78}$$

Mathematische Lösung und Rechenergebnisse

Das System der Stoffbilanzen für die Komponenten A und O (Gleichungen 10.74 und 10.75) ist analytisch lösbar und ergibt folgenden Ausdruck für das erforderliche Flüssigphasenvolumen:

$$V^F = \frac{B}{2} + \sqrt{\frac{B^2}{4} + A\,\dot{V}^F} \tag{10.79}$$

mit den Abkürzungen

$$A = \frac{\dot{V}^F U}{2k(1-U)\beta^F a\, c_O^{F*}} \tag{10.80}$$

$$B = A\left[\beta^F a + k c_A^{F0}\left(1-U\right)\right]. \tag{10.81}$$

Die Sauerstoffkonzentration in der Flüssigphase erhält man dann mit folgender Beziehung:

$$c_O^F = \frac{\beta^F a c_O^{F*} V^F}{\beta^F a V^F + k c_A^{F0}(1-U) V^F + \dot{V}^F}. \tag{10.82}$$

Mit den hier gewählten Eintrittsdaten und Modellparametern ergeben sich folgende Lösungen:

- nach Gleichung (10.79): $V^F = 20{,}66\, m^3$
- nach Gleichung (10.82): $c_O^F = 1{,}841\, kmol\, m^{-3}$
- nach Gleichung (10.77): $c_A^F = 0{,}02\, kmol\, m^{-3}$
  $c_P^F = 0{,}09\, kmol\, m^{-3}$.

Mit der Beziehung

$$\dot{n}_P^F = c_P^F \, \dot{V}^F \tag{10.83}$$

ergibt sich damit auch die erzeugte Produktmenge:

$$\dot{n}_P^F = 2{,}70 \cdot 10^{-4} \, kmol \, s^{-1} = 0{,}972 \, kmol \, h^{-1} .$$

Untersucht man den Zusammenhang zwischen dem Umsatz der Komponente A und dem dafür erforderlichen Flüssigphasenvolumen, dann ergibt sich die in Abb.10.15 dargestellte Abhängigkeit.

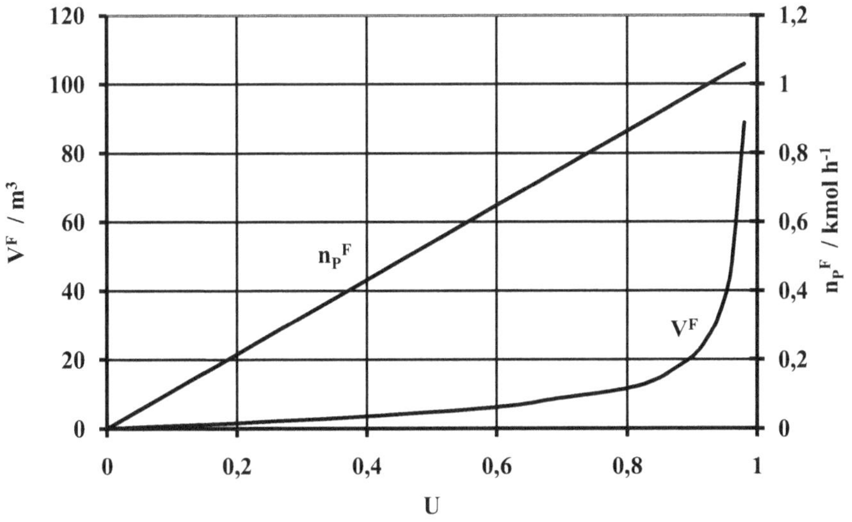

Abb.10.15: Abhängigkeit des erforderlichen Flüssigphasenvolumens und des Produktmolenstromes vom Umsatz des Reaktionspartners A

Es ist ersichtlich, dass eine gewünschte Umsatzerhöhung über den Wert von 98 % hinaus nur durch eine beträchtliche Volumenvergrößerung erreichbar ist. Im Diagramm ist auch der Verlauf des Austrittsmolenstromes des Produktes P dargestellt, der entsprechend der Stöchiometrie der Reaktion linear mit dem Umsatz des Eduktes A ansteigt.

10.5.2 Halbkontinuierlich betriebener Gas-Flüssig-Rührkessel mit kontinuierlicher Gasdosierung

Bei vielen technischen Anwendungsfällen in der chemischen Verfahrenstechnik, aber auch bei aeroben Prozessen der Bioreaktionstechnik, wird die Flüssigphase chargenweise vorgelegt und die Gasphase kontinuierlich dosiert und aus dem Reaktor abgezogen. Man spricht dann vom halbkontinuierlichen Betrieb, der i. A. mit zeitlichen Konzentrationsänderungen aller in den jeweiligen Phasen vorliegenden Komponenten verbunden ist. Gelten darüber hinaus die gleichen Voraussetzungen wie beim kontinuierlichen Gas-Flüssig-Rührkessel, dann ergeben sich folgende Stoffbilanzen:

Stoffbilanz – Gasphase:

$$\varepsilon \frac{dc_i^G}{dt} = \frac{\dot{V}^{G0}}{V_R} c_i^{G0} - \frac{\dot{V}^G}{V_R} c_i^G - \beta_i^F a(\alpha_i c_i^G - c_i^F) \tag{10.84}$$

Stoffbilanz – Flüssigphase:

$$(1-\varepsilon)\frac{dc_i^F}{dt} = \beta_i^F a(\alpha_i c_i^G - c_i^F) + (1-\varepsilon) R_i^F \; . \tag{10.85}$$

In beiden Stoffbilanzen ist auf der linken Seite der instationäre Term ersichtlich. Die rechte Seite der Gasphasenbilanz enthält die Differenz von Ein- und Austrittsstrom der jeweiligen Komponente und den Stoffübergangsterm als negativen Wert. Genau diese Größe taucht in der Flüssigphasenbilanz als positiver Wert auf. In dieser Gleichung ist entsprechend den getroffenen Voraussetzungen der Reaktionsterm in Form der Stoffmengenänderungsgeschwindigkeit enthalten.

Die Lösung des Systems der Stoffbilanzgleichungen ergibt hier bei konstanten Eintrittswerten die zeitlichen Verläufe aller Komponenten in beiden Phasen. Durch Parameterstudien kann ermittelt werden, wie sich eine Verbesserung der Stofftransportgeschwindigkeit (z. B. durch Erhöhung der Turbulenz und damit Vergrößerung des $\beta^F a$ – Wertes) oder eine Beschleunigung der Flüssigphasenreaktion (z. B. durch Temperaturerhöhung und damit Vergrößerung der kinetischen Konstanten) auswirkt oder welches Reaktorvolumen für das Erreichen eines vorgegebenen Umsatzes erforderlich ist.

Berechnungsbeispiel 10-4: Isothermer halbkontinuierlich betriebener Gas-Flüssig-Rührkessel mit kontinuierlicher Gasdosierung

Aufgabenstellung
Die im Berechnungsbeispiel 10-1 dargestellte Hydrolyse von Dicyan

$$D + 2W \rightarrow OX$$

mit der Bruttokinetik

$$r = k\, c_D^F$$

soll in einem halbkontinuierlichen Rührkessel ablaufen. Die Flüssigphase (Wasser und der Katalysator Salzsäure) wird diskontinuierlich vorgelegt und der Gasstrom aus 20 Vol.-% Dicyan und 80 Vol.-% Stickstoff kontinuierlich dosiert. Es soll überprüft werden, ob in einem vorhandenen Reaktor mit einem Volumen von 15 Kubikmetern ein geforderter Umsatz des Dicyans in der Gasphase von mindestens 98% über eine Betriebsperiode von 30 Stunden eingehalten werden kann. Für diesen Zeitraum sollen die zeitlichen Konzentrationsänderungen berechnet werden. Weiterhin ist zu ermitteln, wie sich veränderte Reaktorvolumina auf den Dioxin-Umsatz und die Flüssigphasenkonzentrationen auswirken.

Folgende Anfangs- bzw. Eintrittswerte sind gegeben:

- Gesamter Eintrittsgasstrom: $\dot{V}^{G0} = 0{,}003\, m^{-3}\, s^{-1}$
- Eintrittskonzentration des Dicyans: $c_D^{G0} = 0{,}024\, kmol\, m^{-3}$
- Anfangskonzentration des Wassers: $c_{W0} = 44\, kmol\, m^{-3}$.

Gelöstes Dicyan und das Reaktionsprodukt Oxamid sind zu Beginn des Prozesses noch nicht vorhanden.

Voraussetzungen für die Reaktorberechnung

- Es wird von den Stoffbilanzgleichungen (10.84) und (10.85) und den dort genannten allgemeinen Voraussetzungen ausgegangen.
- Volumenbeständigkeit wird für beide Phasen vorausgesetzt, d. h. annähernd gleicher Gasdurchsatz am Ein- und Austritt wegen des hohen Inertgasüberschusses, annähernd konstantes Flüssigphasenvolumen.
- Der relative Gasphasenanteil, die spezifische Phasengrenzfläche, der Stoffübergangskoeffizient und der Gleichgewichtskoeffizient sind während der Reaktionszeit konstant.
- Wasser, Oxamid und Chlorwasserstoff haben vernachlässigbare Gasphasenkonzentrationen.

Bilanzgleichungen

Die hier interessierenden Größen zur Kennzeichnung des Reaktionsverlaufes sind die Gas- und Flüssigphasenkonzentration des Reaktionspartners Dicyan sowie die Flüssigphasenkonzentrationen von Wasser und Oxamid.

Unter Verwendung des allein auf die Gasphase bezogenen Umsatzes lässt sich die zulässige Austrittskonzentration des Dicyans vorab berechnen, bzw. nach Lösung der Stoffbilanzen mit dem gewünschten Umsatz vergleichen.

$$U_D^G = \frac{c_D^{G0} - c_D^G}{c_D^{G0}} \quad \text{bzw.} \tag{10.86}$$

$$c_D^G = c_D^{G0}(1 - U) \tag{10.87}$$

Stoffbilanz für Dicyan – Gasphase

$$\varepsilon \frac{dc_D^G}{dt} = \frac{\dot{V}^{G0}}{V_R} c_D^{G0} - \frac{\dot{V}^G}{V_R} c_D^G - \beta_D^F a(\alpha_D c_D^G - c_D^F) \tag{10.88}$$

Stoffbilanz für Dicyan – Flüssigphase

$$(1-\varepsilon)\frac{dc_D^F}{dt} = \beta_D^F a(\alpha_D c_D^G - c_D^F) - (1-\varepsilon)\, k\, c_D^F \tag{10.89}$$

Stoffbilanz für Wasser – Flüssigphase
Der Reaktionspartner Wasser soll sich wegen des vernachlässigbaren Dampfdruckes bei der Reaktionstemperatur von 30°C nur in der Flüssigphase befinden.

$$\frac{dc_W}{dt} = -2\,k\,c_D^F \tag{10.90}$$

Stoffbilanz für Oxamid – Flüssigphase
Auch das Reaktionsprodukt Oxamid soll sich nur in der Flüssigphase befinden.

$$\frac{dc_{Ox}}{dt} = +k\,c_D^F\,. \tag{10.91}$$

Die Lösung dieser zusätzlichen Differentialgleichung ist nicht erforderlich, weil sich aus den stöchiometrischen Gleichungen eine einfache algebraische Beziehung für die Oxamid-Konzentration ableiten lässt:

$$\begin{aligned} c_W &= c_{W0} - 2\xi \\ c_{Ox} &= c_{Ox,0} + \xi \\ c_{Ox} &= c_{Ox,0} + \frac{1}{2}(c_{W0} - c_W) \end{aligned} \tag{10.92}$$

Anfangswerte:

$$\begin{aligned} t = 0 \rightarrow c_D^G &= c_D^{G0} = c_{D0}^G \\ c_D^F &= c_{D0}^F = 0 \\ c_W &= c_{W0} \\ c_{Ox} &= c_{Ox,0} = 0 \end{aligned} \tag{10.93}$$

Es ist ersichtlich, dass bei den Flüssigphasenkomponenten nur zeitliche Anfangswerte vorliegen, während das gasförmige Dicyan durch die hier gleichen Werte für den Eintrittsstrom und den zeitlichen Beginn gekennzeichnet werden muss.

Modellparameter und Stoffwerte
Alle nicht kommentierten Größen werden aus dem Berechnungsbeispiel 10-1 übernommen.

Reaktionskinetische Konstante

$$k = 0{,}749 \cdot 10^{-3}\,s^{-1}$$

Relativer Gasphasenanteil, Stofftransportparameter, Phasengleichgewichtskoeffizient

Wegen der stärkeren Begasung und der erhöhten Turbulenz im Rührreaktor liegen im Vergleich zur Blasensäule (Berechnungsbeispiel 10-1) jetzt ein höherer relativer Gasphasenanteil und größere Werte für das Produkt aus Stoffübergangskoeffizient und spezifischer Phasengrenzfläche vor.

$$\varepsilon = 0{,}12$$
$$\beta_D^F\, a = 5\cdot 10^{-3}\, s^{-1}$$
$$\alpha_D = 18$$

Mathematische Lösung und Rechenergebnisse
Die Stoffbilanzen für Dicyan ergeben mit den Abkürzungen

$$x = c_D^G\,;\; y = c_D^F \tag{10.94}$$

$$a_0 = -\frac{\dot V^G c_D^{G0}}{\varepsilon V_R}\,;\; a_1 = \frac{\dot V^G}{\varepsilon V_R} + \frac{\beta_D^F a}{\varepsilon}\alpha_D\,;\; a_2 = -\frac{\beta_D^F a}{\varepsilon}\,;$$
$$a_3 = -\frac{\beta_D^F a}{1-\varepsilon}\alpha_D\,;\; a_4 = \frac{\beta_D^F a}{1-\varepsilon} + k \tag{10.95}$$

folgendes Gleichungssystem:

$$x' + a_0 + a_1\, x + a_2\, y = 0 \tag{10.96}$$

$$y' + a_3\, x + a_4\, y = 0\,, \tag{10.97}$$

wobei (′) die erste Ableitung nach der Zeit bezeichnet.

Unter der Voraussetzung konstanter Koeffizienten lässt sich dieses Gleichungssystem auf folgendem Wege analytisch lösen:

Ableitung von Gl. (10.97):

$$y'' + a_3\, x' + a_4\, y' = 0 \tag{10.98}$$

Multiplikation von Gl. (10.96) mit a_3 und von Gl. (10.97) mit a_1 und Subtraktion der entstehenden Gleichungen ergibt:

$$a_3\, x' = a_1\, y' + (a_1 a_4 - a_2 a_3)\, y - a_0 a_3\;. \tag{10.99}$$

Einsetzen von Gl. (10.99) in (10.98) ergibt folgende inhomogene Differentialgleichung:

$$y'' + (a_1 + a_4)\, y' + (a_1 a_4 - a_2 a_3)\, y = a_0 a_3\;. \tag{10.100}$$

Lösung der homogenen Gleichung ergibt mit dem Lösungsansatz

$$y = e^{\lambda t}$$
$$y' = \lambda e^{\lambda t} \tag{10.101}$$
$$y'' = \lambda^2 e^{\lambda t}$$

folgende Eigenwerte:

$$\lambda_{1/2} = -\frac{a_1 + a_4}{2} \pm \sqrt{\frac{(a_1 + a_4)^2}{4} + a_2 a_3 - a_1 a_4} \; . \tag{10.102}$$

Mit einer aus Gl. (10.100) erzeugten partikulären Lösung

$$y_p = \frac{a_0 a_3}{a_1 a_4 - a_2 a_3} = A \tag{10.103}$$

erhält man folgende allgemeine Lösung der inhomogenen Differentialgleichung (10.100):

$$y = C_1 e^{\lambda_1 t} + C_2 e^{\lambda_2 t} + A \; . \tag{10.104}$$

Einsetzen dieser Gleichung und deren erster Ableitung in Gl. (10.97) ergibt:

$$x = -\frac{\lambda_1 + a_4}{a_3} C_1 e^{\lambda_1 t} - \frac{\lambda_2 + a_4}{a_3} C_2 e^{\lambda_2 t} - \frac{a_4}{a_3} A \; . \tag{10.105}$$

Einsetzen der Anfangswerte gemäß Gl. (10.93) ergibt Bestimmungsgleichungen für die Konstanten C_1 und C_2 und damit folgende Verläufe der Dicyan-Konzentration in Abhängigkeit von der Zeit:

$$c_D^F = (a_3 \, c_D^{G0} - \lambda_2 \, A) \frac{e^{\lambda_1 t}}{\lambda_2 - \lambda_1} - (a_3 \, c_D^{G0} - \lambda_1 \, A) \frac{e^{\lambda_2 t}}{\lambda_2 - \lambda_1} + A \tag{10.106}$$

$$c_D^G = -\frac{\lambda_1 + a_4}{a_3} (a_3 \, c_D^{G0} - \lambda_2 \, A) \frac{e^{\lambda_1 t}}{\lambda_2 - \lambda_1} + \frac{\lambda_2 + a_4}{a_3} (a_3 \, c_D^{G0} - \lambda_1 \, A) \frac{e^{\lambda_2 t}}{\lambda_2 - \lambda_1} - \frac{a_4}{a_3} A \tag{10.107}$$

Mit den angegebenen Modellparametern und Eintrittsdaten erhält man folgende Koeffizienten und Eigenwerte:

$$a_0 = -4{,}00 \cdot 10^{-3} \, kmol \, m^{-3} \, s^{-1}; \quad a_1 = 0{,}752 \, s^{-1}; \quad a_2 = -4{,}17 \cdot 10^{-2} \, s^{-1};$$
$$a_3 = -0{,}102 \, s^{-1}; \quad a_4 = 6{,}43 \cdot 10^{-3} \, s^{-1}; \quad A = 7{,}15 \cdot 10^{-3} \, kmol \, m^{-3};$$
$$l_1 = -7{,}56 \cdot 10^{-4} \, s^{-1}; \quad l_2 = -0{,}757 \, s^{-1}.$$

Die für diesen Datensatz berechneten Werte für den Dicyan-Umsatz in der Gasphase und für die Flüssigphasenkonzentration des Dicyans sind in Abb. 10.16 dargestellt.

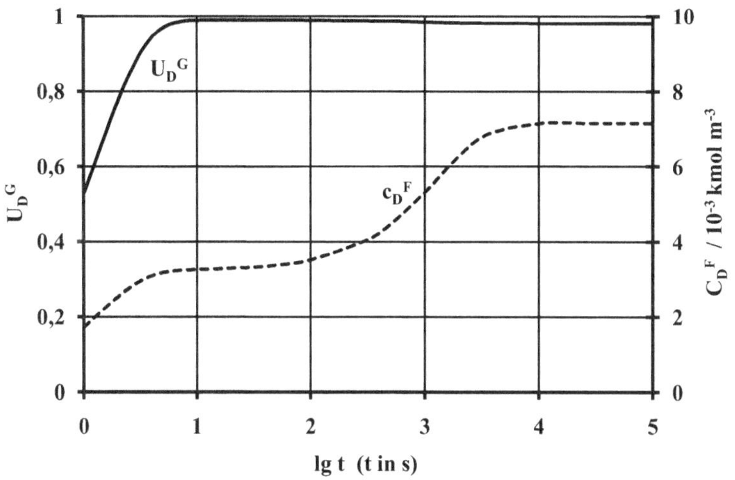

Abb. 10.16: Gasphasen-Umsatz und Flüssigphasenkonzentration des Reaktionspartners Dicyan bei einem Reaktorvolumen von 15 Kubikmetern

Die Rechenergebnisse zeigen, dass bereits nach einer Reaktionszeit von 6 Sekunden der geforderte Dicyan-Umsatz von 98 % erreicht wird. Dieser Wert steigt dann zeitweise auf etwa 99 %, bevor sich nach etwa 10 000 s ein stationärer Gasphasen-Umsatz von 98,1 % einstellt.

Bei halbkontinuierlicher Reaktionsführung muss man auch im Auge behalten, in welchem Maße sich die Konzentrationen des Wassers als Reaktionspartner und des Oxamids als Reaktionsprodukt ändern. Dies wäre insbesondere dann von Interesse, wenn die für die Berechnungen verwendete Bruttokinetik nur für bestimmte Konzentrationsbereiche des Wassers gilt. Im Gegensatz zu den Dicyankonzentrationen ergeben sich für diese Komponenten keine stationären Werte. Ihre Änderungen sind allerdings innerhalb einer halbkontinuierlichen Fahrperiode sehr gering. Nach einer Betriebszeit von beispielsweise 100 000 s sinkt die Wasserkonzentration bei einem Anfangswert von $44\,kmol\,m^{-3}$ auf $42{,}9\,kmol\,m^{-3}$, während die Oxamid-Konzentration vom Anfangswert Null auf lediglich auf $0{,}536\,kmol\,m^{-3}$ ansteigt.

Von Interesse ist auch der Einfluss des Reaktionsvolumens, der bei ansonsten gleichen Eintrittsdaten und Modellparametern untersucht wurde. In Abb. 10.17 sind die für große Reaktionszeiten berechneten stationären Werte dargestellt. Bei Verkleinerung des Reaktorvolumens, beispielsweise von 15 auf 10 Kubikmeter verringert sich der Umsatz von 98,1 auf 97,2 % und würde dann den geforderten Wert von 98 % nicht mehr erreichen.

Bei dieser Simulation wurden alle Modellparameter unverändert gelassen. Es wäre bei der praktischen Umsetzung erforderlich, beispielsweise die Stofftransportbedingungen durch Variation der Rührerform und -leistung entsprechend anzupassen oder mit geänderten Parametern zu rechnen.

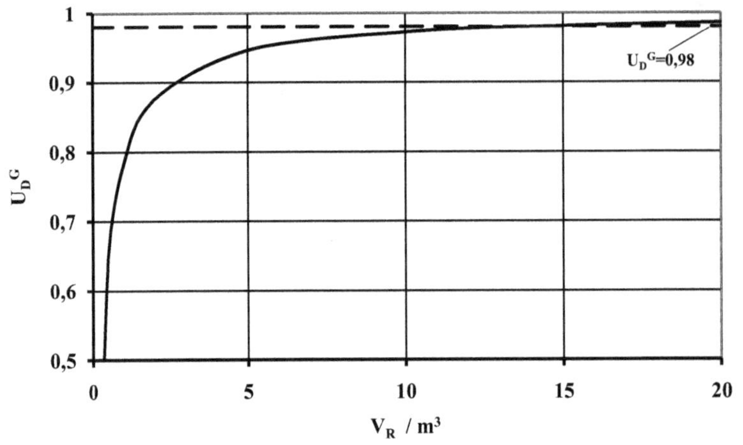

Abb. 10.17: Einfluss des Reaktorvolumens auf den erreichbaren Gasphasen-Umsatz von Dicyan

11 Polymerisationsreaktoren

Polymerisationsreaktionen sind dadurch gekennzeichnet, dass niedermolekulare Stoffe (Monomere) durch Kettenreaktionen zu Makromolekülen (Polymere) umgesetzt werden. Die auf diesem Weg erzeugten Produkte weisen spezielle chemische und mechanische Eigenschaften auf, die durch die Reaktionsführung gezielt beeinflusst und in vielen Fällen auch vorausberechnet werden können. Die verfahrenstechnischen Gesichtspunkte der Polymerisation und die Methoden der mathematischen Modellierung sollen in diesem Kapitel an Beispielen dargestellt werden.

Im Gegensatz zu den Kapiteln 9 (Gas-Feststoff-Reaktoren) und 10 (Gas-Flüssigphase-Reaktoren), bei denen die Besonderheiten der Prozessführung und der Reaktorgestaltung in erster Linie aus den jeweils vorliegenden Phasenverhältnissen resultieren, ergibt sich die Spezifik der Polymerisation darüber hinaus vor allem aus dem Chemismus und der Kinetik der ablaufenden Reaktionen.

Hinsichtlich der für die Polymerisation eingesetzten Reaktoren kann davon ausgegangen werden, dass die Prozesse in vielen Fällen in der flüssigen Phase ablaufen und die dafür geeigneten Reaktorgrundtypen, insbesondere diskontinuierliche und kontinuierliche Rührreaktoren und in vielen Fällen auch Rührkesselkaskaden, zur Anwendung kommen. Spezielle Reaktortypen sind insbesondere dann erforderlich, wenn wegen des mit dem Kettenwachstum zusammenhängenden Viskositätsanstieges besondere Maßnahmen zur Durchmischung und Förderung der Reaktionsmasse notwendig sind.

11.1 Industrielle Verfahren und Reaktoren

Polymerisationsprozesse spielen bei der Herstellung von Kunststoffen eine herausragende Rolle und zeichnen sich durch hohe Zuwachsraten sowohl bei Massenprodukten als auch bei eher kleintonnagigen Spezialkunststoffen aus. In Lehrbüchern und Monographien ist der gegenwärtige Wissensstand auch unter reaktionstechnischen Gesichtspunkten vielfach zusammenfassend dargestellt worden (z. B. [11-1] bis [11-5]).

Eine Systematisierung der großen Anzahl industrieller Polymerisationsreaktionen kann neben der Berücksichtigung der chemischen Gegebenheiten (Art des Monomeren, Strukturprinzipien der gebildeten Makromoleküle) mit Hilfe der Phasenverhältnisse vorgenommen werden. Üblich ist eine Einteilung technisch wichtiger Polymerisationen nach den im Folgenden beschriebenen und in Tabelle 11.1 zusammengestellten Kategorien, für die auch die häufig eingesetzten Reaktortypen genannt sind.

Massepolymerisation (Substanz- oder Blockpolymerisation)
Bei diesem Verfahren wird das reine Monomere durch Erhitzen, Bestrahlen oder unter Zugabe eines Katalysators oder Initiators zu langkettigen Molekülen polymerisiert. Dabei ist die *homogene Massepolymerisation* dadurch gekennzeichnet, dass sich das gebildete Polymere vollständig in der Reaktionsmischung löst und damit ein einphasiges Reaktionssystem im gesamten Umsatzbereich erhalten bleibt. Bei dieser Reaktionsführung fällt ein sehr reines Produkt an. Wenn sich hohe Monomerumsätze ermöglichen lassen, ist auch ein geringer Aufwand für die notwendige Abtrennung des Restmonomeren erforderlich. Ein wesentliches Problem der Massepolymerisation liegt darin, dass mit steigendem Umsatz sehr oft ein starker Anstieg der Viskosität stattfindet. Das erfordert spezielle Reaktorvarianten, die auch bei hohen Viskositäten eine Durchmischung und Förderung der Reaktionsmasse sowie eine wirksame Reaktorkühlung ermöglichen. Ein Beispiel für eine derartige Reaktorvariante ist der Rohrbündelreaktor mit innerer Zirkulation [s. Abb. 11.1 a)]. Die Kreislaufführung der Reaktionsmasse erfolgt durch eine zentral angeordnete Förderschnecke.

Eine andere Möglichkeit der Prozessführung besteht in der Anwendung von Reaktorschaltungen, bei denen in verschiedenen Teilreaktoren mit unterschiedlichen Temperaturen gearbeitet oder innerhalb eines Reaktors zonenweise temperiert wird. Ein Beispiel dafür ist die thermische Massepolymerisation von Polystyrol, bei der in einer ersten Stufe in zwei parallel geschalteten kontinuierlichen Rührkesseln bei 80 °C ein Umsatz von etwa 40% erreicht wird. In einem nachfolgenden Turmreaktor [s. Abb. 11.1 b)] durchströmt die Reaktionsmasse mehrere Segmente, in denen durch zonenweise Wärmeübertragung eine Temperaturerhöhung auf etwa 200 °C erfolgt. Am Austritt des Turmreaktors erreicht man einen Monomerumsatz von fast 100%.

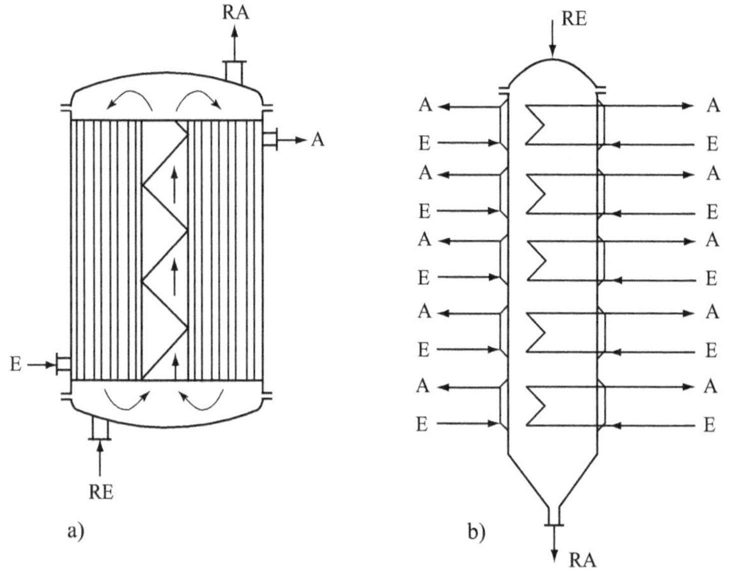

Abb. 11.1: *Reaktorvarianten für die Massepolymerisation;*
a) Rohrbündelreaktor mit innerer Zirkulation, b) Turmreaktor als zonenweise temperierter Rohrreaktor;
E,A Ein- bzw. Austritt des Temperiermittels, RE, RA Ein- bzw. Austritt der Reaktionsmasse

Eine spezielle Variante der Massepolymerisation stellt die *Fällungspolymerisation in Masse* (Substanz-Fällungspolymerisation) dar. In diesem Fall ist das gebildete Polymere im Monomeren unlöslich und fällt aus, wobei es sogar in Pulverform entstehen kann.

Homogene Lösungspolymerisation

Bei Zugabe eines Lösungsmittels, in dem Monomeres und Polymeres löslich sind, liegt eine *homogene Lösungspolymerisation* vor. Dabei wird der bei der Massepolymerisation zu beobachtende Viskositätsanstieg verringert, so dass die für Flüssigphasereaktionen üblichen Reaktoren eingesetzt werden können. Auch für die Reaktorkühlung liegen günstigere Bedingungen vor und die Reaktionsmasse bleibt ohne Probleme förderfähig. Vielfach ist es möglich, einen Teil der Reaktionswärme mit dem verdampfenden Lösungsmittel abzuführen (Siedekühlung). Der wesentliche Nachteil dieser Polymerisation ergibt sich aus der Notwendigkeit der Bereitstellung eines geeigneten Lösungsmittels und gegebenenfalls in der zusätzlich erforderlichen Abtrennung und Rückführung des Lösungsmittels. Vorteilhaft ist es, wenn die Polymerlösung direkt weiter verwendet werden kann (Lacke, Klebstoffe, Kautschuklösungen).

Fällungspolymerisation mit Lösungsmittel

Auch bei dieser Polymerisation wird ein Lösungsmittel eingesetzt, in dem sich allerdings nur das Monomere löst. Bei der Herstellung von Polyacrylnitril wird beispielsweise Wasser als Lösungsmittel eingesetzt. Das Polymere fällt als feste Phase aus und kann deshalb nach der Reaktion einfach abgetrennt werden. Während der Polymerisation tritt keine wesentliche Erhöhung der Viskosität des Reaktionsmediums auf.

Suspensionspolymerisation

Bei der Suspensionspolymerisation wird das Monomere durch starkes Rühren und durch Anwendung von Dispergatoren in Wasser suspendiert. In den Monomertröpfchen, die einen Durchmesser von 0,1 bis 5 mm besitzen, ist meist ein Initiator gelöst. Die Viskosität steigt innerhalb der Tröpfchen ebenso wie bei der Massepolymerisation stark an; der Viskositätsanstieg in der Suspension als Ganzes ist allerdings gering. Es entstehen hoch reine Polymerisatperlen, die leicht abtrennbar sind. Die Wärmeabführung gestaltet sich über die wässrige Trägerphase relativ unkompliziert. An den Reaktorinnenwänden bilden sich allerdings vielfach Wandbelege, die eine häufige Reinigung erforderlich machen. Die Raum-Zeit-Ausbeuten sind wegen der Anwesenheit der praktisch inerten Wasserphase geringer als bei der Massepolymerisation.

Die Suspensionspolymerisation kann entsprechend der Löslichkeit des Monomeren in zwei Varianten durchgeführt werden. Ist das gebildete Polymere im Monomeren löslich, dann entstehen durchsichtige Polymerkugeln (*Suspensionsperlpolymerisation*). Wenn sich dagegen das Polymere nicht im Monomeren löst, dann erhält man ein Polymeres aus unregelmäßig geformten undurchsichtigen Teilchen (*Suspensionspulverpolymerisation*).

Emulsionspolymerisation

Die Emulsionspolymerisation stellt das am häufigsten eingesetzte Verfahren zur Herstellung von Kunststoffen dar. Als kontinuierliche Phase (Emulsionsmedium) dient Wasser, in dem Monomertröpfchen mit einem Durchmesser von 1 – 10 μm emulgiert sind. Die wässrige Phase enthält weiterhin so genannte Micellen (Durchmesser 5 – 10 nm), in denen Monomeres gelöst wird, und in gelöster Form einen Initiator. Radikale aus dem Initiatorzerfall treten in die Micellen ein und starten die Polymerisation, die zur Entstehung von Latexteilchen führt. Monomeres wird über die Wasserphase nachgeliefert, bis die Monomertröpfchen aufgezehrt sind und entsprechend gewachsene Latexteilchen (Durchmesser 100 – 400 nm) vorliegen.

Dreiphasenpolymerisation (Slurry-Polymerisation)
Die Slurry-Polymerisation nimmt wegen der Anwesenheit dreier Phasen eine gewisse Sonderstellung unter den Polymerisationsverfahren ein. Bei der Herstellung von HDPE (Polyethylen hoher Dichte) wird z. B. das gasförmige Monomere (Ethylen) in ein flüssiges Lösungsmittel dosiert, in dem sich feste suspendierte Katalysatorpartikel (Ziegler-Natta-Katalysator) befinden. An diesen Partikeln findet die Polymerisation statt. Ein für dieses Verfahren verwendeter Reaktortyp ist der Schlaufenreaktor [s. Abb. 11.2 a)].

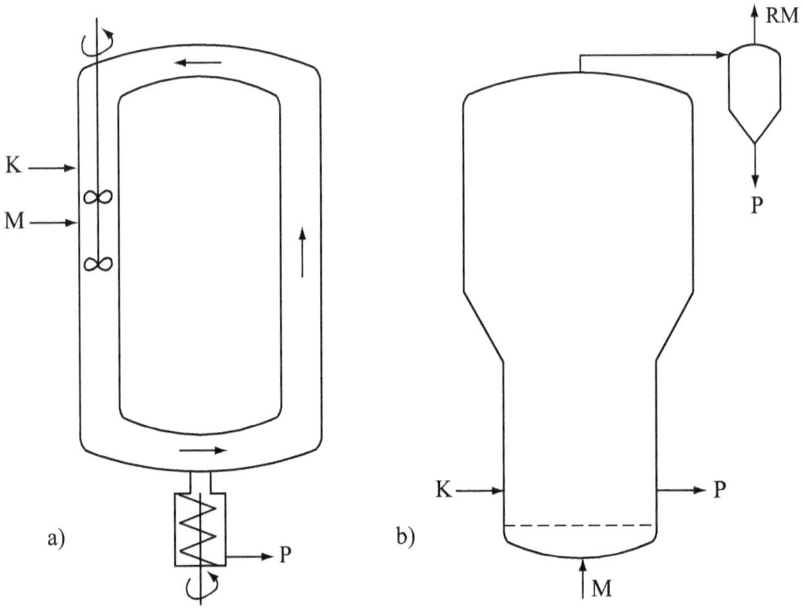

Abb. 11.2: *Reaktoren für die Dreiphasen- und die Gasphasenpolymerisation; a) Schlaufenreaktor für die Slurry-Polymerisation, b) Wirbelschichtreaktor für die katalytische Gasphasenpolymerisation; M Monomerzuführung, K Katalysatordosierung, P Polymerentnahme, RM Restmonomerabführung*

Gasphasenpolymerisation (Gas-Feststoff-Polymerisation)
Für die Gasphasenpolymerisation gibt es nur wenige industrielle Anwendungsfälle. Es wird dabei nicht in der durch das Monomere gebildeten Gasphase selbst polymerisiert sondern an der Oberfläche aufgewirbelter Katalysatorpartikel. Durch ein solches Wirbelschichtverfahren [s. Abb. 11.2 b)] wird z. B. HDPE hergestellt.

Tabelle 11.1: Anwendungsbeispiele für Polymerisationsreaktionen (Abkürzungen für Polymerisate am Ende der Tabelle)

Reaktionssystem	Erzeugtes Polymerisat	Reaktortyp
Massepolymerisation	PS	Rührkessel (diskontinuierlich, kontinuierlich, halbkontinuierlich), Rohrbündelreaktor, Rohrreaktor mit innerer Zirkulation, Rohrreaktor mit äußerer Zirkulation, Reaktorkaskade aus Rührkessel und Turmreaktor (Strömungsrohr)
	SAN, PS	Rohrbündelreaktor
	LDPE	Rohrreaktor
	PMMA	Gießform
Fällungspolymerisation in Masse	PVC	Rührkessel (diskontinuierlich) und Nachreaktor mit Monomerrückführung
Homogene Lösungspolymerisation	PVC	Rührkessel (diskontinuierlich, halbkontinuierlich) Rohrreaktor
	PAN	Rührkessel (diskontinuierlich, halbkontinuierlich)
Fällungspolymerisation mit Lösungsmittel	PAN, PS, PVC	Rührkessel (diskontinuierlich, kontinuierlich)
Suspensionspolymerisation (Perlpolymerisation)	PVC, PP, PS	Rührkessel (diskontinuierlich)
	HDPE, PP	Rührkesselkaskade
Emulsionspolymerisation	PVC, PS, PTFE	Rührkessel (diskontinuierlich, halbkontinuierlich, kontinuierlich)
	ABS, SAN, SBR	Rührkesselkaskade
Dreiphasen-Polymerisation (Slurry-Polymerisation)	HDPE, PP	Schlaufenreaktor, Rührkessel (kontinuierlich) Rührkesselkaskade
Gasphasenpolymerisation (Gas-Feststoff-Polymerisation)	HDPE, LDPE	Wirbelschichtreaktor

Abkürzungen:

ABS	Acrylnitril-Butadien-Styrol-Colpolymer
HDPE	Polyethylen hoher Dichte
LDPE	Polyethylen niedriger Dichte
PAN	Polyacrylnitril
PP	Polypropylen
PMMA	Polymethylmethacrylat
PS	Polystyrol
PTFE	Polytetrafluorethylen
PVC	Polyvinylchlorid
SAN	Styrol-Acrylnitril-Copolymer
SBR	Styrol-Butadien-Kautschuk

Neben der Polymerisation, bei der in einer *Kettenwachstumsreaktion* jeweils ein Monomeres an die wachsende Molekülkette angelagert wird, existieren zwei weitere Reaktionstypen, die als *Stufenwachstumsreaktionen* bezeichnet werden. Dabei entstehen die Makromoleküle in stufenweiser Reaktion mindestens zweier bifunktioneller Gruppen. Dies kann so geschehen, dass zunächst Monomere zu Dimeren, dann diese Dimeren zu Tetrameren usw. reagieren. Erfolgt diese Verknüpfung ohne Freisetzung anderer Moleküle, spricht man von der *Polyaddition*; bei der Freisetzung anderer Moleküle, z. B. Wasser, liegt eine *Polykondensation* vor.

Tabelle 11.2 enthält einige industrielle Anwendungsbeispiele. Neben den üblichen Rührkesseln werden spezielle Reaktortypen eingesetzt, die den Besonderheiten der entsprechenden Reaktionen angepasst sind. Ein Beispiel ist der Bandreaktor für die Polyaddition von Diisocyanaten und Diolen zu PUR, dem ein Mischkopf zur intensiven Durchmischung und Vorumsetzung vorgeschaltet ist [s. Abb. 11.3 a)]. Bei der Herstellung von PET durch eine Schmelzpolykondensation von Ethylenglykol und Dimethylterephthalat verwendet man als erste Stufe eine Rührkesselkaskade und nachfolgend einen Ring-Scheiben-Reaktor [s. Abb. 11.3 b)], in dem durch rotierende Scheiben hohe Stoffübergangsgeschwindigkeiten im Polymerisat erreicht werden.

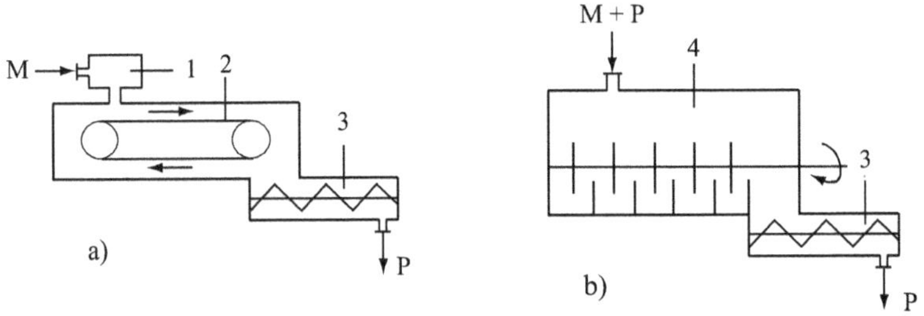

Abb. 11.3: *Reaktoren für die Polyaddition und die Polykondensation; a) Bandreaktor für die Polyaddition, b)Ring-Scheiben-Reaktor für die Polykondensation; 1 Mischkopf, 2 Bandreaktor, 3 Extruder, 4 Reaktor mit rotierenden Scheiben; M Monomerzuführung, P Polymerentnahme*

Tabelle 11.2: *Anwendungsbeispiele für Polyadditionen und Polykondensationen; (Abkürzungen für Polyprodukte am Ende der Tabelle)*

Reaktionssystem	**Erzeugtes Produkt**	**Reaktortyp**
Polyaddition	PUR	Bandreaktor mit vorgeschaltetem Mischkopf
	PA 6	Rohrreaktor, Schneckenreaktor
Polykondensation	PET	Rührkesselkaskade mit nachfolgendem Ring-Scheiben-Reaktor
	PA 66	Rührkessel, Rührkesselkaskade mit nachfolgendem Extruder

Abkürzungen:

Abkürzungen:	PUR	Polyurethan
	PA 6	Polyamid 6 (aus Caprolactam)
	PET	Polyethylenterephthalat
	PA 66	Polyamid 6,6 (aus Adipinsäure und Hexamethylendiamin)

11.2 Prozessgrundlagen der Polymerisation

Makromoleküle weisen hinsichtlich des Chemismus und Art der Kettenbildung eine Reihe von Besonderheiten auf, die in vielen Fällen ganz spezifische Eigenschaften der erzeugten Kunststoffe verursachen. Durch geeignete Wahl der Monomeren, des Reaktionssystems (Phasenverhältnisse) und der Prozessbedingungen bestehen vielfältige Möglichkeiten zur gezielten Beeinflussung der Polymerprodukte. Kennt man die Stöchiometrie und die Kinetik der ablaufenden Reaktionen, dann lassen sich entsprechenden Qualitätsparameter und Effektivitätsgrößen des Polymerisationsprozesses durch Lösung der Stoff- und Wärmebilanzen in vielen Fällen vorausberechnen. An typischen Reaktionsbeispielen sollen die entsprechenden Methoden in den folgenden Kapiteln dargestellt werden.

11.2.1 Strukturen von Makromolekülen

Die chemische Spezifik und die Art des Einbaus der niedermolekularen Bausteine (Monomere) in die kettenartig wachsenden Makromoleküle (Polymere) bestimmen deren Struktur und damit auch die anwendungs- und verarbeitungstechnischen Eigenschaften der Produkte wie Zug- und Schlagfestigkeit, Elastizitätsmodul, elektrische Eigenschaften und Erweichungstemperatur.

Wenn die Polymerkette nur aus Monomeren einer Art aufgebaut wird, spricht man von einer *Homopolymerisation.* Die Ketten selbst können eine lineare Anordnung der Bausteine oder auch Verzweigungen und Vernetzungen aufweisen. Bei der *Copolymerisation* werden zwei oder mehrere Monomerarten in das Makromolekül eingebaut. Dabei bestimmt die Reihenfolge der Monomerarten in der Kette die Art des Copolymeren, die für die Monomerarten A und B folgenden Aufbau besitzen können:

```
-B-A-A-B-A-B-B-B-A-A-B-A-B-B-       statistisches Copolymerisat

-A-B-A-B-A-B-A-B-A-B-A-B-A-B-       alternierendes Copolymerisat

-A-A-A-A-A-B-B-B-B-B-A-A-A-A-       Blockcopolymerisat

-A-A-A-A-A-A-A-A-A-A-A-A-A-A-
           |                        Pfropfcopolymerisat
           B-B-B-B-B-B-B-
```

Man spricht von statistischen Copolymeren, wenn kein regelmäßiger Einbau der einzelnen Monomeren in die Kette erfolgt. Bei alternierenden Copolymeren folgt immer ein Monomeres der Art B dem der Art A usw., während bei Blockcopolymerisaten stets mehrere Monomere der Art A einem Block von mehreren Molekülen der Art B folgen. Einen besonderen Aufbau weisen Pfropfcopolymerisate auf, bei denen die Hauptketten aus einer Monomerart (z. B. Butadien) und die Seitenketten aus einer anderen Monomerart (z. B. Styrol) bestehen.

Weitere wichtige Strukturmerkmale sowohl für Homopolymere als auch für Copolymere sind folgende Sachverhalte bzw. Parameter:

- Mittlerer Polymerisationsgrad
  (mittlere Anzahl der Monomerbausteine in der Kette)
- Molmassenverteilung
  (Funktionsverlauf, der den Massenanteil des Polymeren y_j, der j Monomerbausteine pro Kette enthält, in Abhängigkeit von der Kettenlänge j angibt)
- Art und Grad der Kettenverzweigung
  (Kurz- und Langkettenverzweigung, Anzahl der Verzweigungsstellen pro Kette)
- Taktizität
  (Räumliche Anordnung der Monomerbausteine in der Kette).

Für viele hochpolymere Werkstoffe sind die Zusammenhänge zwischen den Produkteigenschaften und den Strukturgrößen der Makromoleküle in groben Zügen bekannt. Deshalb versucht man, auf der Grundlage der reaktionskinetischen Ansätze der Polymerisation die den gewählten Reaktor beschreibenden Bilanzgleichungen zu lösen und neben Umsatz- und Temperaturverläufen auch Polymerisationsgrade und Molmassenverteilungen zu berechnen.

11.2.2 Stöchiometrie und Kinetik der Polymerisation

Die Polymerisation besteht aus Start-, Wachstums-, Übertragungs- und Abbruchreaktionen. Der Start der Kettenreaktion kann durch einen Initiator, aber auch thermisch, durch Katalysatoren oder foto-, strahlen- und elektrochemisch erfolgen.

Als Beispiel eines häufig anzutreffenden Reaktionsschemas soll hier eine radikalische Polymerisation dargestellt werden, die durch einen Initiator (z. B. Benzoylperoxid oder Azo-bis-isobutyronitril) gestartet wird. In Übereinstimmung mit der in der Polymerisationskinetik üblichen Schreibweise gelten die gewählten Symbole sowohl für die Bezeichnung der Komponenten in den Reaktionsgleichungen als auch für deren Konzentrationen in den kinetischen Ansätzen sowie in den Stoff- und Wärmebilanzen für die Polymerisationsreaktoren. So bedeuten:

$I =$ Initiator

$R =$ Radikal

$M =$ Monomeres

$P_1 =$ aktives Polymeres der Kettenlänge 1

$P_j =$ aktives Polymeres der Kettenlänge j

$P_T =$ Summe aller aktiven Polymeren bzw. „Totalkonzentration“ aller aktiven Polymeren

$M_j =$ totes Polymeres der Kettenlänge j

$M_T =$ Summe aller toten Polymeren bzw. „Totalkonzentration“ aller toten Polymeren.

(Man beachte also die doppelte Verwendung von M, das ohne Index das Monomere bzw. dessen Konzentration und mit einem Index das tote Polymere mit einer dem Index entsprechenden Kettenlänge bzw. dessen Konzentration symbolisiert.)

Neben den im Folgenden dargestellten Teilreaktionen wird an gleicher Stelle der Ansatz für die Beschreibung der Kinetik angegeben. Dabei haben sich einfache kinetische Gleichungen als brauchbar erwiesen, bei denen die Reaktionsordnung der Molekularität entspricht.

Startreaktion durch Initiator
Initiatorzerfall

$$I \rightarrow 2R \qquad r_i = k_i I \qquad (11.1)$$

Eigentliche Startreaktion

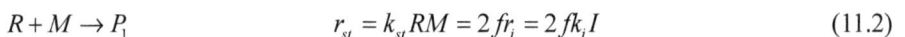

$$R + M \rightarrow P_1 \qquad r_{st} = k_{st} RM = 2fr_i = 2fk_i I \qquad (11.2)$$

Hier ist f ein Radikalausbeutefaktor, der sich zwischen 0 und 1 bewegt.

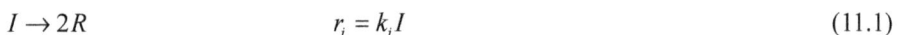

Wachstumsreaktion

$$P_j + M \rightarrow P_{j+1} \qquad r_p = k_p M P_j \tag{11.3}$$

Übertragungsreaktionen

Bei diesem Reaktionstyp, der nach mehreren Mechanismen ablaufen kann, wird die Aktivität aktiver Polymere auf andere Komponenten des Reaktionsgemisches übertragen, die dann ihrerseits aktiv sind und damit wachsen können (Monomere, tote Polymere, Lösungsmittel, Qualitätsregler). Hier werden beispielhaft die Ansätze für die Monomer- und Polymerübertragung dargestellt.

- Monomerübertragung

$$P_j + M \rightarrow P_1 + M_j \qquad r_m = k_m M P_j \tag{11.4}$$

- Polymerübertragung

$$P_j + M_n \rightarrow M_j + P_n \qquad r_{tP} = k_{tP} P_j M_n \tag{11.5}$$

Abbruchreaktionen

Auch Abbruchreaktionen können nach unterschiedlichen Mechanismen ablaufen und das Wachstum der aktiven Polymeren beenden. Hier werden als häufige Beispiele der Kombinationsabbruch (Reaktion zweier aktiver Polymerer zu einem toten Polymeren), der Disproportionierungsabbruch (ebenfalls Reaktion zweier aktiver Polymerer, jedoch zu zwei toten Polymeren) und der Abbruch durch das Monomere (Reaktion eines aktiven Polymeren mit einem Monomeren zu einem toten Polymeren) dargestellt.

- Kombinationsabbruch

$$P_j + P_n \rightarrow M_{j+n} \qquad r_t = k_t P_n P_j \tag{11.6}$$

- Disproportionierungsabbruch

$$P_j + P_n \rightarrow M_j + M_n \qquad r_{tD} = k_{tD} P_n P_j \tag{11.7}$$

- Abbruch durch Monomeres

$$P_j + M \rightarrow M_{j+1} \qquad r_{tm} = k_{tm} M P_j \tag{11.8}$$

Dieses hier beispielhaft dargestellte Reaktionsschema einer radikalischen Polymerisation stellt die Grundlage für die stoffliche und energetische Bilanzierung von Reaktoren dar. Für isotherme Modelle müssen alle im Modell enthaltenen kinetischen Konstanten für die ausgewählte Reaktionstemperatur bekannt sein. Hinsichtlich der Anzahl der zu berücksichtigenden Reaktionsschritte muss davon ausgegangen werden, dass alle Teilreaktionen mit Reaktionspartnern beliebiger Kettenlänge (aktive Polymere P_j, tote Polymere M_j) praktisch in nahezu unbegrenzter Anzahl auftreten; eine Obergrenze stellt lediglich die maximale Kettenlänge dar. Gleiches gilt für die Stoffänderungsgeschwindigkeiten der Komponenten P_j und M_j selbst, die in einer ebenso großen Anzahl zu formulieren wären. Um trotzdem handhabbare Ansätze zu finden, wird oft vom *Bodenstein'schen Stationaritätsprinzip* ausgegangen, dessen Gültigkeit bei der Lösung vieler praktischer Aufgaben nachgewiesen werden konnte.

Es besagt, dass die Konzentrationen aller einzelnen aktiven Polymeren und damit auch deren Summe (P_T) während des Reaktionsablaufes konstant bleiben:

$$\frac{dP_j}{dt} = 0 \qquad \text{für} \qquad j = 1,...,\infty \tag{11.9}$$

$$\frac{dP_T}{dt} = 0 \qquad \text{mit} \qquad P_T = \sum_{j=1}^{\infty} P_j \, . \tag{11.10}$$

Damit ist auch ausgesagt, dass die Geschwindigkeiten der Start- und Abbruchreaktionen gleich groß sind.

11.2.3 Berechnung ausgewählter Strukturparameter

Unter den Voraussetzungen einer Homopolymerisation und eines volumenbeständigen Reaktionsverlaufes können einige Strukturparameter durch Lösung der Bilanzgleichungen für das entsprechende Reaktionssystem und den vorgegebenen Reaktortyp ermittelt werden:

Monomerumsatz

$$U_M = \frac{M_0 - M}{M_0} \, . \tag{11.11}$$

In dieser üblichen Umsatzdefinition stellt M_0 die Anfangskonzentration des Monomeren bei diskontinuierlichen Prozessen und die Eintrittskonzentration bei kontinuierlichen Prozessen dar.

Differentielle Molmassenverteilung

$$y_j = \frac{j\left(P_j + M_j\right)}{M_0 - M} \tag{11.12}$$

Die Gestalt des funktionellen Verlaufes der Molmassenverteilung $y_j = f\left(j\right)$, also des Massenanteiles eines Polymeren mit der Kettenlänge j als Funktion dieser Kettenlänge, kann durch die Wahl des Reaktortyps und der Prozessbedingungen beeinflusst werden und hängt bei vielen Polymerisationen mit den Qualitätsparametern der erzeugten Produkte zusammen. Insofern ist eine Vorausberechnung solcher Verteilungen von praktischem Interesse. Vielfach sind enge Molmassenverteilungen (geringe Varianz der Molmassen) erwünscht, weil sie zu günstigen Materialeigenschaften der polymeren Werkstoffe führen.

Für diese Größe gilt weiterhin:

$$\int_0^{\infty} y_j \, dj = 1 \, . \tag{11.13}$$

Mittlerer Polymerisationsgrad

Der mittlere Polymerisationsgrad (mittlere Kettenlänge) kann auf unterschiedliche Weise definiert und auch experimentell bestimmt werden (s. z. B. [11-5]). Hier soll das häufig verwendete Zahlenmittel des mittleren Polymerisationsgrades genannt werden, dass bei folgendermaßen berechnet wird:

$$\overline{P}_n = \frac{M_0 - M}{M_T + P_T}. \tag{11.14}$$

P_T ist gemäß Gl. (11.10) zu berechnen. Für M_T ergibt sich:

$$M_T = \sum_{j=1}^{\infty} M_j. \tag{11.15}$$

Die Vorausberechnung von Strukturparametern, wie sie hier für die wichtigen Größen Monomerumsatz, Molmassenverteilung und mittlerer Polymerisationsgrad dargestellt ist, unterstützt die Möglichkeiten, vorteilhafte Reaktortypen und Prozessbedingungen auszuwählen. Wenn die Zusammenhänge zwischen den Eigenschaften des polymeren Werkstoffes und bestimmten Strukturparametern bekannt sind, dann kann man diese gezielt beeinflussen und unter Beachtung wirtschaftlicher sowie sicherheits- und umwelttechnischer Randbedingungen optimieren. Für die Berechnung dieser Größen sind Monomer- und Polymerkonzentrationen erforderlich, deren Abhängigkeit von der Reaktionszeit (bei diskontinuierlichen Reaktoren) bzw. von der Verweilzeit (bei kontinuierlichen Reaktoren) durch Lösung der Stoff- und Wärmebilanzen zu ermitteln ist. Auch für die experimentelle Bestimmung von mittleren Polymerisationsgraden und Molmassenverteilungen stehen vielfältige Methoden zur Verfügung, die in der Spezialliteratur zur Polymerenchemie beschrieben sind.

11.3 Prozesstechnik und Reaktorauswahl

Die im Kapitel 11.1 zusammengestellten Beispiele industrieller Verfahren und Reaktoren zeigen einerseits die große Vielfalt technisch genutzter Polymerisationen und der dafür eingesetzten Verfahrensvarianten und Reaktortypen; auf der anderen Seite wird aber auch deutlich, dass Reaktorgrundtypen wie Rührkessel und Rührkesselkaskaden sowie verschiedene Varianten des Rohrreaktors sehr häufig verwendet werden. Hier sollen einige verfahrenstechnische Charakteristika genannt werden, die sich aus der Spezifik der Polyreaktionen ergeben und bei der Reaktorauswahl und der Festlegung der Prozessbedingungen besondere Aufmerksamkeit und mitunter auch besondere Lösungen erfordern.

Generelle Auswahl des Polymerisationsverfahrens (Phasenverhältnisse)

Bei einer Reihe technisch interessanter Polymerisationen besteht die Möglichkeit, verschiedene Verfahren (z. B. Masse-, Suspensions- oder Emulsionspolymerisation) alternativ anzuwenden. Dann steht man vor der Aufgabe, die jeweiligen Vor- und Nachteile zu bewerten. Bei der Massepolymerisation ist die kontinuierliche Betriebsweise vielfach leichter zu realisieren als bei der Suspensions- oder Emulsionspolymerisation. Hinzu kommt, dass kein Prozesswasser benötigt wird, die Umweltbelastung oft geringer ist und eine gleichmäßigere

Produktqualität auftritt. Vielfach können Verfahrensstufen eingespart werden. Nachteilig wirken sich die Probleme des Viskositätsanstieges (s. nächster Listenpunkt) und die damit verbundenen hohen apparatetechnischen Aufwendungen aus.

Emulsions- und Suspensionspolymerisation sind in der Verfahrensgestaltung einander ähnlich. Sie benötigen allerdings beträchtliche Wassermengen und wegen der Anwesenheit dieser reaktionstechnisch inerten Phase auch größere Reaktorvolumina. Die Probleme der Reaktorkühlung sind meist gut beherrschbar. Zusätzliche Verfahrensstufen machen sich wegen der notwendigen Abtrennung des Polymeren aus der wässrigen Reaktionsmischung oft erforderlich. Die Emulsionspolymerisation weist meist gegenüber der Suspensionspolymerisation höhere Reaktionsgeschwindigkeiten aber auch kompliziertere Rezepturen und eine aufwändigere Phasentrennung auf. Kann man allerdings auf eine Abtrennung des Polymeren aus der Wasserphase verzichten (Lackherstellung), stellt die Emulsionspolymerisation eine sehr günstige Variante dar.

Auch die Anwendung der Lösungspolymerisation, die den Viskositätsanstieg mit steigendem Monomerumsatz begrenzt, kann neben den Kosten für das Lösungsmittel selbst vor allem über den Trennaufwand und die Möglichkeit der Wiederverwendung des Lösungsmittels bewertet werden. Vorteilhaft ist es, wenn man die Abtrennung des Lösungsmittels mit einer Siedekühlung (Abzug und Kondensation von Lösungsmitteldampf außerhalb des Reaktors) verbinden kann.

Das Verfahren der Fällungspolymerisation ist oft eine Variante der Lösungspolymerisation, wenn zwar das Monomere, nicht aber das gebildete Polymere im Lösungsmittel löslich ist. In diesem heterogenen Reaktionssystem fällt das Polymere aus und kann durch eine Fest-Flüssig-Trennung leicht separiert werden.

Viskositätsanstieg

Die homogene Massepolymerisation ist in vielen Fällen durch einen starken Anstieg der Viskosität der Reaktionsmasse mit steigendem Umsatz gekennzeichnet. Im Vergleich zur dynamischen Viskosität von Wasser oder Monomeren (z. B. Styrol, Methylmethacrylat), die zwischen 10^{-4} und 10^{-3} $Pa\,s$ liegt, erreichen Polymerschmelzen Werte von 10^2 bis 10^4 $Pa\,s$ bei Polystyrolschmelzen und sogar um 10^5 $Pa\,s$ bei Polyethylenschmelzen. Dies bringt vielfach schwierige Probleme der Durchmischung und der Wärmeabfuhr mit sich. Ein weiteres Problem des Viskositätsanstieges liegt darin, dass sich wegen der damit verbundenen Behinderung von Abbruchreaktionen das Kettenwachstum beschleunigt und in bestimmten Umsatzbereichen ein quasiautokatalytischer Reaktionsverlauf mit einem Anstieg der Polymerisationsgeschwindigkeit (*Trommsdorff*- oder Geleffekt) einstellt. Bei industriellen Massepolymerisationsreaktoren versucht man, die genannten Probleme mit folgenden Varianten der Prozessführung zu umgehen:

1. Erhöhung der Reaktionstemperatur mit steigendem Umsatz, um den Viskositätsanstieg zu begrenzen.
2. Einsatz spezieller Misch- und Knetvorrichtungen, die auch bei hohen Viskositäten eine Durchmischung der Reaktionsmasse und einen Austrag aus dem Reaktor ermöglichen.
3. Anwendung von Reaktorschaltungen, bei denen die Rühr- und Mischeinrichtungen und die Polymerisationstemperaturen in den einzelnen Stufen entsprechend dem Reaktions-

fortschritt (Monomerumsatz) variieren. Hier kommen Rührkesselkaskaden oder die Hintereinanderschaltung von Rührkesseln und rohrförmigen Reaktoren in Frage.
4. Polymerisation in dünnen Schichten oder in Gießformen.

In diesem Fall verzichtet man auf eine Durchmischung und führt die Polymerisation ohne Bewegung der Reaktionsmasse in speziell gestalteten Gießformen durch. Durch Polymerisation von Methylmethacrylat kann man auf diese Weise Platten oder andere Formkörper aus Plexiglas herstellen

Exothermie und Reaktorkühlung
Die meisten technisch interessanten Polymerisationen verlaufen exotherm und weisen beträchtliche Reaktionsenthalpien auf. Speziell bei der Massepolymerisation werden oft große Wärmemengen pro Volumeneinheit freigesetzt. Deshalb ist es notwendig entsprechende Kühlflächen im Reaktor und gegebenenfalls auch extern (Wärmeübertrager in äußeren Kreisläufen, Siedekühlung) bereit zu stellen und für günstige Wärmübertragungsbedingungen zu sorgen. Gerade diese Forderung ist aber bei hoch viskosen Reaktionsmassen nicht einfach zu erfüllen. Durch wandnahe Rühr- und Mischeinrichtungen kann man den Wärmeübergang verbessern und auch lokale Überhitzungen vermeiden, die sonst zur Beeinträchtigung der Produktqualität führen können. Weitere Maßnahmen wurden bereits im Zusammenhang mit der Vermeidung unerwünschter Viskositätsanstiege genannt.

Weitaus weniger problematisch erweist sich die Kühlung von Reaktoren für die Suspensions- oder Emulsionspolymerisation. Hier ist der Viskositätsanstieg im gesamten Reaktionsraum gering, wenn auch innerhalb der wachsenden Partikeln des heterogenen Reaktionssystems Viskositätszunahmen wie bei der Massepolymerisation auftreten können. Ein spezielles Problem können Wandansätze aus Polymermaterial darstellen, die den inneren Wärmeübergang beeinträchtigen.

Bei der Festlegung eines Temperaturprofiles in den einzelnen Reaktoren einer Rührkesselkaskade bzw. in anderen Reaktorschaltungen oder auch über der Länge eines Rohrreaktors kann man allerdings nicht allein von der Forderung nach möglichst hohen der Wärmeübergangskoeffizienten ausgehen. In jedem Fall ist zu berücksichtigen, dass die Reaktionstemperatur selbst alle Teilschritte des kinetischen Schemas und damit auch die Umsetzungsgeschwindigkeit und viele Strukturparameter des Polymeren beeinflusst (s. nächster Listenstrich).

Verfahrenstechnische Möglichkeiten zur Beeinflussung der Molmassenverteilung
Auf den Zusammenhang zwischen dem mittleren Polymerisationsgrad und der Breite der Molmassenverteilung auf der einen Seite und verschiedenen anwendungstechnischen Eigenschaften des erzeugten polymeren Werkstoffes auf der anderen Seite wurde bereits hingewiesen. Durch folgende reaktionstechnische Parameter und Gestaltungsvarianten kann darauf Einfluss genommen werden:

Reaktionstemperatur
Bei radikalischen Polymerisationen erzielt man durch Erhöhung der Reaktionstemperatur kleinere mittlere Polymerisationsgrade und engere Molmassenverteilungen.

Initiatorkonzentration
Die Erhöhung der Initiatorkonzentration bewirkt eine Beschleunigung der Startreaktion und damit die Bildung vieler Ketten. Dadurch sinkt ebenfalls der mittlere Polymerisationsgrad und die Molmassenverteilungen werden enger.

Verweilzeitverhalten des Reaktors
Wegen der engen Verweilzeitverteilung eines Rohrreaktors oder einer Rührkesselkaskade im Vergleich mit einem kontinuierlichen Rührreaktor sind im Allgemeinen auch engere Verteilungen der Molmassen zu erwarten. Der diskontinuierliche Rührkessel ist in dieser Hinsicht dem Rohrreaktor gleichzusetzen. Beim Einsatz von Reaktorkaskaden gewinnt man mit der einfachen Möglichkeit von Zwischeneinspeisungen (z. B. von Initiator) weitere Freiheitsgrade für die gezielte Beeinflussung des Polymerisationsprozesses.

Probleme durch Verunreinigungen
Bei der technischen Durchführung von Polymerisationsprozessen sind vielfach hohe Reinheitsanforderungen zu berücksichtigen. Selbst Verunreinigungen in geringer Konzentration können den Reaktionsverlauf empfindlich stören. Monomere gehören vor allem aus diesem Grund zu den Industriechemikalien mit den höchsten Reinheitsanforderungen.

Produktqualität und Weiterverarbeitung
Bei industriellen Polymerisationsprozessen ist es in den meisten Fällen erforderlich, die mit der Reaktionskinetik zusammenhängenden Strukturparameter der Produkte bereits im Reaktor zu erreichen, weil nachträgliche Korrekturen kaum möglich sind. Auch die Monomerumsätze sollten hoch sein, damit die Aufwendungen für nachfolgende Entmonomerisierungsstufen klein gehalten werden können. Andere Komponenten des Reaktionsgemisches (Lösungsmittel, Initiatorreste) können die Produktqualität beeinträchtigen und müssen in der Regel entfernt werden.

Bei Emulsions-, Suspensions- oder Fällungspolymerisationen gewinnt man das weitgehend reine Polymere durch Fest-Flüssig-Trennungen, denen sich meist eine Trocknungsstufe anschließt. Dabei kann man bestimmte anwendungstechnische Eigenschaften auch durch die Strukturparameter der erzeugten Polymerpartikel (z. B. Teilchenform und -größe) beeinflussen.

11.4 Berechnung von Polymerisationsreaktoren

Die Berechnung von Polymerisationsreaktoren erfolgt auf der Grundlage der Stoff- und Wärmebilanzen für den jeweils vorliegenden Reaktortyp, wobei im Falle homogener Polymerisationen auch die Berechnungsgleichungen für einphasige Reaktionssysteme verwendet werden können (s. Kapitel 6). Eine große Anzahl unterschiedlicher Modelle ergibt sich lediglich aus der Vielfalt der reaktionskinetischen Abläufe, die aus dem jeweils vorliegenden Chemismus der einzelnen Polymerisationen resultieren. Hier wird das im Kapitel 11.2.2 vorgestellte kinetische Schema einer radikalischen Polymerisation der Reaktorberechnung zugrunde gelegt, wobei neben der Start- und der Wachstumsreaktion lediglich ein Kettenabbruch durch Kombination und eine Monomerübertragung berücksichtigt werden. Damit wird ein Reaktionsschema verwendet, das der radikalischen Massepolymerisation von Styrol bis zu einem Grenzumsatz von etwa 30 % entspricht [s. Gleichungen (11.1) bis (11.4) und (11.6)]. Als Reaktortypen werden beispielhaft die häufig eingesetzten Rührkessel (diskontinuierlich und kontinuierlich) behandelt.

11.4.1 Diskontinuierlicher Rührkessel

Die Stoffbilanzen werden für den homogenen Rührkessel unter Voraussetzung einer volumenbeständigen Reaktion für alle am Reaktionsverlauf beteiligten Komponenten formuliert. Entsprechend dem hier vorgegebenen Reaktionsschema

$$\left\{\begin{array}{ll} I \rightarrow 2R & \text{Initiatorzerfall} \\ R + M \rightarrow P_1 & \text{Startreaktion} \\ P_j + M \rightarrow P_{j+1} & \text{Wachstumsreaktion} \\ P_j + M \rightarrow P_1 + M_j & \text{Monomerübertragung} \\ P_j + P_n \rightarrow M_{j+n} & \text{Kombinationsabbruch} \end{array}\right\} \tag{11.16}$$

sind Stoffbilanzen für die Komponenten Initiator (I), Monomeres (M), aktive Polymere der Kettenlänge 1 und beliebiger Kettenlängen (P_1), bzw. (P_j) sowie der toten Polymeren (M_j) zu formulieren.

Für den Quellterm in der Wärmebilanz wird als sinnvolle Näherung von einer Bruttoreaktion ausgegangen.

Stoffbilanzen

Allgemeine Stoffbilanz für den volumenbeständigen Fall (s. Kap. 6)

$$\frac{dc_i}{dt} = R_i \tag{11.17}$$

Initiator

$$\frac{dI}{dt} = -k_i I \tag{11.18}$$

Monomeres
Bei größeren Kettenlängen wird der Monomerverbrauch überwiegend durch die Wachstumsreaktionen bestimmt; die Anteile der Starteraktion und der Monomerübertragung werden deshalb nicht berücksichtigt. Durch die Summation über alle Kettenlängen werden die Wachstumsreaktionen aller aktiven Polymeren erfasst:

$$\frac{dM}{dt} = -k_p M \sum_{j=1}^{\infty} P_j \,. \tag{11.19}$$

Mit Gl. (11.10) ergibt sich daraus unter Verwendung der Gesamtkonzentration der aktiven Polymeren P_T in kürzerer Schreibweise:

$$\frac{dM}{dt} = -k_p M P_T . \tag{11.20}$$

Aktive Polymere
Das aktive Polymere der Kettenlänge 1 ist an der Startreaktion, der Wachstumsreaktion, der Monomerübertragung (Zerfall und Bildung) sowie am Kombinationsabbruch beteiligt:

$$\frac{dP_1}{dt} = 2k_i fI - k_p M P_1 - k_m P_1 M + k_m M P_T - k_t P_1 P_T . \tag{11.21}$$

Die Konzentration aller anderen aktiven Polymeren (Kettenlängen $2,3,...,\infty$) werden durch die Wachstumsreaktionen (Bildung und Weiterreaktion), durch die Monomerübertragung und durch den Kombinationsabbruch beeinflusst:

$$\frac{dP_j}{dt} = k_p M P_{j-1} - k_p M P_j - k_m M P_j - k_t P_j P_T . \tag{11.22}$$

Tote Polymere
Diese nicht aktiven Ketten entstehen im vorliegenden Fall durch Monomerübertragung und durch den Kombinationsabbruch:

$$\frac{dM_j}{dt} = k_m M P_j + \frac{k_t}{2} \sum_{i=1}^{j-1} P_i P_{j-i} . \tag{11.23}$$

Ebenso wie bei den aktiven Polymeren bildet man auch bei den toten Polymeren eine Gesamt- oder Totalkonzentration:

$$M_T = \sum_{j=1}^{\infty} M_j . \tag{11.24}$$

Durch Einsetzen in Gl. (11.23) erhält man damit

$$\frac{dM_T}{dt} = k_m M P_T + \frac{k_t}{2} P_T^2 . \tag{11.25}$$

Dieses System der Stoffbilanzen, das theoretisch aus unendlich vielen Differentialgleichungen besteht, kann nur unter Nutzung einiger Vereinfachungen gelöst werden. Als vielfach bewährte Näherung wird dabei auf das *Bodenstein*-Prinzip gemäß den Gleichungen (11.9) und (11.10) zurückgegriffen. Dabei werden die Konzentrationen aller aktiven Polymeren und auch deren Gesamtkonzentration als zeitlich unveränderlich vorausgesetzt:

$$\frac{dP_j}{dt} = 0 \qquad \textit{für} \qquad j = 1,2,...,\infty . \tag{11.9}$$

Nutzt man diese Beziehung, dann erhält man aus den Gleichungen (11.21) und (11.22) nach Summation über alle aktiven Polymeren

$$P_T = \sum_{j=1}^{\infty} P_j = \sqrt{\frac{2k_i fI}{k_t}} . \tag{11.26}$$

Durch Einsetzen dieses Ansatzes in die Stoffbilanz für das Monomere [Gl. (11.20)] ergibt sich

$$\frac{dM}{dt} = -k_p M \sqrt{\frac{2k_i f}{k_t}} I^{0,5} = -k_{Br} M I^{0,5} . \tag{11.27}$$

Dabei wurde eine Bruttokonstante mit folgender Bezeichnung eingeführt:

$$k_{Br} = k_p \sqrt{\frac{2k_i f}{k_t}} . \tag{11.28}$$

Mit Gl. (11.18) für den Initiator, Gl. (11.25) für die toten Polymeren insgesamt und Gl. (11.27) für das Monomere liegen nunmehr drei Stoffbilanzen vor, mit deren Hilfe durch Integration die Konzentrations-Zeit-Verläufe dieser Komponenten berechnet werden können.

Unter Nutzung des *Bodenstein*-Prinzips ist es auch möglich, durch eine sukzessive Lösung der Stoffbilanz der aktiven Polymeren deren Konzentration für eine beliebige Kettelänge zu berechnen:

$$P_j = \frac{\left(k_p M\right)^{j-1} \left(2k_i fI + k_m M P_T\right)}{\left(k_p M + k_t P_T + k_m M\right)^j} . \tag{11.29}$$

Setzt man diesen Ausdruck in die Stoffbilanz für die toten Polymeren [Gl. (11.23)] ein, dann erhält man eine numerisch zu integrierende Differentialgleichung, die den zeitlichen Verlauf der Konzentration toter Polymerer beliebiger Kettenlängen ergibt. Damit liegen alle Einflussgrößen des Monomerumsatzes, des mittleren Polymerisationsgrades und der Molmassenverteilung vor und ermöglichen eine Vorausberechnung dieser Größen in Abhängigkeit von der Reaktionszeit.

Das hier dargelegte Modellierungsbeispiel hat sich für radikalische Polymerisationen bis zum Erreichen des Geleffektes als anwendbar erwiesen. Bei höheren Umsätzen sind wegen ansteigender Viskositäten vor allem die Abbruchreaktionen gehemmt und Einflüsse des Stofftransportes machen sich bemerkbar.

Vorausgesetzt wurden bislang auch isotherme Bedingungen während der gesamten Reaktionszeit. Ist dies nicht der Fall, muss das System der Stoffbilanzen simultan mit der Wärmebilanz gelöst werden. Bei der Wärmebilanzierung geht man im einfachsten Fall folgendermaßen vor:

Wärmebilanz

Allgemeine Wärmebilanz für den diskontinuierlichen Rührkessel (s. Kap.6)

$$m\bar{c}_p \frac{dT}{dt} = \sum_j \left(-\Delta H_{Rj}\right) r_j V_R - k_D A_D (T - T_K) \tag{11.30}$$

Wärmebilanz für einen diskontinuierlichen Polymerisationskessel
Bei Polymerisationsreaktionen ist es üblich, eine Bruttoreaktionsenthalpie ΔH_{Br} für alle Reaktionen unter Beteiligung des Monomeren zu verwenden. Eine vielfach bewährte Näherung liegt insbesondere bei größeren Kettenlängen ($j > 100$) darin, dass man für diese Enthalpie die der Wachstumsreaktion ansetzt:

$$\Delta H_{Br} \approx \Delta H_p . \tag{11.31}$$

Die Summe aller Reaktionsgeschwindigkeiten für den Monomerverbrauch erhält man aus Gl. (11.20). Damit ergibt sich folgende Wärmebilanz:

$$m\bar{c}_p \frac{dT}{dt} = \left(-\Delta H_{Br}\right) k_p M P_T V_R - k_D A_D \left(T - T_K\right) . \tag{11.32}$$

Diese Gleichung ist gemeinsam mit dem System der Stoffbilanzen zu lösen, wie dies bei nicht isothermen Reaktoren üblich ist. Dabei ist zu beachten, dass die Temperaturabhängigkeiten für alle kinetischen Konstanten, die sich auch bei Polymerisationsreaktionen meist nach einer *Arrhenius*-Beziehung beschreiben lassen, bekannt sein müssen. Auch der Wärmedurchgangskoeffizient k_D kann mitunter eine über die Reaktionszeit variierende Größe sein, wenn sich die Stoffwerte der Reaktionsmischung deutlich ändern.

Die mathematische Lösung der Bilanzgleichungen erfolgt mit Hilfe numerischer Verfahren für Systeme gewöhnlicher Differentialgleichungen (z. B. *Runge-Kutta*-Verfahren).

Berechnungsbeispiel 11-1: Isothermer diskontinuierlicher Rührkessel für die Massepolymerisation von Styrol (alle Daten des Beispiels nach [11-6]).

Aufgabenstellung
Für die radikalische Massepolymerisation von Styrol soll der Prozessverlauf in einem isothermen diskontinuierlichen Rührkessel berechnet werden. Folgende Teilaufgaben sind zu lösen:

a) Berechnung der Reaktionszeit, nach der ein Monomerumsatz von 25% erreicht ist;
b) Berechnung des zu diesem Zeitpunkt vorliegenden mittleren Polymerisationsgrades (Zahlenmittel);
c) Berechnung des maximal abzuführenden Wärmestromes und der dabei erforderlichen Kühlmitteltemperatur.

Voraussetzungen für die Reaktorberechnung
- Die Reaktion verläuft isotherm und volumenbeständig.
- Alle Stoffwerte und der Wärmedurchgangskoeffizient sollen während des Reaktionsablaufes als konstante Größen vorgegeben werden können.

- Die Gültigkeit des *Bodenstein*-Prinzips wird vorausgesetzt.
- Der Monomerverbrauch soll nur durch die Wachstumsreaktion bestimmt werden, was in guter Näherung für Kettenlängen >100 vorausgesetzt werden kann.

Reaktionsschema und Reaktionskinetik
Es gilt das in diesem Kapitel beispielhaft vorgestellte Reaktionsschema gemäß dem Gleichungssystem (11.16) mit den entsprechenden reaktionskinetischen Ansätzen:

- Initiatorzerfall $r_i = k_i I$ s. Gl. (11.1)
- Startreaktion $r_{st} = 2k_i fI$ s. Gl. (11.2)
- Kettenwachstum $r_p = k_p M P_j$ s. Gl. (11.3)
- Monomerübertragung $r_m = k_m M P_j$ s. Gl. (11.4)
- Kombinationsabbruch $r_t = k_t P_j P_n$. s. Gl. (11.6)

Die kinetischen Konstanten haben bei $T = 343\,K$ folgende Werte:

$$k_i = 3,013 \cdot 10^{-5}\, s^{-1}$$

$$k_p = 36,110\, m^3\, kmol^{-1}\, s^{-1}$$

$$k_m = 7,941 \cdot 10^{-3}\, m^3\, kmol^{-1}\, s^{-1}$$

$$k_t = 1,283 \cdot 10^6\, m^3\, kmol^{-1}\, s^{-1}.$$

Weitere gegebene Daten
- Bruttoreaktionsenthalpie $\Delta H_{Br} = -67 \cdot 10^3\, kJ\, kmol^{-1}$
- Molmasse des Monomeren $M_M = 104\, kg\, kmol^{-1}$
- Dichte des Monomeren $\rho_M = 860\, kg\, m^{-3}$
- Mittlere spezifische Wärmekapazität der Reaktionsmischung $\bar{c}_p = 2,23\, kJ\, kg^{-1}\, K^{-1}$
- Reaktionsvolumen $V_R = 8,5\, m^3$
- Verfügbare Kühlfläche $A_D = 20,7\, m^2$
- Wärmedurchgangskoeffizient $k_D = 600\, kJ\, m^{-2}\, h^{-1}\, K^{-1}$
- Reaktionstemperatur $T = 343\, K$
- Anfangskonzentration des Initiators $I_0 = 3 \cdot 10^{-3}\, kmol\, m^{-3}$
- Radikalausbeutefaktor $f = 0,5$

Lösung Teilaufgabe a)
Aus dem geforderten Monomerumsatz von

$$U_M = \frac{M_0 - M}{M_0} = 0,25$$

ergibt sich die zu erreichende Monomerkonzentration:

$$\frac{M}{M_0} = 0,75 \; .$$

Stoffbilanz Initiator [s. Gl. (11.18)]

$$\frac{dI}{dt} = -k_i I$$

Die Integration dieser Gleichung ergibt mit dem Anfangswert $I = I_0$ für $t = 0$:

$$I = I_0 \exp\left(-k_i t\right) . \tag{11.33}$$

Stoffbilanz Monomeres [s. Gl. (11.20)]

$$\frac{dM}{dt} = -k_p M P_T \; ; \; \text{Anfangswert: } M = M_0 \text{ für } t = 0$$

Diese Gleichung kann erst integriert werden, wenn die Totalkonzentration der aktiven Polymeren P_T bekannt ist.

Stoffbilanz für die Summe der Konzentrationen aller aktiven Polymeren
Mit Hilfe des *Bodenstein*-Prinzips nach Gl. (11.9) lässt sich die Totalkonzentration der aktiven Polymeren nach Gl. (11.26) berechnen:

$$P_T = \sqrt{\frac{2k_i f I}{k_t}} \; . \tag{11.26}$$

Durch Einsetzen von Gl. (11.33) und Gl. (11.26) in die Stoffbilanz des Monomeren erhält man folgende Gleichung:

$$\frac{dM}{dt} = -k_p M \sqrt{\frac{2k_i f}{k_t} I_0 \exp\left(-k_i t\right)} \; . \tag{11.34}$$

Nutzt man auch hier die mit Gl. (11.28) eingeführte Bruttokonstante

$$k_{Br} = k_p \sqrt{\frac{2k_i f}{k_t}} \; , \tag{11.28}$$

dann ergibt sich

$$\frac{dM}{dt} = -k_{Br} M \sqrt{I_0 \exp\left(-k_i t\right)} \; . \tag{11.35}$$

Die Integration kann durch Trennung der Variablen erfolgen und führt zu folgendem zeitlichen Verlauf der Monomerkonzentration:

$$\frac{M}{M_0} = \exp\left\{\frac{2k_{Br}\sqrt{I_0}}{k_i}\left[\exp\left(-\frac{k_i t}{2}\right)-1\right]\right\}. \tag{11.36}$$

In der vorliegenden Teilaufgabe ist die Reaktionszeit gefragt. Die Auflösung von Gl. (11.36) nach dieser Größe ergibt folgenden Ausdruck:

$$t = -\frac{2}{k_i}\ln\left(1+\frac{k_i}{2k_{Br}\sqrt{I_0}}\ln\frac{M}{M_0}\right). \tag{11.37}$$

Die Bruttokonstante nach Gl. (11.28) hat den Wert

$$k_{Br} = 1{,}750\cdot 10^{-4}\, m^{3/2}\, kmol^{-1/2}\, s^{-1}\,.$$

Damit ergibt sich folgende Reaktionszeit bis zum Erreichen eines Monomerumsatzes von 25%:

$$t = 3{,}994\cdot 10^{4}\, s = 11{,}09\, h\,.$$

Lösung Teilaufgabe b)

Der mittlere Polymerisationsgrad als ein die Qualität des erzeugten Polymeren kennzeichnender Strukturparameter wurde in Gl. (11.14) definiert:

$$\overline{P}_n = \frac{M_0 - M}{M_T + P_T}. \tag{11.14}$$

Die Monomeranfangskonzentration lässt sich aus den gegebenen Daten berechnen, wenn man berücksichtigt, dass der Reaktor am Anfang nur mit Monomerem gefüllt ist. Die geringe Initiatormenge kann dabei vernachlässigt werden.

$$M_0 = \frac{n_{M0}}{V_R} = \frac{\rho_M V_R / M_M}{V_R} = \frac{\rho_M}{M_M} \tag{11.38}$$

$$M_0 = \frac{860\, kg/m^3}{104\, kg/kmol} = 8{,}269\, kmol\, m^{-3}\,.$$

Die Monomerkonzentration beträgt bei $U_M = 0{,}25$:

$$M = M_0\left(1-U_M\right)$$

$$M = 6{,}202\, kmol\, m^{-3}\,.$$

Die Totalkonzentration der aktiven Polymeren P_T kann bei Gültigkeit des *Bodenstein*-Prinzips nach Gl. (11.26) berechnet werden. Für die Initiatorkonzentration setzt man dabei die Lösung der Stoffbilanz dieser Komponente gemäß Gl. (11.33) ein:

$$P_T = \sqrt{\frac{2k_i f}{k_t} I_0 \exp(-k_i t)} \ . \tag{11.39}$$

Mit den gegebenen Daten erhält man:

$$P_T = 1{,}454 \cdot 10^{-7} \ kmol\, m^{-3} \ .$$

Als letzte Größe benötigt man zur Berechnung des mittleren Polymerisationsgrades auch die Totalkonzentration der toten Polymeren.

Stoffbilanz für die Summe der Konzentrationen aller toten Polymeren
Diese Bilanz wurde bereits bei der Beschreibung der Stoffbilanzen des diskontinuierlichen Polymerisationskessels abgeleitet [s. Gl. (11.25)]:

$$\frac{dM_T}{dt} = \frac{k_t}{2} P_T^2 + k_m M P_T \ . \tag{11.25}$$

Durch Einsetzen der Konzentrations-Zeit-Funktionen des Monomeren [Gl. (11.36)] und der Summe aller aktiven Polymeren [Gl. (11.39)] entsteht folgende Differentialgleichung:

$$\begin{aligned}\frac{dM_T}{dt} &= k_i f I_0 \exp(-k_i t) + k_m M_0 \sqrt{\frac{2k_i f}{k_t} I_0} \sqrt{\exp(-k_i t)} \cdot \\ &\cdot \exp\left\{\frac{2k_{Br}}{k_i}\sqrt{I_0}\left[\exp\left(-\frac{k_i t}{2}\right) - 1\right]\right\}.\end{aligned} \tag{11.40}$$

Zur Vereinfachung dieses Ausdruckes werden folgende Abkürzungen eingeführt:

$$A = k_i f I_0 = 4{,}520 \cdot 10^{-8} \ kmol\, m^{-3}\, s^{-1}$$

$$B = k_m M_0 \sqrt{\frac{2k_i f}{k_t} I_0} = 1{,}743 \cdot 10^{-8} \ kmol\, m^{-3}\, s^{-1}$$

$$C = \frac{2k_{Br}}{k_i}\sqrt{I_0} = 0{,}636 \ .$$

Gleichung (11.40) erhält mit diesen Abkürzungen folgende Form:

$$\frac{dM_T}{dt} = A \exp(-k_i t) + B \exp\left(-\frac{k_i t}{2}\right) \exp\left[C \exp\left(-\frac{k_i t}{2}\right) - 1\right]. \tag{11.41}$$

Die Integration dieser Gleichung ist mit Hilfe einer zweifachen Substitution möglich und führt zu folgendem Ergebnis:

$$M_T = \frac{A}{k_i}\left[1-\exp\left(-k_i t\right)\right] + \frac{2B}{k_i C}\left\{\exp\left(C-1\right) - \exp\left[C\exp\left(-\frac{k_i t}{2}\right)-1\right]\right\}. \tag{11.42}$$

Für die hier vorgegebenen Reaktionsbedingungen ergibt sich damit

$$M_T = 1{,}366\cdot 10^{-3}\,kmol\,m^{-3}.$$

Für den mittleren Polymerisationsgrad erhält man aus den berechneten Konzentrationen folgenden Wert:

$$\overline{P}_n = 1514.$$

Lösung Teilaufgabe c)
Um die im vorliegenden Anwendungsbeispiel geforderte konstante Polymerisationstemperatur einhalten zu können, ist es notwendig, dass zu jedem Zeitpunkt des Reaktionsablaufes die durch Kühlung abgeführte Wärmemenge mindestens so groß ist wie die anfallende Reaktionswärme. Unter der Voraussetzung, dass man Wärmeverluste über die Reaktorkühlung hinaus und auch die Energiedissipation durch den Rührer vernachlässigen kann, gilt nach Gl. (11.32) folgende Bedingung für die Isothermie ($dT/dt = 0$):

$$\left(-\Delta H_{Br}\right)k_p M P_T V_R = k_D A_D\left(T - T_K\right). \tag{11.43}$$

Der Maximalwert der Reaktionswärme liegt am Beginn der Reaktion vor und soll im Folgenden berechnet werden.

$$\dot{Q}_{R,\max} = \dot{Q}_{R,0} = \left(-\Delta H_{Br}\right)k_p M_0 P_{T,0} V_R. \tag{11.44}$$

Nach Gl. (11.26) ergibt sich für den Zeitpunkt $t = 0$:

$$P_{T,0} = \sqrt{\frac{2k_i f I_0}{k_t}}. \tag{11.45}$$

Mit den gegebenen Größen erhält man

$$P_{T,0} = \sqrt{\frac{2\cdot 3{,}013\cdot 10^{-5}\cdot 0{,}5\cdot 3\cdot 10^{-3}}{1{,}283\cdot 10^{6}}}$$

$$P_{T,0} = 2{,}654\cdot 10^{-7}\,kmol\,m^{-3}.$$

Die Anfangskonzentration des Monomeren wurde bereits nach Gl. (11.38) berechnet:

$$M_0 = 8{,}269\,kmol\,m^{-3}.$$

Die anderen Größen auf der rechten Seite von Gl. (11.44) sind in der Aufgabenstellung vorgegeben. Damit ergibt sich folgender maximal abzuführender Wärmestrom:

$$\dot{Q}_{R,\max} = 45{,}15\,kJ\,s^{-1} = 45{,}15\,kW\ .$$

Mit den gegebenen Werten für den Wärmedurchgangskoeffizienten und die verfügbare Kühlfläche kann nach Gl. (11.43) die mittlere Kühlmitteltemperatur berechnet werden, die für die Abführung des maximalen Wärmestromes erforderlich ist:

$$T_K = T - \frac{\dot{Q}_{R,\max}}{A_D k_D} \qquad (11.46)$$

$$T_K = 330\,K\ .$$

Bei dieser Berechnung wurde vorausgesetzt, dass bereits zum Zeitpunkt $t = 0$ die Reaktionstemperatur von 343 K im Polymerisationskessel vorliegt. Während des Reaktionsverlaufes verringert sich der anfallende Wärmestrom, weil die Bruttoreaktionsgeschwindigkeit kleiner wird. Eine konstante Reaktionstemperatur kann dann durch eine geregelte Nachführung der Kühlmitteltemperatur gesichert werden.

11.4.2 Kontinuierlicher Rührkessel

Für die Berechnung des kontinuierlichen Polymerisationskessels soll das gleiche Reaktionsschema zugrunde gelegt werden, dass auch für den diskontinuierlichen Rührkessel verwendet wurde [Gleichungssystem (11.16)]. Deshalb sind auch bei diesem Reaktortyp die Stoffbilanzen für den Initiator (I), das Monomere (M), die aktiven Polymeren der Kettenlänge 1 und beliebiger Kettenlängen (P_1), bzw. (P_j) sowie für die toten Polymeren (M_j) zu formulieren.

Die Bilanzgleichungen werden für den stationären Betriebszustand des Reaktors dargestellt; die Probleme des An- und Abfahrens oder die Analyse zeitlicher Schwankungen im Verlauf der Polymerisation können somit nicht erfasst werden.

Stoffbilanzen

Allgemeine Stoffbilanz für den volumenbeständigen Fall (s. Kap. 6)

$$\dot{V}\left(c_i - c_i^0\right) = R_i V_R$$

Unter Verwendung der mittleren Verweilzeit

$$\bar{t} = \frac{V_R}{\dot{V}}$$

ergibt sich

$$\frac{c_i - c_i^0}{\bar{t}} = R_i\ . \qquad (11.47)$$

Initiator

$$\frac{I - I^0}{\overline{t}} = -k_i I \qquad (11.48)$$

Monomeres

Auch bei diesem Reaktortyp wird davon ausgegangen, dass der Monomerverbrauch überwiegend durch das Kettenwachstum erfolgt. Bei größeren Kettenlängen genügt es deshalb, nur die Wachstumsreaktionen in der Monomerbilanz zu berücksichtigen:

$$\frac{M - M^0}{\overline{t}} = -k_p M P_T \,. \qquad (11.49)$$

Aktive Polymere

Das aktive Polymere der Kettenlänge 1 ist an der Startreaktion, der Wachstumsreaktion, der Monomerübertragung (Zerfall und Bildung) und an dem hier berücksichtigten Kombinationsabbruch beteiligt:

$$\frac{P_1 - P_1^0}{\overline{t}} = 2k_i fI - k_p M P_1 - k_m P_1 M + k_m M P_T - k_t P_1 P_T \,. \qquad (11.50)$$

Für beliebige Kettenlängen ($j = 2, 3, \ldots, \infty$) gilt:

$$\frac{P_j - P_j^0}{\overline{t}} = k_p M P_{j-1} - k_p M P_j - k_m M P_j - k_t P_j P_T \,. \qquad (11.51)$$

Für die Bilanzierung der Summe aller aktiven Polymeren geht man von der Vorstellung aus, dass deren Totalkonzentration im Polymerisationskessel mit ausreichender Genauigkeit durch deren Bildung (Startreaktion) und Beseitigung (alle Abbruchreaktionen) beschrieben wird:

$$\frac{P_T - P_T^0}{\overline{t}} = 2k_i fI - k_t P_T^2 \,. \qquad (11.52)$$

Die in diesen Bilanzen enthaltenen Eintrittskonzentrationen haben bei einem einzelnen Polymerisationskesseln den Wert null; bei Polymerisationskaskaden besitzen sie allerdings konkrete Werte (Austrittskonzentrationen des vorgeschalteten Kessels).

Tote Polymere

Tote Polymere entstehen durch Monomerübertragung und durch die Abbruchreaktion:

$$\frac{M_j - M_j^0}{\overline{t}} = k_m M P_j + \frac{k_t}{2} \sum_{i=1}^{j-1} P_i P_{j-i} \,. \qquad (11.53)$$

Eine Summation über alle Kettenlängen ergibt folgende Gesamtkonzentration der toten Polymeren:

$$\frac{M_T - M_T^0}{\bar{t}} = k_m M P_T + \frac{k_t}{2} P_T^2 . \tag{11.54}$$

Auch bei toten Polymeren sind die Eintrittswerte nur ungleich null, wenn der berechnete Reaktor nicht der erste Kessel einer Kaskade ist.

Wärmebilanz

Allgemeine Wärmebilanz für den kontinuierlichen Rührkessel (s. Kap. 6)

$$\dot{m}\bar{c}_p\left(T - T^0\right) = \sum_j \left(-\Delta H_{Rj}\right) r_j V_R - k_D A_D \left(T - T_K\right) \tag{11.55}$$

Wärmebilanz für den kontinuierlichen Polymerisationskessel
Auch bei der Berechnung dieses Reaktortyps wird der Quellterm in der Wärmebilanz im Wesentlichen durch den Bruttomonomerverbrauch (Summe aller Wachstumsgeschwindigkeiten) bestimmt. Damit lässt sich die Wärmebilanz in folgender vereinfachter Form darstellen:

$$\dot{m}\bar{c}_p\left(T - T^0\right) = \left(-\Delta H_{Br}\right) k_p M P_T V_R - k_D A_D\left(T - T_K\right) . \tag{11.56}$$

Die Lösung des Systems der Stoff- und Wärmebilanzgleichungen ermöglicht die Berechnung der im Kessel und damit auch die am Reaktoraustritt vorliegenden Konzentrationen, wenn die Eintrittswerte und das Reaktorvolumen vorgegeben werden. Damit können auch mittlere Polymerisationsgrade und Molmassenverteilungen berechnet werden.

Eine separate Lösung der Stoffbilanzen ist dann sinnvoll, wenn die Polymerisationstemperatur vorgegeben wird. Dann liegen auch die kinetischen Konstanten für diese Temperatur fest und die Wärmebilanz kann zusätzlich zur Festlegung der Kühlbedingungen genutzt werden.

Berechnungsbeispiel 11-2: Isothermer kontinuierlicher Rührkessel für die Massepolymerisation von Styrol (alle Daten des Beispiels nach [11-6]).

Aufgabenstellung
Für die radikalische Massepolymerisation von Styrol soll ein kontinuierlicher Rührkessel im stationären Betriebszustand berechnet werden. Bei gegebenen Eintrittsbedingungen, einer festgelegten konstanten Reaktionstemperatur sowie einem vorgegebenen Reaktionsvolumen im Kessel sind folgende Teilaufgaben zu lösen:

a) Berechnung des Monomerumsatzes für einen gegebenen Volumenstrom;
b) Berechnung des bei diesen Bedingungen erreichbaren mittleren Polymerisationsgrades (Zahlenmittel);
c) Berechnung der erforderlichen Eintrittstemperatur des Monomeren, wenn der Polymerisationskessel adiabat betrieben werden soll.

Voraussetzungen für die Reaktorberechnung

- Es gelten die gleichen, bzw. dem geänderten Reaktortyp entsprechenden Voraussetzungen wie für das Berechnungsbeispiel 11-1. Im Interesse der Vergleichbarkeit soll die über den Volumenstrom einstellbare mittlere Verweilzeit des hier zu berechnenden Reaktors der ermittelten Reaktionszeit des im Beispiel 11-1 behandelten diskontinuierlichen Polymerisationskessels entsprechen.
- Die Voraussetzung der Volumenbeständigkeit bezieht sich hier darauf, dass Volumenströme des Reaktionsgemisches am Reaktorein- und -austritt gleich sind.
- Der Reaktor wird nur im stationären Zustand berechnet.

Reaktionsschema und Reaktionskinetik

Es sollen das gleiche Reaktionsschema und die gleichen reaktionskinetischen Ansätze wie im Berechnungsbeispiel 11-1 gelten.

Auch im vorliegenden Beispiel soll die Polymerisation bei einer konstanten Temperatur von 373 K ablaufen; deshalb bleiben auch die kinetischen Konstanten unverändert.

Weitere gegebene Daten

Es gelten die gleichen Daten wie im Berechnungsbeispiel 11-1.

Folgende Werte kennzeichnen den Eintrittsstrom:

- Volumendurchsatz: $\dot{V}^0 = \dot{V} = 0{,}766\, m^3\, h^{-1}$
- Initiatoreintrittskonzentration $I^0 = 3 \cdot 10^{-3}\, kmol\, m^{-3}$
- Monomereintrittskonzentration $M^0 = 8{,}269\, kmol\, m^{-3}$
- Polymere liegen im Eintrittsstrom nicht vor: $P_j^0 = M_j^0 = P_T^0 = M_T^0 = 0$.

Lösung Teilaufgabe a)

Zur Berechnung des Monomerumsatzes ist die Stoffbilanz des Monomeren [Gl. (11-49)] zu lösen. Dazu ist auch die Lösung der Stoffbilanzen des Initiators [Gl. (11.48)] und der aktiven Polymeren [Gl. (11.52)] erforderlich.

Stoffbilanz Initiator

$$I - I^0 = -\bar{t}\, k_i I \tag{11.57}$$

$$I = \frac{I^0}{1 + \bar{t}\, k_i} \tag{11.58}$$

Die mittlere Verweilzeit beträgt

$$\bar{t} = \frac{V_R}{\dot{V}} = \frac{8{,}5\, m^3}{0{,}766\, m^3\, h^{-1}} = 11{,}097\, h = 3{,}994 \cdot 10^4\, s\,.$$

Mit den gegebenen Daten ergibt sich für die im Kessel bzw. am Austritt vorliegende Initiatorkonzentration folgender Wert:

$$I = 1{,}362 \cdot 10^{-3}\ kmol\, m^{-3}\ .$$

Stoffbilanz Summe der aktiven Polymeren
Mit $P_T^0 = 0$ erhält Gl. (11.52) folgende Form:

$$P_T = \bar{t}\left(2k_i fI - k_t P_T^2\right). \tag{11.59}$$

Durch Lösung der daraus entstehenden quadratischen Gleichung

$$P_T^2 + \frac{1}{\bar{t}\, k_t} P_T - \frac{2k_i\, fI}{k_t} = 0 \tag{11.60}$$

ergibt sich die Totalkonzentration der aktiven Polymeren:

$$P_T = 1{,}788 \cdot 10^{-7}\ kmol\, m^{-3}\ .$$

Stoffbilanz Monomeres
Aus Gl. (11.49) ergibt sich

$$M - M_0 = -\bar{t}\, k_p M P_T \tag{11.61}$$

und daraus folgende Monomerkonzentration:

$$M = \frac{M_0}{1 + \bar{t}\, k_p P_T}, \tag{11.62}$$

$$M = 6{,}574\, kmol\, m^{-3}\ .$$

Der in dieser Teilaufgabe zu berechnende Monomerumsatz beträgt dann

$$U_M = \frac{M^0 - M}{M^0} \tag{11.63}$$

$$U_M = 0{,}205\ .$$

Eine Gegenüberstellung der Verhältnisse im diskontinuierlichen Rührkessel mit denen beim kontinuierlichen Betrieb zeigt auch bei Polymerisationsrektionen des hier gewählten Typs das erwartete Ergebnis. Bei gleicher Reaktionszeit bzw. mittlerer Verweilzeit erreicht man im diskontinuierlichen Rührkessel einen höheren Umsatz als im kontinuierlichen Rührkessel.

Lösung Teilaufgabe b)
Der mittlere Polymerisationsgrad (Zahlenmittel) ergibt sich entsprechend Gl. (11.14) für den kontinuierlichen Rührkessel nach folgender Beziehung:

$$\overline{P}_n = \frac{\dot{V}^0 M^0 - \dot{V} M}{\dot{V}\left(M_T + P_T\right)} . \tag{11.64}$$

In dieser Gleichung sind eventuell auftretende Differenzen zwischen dem Ein- und Austrittsdurchsatz der Reaktionsmischung berücksichtigt. Im vorliegenden Beispiel wurden die beiden Volumenströme als konstant vorausgesetzt, so dass der mittlere Polymerisationsgrad folgendermaßen zu berechnen ist:

$$\overline{P}_n = \frac{M^0 - M}{M_T + P_T} = \frac{M^0 U_M}{M_T + P_T} . \tag{11.65}$$

In dieser Gleichung ist allein die Summe der toten Polymeren noch unbekannt.

Stoffbilanz Summe der toten Polymeren
Gemäß Gl. (11.54) steht folgende Bilanzgleichung zur Verfügung:

$$M_T - M_T^0 = \overline{t}\left(k_m M P_T - \frac{k_t}{2} P_T^2\right) . \tag{11.66}$$

Mit den gegebenen bzw. bereits berechneten Größen

$M_T^0 = 0$ (kein totes Polymeres im Eintrittsstrom)

$k_m = 7{,}941 \cdot 10^{-3}\ m^3\ kmol^{-1}\ s^{-1}$

$k_t = 1{,}283 \cdot 10^{6}\ m^3\ kmol^{-1}\ s^{-1}$

$\overline{t} = 3{,}994 \cdot 10^{4}\ s$

$M = 6{,}574\ kmol\ m^{-3}$

$P_T = 1{,}788 \cdot 10^{-7}\ kmol\ m^{-3}$

ergibt sich folgender mittlerer Polymerisationsgrad:

$\overline{P}_n = 1422$.

Im Vergleich mit dem für den diskontinuierlichen Polymerisationskessel berechneten Wert zeigt sich, dass im kontinuierlichen Kessel im Mittel etwas kürzere Ketten erzeugt werden.

Lösung Teilaufgabe c)
Durch die Lösung dieser Teilaufgabe soll abgeschätzt werden, ob es bei den hier gewählten Eintrittsbedingungen und Prozessparametern möglich ist, die Reaktionswärme allein mit dem Reaktionsgemisch abzuführen und damit auf eine Kühlung im stationären Zustand ganz zu verzichten. Die dafür notwendige Eintrittstemperatur ist zu ermitteln.

Wärmebilanz
Nach Gl. (11.56) ergibt sich für den adiabaten Fall (keine Reaktorkühlung, keine Wärmeverluste) folgende Bilanz:

$$\dot{m}\bar{c}_p\left(T-T^0\right)=\left(-\Delta H_{Br}\right)k_p M P_T V_R \,. \qquad (11.67)$$

Die rechte Seite dieser Gleichung kann in dieser Form oder entsprechend Gl. (11.49) ausgedrückt werden:

$$\left(-\Delta H_{Br}\right)\bar{t}^{-1}\left(M^0-M\right)V_R=\left(-\Delta H_{Br}\right)M^0 U_M \dot{V} \,. \qquad (11.68)$$

Damit erhält man folgende Beziehung für die Berechnung der Eintrittstemperatur:

$$T^0=T-\frac{\left(-\Delta H_{Br}\right)M^0 U_M \dot{V}}{\dot{m}\bar{c}_p} \,. \qquad (11.69)$$

Da im volumenbeständigen Fall die mittlere Dichte konstant bleibt und am Eintritt nur Monomeres und geringe Mengen Initiator dosiert werden, ergibt sich mit

$$\bar{\rho}=\frac{\dot{m}}{\dot{V}}\approx\frac{\dot{m}^0}{\dot{V}^0}=\frac{M_M\dot{n}_M^0}{\dot{V}^0}=\frac{M_M\dot{V}^0M^0}{\dot{V}^0}=M_M M^0 \qquad (11.70)$$

ein einfacher Ausdruck zur Berechnung der Temperatur des Eintrittsstromes:

$$T_0=T-\frac{\left(-\Delta H_{Br}\right)U_M}{\bar{c}_p M_M} \,. \qquad (11.71)$$

Die benötigten Daten wurden in der Aufgabenstellung vorgegeben oder bereits berechnet:

$$T=343\,K$$

$$\left(-\Delta H_{Br}\right)=67\cdot 10^3\ kJ\,kmol^{-1}$$

$$\bar{c}_p=2{,}23\,kJ\,kg^{-1}\,K^{-1}$$

$$M_M=104\,kg\,kmol^{-1}$$

$$U_M=0{,}205\,.$$

Nach Gl. (11.71) erhält man

$$T^0 = 283{,}9\,K\,.$$

Bei der Festlegung der Betriebsbedingungen wäre zu überprüfen, ob das Monomere mit einer solchen Eintrittstemperatur wirtschaftlich günstig bereitgestellt werden kann. Will man dagegen das Monomere bei einer höheren Temperatur dosieren (z. B. Raumtemperatur), dann muss der Reaktor gekühlt werden, wenn die vorgegebene Reaktionstemperatur einzuhalten ist. Der abzuführende Wärmestrom kann dann nach Gl. (11.56) berechnet werden.

12 Elektrochemische Reaktoren

Elektrochemische Verfahren werden in vielen Bereichen der Industrie, darunter vor allem der Chemie, der Metallurgie, der Energietechnik und im Umweltschutz angewendet. Sie sind durch die technische Nutzung von Elektrodenreaktionen im elektrochemischen Reaktor gekennzeichnet. Für die Herstellung von Großprodukten wie Chlor und Natronlauge sowie von Aluminium und weiteren Metallen sind diese Verfahren seit Jahrzehnten ebenso unverzichtbar wie in der Galvanotechnik, der elektrochemischen Metallbearbeitung oder der elektrochemischen Metallerzeugung und -raffination.

Ziel des folgenden Kapitels ist neben der kurzen Darstellung industrieller Einsatzgebiete vor allem die Anwendung verfahrenstechnischer Arbeitsmethoden, die auch für diese Prozessklasse in der Erfassung der Teilvorgänge sowie der Formulierung, mathematischen Lösung und Nutzung von Reaktormodellen besteht.

Der Begriff des elektrochemischen Reaktors wird hier für alle Apparate verwendet, in denen elektrochemische Reaktionen ablaufen; üblich ist dafür auch der Begriff der Zelle (Elektrolysezelle, Brennstoffzelle).

12.1 Industrielle Verfahren und Reaktoren

Durch elektrochemische Verfahren werden in den meisten Fällen Elektrolyseprodukte hergestellt (anorganische und organische Chemikalien, Metalle); bei anderen Anwendungen, vornehmlich im Bereich des Umweltschutzes, entfernt man spezielle Komponenten gezielt aus dem Elektrolyten. Andere Aufgaben bestehen in der Galvanotechnik mit der Abscheidung dünner Schichten auf Werkstoffoberflächen und im Bereich der elektrochemischen Stromquellen mit dem Ziel der Energieerzeugung durch elektrochemische Umsetzung von Energieträgern.

Einige Großproduktionen der chemischen Industrie können gegenwärtig nur auf elektrochemischem Weg wirtschaftlich durchgeführt werden (z. B. Herstellung von Chlor und Natronlauge). Bei anderen Prozessen hat man die Wahl zwischen dem elektrochemischen Aktivierungsprinzip und anderen Möglichkeiten der Reaktionsführung. Dann muss man zunächst die Vor- und Nachteile elektrochemischer Verfahren bewerten, wobei folgende prinzipielle Gesichtspunkte von Bedeutung sind:

Vorteile

- Hohe Selektivität bezüglich gewünschter Reaktionsprodukte, hohe Stromausbeuten
  Durch die Wahl geeigneter Reaktionsbedingungen und Elektrodenmaterialien bzw. Elektrokatalysatoren können hohe Produktausbeuten erzielt und nicht erwünschte Nebenreaktionen oft gehemmt werden.
- Hohe elektrische Wirkungsgrade
  Speziell bei der Erzeugung von Elektroenergie aus chemischer Energie (Brennstoffzelle) erreicht man im Vergleich zu thermisch-mechanischen Verfahren höhere elektrische Wirkungsgrade.
- Gute Regelbarkeit der Reaktionsgeschwindigkeit, leichte Automatisierbarkeit
  Bei einfachen Reaktionen ist die Reaktionsgeschwindigkeit der elektrischen Stromdichte direkt proportional und damit über den Zellstrom leicht einzustellen. Instabilitäten durch Temperatureinflüsse, wie sie bei temperaturempfindlichen thermischen oder katalytischen Reaktionen auftreten, sind bei elektrochemischen Reaktionen nicht zu erwarten.
- Moderate Reaktionsbedingungen
  Viele industrielle elektrochemische Prozesse können bei Normaldruck und bei Temperaturen unter 100°C durchgeführt werden (Ausnahmen: Schmelzflusselektrolysen, Wasserelektrolyse bei hohem Druck und hoher Temperatur, Hochtemperatur-Brennstoffzellen).

Nachteile

- Notwendiger Elektroenergieaufwand
  Neben der thermodynamisch bedingten Gleichgewichtszellspannung führen zusätzliche Spannungsverluste in Stromzuführungen, an und in Elektroden, in Elektrolyten und Separatoren zu unvermeidlichen Energieverlusten, die entweder nutzbare Abwärmen oder aber unvermeidliche Wärmeverluste darstellen.
- Prozessspezifische Nachteile bestimmter Technologien
  Bei einigen technischen Anwendungen tritt ein unerwünschtes zeitabhängiges Betriebsverhalten als Folge der Desaktivierung bzw. des Verschleißes von Elektroden und Separatoren auf.
- Als nachteilig erweist sich mitunter auch die aufwändige Peripherie des elektrochemischen Reaktors, vor allem im Bereich der Stromversorgung und der Sicherheitstechnik.

Eine **Klassifizierung industrieller Verfahren** bietet sich nach folgenden Hauptgruppen an:

- *Elektrolytische Herstellung chemischer Produkte*, insbesondere von Chlor, Natronlauge, Chloraten, Wasserstoffperoxid, Wasserstoff, Sauerstoff sowie organischen Verbindungen (Beispiel: Chloralkalielektrolyse – s. Abb. 2.2 in Kapitel 2).
- *Schmelzflusselektrolyse* zur Herstellung von Aluminium, Magnesium, Natrium und anderen Metallen,
  (Beispiel: Aluminiumherstellung – s. Abb. 12.1).
- *Hydroelektrometallurgie* zur Herstellung bzw. Raffination von Kupfer, Zink, Nickel, Silber, Blei, Zinn und anderen Metallen
  (Beispiel: Gewinnung von Silber – s. Abb. 12.2).

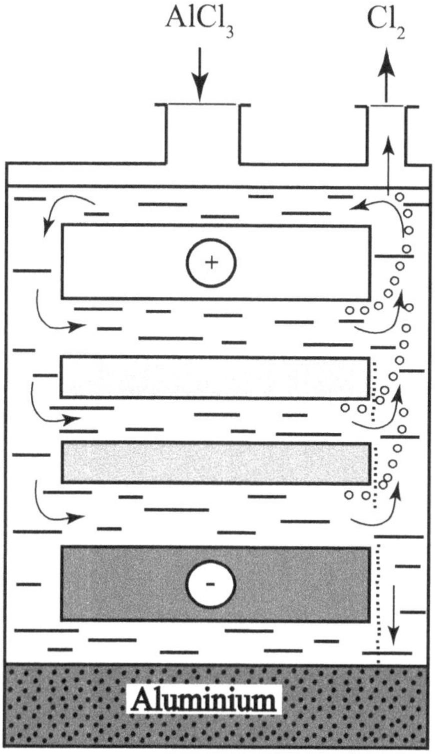

Abb. 12.1: *Elektrolysezelle zur Aluminiumgewinnung aus einer Aluminiumchlorid-Schmelze nach dem Alcoa-Verfahren*

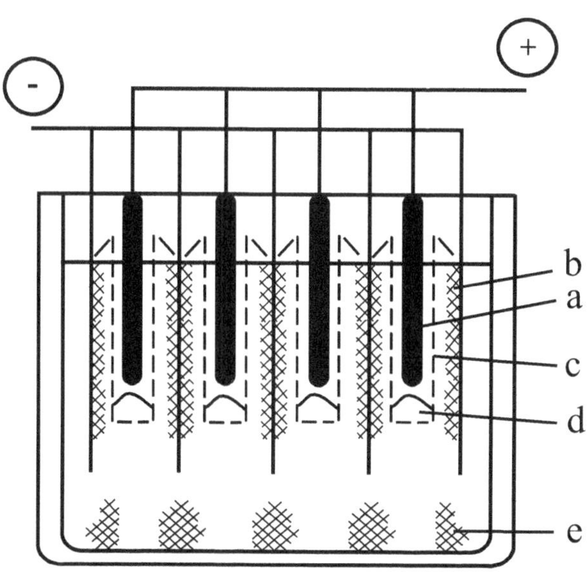

Abb. 12.2: *Elektrolysezelle zur Silbergewinnung aus einer Silbernitrat-Lösung; a Anode (Rohsilber), b Edelstahl-Kathode, c Anodensack, d Anodenschlamm, e Silberkristalle*

- *Elektrochemische Abwasserreinigung* durch Abscheidung von Metallionen oder Oxidation bzw. Reduktion organischer Abwasserinhaltsstoffe,
  (Beispiel: Abscheidung von Metallionen in einer Bewegtbettzelle – s. Abb. 12.3).
- *Elektrochemische Energieerzeugung und -speicherung* in galvanischen Zellen, d.h. in Akkumulatoren, Primärbatterien und Brennstoffzellen.
  (Beispiel: Polymerelektrolytmembran-Brennstoffzelle s. Abb. 12.4).

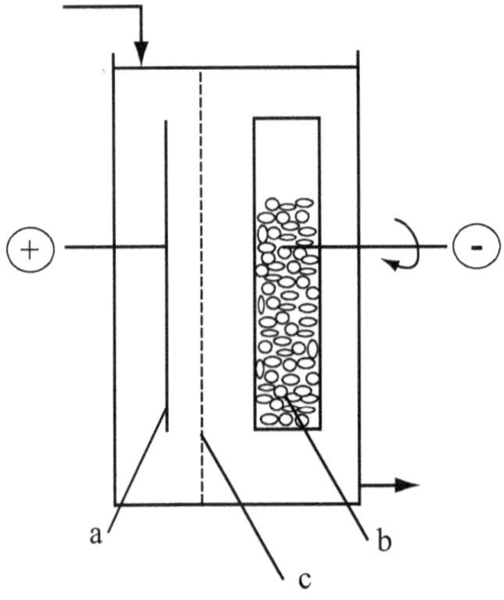

Abb. 12.3: *Elektrolysezelle mit bewegten Partikelelektroden zur Abscheidung von Metallionen aus Abwässern; a) Feststehende Anode, b) Rotierende Partikelkathode, c) Separator*

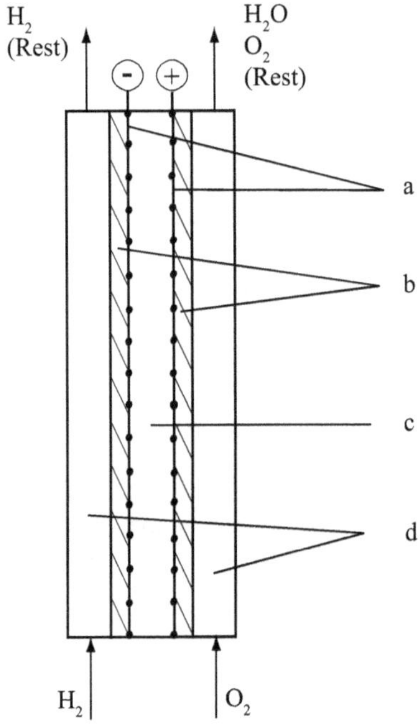

Abb. 12.4: *Einzelzelle einer Polymerelektrolytmembran-Brennstoffzelle; a) Elektrokatalytisch aktive Schicht von Anode bzw. Kathode, b) Gasdiffusionsschicht an Anode bzw. Kathode, c) Polymerelektrolytmembran, d) Gaskanäle*

- *Galvanotechnische Verfahren* zur elektrolytischen Beschichtung von Werkstoffen mit Chrom, Kupfer, Zink, Cadmium, Zinn u. a.
- *Elektrochemische Metallbearbeitung,* d. h. anodische Auflösung von Al, Cu, Fe, Ni, Ti und anderen Metallen sowie Legierungen, um die Werkstücke durch Bohren, Fräsen oder Drehen zu formen.

Umfassende Zusammenstellungen zu industriellen elektrochemischen Verfahren sind in [12-1] und [12-2] zu finden. In [12-3] wird über technologische Neuentwicklungen und Tendenzen auf diesem Gebiet berichtet.

Trotz aller Unterschiedlichkeit der Verfahren und auch der Zielsetzungen bei der Lösung technischer Aufgabenstellungen basieren die genannten Prozesse auf einheitlichen Grundlagen der Elektrodenkinetik und der Transportprozesse von Stoff und Energie. Wenn im Folgenden vom elektrochemischen Reaktor gesprochen wird, liegt der Schwerpunkt auf der technischen Durchführung von Elektrolysen zur Stofferzeugung oder auf Energiegewinnungsprozessen.

Bei der **Klassifizierung elektrochemischer Reaktoren** kann man auf der einen Seite von den strömungstechnischen Reaktorgrundtypen ausgehen, weil der meist flüssige Elektrolyt diskontinuierlich vorgelegt oder kontinuierlich durch die Zelle geführt wird und auch unterschiedlich vermischt sein kann. Markante Unterschiede zwischen den einzelnen elektrochemischen Reaktoren resultieren darüber hinaus aus der Gestaltung des Systems Anode-Kathode-Elektrolyt in einer so genannten Einzelzelle und auch in der Verschaltung vieler Einzelzellen zu einem System, für das die Bezeichnung Zellstapel oder Zellstack üblich ist. Folgende Kategorien sind bei der Unterscheidung der Reaktortypen charakteristisch:

Elektrische Verschaltung der Einzelreaktoren (Einzelzellen) zu einem Zellstack

Monopolare Zelle: elektrische Parallelschaltung von Einzelzellen (s. Abb. 12.5)
Die charakteristischen elektrischen Größen einer monopolaren Zelle ergeben sich dann folgendermaßen:

- Gesamtzellspannung: $U_{ges} = U_{Einzelzelle}$
- Gesamtzellstrom: $I_{ges} = n_Z \cdot I_{Einzelzelle}$
  (n_Z = Anzahl der Einzelzellen).

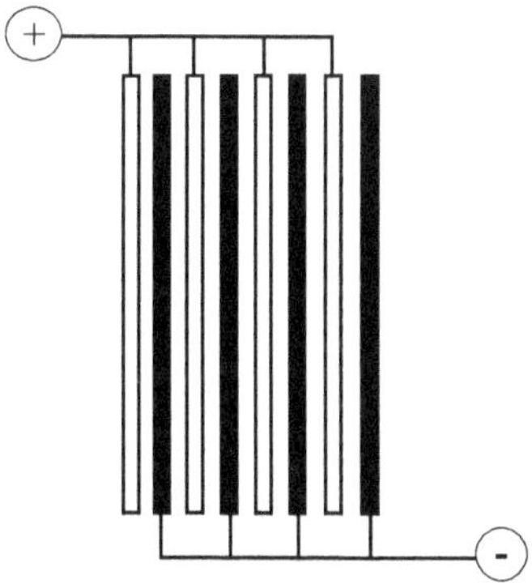

Abb. 12.5: Monopolare Verschaltung von Einzelzellen (Monopolare Zelle bzw. Zellstack)

Bipolare Zelle: elektrische Hintereinander- oder Reihenschaltung von Einzelzellen (s. Abb. 12.6)

- Gesamtzellspannung: $U_{Gesamt} = n_Z \cdot U_{Einzelzelle}$
- Gesamtzellstrom: $I_{ges} = I_{Einzelzelle}$.

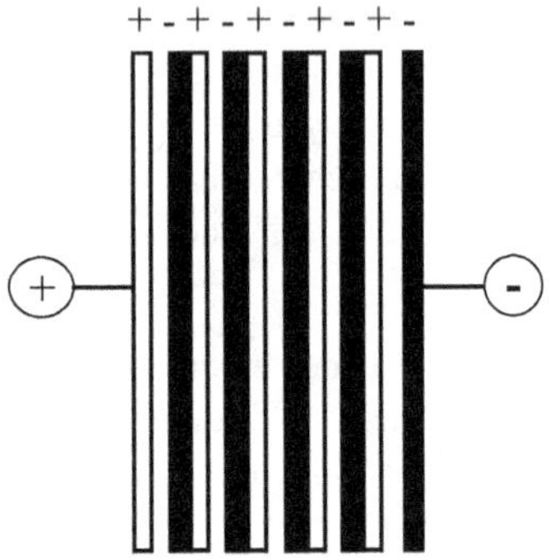

Abb. 12.6: Bipolare Verschaltung von Einzelzellen (Bipolare Zelle bzw. Zellstack)

Wenn es gelingt, in den einzelnen Zellen eines Stacks in etwa einheitliche Konzentrationsverhältnisse zu erreichen (z. B. durch eine gleichmäßige Durchströmung im kontinuierlichen Betrieb), dann genügt unter Beachtung der elektrischen Verkopplung vielfach die Berechnung einer Einzelzelle für die stoffliche und energetische Bilanzierung.

Mono- und bipolare Zellen haben jedoch spezifische Vor- und Nachteile, wobei deren Bedeutung bei verschiedenen Anwendungen und Herstellern durchaus differenziert gesehen wird. Für die industrielle Chloralkalielektrolyse werden sowohl mono- als auch bipolare Zellen angeboten, während Brennstofzellenstacks mit vielen Einzelzellen in der Regel bipolar verschaltet sind.

Ein wesentlicher Vorteil der Bipolarzelle liegt darin, dass jeweils nur ein anodischer und kathodischer Stromanschluss für den gesamten Stack erforderlich ist und der elektrische Stromfluss praktisch senkrecht zur Hauptströmungsrichtung des Elektrolyten erfolgt. Die Elektroden selbst arbeiten an einer Seite als Anode und an der anderen Seite als Kathode. Sie befinden sich jeweils auf unterschiedlichem Potential, was sich besonders bei großer Zellenzahl wegen des Auftretens von Blindströmen in den Elektrolytzu- und -ableitungen als nachteilig erweisen kann. Dieses Problem ist bei monopolaren Zellen nicht zu befürchten, wobei hier allerdings ein anodischer und kathodischer Stromanschluss für jede Einzelzelle erforderlich ist.

Art und Anordnung der Elektroden

Die Anwesenheit von Elektroden, an deren Oberfläche die elektrochemischen Reaktionen ablaufen, führt in jedem Fall zu einem heterogenen System, das durch Stoff- und Wärmetransportschritte zwischen Elektrolyt und Elektroden beeinflusst und oft auch limitiert wird. Insbesondere den möglichen Stofftransporthemmungen kann man durch eine geeignete konstruktive Gestaltung der Elektroden entgegen wirken. Dies gilt auch für die Entfernung hoher Gasphasenanteile im Elektrolyten, die bei gasentwickelnden Elektrodenprozessen zu unerwünschten Spannungsabfällen führen können. Folgende Gestaltungsvarianten der Elektroden sind technisch üblich:

Plattenelektroden

Als Bleche mit einer einfachen flächenhaften Struktur werden Plattenelektroden oft bei Elektrolysen ohne Gasentwicklung eingesetzt. Dabei können sich auch die Gestalt und Masse der

Elektroden während des technischen Prozesses stark ändern, wie dies beispielsweise bei Elektrolysen zur Metallgewinnung und -raffination der Fall ist.

Durchbrochene oder strukturierte Elektroden

Speziell bei gasentwickelnden Reaktionen verwendet man Elektrodenstrukturen, die eine schnelle Gasableitung aus dem Elektrodenzwischenraum ermöglichen. Dies können Bleche mit Schlitzen oder Löchern sein; auch Streckmetall-, Jalousie- oder Vorelektroden werden oft eingesetzt (s. Abb. 12.7).

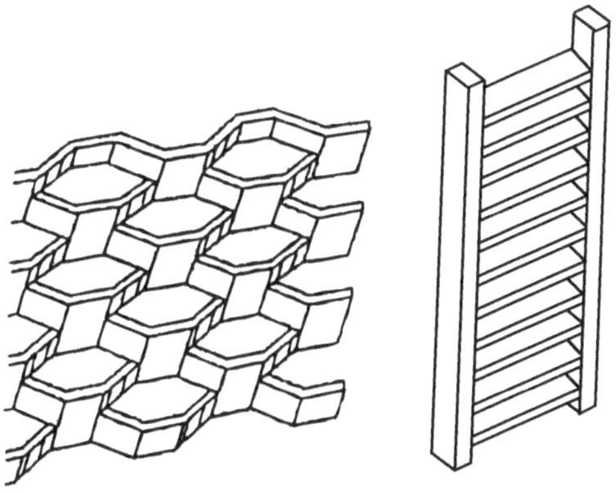

a) b)

Abb. 12.7: Elektroden für elektrochemische Prozesse mit Gasentwicklung; a) Streckmetallelektrode, b) Jalousieelektrode

Partikelelektroden

Partikelelektroden sind ruhende, bewegte oder aufgewirbelte Haufwerke von Elektrodenmaterial, mit denen große spezifische Elektrodenoberflächen erreicht werden können. Damit ist in der Regel ein schneller Stoff- und Wärmeübergang zwischen Elektrolyt und Elektrode verbunden und auch die durch elektrochemische Reaktionen verursachten Überspannungen (s. Kapitel 12.2.2) verkleinern sich, weil große spezifische Elektrodenoberflächen zu kleinen elektrischen Stromdichten führen. Zu den Partikelelektroden gehört die in Abb. 12.3 dargestellte monopolare Bewegtbettelektrode. Weitere prinzipielle Beispiele sind in Abb. 12.8 dargestellt. Partikelelektroden werden auch als dreidimensionale Elektroden bezeichnet, weil die Breite der Partikelschicht z. B. gegenüber der Dicke einer Plattenelektrode deutlich größer sein kann.

Poröse Elektroden

Zur Erzielung großer innerer Oberflächen, auf denen Elektrokatalysatoren aufgebracht sind, werden poröse Elektroden mit Porendurchmessern im Bereich von 10 bis 100 μm eingesetzt (Wasserelektrolyse, Batterietechnik). Wenn eine Dreiphasenstruktur aus fester Elektrode, flüssigem Elektrolyten und gasförmigen Reaktionspartnern erzeugt werden soll, verwendet man Gasdiffusionselektroden, in deren Poren der Elektrolyt und die Gasphase in Kontakt mit der Porenwand treten, die ihrerseits die Elektrodenphase darstellt.

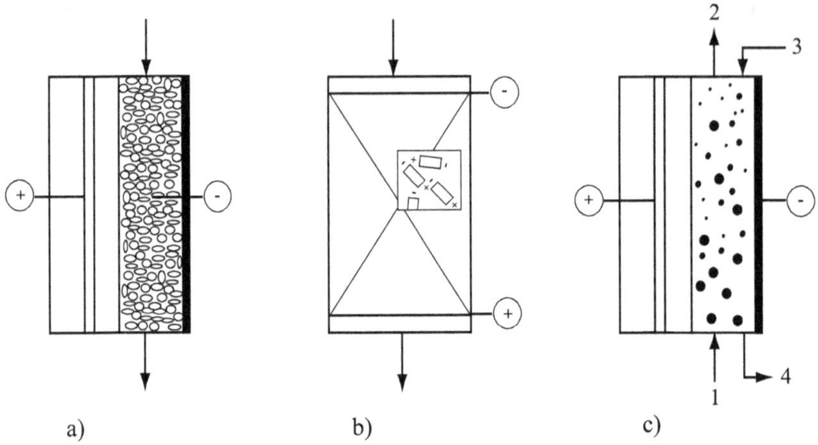

Abb. 12.8: *Gestaltungsvarianten von Zellen mit Partikelelektroden; a) Monopolare Festbettzelle, b) Bipolare Rieselturmzelle (Schüttung von bipolar wirkenden Partikeln), c) Monopolare Wirbelschichtzelle mit wachsenden Partikeln (1 Elektrolytzulauf, 2 Elektrolytablauf, 3 Zugabe kleiner Partikel, 4 Entnahme großer Partikel)*

Flüssigelektroden
Bei einigen Anwendungsfällen kann mindestens eine Elektrode aus einer flüssigen Phase bestehen. Beim Quecksilberverfahren der Chloralkalielektrolyse ist beispielsweise die Kathode eine mehrere cm dicke Amalgamschicht, die am Zellenboden entlang strömt. Darüber sind wegen der Chlorentwicklung gasdurchlässige Anoden im Abstand von wenigen Millimetern angebracht.

Gestaltung der Reaktionsräume und Produktströme
Auf die Besonderheit elektrochemischer Reaktoren hinsichtlich der Phasenverhältnisse (heterogenes System aus einem meist flüssigen Elektrolyten und den meist festen Elektroden) wurde bereits im Zusammenhang mit der Elektrodengestaltung eingegangen. Betrachtet man die Gestaltung der Reaktionsräume und der Produktströme als Ganzes, dann lassen sich auch elektrochemische Reaktoren nach den Merkmalen der **Reaktorgrundtypen** klassifizieren. Dazu existieren viele industrielle Anwendungen, von denen einige Beispiele genannt werden sollen:

Diskontinuierlicher ideal durchmischter elektrochemischer Reaktor
Dieser Reaktor entspricht dem *diskontinuierlichen Rührkessel*, wobei es unter dem Gesichtspunkt der Klassifizierung unerheblich ist, ob die ideale Durchmischung durch einen Rührer, einen Elektrolytkreislauf, durch Gasentwicklung oder sonstige Umwälzung erfolgt. Die Durchmischung bezieht sich auf die Konzentrationsverhältnisse im Elektrolyten. Durch Stofftransporthemmung bedingte Konzentrationsunterschiede zwischen Elektrolyt und Elektrodenoberfläche können auftreten, auch wenn deren Größe durch die Intensität der Vermischung zu beeinflussen ist.

Die Vorlage der Reaktionspartner zu Beginn einer Betriebsperiode erfolgt innerhalb des Elektrolyten oder als Elektrodenmaterial. Die Reaktionsprodukte verbleiben im Elektrolyten oder werden auf der Elektrode abgeschieden. Eine Besonderheit liegt dann vor, wenn der generell diskontinuierliche Prozess von einer Gasentwicklung an einer oder beiden Elektroden begleitet ist. Dann liegt ein *halbkontinuierlicher Reaktor* vor.

Beispiele für Reaktionen in diskontinuierlichen Rührkesseln sind galvanotechnische Verfahren, organische Elektrosynthesen und die Raffinationselektrolyse von Metallen.

Kontinuierlicher ideal durchmischter elektrochemischer Reaktor
Bei kontinuierlicher Zu- und Abführung der Reaktionspartner und -produkte liegen die Bedingungen des *kontinuierlichen Rührkessels* vor, für den ebenso wie bei der Behandlung der Reaktorgrundtypen in erster Linie vom stationären Betriebszustand ausgegangen werden soll. Dies bedeutet bei elektrochemischen Prozessen nicht nur die Einhaltung konstanter Eintrittskonzentrationen und Durchsätze sondern auch zeitlich unveränderliche Bedingungen bezüglich der Stromversorgung. Eine symbolische Darstellung einer durchmischten Zelle und die differentielle Verweilzeitverteilung (Impulsantwort – s. Kapitel 8) zeigt Abb. 12.9 a). Merkmale des *halbkontinuierlichen Rührkessels* können auch hier vorliegen, wenn z. B. alle fluiden Reaktanten kontinuierlich zu- oder abgeführt werden, eine an der Elektrode abgeschiedene Komponente aber im Reaktor verbleibt.

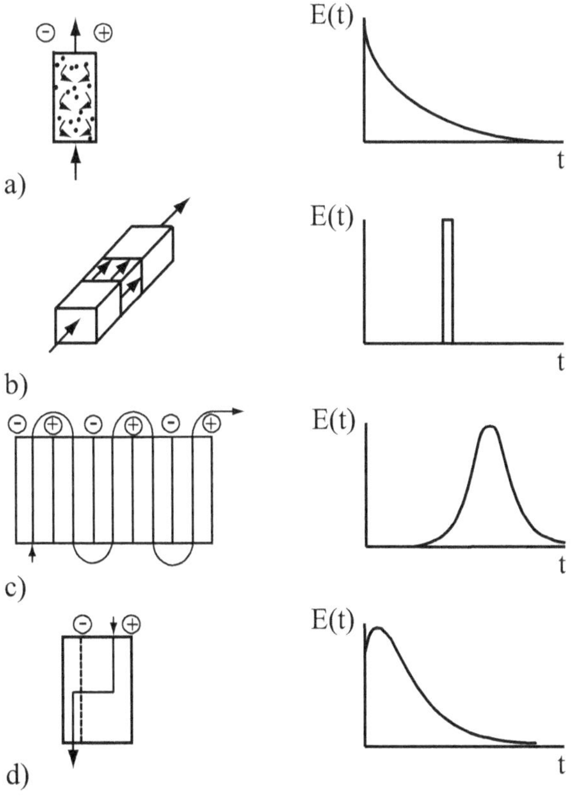

Abb. 12.9: *Typen elektrochemischer Reaktoren und Verweilzeitverhalten;*
a) Kontinuierlicher ideal durchmischter Reaktor, b) Elektrochemischer Durchflussreaktor, c) Elektrochemischer Reaktor als Rührkesselkaskade, d) Elektrolysezelle mit Durchlaufdiaphragma als Zweierkaskade

Anwendungsbeispiele kontinuierlicher ideal durchmischter Reaktoren sind in der Galvanotechnik, der elektrochemischen Abwasserbehandlung und bei vielen elektrochemischen Synthesen zu finden.

Elektrochemischer Durchflussreaktor
Der elektrochemische Durchflussreaktor entspricht hinsichtlich der Vermischungsverhältnisse dem *Rohrreaktor*. Dabei kann eine ideale Pfropfenströmung vorliegen, wie sie durch die Verweilzeitverteilung in Abb. 12.9 b) charakterisiert ist. In anderen Fällen werden partielle Rückvermischungen mit entsprechend verbreiterten Impulsantworten auftreten. Im Gegensatz zu den meist üblichen zylindrischen Reaktorquerschnitten liegen bei elektrochemischen Durchflussreaktoren in der Regel rechteckige Strömungsquerschnitte mit gegenüber liegenden Elektrodenpaaren vor. Die Erfassung der realen Strömungsbedingungen ist vielfach schwierig und wird durch einige Besonderheiten bei elektrochemischen Reaktionen (teilweise sehr geringe Elektrodenabstände, Gasentwicklung an den Elektroden, durchbrochene Elektroden) erschwert.

Durchflussreaktoren werden häufig in der Brennstoffzellentechnik und für organische Elektrosynthesen eingesetzt.

Elektrochemische Reaktorkaskade
Auch die Kaskadenschaltung, vornehmlich als Kaskade ideal vermischter Reaktionsräume (*Rührkesselkaskade*), kann für die Durchführung elektrochemischer Reaktionen sinnvoll eingesetzt werden. Neben der im Allgemeinen vorteilhaften Abstufung der Konzentrationen in den einzelnen Kesseln hat man durch die Einstellung unterschiedlicher Stromdichten und damit auch unterschiedlicher Elektrodenpotentiale die Möglichkeit, elektrische Stromausbeuten und Selektivitäten günstig zu beeinflussen.

Die Kaskadenschaltung kann durch die Hintereinanderschaltung mehrerer einzelner Reaktoren oder auch durch die Reihenschaltung der Stoffströme von Einzelzellen innerhalb eines Stacks [s. Abb. 12.9 c)] realisiert werden.

Kaskadenreaktoren werden bei Elektrosynthesen und für die elektrochemische Abwasserbehandlung eingesetzt.

Ein häufiges Charakteristikum ist der **Einsatz von Separatoren** in elektrochemischen Reaktoren. Durch Membranen oder Diaphragmen trennt man den Elektrolyten in einen Anoden- und Kathodenraum, um an der jeweiligen Elektrode die gewünschten Reaktionen bevorzugt ablaufen zu lassen und vielfach auch, um eine Vermischung anodischer und kathodischer Reaktionsprodukte (z. B. Sauerstoff und Wasserstoff bei der Wasserelektrolyse) zu unterbinden. Damit entstehen unterschiedliche Teilreaktionsräume mit unterschiedlichen Komponenten und Konzentrationen und manchmal auch verschiedenen Phasenverhältnissen. Mit Blick auf die Modellierung geteilter Zellen sind Anoden- und Kathodenraum als getrennte Teilreaktoren zu behandeln, die über den elektrischen Stromfluss und die Transportvorgänge durch den Separator gekoppelt sind. Eine spezielle Variante ist die Zelle der Chloralkalielektrolyse mit Durchlaufdiaphragma, bei der die Flüssigphase (NaCl-Lösung) in den Anodenraum eintritt und nach Durchlauf durch das Diaphragma aus dem Kathodenraum (NaOH und NaCl) abgezogen wird. Durch eine Zweierkaskade dürfte das Verweilzeitverhalten dieser Zelle sinnvoll zu beschreiben sein [s. Abb. 12.9 d)].

12.2 Grundlagen der Berechnung elektrochemischer Reaktoren

An dieser Stelle werden Grundlagen für die Berechnung elektrochemischer Reaktoren nur insoweit dargelegt, wie sie für die Lösung der Stoffbilanzen unter Einbeziehung möglicher Stofftransporthemmungen und für die Berechnung des spezifischen Elektroenergiebedarfes erforderlich sind. Dies schließt die Berechnung der Zellspannung und aller relevanten Teilspannungsabfälle ein. Dabei wird von einer mittleren Stromdichte ausgegangen. Hinsichtlich der Berechnung elektrischer Stromdichteverteilungen in Elektrolyten und an Elektrodenoberflächen werden nur einige grundlegende Beziehungen abgeleitet; ansonsten sei auf die Spezialliteratur verwiesen (z. B. [12-4] bis [12-8]).

12.2.1 Grundlagen der stofflichen Bilanzierung

Mit den üblichen Indizes j für die Reaktion und i für die Komponente kann eine Elektrodenreaktion in folgender allgemeiner Form dargestellt werden:

$$\sum_i \nu_{ij} M_i^{z_i} \rightarrow \nu_{ej} e^- . \qquad (12.1)$$

Dabei ergibt sich die Anzahl der ausgetauschten Elektronen aus den stöchiometrischen Koeffizienten ν_{ij} und den elektrochemischen Wertigkeiten z_i:

$$\nu_{ej} = -\sum_i \nu_{ij} z_i . \qquad (12.2)$$

Folgende Beispiele sollen die hier gewählte Symbolik verdeutlichen:

- Kathodische Abscheidung von Kupferionen: $Cu^{++} + 2e^- \rightarrow Cu$

$$\nu_{Cu^{++}} = -1, \; \nu_{Cu} = +1, \; \nu_e = +2 \qquad (12.3)$$

- Anodische Wasseroxidation: $H_2O - 2e^- \rightarrow \frac{1}{2} O_2 + 2H^+$

$$\nu_{H_2O} = -1, \; \nu_{O_2} = +\frac{1}{2}, \; \nu_{H^+} = +2, \; \nu_e = -2 . \qquad (12.4)$$

Die an einer Elektrode durch elektrochemische Reaktionen umgesetzten Stoffmengen kann man mit Hilfe des *Faraday*schen Gesetzes ermitteln, das in seiner einfachsten Form die Proportionalität zwischen der umgesetzten Masse eines Stoffes und der durch die Elektrode transportierten Ladungsmenge beschreibt:

$$m = \ddot{A} \cdot I \cdot t \qquad (12.5)$$

($\ddot{A}$ =Elektrochemisches Äquivalent in kg/As).

Unter Verwendung der *Faraday*-Konstante ($F = 96\,485\,As/mol$ der elektrochemischen Wertigkeit 1) ergeben sich folgende umgesetzte Stoffmengen:

Änderung der Molmenge (Molzahl) bzw. des Molstromes bei einer einfachen Reaktion:
(Ablauf nur *einer* elektrochemischen Reaktion an der betrachteten Elektrode bei konstanter Stromstärke I, wobei zwischen dem diskontinuierlichen und kontinuierlichen Reaktorbetrieb zu unterscheiden ist)

$$\Delta n_i = \frac{\nu_i I\, t}{|\nu_e| F} \quad \text{(diskontinuierlich)} \tag{12.6}$$

$$\Delta \dot{n}_i = \frac{\nu_i I}{|\nu_e| F} \quad \text{(kontinuierlich).} \tag{12.7}$$

Änderung der Molmenge (Molzahl) bzw. des Molstromes bei komplexen Reaktionen:

$$\Delta n_i = \frac{\phi_i \nu_i I\, t}{|\nu_e| F} \quad \text{(diskontinuierlich)} \tag{12.8}$$

$$\Delta \dot{n}_i = \frac{\phi_i \nu_i I}{|\nu_e| F} \quad \text{(kontinuierlich).} \tag{12.9}$$

Hier beschreibt die Stromausbeute ϕ_i den Anteil des elektrischen Stromes, der auf die Umsetzung der betrachteten Komponente i entfällt:

$$\phi_i = \frac{I_i}{I} = \frac{\Delta n_i}{\Delta n_{ges}}, \quad I = \sum I_i\,. \tag{12.10}$$

Bei der Formulierung der Stoffbilanzen wird auf diese Beziehungen zurückgegriffen.

12.2.2 Elektrochemische Thermodynamik und Kinetik

Aus diesem Gebiet der Elektrochemie wird hier nur auf einige Sachverhalte eingegangen, die vor allem für die energetische Bilanzierung elektrochemischer Reaktoren erforderlich sind:

***Nernst*sche Gleichung, Gleichgewichtspotential und Gleichgewichtszellspannung**
Elektrische Potentialunterschiede zwischen Elektrolyt und Elektrodenoberfläche sind Bestandteile der Zellspannung eines elektrochemischen Reaktors und müssen deshalb bei deren elektroenergetischer Bewertung berücksichtigt werden. Für den Gleichgewichtszustand (Stromstärke $I = 0$) und Normbedingungen ($T = 298{,}15\,K$; $p = 0{,}1013\,MPa$) kann man die Normal- oder Standardpotentiale E^0 aus Tabellen entnehmen. Die Konzentrationsabhängigkeit des Gleichgewichtspotentials lässt sich nach der *Nernst*schen Gleichung berechnen, die für eine einfache Elektrodenreaktion

$$\nu_A A + \nu_e e^- \rightleftarrows \nu_B B \tag{12.11}$$

folgende Form besitzt:

$$E_{Gl} = E^0 + \frac{RT}{\nu_e F} \ln \frac{c_A^{|\nu_A|}}{c_B^{\nu_B}} . \tag{12.12}$$

Bei gasförmigen Reaktanten werden anstelle der Konzentrationen die Partialdrücke eingesetzt. Treten deutliche Unterschiede zwischen den Aktivitäten und Konzentrationen der an der Reaktion beteiligten flüssigen Komponenten auf, dann muss mit Aktivitäten gerechnet werden.

Berechnungsbeispiel 12-1: Gleichgewichtszellspannung bei der Chloralkalielektrolyse.

Als Beispiel sollen die Verhältnisse bei der Chloralkalielektrolyse dargestellt werden, wobei näherungsweise mit Konzentrationen gerechnet wird:

Anode: Chlorentwicklung bei $p = 1\,bar$ aus einer NaCl-Lösung mit $c_{NaCl} = 3,4\,mol/l$ und $T = 363\,K$

$$2Cl^- - 2e^- \rightleftarrows Cl_2; \quad E_A^0 = 1,40\,V \tag{12.13}$$

$$E_A = 1,40 + \frac{8,314 \cdot 363}{-2 \cdot 96485} \ln 3,4^2$$

$$E_A = 1,362\,V$$

Kathode: Wasserstoffentwicklung im alkalischen Kathodenraum bei $p = 1\,bar$, $T = 363\,K$, $c_{NaOH} = 6\,mol/l$ und einer Wasseraktivität von $a_{H_2O} = 1$

$$2H_2O + 2e^- \rightleftarrows H_2 + 2OH^-; \quad E_K^0 = -0,828\,V \tag{12.14}$$

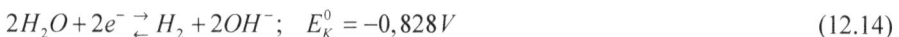

$$E_K = -0,828 + \frac{8,314 \cdot 363}{+2 \cdot 96485} \ln \frac{1}{6^2}$$

$$E_K = -0,884\,V .$$

Unter den genannten Bedingungen ergibt sich folgende Gleichgewichtszellspannung:

$$U_{Z0} = E_A - E_K \tag{12.15}$$

$$U_{Z0} = 1,362 - (-0,884) = 2,246\,V .$$

Die Gleichgewichtszellspannung stellt einen Anteil der gesamten Zellspannung bei Strombelastung der Zelle dar (s. Kapitel 12.3.2).

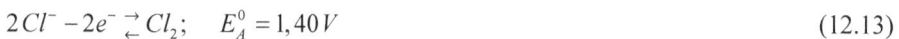

Gleichgewichtszellspannung und freie Reaktionsenthalpie
Die Gleichgewichtszellspannung kann auf einem weiteren Wege mit Hilfe der freien Reaktionsenthalpie ΔG_R berechnet werden [s. Gl. (3.65)]:

$$U_{Z0} = \frac{\Delta G_R}{\nu_e F} . \tag{12.16}$$

Dabei ist die freie Reaktionsenthalpie aus der Reaktionsenthalpie und der Reaktionsentropie zu ermitteln, die man ihrerseits aus den tabellierten Bildungsgrößen der Reaktionsteilnehmer gewinnen kann [s. Gl. (3.64)]:

$$\Delta G_R = \Delta H_R - T\Delta S_R . \tag{12.17}$$

Reaktionsgeschwindigkeit und Elektrodenkinetik
Die Geschwindigkeit einer elektrochemischen Reaktion (Durchtrittsreaktion) ist von den Konzentrationen der reagierenden Komponenten, von der Temperatur und darüber hinaus auch von der an der Elektrode vorliegenden Überspannung abhängig. Ist allein der Reaktionsschritt geschwindigkeitsbestimmend, spricht man von der Durchtrittsüberspannung η, die die Abweichung vom Gleichgewichtspotential darstellt. Es ist üblich, die Geschwindigkeit elektrochemischer Reaktionen auf die Elektrodenfläche zu beziehen, so dass bei Ablauf nur einer Reaktion an der betrachteten Elektrode folgender allgemeine Zusammenhang gilt:

$$r = \frac{i^E}{|\nu_e| F} = f\left(c_1, c_2, ..., T, \eta\right) \quad \text{in} \quad \frac{kmol}{m^2 s} \tag{12.18}$$

mit der Stromdichte an der Elektrodenoberfläche (elektrochemische Reaktionsstromdichte)

$$i^E = \frac{I^E}{A^E} \tag{12.19}$$

und der Überspannung

$$\eta = E - E_{Gl} . \tag{12.20}$$

Die Untersuchung der Zusammenhänge nach Gl. (12.18) für verschiedene Reaktionen und Elektroden ist Gegenstand des Gebietes der elektrochemischen Kinetik. Durch Einsatz von Elektrokatalysatoren als Dotierungen oder Beschichtungen von Elektroden können gewünschte Reaktionen gezielt beschleunigt werden.

Für viele durchtrittsgehemmte Reaktionen, bei denen der Reaktionsschritt an der Elektrodenoberfläche selbst die Kinetik bestimmt, gilt die *Butler-Volmer*-Gleichung, die für jede Reaktion eine anodische und kathodische Teilstromdichte in folgender Form enthält:

$$i^E = i_0 \left[\exp\frac{\alpha_A F\eta}{RT} - \exp\frac{-\alpha_K F\eta}{RT} \right] . \tag{12.21}$$

Hierbei ist i_0 die im Allgemeinen konzentrations- und temperaturabhängige Austauschstromdichte, deren Größe ein Maß für die elektrokatalytische Aktivität darstellt. Experimentell ermittelte Austauschstromdichten sind für viele Elektrodenreaktionen ebenso in der Literatur zu finden wie die Durchtrittsfaktoren α_A und α_K für die anodische bzw. kathodische Teilreaktion (s. z. B. [12-1], [12-9], [12-10]).

Bei hohen Überspannungen ($-\alpha_K \eta F / RT$ oder $\alpha_A \eta F / RT >> 1$) dominiert jeweils eine der beiden Teilstromdichten, die dann die Kinetik bestimmt. Bei hoher Überspannung an der Anode ergibt sich z. B. folgende vereinfachte Beziehung:

$$i^E = i_0 \exp\left(\frac{\alpha_A F \eta}{RT}\right). \tag{12.22}$$

Durch Umstellung erhält man daraus die so genannte *Tafel*-Gleichung, deren Konstanten a und b für viele elektrochemische Reaktionen experimentell bestimmt wurden:

$$\eta = a + b \lg i^E . \tag{12.23}$$

In dieser Gleichung bedeuten:

$$a = -2{,}303\left(RT / \alpha F\right) \lg i_0 \quad \text{und} \quad b = 2{,}303\left(RT / \alpha F\right). \tag{12.24}$$

Auch hier ist zu beachten, dass diese Größen temperatur- und konzentrationsabhängig sind. Da in vielen industriellen Reaktoren Temperatur- und vor allem auch Konzentrationsverteilungen vorliegen, müssen bei der Modellierung diese Abhängigkeiten bekannt sein.

12.2.3 Stoff- und Ladungstransport in Elektrolytlösungen

Ebenso wie bei der Behandlung der elektrochemischen Thermodynamik und Kinetik kann hier nur ein für die Reaktorberechnung wesentlicher Ausschnitt der theoretischen Grundlagen zum Stoff- und Ladungstransport in Elektrolyten dargestellt werden. Dieser soll sich vor allem auf die Erfassung *Ohm*scher Spannungsabfälle in Elektrolyten, auf die Berechnung von elektrischen Stromdichteverteilungen und auf Stofftransporthemmungen an Elektrodenoberflächen beziehen.

Allgemeine Transportgleichung in verdünnten Elektrolytlösungen
Ein flächenbezogener Stoffmengenstrom (Molstrom) in Elektrolytlösungen setzt sich aus Migration, Diffusion und Konvektion zusammen:

$$\dot{N}_i = \frac{\dot{n}_i}{q} = -z_i u_i F c_i \, grad\, \Phi - D_i \, grad\, c_i + c_i w . \tag{12.25}$$

Der Komponentenindex i bezieht sich bei Elektrolytlösungen auf eine Ionenart. Daraus ergibt sich folgende allgemeine Stoffbilanz für ein Volumenelement der Elektrolytphase:

$$\frac{\partial c_i}{\partial t} = -div\, \dot{N}_i + R_i^F . \tag{12.26}$$

Mit dem Index F im Term der Stoffänderungsgeschwindigkeit sind eventuell ablaufende homogene Reaktionen gekennzeichnet. Das System der Stoffänderungsgeschwindigkeiten kann für alle N Schlüsselkomponenten formuliert werden. Es enthält N zu berechnende Konzentrationen und das unbekannte elektrische Potential Φ . Die erforderliche zusätzliche Gleichung ist durch die Elektroneutralitätsbedingung gegeben:

$$\sum_i z_i c_i = 0 \,. \tag{12.27}$$

Elektrische Stromdichte und Spannungsabfall in Elektrolytlösungen

Der Vektor der elektrischen Stromdichte in der Elektrolytphase ergibt sich als flächenbezogene Größe aus der Summe aller Ionenströme:

$$i = F \sum_i z_i \dot{N}_i = -F^2 \, grad\, \Phi \sum_i z_i^2 u_i c_i - F \sum_i z_i D_i \, grad\, c_i \,. \tag{12.28}$$

Vielfach liegen innerhalb des Elektrolyten keine Konzentrationsgradienten vor (ideale Vermischung mit $grad\, c_i = 0$); dann übernimmt die Migration allein den Transport des elektrischen Stromes:

$$i = -\kappa \, grad\, \Phi \,. \tag{12.29}$$

Dabei wurde die spezifische elektrische Leitfähigkeit mit folgender Bedeutung eingeführt:

$$\kappa = F^2 \sum_i z_i^2 u_i c_i \,. \tag{12.30}$$

Gleichung (12.29) stellt das verallgemeinerte *Ohm*sche Gesetz dar. Bei einem eindimensionalen Stromfluss über eine Distanz b (z. B. Elektrodenabstand) folgt daraus für den entsprechenden *Ohm*schen Spannungsabfall:

$$\Delta U_\Omega = \frac{b}{\kappa} i = \rho_{spez} b i \,. \tag{12.31}$$

Der spezifische elektrische Widerstand ρ_{spez} stellt den Kehrwert der spezifischen elektrischen Leitfähigkeit dar.

***Laplace*'sche Differentialgleichung und elektrische Stromdichteverteilungen**

Formuliert man die allgemeine Stoffbilanz gemäß Gl. (12.26) für den stationären Zustand und setzt die Abwesenheit homogener Reaktionen voraus, dann ergibt sich über eine Summation aller flächenbezogenen Stoffströme mit Gl. (12.29) eine weitere wichtige Beziehung für die Reaktorberechnung:

$$div\, i = 0 \,. \tag{12.32}$$

Diese Gleichung stellt eine Verallgemeinerung der *Kirchhoff*schen Knotenregel dar, die auch für Elektrolytlösungen anwendbar ist. Setzt man den Stromdichtevektor nach Gl. (12.28) ein, erhält man

$$div\left(\kappa \, grad\, \Phi\right) + F \sum_i z_i \, div\left(D_i \, grad\, c_i\right) = 0 \tag{12.33}$$

oder bei durchmischten Reaktoren mit $grad\, c_i = 0$:

$$div\, grad\, \Phi = 0 \,. \tag{12.34}$$

Diese Beziehung wird als *Laplace*sche Differentialgleichung bezeichnet. Sie ermöglicht die Berechnung der elektrischen Stromdichteverteilung innerhalb des Elektrolyten und in Kombination mit den Verhältnissen an den Elektroden auch an deren Oberflächen. Da an diesem Ort die elektrochemischen Reaktionen stattfinden, entsprechen solche Verteilungen auch denen der Reaktionsgeschwindigkeiten. Dies ist bei einer Reihe von elektrochemischen Reaktionen von erheblicher praktischer Bedeutung. Denkt man beispielsweise an galvanotechnische Prozesse, so erkennt man die Bedeutung einer möglichst einheitlichen Stromdichte, durch die auch gleichmäßige Beschichtungen mit den galvanotechnisch abgeschiedenen Metallen erreicht werden können. Auch bei vielen anderen Anwendungen will man stark verteilte Stromdichten vermeiden, weil besonders markante Maximalwerte der Stromdichte Stromausbeuten ungünstig beeinflussen oder Elektrodenelemente und Separatoren an den entsprechenden Positionen schädigen können.

Stofftransport Elektrolyt-Elektrodenoberfläche

Für jede Komponente, die durch die Phasengrenzschicht an der Elektrodenoberfläche durch Migration und Diffusion transportiert wird, gilt unter stationären Bedingungen, dass der transportierte Molenstrom gleich der elektrochemischen Stoffänderungsgeschwindigkeit dieses Stoffes ist:

$$\dot{N}_i^E = -z_i u_i F c_i^E \left[grad\, \Phi\right]^E - D_i \left[grad\, c_i\right]^E = R_i^E \,. \tag{12.35}$$

Dabei gilt allgemein

$$R_i^E = \sum_{j=1}^{M} \nu_{ij} r_j^E \,, \tag{12.36}$$

wenn M elektrochemische Reaktionen an der betrachteten Elektrode ablaufen. Unter Verwendung der Stromausbeute ϕ_j der entsprechenden Reaktion kann man die umgesetzten Stoffmengen auch mit Hilfe des *Faraday*-Gesetzes ausdrücken:

$$R_i^E = i^E \sum_{j=1}^{M} \frac{\nu_{ij} \phi_j}{\left|\nu_{ej}\right| F} \,. \tag{12.37}$$

Da andererseits die Summe aller Stromausbeuten an einer Elektrode den Wert 1 ergeben muss, gilt auch:

$$\sum_{j=1}^{M} \phi_j = 1 \qquad \text{und} \tag{12.38}$$

$$i^E = F \sum_{j=1}^{M} \left|\nu_{ej}\right| r_j^E \,. \tag{12.39}$$

Bei der hier gewählten Symbolik ist die Reaktionsstromdichte sowohl für anodische als auch für kathodische Reaktionen eine positive Prozessgröße.

Geht man von dem häufigen Sonderfall aus, dass elektrische Potentialgradienten innerhalb der Grenzschicht vernachlässigbar sind und eine einfache Reaktion an der Elektrode abläuft, dann ergibt sich:

$$\dot{N}_i^E = R_i^E = \frac{\nu_i}{|\nu_e| F} i^E = -D_i \, grad \, c_i \, . \tag{12.40}$$

Für einen eindimensionalen Stoffstrom senkrecht zur Elektrodenoberfläche mit der in Abb. 12.10 dargestellten Koordinate ξ erhält man

$$\frac{\nu_i}{|\nu_e| F} i^E = -D_i \frac{dc_i}{d\xi} \, . \tag{12.41}$$

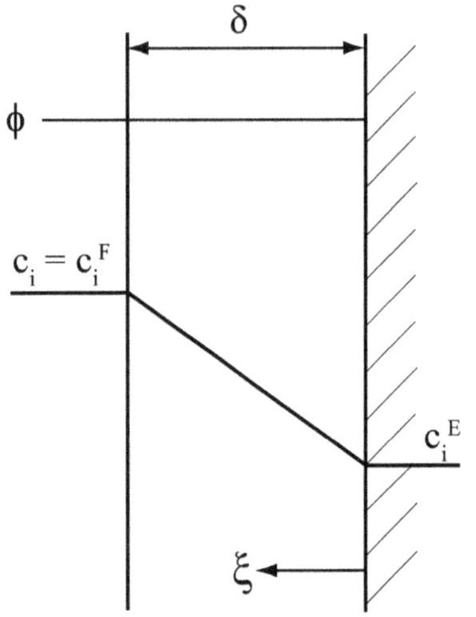

Abb. 12.10: Konzentrations- und Potentialverlauf in der Elektrodengrenzschicht bei $\nabla\Phi \approx 0$

Daraus ergibt sich mit den Randwerten

$$c_i = c_i^E ; \quad (\xi = 0) \tag{12.42}$$

$$c_i = c_i^F ; \quad (\xi = \delta) \tag{12.43}$$

sowie dem bei einem linearisierten Konzentrationsverlauf in der Grenzschicht üblichen Stoffübergangskoeffizienten

$$\beta_i^E = \frac{D_i}{\delta} \tag{12.44}$$

und der Konzentrationsdifferenz

$$\Delta c_i = c_i^E - c_i^F \tag{12.45}$$

folgende Beziehung für die Berechnung der Stoffübergangsgeschwindigkeit an einer Elektrodenoberfläche:

$$\frac{\nu_i}{|\nu_e| F} i^E = \beta_i \left(c_i^E - c_i^F \right). \tag{12.46}$$

Mit dieser Gleichung können die Konzentrationen aller Komponenten an der Elektrodenoberfläche aus den Elektrolytkonzentrationen berechnet werden. Damit lassen sich das Ausmaß der Stofftransporthemmung einschätzen und entsprechende Maßnahmen zur Beschleunigung dieses Schrittes ableiten. Erzeugt man durch Erhöhung der Zellspannung und damit auch der elektrischen Stromdichte eine sehr starke Verarmung einer reagierenden Komponente an der Elektrodenoberfläche ($c_i^E \approx 0$), dann liegt die so genannte Diffusionsgrenzstromdichte vor, die dann allein die Gesamtgeschwindigkeit des Prozesses bestimmt. Mit $\nu_i = -1$ ergibt sich für diesen Fall einer Stofftransporthemmung:

$$i^E = i_{Grenz} = |\nu_e| F \beta_i c_i^F . \tag{12.47}$$

Es ist ersichtlich, dass unter diesen Bedingungen die Stromdichte an der Elektrodenoberfläche nicht durch die Beschleunigung der elektrochemischen Reaktion sondern allein durch Vergrößerung der Stoffübergangsgeschwindigkeit erhöht werden kann.

Zur Berechnung des Stoffübergangskoeffizienten für unterschiedliche Strömungsbedingungen und Elektrodengeometrien liegen zahlreiche Korrelationen in der Fachliteratur vor. Tabellarische Zusammenstellungen der Ergebnisse vieler Autoren findet man in z. B. in [12-1] und [12-2].

Berechnungsbeispiel 12-2: Grenzstromdichte an einer Elektrode mit Stofftransporthemmung

Aufgabenstellung
In einer Elektrolysezelle mit parallel angeordneten Plattenelektroden soll der Einfluss der Strömungsbedingungen auf den Stoffübergang zwischen Elektrolyt und Kathodenoberfläche und damit auf die Geschwindigkeit der elektrochemischen Reaktion untersucht werden. Als Modellreaktion dient die kathodische Abscheidung von Kupfer aus einer schwefelsauren Lösung:

$$Cu^{++} + 2e^- \rightarrow Cu . \tag{12.48}$$

Zu berechnen ist die Diffusionsgrenzstromdichte bei unterschiedlichen Strömungsgeschwindigkeiten des Elektrolyten.

Modellparameter und Stoffwerte
Die Elektrolysezelle nach Abb. 12.11 hat folgende Abmessungen:

$$a = 0{,}26\,m$$
$$b = 0{,}045\,m$$
$$h = 1{,}0\,m.$$

Folgende weitere Daten sind gegeben (Index i = Cu-Ionen):

$$D_i = 6{,}8 \cdot 10^{-9}\,m^2/s$$
$$M_i = 63{,}54\,kg/kmol$$
$$c_i^F = 0{,}091\,kmol/m^3$$
$$\nu^F = 1 \cdot 10^{-9}\,m^2/s$$
$$\dot{V}^F = 200...1000\,l/h.$$

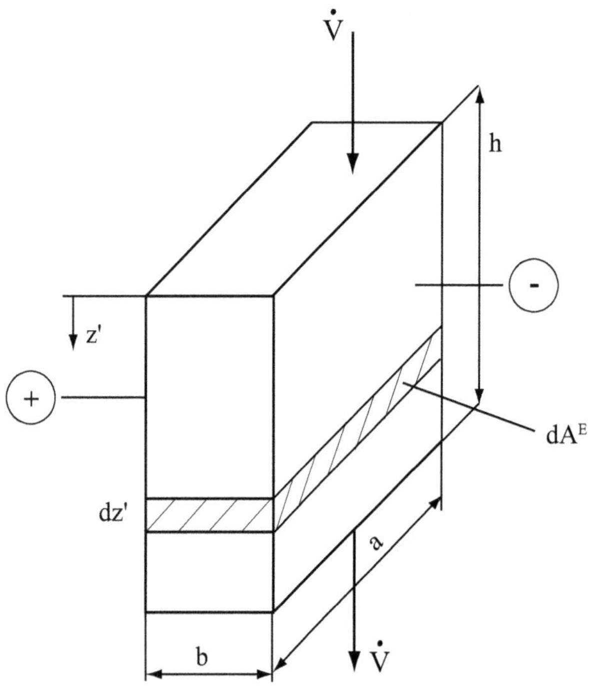

Abb. 12.11: Elektrolysezelle mit Parallelplatten-Elektroden

Berechnung der Diffusionsgrenzstromdichte nach Gl. (12.47)

Für die gegebenen Bedingungen muss zunächst der Stoffübergangskoeffizient β_i berechnet werden. Dazu kann eine Kenngrößengleichung nach [12-11] verwendet werden, die eine Berechnung der *Sherwood*-Zahl bei erzwungener Konvektion an einer längs angeströmten Platte ermöglicht:

$$Sh = 2{,}54\, Re^{0{,}33}\, Sc^{0{,}33} \left(\frac{d_e}{h}\right)^{0{,}33}; \qquad Re < 2300 \tag{12.49}$$

$$Sh = 0{,}023\, Re^{0{,}8}\, Sc^{0{,}33}; \quad Re > 2300;\ h/d_e > 10\,. \tag{12.50}$$

Hierbei wurden die den Stoffübergang kennzeichnenden dimensionslosen Größen verwendet:

$$Sh = \frac{\beta_i d_e}{D_i} \quad (\textit{Sherwood}\text{-Zahl}) \tag{12.51}$$

$$Re = \frac{w d_e}{\nu^F} \quad (\textit{Reynolds}\text{-Zahl}) \tag{12.52}$$

$$Sc = \frac{\nu^F}{D_i} \quad (\textit{Schmidt}\text{-Zahl}). \tag{12.53}$$

Der äquivalente Durchmesser d_e, der durchströmte Querschnitt A_q und der Umfang der durchströmten Fläche U ergeben sich nach folgenden Beziehungen:

$$d_e = \frac{4A_q}{U} \tag{12.54}$$

$$A_q = a \cdot b \tag{12.55}$$

$$U = 2a + 2b\,. \tag{12.56}$$

1. Rechenvariante: $\dot{V}^F = 200\, l/h$

Äquivalenter Durchmesser

$$d_e = \frac{4ab}{2(a+b)} \tag{12.57}$$

$$d_e = 0{,}0767\, m$$

Strömungsgeschwindigkeit

$$w = \frac{\dot{V}^F}{ab} \tag{12.58}$$

$$w = 4{,}748 \cdot 10^{-3}\, m/s$$

Reynolds-Zahl nach Gl. (12.52)

$$Re = 364,2$$

($Re < 2300 \rightarrow$ laminare Strömung)

Schmidt-Zahl nach Gl. (12.53)

$$Sc = 147,1$$

Sherwood-Zahl für $Re < 2300$ nach Gl. (12.49)

$$Sh = 39,57$$

Diffusionsgrenzstromdichte durch Einsetzen von Gl. (12.51) in Gl. (12.47)

$$i_{Grenz} = |\nu_e| F \beta_i c_i^F = |\nu_e| F c_i^F Sh \frac{D_i}{d_e} \tag{12.59}$$

$$i_{Grenz} = 61,61\, A / m^2$$

2. Rechenvariante: $\dot{V}^F = 2000\, l / h$
Eine Verzehnfachung des Durchsatzes der Flüssigphase kann z. B. durch einen entsprechenden Kreislauf realisiert werden. Damit erhöhen sich auch die Flüssigphasengeschwindigkeit und die *Reynolds*-Zahl um den Faktor 10, während die *Schmidt*-Zahl unverändert bleibt:

$$Re = 3642$$

($Re > 2300 \rightarrow$ turbulente Strömung)

Sherwood-Zahl für $Re > 2300$ nach Gl.(12.50) (Die Bedingung $h / d_e > 10$ ist hier erfüllt.)

$$Sh = 84,36$$

Diffusionsgrenzstromdichte

$$i_{Grenz} = 131,3\, A / m^2$$

Durch Verbesserung der Turbulenzbedingungen lässt sich damit eine wesentliche Erhöhung der Diffusionsgrenzstromdichte gegenüber der Variante 1 erreichen.

Weitere Überspannungsarten

Widerstandspolarisation
Liegt die bei der Formulierung von Gl. (12.40) getroffene Voraussetzung der Vernachlässigbarkeit elektrischer Potentialgradienten in der Diffusionsgrenzschicht nicht vor, dann ist die Transportgleichung für diese Schicht unter Einbeziehung der Migration [Gl. (12.25)] für jede Ionenart zu lösen. Die Lösung von N Transportbilanzgleichungen und der zusätzlich zu verwendenden Elektroneutralitätsbedingung gemäß Gl. (12.27) liefert N Konzentrationsver-

läufe $c_i(\xi)$ und den Potentialverlauf $\Phi(\xi)$. Betrachtet man allein die an der Elektrode nicht umgesetzten Komponenten l, dann ist im Fall einer einfachen Elektrodenreaktion eine analytische Lösung der Transportgleichung und damit die Berechnung der Abhängigkeit des Potentialverlaufes vom Konzentrationsverlauf möglich. Der gesamte Spannungsabfall in der Grenzschicht wird als Widerstandspolarisation η_Ω bezeichnet und ergibt durch Einsetzen der Randwerte bei $\xi = 0$ und $\xi = \delta$ folgenden Ausdruck:

$$\eta_\Omega = \frac{RT}{z_l F} \ln \frac{c_l^F}{c_l^E} . \qquad (12.60)$$

Eine ausführliche Darstellung zum Problem des Spannungsabfalls in der Diffusionsgrenzschicht erfolgt z. B. in [12-8].

Diffusionsüberspannung (Konzentrationsüberspannung)
Bei deutlich gehemmtem Stofftransport reagierender Komponenten durch die Diffusionsgrenzschicht ergibt sich als Folge der geänderten Konzentration c_i^E an der Elektrodenoberfläche gegenüber c_i^F im Inneren der Elektrolytlösung folgende Diffusionsüberspannung:

$$\eta_d = \frac{RT}{\nu_e F} \sum_i \nu_i \ln \frac{c_i^F}{c_i^E} . \qquad (12.61)$$

Die Diffusionsüberspannung ist für alle an der Bruttoreaktion beteiligten Komponenten zu berücksichtigen. Bei gleichzeitigem Auftreten von Durchtritts- und Diffusionsüberspannung ist über beide Beiträge zu summieren.

In speziellen Fällen treten weitere Überspannungen (Reaktionsüberspannung, Kristallisationsüberspannung) auf (s. z. B. [12-9]), auf deren Beschreibung hier nicht näher eingegangen wird.

12.3 Berechnung und Bewertung elektrochemischer Reaktoren

Elektrochemische Reaktionen besitzen die Besonderheit, dass die an einer Elektrode umgesetzten Stoffmengen der elektrischen Stromstärke proportional sind, wie dies im Zusammenhang mit dem *Faraday*-Gesetz in den Gleichungen (12.6) bis (12.10) dargestellt wurde. Eine stoffliche Bilanzierung kann für durchmischte Reaktoren deshalb zunächst separat – ohne Berücksichtigung der elektrischen Potentialverhältnisse – erfolgen. Bei der Berechnung der Zellspannung als der wichtigsten elektroenergetischen Größe ist allerdings die Kopplung zwischen Stoff- und Energiebilanzen erforderlich.

12.3.1 Stoffliche Bilanzierung der Reaktorgrundtypen

Die stoffliche Bilanzierung der Reaktorgrundtypen erfolgt für einen vorgegebenen Zellstrom und die daraus zu berechnende mittlere Stromdichte. Verteilungen der elektrischen Stromdichte sollen dabei vernachlässigt werden.

Kontinuierlicher ideal durchmischter elektrochemischer Reaktor

In die Stoffbilanz des kontinuierlichen Rührkessels für den stationären Zustand ist die aus dem *Faraday*-Gesetz abgeleitete Stoffänderungsgeschwindigkeit nach Gl. (12.37) einzusetzen:

$$\dot{n}_i - \dot{n}_i^0 = R_i^E A^E = i^E A^E \sum_j \frac{\nu_{ij}\phi_j}{|\nu_e| F}. \tag{12.62}$$

Dabei wurden eventuell ablaufende homogene Reaktionen in der Elektrolytphase nicht berücksichtigt.

Wenn die reagierende Komponenten nur in der Flüssigphase zu- oder abgeführt wird, dann ergibt sich folgende Stoffbilanz:

$$\dot{V} c_i^F - \dot{V}^0 c_i^{F0} = i^E A^E \sum_j \frac{\nu_{ij}\phi_j}{|\nu_e| F}. \tag{12.63}$$

Läuft nur eine Reaktion an der Elektrode ab, erhält man

$$\dot{V} c_i^F - \dot{V}^0 c_i^{F0} = \frac{\nu_i}{|\nu_e| F} i^E A^E. \tag{12.64}$$

Diese Bilanzierung über Ein- und Austrittsgrößen ermöglicht nicht die Berechnung der an der Elektrodenoberfläche vorliegenden Konzentrationen, die allerdings für die energetische Bilanzierung bekannt sein müssen. Dazu ist ein heterogenes Modell erforderlich, das Stoffbilanzen für beide Phasen (Elektrolyt, Elektrode) enthält:

Stoffbilanz Elektrolyt

$$\dot{V} c_i^F - \dot{V}^0 c_i^{F0} = \beta_i^E A^E \left(c_i^E - c_i^F\right) \tag{12.65}$$

Stoffbilanz Elektrode

$$\beta_i^E A^E \left(c_i^E - c_i^F\right) = \frac{\nu_i}{|\nu_e| F} i^E A^E. \tag{12.66}$$

Die Gleichungen (12.64) und (12.65), die hier für eine einfache Reaktion formuliert wurden, ermöglichen die Berechnung der Konzentrationen im Elektrolyten und an der Elektrodenoberfläche.

Diskontinuierlicher ideal durchmischter elektrochemischer Reaktor

In Übereinstimmung mit der Stoffbilanz des diskontinuierlichen Rührkessels erhält man für eine einfache Reaktion folgende Beziehungen:

Stoffbilanz Elektrolyt

$$\frac{d\left(c_i^F V^F\right)}{dt} = \beta_i^E A^E \left(c_i^E - c_i^F\right) \tag{12.67}$$

Stoffbilanz Elektrode

$$\frac{d\left(c_i^E V^F\right)}{dt} + \beta_i^E A^E \left(c_i^E - c_i^F\right) = \frac{\nu_i}{\left|\nu_e\right| F} i^E A^E . \tag{12.68}$$

Elektrochemischer Durchflussreaktor

Für die Formulierung der Stoffbilanzen wird das Modell des idealen Rohrreaktors zugrunde gelegt, wobei auch hier eine konstante elektrische Stromdichte über die gesamte Elektrodenfläche vorausgesetzt wird. Geht man von der einfachen Geometrie eines mit konstanter Geschwindigkeit durchströmten Elektrolytraumes mit parallel gegenüber liegenden Plattenelektroden nach Abb. 12.11 aus, dann ergeben sich mit

$$dV_R = b \cdot dA^E = b \cdot a \cdot dz' \tag{12.69}$$

und

$$\dot{V} = w \cdot a \cdot b \tag{12.70}$$

folgende Bilanzgleichungen:

Stoffbilanz Elektrolyt

$$b \frac{d\left(w c_i^F\right)}{dz'} = \beta_i^E \left(c_i^E - c_i^F\right) \tag{12.71}$$

Stoffbilanz Elektrode

$$\beta_i^E \left(c_i^E - c_i^F\right) = \frac{\nu_i}{\left|\nu_e\right| F} i^E . \tag{12.72}$$

Diese Beziehung entspricht auch Gl. (12.66).

Die Lösung der Stoffbilanzen ergibt bei vorgegebenen Eintrittskonzentrationen die Austrittswerte dieser Größen und die zeitliche bzw. örtliche Konzentrationsverteilung.

Berechnungsbeispiel 12-3: Auslegung eines ideal durchmischten kontinuierlichen elektrochemischen Reaktors mit kathodischer Metallabscheidung.

Aufgabenstellung

Ein kontinuierlich anfallender Abwasserstrom enthält Kupferionen, deren Konzentration durch eine elektrolytische Abscheidung an einer Kupferkathode stark verringert werden soll. Durch Laboruntersuchungen wurde festgestellt, dass bei einer Konzentration der Kupferionen von $2\,mg/l$ und einer elektrischen Stromdichte von $80\,A/m^2$ eine Stromausbeute von 33% für die Hauptreaktion der Kupferabscheidung erreicht wird. Die restlichen 67% der gesamten Stromdichte entfallen auf die Entwicklung von Wasserstoff als unerwünschte kathodische Nebenreaktion.

Es sind die notwendige Kathodenfläche in einem membrangeteilten kontinuierlich betriebenen elektrochemischen Reaktor mit ideal vermischten Elektrodenräumen, die stündlich abgeschiedene Kupfermenge und die an der Anode und Kathode entstehenden Gasströme zu berechnen.

Elektrochemische Reaktionen und Prozessdaten
Es liegt in beiden Elektrolyträumen ein schwefelsaurer Elektrolyt vor.

- Anodische Reaktion

$$H_2O \rightarrow \frac{1}{2}O_2 + 2H^+ + 2e^-; \quad \phi_{O_2} = 1; \quad \left|\nu_{e,O_2}\right| = 2 \tag{12.73}$$

- Kathodische Reaktionen

$$Cu^{++} + 2e^- \rightarrow Cu; \quad \phi_{Cu} = 0{,}33; \quad \left|\nu_{e,Cu}\right| = 2 \tag{12.74}$$

$$2H^+ + 2e^- \rightarrow H_2; \quad \phi_{H_2} = 0{,}67; \quad \left|\nu_{e,H_2}\right| = 2 \tag{12.75}$$

- Abwasserstrom am Eintritt
(Ein- und Austrittsstrom sind im vorliegenden Fall konstant).

$$\dot{V}^{F0} = \dot{V}^F = 6\,m^3/h$$

- Ein- und Austrittskonzentration der Kupferionen

$$c^0_{Cu^{++}} = 0{,}4\,g/l = 6{,}295 \cdot 10^{-3}\,kmol/m^3$$

$$c_{Cu^{++}} = 0{,}002\,g/l = 3{,}15 \cdot 10^{-5}\,kmol/m^3.$$

Notwendige Elektrodenfläche und abgeschiedene Kupfermenge
Kupferionen sind nur an der Abscheidungsreaktion gemäß Gl. (12.74) beteiligt. Nach Gl. (12.63) ergibt sich damit folgende Stoffbilanz für die Kupferionen:

$$\dot{V}^F\left(c_{Cu^{++}} - c^0_{Cu^{++}}\right) = i^E A^E \frac{\nu_{Cu^{++}}\phi_{Cu}}{\left|\nu_{e,Cu}\right| F}. \tag{12.76}$$

Stellt man diese Gleichung nach der gesuchten Elektrodenfläche um, dann erhält man mit den hier vorliegenden Daten:

$$A^E = 76{,}32\,m^2.$$

Bei der Konstruktion der Zelle ist es unerheblich, ob man diese Elektrodenfläche in einer apparativen Einheit realisiert oder mehrere Zellen hinsichtlich des Stoffstromes aufteilt und parallel schaltet. Bevorzugt man dagegen eine Reihenschaltung mehrerer Zellen entsprechend dem Konzept der Rührkesselkaskade, dann sind bezüglich der Stromausbeute für die Kupferabscheidung günstigere Bedingungen zu erwarten, weil dann der Konzentrationsabbau der Kupferionen schrittweise erfolgt.

Entsprechend der Reaktionsgleichung (12.74) entspricht die Menge der umgesetzten Kupferionen der auf der Kathode abgeschiedenen Menge an metallischem Kupfer:

$$\dot{m}_{Cu} = \dot{n}_{Cu} M_{Cu} = \dot{V}^F \left(c^0_{Cu^{++}} - c_{Cu^{++}} \right) M_{Cu} \, . \tag{12.77}$$

Mit $M_{Cu} = 63,54\, kg/kmol$ ergibt sich daraus

$$\dot{m}_{Cu} = 2,388\, kg/h \, .$$

Entstehende Gasmengenströme
Nach Gl. (12.62) erhält man für die anodische Sauerstoffentwicklung und die kathodische Wasserstoffentwicklung folgende Mengenströme:

$$\dot{n}_{O_2} = i^E A^E \frac{\nu_{O_2} \phi_{O_2}}{\left| \nu_{e,O_2} \right| F} \tag{12.78}$$

$$\dot{n}_{O_2} = 56,9\, mol/h$$

$$\dot{n}_{H_2} = i^E A^E \frac{\nu_{H_2} \phi_{H_2}}{\left| \nu_{e,H_2} \right| F} \tag{12.79}$$

$$\dot{n}_{H_2} = 76,3\, mol/h \, .$$

Eine Vermischung dieser Gasströme wird dadurch verhindert, dass der Anoden- und Kathodenraum durch eine gasdichte Membran getrennt sind.

12.3.2 Energetische Bilanzierung

Bei der energetischen Bilanzierung elektrochemischer Reaktoren steht die Ermittlung der Zellspannung und der optimalen elektrischen Stromdichte im Mittelpunkt des Interesses, weil diese Größen die ökonomische Effektivität maßgebend beeinflussen. Darüber hinaus können wärmetechnische Gesichtspunkte von Bedeutung sein, wenn zeitliche oder örtliche Temperaturverteilungen im Reaktionsraum auftreten.

Zellspannung und spezifischer Elektroenergiebedarf
Bei der Berechnung der Zellspannung ist zwischen Elektrolyseprozessen und elektrochemischen Reaktionen in galvanischen Elementen zu unterscheiden.

Zellspannung bei Elektrolyseprozessen
Zusätzlich zur *Gleichgewichtszellspannung* sind bei der Ermittlung der gesamten Zellspannung die *Überspannungen* an den Elektroden und gegebenenfalls in den Strömungsgrenz-

schichten an den Elektrodenoberflächen sowie mehrere *Ohmsche Spannungsabfälle* zu berücksichtigen:

$$U_Z = U_{Z0} + |\eta_A| + |\eta_K| + \sum U_\Omega \ . \qquad (12.80)$$

Die einzelnen Anteile der Zellspannung werden nach folgenden Beziehungen ermittelt:

- Gleichgewichtszellspannung

$$U_{Z0} = E_A - E_K = f\left(c_i^E, T\right) \qquad (12.81)$$

Diese Größe ergibt sich nach der *Nernst*schen Gleichung (12.12) oder aus der freien Reaktionsenthalpie gemäß Gl. (12.16).

- Überspannungen

$$\eta_A \text{ bzw. } \eta_K = f\left(i^E, c_i^E, T\right) \qquad (12.82)$$

Die anodische und kathodische Überspannung ermittelt man aus Messungen oder Literaturangaben zur Kinetik der jeweiligen Elektrodenreaktion, z. B. über die *Butler-Vollmer*-Gleichung (12.21) bzw. (12.22). Liegen außer der Durchtrittsüberspannung weitere Überspannungsarten vor, sind diese zu addieren.

- *Ohm*sche Spannungsabfälle
Diese Teilspannungsabfälle setzen sich aus Anteilen in den Elektroden und Zuleitungen, im Elektrolyten und – falls vorhanden – in Separatoren zusammen und werden mit Hilfe des *Ohm*schen Gesetzes aus den jeweils vorliegenden geometrischen Bedingungen und den spezifischen elektrischen Leitfähigkeiten, bzw. spezifischen Widerständen der vom Strom durchflossenen Medien berechnet:

$$\sum U_\Omega = f\left(i, \rho_{spez} \ bzw. \kappa; Abmessungen\right) = \sum i r^* \ . \qquad (12.83)$$

Dabei ist r^* der flächenspezifische Widerstand mit der Maßeinheit Ωm^2 für das jeweilige Zellenelement (Anoden- und Kathodenstruktur, Elektrolyt bzw. Anolyt und Katholyt bei geteilten Zellen, Separator).

Spezifischer Elektroenergiebedarf bei Elektrolysen
Bei elektrolytischen Produktionsverfahren bezieht man den Bedarf an Elektroenergie meist auf die Menge des erzeugten Stoffes (kWh pro kg oder t des Produktes):

$$w_i = \frac{U_Z I t}{\Delta m_i} = \frac{|\nu_e| F U_Z}{\phi_i \nu_i M_i} \qquad (12.84)$$

Beispiel: Chloralkalielektrolyse

$$2Cl^- \rightarrow Cl_2 + 2e^-$$

$$\left(\nu_e = -2,\ \nu_{Cl_2} = 1,\ M_{Cl_2} = 71\,kg/kmol,\ F = 2{,}68\cdot 10^4\ Ah/kmol\right)$$

$$w_{Cl_2} = 755\frac{U_Z}{\phi_{Cl_2}} \quad kWh/t\,Chlor.$$

Zellspannung bei galvanischen Elementen
Bei galvanischen Elementen (Batterien, Brennstoffzellen) ergibt sich die Zellspannung aus der *Gleichgewichtszellspannung* der Zellreaktion abzüglich der *Überspannungen* und der *Ohmschen Spannungsabfälle*:

$$U_Z = U_{Z0} - |\eta_A| - |\eta_K| - \sum U_\Omega\,. \tag{12.85}$$

Die einzelnen Teilspannungsabfälle ermittelt man aus den gleichen Abhängigkeiten wie bei Elektrolyseprozessen.

Berechnungsbeispiel 12-4: Ermittlung der Zellspannung einer Polymerelektrolytmembran-Brennstoffzelle (PEM-FC) bei einer Temperatur von $T = 353\,K$ und einer mittleren Stromdichte von $i = 4000\,A/m^2$.

Aufgabenstellung
Für die Einzelzelle eines PEM-FC-Stacks nach Abb. 12.12 soll die Zellspannung aus dem reversiblen Anteil und den Teilspannungsabfällen berechnet werden. Die im Stack bipolar verschalteten Einzelzellen bestehen aus der Membran-Elektroden-Einheit (MEE) sowie aus zwei halben Bipolarplatten, die jeweils der Anode (Minuspol) bzw. der Kathode (Pluspol) zugeordnet sind. Die Membran-Elektroden-Einheit besteht aus fünf Elementen (poröse Gasdiffusionsschichten an Anode und Kathode zum An- und Abtransport der Reaktanten und zur elektronischen Leitung des Stromes zu den aktiven Schichten, aktive anodische und kathodische Elektrokatalysatorschichten als eigentliche Elektroden, Ionenaustauschermembran, die hier gleichzeitig als Separator und als Elektrolyt fungiert).

Für Bipolarplatten aus Titan mit einer Dicke von 3 mm, poröse Graphitschichten mit einer Dicke von 0,26 mm und einer Membran mit einer Dicke von 0,23 mm wurden unter Verwendung aktiver Schichten aus Platin bei der gegebenen Stromdichte folgende Teilspannungsabfälle gemessen, die nach den in Abb. 12.13 verwendeten Abkürzungen bezeichnet wurden:

Überspannungen an den aktiven Schichten:

$$|\eta_A| = 0{,}009\,V$$
$$|\eta_K| = 0{,}360\,V$$

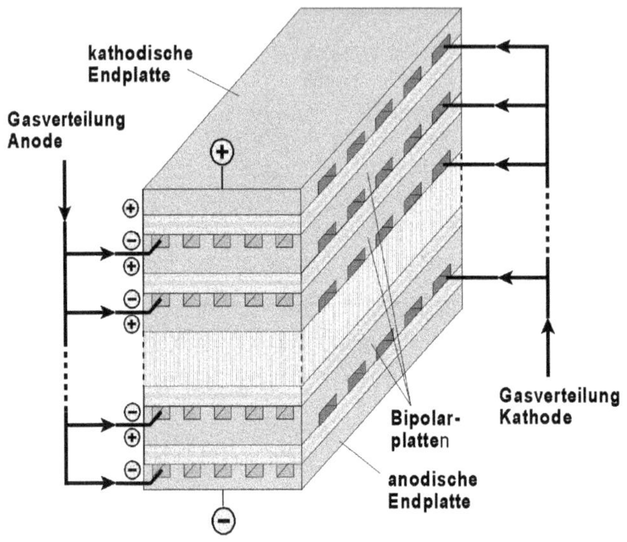

Abb. 12.12: Zellstapel (Stack) einer PEM-FC mit bipolarer Verschaltung der Einzelzellen

*Ohm*sche Spannungsabfälle:

$$U_{\Omega,BA} = U_{\Omega,BK} = 6,7 \cdot 10^{-6}\,V$$
$$U_{\Omega,PA} = U_{\Omega,PK} = 0,019\,V$$
$$U_{\Omega,M} = 0,054\,V.$$

Es ist ersichtlich, dass bei den hier vorliegenden Bedingungen die Teilspannungsanfälle in den Bipolarplatten vernachlässigbar klein sind.

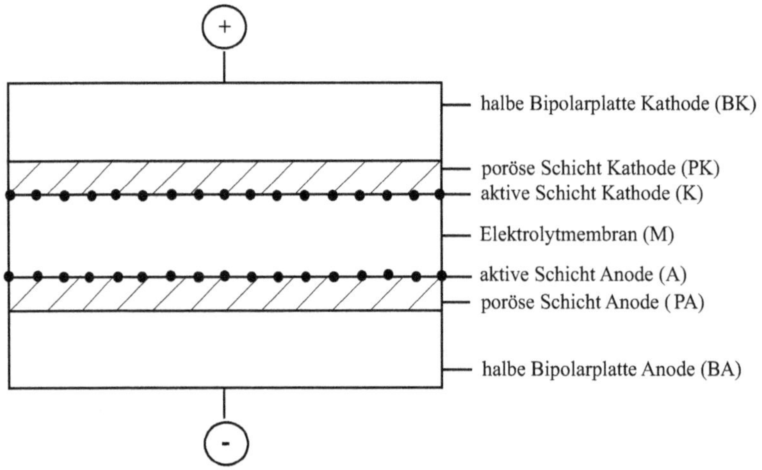

Abb. 12.13: Strukturelemente der repräsentativen Teilzelle einer PEM-FC

Die Gleichgewichtszellspannung für die Bildung von Wasser aus Wasserstoff und Sauerstoff als gesamte Zellreaktion beträgt unter den gegebenen Bedingungen

$$U_{Z0} = 1{,}170\,V\,.$$

Damit ergibt sich nach Gl. (12.85) eine Zellspannung für die betrachtete Teilzelle von

$$U_Z = U_{Z0} - |\eta_A| - |\eta_K| - U_{\Omega,BA} - U_{\Omega,BK} - U_{\Omega,PA} - U_{\Omega,PK} - U_{\Omega,M}$$

$$U_Z = 0{,}709\,V\,.$$

Optimierung der Stromdichte eines elektrochemischen Reaktors

Bei der Ermittlung der optimalen Stromdichte eines elektrochemischen Reaktors ist einerseits davon auszugehen, dass die auf die Elektrodenfläche bezogene Produktionskapazität (kg Produkt pro Quadratmeter Elektrodenfläche und Zeit) annähernd der elektrischen Stromdichte proportional ist. Kapazitätserhöhungen sind folglich durch Stromdichteerhöhung möglich und verringern damit die erforderlichen Investitionskosten. Andererseits steigt der spezifische Elektroenergiebedarf mit steigender Stromdichte, so dass die laufenden Kosten ansteigen. Versucht man diese Abhängigkeiten durch vereinfachte Gleichungen darzustellen, dann kann man auf folgendem Wege eine grobe Abschätzung der unter Kostengesichtspunkten optimalen Stromdichte vornehmen:

Spezifische Produktionskapazität bei kontinuierlicher Prozessführung

$$\frac{\Delta \dot{m}_i}{A^E} = \frac{\phi_i \nu_i M_i}{|\nu_e| F} i\,; \qquad \frac{kg\ \text{Produkt}}{m^2 h}\,. \tag{12.86}$$

Spezifische Investitionskosten

Näherungsweise wird von einer Proportionalität zwischen Investitionskosten und benötigter Elektrodenfläche ausgegangen:

$$K_I = C_I^* \frac{A^E}{\Delta \dot{m}_i} = C_I^* \frac{|\nu_e| F}{\phi_i \nu_i M_i} \frac{1}{i} = \frac{C_I}{i}\,; \qquad \frac{€}{kg\ \text{Produkt}}\,. \tag{12.87}$$

In dieser Gleichung wurden ein Investitionskostenindex C_I in $€\,A/\left(m^2 kg\right)$ bzw. die auf eine festgesetzte Nutzungsdauer bezogenen Flächenkosten C_I^* in $€/(m^2 h)$ verwendet.

Spezifische Elektroenergiekosten

$$K_E = C_E^* w_i = C_E^* \frac{|\nu_e| F U_Z}{\phi_i \nu_i M_i}\,. \tag{12.88}$$

Setzt man vereinfachend voraus, dass die Zellspannung in weiten Arbeitsbereichen der Elektrolysezelle annähernd der elektrischen Stromdichte proportional ist, ergibt sich:

$$K_E = C_E i\,. \tag{12.89}$$

Dabei ist C_E^* der Energiepreis in $€/kWh$ und C_E der Energiekostenindex in $€/\left(kg\,A\,m^{-2}\right)$.

Spezifische Gesamtkosten und optimale Stromdichte
Berücksichtigt man bei den Gesamtkosten für eine grobe Abschätzung nur die Investitions- und Elektroenergiekosten, dann ergibt sich:

$$K_{ges} = K_I + K_E = \frac{C_I}{i} + C_E i \,. \tag{12.90}$$

Durch eine Extremwertberechnung erhält man daraus die optimale Stromdichte des elektrochemischen Reaktors:

$$i_{opt} = \left(\frac{C_I}{C_E}\right)^{\frac{1}{2}} . \tag{12.91}$$

Die spezifischen Gesamtkosten bei Optimalbedingungen können nach Gl. (12.90) berechnet werden:

$$K_{ges,opt} = 2C_E^{1/2}\,C_I^{1/2} \,. \tag{12.92}$$

Berechnungsbeispiel 12-5: Abschätzung der optimalen mittleren Stromdichte einer Elektrolysezelle für die Chloralkalielektrolyse.

Aufgabenstellung
Für eine nach dem Membranverfahren betriebene Chloralkalielektrolyse sollen unter Berücksichtigung der Investitions- und Elektroenergiekosten für einen vermessenen Betriebszustand die Gesamtkosten berechnet und danach die optimale Stromdichte ermittelt werden.

Gegebene Größen
Chlor wird durch die anodische Reaktion

$$2Cl^- - 2e^- \rightarrow Cl_2$$
$$\left(\nu_{Cl_2} = 1;\ \nu_e = -2;\ M_{Cl_2} = 71\,kg/kmol\right)$$

gebildet. Für einen vermessenen Betriebszustand sind die mittlere Stromdichte, die Zellspannung und die auf Chlor bezogene Stromausbeute bekannt:

$$i = 3000\,A/m^2$$
$$U_Z = 2{,}97\,V$$
$$\phi_{Cl_2} = 0{,}98.$$

Die Kostenindizes sind aus gegebenen Daten (z. B. Angebotspreis für eine vorgesehene Zelle, bezogen auf einen Quadratmeter Elektrodenfläche, geschätzte Laufzeit der Zelle) berechenbar. Aus den so ermittelten Flächenkosten der Zelle [im Beispiel $C_I^* = 0{,}7787\,€/\left(m^2 h\right)$] ergibt sich der Investitionskostenindex:

$$C_I = 600\,€\,A/\left(m^2 kg\right).$$

Aus einem hier angenommenen Elektroenergiepreis von $C_E^* = 0{,}06\,€/kWh$ errechnet sich ein Energiekostenindex von

$$C_E = 4{,}577 \cdot 10^{-5}\ €m^2/\left(kg\,A\right).$$

Spezifische Gesamtkosten bei $i = 3000\,A/m^2$
Nach Gl. (12.90) ergibt sich

$$K_{ges} = \frac{C_I}{i} + C_E i = \frac{600}{3000} + 4{,}577 10^{-5} \cdot 3000$$
$$K_{ges} = 0{,}3373\,€/kg.$$

Optimale Stromdichte
Nach Gl. (12.91) erhält man

$$i_{opt} = \left(\frac{C_I}{C_E}\right)^{1/2} = 3620\,A/m^2.$$

Spezifische Kosten bei Optimalbedingungen
Gl. (12.92) führt zu folgendem Ergebnis:

$$K_{ges,opt} = 2C_E^{1/2}C_I^{1/2} = 0{,}3313\,€/kg = 331{,}3\,€/t\,Chlor.$$

Die Stromdichteoptimierung würde bei den hier verwendeten Daten zu einer Kostensenkung von $6\,€/t$ Chlor gegenüber dem vermessenen Betriebszustand führen.

Erhöht man die Stromdichte wegen einer geforderten höheren Produktionsmenge, die einer Stromdichte von $4000\,A/m^2$ entsprechen würde, dann steigen die Gesamtkosten auf $333{,}1\,€/t$ Chlor.

Wärmeenergetische Bilanzierung
Thermische Effekte in elektrochemischen Reaktoren werden einerseits durch die mit den Elektrodenreaktionen verbundenen Energiewandlungen und gegebenenfalls auch durch die Wärmetönungen homogener Reaktionen in der Elektrolytphase hervorgerufen. Auf der anderen Seite stellen alle vom elektrischen Strom durchflossenen Elemente der Zelle Wärmequellen dar, weil mit den Spannungsabfällen in Zuleitungen, Elektroden, Elektrolyträumen und Separatoren die Freisetzung *Joule*scher Wärme verbunden ist.

Geht man von einem ideal durchmischten elektrochemischen Reaktor aus, in dem auch keine wesentlichen Temperaturunterschiede zwischen Elektrolyt und Elektrodenoberfläche vorhanden sind, dann ergibt sich folgender Quellterm in der Wärmebilanz:

$$\dot{Q}_{ges} = \dot{Q}_R + \dot{Q}_h + \dot{Q}_\Omega \,. \tag{12.93}$$

Der Term der Reaktionswärme enthält den reversiblen Anteil, der mit Hilfe der Reaktionsentropie der Zellreaktion ausgedrückt wird, und die Überspannungen an beiden Elektroden:

$$\dot{Q}_R = \left(-\frac{T\Delta S_0}{|\nu_e| F} + |\eta_A| + |\eta_K| \right) I_Z \,. \tag{12.94}$$

Falls homogene Reaktionen im Elektrolyten ablaufen, ist deren Wärmetönung mit dem üblichen Ansatz in der Wärmebilanz zu berücksichtigen:

$$\dot{Q}_h = \sum_{j,h} \left(-\Delta H_{Rj,h} \right) r_{j,h} \,. \tag{12.95}$$

*Ohm*sche Spannungsabfälle in der Zelle führen zu folgendem Anteil der Wärmeentwicklung:

$$\dot{Q}_\Omega = I_Z \sum U_\Omega \,. \tag{12.96}$$

Liegen keine konstanten Temperaturen im Elektrolyten vor oder sollen Temperaturunterschiede zwischen Elektrolyt und Elektrodenoberfläche berücksichtigt werden, dann ist der Quellterm für ein Volumenelement oder die jeweils betrachtete Phase zu formulieren, wie dies auch bei anderen nicht isothermen Reaktoren üblich ist.

13 Photochemische Reaktoren

Bei *photochemischen Prozessen* erfolgt die Aktivierung der Reaktion, indem Atome oder Moleküle optische Strahlung (UV-Strahlung verschiedener Wellenlängenbereiche, sichtbares Licht) absorbieren. Wenn es gelingt, das Emissionsspektrum der verwendeten Lichtquelle (Lampe, Strahler) in eine günstige Übereinstimmung mit dem Absorptionsspektrum reagierender Komponenten zu bringen, dann kann man auch bei industriellen Prozessen hohe Selektivitäten erreichen. Deshalb haben sich trotz des zusätzlichen Aufwandes, den die Verwendung der erforderlichen Lichtquelle mit sich bringt, eine Reihe technischer Anwendungen dieses Wirkprinzips der chemischen Verfahrenstechnik etabliert.

Im Gegensatz zu den photochemischen Reaktionen, bei denen die Aktivierung durch Anregung der Elektronen der äußeren Schale ausgelöst wird, findet bei *strahlenchemischen Reaktionen* durch die Einwirkung von Elektronen- oder γ-Strahlung eine Beeinflussung der Energieniveaus der inneren Elektronenschalen statt. Hiezu liegen allerdings nur wenige Anwendungsbeispiele vor, so dass auf diesen Reaktionstyp hier nicht eingegangen wird.

13.1 Industrielle Verfahren und Reaktoren

Bei den technisch wichtigen Photoreaktionen erfolgt die Zufuhr von Lichtenergie in einem Wellenlängenbereich von etwa 180 bis 700 nm. Dies führt zur Bildung reaktionsfähiger Radikale und ermöglicht die für den industriellen Prozess notwendigen Reaktionsgeschwindigkeiten.

Bei der Entscheidung für oder gegen das photochemische Aktivierungsprinzip sind folgende Vor- und Nachteile gegenüberzustellen:

Vorteile

- Durch eine geeignete Auswahl des Emissionsspektrums und der Intensität des Strahlers kann eine gezielte Anregung chemischer Bindungen erfolgen und damit eine hohe Selektivität erreicht werden.
- Die Reaktionsgeschwindigkeit kann durch Zu- und Abschalten von Strahlern oder durch die Änderung der Strahlungsintensität leicht beeinflusst werden. Dadurch sind technische Prozesse dieser Art leicht automatisierbar.
- Die erwünschten Produkte fallen häufig mit einer größeren Reinheit als bei thermischen oder katalytischen Verfahren an.
- Viele photochemische Reaktionen können bei moderaten Temperaturverhältnissen durchgeführt werden.

Nachteile

- Für bestimmte Anwendungen sind industrielle Strahler mit möglichst eng begrenzten Wellenlängenbereichen und regelbarer Intensität nicht kostengünstig verfügbar.
- Wenn nur geringe Quantenausbeuten erreicht werden, können hohe spezifische Energiekosten die Wirtschaftlichkeit der photochemischen Reaktionsführung in Frage stellen.
- Durch Veränderungen der optischen Eigenschaften (Verschmutzungen an Strahlern oder Lampenschächten, Veränderungen der Strahlungsintensität oder des Emissionsspektrums) können optimale Arbeitsbereiche des Reaktors verlassen werden.
- Die exakte Erfassung und mathematische Modellierung der im photochemischen Reaktor ablaufenden Prozesse ist komplizierter als in üblichen Reaktionssystemen, weil selbst bei idealer Durchmischung gradientenfreie Bedingungen nicht erreichbar sind. Auch bei konstanten Konzentrationen und Temperaturen im Rührkessel liegt eine deutliche Verteilung der Lichtintensität vor, die ihrerseits die örtlichen Reaktionsgeschwindigkeiten beeinflusst.

Folgende Beispiele *photochemischer Verfahren* sind aus dem Bereich der chemischen Industrie, des Umweltschutzes und der Biotechnologie zu nennen:

- Chlorierung, Bromierung und Sulfochlorierung von Kohlenwasserstoffen,
- Photonitrosierung,
- Photooximierung (z. B. Caprolactam aus Cyclohexan),
- Herstellung von Vitamin D aus benzolischen Ergosterinlösungen,
- Photochemisch initiierte Polymerisation, z. B. Herstellung von Polyacrylnitril, Polyacrylaten, Polyvinylchlorid und Polyvinylacetet,
- Photochemische Behandlung von Abwasserinhaltsstoffen, z. B. Chlorkohlenwasserstoffe, Phenol, Formaldehyd, Farbstoffe (vielfach in Kombination mit einer Ozonierung).

Eine Kombination der photochemischen Aktivierung mit anderen Wirkprinzipien findet man bei folgenden Prozessen:

- Photokatalytische Behandlung spezieller Abwässer, z. B. der Textilindustrie,
- Erzeugung phototropher Mikroorganismen, z. B. Algen durch einen Photobioreaktionsprozess.

Eine Klassifizierung photochemischer Reaktoren kann neben der üblichen Berücksichtigung der diskontinuierlichen bzw. kontinuierlichen Betriebsweise und der Vermischungsverhältnisse vor allem hinsichtlich der Art und Anordnung der Lichtquelle vorgenommen werden. Bei der Auswahl der Lampen (Strahler) ist in erster Linie vom Absorptionsspektrum der zu bestrahlenden Substanzen auszugehen. Danach können Wellenlängenbereiche der Strahler gewählt werden, die eine bestmögliche photochemische Wirksamkeit erwarten lassen. Man spricht von *monochromatischem Licht*, wenn nur eine Wellenlänge emittiert wird. Bei *polychromatischem Licht* liegen dagegen verschiedene Wellenlängen vor. Folgende *Strahlertypen* werden bei technischen Photoreaktionen häufig eingesetzt:

- Quecksilberdampf-Niederdruckstrahler
  Dieser Strahler liefert ein nahezu monochromatisches kurzwelliges UV-Licht der Wellenlänge von 254 nm. Wird dieser Strahler beim Einbau in den Reaktor in einem Tauchrohr untergebracht, muss dieses aus Quarz bestehen, weil normales Glas eine Strahlung dieser Wellenlänge absorbieren würde.

- Quecksilber-Mitteldruckstrahler
  Von diesem Strahlertyp wird ein breites Linienspektrum im UV-Bereich und im sichtbaren Spektralbereich von etwa 200 bis 600 nm bei hohen Leistungsdichten von ca. 100 W/cm^2 emittiert. Bei 200 nm werden aus Wasserstoffperoxid OH-Radikale gebildet, die für die Oxidation von organischen Stoffen geeignet sind.
- Quecksilberdampf-Hochdruckstrahler
  Diese Strahler emittieren ein charakteristisches Hg-Linienspektrum, das vom kurzwelligen UV-Bereich (etwa 185 nm) bis weit in den sichtbaren Bereich reicht (s. Abb. 13.1). Sowohl die stärkste Linie bei 366 nm als auch die Linien im sichtbaren Bereich sind bei vielen photochemischen Reaktionen wirksam. Verschiedene Metallhalogenid-Zusätze liefern zusätzliche Spektrallinien in unterschiedlichen Bereichen.

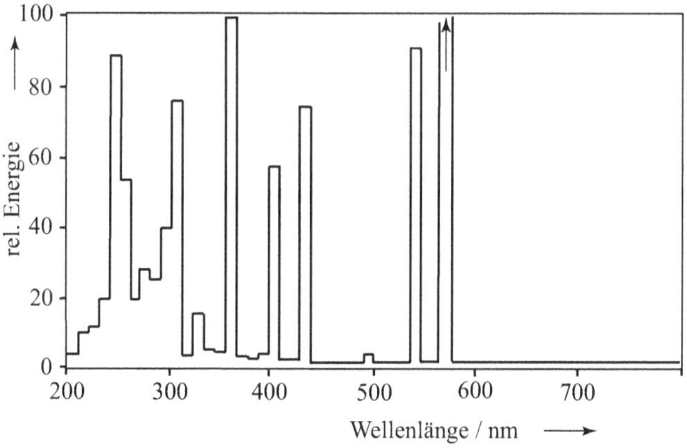

Abb. 13.1: Emissionsspektrum eines Quecksilberdampf-Hochdruckstrahlers nach [13-1]

- Leuchtstofflampen
  Für verschiedene Photosynthesen werden weiße, blaue, grüne oder UV-Leuchtstofflampen eingesetzt.

Folgende *Typen photochemischer Reaktoren* werden in der Technik eingesetzt:

- Photochemischer Reaktor mit Tauchlampen [s. Abb. 13.2 a)]
  Bei dieser Strahleranordnung befinden sich ein oder mehrere Strahler in lichtdurchlässigen und meist gekühlten Tauchrohren, die in die Reaktionsmasse (Flüssigkeit oder Gas-Flüssig-Gemisch) eintauchen. Hinsichtlich der Durchmischung der Flüssigphase kann die Charakteristik des Rührkessels oder eines Strömungsrohres vorliegen.
- Photochemischer Reaktor mit Außenbestrahlung [s. Abb.13.2 b)]
  Der Reaktionsraum wird von außen durch meist mehrere Lichtquellen bestrahlt. Durch Reflektoren erreicht man, dass ein hoher Anteil der emittierten Strahlung in den Reaktor gelangt.
- Photochemischer Dünnschichtreaktor [s. Abb. 13.2 c)]
  Eine dünne Flüssigkeitsschicht läuft als Fallfilm an der Reaktorwand entlang und wird bestrahlt. Man erreicht damit die für Dünnschichtapparate charakteristische annähernde Temperaturkonstanz und ein der idealen Pfropfenströmung nahe kommendes Vermi-

schungsverhalten. Darüber hinaus erreicht man eine bei photochemischen Reaktionen oft wünschenswerte konstante Lichtintensität innerhalb des Filmes.

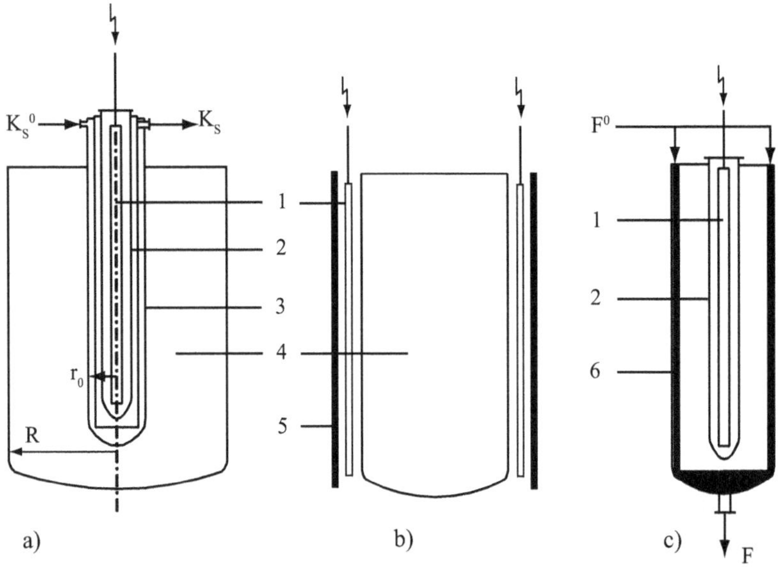

Abb. 13.2: *Bauarten photochemischer Reaktoren;*
a) Photochemischer Reaktor mit innen liegender Tauchlampe, b) Photochemischer Reaktor mit Außenbestrahlung, c) Photochemischer Dünnschichtreaktor;
1 Strahlungsquelle, 2 Tauchrohr, 3 Kühlmantel, 4 Reaktionsraum, 5 Äußerer Reflektor, 6 Flüssigkeitsfilm;
K_S^0, K_S *Kühlmittelein- und -austritt für die Strahlerkühlung;* F^0, F *Ein- und Austritt des flüssigen Reaktionsgemisches*

In einigen Anwendungsfällen werden mehrere Strahlungsquellen im Reaktor installiert, um eine möglichst gleichmäßige Lichtintensität zu realisieren.

Auch das Prinzip der Rührkesselkaskade wird bei photochemischen Reaktionen angewendet. In [13-2] wird ein Reaktionsrohr für die Photooxidation spezieller Abwässer mit Wasserstoffperoxid beschrieben, dass mit einer innen liegenden UV-Lampe bestrahlt wird. Durch Einbauten innerhalb des Gas-Flüssig-Reaktors wird die axiale Vermischung unterdrückt und das Strömungsverhalten einer Kaskade erreicht.

Speziell für hoch viskose Medien, wie sie bei photochemisch initiierten Polymerisationen vorliegen, wird die Reaktionsmischung in dünnen von oben bestrahlten Schichten auf Förderbändern aufgebracht (Photochemischer Bandreaktor).

Photochemische Laborreaktoren werden mit verschiedenen Lampen und Volumina seit mehreren Jahren serienmäßig angeboten (z. B. Laborreaktoren mit UV-Mitteldrucklampen im Leistungsbereich von 150 bis 700 Watt und Volumina von 350 bis 750 ml [13-3]).

Umfassende Übersichten zu technischen Anwendungen der Photochemie und den entsprechenden apparativen Ausrüstungen werden z. B. in [13-4] und [13-5] gegeben.

13.2 Grundlagen photochemischer Reaktionsprozesse

Die in photochemischen Reaktoren ablaufenden Prozesse werden auf der einen Seite maßgeblich durch die Kinetik der ablaufenden Reaktionen und deren Zusammenhang mit den optischen Kenngrößen bestimmt. Darüber hinaus müssen die Zusammenhänge zwischen der Strahlerleistung und dem eingestrahlten Quantenstrom berücksichtigt werden, weil zur Auslegung photochemischer Reaktoren neben der Festlegung erforderlicher Reaktionsvolumina auch die Auswahl und Dimensionierung der Strahler gehört.

13.2.1 Geschwindigkeit photochemischer Reaktionen

Die Geschwindigkeit photochemischer Reaktionen hängt von den Konzentrationen der reagierenden Komponenten, von der Temperatur und von der Intensität der absorbierten Strahlung ab. Vielfach genügen photochemische Reaktionsgeschwindigkeiten allgemeinen Ansätzen folgender Form:

$$r^{+} = \phi_i I_{abs,\lambda} \,. \qquad (13.1)$$

Hierbei bedeuten ϕ_i die Quantenausbeute der photochemischen Reaktion und $I_{abs,\lambda}$ die absorbierte Intensität der Wellenlänge, die den Reaktionsablauf ermöglicht.

Ausgangspunkt der Berechnung der Intensität ist das *Lambert*-Gesetz für die Absorption einer elektromagnetischen Strahlung:

$$div\,\dot{Q} = -\mu \dot{Q} \,. \qquad (13.2)$$

Dabei sind $\dot{Q}$ der Quantenstrom des Lichtes und μ der Schwächungskoeffizient des durchstrahlten Mediums. Der Schwächungskoeffizient ist eine konzentrationsabhängige Größe. Bei der Lichtabsorption in nicht zu hoch konzentrierten Flüssigphasen kann er nach dem *Beer*schen Gesetz aus dem Produkt der Konzentration und des Extinktionskoeffizienten für die jeweilige Wellenlänge berechnet werden. Vereinfachend soll hier nur eine monochromatische Strahlung (Licht von nur einer Wellenlänge) betrachtet werden.

Setzt man eine eindimensionale radiale Strahlung in einem Ringraum voraus, wie er beim System Tauchlampe-ringförmiger Reaktionsraum entsprechend Abb. 13.2 a) näherungsweise vorliegt, dann ergibt sich mit r_0 (Außenradius des Tauchrohres) und R (Innenradius des Reaktionsgefäßes) folgender Ansatz für den Quantenstrom, wobei die Größe r' die radiale Koordinate bezeichnet:

$$\frac{d\dot{Q}}{dr'} = -\mu \dot{Q} \,. \qquad (13.3)$$

Die vereinfachende Voraussetzung einer eindimensionalen radialen Strahlung kann mit guter Annäherung in der Regel nur bei Inneneinstrahlung mit schlanken Lampen und bei optisch dichten Medien getroffen werden. Bei Außeneinstrahlung ist in den meisten Fällen von einer diffusen zweidimensionalen Strahlung auszugehen.

Durch Integration von Gl. (13.3) erhält man eine Beziehung für den Quantenstrom an einer beliebigen radialen Position:

$$\dot{Q}(r') = \dot{Q}_0 \exp\left[-\mu(r' - r_0)\right]. \tag{13.4}$$

Hier ist $\dot{Q}_0$ der an der Einstrahlungsstelle (Außenwand des Tauchrohres) vorliegende Quantenstrom. Die Quantenströme hängen nach folgenden Beziehungen mit der flächenbezogenen Intensität der Strahlung zusammen:

$$I(r') = \frac{\dot{Q}(r')}{2\pi r' h} \tag{13.5}$$

$$I_0 = \frac{\dot{Q}_0}{2\pi r_0 h}. \tag{13.6}$$

Hier bedeutet h die Höhe des ringförmigen Reaktionsraumes. Diese Größe wird hier als annähernd konstant angenommen.

Die für die Reaktion wichtige absorbierte Intensität ergibt sich als absorbierter Quantenstrom je Volumeneinheit:

$$I_{abs} = -\frac{d\dot{Q}}{dV_R} = -\frac{d\dot{Q}}{2\pi r' h \cdot dr'}. \tag{13.7}$$

Die Differentiation ergibt unter Beachtung von Gl. (13.5) und (13.6) folgenden Ausdruck für die absorbierte Intensität:

$$I_{abs} = \mu I = \mu I_0 \frac{r_0}{r'} \exp\left[-\mu(r' - r_0)\right]. \tag{13.8}$$

Für die ortsabhängige photochemische Reaktionsgeschwindigkeit erhält man damit nach Gl. (13.1) für monochromatisches Licht

$$r^+ = \phi_i \mu I. \tag{13.9}$$

Nimmt man für die Intensität eine Mittelwertbildung gemäß

$$\overline{I} = \frac{1}{V_R} \int_{r_0}^{R} I(r')\, dV_R \tag{13.10}$$

vor, dann lässt sich unter Verwendung von Mittelwerten des Lichtschwächungskoeffizienten und der Quantenausbeute auch eine gemittelte Reaktionsgeschwindigkeit des photochemischen Schrittes berechnen:

$$\overline{r}^+ = \overline{\phi}_i \overline{\mu} \overline{I} = \overline{\phi}_i \frac{\dot{Q}_0}{V_R} \left\{1 - \exp\left[-\overline{\mu}(R - r_0)\right]\right\}. \tag{13.11}$$

Der Sonderfall des optisch dichten Reaktors liegt vor, wenn der gesamte eingestrahlte Quantenstrom reaktionswirksam absorbiert wird (bei $R \to \infty$ oder vollständiger Reflexion des eingestrahlten Lichtes):

$$\overline{r}_{od}^{+} = \overline{\phi}_i \frac{\dot{Q}_0}{V_R} . \tag{13.12}$$

Bei praktischen Anwendungsfällen können mehrere photochemische Reaktionen (Anzahl M) und gegebenenfalls auch Dunkelreaktionen (Anzahl N) ablaufen. Die Stoffänderungsgeschwindigkeit der Komponente i muss dann alle diese Reaktionsgeschwindigkeiten enthalten:

$$R_i = \sum_{j=1}^{M} \nu_{ij}^{+} r_j^{+} + \sum_{j=1}^{N} \nu_{ij} r_j . \tag{13.13}$$

Werden Strahlungsanteile verschiedener Wellenlängen von der reagierenden Komponente absorbiert, dann müssen prinzipiell für jede dieser Wellenlängen eine Quantenausbeute und ein Schwächungskoeffizient bekannt sein, um die polychromatischen Größen berechnen zu können.

13.2.2 Zusammenhang zwischen Quantenstrom und Strahlerleistung

Bei der Auswahl und Auslegung einer Strahlungsquelle für die Durchführung photochemischer Reaktionen ist neben dem Emissionsspektrum bzw. der bevorzugten Wellenlänge des Lichtes vor allem die notwendige Leistung von Bedeutung. Diese auch als Strahlungsfluss oder Strahlungsstärke bezeichnete Größe hängt mit dem erforderlichen Quantenstrom und der Wellenlänge zusammen. Für eine monochromatische Strahlung gilt folgender Zusammenhang zwischen der Strahlerleistung und dem Photonenfluss:

$$P_{Str} = \frac{h c_L}{\lambda} \varphi_P . \tag{13.14}$$

In dieser Gleichung sind folgende Konstanten enthalten:

$h = 6{,}626 \cdot 10^{-34}\, J\, s$ (*Planck*sches Wirkungsquantum)

$c_L = 2{,}998 \cdot 10^{8}\, m\, s^{-1}$ (Lichtgeschwindigkeit im Vakuum).

Der Photonenfluss φ_P ist in dieser Gleichung in Photonen pro Sekunde einzusetzen. Er hängt folgendermaßen mit dem Quantenstrom zusammen:

$$\varphi_P = \dot{Q}_0 N_L . \tag{13.15}$$

Hier bedeutet

$N_L = 6{,}022 \cdot 10^{23}\, mol^{-1}$ (*Avogadro*sche Konstante).

Die *Avogadro*sche Konstante beschreibt die Anzahl von Photonen pro Mol.

Für die Berechnung der Strahlerleistung ergibt sich damit folgende Beziehung:

$$P_{Str} = \frac{h\, c_L\, N_L}{\lambda} \dot{Q}_0 \,. \tag{13.16}$$

Der Quantenstrom $\dot{Q}_0$ ist in der Maßeinheit $mol\,/\,s$ oder auch $molquant\,/\,s$ (früher: $Einstein\,/\,s$) einzusetzen.

Die nach Gl. (13.16) berechnete Strahlerleistung müsste am vorgesehenen Einstrahlungsort in die Reaktionsmischung vorliegen. Strahlungsverluste zwischen Strahler und Reaktor sind entsprechend zu berücksichtigen.

Die Beziehung zur Leistungsberechnung macht auch deutlich, dass bei gleichem Quantenstrom kleinere Strahlerleistungen erforderlich sind, wenn langwelliges Licht für die Durchführung der photochemischen Reaktion genutzt werden kann.

13.3 Berechnung photochemischer Reaktoren

Die Berechnung eines photochemischen Reaktors setzt zunächst die Erfassung der vorhandenen oder vorgesehenen Strahlungsbedingungen voraus. Bei der Formulierung eines adäquaten Strahlungsmodells müssen folgende Merkmale des Systems beachtet werden:

- Charakteristik des Reaktionsgemisches hinsichtlich der optischen Eigenschaften (Absorptionsvermögen für bestimmte Wellenlängen der Strahlung, Lichtschwächung, optische Dichtheit),
- Reaktor- und Strahlergeometrie und Anordnung der Strahler (Reaktorabmessungen, Innen- bzw. Außenbestrahlung, Anzahl der Strahler, Strahlerkühlung, gerichtete bzw. diffuse Strahlung),
- Langzeitverhalten des Strahlers (Konstanz des optischen Verhaltens, Verschmutzungen an Strahlern und Lampenschächten).

Bei der Formulierung von Strahlungsmodellen ist im allgemeinen Fall von der dreidimensionalen Ausbreitung der Strahlung auszugehen. Insbesondere bei der Anwendung der Außenbestrahlung sind dabei auch die Reflexionen in das Strahlungsmodell einzubeziehen. Das im Kapitel 13.2 vorgestellte Radialstrahlungsmodell mit seiner als eindimensional angenommenen Strahlung kann als Näherung an praktisch wichtige Verhältnisse dort genutzt werden, wo ein relativ langer Strahler in der Achse eines zylindrischen Reaktors angeordnet ist. Da die Berechnung örtlicher und mittlerer Reaktionsgeschwindigkeiten mit den dort genannten Vereinfachungen möglich ist, lassen sich auch die Bilanzgleichungen in gleicher Weise formulieren, wie dies für homogene Reaktoren im Kapitel 6 dargelegt wurde.

Am Beispiel eines *kontinuierlichen ideal durchmischten photochemischen Reaktors mit Radialstrahlung* soll die Formulierung des Bilanzgleichungssystems demonstriert werden. In Anlehnung an den in Abb. 13.1 a) dargestellten Reaktor mit Tauchlampe, Kühlung des Lampenschachtes und annähernd ringförmigem Reaktionsraum wird von der in Abb. 13.3 gezeigten Geometrie ausgegangen. Zusätzlich wird eine Mantelkühlung des Reaktors vorgesehen.

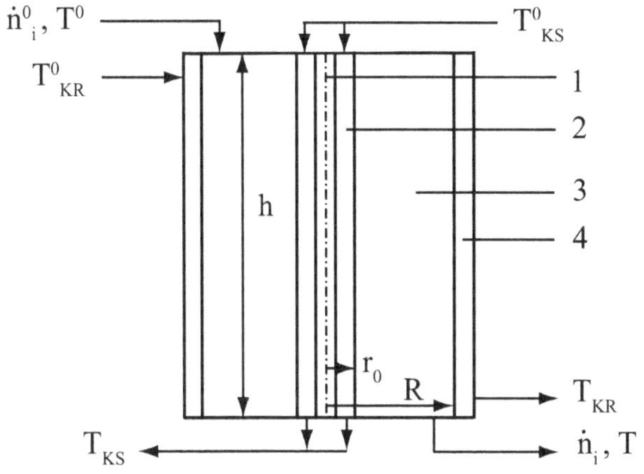

Abb. 13.3: *Geometrie eines kontinuierlichen photochemischen Rührreaktors mit Radialstrahlung;*
1 Strahlungsquelle 2 Tauchrohr mit Strahlerkühlung
3 Reaktionsraum 4 Kühlmantel
KR Reaktormantelkühlung, KS Strahlerkühlung

Stoffbilanz

$$\dot{n}_i - \dot{n}_i^0 = \overline{R}_i V_R \tag{13.17}$$

Die über den Reaktionsraum gemittelte Stoffänderungsgeschwindigkeit kann entsprechend Gl. (13.13) die kinetischen Ansätze von photochemischen und Dunkelreaktionen enthalten:

$$\overline{R}_i = \sum_{j=1}^{M} \nu_{ij}^+ \overline{r}_j^+ + \sum_{j=1}^{N} \nu_{ij} \overline{r}_j \, . \tag{13.18}$$

Für die gemittelten Geschwindigkeiten der photochemischen Reaktionen ($\overline{r}_j^+$) gelten folgende Ansätze:

1. Einstrahlung von monochromatischem Licht der Wellenlänge λ, keine optisch dichten Bedingungen:

$$\overline{r}_j^+ = \overline{r}_{j,\lambda}^+ \qquad \text{nach Gl. (13.11).}$$

2. Einstrahlung von polychromatischem Licht (Summation über alle Wellenlängen), keine optisch dichten Bedingungen:

$$\overline{r}_j^+ = \sum_{\lambda} \overline{\phi}_{i,\lambda} \frac{\dot{Q}_{0,\lambda}}{V_R} \left\{1 - \exp\left[-\mu_\lambda \left(R - r_0\right)\right]\right\} . \tag{13.19}$$

3. Einstrahlung von monochromatischem Licht, optisch dichte Bedingungen:

$$\overline{r}_j^+ = \overline{r}_{j,od,\lambda}^+ = \overline{\phi}_{i,\lambda} \frac{\dot{Q}_{0,\lambda}}{V_R} \qquad \text{nach Gl. (13.12).}$$

4. Einstrahlung von polychromatischem Licht, optisch dichte Bedingungen:

$$\overline{r}_j^+ = \sum_\lambda \overline{\phi}_{i,\lambda} \frac{\dot{Q}_{0,\lambda}}{V_R} . \tag{13.20}$$

Für die Geschwindigkeiten der Dunkelreaktionen ($\overline{r}_j$) gelten die üblichen kinetischen Gleichungen für homogene Reaktionen.

Wärmebilanz
In der Wärmebilanz sind die konvektiven Terme, die Wärmeabführung durch die Reaktormantelkühlung und die Strahlerkühlung sowie die thermischen Effekte der photochemischen und der Dunkelreaktionen enthalten. In beiden Kühlräumen wird eine ideale Durchmischung des Kühlmittels vorausgesetzt, so dass die jeweiligen mittleren Kühlmitteltemperaturen den Austrittswerten entsprechen. Die Umwandlung von Lichtstrahlung in Wärme wird nicht berücksichtigt.

$$\begin{aligned} &\dot{m}\overline{c}_p\left(T-T^0\right)+k_{D,KR}A_{D,KR}\left(T-T_{KR}\right)+k_{D,KS}A_{D,KS}\left(T-T_{KS}\right)= \\ &\sum_{j=1}^{M}\left(-\Delta H_{Rj}^+\right)\overline{r}_j^+V_R+\sum_{j=1}^{N}\left(-\Delta H_{Rj}\right)\overline{r}_j\,V_R \end{aligned} \tag{13.21}$$

Bei der in Abb. 13.3 dargestellten Zylindergeometrie ergeben sich die Kühlflächen nach folgenden Beziehungen:

$$A_{D,KR} = 2\pi Rh \tag{13.22}$$

$$A_{D,KS} = 2\pi r_0 h . \tag{13.23}$$

Berechnungsbeispiel 13-1: Berechnung eines kontinuierlichen ideal durchmischten photochemischen Reaktors für die photochemisch induzierte Oxidation eines Farbstoffes in einem Abwasser.

Aufgabenstellung
Die photochemische Umsetzung eines Farbstoffes A in einem Abwasser verläuft bei Verwendung eines Quecksilberdampf-Niederdruckstrahlers, der eine überwiegend monochromatische Strahlung bei $\lambda = 254\,nm$ aufweist, nach folgender Reaktionskinetik [s. Gl. (13.9)]:

$$r^+ = \phi_A \mu I . \tag{13.24}$$

Für die Behandlung eines Abwasserstromes soll der notwendige Quantenstrom des Strahlers, der als Tauchlampe in einem kontinuierlichen Rührkessel installiert ist, berechnet werden. Die Berechnung soll zunächst für optisch dichte Bedingungen erfolgen. Danach ist der notwendige Quantenstrom unter Vorgabe einer durchstrahlten Reaktionsschichtdicke zu berechnen, ohne die Voraussetzung der optischen Dichtheit zu treffen.

Modellvoraussetzungen

- Die Reaktorberechnung erfolgt für monochromatisches Licht; Quantenausbeute und Lichtschwächungskoeffizient können als Mittelwerte verwendet werden.
- Die Reaktionstemperatur ist vorgegeben, so dass hier allein die Stoffbilanz zu lösen ist.
- Es läuft nur eine photochemische Reaktion ab. Dunkelreaktionen finden nicht statt.

Modellparameter, Reaktorabmessungen, Ein- und Austrittsgrößen

- Quantenausbeute $\phi_A = 0{,}40$
- Lichtschwächungskoeffizient $\mu = 0{,}015\, cm^{-1}$
- Außenradius des Tauchrohres $r_0 = 5\, cm$
- Innenradius des Reaktors $R = 30\, cm$
- Abwasserdurchsatz $\dot{V} = 300\, l/h$
- Ein- und Austrittskonzentrationen des photochemisch umgesetzten Farbstoffes

$$c_A^0 = 2 \cdot 10^{-4}\, mol/l$$
$$c_A = 1 \cdot 10^{-5}\, mol/l$$

Lösung der Aufgabe

Stoffbilanz

Nach Gl. (13.17) ergibt sich in Verbindung mit den Gleichungen (13.18) und (13.24) für die Komponente A folgende Stoffbilanz, in der die Querstriche für die Mittelwertbildung der Größen weggelassen wurden:

$$\dot{n}_A - \dot{n}_A^0 = R_A V_R = \nu_A^+ r^+ V_R = -\phi_A \mu I V_R \,. \tag{13.25}$$

Der Durchsatz des Abwassers bleibt zwischen Reaktorein- und -austritt konstant. Damit erhält man

$$\dot{V}\left(c_A - c_A^0\right) = -\phi_A \mu I V_R \,. \tag{13.26}$$

Quantenströme und Strahlerleistung

Fall 1: Optisch dichtes System

Die mittlere Intensität wird für diesen Sonderfall nach Gl. (13.12) berechnet:

$$\dot{V}\left(c_A - c_A^0\right) = -\phi_A \dot{Q}_0 \,. \tag{13.27}$$

Der für die Umsetzung notwendige Quantenstrom ergibt sich unter diesen Bedingungen zu

$$\dot{Q}_0 = \frac{\dot{V}\left(c_A^0 - c_A\right)}{\phi_A} \tag{13.28}$$

$$\dot{Q}_0 = \frac{300\, l/h \cdot \left(2 \cdot 10^{-4} - 1 \cdot 10^{-5}\right) mol/l}{0{,}40\, mol/molquant}$$

$$\dot{Q}_0 = 0{,}1425\, molquant/h \,.$$

Dieser Quantenstrom muss am Ort der Einstrahlung vorliegen, den hier die äußere Oberfläche des Tauchrohres darstellt. Bei der Festlegung des von der Lampe abzustrahlenden Quantenstromes sind die Materialien und Schichtdicken des Tauchrohres einschließlich des Kühlschachtes und eventuell auftretende Verschmutzungen der entsprechenden Oberflächen zu berücksichtigen.

Legt man den berechneten Quantenstrom der Berechnung der Strahlerleistung zugrunde, dann ergibt sich nach Gl. (13.16):

$$P_{Str} = \frac{hc_0 N_L}{\lambda} \dot{Q}_0$$

$$= \frac{6{,}626 \cdot 10^{-34}\, Js \cdot 2{,}998 \cdot 10^{8}\, m\, s^{-1} \cdot 6{,}022 \cdot 10^{23}\, molquant^{-1}}{254 \cdot 10^{-9}\, m} \frac{0{,}1425\, molquant}{3600\, s}$$

$$P_{Str} = 18{,}6\, W\,.$$

Fall 2: Nicht optisch dichtes System

In diesem Fall steht für die reaktionswirksame Absorption des eingestrahlten Lichtes nur die im Reaktor tatsächlich vorhandene Schichtdicke des Ringraumes zur Verfügung. Die photochemische Reaktionsgeschwindigkeit wird über die mittlere Intensität wird nach Gl. (13.11) berechnet:

$$\dot{V}\left(c_A - c_A^0\right) = -\phi_A \dot{Q}_0 \left\{1 - \exp\left[-\mu\left(R - r_0\right)\right]\right\} \tag{13.29}$$

$$\dot{Q}_0 = \frac{\dot{V}\left(c_A^0 - c_A\right)}{\phi_A \left\{1 - \exp\left[-\mu\left(R - r_0\right)\right]\right\}} \tag{13.30}$$

$$\dot{Q}_0 = 0{,}456\, molquant\, /\, h\,.$$

Für diesen Fall beträgt die erforderliche Strahlerleistung nach Gl. (13.16):

$$P_{Str} = 59{,}7\, W\,.$$

Erwartungsgemäß ist bei einem nicht optisch dichten System eine wesentlich größere Strahlerleistung notwendig, weil die endliche Schichtdicke des Ringraumes nur einen Teil der Strahlung absorbieren kann.

Symbolverzeichnis

A	m^2	Fläche
A		Ausbeute
A_D	m^2	Wärmedurchgangsfläche
A_q	m^2	durchströmte Querschnittsfläche
Ar		*Archimedes*-Zahl
a	$m^2\ m^{-3}$	spezifische Phasengrenzfläche
a	m	Elektrodenbreite
a		Katalysatoraktivität
a_i		Aktivität des Stoffes i
Bo		*Bodenstein*-Zahl für die effektive axiale Diffusion
Bo'		*Bodenstein*-Zahl für die effektive axiale Wärmeleitung
b	m	Elektrodenabstand
C_p	$J\ kmol^{-1}\ K^{-1}$	molare Wärmekapazität (bei konstantem Druck)
C_T		dimensionslose Tracerkonzentration
c	$kmol\ m^{-3}$	Molkonzentration, Konzentration
c_L	$m\ s^{-1}$	Lichtgeschwindigkeit im Vakuum
c_p	$J\ kg^{-1}\ K^{-1}$	spezifische Wärmekapazität (bei konstantem Druck)
c'	$kg\ m^{-3}$	Massenkonzentration
D	$m^2\ s^{-1}$	Diffusions- bzw. Dispersions- oder Vermischungskoeffizient
Da		*Damköhler*-Zahl [Gl. (3.107)]
d	m	Durchmesser
div		Operator zur Bezeichnung der Divergenz eines Vektorfeldes
d_e	m	äquivalenter Durchmesser
E	$J\ mol^{-1}$	Aktivierungsenergie

E	V	elektrisches Potential
$E(t)$	s	Verweilzeitspektrum, differentielle Verweilzeitverteilung
$E(\Theta)$		dimensionslose differentielle Verweilzeitverteilung
F	$A\,s\,mol^{-1}$	*Faraday*-Konstante ($F = 96485\,As\,mol^{-1}$)
$F(t)$		Verweilzeitsummenfunktion, integrale Verweilzeitverteilung
f		Sättigungsgrad [Gl. (10.17)]
f		Radikalausbeutefaktor
G	$kg\,m^{-2}\,s^{-1}$	flächenbezogener Massenstrom
G	$J\,mol^{-1}$	molare freie Enthalpie
ΔG_R	$J\,mol^{-1}$	molare freie Reaktionsenthalpie
g		Massenbruch
g	$m\,s^{-2}$	Erdbeschleunigung ($g = 9{,}807\,m\,s^{-2}$)
H	Pa	*Henry*-Koeffizient [Gl. (10.1)]
H	$J\,mol^{-1}$	molare Enthalpie
Ha		*Hatta*-Zahl
ΔH_R	$J\,mol^{-1}$	molare Reaktionsenthalpie
h	m	Höhe
h	$J\,s$	*Planck*sches Wirkungsquantum ($h = 6{,}626 \cdot 10^{-34}\,J\,s$)
I	A	elektrische Stromstärke
I	$kmol\,m^{-3}$	Initiatorkonzentration
I	$molquant\ m^{-2}$	Intensität der Lichtstrahlung
I_{abs}	$molquant\ m^{-3}\,s^{-1}$	absorbierte Lichtintensität
i	$A\,m^{-2}$	elektrische Stromdichte
i_0	$A\,m^{-2}$	Austauschstromdichte
i_{Grenz}	$A\,m^{-2}$	Diffusionsgrenzstromdichte
j		Kettenlänge von Polymermolekülen
j		flächenbezogene Stromgröße (Maßeinheit ist abhängig von der Art des Stromes)
K		Gleichgewichtskonstante

K_a, K_c, K_p, K_x		Gleichgewichtskonstante (formuliert mit den jeweiligen Größen im Index)
K	$€\,kg^{-1}$	spezifische Kosten
K_i		allgemeine stoffliche Komponente
k		reaktionskinetische Konstante (Maßeinheit ist abhängig von der Reaktionsordnung)
k_∞		Häufigkeitsfaktor (Maßeinheit ist abhängig von der Reaktionsordnung)
k_D	$W\,m^{-2}\,K^{-1}$	Wärmedurchgangskoeffizient
L	m	Länge
L		Gesamtzahl aktiver Zentren
l		Anzahl freier aktiver Zentren
M	$kg\,kmol^{-1}$	Molmasse
M	$kmol\,m^{-3}$	Monomerkonzentration (ohne Index)
M		Anzahl der stöchiometrisch unabhängigen Reaktionen
M_j	$kmol\,m^{-3}$	Konzentration des toten (inaktiven) Polymeren mit der Kettenlänge j
M_T	$kmol\,m^{-3}$	Gesamtkonzentration toter Polymerer
M'		Anzahl der ablaufenden Reaktionen
m	kg	Masse
$\dot{m}$	$kg\,s^{-1}$	Massenstrom
N		Anzahl der Schlüsselkomponenten
$\dot{N}$	$mol\,m^{-2}\,s^{-1}$	flächenbezogener Molstrom
N_{Ch}	h^{-1}, a^{-1}	Anzahl der Chargen
N_L	mol^{-1}	*Avogadro*sche Konstante ($N_L = 6{,}022 \cdot 10^{23}\,mol^{-1}$)
$N_{Rü}$	s^{-1}	Rührerdrehzahl
N'		Anzahl der Komponenten
Ne		*Newton*-Zahl
Nu		*Nusselt*-Zahl
n		Reaktionsordnung
n	mol	Molzahl, Stoffmenge
$\dot{n}$	$mol\,s^{-1}$	Molstrom, Stoffmengenstrom
n_Z		Zellenzahl

P	W	Leistung
P_j	$kmol\,m^{-3}$	Konzentration des aktiven Polymeren mit der Kettenlänge j
P_T	$kmol\,m^{-3}$	Gesamtkonzentration aktiver Polymerer
$\overline{P}_n$		mittlerer Polymerisationsgrad (Zahlenmittel)
Pe		*Peclet*-Zahl
Pr		*Prandtl*-Zahl
PV		Produktverhältnis
p	Pa	Druck
Q	J	Wärmemenge
Q		Kessel-, Zellenzahl
$\dot{Q}$	W	Wärmestrom
$\dot{Q}$	$molquant\ s^{-1}$	Quantenstrom des Lichtes
$\dot{Q}u_S$	$mol\,m^{-3}\,s^{-1}$	Quellterm in der Stoffbilanz
$\dot{Q}u_W$	$J\,m^{-3}\,s^{-1}$	Quellterm in der Wärmebilanz
R	m	Rohrradius
R	$J\,mol^{-1}\,K^{-1}$	allgemeine Gaskonstante ($R = 8{,}314\,J\,mol^{-1}\,K^{-1}$)
R_i	$mol\,m^{-3}\,s^{-1}$	Stoffänderungsgeschwindigkeit (Stoffmengenänderungsgeschwindigkeit) der Komponente i
Re		*Reynolds*-Zahl
RK	$mol\,m^{-3}\,s^{-1}$	Reaktorkapazität, Raum-Zeit-Ausbeute
RK_m	$kg\,m^{-3}\,s^{-1}$	Reaktorkapazität (Masse)
r	$mol\,m^{-3}\,s^{-1}$	Reaktionsgeschwindigkeit
r		dimensionslose radiale Koordinate
r_{Kat}	$mol\,kg_{Kat}^{-1}\,s^{-1}$	Reaktionsgeschwindigkeit (bezogen auf die Katalysatormasse)
r_a	s^{-1}	Katalysatordesaktivierungsgeschwindigkeit
r^+	$mol\,m^{-3}\,s^{-1}$	Reaktionsgeschwindigkeit (photochemisch)
r'	m	radiale Koordinate
S		Selektivität
S	$J\,mol^{-1}\,K^{-1}$	molare Entropie
S_V	$m^2\,m^{-3}$	spezifische Oberfläche [Gl. (9.148)]

ΔS_R	$J\,mol^{-1}\,K^{-1}$	molare Reaktionsentropie
Sc		*Schmidt*-Zahl
Sh		*Sherwood*-Zahl
T	$°C, K$	Temperatur
T^*	$°C, K$	adiabate Höchst- oder Tiefsttemperatur
t	s, h	Zeit
$\bar{t}$	s, h	mittlere Verweilzeit
U		Umsatz
U	m	Umfang
U	V	elektrische Spannung
U_Z	V	Zellspannung
U_{Z0}	V	Gleichgewichtszellspannung
U_Ω	V	*Ohm*scher Spannungsabfall
u	$mol\,m^2\,A^{-1}\,V^{-1}\,s^{-2}$	Ionenbeweglichkeit
V	m^3	Volumen
$\dot{V}$	$m^3\,s^{-1}$	Volumenstrom, Durchsatz
$\dot{V}^+$	$m^3\,s^{-1}$	Kreislaufvolumenstrom
v_{Mol}	$m^3\,kmol^{-1}$	Molvolumen von Gasen
W_{ab}	$K\,s^{-1}$	Abkürzung nach Gl. (6.341)
W_R	$K\,s^{-1}$	Abkürzung nach Gl. (6.342)
w	$m\,s^{-1}$	Strömungsgeschwindigkeit
w_A	$m\,s^{-1}$	Austragsgeschwindigkeit
w_i	$kWh\,kg^{-1}$	spezifischer elektrischer Energiebedarf
X	mol	Fortschreitungsgrad (diskontinuierlich)
$\dot{X}$	$mol\,s^{-1}$	Fortschreitungsgrad (kontinuierlich)
x		Molenbruch, Stoffmengenanteil
x	m	allgemeine Ortskoordinate
y_j		Molmassenverteilung
y'	m	radiale Koordinate eines Katalysatorkornes
Z_m		massenbezogener Seitenstromfaktor [Gl. [7.11)]
z		elektrochemische Wertigkeit

z		dimensionslose axiale Koordinate
z'	m	axiale Koordinate
α	$W\,m^{-2}\,K^{-1}$	Wärmeübergangskoeffizient
α		Koeffizient des Phasengleichgewichtes zwischen Gas- und Flüssigphase
α		Durchtrittsfaktor bei elektrochemischen Reaktionen
β	$m\,s^{-1}$	Stoffübergangskoeffizient
Γ		allgemeine Bilanzgröße
γ		Reaktionsordnung
Δ		Differenz
δ	m	Wandstärke, Grenzschichtdicke
ε		Leerraumanteil, relativer Gasphasenanteil
η	V	Überspannung an Elektroden
η_Ω	V	Widerstandspolarisation
η_d	V	Diffusionsüberspannung
η^P		Porennutzungsgrad
Θ		Bedeckungsgrad [Gl. (9.16)]
Θ		relative oder reduzierte Aufenthaltsdauer [Gl. (8.34)]
κ	$A\,V^{-1}\,m^{-1}$	spezifische elektrische Leitfähigkeit
λ	$W\,m^{-1}\;^{-1}$	Wärmeleitkoeffizient, Wärmeleitfähigkeit
λ	m	charakteristische Distanz in der flüssigseitigen Grenzschicht (Gas-Flüssig-Reaktionen)
λ	nm	Wellenlänge des Lichtes
μ	$Pa\,s$	dynamische Viskosität
μ	m^{-1}	Lichtschwächungskoeffizient
ν	$m^2\,s^{-1}$	kinematische Viskosität
ν		stöchiometrischer Koeffizient
ν_e		Anzahl der ausgetauschten Elektronen
ξ	$kmol\,m^{-3}$	Fortschreitungsgrad [s. Gl. (3.16)]
ξ	m	allgemeine Ortskoordinate
ϕ_P	s^{-1}	Photonenfluss
ρ	$kg\,m^{-3}$	Dichte

ρ_{Kat}	$kg\, m^{-3}$	Schüttdichte des Katalysators
ρ_{spez}	$V\, m\, A^{-1}$	spezifischer elektrischer Widerstand
σ	$N\, m^{-1}$	Oberflächenspannung
σ		chemischer Beschleunigungsfaktor [Gl. 10.20)]
σ	s	Standardabweichung
σ^2	s	Varianz
σ_Θ^2		dimensionslose Varianz
Φ	V	elektrisches Potential
ϕ		Winkelkoordinate
ϕ		Volumenbruch, Volumenanteil
ϕ		elektrochemische Stromausbeute
ϕ	$mol\, molquant^{-1}$	photochemische Quantenausbeute
ϕ^P		Sphärizität [Gl. (9.155)]
ϕ^+		Kreislaufverhältnis
Ψ		Rückflussrate

Indizes unten

A	Anode
a	aktiver Anteil
ab	abgeführte Größe
abs	absorbiert
B	Bipolarplatte
Br	Brutto
Ch	Charge
D	Wärmedurchgang
D	Diffusion
DRK	Diskontinuierlicher Rührkessel
E	Elektroenergie
eff	effektiv
erf	erforderlich
ges	gesamt
HK	halbkontinuierlich

h	homogene Reaktion
I	Investition
i	Komponente, Stoff
i	Initiatorzerfall
j	Reaktion
j	Kettenlänge (bei Polymerisationsreaktionen)
K	Kathode
K	Wärmeträger; Kühlmittel
K	Konvektion
Kat	Katalysator
k	Bezugskomponente
k	Anteil des Kurzschlusses oder der Kanalbildung
kon	konvektiv
L	Lockerungspunkt
L	Leitung (bei Stoff: Diffusion)
M	Monomeres
M	Mikrovermischung
M	Membran
MK	Mantelkühlung
m	Monomerübertragung
max.	maximal
min	minimal, Mindestwert
od	optisch dicht
opt	optimal
P	poröse Schicht einer Elektrode
p	Wachstumsreaktion
R	Reaktor, Reaktion
Rü	Rührer
r	radial
S	Stoff
S	Segregation, Makrovermischung
S	Katalysatorschicht
S	stationär
SK	Schlangenkühlung
Str	Strahlung
st	Startreaktion

T	Totalkonzentration
T	Tracer
t	Abbruchreaktion (Kombinationsabbruch)
t	toter Anteil (Totzone)
tD	Disproportionierungsabbruch
tM	Abbruchreaktion durch Monomeres
tp	Polymerübertragung
$Ü$	Übergang
W	Wärme
w	Wand
Z	Zwischeneinspeisung
Z	Elektrolysezelle
Zu	Zulauf
z	axial, Längsrichtung
λ	auf die Wellenlänge bezogen
Ω	verursacht durch *Ohm*sche Widerstände
0	Anfang
0	Einstrahlungsstelle bei Photoreaktoren

Indizes oben

A, Aus	Austritt
A	Anode
E	Elektrode
F	Flüssigphase
G	Gasphase
K	Kathode
(K)	Zahl des Teilreaktors (Kessel, Katalysatorschicht)
P	Partikel
R	Rückstrom
S	Oberfläche
θ	Standardzustand
0	Eintritt
$*$	Gleichgewicht

Literaturverzeichnis

Kapitel 3

[3-1] Ans, Jean d': Taschenbuch für Chemiker und Physiker/ D' Ans; Lax, 4. Aufl., Springer, Berlin, 1983.

[3-2] Barin, I.: Thermochemical Data of Pure Substances, 3. Aufl., VCH, Weinheim, 1989.

[3-3] Hirschberg, H. G.: Handbuch Verfahrenstechnik und Anlagenbau, Springer, Berlin, 1999.

[3-4] Binnewies, M., Milke, E.: Thermochemical Data of Elements and Compounds, 2. Aufl., WILEY-VCH, Weinheim,2002.

Kapitel 4

[4-1] Storhas, W.: Bioreaktoren und periphere Einrichtungen, Vieweg, Braunschweig, 1994.

[4-2] Storhas, W.: Bioverfahrensentwicklung, WILEY-VCH, Weinheim, 2003.

[4-3] Schügerl, K.: Bioreaktionstechnik, Bd. 1 Grundlagen, Formalkinetik, Reaktortypen und Prozessführung, Otto Salle-Verlag Frankfurt/Main und Sauerländer AG Aarau, 1985.

[4-4] Schügerl, K.: Bioreaktionstechnik, Bd. 2 Bioreaktoren und ihre Charakterisierung, Otto Salle-Verlag Frankfurt/Main und Sauerländer AG Aarau, 1991.

[4-5] Chmiel, H.: Bioprozesstechnik, Elsevier Spektrum Akademischer Verlag, München, 2005.

[4-6] www.imm-mainz.de

[4-7] www.ehrfeld-mikrotechnik.de

[4-8] Ehrfeld, W., Hessel, V., Löwe, H.: Microreactors, WILEY-VCH, Weinheim, 2000.

[4-9] Hessel, V., Hardt, S., Löwe, H.: Chemical Micro Process Engineering – Fundamentals, Modelling and Reactions, WILEY-VCH, Weinheim, 2004.

[4-10] Hessel, V., Löwe, H., Müller, A., Kolb, G.: Chemical Micro Process Engineering – Processing and Plants, WILEY-VCH, Weinheim, 2005.

Kapitel 5

[5-1] VDI-Wärmeatlas: Berechnungsblätter für den Wärmeübergang, 10. Aufl., Springer, Berlin, 2005.

[5-2] Jakubith, M.: Grundoperationen und chemische Reaktionstechnik, WILEY-VCH, Weinheim, 1998.

[5-3] Pickett, D. J.: Electrochimica Acta, 19 (1974) 875.

Kapitel 6

[6-1] Weiß, S. (Hrsg.), Liepe, F. u. a.: Verfahrenstechnische Berechnungsmethoden, Teil 4: Stoffvereinigen in fluiden Phasen, VCH-Verlagsgesellschaft, Weinheim, 1988.

[6-2] Kraume, M.: Transportvorgänge in der Verfahrenstechnik, Springer, Berlin, 2004.

[6-3] Liepe, F., Sperling, R., Jembere, S.: Rührwerke, Eigenverlag Hochschule Anhalt, Köthen, 1998.

[6-4] Zlokarnik, M.: Rührtechnik, Springer, Berlin, 1999.

[6-5] VDI-Wärmeatlas: Berechnungsblätter für den Wärmeübergang, 10. Aufl., Springer, Berlin, 2005.

[6-6] Storhas, W.: Bioreaktoren und periphere Einrichtungen, Vieweg, Braunschweig, 1994.

[6-7] Hagen, J.: Chemiereaktoren, WILEY-VCH, Weinheim, 2004.

[6-8] Emig, G., Klemm, E.: Technische Chemie – Einführung in die Chemische Reaktionstechnik, Springer, Berlin, 2005.

[6-9] Müller-Erlwein, E.: Chemische Reaktionstechnik, Teubner, Stuttgart, 1998.

[6-10] Levenspiel, O.: Chemical Reaction Engineering, 3rd. ed., John Wiley & Sons, New York, 1999.

[6-11] Löwe, A.: Chemische Reaktionstechnik mit MATLAB und SIMULINK, WILEY-VCH, Weinheim, 2001.

[6-12] Ingham, I., Dunn, I.J., Heinzle, E., Prenosil, J.E.: Chemical Engineering Dynamics, WILEY-VCH, 2000.

[6-13] Barkelew, C.H.: Chem. Eng. Prog. Symp. Ser. 55 (1959) 37.

[6-14] Froment, G.F., Bischoff, K.B.: Chemical Reactor Analysis and Design, 2nd. ed., John Wiley & Sons, New York, 1990.

Kapitel 7

[7-1] Weiß, S. (Hrsg.), Adler, R. u. a.: Verfahrenstechnische Berechnungsmethoden, Teil 5: Chemische Reaktoren, Dt. Verlag für Grundstoffindustrie, Leipzig, 1987.

Kapitel 8

[8-1] Levenspiel, O.: Chemical Reaction Engineering, 3rd ed., John Wiley & Sons, New York, 1999.

[8-2] Pippel, W., Runge, G., Geyer, K., Nieswand, R., Naake, G.: Verweilzeitanalyse in technologischen Strömungssystemen, Akademie-Verlag, Berlin, 1978.

[8-3] Baerns, M., Behr, A., Brehm, A., Gmehling, J., Hofmann, H., Onken, U., Renken, A.: Technische Chemie, WILEY-VCH, Weinheim, 2006.

[8-4] Wen, C.J., Fan,L.T.: Models for Flow Systems and Chemical Reactors in:Chemical Processing and Engineering, Vol. 3, Marcel Dekker Inc., New York, 1975.

[8-5] Wehner, J.F., Wilhelm, R.H.: Chem. Eng. Sci. 6 (1956) 89.

[8-6] Levenspiel, O., Bischoff, K.B.: Adv. Chem. Eng. 4 (1963) 95.

[8-7] Zeidler, E. (Hrsg.): Teubner-Taschenbuch der Mathematik, Teubner, Leipzig, 1996.

[8-8] Zwillinger, D.: CRC Standard Mathematical Tables and Formulae, 31. ed., Chapman & Hall/CRC Press, Boca Raton/London/New York, 2003.

Kapitel 9

[9-1] CHEManager, 15. Jahrgang (2006) 5, S.16.

[9-2] ULLMANN'S Processes and Process Engineering, Vol. 3, (S. 1927 ff.) WILEY-VCH, Weinheim, 2004.

[9-3] Hagen, J.: Technische Katalyse – eine Einführung, VCH, Weinheim, 1996.

[9-4] ULLMANN'S Processes and Process Engineering, Vol. 3, (S. 1890/1891) WILEY-VCH, Weinheim, 2004.

[9-5] Adler, R.: Chem.-Ing.-Techn. 72 (2000) 688.

[9-6] Tsotsas, E.: Chem.-Ing.-Techn. 72 (2000) 313.

[9-7] Bauer, M., Adler, R.: Chem.-Ing.-Techn. 74 (2002) 804.

[9-8] Taylor, R., Krishna, R.: Multicomponent Mass Transfer, John Wiley & Sons, New York, 1993.

[9-9] Connachie, J.T.L., Thodos, G.: AICHE Journ. 9 (1963) 60.

[9-10] Hagen, J.: Chemiereaktoren, WILEY-VCH, Weinheim, 2004.

[9-11] Hinshelwood, C.N.: Kinetics of Chemical Change, University Press, Oxford, 1940.

[9-12] Hougen, O.A., Watson, K.M.: Chemical Process Principles, Part 3: Kinetics and Catalysis, John Wiley & Sons, New York, 1947.

[9-13] Weiß, S. (Hrsg.), Adler, R. u. a.: Verfahrenstechnische Berechnungsmethoden, Teil 5: Chemische Reaktoren (S. 94), Dt. Verlag für Grundstoffindustrie, Leipzig, 1987.

[9-14] Löwe, A.: Chemische Reaktionstechnik mit MATLAB und SIMULINK (Kap. 7), WILEY-VCH, Weinheim, 2001.

[9-15] Baerns, M., Hofmann, H., Renken, A.: Chemische Reaktionstechnik, 2. Aufl., Georg Thieme Verlag, Stuttgart, 1992.

[9-16] Hesselbarth, B., Adler, R.: Chem.-Ing.-Techn. 76 (2004) 914.

[9-17] Adler, R.: Chem.-Ing.-Techn. 72 (2000) 555.

[9-18] ULLMANN'S Processes and Process Engineering, Vol. 3, (S. 1885 ff.) WILEY-VCH, Weinheim, 2004.

[9-19] Froment, G.F.: Ind. Eng. Chem. 59 (1967) 18.

[9-20] Ingham, I., Dunn, I.J., Heinzle, E., Prenosil, J.E.: Chemical Engineering Dynamics, WILEY-VCH, 2000.

[9-21] FEMLAB, www.comsol.de.

[9-22] Emig, G., Klemm, E.: Technische Chemie – Einführung in die Chemische Reaktionstechnik (S. 333-344), Springer, Berlin, 2005.

[9-23] Carberry, J.J., Varma, A.: Chemical Reaction and Reactor Engineering, Marcel Dekker, New York, 1987.

[9-24] Adler, R., Ihde, H., Nagel, G., Hertwig, K.: Chem. Techn. 27 (1975) 434.

[9-25] Vortmeyer, D., Winter, P.: Chem.-Ing.-Techn. 55 (1983) 312.

[9-26] Hein, S.: VDI-Fortschrittsberichte, Reihe 3 Verfahrenstechnik, Nr. 593, VDI- Verlag, Düsseldorf, 1999.

[9-27] Ergun, S.: Chem. Eng. Progr. 48 (1952) 89.

[9-28] Adler, R., Nagel, G., Hertwig, K., Henkel, K.-D.: Chem. Techn. 24 (1972) 600.

[9-29] Martin, H., Nilles, M.: Chem.-Ing.-Techn. 65 (1993) 1468.

[9-30] Kunii, K., Levenspiel, O.: Fluidization Engineering, Butterworth-Heinemann, Boston, 1991.

[9-31] Wen, C.Y., Yu, Y.H.: AIChEJ 12 (1966) 610.

[9-32] Haider, A., Levenspiel, O.: Powder Technol. 58 (1989) 63.

[9-33] Weiß, S. (Hrsg.), Adler, R. u. a.: Verfahrenstechnische Berechnungsmethoden, Teil 5: Chemische Reaktoren (S. 242), Dt. Verlag für Grundstoffindustrie, Leipzig, 1987.

[9-34] Emig, G., Klemm, E.: Technische Chemie – Einführung in die Chemische Reaktionstechnik (S. 397-401), Springer, Berlin, 2005.

[9-35] Levenspiel, O.: Chemical Reaction Engineering, 3rd ed., John Wiley & Sons, New York, 1999.

Kapitel 10

[10-1] Higbie, R.: Trans. Am. Inst. Chem. Eng. 31 (1935) 365.

[10-2] Danckwerts, P.V.: Ind. Eng. Chem. 43 (1951) 1460.

[10-3] Beek, W.J., Mutzall, K.M.K.,: Transport Phenomena, John Wiley & Sons, New York, 1975.

[10-4] Astarita, G.: Mass Transfer with Chemical Reaction, Elsevier, Amsterdam, 1967.

[10-5] Baerns, M., Renken, A.: Chemische Reaktionstechnik, in Winnacker Küchler: Chemische Technik, Dittmeyer, W., K., R., Kreysa, G., Oberholz, A. (Hrsg.), WILEY-VCH, Weinheim, 2004.

[10-6] Fair, J.R.: Chem. Eng. 74 (1967) July 17, 207.

[10-7] Wöhler, F., Steiner, R.: Chem.-Ing.-Techn. 42 (1970) 481.

[10-8] Weiß, S. (Hrsg.), Adler, R. u. a.: Verfahrenstechnische Berechnungsmethoden, Teil 5: Chemische Reaktoren, Dt. Verlag für Grundstoffindustrie, Leipzig, 1987.

[10-9] Mersmann, A.: Chem.-Ing.-Techn. 49 (1977) 679.

[10-10] Pavlica, R.T., Olson, J.H.: Ind. Eng. Chem. 62 (1970) 45.

[10-11] Storhas, W.: Bioreaktoren und periphere Einrichtungen, Vieweg, Braunschweig, 1994.

[10-12] Ingham, I., Dunn, I.J., Heinzle, E., Prenosil, J.E.: Chemical Engineering Dynamics, WILEY-VCH, 2000.

Kapitel 11

[11-1] Echte, A.: Handbuch der Technischen Polymerchemie, VCH, Weinheim, 1993.

[11-2] ULLMANN'S Processes and Process Engineering, Vol. 3, (S. 1920) WILEY-VCH, Weinheim, 2004.

[11-3] Meyer, T., Keurentjes, J. (Hrsg.): Handbook of Polymer Reaction Engineering, WILEY-VCH, Weinheim, 2005.

[11-4] Dittmeyer, R., Keim, W., Kreysa, G., Oberholz, A. (Hrsg.): Winnacker-Küchler: Chemische Technik, Prozesse und Produkte, Band 5: Organische Zwischenverbindungen, Polymere, 5. Aufl., WILEY-VCH, Weinheim, 2005.

[11-5] Emig, G., Klemm, E.: Technische Chemie – Einführung in die Chemische Reaktionstechnik (Kap. 17), Springer, Berlin, 2005.

[11-6] Adler, R.: Berechnung realer chemischer Reaktoren, Vorlesungsmanuskript der Professur Reaktionstechnik der Martin-Luther-Universität Halle-Wittenberg), Halle, 2006.

Kapitel 12

[12-1] Schmidt, V.M.: Elektrochemische Verfahrenstechnik, WILEY-VCH, Weinheim, 2003.

[12-2] Wendt, H., Kreysa, G.: Electrochemical Engineering, Springer, Berlin, 1999.

[12-3] Hoormann, D., Jörissen, J., Pütter, R.: Chem.-Ing.-Techn. 77 (2005) 1363.

[12-4] Rousar, I., Micka, A., Kimla, A.: Electrochemical Engineering I, Elsevier, Amsterdam, 1986.

[12-5] www.femlab.com/electrochemical

[12-6] www.elsyca.com.

[12-7] Martens, L., Hertwig, K.: Electrochim. Acta 40 (1995) 383.

[12-8] Newman, J.S.: Electrochemical Systems, 2nd ed., Prentice Hall, New Jersey, 1991.

[12-9] Vetter, K.: Elektrochemische Kinetik, Springer, Berlin, 1961.

[12-10] Hamann, C.H., Vielstich, W.: Elektrochemie, 3. Aufl., WILEY-VCH, Weinheim, 1998.

[12-11] Pickett, D.J.: Electrochim. Acta 19 (1974) 875.

Kapitel 13

[13-1] Tauchlampen für die Photochemie – Prospekt der Fa. Heraeus Nobelight GmbH, Kleinostheim.

[13-2] Sprehe, M., Geissen, S.-U., Vogelpohl, A.: Chem.-Ing.-Techn. 72 (2000) 754.

[13-3] www.heraeus-nobelight.com.

[13-4] Roberts, R., Ouelette, R.P., Muradaz, M.M., Cozzens, R.F., Cheremisinoff, P.N.: Applications of Photochemistry, Technomic Publishing Co., Lancester, 1984.

[13-5] Böttcher, H.J.: Technical Applications of Photochemistry, Dt. Verlag für Grundstoffindustrie, Leipzig, 1991.

Stichwortverzeichnis

A

B

C

D

E

F

G

L

M

N

O

P

Q

R

Z

www.ingramcontent.com/pod-product-compliance
Lightning Source LLC
Chambersburg PA
CBHW072008230326
41598CB00082B/6853